U0222085

电化学阻抗谱

Electrochemical Impedance Spectroscopy

原著第二版

Second Edition

（美）马克 · 欧瑞姆（Mark E. Orazem）著
（法）伯纳德 · 特瑞博勒特（Bernard Tribollet）

雍兴跃　等　译

化学工业出版社

· 北 京 ·

内容简介

本书在全面阐述电化学需要的背景知识和电化学阻抗谱测试实验设计的基础上，详细地论述了不同电化学过程的电化学模型，介绍了电化学阻抗谱解析的终极目标。最后，阐述了采用统计分析方法，分析电化学阻抗谱测试的误差，包括介绍K-K转化方法分析、确定电化学动力学模型的正确性。同时，对电化学阻抗谱技术的发展、应用及其存在的问题进行了回顾总结，并列出了一些重要的参考资料。在每一章的后面，还附有一些思考题供读者练习。

本书可以作为电化学阻抗谱的教科书，也可以作为腐蚀、生物医学器件、半导体、固态器件、传感器、电池、燃料电池电化学电容器、介电测量、涂层、电致变色材料、分析化学和影像学等领域研究人员的参考书。

Electrochemical Impedance Spectroscopy，second edition/by Mark E. Orazem，Bernard Tribollet
ISBN 9781118527399

北京市版权局著作权合同登记号：01-2022-3700

图书在版编目（CIP）数据

电化学阻抗谱/（美）马克·欧瑞姆（Mark E. Orazem），（法）伯纳德·特瑞博勒特（Bernard Tribollet）著；雍兴跃等译.—北京：化学工业出版社，2022.7
书名原文：Electrochemical Impedance Spectroscopy (Second Edition)
ISBN 978-7-122-41171-6

Ⅰ.①电… Ⅱ.①马… ②伯… ③雍… Ⅲ.①电化学过程-阻抗-研究 Ⅳ.①TF111.52

中国版本图书馆CIP数据核字（2022）第059542号

责任编辑：韩霄翠 仇志刚　　装帧设计：王晓宇
责任校对：宋 玮

出版发行：化学工业出版社（北京市东城区青年湖南街13号 邮政编码100011）
印　　装：中煤（北京）印务有限公司
787mm×1092mm 1/16 印张30¾ 字数734千字 2022年9月北京第1版第1次印刷

购书咨询：010-64518888　　售后服务：010-64518899
网　　址：http://www.cip.com.cn
凡购买本书，如有缺损质量问题，本社销售中心负责调换。

定　　价：198.00元

译者前言

多年来，美国佛罗里达大学的马克·欧瑞姆教授一直为电化学学会（ECS）组织的电化学阻抗谱（Electrochemical Impedance Spectroscopy，EIS）短训课程授课。法国巴黎索邦大学伯纳德·特瑞博勒特教授也一直在欧洲组织 EIS 短训课程并授课。2008 年，他们合作编著出版了 *Electrochemical Impedance Spectroscopy*。5 年之后，我邀请美国 Gamry 公司张学元博士、加拿大 Western 大学秦子强博士一起将该书翻译为中文，并于 2014 年 11 月出版。在正式出版发行前夕，即 2014 年 10 月 20 日至 22 日期间，在北京化工大学会议中心举行了电化学阻抗谱高级研讨会。在研讨会上，马克、伯纳德两位作者作了报告，浙江大学张鉴清教授、中国海洋大学王佳教授作了特邀报告。研讨会结束后，北京化工大学聘请了马克教授和伯纳德教授为北京化工大学兼职教授。《电化学阻抗谱》（第一版）自出版以来，受到了国内广大读者的喜爱。

2016 年 10 月 2 日至 6 日，我参加了在夏威夷举办的第 230 届 ECS 秋季会议暨 PRiME 2016 交流会。期间，了解到了马克教授和伯纳德教授正在对 *Electrochemical Impedance Spectroscopy* 进行修订，并且看到了样书。同年 11 月 8 日至 9 日，在西安举办了“有机涂层和电化学阻抗谱技术研讨与培训会”。2017 年 *Electrochemical Impedance Spectroscopy*（Second Edition）由约翰威立（John Wiley）国际出版公司出版。2018 年 7 月 30 日至 8 月 3 日，由北京化工大学承办的全国腐蚀电化学及测试方法学术交流会在北京举行。我们很荣幸地邀请到了马克、伯纳德和文森特（Vincent Vivier）三位教授作大会报告。会议期间，他们送给我了一本签名的英文 *Electrochemical Impedance Spectroscopy*（Second Edition）。我与马克、伯纳德两位教授达成一致，尽快翻译出版。化学工业出版社随后与约翰威立（John Wiley）国际出版公司联系，取得了出版授权。

正如作者在第二版前言中所说，*Electrochemical Impedance Spectroscopy*（Second Edition）在保持第一版整体框架的基础上，主要在“过程模型”部分大幅地增加了“材料阻抗”“常相位角元件”等章节内容。同时，重新编写了第 22 章关于 Kramers-Kronig 关系的内容。在解析方略部分，重点强调了复容抗表示法的作用。除此之外，还在每章中增加了大量示例和思考题。所有这些，对读者掌握电化学阻抗谱理论、技术及其应用都是有益的。

《电化学阻抗谱》（原著第二版）的翻译工作仍然由我负责。在翻译过程中，不但翻译了新增加的章节内容，而且全面梳理并翻译了原著中的局部修改部分，特别是对第一版中存在的一些翻译错误进行了校正。最初的翻译由我的硕士研究生邓亚东、耿晓倩、李崇杰和王炳钦完成。最后，由我完成校译。在第二版的校译过程中，就读于美国哥伦比亚大学的雍开祥同学协助完成了全书中数据图表的校译工作。在版权引进和出版过程中，得到了化学工业出版社编辑的大力支持。在此，表示衷心感谢！同时，也不能够忘记参加第一版翻译工作的张学元、秦子强两位学者和我的研究生们。因为有了第一版翻译的基础，才使得第二版翻译工作能顺利进行。最终，在各方面的努力下，《电化学阻抗谱》（原著第二版）顺利出版。

在翻译过程中，为了避免不必要的重复，删除了原著中附录 B、附录 C 和索引。电化学阻抗谱技术涉及领域广泛，属于多学科交叉。由于我的水平有限，难免在翻译过程中存在着一些不够准确的地方。在此，恳请读者指出并提出宝贵的建议。

雍兴跃

2022 年 3 月 10 日

前言

本书第一版出版以后，我们很满意读者的反映。在此，我们衷心地感谢所有写信提醒我们书中存在的错误，包括提出修改建议的人士。在本书第二版中，我们在下列方面做出了较大修改：

① 大量增加了示例和思考题的数量。

② 采用了一个连贯的符号系统。其中，为函数变量保留了数学斜体。

③ 在开篇之前，增加了电化学阻抗谱的简介，其目的在于使读者对电化学阻抗谱知识有一定的了解与认识。

④ 在第二版中基础知识部分（第一部分），对第 1、2、3 章和第 5 章进行了大幅扩展。本书其余部分中有关数学内容的拓展应用，则是参考第 1 章和第 2 章中的例子，并且要求读者阅读、了解第 5 章中电化学原理的知识。

⑤ 在本书中，过程模型部分（第三部分）也大幅增加了内容：

• 在第 9 章中，详细地介绍了电路模型。一方面，举例说明了如何在略高于和低于开路电位的电位下进行阻抗测量，以确定阳极阻抗和阴极阻抗在模型中的作用。另一方面，在第 9 章中，说明了如何通过阻抗数据叠加原理，确定薄介电质膜部分覆盖电极表面时的影响。

• 在第 10 章中，简化了基于动力学建立模型的表述，并且增加了示例的数量。在这一章中还讨论了耦合电化学和非均相化学反应。

• 在第 11 章中，充实了扩散阻抗内容。新增内容包括有、无电活性物质交换的情况下的扩散阻抗，还包括多孔膜覆盖电极的对流扩散，均匀化学反应的阻抗，以及因膜溶解与生长存在竞争机制而导致膜厚度处于动态变化的表面膜阻抗。

• 半导体系统相关的章节被第 12 章材料阻抗所取代。新增内容包括材料的电性质，均匀介质的介电响应，Cole-Cole 模型和几何电容。

• 丰富了第 13 章时间常数的弥散效应的内容。提供了更多示例用于传输线模型的讨论。同时，更全面地讨论了几何效应引起的电流、电位分布对时间常数的影响。此外，介绍了电极表面特性分布、充电和法拉第电流耦合的处理方法。

• 基于当前对常相位角元件的最新认识与理解，增加了第 14 章。在这一章中，重点讨论了如何确定给定时间常数分布是否为 CPE 参数，时间常数分布是否导致 CPE，以及基于 CPE 参数如何导出一些物理性质。

⑥ 电化学阻抗谱的解析方略部分（第四部分），重新编写了图形方法的讨论，分为两章。第 17 章介绍了表示阻抗数据的方法，第 18 章则介绍了图形方法。在这两章中，都强调了复容抗表示法的作用。

⑦ 统计分析部分（第五部分），重新编写了第 22 章关于 Kramers-Kronig 关系的内容。

马克·欧瑞姆，于美国佛罗里达盖恩斯维尔

伯纳德·特瑞博勒特，于法国巴黎

2017 年 2 月

第一版前言

这本书既可以用作专业参考书，也能作为年轻科学家和工程师的培训教材。作为教科书，这本书适合于各学科的研究生，包括电化学、材料学、物理学、电气工程和化学工程。由于这些读者有着不同的学习背景，本书中的部分内容也许对于一些学生是已知的，而对于其他学生是未知的。虽然有许多电化学阻抗谱的短期课程，但是在大学课程安排中却很少见到有关电化学阻抗谱主题的课程。因此，这本教科书可以用于自学和在老师指导下学习。

结构与内容概要

本书分为七个部分。

第一部分　基础知识

这部分内容是为不同专业背景的学生编写的，有选择性地编写了复数变量、微分方程、统计学、电子电路、电化学和仪器仪表学等学科内容。但是，所涵盖的知识仅包括学习这本教科书后续核心内容所必需的知识点。

第二部分　实验注意事项

这部分内容主要阐述了阻抗测量方法和其他传输函数知识。这部分内容有助于理解频域技术和阻抗测试仪的使用方法。在此基础上，有助于对实验进行评估和改进。除此之外，这部分内容还讨论了实验误差的产生和噪声的影响。在第三部分中，将进一步讲述从电化学阻抗谱到其他传输函数技术的发展历程。

第三部分　过程模型

这部分阐述了如何根据物理和动力学知识，建立阻抗响应的模型。如果可能的话，根据对应的过程可以建立假设模型或者等效电子电路。这种处理方法包括电极动力学、传质过程、固态体系、时间常数的弥散性、二维和三维的界面模型、广义传输函数和传输函数技术的特殊例子。在这些传输函数技术的特殊例子中，主要利用调节旋转圆盘电极速度的方法，研究传质过程。

第四部分　解析方法

这部分内容主要讲述阻抗数据的解析方法，解析内容涵盖了图形方法、复杂的非线性回归，包括对实验误差和噪声的探讨。另外还阐明了系统误差限制了有利于回归分析的频率范围，而利用随机误差的方差可以指导回归的加权处理。

第五部分　统计分析

在这部分中，介绍了有关频域测量的随机误差、系统误差和拟合误差概念。频域测量的一个主要优点是阻抗响应的实部和虚部具有内在的一致性。这种一致性的表达式有不同的形式，并且统称为 Kramers-Kronig 关系。在这部分内容中，介绍了 Kramers-Kronig 关系及其在光谱测量中的应用。除此之外，还介绍了用来评估误差结构的计量模型，并将其与基于物理性质的过程模型进行了比较。

第六部分　综述

作为本书的最后一章，第 23 章介绍了在电化学阻抗谱研究过程中，实验观察、模型开发与误差分析的哲学思想。这种方法与常规阻抗谱模型建立方法的差别在于，它侧重于通过获取观察结果指导模型选择、使用误差分析指导回归方法和实验设计，包括利用模型指导、选择新实验的观察方法。这些概念都是通过列举文献中的示例进行阐释的，其目的在于说明模型的选择即使是基于物理原理，也需要进行误差分析和通过其他的实验进行验证。

第七部分　参考资料

参考资料包括 Kramers-Kronig 关系式推导所需的复数积分知识、符号说明以及参考文献。

教学方法

本书内容能够帮助读者理解问题，可以作为教科书进行课堂学习或自学。全书列举了许多说明性的实例，其目的在于说明如何将书中介绍的原理应用于解决普通阻抗问题。这些例子都是以问题的形式出现的，紧接着就是就所提问题进行解答。学生在阅读答案之前，可以尝试先自行解答这些问题。在每章的后面，都列出了一些思考题，适用于自学或在有指导的情况下学习。重要的方程和公式都汇总在了表格之中，很容易找到。一些重要的概念，都在书中页面的底部进行了提示。在书中，利用易于识别的图标，把示例和重要的概念进行了区分。

与其他领域的情况一样，在阻抗谱文献中使用的符号也是不一致的。例如，就扩散阻抗来说，符号 θ 一般用来表示无因次振荡浓度变量。然而，在动力学研究中，所有的符号 θ 均表示反应中间体覆盖部分的表面积。在本书中，使用的是物理意义一致的符号。例如，无因次振荡浓度变量就用符号 θ 表示，而用 γ 表示反应中间体覆盖部分的表面积。如在第 1.2.3 节中所讨论的那样，在本书中没有把国际纯粹与应用化学联合会（IUPAC）有关虚数的符号用作表示阻抗实部与虚部的符号。

本书可以作为阻抗谱应用培训的参考书。阻抗谱应用范围很广，如腐蚀、生物医学器件、半导体和固态器件、传感器、电池、燃料电池、电化学电容器、电介质材料的测量、涂料、电致变色材料、分析化学和影像领域。本书的重点在于阐述普遍适用的基本原理，而不是具体、详细的应用方法。关于阻抗的特殊应用，读者可以参考其他文献资料[1~4]。

从人们参加阻抗谱短期课程培训的积极性可见，阻抗谱课程越来越受欢迎。正如书中第一部分介绍阻抗谱技术发展历史时所阐述的，在过去的 10 年里，有关电化学阻抗谱应用的文章发表数量大大增加。但是人们可能会问：为什么要花一个学期的时间教授阻抗谱？这毕竟只是一项实验技术。在我们看来，阻抗谱是涉及许多学科的交叉科学。有关阻抗技术应用的培训，包括阻抗数据的解析，都需要在每个学科中进行连贯性的教育。除了学习阻抗谱知识之外，学生也应该对探究科学的一般理念有更好的了解。

马克·欧瑞姆，于美国佛罗里达盖恩斯维尔

伯纳德·特瑞博勒特，于法国巴黎

2008 年 7 月

提示 0.1： *左侧大象图标为每个章节中重要概念的标识。意在提醒学生记住盲人摸象的寓言故事。*

致 谢

本书作者于1981年在加州大学伯克利分校的John Newman研究团队第一次见面相识。那时，Mark Orazem是一名研究生，Bernard Tribollet是来自法国巴黎的法国科学研究中心（CNRS）的访问学者。我们一直保持着卓有成效的合作，我们的职业生涯以及本书的内容都是建立在我们从John那里获取的知识之上。我们应感谢很多人：

• 感谢我们的家人，多年来一直支持我们之间的合作。这本书是专门献给他们的。

• 感谢电化学学会（ECS），一直鼓励Mark Orazem每年参加并亲自教授电化学学会（ECS）组织的阻抗谱短期课程。因此，我们才有机会尝试本书提出的教学方法。

• 感谢法国科学研究中心（CNRS），提供了Mark Orazem 2001年至2002年度在巴黎学术休假一年的资金支持。

• 感谢佛罗里达大学在2012年为Mark Orazem第二次学术休假提供的资助。

• 感谢研究生Bryan Hirschorn，Vicky Huang，J. Patrick McKinney，Sunil Roy和Shao-Ling Wu，感谢他们在本书第一版时提出的建议和所做工作。同时，还要感谢Christopher Alexander，Ya-Chiao Chang，Yu-Min Chen，Christopher Cleveland，Arthur Dizon，Salim Erol，Ming Gao，Morgan Harding，Yuelong Huang，Rui Kong和Chen You，他们反复阅读本书的第二版，帮助举例，解答思考题，并指出了第二版文本中的一些错误。感谢本科生Katherine Davis完成的一些研究工作，这些工作也作为本书的部分内容。

• 感谢Hubert Cachet，Sandro Cattarin，Isabelle Frateur和Nadine Pébère，他们在阅读本书第一版中的不同章节后给予了审阅、修正的建议。

• 感谢Michel Keddam，从历史的角度对表1中内容进行了分类。

• 感谢Gamry仪器公司的Max Yaffe，在Kramers-Kronig关系式部分提供的帮助。

• 感谢Christopher Brett在本书第一版出版前的最后技术审阅。

• 感谢电化学学会的Mary Yess对于本项目的一直支持。

• 感谢电化学学会的Dinia Agarwala，他设计了两版图书的封面。

• 感谢TeXnology公司的Amy Hendrickson，他提供了LaTeX专业技术用于文本视觉外观的精密调校。

• 感谢Laura Carlson，我们的副主编辑，教我们如何正确使用连字符、尾标和破折号。

• 感谢来自John Wiley&Sons出版社的编辑Bob Esposito，他帮助我们完成了与图书出版相关的许多工作，并向我们保证，如果被认为是难于理解的作者，倒是一件好事。

• 感谢高级制作编辑Melissa Yanuzzi为本书出版最后阶段的工作做出的努力。

• 最后，感谢所有我们的同事和朋友，他们坚信本书会很有市场。

虽然我们已经得到很多人帮助和支持，但本书仍不可避免存在一些不妥和遗漏。我们将非常感激读者们的修正和建议，并将其应用于本书的后续版本中。

盲人摸象

阻抗谱是一个复杂的研究领域，存在明显的争议。在开始研究这个问题时，我们最好记住寓言故事盲人摸象。美国诗人 John Godfrey Saxe（1816—1887）根据寓言故事写下了下面这首诗[5]。

The Blind Men and the Elephant

John Godfrey Saxe

It was six men of Indostan
To learning much inclined,
Who went to see the Elephant
(Though all of them were blind),
That each by observation
Might satisfy his mind.

The First approached the Elephant,
And happening to fall
Against his broad and sturdy side,
At once began to bawl:
"God bless me! but the Elephant
Is very like a wall!"

The Second, feeling of the tusk,
Cried, "Ho! what have we here
So very round and smooth and sharp?
To me 'tis mighty clear
This wonder of an Elephant
Is very like a spear!"

The Third approached the animal,
And happening to take
The squirming trunk within his hands,

Thus boldly up and spake:
"I see," quoth he, "the Elephant
Is very like a snake!"

The Fourth reached out an eager hand,
And felt about the knee.
"What most this wondrous beast is like
Is mighty plain," quoth he;
" 'Tis clear enough the Elephant
Is very like a tree!"

The Fifth, who chanced to touch the ear,
Said: "E'en the blindest man
Can tell what this resembles most;
Deny the fact who can,
This marvel of an Elephant
Is very like a fan!?"

The Sixth no sooner had begun
About the beast to grope,
Than, seizing on the swinging tail
That fell within his scope,
"I see," quoth he, "the Elephant
Is very like a rope!"

And so these men of Indostan
Disputed loud and long,
Each in his own opinion
Exceeding stiff and strong,
Though each was partly in the right,
And all were in the wrong!

Moral:
So oft in theologic wars,
The disputants, I ween,
Rail on in utter ignorance
Of what each other mean,
And prate about an Elephant
Not one of them has seen!

图 1 所示为 2004 年阻抗谱国际年会的标志。希望大家记住盲人摸象的寓意。两条曲线代表受表面薄膜影响的系统阻抗 Nyquist 图。低频感应曲线通过变形处理是想令大家想起大象的鼻子，容抗弧曲线代表大象的头和身体。

阻抗谱虽然不是一个教派，但是对于复杂系统频域测量的应用，却无法简单地实现可视化。测量参量，比如电化学或电子系统的电流、电位，机械系统的应力、应变，都是代表单项空间平均值的宏观值。这些量均受到物理性质的影响，比如扩散速率、速率常数和黏度。但是，我们无法直接测量这些参量。

图 1　2004 年阻抗谱国际年会标志（会议在佛罗里达的可可海滩召开）

阻抗谱的应用跟摸一头我们看不见的象一样。在稳态条件下，通过测量电流和电位，能够得到给定系统的一些信息。如果增加频率对宏观测量的影响，就会从阻抗谱测量结果中获取更多的信息。然而，仅测量阻抗还不够。还需要一些额外的观察，以增加在模型识别中的可信度。

阻抗谱简介

本书将全面介绍阻抗谱的测量和分析。下面首先定性地对电化学阻抗谱进行简要的介绍。

如图 2 所示，一个未知性质的系统，可以表示为一个黑匣子。我们所做出的努力，都是为了了解黑匣子的性质，明白这个黑匣子是什么。可以考虑采取一系列测量，通过施加输入变量并测量结果，来了解黑匣子。例如，假设盒子放在暗室中，然后，给予一定波长光的照射。如果发生响应，例如电流，则可以认为盒子是光活性的。为了探索与吸收光子产生电流相关的动力学，可以调节光强度。这种实验方法将在第 15 章的 15.3.2 节中进行讨论。另一种方法，施加电压，并观察产生的电流。通过改变输入信号，可以探索盒内电荷存储的影响，包括电压转换为电流的过程动力学。

输入变量和输出变量之间的关系称为传递函数。阻抗谱是传递函数的一个特例。

图 2　黑匣子示意图

(1) 传递函数

传递函数可以用于描述线性稳态（LTI）系统的输入-输出关系。由于大多数信号都可以通过傅里叶级数转换分解为正弦波曲线的总和，因此系统的响应特征在于系统的频率响应。图 3(a) 为常见的系统响应示意图。对阶跃输入信号 $X(t)$ 的响应，表现为不同的长时和短时行为。这些行为均可以表示为传递函数对频率的关系。

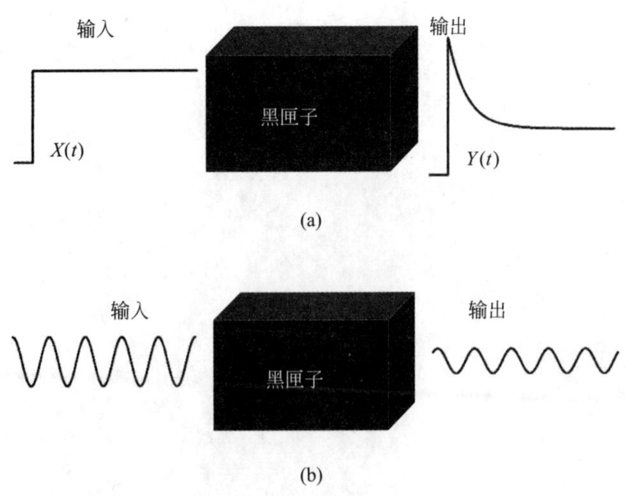

图 3　系统对输入 $X(t)$ 的响应 $Y(t)$ 示意图。
(a) 阶跃输入；(b) 频率为 ω 的正弦波输入

短时行为对应高频，长时行为对应低频。对于电化学系统，电极-电解质界面的充电发生速度快，与高频或短时响应相关。扩散是一个较慢的过程，具有较大的时间常数，相应地具有较小的特征频率。

例1 特征频率：对于半径 $r_0 = 0.25\text{cm}$ 且电容 $C_0 = 20\mu\text{F/cm}^2$ 的圆盘电极，求电极双层充电、法拉第反应和扩散的特征频率。其中，圆盘浸入在电阻率 $\rho = 10\Omega \cdot \text{cm}$ 的电解液中。假设法拉第反应的交换电流密度 $i_0 = 1\text{mA/cm}^2$，且圆盘电极在 $\Omega = 400\text{r/min}$ 转速下旋转。电解质的运动黏度为 $\nu = 10^{-2}\text{cm}^2/\text{s}$。

解：对于与充电、法拉第反应和扩散相关的时间常数和特征频率，有关计算如下：

① 双层充电：电极表面充电的时间常数为

$$\tau_C = C_0 R_e \tag{1}$$

其中，R_e 是欧姆电阻，单位为 Ω，利用式（5.112），可以计算得出

$$R_e = \frac{1}{4\kappa r_0} = \frac{\rho}{4 r_0} \tag{2}$$

或者，通过下式计算，即

$$R_e = \frac{\pi r_0 \rho}{4} \tag{3}$$

在这里，其单位为 $\Omega \cdot \text{cm}^2$。对于给定的参数，时间常数是 $\tau_C = 0.04\text{ms}$。相应的特征相角频率为

$$\omega_C = \frac{1}{\tau_C} \tag{4}$$

或者

$$f_C = \frac{1}{2\pi\tau_C} \tag{5}$$

这里，单位为 Hz。因此，对于时间常数 $\tau_C = 0.04\text{ms}$，特征频率为 4.1kHz。

② 法拉第反应：法拉第反应的时间常数为

$$\tau_t = C_0 R_t \tag{6}$$

其中，R_t 是电荷转移电阻。如果圆盘电极上的动力学过程是线性的，利用式（5.117），可以计算得出 R_t，即

$$R_t = \frac{RT}{nFi_0} \tag{7}$$

根据式（6）和式（7），计算的时间常数为 0.51ms，特征频率为 310Hz。

③ 扩散：对于旋转圆盘电极，扩散的时间常数由下式给出

$$\tau_D = \frac{\delta_N^2}{D_i} \tag{8}$$

其中，D_i 是反应物质的扩散系数；δ_N 是扩散层厚度，为转速的函数，见式（11.72）。当物质扩散速率为 $10^{-5}\ \text{cm}^2/\text{s}$ 时，扩散时间常数等于 0.41s。相应的特征频率为 0.4Hz。

实验在时域中进行。如果输入信号是正弦波，如图 3（b）所示，就有

$$X(t) = \overline{X} + |\Delta X| \cos(\omega t) \tag{9}$$

其中，$\overline{X}$ 是信号稳态值或不随时变化的部分；$|\Delta X|$ 表示信号瞬时模值的大小。当

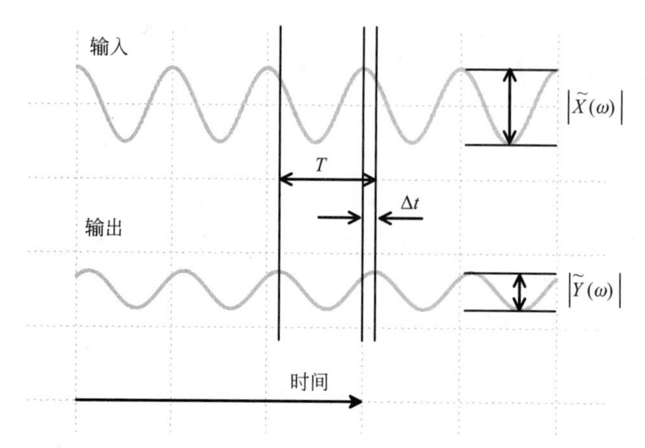

图 4　正弦波输入的传递函数计算的示意图。
其中，正弦波频率为 ω。两个信号之间的时间间隔是 Δt，信号的周期为 T

$|\Delta X|$ 足够小时，其响应是线性的，且输出与输入的形式一样，频率相同。即

$$Y(t)=\overline{Y}+|\Delta Y|\cos(\omega t+\varphi) \tag{10}$$

其中，φ 是输入和输出信号之间的相位差。时域表达式见例 1.9 中推导，即

$$X(t)=\overline{X}+\mathrm{Re}\{\tilde{X}\exp(\mathrm{j}\omega t)\} \tag{11}$$

$$Y(t)=\overline{Y}+\mathrm{Re}\{\tilde{R}\exp(\mathrm{j}\omega t)\} \tag{12}$$

其中，$\tilde{X}$ 和 $\tilde{Y}$ 分别是复数变量，且是频率的函数，但与时间无关。传递函数是频率的函数，与输入信号的时间和幅度无关。当测量在时域中进行时，其传递函数可以从随后的分析中获得。在给定频率 ω 条件下，传递函数的计算如图 4 中所示。输出和输入信号的幅度比为传递函数的幅值。相位角可以以弧度为单位表示如下：

$$\varphi(\omega)=2\pi\frac{\Delta t}{T} \tag{13}$$

如果 $\Delta t=0$，则相位角等于零。类似地，如果 $\Delta t=T$，则相位角也等于零。如图 4 所示，输出滞后于输入，相位角具有正值。

因此，传递函数可以用两个参数表征，即增益和相位角：

$$|H(\omega)|=\frac{|Y|}{|X|}=\frac{|\tilde{Y}(\omega)|}{|\tilde{X}(\omega)|} \tag{14}$$

这两个参数可以分别用复数的模值和相位角表示，其中复数的模值为 $|H(\omega)|$，相角为 $\varphi(\omega)$；或者实部表示为 $|H(\omega)|\cos[\varphi(\omega)]$，虚部表示为 $|H(\omega)|\sin[\varphi(\omega)]$（见第 1 章）。

通常，输入信号作为相位角的参考值。在这种情况下，输入部分对应复数的实数，即 $\tilde{X}(\omega)$。输出信号是复数 $\tilde{Y}(\omega)$，由模值 $|\tilde{Y}|$ 和相位角 $\varphi(\omega)$ 构成。这样有

$$|H(\omega)|=\frac{\tilde{Y}(\omega)}{\tilde{X}(\omega)}=\frac{|\tilde{Y}(\omega)|}{|\tilde{X}(\omega)|}[\cos\varphi(\omega)+\mathrm{j}\sin\varphi(\omega)] \tag{15}$$

对于电气或电化学系统，输入通常是电位，输出是电流，传递函数称为导纳。在特定情况下，输入也可是电流，输出是电位，传递函数是阻抗。然而，传递函数是系统的属性，与输入信号无关。由于导纳是阻抗的倒数，即有

$$Z(\omega)=\frac{\tilde{V}(\omega)}{\tilde{i}(\omega)} \tag{16}$$

通常，即使测量对应于导纳，也仅考虑阻抗。测量的阻抗与所施加的频率有关。

如果将阻抗作为频率的函数进行分析，就可以定义传递函数模型。在传递函数模型中，考虑了相应系统所有的时间常数。

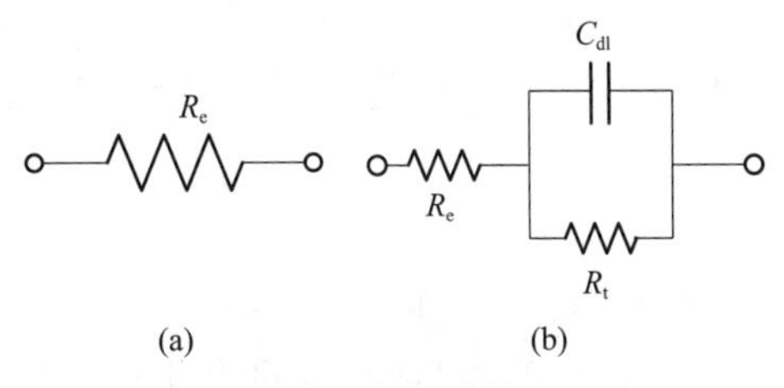

图 5　电气系统。
(a) 电阻；(b) 电容和电阻并联后与电阻串联

例 2　阻抗和欧姆定律：阻抗谱与欧姆定律在应用方面有何不同？比如 $V=IR$。

解：表达式 $V=IR$ 表示稳态测量。对于由电阻组成的系统，如图 5（a）所示，在施加电位下，测量电流值，可得到电阻值，即 $\overline{V}/\overline{I}=R_e$。对于恒电位阻抗测量，施加瞬时电位

$$V=\overline{V}+|\Delta V|\cos(\omega t) \tag{17}$$

产生的电流

$$I=\overline{I}+|\Delta I|\cos(\omega t+\varphi) \tag{18}$$

其中，φ 是电流和电位之间的相位差。如例 1.9 中所述，式（17）在数学上等效于

$$V=\overline{V}+\mathrm{Re}\{\tilde{V}\exp(\mathrm{j}\omega t)\} \tag{19}$$

式（18）在数学上等价于

$$I=\overline{I}+\mathrm{Re}\{\tilde{I}\exp(\mathrm{j}\omega t)\} \tag{20}$$

电阻的阻抗如图 5(a) 所示，表示为

$$Z=\frac{\tilde{V}}{\tilde{I}}=R_e \tag{21}$$

从稳态测量 $\overline{V}/\overline{I}=R_e$，即可获得电阻值。

图 5(b) 中所示电路可以认为代表了一个简单的与电位有关的电化学反应，如第 10.2.1 节所述。在外加电压作用下，测量产生的稳态电流，即可得到

提示 0.2：阻抗是一种复杂的传递函数，其电输出与电输入有关。

提示 0.3：测量信号 $V(t)$ 和 $i(t)$ 是实数；它们的比值也是一个随时间变化的实数。该比值不是阻抗。从而有

$$Z(\omega)\neq\frac{V(t)}{i(t)}$$

$$\frac{\overline{V}}{\overline{I}}=R_e+R_t \tag{22}$$

从式（22）可知，R_e 和 R_t 的贡献无法区分，并且并联电容的贡献也无法辨别。相反，按照例 4.2 中的推导，阻抗响应可以表示为

$$Z=\frac{\widetilde{V}}{\widetilde{I}}=R_e+\frac{R_t}{1+j\omega R_t C_{dl}} \tag{23}$$

根据式（23），采用第 18 章中的图形方法或复杂的非线性回归（见第 19 章），可以容易地获得参数 R_e、R_t 和 C_{dl}。

（2）阻抗谱的应用

阻抗谱已经应用于许多电化学系统，下面举几个例子。

① 当吸附中间产物存在时。有时候，仅通过测量电化学阻抗就可以研究一些性质。例如，铁在硫酸中的溶解过程，就可利用阻抗证明存在着吸附的反应中间体，并且为单层膜形式。另外一个有趣的系统是纯铁电极在含有硫酸电解质中的腐蚀。Bockris 等人提出了一种反应模型[6]。其中，两个连续反应步骤是由吸附中间体耦联起来的。铁的阳极溶解可以简化描述为

$$Fe\xrightarrow{K_1}Fe_{ads}^{+}+e^{-} \tag{24}$$

和

$$Fe_{ads}^{+}\xrightarrow{K_2}Fe^{2+}+e^{-} \tag{25}$$

首先，铁氧化，并在电极表面上形成吸附的一价中间产物。其次，中间产物进一步氧化。亚铁离子是可溶的，并且从电极表面向外扩散。Epelboin 和 Keddam 研究表明[7]，在低频区，出现感应弧阻归因于吸附中间产物对铁表面的部分覆盖。这种膜太薄而不能直接观察到。相关的数学模型在第 10.4 节中详细介绍。

② 当腐蚀速率比较小时。例如，在法国给排水网络中，其铸铁饮用水管的内部腐蚀速率非常小，并且腐蚀本身通常不是多大问题。腐蚀速率虽然很小，但是足以降低水处理厂中引入的游离氯浓度（次氯酸 HClO 和次氯酸根离子 ClO^- 的总和），以保持微生物质量。Frateur 等人[8] 报道了电化学阻抗测量的结果：利用阳极金属溶解的模型，逐渐形成由腐蚀产物和氧还原产物组成的多孔膜，由此估计腐蚀速率。在 Evian™ 水中浸渍 28 天后，发现铸铁的腐蚀速率约为 10μm/a。这项工作通过表面分析得到验证。结果表明，虽然存在腐蚀产物，但是无法评估速率。因为这种小的腐蚀速率是无法通过失重法进行测量的。相关的数学模型在第 31.1.2 小节介绍。

③ 存在黏度梯度时。Barcia 等[9] 提出了电流体动力学阻抗测量。结果表明，与一般假设相反，铁在硫酸中电解溶解，其电解质黏度是不均匀的。发现黏度梯度与系统中的瞬时电流有关[10]。电流体动力学阻抗可以采用传递函数的方法表示，即在恒定电位下，测量电流对圆盘电极旋转速度调制的响应

$$Z_{EHD}(\omega)=\frac{\widetilde{i}(\omega)}{\widetilde{\Omega}(\omega)} \tag{26}$$

有关此技术的详细讨论，请参见第 16 章。

④ 电活性聚合物中离子和溶剂的嵌入。Gabrielli 等人[11,12] 采用电重量阻抗与电化学

阻抗谱相耦合的方法，如方程（16）所述，揭示了离子和溶剂嵌入聚吡咯电活性聚合物中的机制。电重量阻抗同样可以采用传递函数方法表示，测量电极质量变化对电位调制的响应。这样，就有

$$Z_{\mathrm{EG}}(\omega)=\frac{\widetilde{m}(\omega)}{\widetilde{V}(\omega)} \tag{27}$$

关于电重量阻抗详见第 15.3.3 小节。通用数学基础知识将在第 15 章中阐述。

阻抗谱的历史

阻抗谱是一种已被广泛应用而且越来越重要的电化学技术。如图 6 所示，大概每四年或者五年时间，在这个领域中发表的论文数量就翻一番。在 2006 年发表的 996 篇期刊文章中都提到使用了电化学阻抗谱。在 2015 年，已经是 3123 篇。

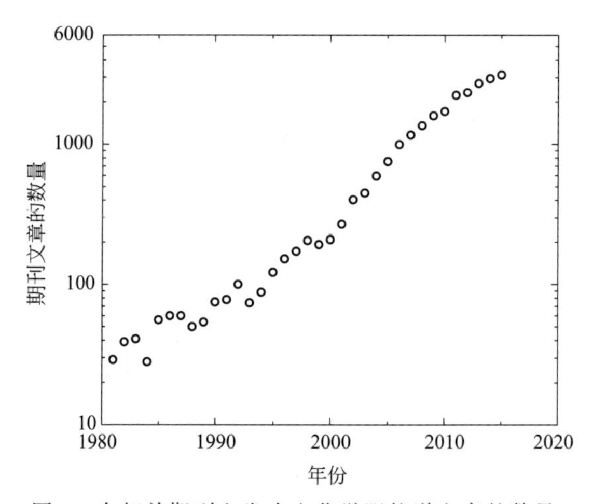

图 6　在相关期刊上发表电化学阻抗谱文章的数量。

此数据于 2016 年 11 月 19 日利用工程（Engineering Village）搜索引擎获得。关键词为“阻抗、导纳和电化学”

另一个衡量电化学阻抗谱重要性的标准是涵盖该主题的教科书和专著的数量增长情况。这些书籍有 D. D. Macdonald 编著的《电化学瞬态技术》(1977 版)[1]，J. R. Macdonald 编著的《阻抗谱：固体材料和系统》(1987 版)[3]，Barsoukov 和 J. R. Macdonald 编著的《阻抗谱：理论、实验和应用》(2005 版)[4]，本书的第一版（2008 版），Lvovich 编著的《阻抗谱：电化学和介电现象的应用》（2012 版）[14]，Lasia 于 2014 年编著的《电化学阻抗谱及其应用》[15]，Grimnes 和 Martinsen 于 2015 年编著的第三版《生物阻抗和生物电学基础》[16]。其中，《生物阻抗和生物电学基础》的第一版和第二版分别于 2000 年和 2008 年出版。Itagaki[17] 于 2008 年发布了日文版《电化学阻抗方法》，第二版于 2011 年出版发行[18]。

(1) 时间表

Oliver Heaviside 首次将拉普拉斯变换方法应用到电子电路的瞬态响应，由此开创了阻抗谱的应用先河。Heaviside 命名了一些词语，比如电感、电容和阻抗，并将这些概念应用到电子电路的处理。他的相关论文，最初发表在 1872 年的《电工》刊物上。之后，Heaviside 将相关论文都收集在他的书里，并于 1894 年出版[19,20]。然而，从物理系统的应用前景来看，阻抗谱的历史始于 1894 年，而且与 Nernst 的工作有关[8]。

Nernst 将 Wheatstone[22,23] 发明的惠斯登电桥用于测量电解质水溶液和不同有机液体的介电常数。之后不久，很快就有人将 Nernst 的方法用于测量介电性能[24,25]和电池电阻[26]。Finkelstein[27] 将这种技术应用于氧化物的介电响应分析。Warburg[28,29] 建立了扩散过程阻抗响应的表达式。他提出的扩散定律要比 Fick[30] 定律早 50 年。除此之外，Warburg 还建立了电解质体系的模拟电子电路，并指出在电解质体系中电容和电阻是频率的函数。后来，

Krüger 将扩散阻抗的概念应用于汞电极的电容响应测量中[31]。

在 20 世纪 20 年代，人们开始把阻抗法应用于生物体系，包括蔬菜[32]细胞电阻和电容的测试以及血液细胞的介电响应研究[33～35]。此外，阻抗也应用于肌纤维、皮肤组织和其他生物膜的研究中[36,37]。同时，发现了细胞膜的电容是频率的函数[38]。Fricke 则发现了阻抗的频率指数和常相位角之间的关系[39]。在 1941 年，Cole 兄弟认为，在复变导纳平面图上，可以把频率与复介电常数的关系表示为半圆弧，并且可以用公式表示。此公式与 Fricke 定律一致[39]。这就是现在我们所熟知的常相位角元件[40]。

在 1940 年，Frumkin[41]探讨了汞电极上的双层结构、惠斯登电桥测量的电容和依据 Lippmann 方程理论计算的表面张力三者之间的关系。Grahame[42,43]扩展了这种汞电极的研究，使得对双电层结构有了基本了解。基于在电化学动力学过程中电路元件与频率无关，Dolin 和 Ershler 将等效电路的概念应用于电化学动力学研究[44]。Randles[45]针对理想汞极化电极，建立了等效电路，而且据此等效电路很好地解释了吸附反应的动力学过程。

在 20 世纪 50 年代早期，阻抗开始应用于更复杂的反应体系研究[46～48]。在随后的几年中，Epelboin 和 Loric[49]就强调了反应中间产物在产生低频感应弧中作用。de Levie[50]为多孔、粗糙电极的阻抗响应建立了传输线模型。Newman 研究[51] 则表明，圆盘电极的非均匀电流和电位分布可导致高频时间常数的弥散。Levart 和 Schuhmann[52] 为旋转圆盘电极建立了扩散阻抗模型，并很好地解释了均匀化学反应的影响作用。在 Armstrong[53] 和 Epelboin 等[54]发表的文章中，详细阐述了动力学模型对反应中间产物的影响。

复变非线性回归技术创建于 20 世纪 70 年代初[55,56]，并被 Macdonald[57,58]和 Boukamp 等[59]应用于阻抗数据处理。回归方法是根据等效电路建立的，已成为解析阻抗数据的主要方法。实验研究越来越多地转向那些与阻抗技术相关的应用，比如电沉积和腐蚀[60～62]。Gabrielli 等引入了阻抗谱的广义传递函数概念[63～65]。在此期间，于 20 世纪 20 年代后期，提出了 Kramers-Kronig 关系[66,67]，并将 Kramers-Kronig 关系用来检验电化学阻抗谱数据的可靠性[68]。Agarwal 等[69] 提出了一种方法。利用这种方法，可以消除对 Kramers-Kronig 积分方程进行直接积分的相关问题，而且利用这种方法可以解释阻抗测量中的随机误差。

多位作者阐述了阻抗数据广义反褶积的方法[70,71]。Stoynov 和他的合作者提出[72,73]了一种有用的方法。在这种方法中，通过计算相对于频率的阻抗局部导数，就可以允许在没有分布函数的先验假设条件下，对给定阻抗谱时间常数的分布失效实施可视化。Stoynov 和 Savova-Stoynov[74]提出了图解方法。利用这种方法，在体系演化期间获得一系列连续阻抗图，对瞬时阻抗进行估计预测。

1989 年，在法国的 Bombannes，首次举行了专门的电化学阻抗谱技术发展交流会。之后，会议每三年举行一次。1992 年在美国加州，1995 年在比利时，1998 年在巴西，2001 年在意大利，2004 年在美国佛罗里达州，2007 年在法国，2010 年在葡萄牙，2013 年在日本，2016 年在西班牙。这些会议的文集为读者提供了三年来阻抗研究的状况[75～83]。在这些文集中，普遍关注的焦点是电极表面的均匀性和常相位角元件的应用与滥用。对此，Lillard 等[84]创建的局部阻抗谱技术在理解这些关系上不失为一种有用的方法。

(2) 研究领域

在表 1 中，介绍了阻抗谱的发展历史。尽管如此，还是不能综合反映出该领域的重大发展与进步，也没有提及许多重大的贡献。如果读者还想深入了解，可以参考 Macdonald 的著作[85]。Sluyters-Rehbach[86]和Lisia[87]对此作了很好的综述。但是，从表1还是可以看出电化学阻抗谱领域的发展趋势。该领域包括许多研究体系和测量仪器。除此之外，还包括频率范围的改变、阻抗数据的表征、体系定量性质的数据解析方法。

表1　阻抗谱的发展史

	1894—1920	1920—1952	1952—1960	1960—1972	1972—1990	1990—2016
实验系统	介电性能	汞滴电极，双层体系，生物体系	阳极溶解	电结晶，腐蚀，三维电极	发生器，混合导体，氧化还原材料	非均匀表面
测量技术	电桥：机械发生器	电桥：电子发生器	脉冲法，示波器，拉普拉斯变换	模拟阻抗测量，恒电位仪(AC+DC)	数字阻抗测量，并与计算机连接	局部电化学阻抗谱(LEIS)
频率范围	声频 >100Hz	声频 >100Hz	声频和次声频 >1mHz	声频和次声频 >1mHz	声频和次声频 >1mHz	声频和次声频 >1mHz
表征方法	R-C	电子等效电路	Nyquist 图	Bode 图		校正 Bode 图，$\lg(\|Z_j\|)$ vs. $\lg(f)$
数学分析	Heaviside 理论	电容 vs. 频率	$\sqrt{f}$	拟合	Kramers-Kronig 分析，假定误差结构	度量模型，测量误差结构
模拟				计算机站	个人计算机	商业偏微分方程求解器
过程模型	Nernst：电介质(1894)；Warburg：扩散(1901)；Finkelstein：固体薄膜(1902)	Randles 扩散：双层和扩散阻抗(1947年)	Gerischer：有吸附的中间产物两个异构的步骤(1955年)	de Levie：多孔电极(1967年)	Schuhmann：均相反应和扩散；(1964年)；Gabrielli：广义阻抗(1977年)	Isaacs：局部电化学阻抗谱(1992年)

(3) 实验系统

据我们现在所知，阻抗谱的早期应用主要是研究液体和金属氧化物的介电性能。关于汞电极的阻抗测量，意在揭示电极和电解质之间的界面机制。对此，滴汞电极是一个理想选择，因为滴汞电极提供了一个均匀的、表面新鲜的界面。对于这样理想的界面，可以认为在很宽的电位范围能够进行理想的极化。利用交流阻抗技术可以确定界面的电容。由此，可以将测定的界面电容与扩散双电层理论相比较。在20世纪20年代，主要致力于生物体系的研究，包括血液的介电性能和细胞膜的阻抗响应。在20世纪50年代，开始利用阻抗技术研究阳极的溶解过程。这样，人们开始把适合基础研究的理想表面应用到技术材料领域。阻抗也因此成为研究腐蚀、薄膜沉积以及其他电化学反应过程的有用工具。很显然，固体电极表面是不均匀的。这将使得根据物理特性对阻抗谱进行解析变得更为复杂化。近来，局部阻抗谱已经成为一个研究不均匀电极表面的方法。

(4) 测量技术

早期的实验技术主要依赖惠斯登电桥的应用。惠斯登电桥基于调零技术，需要一个可调电阻和电容器在每个频率下操作，以获得与频率相关的电阻和电容，由此得出阻抗。经过一段时间之后，机械信号发生器由电子信号发生器所取代，但仍然局限在声波频率范围内，即从kHz到Hz。示波器记录时域信号时，有能力测量到次声波，即mHz量级。随着数字信号分析的发展，现今能够自动记录阻抗谱数据。这些技术将在第 7 章进行阐述。随着微电极的发展，局部电流密度和局部阻抗谱的测量得以实现。有关技术也将会在第 7 章中介绍。

期间，相关的传递函数方法也得到了同样的发展。对于电化学体系，阻抗谱与电流和电位的测量有关，是一般体系的响应。就像在第 15 章和第 16 章所描述的那样，传递函数方法允许实验者隔离掉特定输入或输出相关的响应部分。

(5) 阻抗表征

利用阻抗数据作图的方法始于采用电桥测量电阻和电容，并对有效电阻和电容数据的作图。这些图就是后来所说的 Nyquist 图和 Bode 图，这是一种传统的阻抗数据表示方法。最近，笔者提倡使用欧姆阻抗校正的 Bode 图和利用虚部阻抗的对数对频率作图。在第 18 章中，将介绍这样的图对定量解释阻抗谱的局限性。

(6) 数学分析

在 20 世纪早期，就建立了在无限域和固体薄膜中扩散的阻抗响应。同样的，在 20 世纪 40 年代，提出了双层电容的定量模型。在 20 世纪中叶，针对非均相反应和吸附中间产物，建立了相关的模型。在 20 世纪 60 年代和 20 世纪 70 年代，利用这些模型解释了均相反应和多孔电极反应。有关定量模型的发展状况将在第三部分描述。

尽管模型能够定量描述物理化学参数和阻抗响应之间的关系，但是解析方法的应用却没有与模型的发展保持同步。解析是基于对绘制阻抗数据图的检查。在简单的情况下，这些图可以直接应用，有关这些将在第 18 章中介绍。在更为复杂的情况下，就需要采用模拟方法计算，并进行数据的图形化对比，以揭示定量信息。

在第 19 章和第 20 章中，将会介绍阻抗谱的非线性回归分析方法。这是在 20 世纪 70 年代初期提出的。模型的建立采用电子电路与数学公式相结合的方法，据此可用于解释几何形状简单的扩散阻抗。

在利用模型对阻抗数据进行拟合的过程中，存在很大困难。因为电化学系统经常不符合模型中的假设，特别是那些与电极均匀性有关的假设。引入常相位角元件（CPE），作为一种常见的通用电路元件，可以用来解释时间常数的分布。这将会在第 14 章中阐述。对于特定系统，其常相位角元件的含义还存在着争议。

此外，阻抗测量的误差也取决于频率。这种误差需要利用回归方法处理。在回归分析的初始阶段，假定阻抗测量误差与阻抗值有关。这就导致了如何假设误差结构是最合适的一些争议。在后来，建立了度量模型的实验方法，这样就不需要假设误差结构。有关这些将在第 21 章中阐述。

由于阻抗测量需要在声频和次声频范围内转换，导致完成测量的时间较长，由此使得阻抗在测量过程中会受到系统性质变化的影响。可以利用 Kramers-Kronig 关系，确定阻抗谱是否为非稳态行为破坏，这将在第 22 章中描述。这种方法也是有争议的，因为要求测量数据外推，并且需要评估从 0 到无限频率范围内 Kramers-Kronig 积分的有效性。利用度量模型就可以评估不需积分的 Kramers-Kronig 关系的一致性程度。

使用强大的计算机和商业偏微分方程（PDE）求解器，使得具有活性分布电极的阻抗响应建模更加容易。利用这些工具，再加上局部阻抗测量技术的发展，使得非均匀表面的研究得到了日新月异的进步。这种联合将为实验、建模、错误分析的集成提供一个很好的例子。有关内容将会在第 23 章中描述。

目　录

第一部分　基础知识

第 13 章 时间常数的弥散效应 213

第 14 章 常相位角元件 267

第 22 章 Kramers-Kronig 关系 404

第六部分 综 述

第 23 章 阻抗谱的综合分析方法 418

第七部分　参考资料

Electrochemical
Impedance
Spectroscopy

第一部分

基础知识

第1章 复数

为了分析与频域相关的实验结果，比如阻抗谱，必须了解并学会复数。本章在充分理解频域解析模型发展的基础上，重点介绍复数内容。复数在应用数学中是一个重要领域，对于在本章中未提到的内容，可以参考复变函数的专业教材[88,89]。本章内容将体现 Fong 等[90]提出的集约化处理的应用。

1.1 虚数

“虚数”是复数研究中主要使用的术语，但不幸的是，这为刚开始学习这门课程的同学带来了不必要的概念上的理解障碍。复数是数的序偶，其中虚数部分代表特殊类型方程的解。正如 Cain 在复数的介绍中提到的[89]，复数可以与其他序偶做比较。

例如，有理数被定义为整数的序偶。比如，(3，8) 是有理数。序偶 (n, m) 可以写成 n/m。因此，有理数 (3，8) 也可以用 0.375 表示。

对于两个有理数 (n, m) 和 (p, q)，定义当 $nq=pm$ 时，这两个数相等，(n, m) 和 (p, q) 的和为

$$(n,m)+(p,q)=(nq+pm,mq) \tag{1.1}$$

乘积为

$$(n,m)(p,q)=(np,mq) \tag{1.2}$$

减法和除法分别被定义为加法和乘法的逆运算。

引进无理数是因为有理数集合不能为形如 $z=\sqrt{2}$ 这类方程提供解。在后面的章节中可以看到，包含有理数和无理数的实数集合，不足以为其他类型的方程提供解。因此，我们在后面的章节中会介绍复数。复数的定义是实数和虚数的序偶 (x, y)[89]。

1.2 术语

复数的概念在数学和工程分析中被广泛使用。在阻抗谱领域中普遍遇到的一些定义和概念将在本章中进行介绍。

1.2.1 虚数

虚数 $\mathrm{j}=\sqrt{-1}$ 是下列代数方程的解

$$z^2=-1 \tag{1.3}$$

这里，方程的解为 $z=\pm\mathrm{j}$。虚数还会出现在下列微分方程的解中

$$\frac{\mathrm{d}^2 y}{\mathrm{d}x^2}+by=0 \tag{1.4}$$

如同在例 2.3 中所述，方程（1.4）有特征方程

$$m^2 = -b \tag{1.5}$$

其解为

$$m = \pm\sqrt{-b} = \pm \mathrm{j}\sqrt{b} \tag{1.6}$$

方程（1.4）的齐次解是

$$y = C_1 \exp(\mathrm{j}\sqrt{b}x) + C_2 \exp(-\mathrm{j}\sqrt{b}x) \tag{1.7}$$

在表 1.1 中，列出了复数 j 的一些有用性质。

表 1.1　复数 j 的性质

$$\mathrm{j} = \sqrt{-1} \tag{1.8}$$

$$\mathrm{j}^2 = -1 \tag{1.9}$$

$$\mathrm{j}^3 = -\mathrm{j} \tag{1.10}$$

$$\mathrm{j}^4 = 1 \tag{1.11}$$

$$1/\mathrm{j} = -\mathrm{j} \tag{1.12}$$

1.2.2　复数

对于二次方程

$$az^2 + bz + c = 0 \tag{1.13}$$

它的解为

$$z = \frac{-b \pm \sqrt{b^2 - 4ac}}{2a} \tag{1.14}$$

如果判定 $b^2 - 4ac < 0$，则方程的解为复数，并可表示为

$$z = z_{\mathrm{r}} + \mathrm{j}z_{\mathrm{j}} \tag{1.15}$$

其中，z_{r} 和 z_{j} 是实数，分别代表 z 的实部和虚部。通常，符号 $\mathrm{Re}\{z\}$ 和 $\mathrm{Im}\{z\}$ 也分别用来定义复数 z 的实部和虚部。

1.2.3　阻抗谱中的符号规定

国际纯粹与应用化学联合会（IUPAC）规定，如同在 Sluyters-Rehbach[91] 的综述中所写到的，$\sqrt{-1}$应表示为 i。为了避免与电流密度 i 和表示化学物质组分的 i 混淆，我们选择与电气工程中规定的符号一致，即$\sqrt{-1}$表示为 j。

在选用符号表示阻抗实部和虚部的过程中，我们也没有遵从国际纯粹与应用化学联合会的规定，即用 Z'表示阻抗实部，用 Z''表示阻抗虚部。因为考虑到国际纯粹与应用化学联合会规定，可能将素数和双素数分别与一阶和二阶导数混淆，所以，我们选择将阻抗实部标记为 Z_{r}，虚部标记为 Z_{j}。

1.3　复数运算

由于 z 是一个含有实部与虚部的单一值，因此 z 可表示为复变平面上的一个点，如图 1.1 所示。复数 $z = z_{\mathrm{r}} + \mathrm{j}z_{\mathrm{j}}$ 的共轭为 $\bar{z} = z_{\mathrm{r}} - \mathrm{j}z_{\mathrm{j}}$。因此，在图 1.1 中，$\bar{z}$ 可以看做是 z 关于

实数轴的对称值。

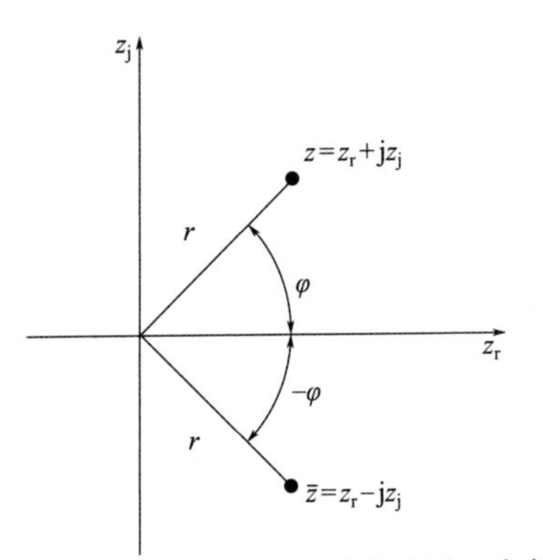

图 1.1 相位矢量图表示了一个复数的位置和它在复平面上的共轭复数

在图 1.1 中，对复数进行了图像表达，当且仅当实数的实部与虚部分别相等时，这两个实数才相等。因此，一个包含复数的方程需要满足两个方程，一个关于实部的方程，一个关于虚部的方程。交换律、结合律和分配律均适用于复数计算。在表 1.2 中，列出了一些关于复数的重要关系式，包括计算交换律、结合律和分配律。

交换律说明，在加法和乘法运算中，可以随意交换各项的位置。表 1.2 中，式（1.16）适用于加法，式（1.17）适用于乘法，式（1.18）表示分配律，式（1.19）表示结合律。

表 1.2 复数 $z=z_r+jz_j$ 与 $w=w_r+jw_j$ 的关系

$$z+w=w+z \tag{1.16}$$

$$zw=wz \tag{1.17}$$

$$a(z+w)=az+aw \tag{1.18}$$

$$a(zw)=(az)w \tag{1.19}$$

$$z+w=(z_r+w_r)+j(z_j+w_j) \tag{1.20}$$

$$z-w=(z_r-w_r)+j(z_j-w_j) \tag{1.21}$$

$$zw=(z_r w_r-z_j w_j)+j(z_r w_j+z_j w_r) \tag{1.22}$$

$$w\bar{w}=w_r^2+w_j^2 \tag{1.23}$$

$$\begin{aligned}\frac{z}{w}&=\frac{z\bar{w}}{w\bar{w}}\\&=\frac{(z_r w_r+z_j w_j)+j(z_j w_r-z_r w_j)}{w_r^2+w_j^2}\end{aligned} \tag{1.24}$$

1.3.1 复数的乘法与除法

式（1.20）～式（1.24）阐述了复数实部与虚部的运算方式，这些结果为下列例子提供了计算法则。

例 1.1 复数的乘法：两个复数乘积的虚部是否等于两个复数虚部的乘积？

解：设两个复数分别为 $z=z_r+jz_j$ 与 $w=w_r+jw_j$，按式（1.22）计算 z 和 w 的乘积为

$$\begin{aligned}zw&=(z_r+jz_j)(w_r+jw_j)\\&=(z_r w_r+j^2 z_j w_j)+j(z_r w_j+w_r z_j)\\&=(z_r w_r-z_j w_j)+j(z_r w_j+w_r z_j)\end{aligned} \tag{1.25}$$

提示 1.1：复数是实数和虚数的序偶（x，y），可以表示使用有理数和无理数无法求解问题的解。

可见，两个复数乘积 zw 的虚部是 $(z_r w_j + w_r z_j)$，不等于虚部的乘积，即

$$(z_r w_j + w_r z_j) \neq z_j w_j \tag{1.26}$$

因此，两个复数乘积的虚部不等于两个复数虚部的乘积。

例 1.2　复数的除法：Antaño-Lopez 等[92] 在一项新的实验技术中，运用了一个电容近似方程，即

$$C = \frac{Y_j(\omega)}{\omega} \tag{1.27}$$

其中，Y 是导纳，并且 $Y = Z^{-1}$；ω 是角频率。在第 17.4 节会讲到，当频率充分大，可忽略法拉第电阻的影响时，电容可由下式直接得出

$$C = -\frac{1}{\omega Z_j(\omega)} \tag{1.28}$$

其中，Z_j 是复阻抗 Z 的虚部。对于电容系统，$Z_j < 0$。那么，方程（1.27）在什么条件下才成立呢？

解：如果下式

$$Y_j = \mathrm{Im}\{Z^{-1}\} \overset{?}{=} -Z_j^{-1} \tag{1.29}$$

成立，那么方程（1.27）与方程（1.28）是一致的。

为了验证方程（1.29）的正确性，考虑复数 $Z = Z_r + jZ_j$ 的倒数

$$\frac{1}{Z} = \frac{1}{Z_r + jZ_j} \tag{1.30}$$

复数的除法要先将分母转换成实数，再做计算，分子、分母都要同时乘共轭复数 [见式（1.23）与式（1.24）]，就有

$$\begin{aligned} \frac{1}{Z} &= \left\{\frac{1}{Z_r + jZ_j}\right\}\left\{\frac{Z_r - jZ_j}{Z_r - jZ_j}\right\} \\ &= \frac{Z_r - jZ_j}{Z_r^2 + Z_j^2} \\ &= \frac{Z_r}{Z_r^2 + Z_j^2} - j\frac{Z_j}{Z_r^2 + Z_j^2} \end{aligned} \tag{1.31}$$

因此，有

$$Y_j = \mathrm{Im}\{Z^{-1}\} = -\frac{Z_j}{Z_r^2 + Z_j^2} \neq -\frac{1}{Z_j} \tag{1.32}$$

对于方程（1.29），当且仅当 $Z_r = 0$ 时才成立。如第 10 章所述，在高频条件下，阻抗的实部 Z_r 接近电解质电阻值。Antaño-Lopez 等人[92] 在高频下得出的电容，当且仅当电解质电阻值可忽略时才是正确的，即 $Z_r^2 \ll Z_j^2$。

例 1.3　直角坐标系：电阻与电容并联的阻抗可表示为

$$Z = \frac{R}{1 + j\omega\tau} \tag{1.33}$$

提示 1.2：$j = \sqrt{-1}$，复数中的实部和虚部下角标分别为 r 和 j。

其中，τ 是时间常数，且 $\tau = RC$。将方程（1.33）在直角坐标系中表示出来，即，求解 Z 的实部和虚部。

解：为了将方程（1.33）在直角坐标系中表示出来，必须将分母变成实数，而不能是虚数。这样，分子、分母同时乘以分母的共轭复数［参见式（1.23）和式（1.24）］。

$$
\begin{aligned}
Z &= \left\{\frac{R}{1+\mathrm{j}\omega\tau}\right\}\left\{\frac{1-\mathrm{j}\omega\tau}{1-\mathrm{j}\omega\tau}\right\} \\
&= \frac{R-\mathrm{j}\omega R\tau}{1+\omega^2\tau^2} \\
&= \frac{R}{1+\omega^2\tau^2} - \mathrm{j}\,\frac{\omega R\tau}{1+\omega^2\tau^2}
\end{aligned}
\tag{1.34}
$$

这样，有

$$
\mathrm{Re}\{Z\} = \frac{R}{1+\omega^2\tau^2};\quad \mathrm{Im}\{Z\} = -\frac{\omega R\tau}{1+\omega^2\tau^2} \tag{1.35}
$$

1.3.2 极坐标系中的复数

图 1.2 所示为直角坐标向极坐标的转换。变量 r 是 z 的模量或绝对值 $|z|$，始终为正值。相位角记为 $\varphi = \arg(z)$（见 1.4.1 节）。在数学中，相位角的单位为弧度。但是，相位角通常以度为单位表示，其中，$90° = \pi/2$。相位角 $\arg(z)$ 有无限多个取值，并且为正值。因为 2π 的任意倍数加上一个相位角，均不改变 z 的值。介于 $-\pi$ 到 π 之间的 θ 值称为 $\arg(z)$ 的特解。

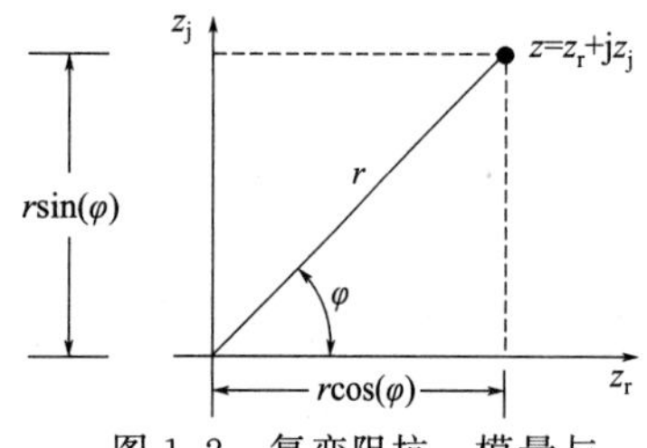

图 1.2 复变阻抗、模量与相位角关系的相位矢量图

表 1.3 总结了复数极坐标和直角坐标之间的一些重要关系。式（1.42）就是众所周知的 De Moivre 理论，它适用于有理数 n。

表 1.3 复数 $z = z_r + \mathrm{j}z_j$ 的极坐标和直角坐标之间的关系

$$z_r = r\cos(\varphi) \tag{1.36}$$

$$z_j = r\sin(\varphi) \tag{1.37}$$

$$r = |z| = \sqrt{z_r^2 + z_j^2} \tag{1.38}$$

$$\varphi = \tan^{-1}\left(\frac{z_j}{z_r}\right) \tag{1.39}$$

$$|z| = \sqrt{z\bar{z}} \tag{1.40}$$

$$z = r[\cos(\varphi) + \mathrm{j}\sin(\varphi)] \tag{1.41}$$

$$z^n = r^n[\cos(n\varphi) + \mathrm{j}\sin(n\varphi)] \tag{1.42}$$

$$z^{1/n} = r^{1/n}\left[\cos\left(\frac{\varphi}{n} + \frac{2\pi k}{n}\right) + \mathrm{j}\sin\left(\frac{\varphi}{n} + \frac{2\pi k}{n}\right)\right];k = 0,1,\cdots,n-1 \tag{1.43}$$

提示 1.3：阻抗是一个复数，定义为复数电位与复数电流的比值。

例1.4 极坐标：电阻与电容并联的阻抗可表示为

$$Z=\frac{R}{1+\mathrm{j}\omega\tau} \tag{1.44}$$

其中，τ 是时间常数，$\tau=RC$。将方程（1.44）在极坐标中表示出来，即，求解 Z 的模量和相位角。

解：根据例1.3，方程（1.44）在直角坐标系中可表示为

$$\mathrm{Re}\{Z\}=\frac{R}{1+\omega^2\tau^2};\ \mathrm{Im}\{Z\}=-\frac{\omega R\tau}{1+\omega^2\tau^2} \tag{1.45}$$

根据式（1.38）和式（1.39），将式（1.45）转换为极坐标系中的表达式。这样，就有

$$r=\sqrt{\left(\frac{R}{1+\omega^2\tau^2}\right)^2+\left(\frac{\omega R\tau}{1+\omega^2\tau^2}\right)^2} \tag{1.46}$$

或者，有

$$r=\sqrt{\frac{R^2}{1+\omega^2\tau^2}} \tag{1.47}$$

$$\begin{aligned}\varphi&=\tan^{-1}\left(-\frac{\omega R\tau}{1+\omega^2\tau^2}\,\frac{1+\omega^2\tau^2}{R}\right)\\&=\tan^{-1}(-\omega\tau)\end{aligned} \tag{1.48}$$

相位角 φ 只是频率 ω 与时间常数 τ 的函数。r 的模量取决于 R 值、频率 ω 和时间常数 τ。

按照阻抗计算导纳，可以快速得到所求的解（参看17.2节）。导纳可表示为

$$Y=\frac{1}{Z}=\frac{1+\mathrm{j}\omega\tau}{R} \tag{1.49}$$

导纳的模量为

$$|Y|=\sqrt{\frac{1+\omega^2\tau^2}{R^2}} \tag{1.50}$$

相位角为

$$\varphi_Y=\tan^{-1}(\omega\tau) \tag{1.51}$$

可以迅速推导出阻抗的模量和相应的相位角分别为

$$|Z|=\frac{1}{|Y|} \tag{1.52}$$

$$\varphi=-\varphi_Y \tag{1.53}$$

例1.5 复数的平方根（1）：扩散阻抗与介质中的扩散过程有关，并且可以表示为 $Z=1/\sqrt{\mathrm{j}\omega\tau}$。求解阻抗 Z 的平方根。

解：按照极坐标形式，$z=1/\mathrm{j}\omega\tau=-\mathrm{j}/\omega\tau$ 可以表示为

$$z=\frac{1}{\omega\tau}\left[\cos\left(\frac{3\pi}{2}\right)+\mathrm{j}\sin\left(\frac{3\pi}{2}\right)\right] \tag{1.54}$$

根据式（1.43），有

$$z^{1/2}=\sqrt{\frac{1}{\omega\tau}}\left[\cos\left(\frac{3\pi}{4}+k\pi\right)+\mathrm{j}\sin\left(\frac{3\pi}{4}+k\pi\right)\right];k=0,1 \tag{1.55}$$

在图 1.3 中，给出了 $1/\sqrt{\mathrm{j}\omega\tau}$ 根的情况。由于扩散阻抗不能为负，因此可以舍掉 $k=0$ 时的根。这样，在直角坐标系中，Warburg 阻抗可表示为

$$Z=\sqrt{\frac{1}{2\omega\tau}}-\mathrm{j}\sqrt{\frac{1}{2\omega\tau}} \tag{1.56}$$

当频率趋于零时，实部和虚部具有相同的幅值，且随着$\sqrt{1/\omega}$增大。

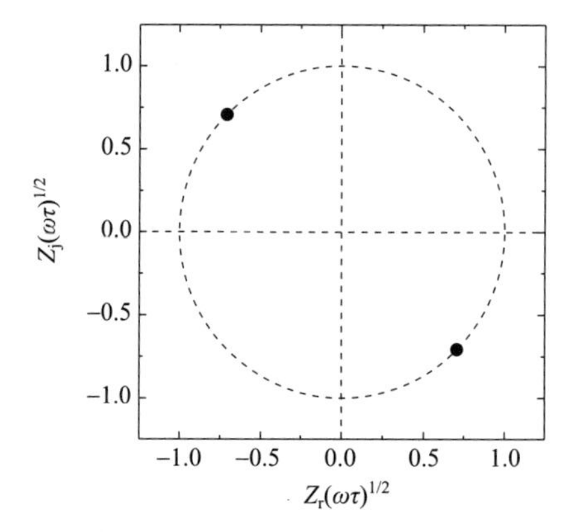

图 1.3　阻抗 $Z=1/\sqrt{\mathrm{j}\omega\tau}$ 两个根的阿冈（Argand）图，具体计算见例 1.5

从下面的例子也可以看出，式（1.41）在直角坐标系中表达复数变量是非常有用的。虚数可表示为

$$\mathrm{j}=\cos\left(\frac{\pi}{2}\right)+\mathrm{j}\sin\left(\frac{\pi}{2}\right) \tag{1.57}$$

在这里，根据式（1.38）和式（1.39）计算，其 $r=1$ 和 $\varphi=\pi/2$。

例 1.6　复数的平方根（2）：利用式（1.57），求解 Warburg 阻抗 $Z=1/\sqrt{\mathrm{j}\omega\tau}$ 的实部和虚部值。

解：根据式（1.57），Warburg 阻抗可表示为

$$Z=\frac{1}{\sqrt{\mathrm{j}\omega\tau}}=\frac{1}{\sqrt{\omega\tau}\left[\cos\left(\frac{\pi}{4}\right)+\mathrm{j}\sin\left(\frac{\pi}{4}\right)\right]} \tag{1.58}$$

分子和分母同时乘以共轭复数，即有

$$Z=\frac{\cos\left(\frac{\pi}{4}\right)-\mathrm{j}\sin\left(\frac{\pi}{4}\right)}{\sqrt{\omega\tau}\left[\cos^2\left(\frac{\pi}{4}\right)+\sin^2\left(\frac{\pi}{4}\right)\right]} \tag{1.59}$$

由于

提示 1.4：公式 $\mathrm{j}=\cos(\pi/2)+\mathrm{j}\sin(\pi/2)$ 在求解复数表达式实部、虚部，包括虚数升级变为 POWER 函数中都十分有用。

$$\cos^2(x)+\sin^2(x)=1 \tag{1.60}$$

所以，式（1.59）即变为

$$Z=\frac{\cos\left(\frac{\pi}{4}\right)-\mathrm{j}\sin\left(\frac{\pi}{4}\right)}{\sqrt{\omega\tau}} \tag{1.61}$$

又 $\cos\left(\frac{\pi}{4}\right)=\sin\left(\frac{\pi}{4}\right)=1/\sqrt{2}$，因此，有

$$Z=\sqrt{\frac{1}{2\omega\tau}}-\mathrm{j}\sqrt{\frac{1}{2\omega\tau}} \tag{1.62}$$

与例 1.5 中得到的结果相同。

例 1.7　阻塞电极的常相位角元件：利用式（1.57），求解常相位角元件的实部和虚部。其中，常相位角元件表示为

$$Z_{\mathrm{CPE}}=\frac{1}{(\mathrm{j}\omega)^{\alpha}Q} \tag{1.63}$$

其中，α 是实数，其取值范围通常为 $0.5\leqslant\alpha\leqslant1$。

解：根据式（1.57），可以得到

$$Z=\frac{1}{(\mathrm{j}\omega)^{\alpha}Q}=\frac{1}{\omega^{\alpha}Q\left[\cos\left(\frac{\alpha\pi}{2}\right)+\mathrm{j}\sin\left(\frac{\alpha\pi}{2}\right)\right]} \tag{1.64}$$

式（1.64）分子、分母同乘以共轭复数，即得到

$$Z=\frac{\cos\left(\frac{\alpha\pi}{2}\right)-\mathrm{j}\sin\left(\frac{\alpha\pi}{2}\right)}{\omega^{\alpha}Q\left[\cos^2\left(\frac{\alpha\pi}{2}\right)+\sin^2\left(\frac{\alpha\pi}{2}\right)\right]} \tag{1.65}$$

依据式（1.60），得到

$$Z=\frac{\cos\left(\frac{\alpha\pi}{2}\right)}{\omega^{\alpha}Q}-\mathrm{j}\frac{\sin\left(\frac{\alpha\pi}{2}\right)}{\omega^{\alpha}Q} \tag{1.66}$$

当 $\alpha=1$ 时，Q 可以表示为电容 C。于是，可以得到

$$\lim_{\alpha\to1}Z_{\mathrm{CPE}}=-\mathrm{j}\frac{1}{\omega C} \tag{1.67}$$

由此可见，式（1.67）为电容的阻抗表达式。

例 1.8　反应电极的常相位角元件：利用公式（1.57），求解下列阻抗表达式中常相位角元件的实部和虚部：

$$Z_{\mathrm{CPE}}=\frac{R}{1+(\mathrm{j}\omega)^{\alpha}QR} \tag{1.68}$$

其中，α 是实数，取值范围通常为 $0.5\leqslant\alpha\leqslant1$。

解：根据式（1.57），可以得到

$$Z_{\mathrm{CPE}}=\frac{R}{1+(\mathrm{j}\omega)^{\alpha}QR}=\frac{R}{1+\omega^{\alpha}QR\left[\cos\left(\frac{\alpha\pi}{2}\right)+\mathrm{j}\sin\left(\frac{\alpha\pi}{2}\right)\right]} \tag{1.69}$$

式（1.69）分子、分母同乘以 $1+\omega^{\alpha}RQ\cos\left(\frac{\alpha\pi}{2}\right)-j\omega^{\alpha}RQ\sin\left(\frac{\alpha\pi}{2}\right)$，得到

$$Z_{\text{CPE}}=\frac{R\left[1+\omega^{\alpha}RQ\cos\left(\frac{\alpha\pi}{2}\right)\right]-j\omega^{\alpha}RQ\sin\left(\frac{\alpha\pi}{2}\right)}{1+2\omega^{\alpha}RQ\cos\left(\frac{\alpha\pi}{2}\right)+\omega^{2\alpha}R^{2}Q^{2}} \tag{1.70}$$

或者

$$Z_{\text{CPE}}=\frac{R\left[1+\omega^{\alpha}RQ\cos\left(\frac{\alpha\pi}{2}\right)\right]}{1+2\omega^{\alpha}RQ\cos\left(\frac{\alpha\pi}{2}\right)+\omega^{2\alpha}R^{2}Q^{2}}-j\frac{\omega^{\alpha}R^{2}Q\sin\left(\frac{\alpha\pi}{2}\right)}{1+2\omega^{\alpha}RQ\cos\left(\frac{\alpha\pi}{2}\right)+\omega^{2\alpha}R^{2}Q^{2}} \tag{1.71}$$

同样，在 $\alpha=1$ 的情况下，参数 Q 可以表示为电容 C，并且存在下列关系

$$\lim_{\alpha\to 1}Z_{\text{CPE}}=\frac{R}{1+\omega^{2}R^{2}C^{2}}-j\frac{\omega R^{2}C}{1+\omega^{2}R^{2}C^{2}} \tag{1.72}$$

式（1.72）与式（1.34）一样，其中时间常数表示为 $\tau=RC$。

在例 1.6～例 1.8 中，都是在直角坐标系中推导的公式，这些公式利用式（1.38）和式（1.39），可以很容易改为在极坐标系统表达的形式。例如，在例 1.6 中，对于 Warburg 阻抗的相位角可表示为

$$\begin{aligned}\varphi&=\tan^{-1}\left(\frac{Z_{\mathrm{j}}}{Z_{\mathrm{r}}}\right)=\tan^{-1}\left(\frac{-\sqrt{1/2\omega\tau}}{\sqrt{1/2\omega\tau}}\right)\\&=\tan^{-1}(-1)=-\pi/4=-45^{\circ}\end{aligned} \tag{1.73}$$

同样地，对于例 1.7 中电极 CPE 的相位角也可表示为

$$\begin{aligned}\varphi&=\tan^{-1}\left[\frac{-\sin\left(\frac{\alpha\pi}{2}\right)/\omega^{\alpha}Q}{\cos\left(\frac{\alpha\pi}{2}\right)/\omega^{\alpha}Q}\right]\\&=-\frac{\alpha\pi}{2}=-\alpha 90^{\circ}\end{aligned} \tag{1.74}$$

例 1.8 中反应 CPE 的相位角同样可以表示为

$$\varphi=\tan^{-1}\left[\frac{-\sin\left(\frac{\alpha\pi}{2}\right)}{\frac{1}{\omega^{\alpha}RQ}+\cos\left(\frac{\alpha\pi}{2}\right)}\right] \tag{1.75}$$

当频率 $\omega\to\infty$ 时，α 趋于 90°。这些类型的模型都可以描述为常相位角元件。其中，不管相位角是恒定的还是在高频下才趋于一恒定值。

1.3.3 复数的性质

在表 1.4 中，列出了 $z=z_{\mathrm{r}}+jz_{\mathrm{j}}$ 和 $w=w_{\mathrm{r}}+jw_{\mathrm{j}}$ 共轭复数的一些有用性质。在表 1.5

中，列出了 $z=z_r+jz_j$ 和 $w=w_r+jw_j$ 绝对值的一些关系式。

表 1.4　$z=z_r+jz_j$ 和 $w=w_r+jw_j$ 共轭复数的性质

$$\overline{z+w}=\bar{z}+\bar{w} \tag{1.76}$$

$$\overline{zw}=\overline{zw} \tag{1.77}$$

$$\overline{\left[\frac{1}{z}\right]}=\frac{1}{\bar{z}} \tag{1.78}$$

$$\bar{\bar{z}}=z \tag{1.79}$$

表 1.5　$z=z_r+jz_j$ 和 $w=w_r+jw_j$ 绝对值性质

$$|z|=|\bar{z}| \tag{1.80}$$

$$z\bar{z}=|z|^2 \tag{1.81}$$

$$z_r \leqslant |z| \tag{1.82}$$

$$z_j \leqslant |z| \tag{1.83}$$

$$|zw|=|z||w| \tag{1.84}$$

$$\left|\frac{1}{z}\right|=\frac{1}{|z|};z\neq 0 \tag{1.85}$$

$$|z+w|\leqslant |z|+|w| \tag{1.86}$$

1.4　复数的初等函数

许多初等函数的定义都可以扩展到复变函数上。这里，主要讨论多项式、指数函数和对数函数。

1.4.1　指数函数

指数函数 e^z 在阻抗谱中占有十分重要的地位。根据指数函数的定义，可以保留实函数 e^x 的性质。这样，就有

① 对于 e^z，式中 $z=x+jy$，是单值的、可解析的（参看附录 A.1）；

② $de^z/dz=e^z$，并且有

③ 当 $y\to 0$ 时，$e^z\to e^x$。

根据以上必要条件，$z=x+jy$ 的指数函数可以表示为

$$\begin{aligned} e^z &= e^{x+jy} \\ &= e^x[\cos(y)+j\sin(y)] \end{aligned} \tag{1.87}$$

式（1.87）是 e^z 的定义式，容易看出此式均满足上述必要条件。

式（1.87）是用极坐标标准形式表示的。根据式（1.41），e^z 的模为

$$r=|e^z|=e^x \tag{1.88}$$

相位角的表达式为

$$\varphi = \arg(e^z) = y \tag{1.89}$$

很明显，指数函数是周期函数，即

$$e^z = e^{z+j2k\pi} \tag{1.90}$$

其中，k 为整数值。

任何复数都可以写成指数形式。例如，如果 $x=0$，$y=\varphi$，式（1.87）可以改写为

$$\cos(\varphi) + j\sin(\varphi) = e^{j\varphi} \tag{1.91}$$

另外

$$\begin{aligned} e^{-j\varphi} &= \cos(-\varphi) + j\sin(-\varphi) \\ &= \cos(\varphi) - j\sin(\varphi) \end{aligned} \tag{1.92}$$

由式（1.91）和式（1.92），可得出欧拉（Euler）方程形式，即

$$\cos(\varphi) = \frac{e^{j\varphi} + e^{-j\varphi}}{2} \tag{1.93}$$

$$\sin(\varphi) = \frac{e^{j\varphi} - e^{-j\varphi}}{2j} \tag{1.94}$$

当 $x \neq 0$ 时，这些可以进一步推广为

$$\cos(z) = \frac{e^{jz} + e^{-jz}}{2} \tag{1.95}$$

$$\sin(z) = \frac{e^{jz} - e^{-jz}}{2j} \tag{1.96}$$

式（1.95）和式（1.96）提供了复数与三角函数之间的关系，可以用来找出复数与双曲线函数的关系。在表 1.6 中，列出了一些重要定义和性质。

表 1.6　复数 $z = z_r + jz_j$ 的三角函数关系和双曲线函数关系

$$\sin(z) = (e^{jz} - e^{-jz})/2j \tag{1.97}$$

$$\cos(z) = (e^{jz} + e^{-jz})/2 \tag{1.98}$$

$$\frac{d\sin(z)}{dz} = \cos(z) \tag{1.99}$$

$$\frac{d\cos(z)}{dz} = -\sin(z) \tag{1.100}$$

$$\tan(z) = \frac{\sin(z)}{\cos(z)} \tag{1.101}$$

$$\cot(z) = \frac{\cos(z)}{\sin(z)} \tag{1.102}$$

$$\cos^2 z + \sin^2 z = 1 \tag{1.103}$$

$$\cos(z_1 \pm z_2) = \cos(z_1)\cos(z_2) \mp \sin(z_1)\sin(z_2) \tag{1.104}$$

$$\sin(z_1 \pm z_2) = \sin(z_1)\cos(z_2) \pm \cos(z_1)\sin(z_2) \tag{1.105}$$

$$\sinh(z) = (e^z - e^{-z})/2 \tag{1.106}$$

$$\cosh(z) = (e^z + e^{-z})/2 \tag{1.107}$$

$$\tanh(z) = \frac{\sinh(z)}{\cosh(z)} \tag{1.108}$$

提示 1.5： 复数的指数形式在阻抗分析中起着重要作用。记住 $e^{\pm j\theta} = \cos(\theta) \pm j\sin(\theta)$。

续表

$$\coth(z)=\frac{\cosh(z)}{\sinh(z)} \tag{1.109}$$

$$\cos(z)=\cos(x)\cosh(y)-\mathrm{j}\sin(x)\sinh(y) \tag{1.110}$$

$$\sin(z)=\sin(x)\cosh(y)+\mathrm{j}\cos(x)\sinh(y) \tag{1.111}$$

$$\cosh(z)=\cosh(x)\cos(y)+\mathrm{j}\sinh(x)\sin(y) \tag{1.112}$$

$$\sinh(z)=\sinh(x)\cos(y)+\mathrm{j}\cosh(x)\sin(y) \tag{1.113}$$

1.4.2　对数函数

对于

$$z=\mathrm{e}^{w} \tag{1.114}$$

其中，z 和 $w=u+\mathrm{j}v$ 都是复数，根据自然对数的性质，得出

$$w=\ln(z) \tag{1.115}$$

当 $w=u+\mathrm{j}v$ 时，式（1.114）可表示为

$$z=\mathrm{e}^{u}[\cos(v)+\mathrm{j}\sin(v)] \tag{1.116}$$

式（1.116）的模值为

$$|z|=\mathrm{e}^{u} \tag{1.117}$$

相位角为

$$\arg(z)=v \tag{1.118}$$

因此，复数 z 可以表示为

$$z=|z|\ \mathrm{e}^{\mathrm{j}\arg(z)}=|z|\ \mathrm{e}^{\mathrm{j}v} \tag{1.119}$$

或

$$\ln(z)=\ln(|z|)+\mathrm{j}\arg(z)=\ln(\mathrm{e}^{u})+\mathrm{j}v \tag{1.120}$$

$\ln(z)$ 有无限个解，因为 $\arg(z)$ 随 2π 的不同倍数而变化。$\ln(z)$ 的标准值是根据 arg（z）的标准值定义的，均由首字母命名。因此，有

$$\mathrm{Ln}(z)=\ln(|z|)+\mathrm{j}\mathrm{Arg}(z) \tag{1.121}$$

其中

$$-\pi<\mathrm{Arg}(z)\leqslant\pi \tag{1.122}$$

函数 $\mathrm{Ln}(z)$ 在 $z=0$ 处无定义，且在负实数轴 $z=x+0\mathrm{j}$ 上的任意处不连续（其中 $x<0$）。负实数轴是一条不连续的直线。因为在该直线上，$\mathrm{Ln}(z)$ 的虚部有 2π 这个不连续的跳跃因子。如果构成一个停顿，如图 1.4 所示，移动原点和负实数轴的位置，$\mathrm{Ln}(z)$ 在合成域中是有解的，$\mathrm{Ln}(z)$ 的导数为

$$\frac{\mathrm{dLn}(z)}{\mathrm{d}z}=\frac{1}{z} \tag{1.123}$$

$\ln(z)$ 的导数也可以由式（1.123）给出，因为 $\mathrm{Ln}(z)$ 和 $\ln(z)$ 只相差一个常数 $2\pi k\mathrm{j}$。

在表 1.7 中，列出了阻抗谱中常用的一些函数关系式。

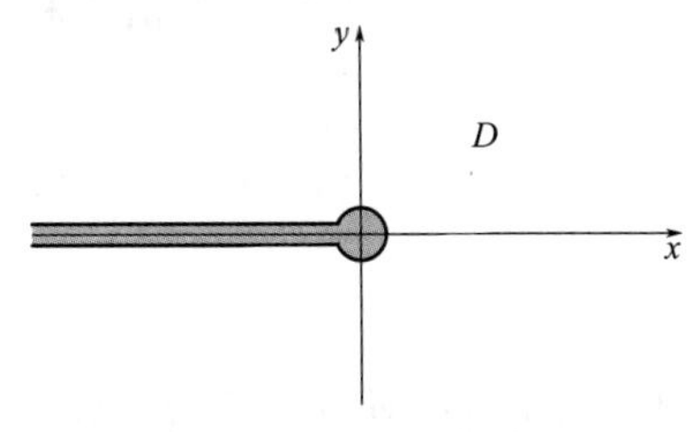

图 1.4　Ln(z) 解析域的图解

表 1.7　阻抗谱中常见复数的函数关系，其中 x、y 为实数，且 $z=x+\mathrm{j}y$

$$\exp(\mathrm{j}x)=\cos(x)+\mathrm{j}\sin(x) \tag{1.124}$$

$$\exp[\mathrm{j}(x+y)]=\exp(\mathrm{j}x)\cdot\exp(\mathrm{j}y) \tag{1.125}$$

$$\cos(\omega t+\varphi)=\mathrm{Re}\{\exp[\mathrm{j}(\omega t+\varphi)]\} \tag{1.126}$$

$$=\mathrm{Re}\{\exp(\mathrm{j}\varphi)\cdot\exp(\mathrm{j}\omega t)\} \tag{1.127}$$

$$\mathrm{Re}\{\ln(z)\}=\ln|z| \tag{1.128}$$

$$\mathrm{Im}\{\ln(z)\}=\arg(z) \tag{1.129}$$

例 1.9　指数形式：对于一个随时间变化的函数 $i(t)$，可以用一个稳态值 $\bar{i}$ 和一个随时间变化的正弦变量表示，即

$$i(t)=\bar{i}+|\Delta i|\cos(\omega t+\varphi) \tag{1.130}$$

可以进一步表示为

$$i(t)=\bar{i}+\mathrm{Re}\{\tilde{i}\exp(\mathrm{j}\omega t)\} \tag{1.131}$$

其中

$$\tilde{i}=|\Delta i|\exp(\mathrm{j}\varphi) \tag{1.132}$$

当 $\varphi\neq 0$ 时，$\tilde{i}$ 是一个复数。式（1.131）在传递函数的数学模型中，或是电化学系统响应的阻抗中均有广泛应用。

解：由式（1.124）知，式（1.130）的瞬时部分可以表示为下列指数形式，即

$$|\Delta i|\cos(\omega t+\varphi)=|\Delta i|\exp[\mathrm{j}(\omega t+\varphi)]-\mathrm{j}|\Delta i|\sin(\omega t+\varphi) \tag{1.133}$$

或

$$|\Delta i|\cos(\omega t+\varphi)=\tilde{i}\exp(\mathrm{j}\omega t)-\mathrm{j}|\Delta i|\sin(\omega t+\varphi) \tag{1.134}$$

其中，$\tilde{i}$ 由式（1.132）确定。式（1.132）的左边为实数，因此，式（1.134）等价于

$$|\Delta i|\cos(\omega t+\varphi)=\mathrm{Re}\{|\Delta i|\cos(\omega t+\varphi)\} \tag{1.135}$$

$$=\mathrm{Re}\{\tilde{i}\exp(\mathrm{j}\omega t)-\mathrm{j}\sin(\omega t+\varphi)\}$$

虚数项 $\mathrm{j}\sin(\omega t+\varphi)$ 并不影响括号里复数的实部。所以，就有

$$|\Delta i|\cos(\omega t+\varphi)=\mathrm{Re}\{\tilde{i}\exp(\mathrm{j}\omega t)\} \tag{1.136}$$

以上的推导可以看做是式（1.127）的证明，也证明了把电路中的电流、电压采用式（4.8）的形式进行表达是正确的。

例 1.10　阻抗表达式的验证：证明阻抗可以表示为 $Z=\tilde{V}/\tilde{i}$。

解：根据式（1.132），有

$$\tilde{i}=|\Delta i|\exp(\mathrm{j}\varphi_i) \tag{1.137}$$

其中，φ_i 是与电流密度信号相关的相位角。类似地，$\tilde{V}$ 可以表示为

$$\tilde{V}=|\Delta V|\exp(\mathrm{j}\varphi_V) \tag{1.138}$$

式（1.138）与式（1.137）的比为

$$\frac{\tilde{V}}{\tilde{i}}=\frac{|\Delta V|}{|\Delta i|}\exp[\mathrm{j}(\varphi_V-\varphi_i)] \tag{1.139}$$

式（1.139）即为幅值为 $|\Delta V|/|\Delta i|$，相位角 $\varphi=\varphi_V-\varphi_i$ 的复数。这就是阻抗。

1.4.3　多项式

n 次多项式的定义为

$$P_n(z)=a_n z^n+a_{n-1}z^{n-1}+\cdots+a_1 z+a_0 \tag{1.140}$$

其中，$a_n \neq 0$，a_{n-1}，…，a_0 都是复常数。有理数函数定义为

$$w(z)=\frac{P(z)}{Q(z)} \tag{1.141}$$

其中，$P(z)$、$Q(z)$ 均为多项式。

在附录A中的复数积分部分，将进一步对复数进行阐述，包括如何利用复数的积分，建立Kramers-Kronig关系（简称K-K关系）。

思考题

1.1 计算下列式子的相位角和模量。

(a) $z=1/(\mathrm{j}\omega C)$

(b) $z=R$

1.2 在均匀表面上，电化学反应的阻抗可以表示为

$$Z(\omega)=R_\mathrm{e}+\frac{R_\mathrm{t}}{1+\mathrm{j}\omega R_\mathrm{t} C_\mathrm{dl}} \tag{1.142}$$

其中，R_e 是电解质电阻，R_t 是电荷转移电阻，C_dl 是双电层电容。

(a) 求阻抗实部和虚部的表达式。

(b) 求阻抗模量和相位角的表达式。

(c) 求导纳实部和虚部的表达式。

1.3 理想极化电极的阻抗可表示为

$$Z(\omega)=R_\mathrm{e}+\frac{1}{\mathrm{j}\omega C_\mathrm{dl}} \tag{1.143}$$

其中，R_e 是电解质电阻，C_dl 是双电层电容。

(a) 求阻抗实部和虚部的表达式。

(b) 求阻抗模量和相位角的表达式。

(c) 求导纳的实部和虚部表达式。

1.4 常相位角元件的阻抗可表示为

$$Z(\omega)=R_\mathrm{e}+\frac{1}{(\mathrm{j}\omega)^\alpha Q} \tag{1.144}$$

其中，α 和 Q 是常相位角元件（CPE）的参数。当 $\alpha=1$ 时，Q 与电容的单位相同，即 $\mu\mathrm{F/cm^2}$，表示界面容量。当 $\alpha\neq 1$ 时，说明体系表面不均匀、有氧化膜存在或者对于电荷转移反应存在着连续变化的时间常数。

(a) 求阻抗实部和虚部的表达式。

(b) 求阻抗模量和相位角的表达式。

(c) 求导纳的实部和虚部表达式。

1.5 考虑这种情况：第一层膜的阻抗为

$$Z_1(\omega)=\frac{R_1}{1+\mathrm{j}\omega R_1 C_1} \tag{1.145}$$

第二层膜的阻抗为

$$Z_2(\omega)=\frac{R_2}{1+j\omega R_2C_2} \tag{1.146}$$

将两层的阻抗相加，求解两层膜的总阻抗。

1.6 在第13.1.3节中，所描述的孔中孔模型的阻抗为

$$Z=\sqrt{R_0\sqrt{R_1Z_1}} \tag{1.147}$$

求解推导相关阻抗的实部和虚部以及相关的相角表达式。

(a) 阻抗 Z_1 表达式为

$$Z_1=\frac{1}{j\omega C_1} \tag{1.148}$$

(b) 阻抗 Z_1 表达式为

$$Z_1=\frac{R_1}{1+j\omega R_1C_1} \tag{1.149}$$

第 2 章 微分方程

在阻抗模型的推导过程中需要求解微分方程。求解方法分为两步，第一步，得到一个稳态解，这一般需要求解普通微分方程。第二步，得到正弦稳定状态下的解。一般地，通过例1.9中讨论的形式变换求解，这也需要求解普通微分方程的解。然而，在某些场合，需要数值方法求解。这样，才能对许多问题进行解析。在本章中，将对一些典型方程的解析进行总结。如需要更多细节，请参考工程数学方面的教科书[90,93]。

2.1 一阶线性微分方程

一阶线性微分方程的一般形式为

$$\frac{\mathrm{d}y}{\mathrm{d}x}+P(x)y=Q(x) \tag{2.1}$$

令 $Q(x)=0$，得到方程（2.1）的齐次方程

$$\frac{\mathrm{d}y}{\mathrm{d}x}+P(x)y=0 \tag{2.2}$$

上述齐次方程的解为

$$\lambda(x)=\exp\left(-\int P(x)\mathrm{d}x\right) \tag{2.3}$$

这里，$\lambda(x)$ 有时被称为积分因子，用来使方程（2.1）转变为全微分方程[94]。异构方程（2.1）的解可写为

$$y=\lambda(x)\Phi(x) \tag{2.4}$$

在这里，$\lambda(x)$ 是齐次方程的解，即方程（2.3）。简化之后，方程（2.1）可以转化为

$$\lambda(x)\frac{\mathrm{d}\Phi}{\mathrm{d}x}=Q(x) \tag{2.5}$$

该方程的解为

$$\Phi(x)=\int\left\{Q(x)\exp\left[\int P(x)\mathrm{d}x\right]\right\}\mathrm{d}x+C \tag{2.6}$$

最终，方程（2.1）的解为

$$y=\frac{\int Q(x)\exp\left[\int P(x)\mathrm{d}x\right]\mathrm{d}x}{\exp\left[\int P\mathrm{d}x\right]}+\frac{C}{\exp\left[\int P\mathrm{d}x\right]} \tag{2.7}$$

其解的右边项是关于 x 的可积分函数，C 是由边界条件确定的积分常数。在$x\geqslant 0$ 的情

况下，积分常数 C 可以表示为 $\Phi(0)$。

求解一阶线性微分方程的步骤如下：

① 首先，求解齐次方程 $\lambda(x)$ 的解；

② 若一般的解析解不存在，即可用数值积分方法，得出一个使 $y=\lambda(x)\Phi(x)$ 成立的未知函数 $\Phi(x)$；

③ 推导出 y 的表达式。

在此，将通过下列例题，说明这种方法的应用。

例 2.1　一阶线性微分方程：在推导平面电极边界层传质过程中，通过求解下列方程

$$\beta(x)g^2g'+\frac{1}{2}\beta'(x)g^3=l \tag{2.8}$$

确定相似变换变量（参看 2.5 节）。其中，l 是常数，$g(0)=0$。求解 $g(x)$ 的表达式。

解：引入一个新的变量 $f(x)=g^3(x)$，将方程（2.8）转化为方程（2.1）的形式，这样，就有

$$\frac{\mathrm{d}f}{\mathrm{d}x}+\frac{3\beta'(x)}{2\beta(x)}f=\frac{3l}{\beta(x)} \tag{2.9}$$

式中，$P(x)=3\beta'(x)/[2\beta(x)]$，$Q(x)=3l/\beta(x)$。根据式（2.3），齐次方程的解为

$$\lambda(\chi)=\exp\left(-\int_0^x\frac{3\beta'(x)}{2\beta(x)}\right)=\exp\left(-\frac{3}{2}\ln\beta\right)=\beta^{-3/2} \tag{2.10}$$

由方程（2.5）可知，根据 $f=\lambda(x)\Phi(x)$ 定义的 $\Phi(x)$ 的控制方程为

$$\frac{1}{\beta^{3/2}}\frac{\mathrm{d}\Phi}{\mathrm{d}x}=\frac{3l}{\beta(x)} \tag{2.11}$$

或者

$$\frac{\mathrm{d}\Phi}{\mathrm{d}x}=3l[\beta(x)]^{1/2} \tag{2.12}$$

其解为

$$\Phi(x)=\int_0^x 3l\beta^{1/2}\,\mathrm{d}x+\Phi(0) \tag{2.13}$$

由于 $f(x)=g^3(x)=\lambda(x)\Phi(x)$，则

$$f(x)=\frac{1}{\beta^{3/2}}\int_0^x 3l\beta^{1/2}\,\mathrm{d}x+\frac{\Phi(0)}{\beta^{3/2}} \tag{2.14}$$

上述积分常数 $\Phi(0)$ 需根据条件 $g(0)=0$ 进行计算。所以，$f(0)=0$。积分常数 $\Phi(0)$ 的值为 0。故有

$$g(x)=\frac{1}{\sqrt{\beta}}\left[\int_0^x 3l\beta^{1/2}\,\mathrm{d}x\right]^{1/3} \tag{2.15}$$

这个例子展示了如何利用简单的变量转换使微分方程变化为本节所讨论的形式。这

提示 2.1：非齐次一阶线性微分方程的通解为齐次方程的解与一个函数的乘积。

样，就可以求解微分方程。

例 2.2　对流传质方程：当离子迁移可以忽略时，在电解质溶液中，旋转圆盘电极的物料守恒方程可写为

$$v_y \frac{d\bar{c}_i}{dy} - D_i \frac{d^2 \bar{c}_i}{dy^2} = 0 \tag{2.16}$$

其边界条件为

$$\begin{aligned} y \rightarrow \infty \text{ 时}, \bar{c}_i \rightarrow c_i(\infty) \\ y = 0 \text{ 时}, \bar{c}_i = c_i(0) \end{aligned} \tag{2.17}$$

当法向流速表达式仅限于第一项时，即

$$v_y = -a \frac{\Omega^{3/2}}{\sqrt{v}} y^2 = -\alpha y^2 \tag{2.18}$$

其中，$a=0.51023$。试求解浓度 c 的表达式。

解：方程（2.16）是齐次的。引入一个新函数 λ_i，定义 $\lambda_i = d\bar{c}_i/dy$，将二次微分方程转化为一阶微分方程

$$v_y \lambda_i - D_i \frac{d\lambda_i}{dy} = 0 \tag{2.19}$$

其解为

$$\lambda_i = \lambda_i(0) \exp\left(\int_0^y \frac{v_y}{D_i} dy\right) \tag{2.20}$$

其中，$\lambda_i(0)$ 是常数，其值是当 $y=0$ 时的值。浓度 $\bar{c}_i$ 的解为

$$\bar{c}_i(y) = \int_0^y \lambda_i(0) \exp\left(-\frac{v_y}{D_i}\right) dy + \bar{c}_i(0) \tag{2.21}$$

按照下列边界条件确定常数 $\lambda_i(0)$，即

$$\lambda_i(0) = \left.\frac{d\bar{c}_i}{d_y}\right|_{y=0} = \frac{\bar{c}_i(\infty) - \bar{c}_i(0)}{\int_0^\infty \exp\left[\int_0^y (v_y/D_i)\, dy\right] dy} \tag{2.22}$$

如果法向速度公式限于其推导公式中的第一项，即式（2.18）所示，则式（2.22）变为

$$\left.\frac{d\bar{c}_i}{dy}\right|_{y=0} = \frac{\bar{c}_i(\infty) - \bar{c}_i(0)}{\int_0^\infty \exp\left(-\frac{\alpha y^3}{3D_i}\right) dy} \tag{2.23}$$

利用变量代换 $u=y^3$，可表示如下

$$\int_0^\infty e^{-y^3} dy = \Gamma(4/3) = 0.89298 \tag{2.24}$$

其中，$\Gamma(n)$ 表示由式（2.25）定义的列表函数

$$\Gamma(n) = \int_0^\infty e^{-x} x^{n-1} dx = \frac{1}{n} \Gamma(n+1) \tag{2.25}$$

这样，式（2.23）可表示为

$$\left.\frac{d\bar{c}_i}{dy}\right|_{y=0} = \frac{\bar{c}_i(\infty) - \bar{c}_i(0)}{\left(\frac{3D_i}{\alpha}\right)^{1/3} \Gamma(4/3)} = \frac{\bar{c}_i(\infty) - \bar{c}_i(0)}{\delta_{N,i}} \tag{2.26}$$

其中，$\delta_{N,i}$ 是能斯特扩散层厚度。最后，浓度的表达式为

$$\bar{c}_i(y)=\frac{\bar{c}_i(\infty)-\bar{c}_i(0)}{\left(\frac{3D_i}{\alpha}\right)^{1/3}\Gamma(4/3)}\int_0^y \exp\left(-\frac{\alpha y^3}{3D_i}\right)\mathrm{d}y+\bar{c}_i(0) \tag{2.27}$$

式（2.26）代表的是圆盘电极传质极限电流 Levich 公式推导的起点。

2.2 二阶齐次线性微分方程

对于二阶常系数齐次线性微分方程，其一般形式为

$$y''+P(x)y'+Q(x)y=0 \tag{2.28}$$

在这里，考虑到二阶常系数齐次线性微分方程的特例，其一般形式为

$$ay''+by'+cy=0 \tag{2.29}$$

方程（2.29）的解可以表示为

$$y=\mathrm{e}^{mx} \tag{2.30}$$

其中，m 为待定常数。将式（2.30）代入方程（2.29），可以得出

$$(am^2+bm+c)\mathrm{e}^{mx}=0 \tag{2.31}$$

方程（2.31）成立的条件是当且仅当方程（2.32）成立

$$am^2+bm+c=0 \tag{2.32}$$

方程（2.32）是方程（2.29）的特征方程或者辅助方程。方程（2.30）的解为

$$m=\frac{-b\pm\sqrt{b^2-4ac}}{2a} \tag{2.33}$$

这样，就可以得到 m_1、m_2 两个值。因此，方程（2.29）的解为

$$y=C_1\mathrm{e}^{m_1x}+C_2\mathrm{e}^{m_2x} \tag{2.34}$$

其中，待定常数 C_1、C_2 由边界条件确定。若 $m_1=m_2$，式（2.34）不能为方程（2.29）提供一个完整解。在这种情况下，方程的解以如下形式给出

$$y=C_1\mathrm{e}^{m_1x}+C_2x\mathrm{e}^{m_1x} \tag{2.35}$$

在某些情况下，根也可以是复数。当特征方程的根是复数时，通解的形式为

$$y=C_1\mathrm{e}^{(p+\mathrm{j}q)x}+C_2\mathrm{e}^{(p-\mathrm{j}q)x} \tag{2.36}$$

其中，$m_1=p+\mathrm{j}q$，$m_2=p-\mathrm{j}q$。一般地，采用欧拉方程［式（1.93）和式（1.94）］表示解更为方便，于是有

$$y=\mathrm{e}^{px}[C_1\cos(qx)+C_2\sin(qx)] \tag{2.37}$$

其中，常数 C_1、C_2 由边界条件确定。

例 2.3　常微分方程的复根：求出 1.2.1 节中讨论的微分方程

$$\frac{\mathrm{d}^2y}{\mathrm{d}x^2}+\mathrm{b}y=0 \tag{2.38}$$

的解。

解：方程（2.38）的特征方程为

$$m^2=-b \tag{2.39}$$

其解为

$$m=\pm\sqrt{-b}=\pm j\sqrt{b} \tag{2.40}$$

则方程（2.38）的齐次解为

$$y=C_1\exp(j\sqrt{b}x)+C_2\exp(-j\sqrt{b}x) \tag{2.41}$$

利用在 1.2.1 节中的虚数知识，可以求解方程（2.38）的解。在 11.2.1 节的分析中，如果扩散阻抗中没有对流项，那么就会得出像（2.38）方程形式一样的物料守恒方程。

例 2.4 有限区域内的扩散：在有限区域内，组分 i 扩散过程遵守下列稳态对流方程

$$D_i\frac{d^2c_i}{dy^2}=0 \tag{2.42}$$

其边界条件为

$$\text{当 } y=\delta \text{ 时}, c_i\to c_i(\infty) \tag{2.43}$$
$$\text{当 } y=0 \text{ 时}, c_i=c_i(0)$$

求解浓度梯度的表达式。

解：直接积分可得方程（2.42）的解为

$$c_i=\left.\frac{dc_i}{dy}\right|_{y=0}y+c_i(0) \tag{2.44}$$

应用边界条件（2.43），就有

$$\text{当 } 0\leqslant y\leqslant\delta \text{ 时}, c_i=c_i(0)+\frac{y}{\delta}[c_i(\infty)-c_i(0)] \tag{2.45}$$
$$y\geqslant\delta \text{ 时}, c_i=c_i(\infty)$$

有关阻抗响应的推导过程请参看第 11.2.1 节中的内容。

例 2.5 传输线：如图 13.1 所示，传输线的线电压 $\tilde{u}(x)$ 和电流 $\tilde{i}(x)$ 在频域中可表示为

$$d\tilde{u}(x)=-Z_1\tilde{i}(x)dx \tag{2.46}$$

和

$$d\tilde{i}(x)=-\frac{\tilde{u}(x)}{Z_2}dx \tag{2.47}$$

其中，参数 Z_1 和 Z_2 与位置变量 x 无关。在 $x=0$ 时，电流等于零。求解传输线阻抗表达式。

解：假设 Z_1 和 Z_2 与 x 无关，方程（2.46）和方程（2.47）可以进一步表示为

$$\frac{d^2\tilde{u}(x)}{dx^2}=\frac{Z_1}{Z_2}\tilde{u}(x) \tag{2.48}$$

方程（2.48）的齐次解为

$$\tilde{u}(x)=A\exp(x\sqrt{Z_1/Z_2})+B\exp(-x\sqrt{Z_1/Z_2}) \tag{2.49}$$

$\tilde{u}(x)$ 的导数表示为

$$d\tilde{u}(x)=\sqrt{Z_1/Z_2}[A\exp(x\sqrt{Z_1/Z_2})-B\exp(-x\sqrt{Z_1/Z_2})]dx \tag{2.50}$$

提示 2.2：传输线中线电压和电流的解代表了多孔电极和薄膜电池阻抗的建模原理。

当 $x=0$ 时，$\tilde{i}(0)=0$，意味着对于式（2.46），$d\tilde{u}(0)=0$。同时，对于式（2.50），$A=B$。

在一个长度 l 上，产生的总电流为

$$\tilde{i}(l)=\int_0^l \frac{\tilde{u}(x)}{Z_2}dx \tag{2.51}$$

$$=\frac{A}{Z_2}\sqrt{\frac{Z_2}{Z_1}}\left[\exp(l\sqrt{Z_1/Z_2})+\exp(-l\sqrt{Z_1/Z_2})\right]$$

阻抗表达式为

$$Z=\frac{\tilde{u}(l)}{\tilde{i}(l)}=\frac{A\left[\exp(l\sqrt{Z_1/Z_2})+\exp(-l\sqrt{Z_1/Z_2})\right]}{(A/\sqrt{Z_1Z_2})\left[\exp(l\sqrt{Z_1/Z_2})-\exp(-l\sqrt{Z_1/Z_2})\right]} \tag{2.52}$$

根据表 1.6 中所列复变量的双曲线关系，就有

$$Z=\sqrt{Z_1Z_2}\coth(l\sqrt{Z_1/Z_2}) \tag{2.53}$$

在这里，所介绍的推导过程即是第 13.1 节中对输电线路处理的基础。

2.3 二阶非齐次线性微分方程

对于二阶常系数非齐次线性微分方程，其一般形式为

$$ay''+by'+cy=f(x) \tag{2.54}$$

若 $f(x)=0$，此方程称为齐次方程；若 $f(x)\neq0$，此方程称为非齐次方程。方程（2.54）的一般解为如下乘积形式，即

$$y=\lambda(x)\Phi(x) \tag{2.55}$$

其中，$\lambda(x)$ 是对应齐次方程的解。

利用 2.2 节中的方法，就能得到齐次方程的解 $\lambda(x)$。未知函数 $\lambda(x)$ 可定义为

$$y=\lambda(x)\Phi(x) \tag{2.56}$$

$$y'=\lambda(x)\Phi(x)'+\lambda(x)'\Phi(x) \tag{2.57}$$

$$y''=\lambda(x)\Phi(x)''+2\lambda(x)'\Phi(x)'+\lambda(x)''\Phi(x) \tag{2.58}$$

这样，方程（2.54）可变化为

$$a(\lambda\Phi''+2\lambda'\Phi'+\lambda''\Phi)+b(\lambda\Phi'+\lambda'\Phi)+c(\lambda\Phi)=f \tag{2.59}$$

由于 λ 是齐次方程的解，方程（2.59）可以简化为

$$a(2\lambda'\Phi'+\lambda\Phi'')+b(\lambda\Phi')=f \tag{2.60}$$

方程（2.60）可以通过降阶简化后进行求解，即令 $\mu=\phi'$，有

$$\mu'a\lambda+\mu(2a\lambda'+b\lambda)=f \tag{2.61}$$

这样，即可得到一阶方程。若不存在解析解，就采用数值方法计算，求出它的数值解。

这里讨论的是一般方法，适用于高阶微分方程。可以优先采用这种方法，即通过试解求特解。特解为函数 $f(x)$ 形式或齐次解形式[90]。

例 2.6　对流扩散方程的精确解：在例 2.2 中，速度表达式 v_y 仅限于其推导公式中的第一项［见式（11.51）］。现在，将速度推导公式中的前三项都将考虑在内，然后方程式（2.16）可以写成

$$\frac{d^2c_i}{d\xi^2}+\left[3\xi^2-\left(\frac{3}{a^4}\right)^{1/3}\frac{\xi^3}{Sc_i^{1/3}}-\frac{b}{6}\left(\frac{3}{a}\right)^{5/3}\frac{\xi^4}{Sc_i^{2/3}}\right]\frac{dc_i}{d\xi}=0 \tag{2.62}$$

其中，$\xi=\dfrac{y}{\delta}$，并且有

$$\delta_i=\left(\frac{3}{a}\right)^{1/3}\frac{1}{Sc_i^{\ 1/3}}\sqrt{\frac{\nu}{\Omega}} \tag{2.63}$$

其边界条件是

$$\text{当 } y\rightarrow\infty \text{ 时}, c_i\rightarrow\infty$$
$$\text{当 } y=0 \text{ 时}, c_i=c_i(0) \tag{2.64}$$

当 Sc_i 具有较大的值时，组分浓度的解可以表示为

$$c_i=c_{i,0}+\frac{1}{Sc_i^{\ 1/3}}c_{i,1}+\frac{1}{Sc_i^{\ 2/3}}c_{i,2} \tag{2.65}$$

求解壁面浓度梯度的表达式。

解：按照例 2.2，引入新函数 $\lambda_i=\mathrm{d}c_i/\mathrm{d}\xi$，由方程（2.65），得到下列三个微分方程：

$$\frac{\mathrm{d}\lambda_{i,0}}{\mathrm{d}\xi}+3\xi^2\lambda_{i,0}=0 \tag{2.66}$$

$$\frac{\mathrm{d}\lambda_{i,1}}{\mathrm{d}\xi}+3\xi^2\lambda_{i,1}=\left(\frac{3}{a^4}\right)^{1/3}\xi^3\lambda_{i,0} \tag{2.67}$$

$$\frac{\mathrm{d}\lambda_{i,2}}{\mathrm{d}\xi}+3\xi^2\lambda_{i,2}=\left(\frac{3}{a^4}\right)^{1/3}\xi^3\lambda_{i,1}+\frac{b}{6}\left(\frac{3}{a}\right)^{5/3}\xi^4\lambda_{i,0} \tag{2.68}$$

其中，$\lambda_{i,0}=\mathrm{d}c_{i,0}/\mathrm{d}\xi$，$\lambda_{i,1}=\mathrm{d}c_{i,1}/\mathrm{d}\xi$，$\lambda_{i,2}=\mathrm{d}c_{i,2}/\mathrm{d}\xi$。方程（2.66）、（2.67）和（2.68）分别表示所有 1 阶数项、$Sc_i^{\ -1/3}$ 和 $Sc_i^{\ -2/3}$。

方程（2.66）是齐次方程，参照例 2.2，其解可以表示为

$$\lambda_{i,0}=\frac{\mathrm{d}c_{i,0}}{\mathrm{d}\xi}=\frac{[c_i(\infty)-c_i(0)]}{\Gamma(4/3)}\exp(-\xi^3) \tag{2.69}$$

其中，$\lambda_{i,0}$ 表示对应于浓度展开式中第一项的梯度。Γ 函数由式（2.25）定义。

方程（2.67）和（2.68）的齐次方程的解具有相同的形式，即 $\exp(-\xi^3)$。按照本节中的推导，引入 $\lambda_{i,1}=\exp(-\xi^3)\Phi_1(\xi)$ 作为新函数。注意到

$$\frac{\mathrm{d}\lambda_{i,1}}{\mathrm{d}\xi}=-3\xi^2\mathrm{e}^{-\xi^3}\Phi_1+\mathrm{e}^{-\xi^3}\frac{\mathrm{d}\Phi_1}{\mathrm{d}\xi} \tag{2.70}$$

方程（2.67）变为

$$\frac{\mathrm{d}\Phi_1}{\mathrm{d}\xi}=\left(\frac{3}{a^4}\right)^{1/3}\xi^3\frac{[c_i(\infty)-c_i(0)]}{\Gamma(4/3)} \tag{2.71}$$

于是有

$$\Phi_1(\xi)=\left(\frac{3}{a^4}\right)^{1/3}\frac{c_i(\infty)-c_i(0)}{\Gamma(4/3)}\left(\frac{\xi^4}{4}\right)+\Phi_1(0) \tag{2.72}$$

提示 2.3：二阶常系数非齐次线性微分方程的通解可以表示为齐次方程的解与一个待定函数的乘积，参考方程（2.55）。

其中，$\Phi_1(0)$ 是积分常数。浓度项可以表示为

$$c_{i,1}=\left(\frac{3}{a^4}\right)^{1/3}\frac{c_i(\infty)-c_i(0)}{\Gamma(4/3)}\int_0^{\xi}e^{-\xi^3}\xi^4 d\xi+\int_0^{\xi}e^{-\xi^3}\Phi_1(0)d\xi \tag{2.73}$$

当 $c_{i,1}(\infty)=0$ 时，求解积分常数。因此，就有

$$\Phi_1(0)=-\left(\frac{3}{a^4}\right)^{1/3}\frac{c_i(\infty)-c_i(0)}{4\Gamma(4/3)}\frac{\Gamma(5/3)}{3\Gamma(4/3)} \tag{2.74}$$

电极表面的浓度导数为

$$\left.\frac{dc_i}{d\xi}\right|_{\xi=0}=\left.\frac{dc_{i,0}}{d\xi}\right|_{\xi=0}+\frac{1}{Sc_i^{1/3}}\left.\frac{dc_{i,1}}{d\xi}\right|_{\xi=0}\frac{c_i(\infty)-c_i(0)}{\Gamma(4/3)}\left(1-\frac{0.29801}{Sc_i^{1/3}}\right) \tag{2.75}$$

或者

$$\left.\frac{dc_i}{d\xi}\right|_{\xi=0}=\frac{c_i(\infty)-c_i(0)}{\Gamma(4/3)}\frac{1}{1+0.29801Sc_i^{-1/3}} \tag{2.76}$$

式（2.76）表示仅考虑速度扩展式中前两个项时，对 Levich 方程的校正。如果 Schmidt 数为 1000，扩展式中的第二项约占导数值的 3%左右。

如果考虑速度扩展式中第三项，则需要进一步扩大求解方程（2.68）的解。当取消 $\exp(-\xi^3)$ 项后，将 $\lambda_{i,2}=\exp(-\xi^3)\Phi_1(\xi)$ 代入方程（2.68），得到

$$\begin{aligned}\frac{d\Phi_2}{d\xi}=&\left(\frac{3}{a^4}\right)^{2/3}\frac{\xi^7}{4}\frac{c_i(\infty)-c_i(0)}{\Gamma(4/3)}+\left(\frac{3}{a^4}\right)^{1/3}\xi^3\Phi_1(0)\\&+\frac{b}{6}\left(\frac{3}{a}\right)^{5/3}\xi^4\frac{c_i(\infty)-c_i(0)}{\Gamma(4/3)}\end{aligned} \tag{2.77}$$

对式（2.77）积分，就有

$$\begin{aligned}\Phi_2(\xi)=&\left(\frac{3}{a^4}\right)^{2/3}\frac{\xi^8}{32}\frac{c_i(\infty)-c_i(0)}{\Gamma(4/3)}+\left(\frac{3}{a^4}\right)^{1/3}\frac{\xi^4}{4}\Phi_1(0)\\&+\frac{b}{6}\left(\frac{3}{a}\right)^{5/3}\frac{\xi^5}{5}\frac{c_i(\infty)-c_i(0)}{\Gamma(4/3)}+\Phi_2(0)\end{aligned} \tag{2.78}$$

其中，$\Phi_2(0)$ 是积分常数。浓度项如下：

$$c_{i,2}=\int_0^{\xi}e^{-\xi^3}\Phi_2(\xi)d\xi \tag{2.79}$$

或者

$$\begin{aligned}c_{i,2}=&\frac{c_i(\infty)-c_i(0)}{\Gamma(4/3)}\left[\frac{1}{32}\left(\frac{3}{a^4}\right)^{2/3}\int_0^{\xi}\xi^8 e^{-\xi^3}d\xi\right.\\&\left.-\left(\frac{3}{a^4}\right)^{2/3}\frac{\Gamma(5/3)}{48\Gamma(4/3)}\int_0^{\xi}\xi^4 e^{-\xi^3}d\xi+\frac{b}{30}\left(\frac{3}{a}\right)^{5/3}\int_0^{\xi}\xi^5 e^{-\xi^3}d\xi\right]\\&+\Phi_2(0)\int_0^{\xi}e^{-\xi^3}d\xi\end{aligned} \tag{2.80}$$

当 $c_{i,2}(\infty)=0$ 时，可以求出假设条件下的积分常数为

$$\begin{aligned}\Phi_2(0)=&\frac{c_i(\infty)-c_i(0)}{\Gamma(4/3)}\left[\frac{1}{32}\left(\frac{3}{a^4}\right)^{2/3}\frac{\Gamma(3)}{3\Gamma(4/3)}\right.\\&\left.-\left(\frac{3}{a^4}\right)^{2/3}\frac{\Gamma(5/3)}{48\Gamma(4/3)}\frac{\Gamma(5/3)}{3\Gamma(4/3)}+\frac{b}{30}\left(\frac{3}{a}\right)^{5/3}\frac{\Gamma(2)}{3\Gamma(4/3)}\right]\end{aligned} \tag{2.81}$$

其中，$\Gamma(3)=2$，且 $\Gamma(2)=1$。如果假设括号内的数量，可以得到

$$\Phi_2(0)=\frac{c_i(\infty)-c_i(0)}{\Gamma(4/3)}(0.056337) \tag{2.82}$$

如果电极表面的浓度导数为

$$\left.\frac{\mathrm{d}c_i}{\mathrm{d}\xi}\right|_{\xi=0}=\frac{c_i(\infty)-c_i(0)}{\Gamma(4/3)}\left(1-\frac{0.29801}{Sc_i^{1/3}}-\frac{0.05634}{Sc_i^{2/3}}\right) \tag{2.83}$$

或者

$$\left.\frac{\mathrm{d}c_i}{\mathrm{d}\xi}\right|_{\xi=0}=\frac{1}{\Gamma(4/3)}\left[\frac{c_i(\infty)-c_i(0)}{1+0.29801Sc_i^{-1/3}+0.14515Sc_i^{-2/3}+O(Sc_i^{-1})}\right] \tag{2.84}$$

式（2.84）表示在考虑速度扩展式中前三个项时对 Levich 方程的校正。当 Schmidt 数为 1000 时，扩展式中的第三项占导数值约 0.06%。

2.4 坐标变换的链式法则

通常，可以采用坐标变换法求解微分方程。在本节中，将概述链式法则的应用，以介绍坐标变换。在微积分教科书中，也可以找到更完整的推导[95]。

链式法则为计算两个或更多个函数组合的导数提供了一种手段。例如，如果 $y=f(u)$ 且 $u=g(x)$，则 y 相对于 x 的导数可表示为

$$\frac{\mathrm{d}y}{\mathrm{d}x}=\frac{\mathrm{d}y}{\mathrm{d}u}\frac{\mathrm{d}u}{\mathrm{d}x} \tag{2.85}$$

其中，y 和 u 都是可微分函数。这种处理方法可以扩展到两个以上的函数。

链式法则也可以应用于多个独立自变量的函数。例如，如果 $z=f(x,y)$，那么 z 相对于 x 的导数为

$$\frac{\mathrm{d}z}{\mathrm{d}x}=\left(\frac{\partial z}{\partial x}\right)_y\frac{\mathrm{d}x}{\mathrm{d}x}+\left(\frac{\partial z}{\partial y}\right)_x\frac{\mathrm{d}y}{\mathrm{d}x} \tag{2.86}$$

或者

$$\frac{\mathrm{d}z}{\mathrm{d}x}=\left(\frac{\partial z}{\partial x}\right)_y+\left(\frac{\partial z}{\partial y}\right)_x\frac{\mathrm{d}y}{\mathrm{d}x} \tag{2.87}$$

如果 x 和 y 是正交的，那么就有

$$\frac{\mathrm{d}y}{\mathrm{d}x}=0 \tag{2.88}$$

$$\frac{\mathrm{d}z}{\mathrm{d}x}=\left(\frac{\partial z}{\partial x}\right)_y \tag{2.89}$$

另一方面，如果 x 和 y 不正交的话，就有

$$\frac{\mathrm{d}y}{\mathrm{d}x}\neq 0 \tag{2.90}$$

并且必须计算式（2.87）中的所有项。

例 2.7 随着膜厚度变化的扩散过程：在膜中的扩散过程受下列方程控制

$$\frac{\partial c_i}{\partial t}-D_i\frac{\partial^2 c_i}{\partial y^2}=0 \tag{2.91}$$

恒定膜厚度的扩散阻抗响应将在 11.2 节介绍。利用坐标变量 $\chi=y/\delta(t)$，可获得可变

膜厚度 $\delta(t)$ 的解。请将方程（2.91）用 y、t 和 χ 进行表示。

解：采用链式法则，可以将方程（2.91）中各项进行变换。按照式（2.87），就有

$$\left(\frac{\partial c_{\mathrm{i}}}{\partial t}\right)_{y}=\left(\frac{\partial c_{\mathrm{i}}}{\partial t}\right)_{\chi}+\left(\frac{\partial c_{\mathrm{i}}}{\partial \chi}\right)_{t}\frac{\mathrm{d}\chi}{\mathrm{d}y} \tag{2.92}$$

对于式（2.92）中右边第二项，进行扩展产生变换，即有

$$\left(\frac{\partial c_{\mathrm{i}}}{\partial \chi}\right)_{t}=\frac{\mathrm{d}c_{\mathrm{i}}}{\mathrm{d}y}\frac{\mathrm{d}y}{\mathrm{d}\chi}=\delta(t)\frac{\mathrm{d}c_{\mathrm{i}}}{\mathrm{d}y} \tag{2.93}$$

其中，$\mathrm{d}c_{\mathrm{i}}/\mathrm{d}y$ 代表薄膜中的稳态浓度梯度，并且有

$$\frac{\mathrm{d}\chi}{\mathrm{d}y}=-\frac{y}{\delta(t)^{2}}\frac{\mathrm{d}\delta}{\mathrm{d}t}=\frac{-\chi}{\delta(t)}\frac{\mathrm{d}\delta}{\mathrm{d}t} \tag{2.94}$$

从而，就得到

$$\left(\frac{\partial c_{\mathrm{i}}}{\partial t}\right)_{y}=\left(\frac{\partial c_{\mathrm{i}}}{\partial t}\right)_{\chi}-\chi\frac{\mathrm{d}c_{\mathrm{i}}}{\mathrm{d}y}\frac{\mathrm{d}\delta}{\mathrm{d}t} \tag{2.95}$$

对式（2.91）中的二阶导数，进行变换即可得到

$$\left(\frac{\partial^{2} c_{\mathrm{i}}}{\partial y^{2}}\right)_{t}=\left(\frac{\partial^{2} c_{\mathrm{i}}}{\partial \chi^{2}}\right)_{t}\left(\frac{\mathrm{d}\chi}{\mathrm{d}y}\right)^{2}=\frac{1}{\delta(t)^{2}}\left(\frac{\partial^{2} c_{\mathrm{i}}}{\partial \chi^{2}}\right) \tag{2.96}$$

由此，方程（2.91）经过变换后，可表示为

$$\frac{\partial c_{\mathrm{i}}}{\partial t}-\chi\frac{\mathrm{d}c_{\mathrm{i}}}{\mathrm{d}y}\frac{\mathrm{d}\delta}{\mathrm{d}t}=\frac{D_{\mathrm{i}}}{\delta(t)^{2}}\left(\frac{\partial^{2} c_{\mathrm{i}}}{\partial \chi^{2}}\right) \tag{2.97}$$

坐标变换在第 11.8 节中用于推导受盐膜厚度影响的系统的阻抗模型推导。

例 2.8　对流扩散过程随膜层厚度的变化：对于有膜覆盖的旋转圆盘电极，其对流扩散过程的物料守恒方程在无量纲坐标系中可以表示为

$$\frac{\partial c_{\mathrm{i}}}{\partial \tau_{\mathrm{i}}}-3\left[\xi-\frac{\delta(\tau_{\mathrm{i}})}{\delta_{\mathrm{N,i}}}\right]^{2}\frac{\partial c_{\mathrm{i}}}{\partial \xi}-\frac{\partial^{2} c_{\mathrm{i}}}{\partial \xi^{2}}=0 \tag{2.98}$$

其中，$\tau_{\mathrm{i}}=tD_{\mathrm{i}}/\delta_{\mathrm{N,i}}^{2}$，$\xi=y/\delta_{\mathrm{N,i}}$，$\delta_{\mathrm{N,i}}$ 由式（11.72）确定。与膜厚度 $\delta(t)$ 相关的对流扩散阻抗响应可以利用坐标变量 $\eta=\xi-\delta(\tau_{\mathrm{i}})/\delta_{\mathrm{N,i}}$ 求解。请利用 η 和 τ_{i} 表达式（2.98）。

解：采用与例 2.7 方法，按照式（2.87），就有

$$\left(\frac{\partial c_{\mathrm{i}}}{\partial \tau_{\mathrm{i}}}\right)_{\xi}=\left(\frac{\partial c_{\mathrm{i}}}{\partial \tau_{\mathrm{i}}}\right)_{\eta}+\left(\frac{\partial c_{\mathrm{i}}}{\partial \eta}\right)_{\tau_{\mathrm{i}}}\frac{\mathrm{d}\eta}{\mathrm{d}\tau_{\mathrm{i}}} \tag{2.99}$$

由于

$$\frac{\mathrm{d}\eta}{\mathrm{d}\tau_{\mathrm{i}}}=-\frac{1}{\delta_{\mathrm{N,i}}}\frac{\mathrm{d}\delta}{\mathrm{d}\tau_{\mathrm{i}}} \tag{2.100}$$

这样，式（2.99）中可表示为

$$\left(\frac{\partial c_{\mathrm{i}}}{\partial \tau_{\mathrm{i}}}\right)_{\xi}=\left(\frac{\partial c_{\mathrm{i}}}{\partial \tau_{\mathrm{i}}}\right)_{\eta}-\frac{1}{\delta_{\mathrm{N,i}}}\frac{\mathrm{d}\bar{c}_{\mathrm{i}}}{\mathrm{d}\eta}\frac{\mathrm{d}\delta}{\mathrm{d}\tau_{\mathrm{i}}} \tag{2.101}$$

在式（2.98）中，其一阶导数可以表示为

$$\frac{\partial c_{\mathrm{i}}}{\partial \xi}=\frac{\partial c_{\mathrm{i}}}{\partial \eta} \tag{2.102}$$

二阶导数表示为

$$\frac{\partial^2 c_i}{\partial \xi^2}=\frac{\partial^2 c_i}{\partial \eta^2} \tag{2.103}$$

那么，式（2.98）最后可表示为

$$\frac{\partial c_i}{\partial \tau_i}-\frac{1}{\delta_{N,i}}\frac{d\tilde{c}_i}{d\eta}\frac{d\delta}{d\tau_i}-3\eta^2\frac{\partial c_i}{\partial \eta}-\frac{\partial^2 c_i}{\partial \eta^2}=0 \tag{2.104}$$

在 11.8 节中就是利用坐标变换法推导了受盐膜厚度影响的系统中的阻抗模型。

2.5　由相似变换求解偏微分方程

偏微分方程的一般解法是找到一个能使偏微分方程变为两个普通微分方程的变换变量。可以用的方法有很多，包括分离变量、拉普拉斯变换以及特性曲线法。

当抛物线型偏微分方程的解表示为两个独立变量的形式时，就可用一个新的独立变量，建立原始独立变量间的联系。在这种情况下，就可以利用相似变换法，采用相变换需要满足下列几点：

· 控制偏微分方程可以表示为相似变量的普通微分方程形式；

· 初始偏微分方程的三个边界条件，在相似变量情况下变为两个边界条件；

· 初始独立变量既不出现在变换后的普通微分方程中，也不出现在变换后和减少了的边界条件中。

在一个独立变量等于零而另一个独立变量趋于无穷的条件下，经常使用相似变换。对于在无穷介质中的扩散问题，可以通过相似变换来解决。在例 11.1 中，将会讨论有关的阻抗响应。求解浓度梯度随时间变化的方法将在下面的例子中阐释。

例 2.9　无限区域中的扩散：物质 i 在无限介质中扩散守恒方程为

$$\frac{\partial c_i}{\partial t}-D_i\frac{\partial^2 c_i}{\partial y^2}=0 \tag{2.105}$$

其边界条件为

$$\begin{aligned}&\text{当 } y\to\infty \text{ 时}, c_i\to c_i(\infty)\\&\text{当 } y=0 \text{ 时}, c_i=c_i(0)\\&\text{当 } t=0 \text{ 时}, c_i=c_i(\infty)\end{aligned} \tag{2.106}$$

试求出浓度梯度随时间变化的表达式。

解：求解偏微分方程一般是找出一种方法，将它们表示为耦合的一般微分方程。若 c_i 可以表示为一个新变量的函数，则可以使用相似变换方法。这个要求说明，方程（2.105）可以表示为仅是这个新变量的函数，并且式（2.106）的三个条件可以缩减为关于新变量的两个条件。

我们观察到，c_i 在 $t=0$ 处与 $y\to\infty$ 处的情况说明，通过 $\eta=f(y)/g(t)$ 的变量代换，在 $y=0$ 处与 $y\to\infty$ 处的两个边界条件以及 $t=0$ 时的初始条件可缩减为 $\eta=0$（对

提示 2.4：在一个独立变量等于零而另一个独立变量趋于无穷的条件下，经常使用相似变换求解抛物线偏微分方程的解。

应 $y=0$）与 $\eta\rightarrow\infty$（对应 $t=0$ 和 $y\rightarrow\infty$）的两个边界条件。

在初始变换中，令 η 为

$$\eta=\frac{y}{g(t)} \tag{2.107}$$

应用链式法则，就有

$$\frac{\partial c_i}{\partial t}=\frac{dc_i}{d\eta}\frac{\partial\eta}{\partial t}=\frac{dc_i}{d\eta}\left(-\frac{y}{g^2}\frac{dg}{dt}\right) \tag{2.108}$$

$$\frac{\partial c_i}{\partial y}=\frac{dc_i}{d\eta}\frac{\partial\eta}{\partial y}=\frac{dc_i}{d\eta}\left(\frac{1}{g}\right) \tag{2.109}$$

以及

$$\frac{\partial^2 c_i}{\partial y^2}=\frac{d}{d\eta}\left(\frac{dc_i}{d\eta}\right)\frac{1}{g}\frac{\partial\eta}{\partial y}=\frac{d^2 c_i}{d\eta^2}\left(\frac{1}{g^2}\right) \tag{2.110}$$

将式（2.107）和式（2.110）代入方程（2.105），得出

$$\frac{d^2 c_i}{d\eta^2}+\left(\frac{g}{D_i}\frac{dg}{dt}\right)\eta\frac{dc_i}{d\eta}=0 \tag{2.111}$$

如果 g 满足

$$\frac{g}{D_i}\frac{dg}{dt}=\lambda \tag{2.112}$$

那么，方程（2.111）仅为 η 的函数。其中，λ 是待定常数。

现在的问题是找出方程（2.112）和下面微分方程（2.113）的解

$$\frac{d^2 c_i}{d\eta^2}+\lambda\eta\frac{dc_i}{d\eta}=0 \tag{2.113}$$

方程（2.112）的边界条件是：$t=0$ 时，$g=0$。这使得 $y\rightarrow\infty$ 和 $t=0$ 这个两个条件等价于 $\eta=\infty$。所以，方程（2.113）的边界条件为

$$\begin{aligned}&当\ \eta\rightarrow\infty\ 时, c_i\rightarrow c_i(\infty)\\&当\ \eta=0\ 时, c_i=c_i(0)\end{aligned} \tag{2.114}$$

方程（2.112）是一阶线性微分方程，通过变量 $h=g^2$ 代换后，就有

$$\frac{dh}{dt}=\frac{dg^2}{dt}=2g\frac{dg}{dt} \tag{2.115}$$

于是得

$$\frac{dh}{dt}=2D_i\lambda \tag{2.116}$$

对式（2.116）直接积分，可以得到

$$h=g^2=2D_i\lambda t+h(0) \tag{2.117}$$

由于 $t=0$ 时 $g=0$，则 $h(0)=0$。所以，就有

$$g=\sqrt{2D_i\lambda t} \tag{2.118}$$

和

$$\eta=\frac{y}{\sqrt{2D_i\lambda t}} \tag{2.119}$$

在这种条件下，可以通过简单的直接积分方法求解方程（2.115），其他的一些情况需要用到 2.1 节中所讲的积分因子。

方程（2.113）是二阶线性微分方程，可以通过降阶方法进行求解，令

$$P=\frac{\mathrm{d}c_i}{\mathrm{d}\eta} \tag{2.120}$$

故有

$$\frac{\mathrm{d}P}{\mathrm{d}\eta}+\lambda\eta P=0 \tag{2.121}$$

对式（2.121）积分，可得

$$P=P(0)\mathrm{e}^{-\lambda\eta^2/2} \tag{2.122}$$

其中，$P(0)$ 是积分常数。将方程（2.122）代入方程（2.120），进行积分得出

$$c_i=P(0)\int_0^\eta \mathrm{e}^{-\lambda\eta^2/2}\mathrm{d}\eta+c_i(0) \tag{2.123}$$

其中，$c_i(0)$ 是积分常数。对任意常数都有 $\lambda=2$，积分部分可以写成标准形式。边界条件（2.114）满足下列条件：

$$\frac{[c_i-c_i(0)]}{[c_i(\infty)-c_i(0)]}=\frac{\int_0^\eta \mathrm{e}^{-\eta^2}\mathrm{d}\eta}{\int_0^\infty \mathrm{e}^{-\eta^2}\mathrm{d}\eta} \tag{2.124}$$

或者

$$\frac{[c_i-c_i(0)]}{[c_i(\infty)-c_i(0)]}=\frac{2}{\sqrt{\pi}}\int_0^\eta \mathrm{e}^{-\eta^2}\mathrm{d}\eta \tag{2.125}$$

在这里，出现的积分之比是表列值，是众所周知的误差函数（erf），即

$$\frac{[c_i-c_i(0)]}{[c_i(\infty)-c_i(0)]}=1-\mathrm{erf}\left(\frac{y}{\sqrt{4D_i t}}\right) \tag{2.126}$$

相关的解将在 11.1 节中给出。

2.6 复数微分方程

在物理系统阻抗响应的研究过程中，经常遇到含有复数的微分方程。对常系数方程，利用前面介绍的内容即可求解。对于系数为变量的方程，就需要进行数值求解。数值求解的方法就是将方程分离为实数与虚数两部分，再同时求解出它们的解。下面，举例说明这种方法。

例 2.10　Warburg 阻抗的建立：经常使用下列偏微分方程处理扩散阻抗，即

$$\frac{\mathrm{d}^2\theta_i}{\mathrm{d}\zeta^2}-\mathrm{j}K_i\theta_i=0 \tag{2.127}$$

其中，θ_i 代表浓度的瞬时变化程度，是一个无量纲复数；ζ 是一个无量纲位置；K_i 是频率，满足物质 i 扩散系数的无量纲量。关于此方程的完整推导将在第 11.1 节中进行。

解：方程（2.127）是二阶常系数齐次线性微分方程，利用特征方程，可得

$$m^2-\mathrm{j}K_i=0 \tag{2.128}$$

其解为

$$m=\pm\sqrt{\mathrm{j}K_{\mathrm{i}}} \tag{2.129}$$

对应解的形式可表示为

$$\theta_{\mathrm{i}}=A_{\mathrm{i}}\mathrm{e}^{\zeta\sqrt{\mathrm{j}K_{\mathrm{i}}}}+B_{\mathrm{i}}\mathrm{e}^{-\zeta\sqrt{\mathrm{j}K_{\mathrm{i}}}} \tag{2.130}$$

其中，常数 A_{i}、B_{i} 是根据边界条件决定的。对于无限介质中扩散过程，其边界条件为

$$\text{当 } \zeta\rightarrow\infty \text{ 时}, \theta_{\mathrm{i}}=0 \tag{2.131}$$

$$\text{当 } \zeta=0 \text{ 时}, \theta_{\mathrm{i}}=1 \tag{2.132}$$

当 $A_{\mathrm{i}}=0$ 时，满足条件（2.131），当 $B_{\mathrm{i}}=1$ 时，满足条件（2.132）。所以

$$\theta_{\mathrm{i}}=\mathrm{e}^{-\zeta\sqrt{\mathrm{j}K_{\mathrm{i}}}} \tag{2.133}$$

对于在有限区域内的扩散过程，条件（2.131）变为

$$\text{当 } \zeta=1 \text{ 时}, \theta_{\mathrm{i}}=0 \tag{2.134}$$

此时，根据条件（2.132）和条件（2.134），可以得出

$$0=A_{\mathrm{i}}\mathrm{e}^{\sqrt{\mathrm{j}K_{\mathrm{i}}}}+B_{\mathrm{i}}\mathrm{e}^{-\sqrt{\mathrm{j}K_{\mathrm{i}}}} \tag{2.135}$$

和

$$1=A_{\mathrm{i}}+B_{\mathrm{i}} \tag{2.136}$$

最终的解为

$$\begin{aligned}&\text{当 } \zeta<1 \text{ 时}, \theta_{\mathrm{i}}=\frac{\sinh\left[(\zeta-1)\sqrt{\mathrm{j}K_{\mathrm{i}}}\right]}{\sinh(-\sqrt{\mathrm{j}K_{\mathrm{i}}})}\\&\text{当 } \zeta\geqslant 1 \text{ 时}, \theta_{\mathrm{i}}=0\end{aligned} \tag{2.137}$$

作为练习，读者可以验证式（2.130）是否满足方程（2.127）的实部与虚部。这种推导过程代表了两个起点，分别是与无限深度静止介质中扩散过程相关的 Warburg 阻抗，以及与有限深度静止介质相关的扩散阻抗。

思考题

2.1 求出下列关于 y 的函数 c 的解。

(a) $\dfrac{\mathrm{d}c}{\mathrm{d}y}+kc=0$

(b) $\dfrac{\mathrm{d}^2c}{\mathrm{d}y^2}+kc=0$

(c) $\dfrac{\mathrm{d}^2c}{\mathrm{d}y^2}+a\dfrac{\mathrm{d}c}{\mathrm{d}y}+kc=0$

(d) $\dfrac{\mathrm{d}^2c}{\mathrm{d}y^2}+a\dfrac{\mathrm{d}c}{\mathrm{d}y}+kc=b$

提示 2.5：含有复数微分方程的数值解法是将方程分为实数与虚数两部分，再同时求解出它们的解。

2.2　证明：方程（2.130）满足方程（2.127）的实部与虚部。

2.3　证明：方程（2.137）表示在有限区域内扩散方程（2.127）的解。

2.4　证明：方程（2.133）表示在无限区域内扩散方程（2.127）的解。

第 3 章 统计学

为了分析频域实验结果，比如阻抗谱，有必要了解统计学。本章将介绍统计学中的概念和定义，其目的在于帮助读者充分理解频域数据的意义。

3.1 定义

在本节中，将介绍一些统计学的基本概念，如果想了解更多知识，请读者参看统计学专业课本[96~98]。

3.1.1 期望值和均值

一组数 x_k（$k=1$，…，n_x）的均值是

$$\bar{x}=\frac{1}{n_x}\sum_{k=1}^{n_x}x_k \tag{3.1}$$

在这里，x 称为变量，它的值 x_k 是随机分布的。当 n_x 趋于总体数量时，样本的平均值则趋于均值或者期望值，即 $\mu_x=E\{x\}$。在表 3.1 中，给出了常数和变量期望值的一些重要性质。

表 3.1 随机变量 x、y 和常数 c 的期望值性质

$$E\{c\}=c \tag{3.2}$$

$$E\{x+c\}=E\{x\}+c \tag{3.3}$$

$$E\{cx\}=cE\{x\} \tag{3.4}$$

$$E\{x+y\}=E\{x\}+E\{y\} \tag{3.5}$$

$$E\{(x+y)^2\}=E\{x\}^2+E\{y\}^2+2E\{x\}E\{y\} \tag{3.6}$$

3.1.2 方差、标准差和协方差

一组数 x_k($k=1$，…，n_x）的方差为

$$s_x^2=\frac{1}{n_x-1}\sum_{k=1}^{n_x}(x_k-\bar{x})^2 \tag{3.7}$$

按照期望值的形式，可将离散数群的方差写为

$$\sigma_x^2=E\{(x-E\{x\})^2\} \tag{3.8}$$

当 n_x 趋于总体数量时，样本方差趋于整体方差，即 $s_x^2\to\sigma_x^2$。对于无穷个样本，当 $n_x\to\infty$，样本方差接近方差。

方差的平方根是标准差，即

$$s_x = \sqrt{s_x^2} \tag{3.9}$$

同样地，有

$$\sigma_x = \sqrt{\sigma_x^2} \tag{3.10}$$

标准差和方差都是正的，标准误差为

$$SE_x = \frac{s_x}{\sqrt{n_x}} \tag{3.11}$$

可见，标准误差是标准差与样本数量 n_x 平方根的比值。对于平均值，其95.45%置信区间由下式给出，即

$$\mu_x = \bar{x} \pm 2S_x / \sqrt{n_x} \tag{3.12}$$

或者

$$\bar{x} - 2S_x / \sqrt{n_x} \leqslant \mu_x \leqslant \bar{x} + 2S_x / \sqrt{n_x} \tag{3.13}$$

因此，虽然样本标准差由总体分布决定，但是其置信区间的大小则由总体分布和采样的变量数量决定。

样本的方差为

$$s_{x_1 x_2} = \frac{1}{n_x - 1} \sum_{k=1}^{n_x} (x_{1,k} - \bar{x}_1)(x_{2,k} - \bar{x}_2) \tag{3.14}$$

并且协方差为

$$\sigma_{x_1 x_2} = E\{(x_{1,k} - E\{x_1\})(x_{2,k} - E\{x_2\})\} \tag{3.15}$$

与方差不同的是，协方差能取正值也能取负值。若 x_1 和 x_2 不相关，$\sigma_{x_1 x_2} = 0$。可以用3.2节所讲述的方法来证明表3.2中列出的方差性质。

表3.2 随机变量 *x*、*y* 和常数 *c* 的方差性质

$$\sigma^2(c) = 0 \tag{3.16}$$

$$\sigma^2(x + c) = \sigma_x^2 \tag{3.17}$$

$$\sigma^2(cx) = c^2 \sigma_x^2 \tag{3.18}$$

$$\sigma^2(x + y) = \sigma_x^2 + \sigma_y^2 + \sigma_{x,y} \tag{3.19}$$

例3.1 重复测量的平均值和方差：表3.3中所示的数据是在1.2Hz的频率条件下重复测量的铂（Pt）旋转圆盘电极上铁氰化物还原的阻抗值[99]。计算每列数字的均值和方差，并计算阻抗的实部和虚部以及实部和虚部残差的协方差。

解：在表3.4中，给出了计算的阻抗实部和虚部以及残差实部和虚部的平均值，标准偏差和标准误差。根据式（3.12），阻抗实部平均值95.45%的置信区间可以表示为

$$\mu_{Z_r} = (48 \pm 1.3)\Omega \cdot \mathrm{cm}^2 \tag{3.20}$$

提示3.1：样本标准差由总体分布决定；而置信区间的大小由总体分布和抽样变量的数量决定。

类似地，阻抗虚部与实部和虚部残差的 95.45% 置信区间可分别表示为

$$\mu_{Z_j}=(-28.7\pm0.13)\Omega\cdot\mathrm{cm}^2 \tag{3.21}$$

$$\mu_{\varepsilon_r}=(0.060\pm0.025)\Omega\cdot\mathrm{cm}^2 \tag{3.22}$$

和

$$\mu_{\varepsilon_j}=(-0.116\pm0.035)\Omega\cdot\mathrm{cm}^2 \tag{3.23}$$

表 3.3　在铂（Pt）旋转圆盘电极上铁氰化物还原的阻抗测量结果[69,100,101]

序号	$Z_r/(\Omega\cdot\mathrm{cm}^2)$	$-Z_j/(\Omega\cdot\mathrm{cm}^2)$	$\varepsilon_r/(\Omega\cdot\mathrm{cm}^2)$	$\varepsilon_j/(\Omega\cdot\mathrm{cm}^2)$
2	42.503	28.038	−0.01632	−0.36455
3	43.102	28.488	−0.08698	−0.00219
4	43.963	28.276	0.15081	−0.12454
5	44.715	28.228	0.21895	−0.24488
6	45.200	28.292	0.07457	−0.18878
7	45.833	28.362	0.11958	−0.16687
8	46.325	28.449	0.04344	−0.13545
9	46.823	28.481	0.06956	−0.14148
10	47.278	28.495	0.02965	−0.12911
11	47.751	28.554	0.03330	−0.16709
12	48.178	28.539	0.06175	−0.13928
13	48.499	28.599	0.03468	−0.12994
14	48.884	28.590	−0.02083	−0.20279
15	49.289	28.738	0.06201	−0.13903
16	49.534	28.700	0.04527	−0.12630
17	49.923	28.639	0.09696	−0.09025
18	50.177	28.742	0.05656	−0.04193
19	51.886	28.993	0.06046	−0.04558
20	52.066	29.021	0.06149	−0.05906
21	52.317	29.077	0.08688	−0.02797
22	52.425	29.096	0.02596	−0.04124
23	52.695	29.135	0.12215	−0.02176
24	52.723	29.162	−0.00773	−0.03340
25	53.009	29.209	0.10897	−0.01344

注：其中，测量条件是转速为 120r/min，频率为 1.2Hz。通过回归测量模型获得残差数据。

表 3.4　对应于表 3.3 中所列数据的统计量

量	$Z_r/(\Omega\cdot\mathrm{cm}^2)$	$-Z_j/(\Omega\cdot\mathrm{cm}^2)$	$\varepsilon_r/(\Omega\cdot\mathrm{cm}^2)$	$\varepsilon_j/(\Omega\cdot\mathrm{cm}^2)$
均值，式(3.1)	48.546	28.663	0.05963	−0.11570
标准差，式(3.9)	3.259	0.330	0.06193	0.08493
标准误差，式(3.11)	0.665	0.0675	0.0126	0.0173
协方差，式(3.14)	0.984		−0.00033	

与阻抗实部和虚部相关的相对较大的置信区间可归因于系统在进行重复实验所需的时间长度（大于 12h）内的非稳态行为。使与非稳态行为相关的偏差最小化的方法将在第 8.3.2 节中介绍，误差结构的分类将在第 21 章中描述，确定偏差是否影响阻抗响应的方法将在第 22 章中介绍。

如表 3.4 所列，给出的协方差表明阻抗的实部和虚部是高度相关的。然而，残差的实部和虚部却不相关。残差缺乏其相关性表明，使用残差的标准偏差作为阻抗数据误差结构的评估是有益的[102,103]。

3.1.3 正态分布

正态分布是均值 μ_x 的函数，μ_x 的定义见式（3.1），标准差的定义见式（3.9），即有

$$f(x)=\frac{1}{\sigma_x\sqrt{2\pi}}\exp\left[-\frac{(x-\mu_x)^2}{2\sigma_x^2}\right] \tag{3.24}$$

正态分布函数也可写为 $N(\mu_x,\ \sigma_x^2)$ 的形式。若 x 服从参数为 μ_x 和 σ_x^2 的正态分布，变量代换为

$$x_{\text{norm}}=\frac{x-\mu_x}{\sigma_x} \tag{3.25}$$

后，则服从标准正态分布[104]

$$f_{\text{norm}}(x_{\text{norm}})=\frac{1}{\sqrt{2\pi}}\exp\left(-\frac{x_{\text{norm}}^2}{2}\right) \tag{3.26}$$

根据式（3.24），标准正态分布函数的均值 $\mu_x=0$，标准差 $\sigma_x=1$，标准正态分布曲线所包围的面积是 1。标准正态分布函数可写为 $N(0,\ 1)$。

图 3.1 表示的是标准差为 1，均值为 0 的标准正态分布函数的图像。通过 $\mu_x\pm\sigma_x$ 定义 x_1，…，x_N 样本的置信区间，其意义是，真值以 68.27%的可能性落在此置信区间中（具体见 3.1.4 节）。真值以 95.45%的概率落在 $\mu_x\pm2\sigma_x$ 的置信区间中。在 3.1.5 节所讲到的中心极限定理经常用来作为以正态分布为基础的实验数据的阐释。

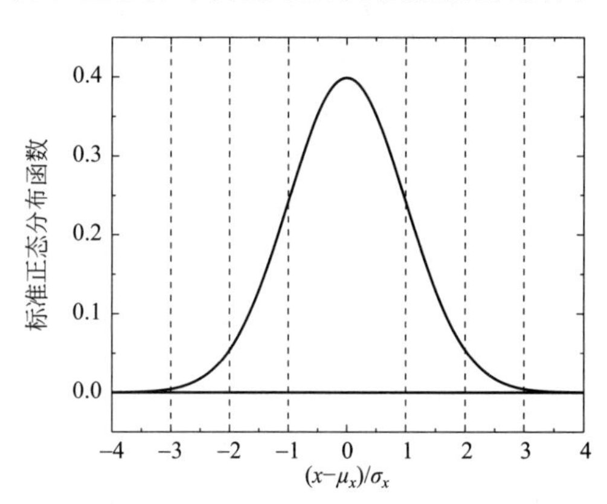

图 3.1 均值为 0，方差为 1 的标准正态分布函数。以 68.27%的概率分布在 $\pm\sigma$ 之间，以 95.45%的概率分布在 $\pm2\sigma$ 之间，以 99.74%的概率分布在 $\pm3\sigma$ 之间

3.1.4 概率

概率是通过在适当的范围内对分布函数进行积分后得到的。例如，设 x 是正态随机变量，其均值为 μ_x，标准差为 σ_x。当 $x>a$ 时的概率为

$$P(x>a)=\frac{1}{\sigma_x\sqrt{2\pi}}\int_a^{\infty}\exp\left[-\frac{(x-\mu_x)^2}{2\sigma_x^2}\right]\mathrm{d}x \tag{3.27}$$

在图 3.2(a) 中，其阴影部分表示 $P(x>a)$ 的概率。当 $x<b$ 时，其概率为

$$P(x<b)=\frac{1}{\sigma_x\sqrt{2\pi}}\int_{-\infty}^{b}\exp\left[-\frac{(x-\mu_x)^2}{2\sigma_x^2}\right]\mathrm{d}x \tag{3.28}$$

如图 3.2(b) 的阴影部分所示。如果 $a<x<b$，那么概率为

$$P(a<x<b)=\frac{1}{\sigma_x\sqrt{2\pi}}\int_{a}^{b}\exp\left[-\frac{(x-\mu_x)^2}{2\sigma_x^2}\right]\mathrm{d}x \tag{3.29}$$

如图 3.2（c）中阴影部分所示。整个区间的标准正态分布值为

$$\Phi(x)=\frac{1}{\sqrt{2\pi}}\int_{0}^{x}\exp\left(-\frac{x_{\mathrm{norm}}^2}{2}\right)\mathrm{d}x_{\mathrm{norm}} \tag{3.30}$$

具体可以参看参考书和统计学教科书[105,106]。

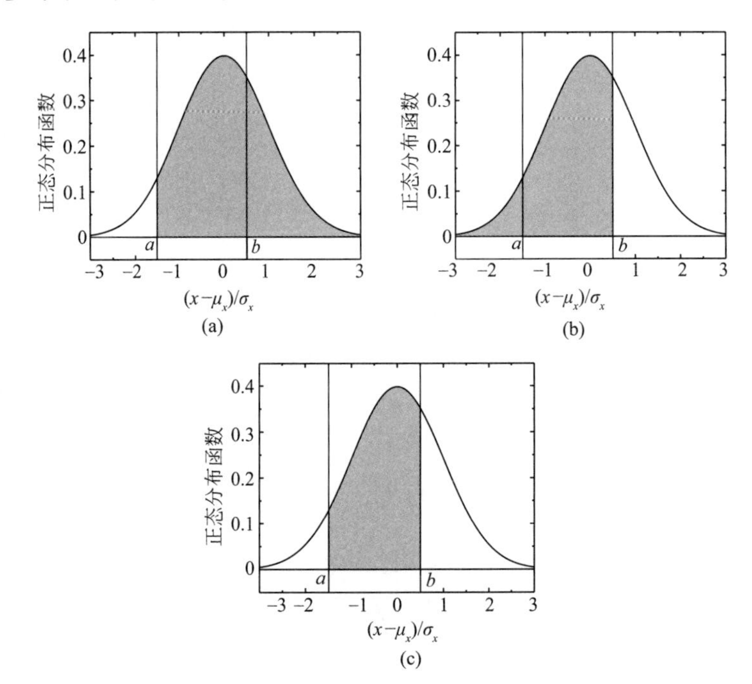

图 3.2 概率分布。(a) $x>a$，式 (3.27)；(b) $x<b$，式 (3.28)；(c) $a<x<b$，式 (3.29)

3.1.5 中心极限定理

中心极限定理规定在样本容量很大时，任何独立分布或恒等分布的随机变量，其均值的抽样分布近似于方程（3.24）所表示的正态分布[104]。

定理 3.1（中心极限定理） 令 S 表示一个相互独立的离散变量序列，令 X_1，X_2，…，X_i，…，X_n 表示 S 的 n 个子集，这样每个子集 X_i 含有 n_x 个值，其均值为 μ_{X_i}，方差为 $\sigma_{X_i}^2$；总体 S 的均值为 μ_S，方差为 σ_S^2。就有

$$\lim_{n\to\infty}P\left(a<\frac{\mu_{X_i}-\mu_S}{\sigma_{X_i}}<b\right)=\frac{1}{\sqrt{2\pi}}\int_{a}^{b}\exp\left(-\frac{x^2}{2}\right)\mathrm{d}x \tag{3.31}$$

并且，μ_{X_i} 服从下列分布

$$\lim_{n\to\infty}\mu_{X_i}=N\left(\mu_S,\frac{\sigma_S^2}{n_x}\right) \tag{3.32}$$

或是

$$\lim_{n\to\infty}\frac{\mu_{X_i}-\mu_S}{\sigma_S/\sqrt{n_x}}=N(0,1) \tag{3.33}$$

中心极限定理引出了下列重要的结论：

① 均值抽样分布的均值等于抽出样本的均值。

② 均值抽样分布的方差等于抽出样本的方差除以样本数量。

③ 若初始总体样本是正态分布的（即曲线是钟形的），则均值的抽样分布仍然是正态分布。即使初始总体样本并不符合正态分布，但随着总体样本数量的增加，均值抽样分布会不断趋近于正态分布。

为了对中心极限定理进行说明，在图3.3中列出了5000个随机变量的分布。图3.3所示的分布代表了关于零对称且明显不服从正态分布的总体 S 分布，其均值 $\mu_S=-8.06\times10^{-4}$，标准差 $\sigma_S=0.28736$。总体 S 可以再细分成500个子集 $X_{10,i}$，每个子集包含的样本数 $n_x=10$。图3.4表示的是均值的分布，像一个正态分布。在正常的累计概率范围内，此分布沿着一条直线分布。因此证明，样本均值分布是正态的。各子集平均值的均值等于初始总体 S 的均值，即 $\mu_{X_{10}}=\mu_S=-8.06\times10^{-4}$。

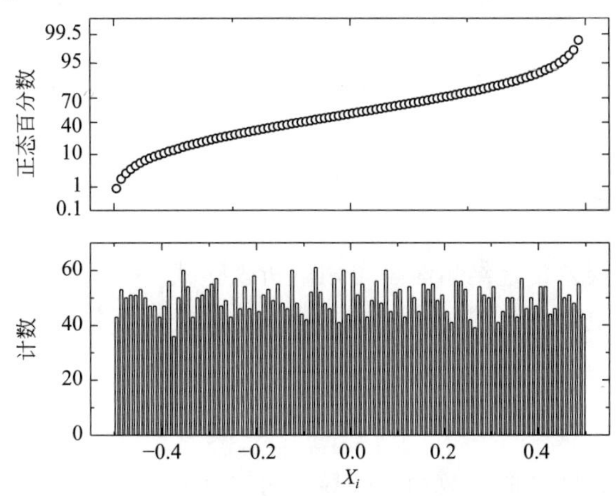

图3.3 5000个均匀分布随机变量的直方图和累计数量正态分布图。其中，均值为 $\mu_S=-8.06\times10^{-4}$，标准差为 $\sigma_S=0.28736$

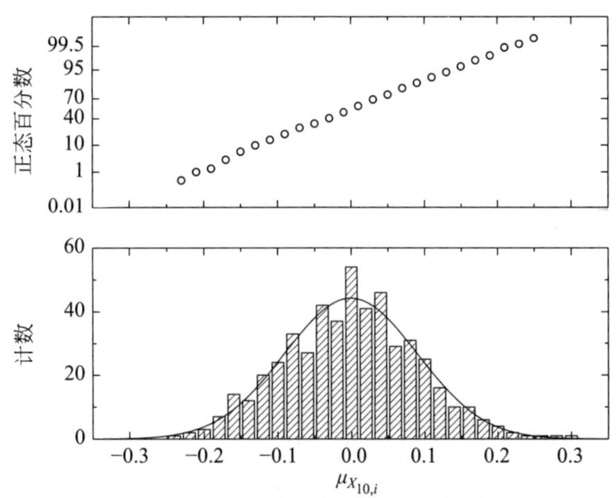

图3.4 图3.3所示数据子集均值的直方图和累计正态分布图。每个子集包含10个点。各子集平均值的均值等于 $\mu_{X_{10}}=-8.06\times10^{-4}$，标准差为 $\sigma_{X_{10}}=0.09015$

子集的标准差等于$\sigma_{X_{10}}=0.09015$，小于总体分布S的标准差。由$\sigma_X=\sigma_S/\sqrt{n_x}$可知，子集的标准差是每个子集样本数$n_x$的函数。标准差可看做是$1/\sqrt{n_x}$的函数，其图像绘出来是一条直线，如图3.5所示。因此，均值的抽样分布近似是正态分布，与原始变量的分布无关，且均值的抽样分布以原始变量的总体均值为中心。除此之外，均值抽样分布的标准差近似等于$\sigma_S/\sqrt{n}$。

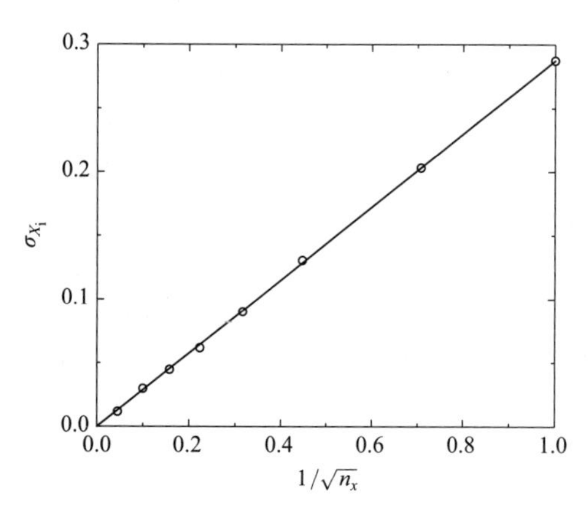

图3.5　图3.3所示数据子集均值的标准差与$1/\sqrt{n_x}$的关系，其中n_x是每一个子集X_i的样本数

3.2　误差传递

通过线性系统确定误差传递结果时，可用解析表达式。当方差充分小，对于系统期望值可以做线性化处理时，也可以使用这种方法。为确定非线性系统的误差传递，一般使用数值方法。

3.2.1　线性体系

假设系统是线性的，即二阶导数和高阶导数可以忽略不计，如果f是变量x_1，x_2，…的函数，那么可以用泰勒公式展开，得到函数$f=f(x_1, x_2, \cdots)$的k阶展开式为

$$f_k-\mu_f=E\left\{\frac{\partial f}{\partial x_1}\right\}(x_{1,k}-\mu_{x_1})+E\left\{\frac{\partial f}{\partial x_2}\right\}(x_{2,k}-\mu_{x_2})+\cdots \tag{3.34}$$

根据式（3.8），f的方差可以表示为

$$\sigma_f^2=E\{(f_k-\mu_f)^2\} \tag{3.35}$$

将式（3.34）代入式（3.35），即可得

$$\sigma_f^2=\left[E\left\{\frac{\partial f}{\partial x_1}\right\}E\{(x_{1,k}-\mu_{x_1})\}+E\left\{\frac{\partial f}{\partial x_2}\right\}E\{(x_{2,k}-\mu_{x_2})\}+\cdots\right]^2 \tag{3.36}$$

将式（3.36）的各项按方差展开，就有

$$\sigma_f^2=E\left\{\frac{\partial f}{\partial x_1}\right\}^2\sigma_{x_1}^2+E\left\{\frac{\partial f}{\partial x_2}\right\}^2\sigma_{x_2}^2+2E\left\{\frac{\partial f}{\partial x_1}\right\}E\left\{\frac{\partial f}{\partial x_2}\right\}\sigma_{x_1x_2}+\cdots \tag{3.37}$$

这样，函数f的方差可由各项方差表示为

提示3.2： 通常采用中心极限定理证明利用正态分布解释试验数据是否合理。

$$\sigma_f^2 \approx \sigma_{x_1}^2 \left(\frac{\partial f}{\partial x_1}\right)^2 + \sigma_{x_2}^2 \left(\frac{\partial f}{\partial x_2}\right)^2 + \cdots + \sigma_{x_1,x_2} \left(\frac{\partial f}{\partial x_1}\right)\left(\frac{\partial f}{\partial x_2}\right) + \cdots \tag{3.38}$$

如果误差是不相关的，即协方差等于 0，那么 f 的方差为

$$\sigma_f^2 \approx \sigma_{x_1}^2 \left(\frac{\partial f}{\partial x_1}\right)^2 + \sigma_{x_2}^2 \left(\frac{\partial f}{\partial x_2}\right)^2 + \cdots \tag{3.39}$$

例 3.2　误差传递：如第 16 章所讲，通过对电流体动力学阻抗数据进行回归，可以求出施密特数。如果在 0.5mol/L NaCl 溶液中，氧气还原的施密特数等于 510±25，并且运动黏度等于（$0.89\times10^{-2}\pm0.05\times10^{-2}$）$cm^2/s$，计算扩散系数及其标准差[107]。

解：施密特数的表达式为 $Sc_{O_2}=\nu/D_{O_2}$。所以，$D_{O_2}=\nu/Sc_{O_2}$。因此，根据式（3.39），就有

$$\sigma_{D_{O_2}}^2 \approx \sigma_\nu^2 \left(\frac{1}{Sc_{O_2}}\right)^2 + \sigma_{Sc_{O_2}}^2 \left(\frac{\nu}{Sc_{O_2}^2}\right)^2 \tag{3.40}$$

代入数值后，得

$$\begin{aligned}\sigma_{D_{O_2}}^2 &\approx (0.05\times10^{-2})^2\left(\frac{1}{510}\right)^2 + (25)^2\left(\frac{0.89\times10^{-2}}{510^2}\right)^2 \\ &= 1.7\times10^{-12}\end{aligned} \tag{3.41}$$

解得结果 $D_{O_2}=$（1.75 ± 0.13）$\times10^{-5}cm^2/s$。

在例 3.1 中，关于标准差的推算是近似的，因为函数并不是与 Sc_{O_2} 呈线性函数关系。非线性的影响将在后面的章节中进行讨论。

3.2.2　非线性体系

用非线性系统来求误差传递会引出三个问题。第一，泰勒公式中的高阶导数对误差分析有显著的影响。第二，如图 3.6 所示，非线性关系会使分布变形失真，导致生成变量不服从正态分布。在这种情况下，计算出的方差意义将受到质疑。第三，相关参数计算出的误差传递小于在假设误差源不相关的情况下所计算出的值。

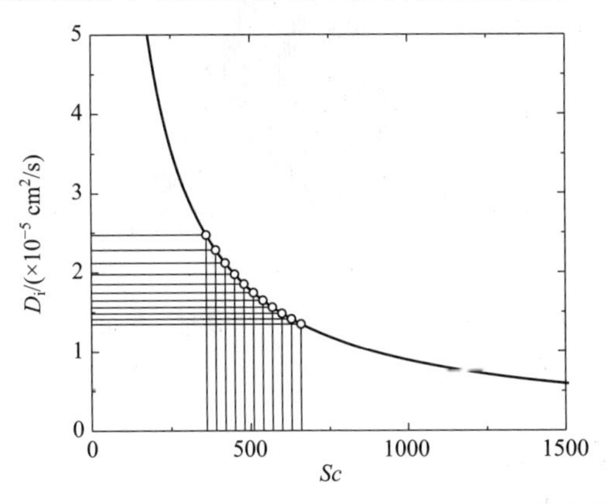

图 3.6　例 3.2 中扩散系数随着施密特数变化的关系。由间距均匀的施密特数得到的非均匀扩散率表明，施密特数的正态分布值导致了扩散率的扭曲分布

提示 3.3：对于线性体系，如果不存在误差的相关性，那么可以通过如式（3.40）给出独立变量的方差估算自变量函数的方差。

解析方法无法解决非线性体系的误差传递问题。Monte Carlo 模拟可以用来确定传递误差的大小与分布情况。

例 3.3　继续例 3.2 的讨论：评估例 3.2 中氧扩散系数标准差的误差。

解：Monte Carlo 模拟是利用两个相互独立的集合进行的。其中，集合为 1000 个正态分布随机数，每个数相互独立。对于用来描述施密特数的干扰值，其标准差为 25；对于描述运动黏度的干扰值，其标准差为 $0.05\times10^{-2}\text{cm}^2/\text{s}$。图 3.7 表示计算结果的散点图。图 3.8 为扩散系数的直方图，表示结果的分布是正态的。用 Monte Carlo 模拟确定传递误差所得到的扩散系数的均值为 $1.751\times10^{-5}\text{cm}^2/\text{s}$，标准差是 $1.3\times10^{-6}\text{cm}^2/\text{s}$，结果与例 3.2 中所求得的结果一致。

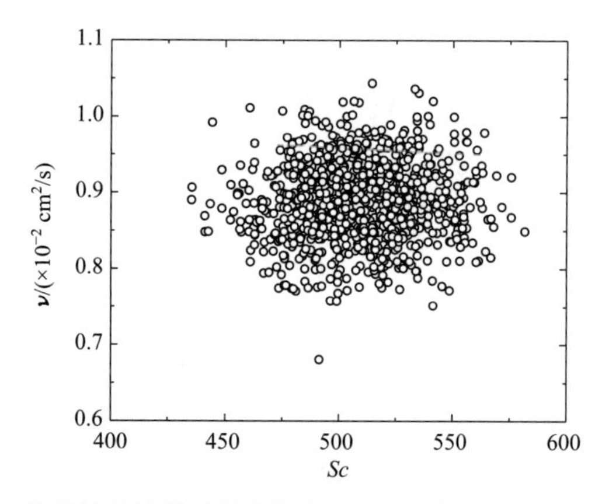

图 3.7　使用 Monte Carlo 模拟计算扩散系数的散点图。对于例 3.2，其运动黏度是施密特数的函数

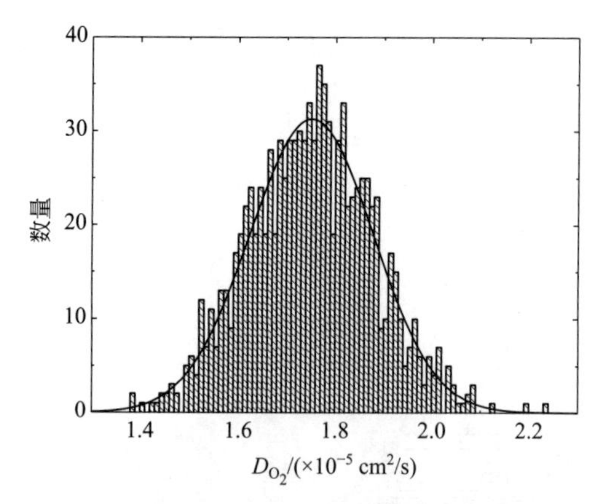

图 3.8　使用 Monte Carlo 模拟得到的氧扩散系数分布情况，以此评估例 3.3 中误差的传递情况。扩散率的平均值为 $1.751\times10^{-5}\text{cm}^2/\text{s}$，标准偏差为 $1.3\times10^{-6}\text{cm}^2/\text{s}$

例 3.4　继续例 3.3 的讨论：除了增加 10 倍的施密特数的标准差，即 $Sc_{O_2}=510\pm250$ 外，评估例 3.2 中氧扩散系数标准差的误差。

解：已知施密特数 95.45%（2σ）的置信区间并不包括 0，故可以假设这个值具有统计学意义。实际上，实验者不应满足于这种不确定程度，而应该设计出更好的实验方法或实验模型。

利用两个相互独立的集合进行 Monte Carlo 模拟。其中，集合为 1000 个正态分布的随机数，且每个数相互独立。对于用来描述施密特数的干扰值，其标准差为250；而对于描述运到黏度的干扰值，其标准差为$0.05\times10^{-2}cm^2/s$。图3.9表示计算的散点图。计算结果明显地描绘出了图3.6中的非线性部分。施密特数偶尔的负值导致了扩散系数中的负值。

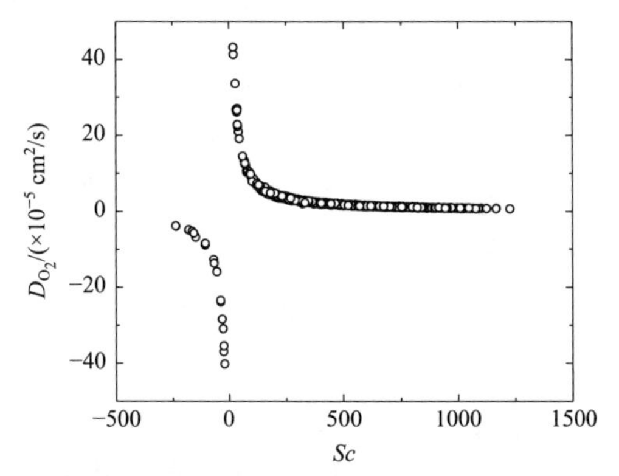

图3.9 使用Monte Carlo模拟计算扩散系数的散点图。对于例3.4，扩散率是施密特数的函数

图3.10为扩散系数的直方图，分布是非正态的。计算扩散系数的均值为$D_{O_2}=(-1.03\times10^{-5}\pm1.1\times10^{-3})cm^2/s$。然而，对于此分布的均值和标准差的估算则均不具有统计学意义。

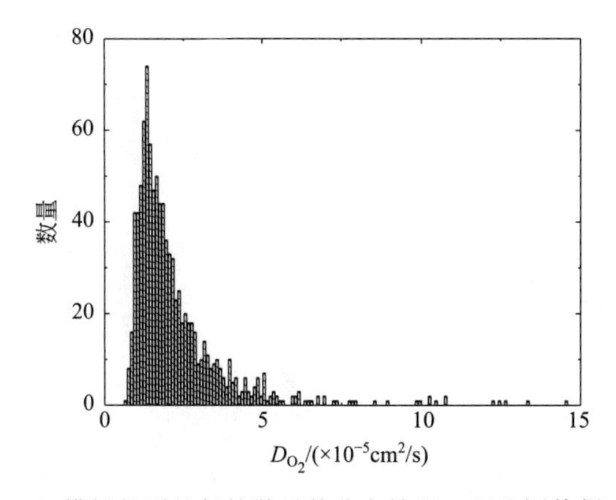

图3.10 使用Monte Carlo模拟得到的氧扩散系数分布情况，以此评估例3.2中误差的传递情况。分布是非正态的，对这样的分布所估算的标准差在置信区域内不具有统计意义

3.3 假设检验

假设检验是用来确定某一个数群的某项特性的判定是否合理。本章所讲的统计检验不能用来验证假设检验，但是却能够在一个特定的置信水平内，反证某项假设。

通常，我们常见的问题是两个分布是否具有相同的均值与方差。那么就要问：均值或方差之间的差异是否存在重要的统计意义？为此，可以分别用t检验和F检验解决这些问题。

3.3.1 术语

假设检验有其专用的术语，读者可能会问，比如，长年浸在海水里的钢制样品的腐蚀速率与在城市饮用水中的腐蚀速率是否相等。

零假设是原始论述，在这个例子中，零假设就是指长年浸在海水里的钢制样品腐蚀速率与在城市饮用水中的腐蚀速率相等。用符号表示就是 $H_0: \mu_1=\mu_2$。

对于备择假设，有三种可能性，分别是 $H_1: \mu_1>\mu_2$，$\mu_1<\mu_2$，$\mu_1\neq\mu_2$。

显著性水平 α 是一个介于 0 与 1 之间的数，代表在假设正确的条件下，错误拒绝零假设的概率。当显著性水平为 5%时，用符号表示即为 $\alpha=0.05$。在这个显著性水平下，若假设是正确的，错误拒绝它的可能性为 5%。α 越小，错误拒绝的可能性就越小。

p 值是在假定零假设正确的情况下，观察到所给样本结果的概率。换而言之，p 值是与观察到的统计检验值相等的 α 值。例 3.5 说明了在 t 检验中的 α、p 参数之间的关系。若 $p<\alpha$，拒绝零假设，反过来讲就是假设是不真实的。若 $p>\alpha$，不能接受零假设。

3.3.2 均值的 t 检验

英国统计学家 William Sealy Gosset（1876—1937）于 1908 年用笔名“Student”出版了一本关于分布的书[108]。这就是后来由他本人建立起来的 t 分布。t 检验解决的都是基于小样本的推断问题。现在的问题是，确定基于小样本计算的均值和标准差与基于一个大分布所求出的均值和标准差之间的差别范围。Gosset 在都柏林吉尼斯啤酒厂工作期间，改进了这些统计方法。他的一系列理论的实验验证就是依靠当时发表的关于 3000 名犯人的身高和左手中指长度数据进行处理而完成的[108]。

概率密度函数表示为

$$f(t)=\frac{\Gamma\left(\frac{\nu+1}{2}\right)}{\sqrt{\nu\pi}\,\Gamma\left(\frac{\nu}{2}\right)}\left(1+\frac{t^2}{\nu}\right)^{-\frac{\nu+1}{2}} \tag{3.42}$$

式中，ν 是自由度，且必须为正整数。t 分布如图 3.11 所示，其中自由度为影响因素。当 $\nu\rightarrow\infty$，概率分布函数近似于正态分布。

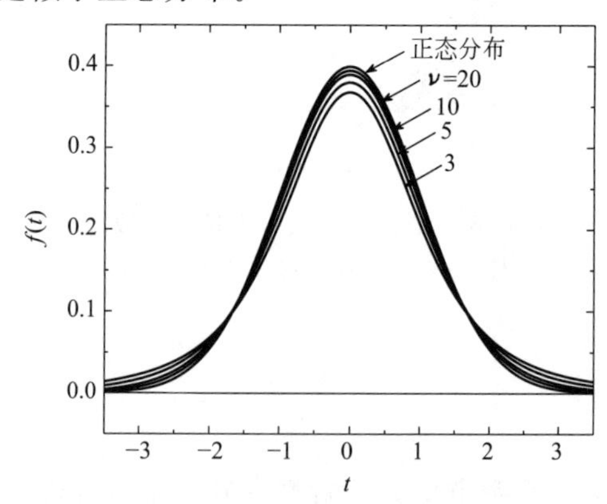

图 3.11 t 分布与正态分布的比较。其中，t 分布由式（3.42）确定，正态分布由式（3.24）确定，自由度为影响因素

提示 3.4： 不能用统计检验证明给定的假设。统计检验只能用来确定实验数据是否支持假设。

由式（3.42）求得的 t 值可用来与实验值相比较。对自由度 $\nu=n_x-1$ 的总体平均值的零值假设检验等于指定值 μ_0。该指定值可以由下列公式计算，即

$$t=\frac{\bar{x}-\mu_0}{s_x/\sqrt{n_x}} \tag{3.43}$$

这里，n_x 是实验数据的个数，$s_x/\sqrt{n_x}$ 表示数据集合的标准误差。与不成对变量比较，相应表达式为

$$t=\frac{\bar{x}_1-\bar{x}_2}{\sqrt{\frac{s_{x_1}^2}{n_{x_1}}+\frac{s_{x_2}^2}{n_{x_2}}}} \tag{3.44}$$

其中，自由度 $\nu=n_{x_1}+n_{x_2}-2$。

当外部因素影响数据集，并使其逐点相等时，则可基于两者间差值的均值建立 t 检验，即有

$$t=\frac{\overline{x_1-x_2}-\mu_0}{s_{x_1-x_2}/\sqrt{n_x}} \tag{3.45}$$

式中，$n_{x_1}=n_{x_2}=n_x$；$\nu=n_x-1$。例如，在同一个实验中，如果两个变量与频率之间具有函数关系，由于频率对两个变量具有相同的影响，那么在这种情况下，就可使用这样的检验方法对两个变量进行比较。

表3.5 t 检验数值

置信区间	40%	68.27%	90%	95%	95.45%	99%
ν/p	0.6	0.3173	0.10	0.05	0.0455	0.01
3	0.58439	1.1969	2.3534	3.1824	3.3068	5.8409
4	0.56865	1.1417	2.1318	2.7764	2.8693	4.6041
5	0.55943	1.1105	2.0150	2.5706	2.6487	4.0321
10	0.54153	1.0526	1.8125	2.2281	2.2837	3.1693
15	0.53573	1.0345	1.7531	2.1314	2.1812	2.9467
20	0.53286	1.0257	1.7247	2.0860	2.1330	2.8453
25	0.53115	1.0204	1.7081	2.0595	2.1051	2.7874
30	0.53002	1.0170	1.6973	2.0423	2.0868	2.7500
35	0.52921	1.0145	1.6896	2.0301	2.0740	2.7238
40	0.52861	1.0127	1.6839	2.0211	2.0645	2.7045
45	0.52814	1.0113	1.6794	2.0141	2.0571	2.6896
50	0.52776	1.0101	1.6759	2.0086	2.0513	2.6778
55	0.52745	1.0092	1.6730	2.0040	2.0465	2.6682
60	0.52720	1.0084	1.6706	2.0003	2.0425	2.6603
65	0.52698	1.0078	1.6686	1.9971	2.0392	2.6536
70	0.52680	1.0072	1.6669	1.9944	2.0364	2.6479
75	0.52664	1.0067	1.6654	1.9921	2.0339	2.6430
80	0.52650	1.0063	1.6641	1.9901	2.0317	2.6387
85	0.52637	1.0059	1.6630	1.9883	2.0298	2.6349
90	0.52626	1.0056	1.6620	1.9867	2.0282	2.6316
95	0.52616	1.0053	1.6611	1.9853	2.0267	2.6286
100	0.52608	1.0050	1.6602	1.9840	2.0253	2.6259
200	0.52524	1.0025	1.6525	1.9719	2.0126	2.6006
1000	0.52457	1.0005	1.6464	1.9623	2.0025	2.5808
5000	0.52443	1.0001	1.6452	1.9604	2.0005	2.5768
10000	0.52442	1.0001	1.6450	1.9602	2.0003	2.5763
100000	0.52440	1.0000	1.6449	1.9600	2.0000	2.5759

表 3.5 对评价均值有效性的 t 检验非常有用。请注意：对于 68.27% 的置信区间，$t \to 1$ 时，$\nu \to \infty$。当 $t \to 2$ 时，$\nu \to \infty$ 时，对应的置信区间为 95.45%。由此，当 $\nu \to \infty$ 时，t 分布接近正态分布。对于正态分布，当给定自由度 ν 值时，由式(3.12) 确定的参数均值的 95.45% 置信区间可以替换为

$$\mu_x = \bar{x} \pm t_{0.0455} \frac{s_x}{\sqrt{n_x}} \tag{3.46}$$

图 3.12 为变量 x_1 和 x_2 的数群分布图，主要用来说明假设检验的概念。两个样本均值 $\bar{x}_1$ 和 $\bar{x}_2$ 似乎不同。问题在于这种明显的差异是否具有统计学意义。对应式（3.45）的 t 检验用于假设是否可以用来评估是否可以拒绝零值假设，即 $\bar{x}_1 = \bar{x}_2$。

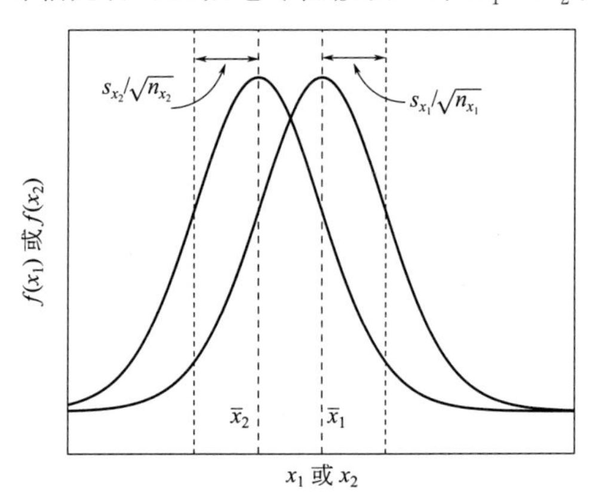

图 3.12 变量 x_1 和 x_2 的总体分布比较。对应式（3.44）的 t 检验用于评估是否可以拒绝零值假设，即 $\bar{x}_1 = \bar{x}_2$

3.3.3 方差的 F 检验

F 检验是用来检验当两组样本方差相等时零假设的正确性[96]。假设每组样本中的变量都是相互独立的，并分别服从正态分布，即具有相同的均值和方差。除此之外，两个样本之间也是相互独立的。

F 的值可以由实验所确定的方差得到，即

$$F = \frac{s_1^2}{s_2^2} \tag{3.47}$$

因此，$F > 1$，即 $s_1^2 > s_2^2$。零假设为：两个方差来自同一个总体数群，也就是说，它们在统计学上是相等的。

对于方差不相等的假设，其拒绝的显著性水平按下式计算

$$Q(F \mid \nu_1, \nu_2) = \frac{\Gamma[(\nu_1 + \nu_2)/2]}{\Gamma(\nu_1/2)\Gamma(\nu_2/2)} \int_0^{\nu_2/(\nu_2+\nu_1 F)} t^{\nu_2/2-1} (1-t)^{\nu_1/2-1} \mathrm{d}t \tag{3.48}$$

其中，自由度分别为 $\nu_1 = n_{x_1} - 1$，$\nu_2 = n_{x_2} - 1$。对于给定的自由度，对应的概率密度函数为

$$f(x) = \frac{\Gamma\left(\frac{\nu_1 + \nu_2}{2}\right)\left(\frac{\nu_1}{\nu_2}\right)^{\frac{\nu_1}{2}} x^{\frac{\nu_1}{2}-1}}{\Gamma\left(\frac{\nu_1}{2}\right)\Gamma\left(\frac{\nu_2}{2}\right)\left(1 + \frac{\nu_1 x}{\nu_2}\right)^{\frac{\nu_1+\nu_2}{2}}} \tag{3.49}$$

当 $\nu_1=\nu_2$ 时，式（3.49）可以表示为

$$f(x)=\frac{\Gamma(\nu)x^{\frac{\nu_1}{2}-1}}{\left[\Gamma\left(\frac{\nu}{2}\right)\right]^2(1+x)^{\nu}} \tag{3.50}$$

与自由度 ν 对应的 F 值和给定的置信水平以表格形式给出。如果计算出的 F 值比表格中的 F 值大，那么就拒绝原来的零假设。在表 3.6 中，给出的这些数值可以用来评估相等自由度样本方差等效性的 F 检验。

表 3.6　样本方差与等自由度比较的 F 检验数值，即 $\nu_1=\nu_2=\nu$

ν/p	0.3	0.2	0.1	0.05	0.025	0.01
3	1.940	2.936	5.391	9.277	15.439	29.457
4	1.753	2.483	4.107	6.388	9.605	15.977
5	1.641	2.228	3.453	5.050	7.146	10.967
10	1.406	1.732	2.323	2.978	3.717	4.849
15	1.318	1.558	1.972	2.403	2.862	3.522
20	1.268	1.466	1.794	2.124	2.464	2.938
25	1.236	1.406	1.683	1.955	2.230	2.604
30	1.213	1.364	1.606	1.841	2.074	2.386
35	1.196	1.332	1.550	1.757	1.961	2.231
40	1.182	1.308	1.506	1.693	1.875	2.114
45	1.170	1.287	1.470	1.642	1.807	2.023
50	1.161	1.271	1.441	1.599	1.752	1.949
55	1.153	1.256	1.416	1.564	1.706	1.888
60	1.146	1.244	1.395	1.534	1.667	1.836
65	1.140	1.233	1.377	1.508	1.633	1.792
70	1.134	1.224	1.361	1.486	1.604	1.754
75	1.129	1.216	1.346	1.466	1.578	1.720
80	1.125	1.208	1.334	1.448	1.555	1.690
85	1.121	1.201	1.322	1.432	1.534	1.663
90	1.117	1.195	1.312	1.417	1.516	1.639
95	1.114	1.189	1.302	1.404	1.499	1.618
100	1.111	1.184	1.293	1.392	1.483	1.598
200	1.077	1.127	1.199	1.263	1.320	1.391
1000	1.034	1.055	1.084	1.110	1.132	1.159
5000	1.015	1.024	1.037	1.048	1.057	1.068
10000	1.011	1.017	1.026	1.033	1.040	1.048
100000	1.003	1.005	1.008	1.010	1.012	1.015

例 3.5　阻抗数据的评估：关于阻抗测量值的实部与虚部是否具有相同的方差或标准差的问题，在阻抗相关文献中，有着完全相反的结论。以 Orazem 等[99] 发表的铁氰化物在铂旋转盘电极上还原而得到的阻抗数据为例，采用 Agarwal 方法[69,100]，把 26 组重复阻抗实验数据中缺少可重复性的数据剔除。在表 3.7 中，列出了一些数值。图 3.13 描述了这个结果，表明阻抗的实部与虚部的标准差是相等的。问题是：是否可以使用统计检验验证阻抗实部和虚部标准偏差相等的零假设。

解：很明显，标准差是频率的函数。这样，偶对变量的 t 检验正好应该是方程

(3.46)。计算得到的 t 值是 $t_{\exp}=1.710$。表 3.8 给出了 t 检验的插补值。当自由度为 $\nu=n-1=73$ 时，对应的 $t_{\exp}=1.710$，其显著性水平 $p=0.0915$。当 $\alpha=0.0455$ 时，$t_{0.0455}=2.0348$。因为 $t_{\exp}<t_{0.0455}$，在显著性水平在 0.0455 条件下，这两个偏差没有明显差异。

阻抗实部和虚部标准偏差间的差异的样本均值为

$$\overline{s_{Z_r}-s_{Z_j}}=0.00466\Omega \tag{3.51}$$

表 3.7　Orazem 等[99] 有关铁氰化物在铂旋转盘形电极上还原反应的阻抗数据标准差

序号	f/Hz	s_{Z_r}/Ω	s_{Z_j}/Ω	$s^2_{Z_r}/s^2_{Z_j}$	序号	f/Hz	s_{Z_r}/Ω	s_{Z_j}/Ω	$s^2_{Z_r}/s^2_{Z_j}$
1	0.02154	0.35649	0.32284	1.21933	38	25.924	0.02548	0.05162	0.24363
2	0.02592	0.37169	0.28941	1.64949	39	31.408	0.02631	0.04885	0.29019
3	0.03141	0.39259	0.35798	1.20271	40	38.051	0.04043	0.02609	2.40076
4	0.03805	0.2963	0.26128	1.28603	41	55.851	0.03552	0.04002	0.78771
5	0.04610	0.32867	0.31740	1.07226	42	67.67	0.01624	0.04298	0.14275
6	0.05585	0.27794	0.29545	0.88497	43	81.98	0.02826	0.03509	0.64860
7	0.06767	0.25963	0.25954	1.00068	44	120.32	0.03647	0.02799	1.69838
8	0.08198	0.23957	0.20889	1.31536	45	145.78	0.02404	0.03468	0.48056
9	0.09932	0.22973	0.19401	1.40209	46	176.62	0.01793	0.03444	0.27096
10	0.12033	0.16701	0.20924	0.63707	47	213.98	0.02879	0.02481	1.34668
11	0.14578	0.17592	0.18912	0.86524	48	259.24	0.03131	0.01092	8.21824
12	0.17662	0.17040	0.15621	1.18989	49	314.08	0.02308	0.02322	0.98868
13	0.21398	0.13790	0.19223	0.51463	50	380.51	0.00862	0.03234	0.07106
14	0.25924	0.15611	0.09356	2.78387	51	461	0.01852	0.02867	0.41707
15	0.31408	0.15208	0.10010	2.30823	52	558.51	0.02876	0.01917	2.25168
16	0.38051	0.12977	0.07933	2.67563	53	676.7	0.02394	0.02158	1.23128
17	0.461	0.09682	0.10667	0.82375	54	819.8	0.01462	0.02766	0.27936
18	0.55851	0.07737	0.08260	0.87747	55	993.2	0.01562	0.02486	0.39474
19	0.6767	0.06474	0.05871	1.21583	56	1,203.3	0.02378	0.0132	3.24432
20	0.81979	0.08196	0.06187	1.75491	57	1,457.8	0.02292	0.01167	3.85855
21	0.9932	0.05799	0.05996	0.93517	58	1,766.2	0.01015	0.02118	0.22967
22	1.2033	0.06719	0.07872	0.72848	59	2,139.8	0.00779	0.01814	0.18415
23	1.4578	0.10232	0.06678	2.34811	60	2,592.4	0.01460	0.01261	1.33987
24	1.7662	0.11819	0.05019	5.54426	61	3,140.8	0.01076	0.01371	0.61607
25	2.1398	0.06228	0.06882	0.81897	62	3,805.1	0.00618	0.01626	0.14425
26	2.5924	0.06154	0.07755	0.62978	63	4,610	0.00974	0.01076	0.8183
27	3.1408	0.06852	0.05589	1.50346	64	5,585.1	0.01138	0.00427	7.09199
28	3.8051	0.06907	0.04163	2.75322	65	6,766.5	0.00700	0.00569	1.50972
29	4.61	0.03973	0.04051	0.96178	66	8,198	0.00222	0.00743	0.08963
30	5.5851	0.04068	0.04832	0.70865	67	9,932	0.00551	0.00396	1.92994
31	6.767	0.04501	0.04721	0.9089	68	12,033	0.00613	0.00475	1.66243
32	8.198	0.05002	0.0194	6.64847	69	14,578	0.00405	0.00796	0.25897
33	9.932	0.04242	0.02741	2.39524	70	17,662	0.00133	0.0091	0.02151
34	12.033	0.03215	0.04111	0.61162	71	21,397	0.00455	0.00646	0.49491
35	14.578	0.02422	0.03938	0.37827	72	25,924	0.00456	0.00226	4.08208
36	17.662	0.03756	0.02455	2.33978	73	31,407	0.00129	0.0035	0.13629
37	21.398	0.03679	0.02424	2.30361	74	38,051	0.01032	0.00567	3.31491

注：采用 Agarwal 方法[69,100]，剔除了 26 组重复阻抗实验数据中缺少可重复性的数据。

表 3.8　假设表 3.7 中所列阻抗实部和虚部标准差相等的 t 检验值，详见例 3.5

ν/α	0.1	**0.0915**	**0.0455**
70	1.66691	⇑	⇓
73	⇒	**1.710**	**2.0348**
75	1.66543	1.70946	2.0339

并且样本标准误差是

$$\mathrm{SE}_{s_{Z_r}-s_{Z_j}}=0.00273\Omega \tag{3.52}$$

在 $t_{0.0455}=2.0348$ 时，根据式（3.47），可以得到

$$\mu_{s_{Z_r}-s_{Z_j}}=0.00466\pm0.0056\Omega \tag{3.53}$$

式（3.53）表明，阻抗实部和虚部的标准偏差之间的差值的 95.45%置信区间包括零。该结果与观察结果一致，即两个均值相等的零假设不能在 0.0455 显著性水平上被拒绝。

第二种方法，考虑采用 F 检验比较每个频率下的方差。由于已有 26 组重复的测量，两组方差计算的自由度均为 $\nu=26-1=25$。当 $\alpha=0.05$ 时，由表 3.6 得到一个值 1.955，当 $\alpha=0.01$ 时，得到 2.604。这些关键值可以与表 3.7 中列出的值进行比较。一般地，F 检验参数是用来将大的方差除以较小的方差。如图 3.13 所示，阻抗实部的方差有时比虚部方差大，有时比虚部方差小。一种方法是将方差之比使用对数坐标对频率作图，如图 3.14。总体上，其比值是分散的，将计算出的 F 值与查表 3.6 所得出的值进行比较，可以看出：在间歇性的基础上，当显著性为 0.05 时，可以拒绝“方差相等”的假设。但是，当实部方差大于虚部或虚部方差大于实部时，不能拒绝该假设。

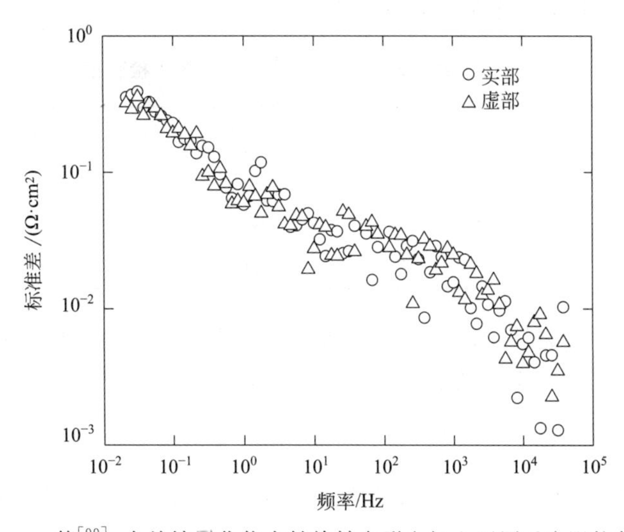

图 3.13　Orazem 等[99] 有关铁氰化物在铂旋转盘形电极上还原反应阻抗数据的标准差

由于方差估计的不确定性很大，t 检验可能会成为处理图 3.11 所示的误差分析的最佳方法。t 检验代表了图 3.13 中所示误差分析统计的最好评估。误差比值不是正态分布，但是 $\lg(s_{Z_r}^2/s_{Z_j}^2)$ 是正态分布。对于 $\lg(s_{Z_r}^2/s_{Z_j}^2)$ 的均值与 0 的期望值的比较，可以利用式（3.43）进行评估，其结果为 $|t_{\exp}|=0.628$。这个值对应 $t_{0.0455}$ 的标准值如表 3.9 所示。当自由度为 $\nu=n-1=73$ 时，对应 $t_{\exp}=0.628$ 的显著性水平为 $p=0.532$。

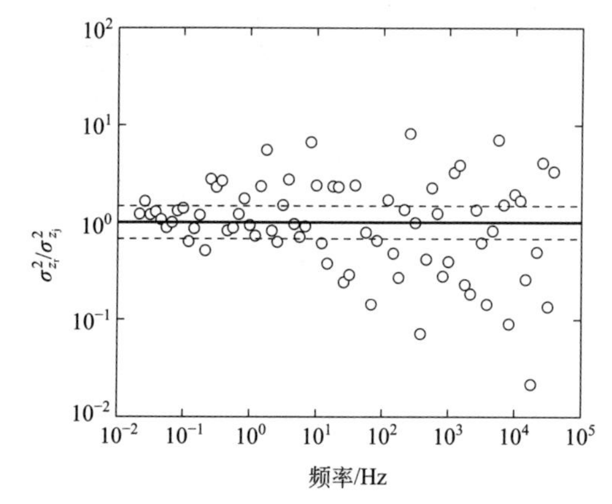

图 3.14　铁氰化物在铂旋转盘形电极上还原反应阻抗实部方差与虚部方差之比。虚线代表显著性水平等于 0.05 时的 F 值

当 $\alpha=0.0455$ 时，对应 t 值为 $t_{0.05}=2.0348$。当 $t_{\exp}<t_{0.0455}$ 时，$\lg(s_{Z_r}^2/s_{Z_r}^2)$ 的平均值等于零的假设不能在 0.0455 显著性水平被拒绝。$p=0.532$ 的值表示在零假设为真的假设条件下观察给定样本的概率。

$\lg(s_{Z_r}^2/s_{Z_j}^2)$ 的样本均值为 -0.03519，其相关样本标准误差值为 0.056。95.45%置信区间可表示为

$$\mu_{\lg(s_{Z_r}^2/s_{Z_j}^2)}=-0.03519\pm0.114 \tag{3.54}$$

如式 (3.55) 所示，95.45%置信区间包括零。该结果与零假设 $\lg(s_{Z_r}^2/s_{Z_j}^2)=0$ 的观察结果一致，不能在 0.0455 显著性水平被拒绝。

表 3.9　例 3.5 中 $\lg(s_{Z_r}^2/s_{Z_j}^2)=0$ 的 t 检验值

ν/α	0.6	**0.532**	**0.0455**
70	0.52680	⇑	⇓
73	⇒	**0.628**	**2.0348**
75	0.52664	0.62786	2.0339

这里介绍的统计检验方法不能够证明阻抗实部与虚部的方差是相等的。它们只表明，对于给定的数据，不能拒绝“阻抗的实部与虚部方差相等”的假设。

3.3.4　拟合度的卡方 (χ^2) 检验

χ^2 检验用于估计单组方差的随机正态分布变量 ν 的概率。该概率的平方和大于 χ^2，即

$$Q(\chi^2\mid\nu)=\frac{1}{\Gamma\left(\frac{\nu}{2}\right)}\int_{\frac{\chi^2}{2}}^{\infty}e^{-t}t^{\nu/2-1}dt \tag{3.55}$$

如果 χ^2 统计值来源于模型与实验的比较，则自由度为

$$\nu=N_{dat}-N_p-1 \tag{3.56}$$

式中，N_{dat} 代表观测总数。N_p 代表校正后参数的数量。一般都是在给定自由度和置信度下列表给出 χ^2 值。如果计算值大于表格中的值，则拒绝零假设。表 3.10 给出了一些有助于处

理均值等效性的 χ^2 检验问题的数值。

表3.10　自由度为 ν，置信度为 p 的 χ^2 检验值

ν/p	0.5	0.3	0.2	0.1	0.05	0.01
5	4.35	6.06	7.29	9.24	11.07	15.09
10	9.34	11.78	13.44	15.99	18.31	23.21
15	14.34	17.32	19.31	22.31	25.00	30.58
20	19.34	22.77	25.04	28.41	31.41	37.57
25	24.34	28.17	30.68	34.38	37.65	44.31
30	29.34	33.53	36.25	40.26	43.77	50.89
35	34.34	38.86	41.78	46.06	49.80	57.34
40	39.34	44.16	47.27	51.81	55.76	63.69
45	44.34	49.45	52.73	57.51	61.66	69.96
50	49.33	54.72	58.16	63.17	67.50	76.15
55	54.33	59.98	63.58	68.80	73.31	82.29
60	59.33	65.23	68.97	74.40	79.08	88.38
65	64.33	70.46	74.35	79.97	84.82	94.42
70	69.33	75.69	79.71	85.53	90.53	100.43
75	74.33	80.91	85.07	91.06	96.22	106.39
80	79.33	86.12	90.41	96.58	101.88	112.33
85	84.33	91.32	95.73	102.08	107.52	118.24
90	89.33	96.52	101.05	107.57	113.15	124.12
95	94.33	101.72	106.36	113.04	118.75	129.97
100	99.33	106.91	111.67	118.50	124.34	135.81
120	119.33	127.62	132.81	140.23	146.57	158.95
150	149.33	158.58	164.35	172.58	179.58	193.21
200	199.33	209.99	216.61	226.02	233.99	249.45
500	499.33	516.09	526.40	540.93	553.13	576.49
1000	999.3	1023	1037	1058	1075	1107
10000	9999	10074	10119	10182	10234	10332
100000	99999	100234	100376	100574	100737	101043

例3.6　卡方统计估计：以一个给定的测量为例，通过对一个阻抗值的实部与虚部模型进行回归，可得出 $\chi^2=130$。测量是在70个频数条件下完成的。模型模拟实验需要的回归参数包括溶液电阻以及9个Voigt元素，最终结果使用了19个参数。假设 χ^2 估计中的方差是相互独立地得到的，请评估假设：模型改进不能减小 χ^2 值。

解：由于数据的实部和虚部都需符合条件，这个问题的自由度为 $\nu=n-p=140-19-1=120$。由表3.10可得，当显著性为0.05时，χ^2 值为146.6，而对应测量 χ^2 值的概率为0.25。因此，即使是在一个正确的模型中，χ^2 统计量比观测值大的可能性仍有25%。

提示3.5：对于加权回归的 χ^2 统计数值与数据的估计方差有关。如果数据的方差未知，那么数值计算值也就没有任何意义。

思考题

3.1 旋转盘稳态传质极限电流密度（见第 11.3 节）可以表示为

$$i_{\lim}=0.62nFc_i(\infty)D_i^{2/3}\nu^{-1/6}\Omega^{1/2} \tag{3.57}$$

这里，$c_i(\infty)$ 是远离圆盘处反应物 i 的极限浓度；D_i 是反应物 i 的扩散率；ν 是运动黏度；Ω 是圆盘的旋转速度。当 $i_{\lim}=(60\pm0.5)\mathrm{mA/cm^2}$，$c_i(\infty)=(0.1\pm0.005)\mathrm{mol/L}$，$\nu=(10^{-2}\pm10^{-4})\mathrm{cm^2/s}$，$\Omega=(1000\pm1)\mathrm{r/min}$ 时，求物质 i 的扩散率值以及标准差，单位为 $\mathrm{cm^2/s}$。

3.2 施密特数的表达式是 $Sc_i=\nu/D_i$，求施密特数的值和其标准差。其中，运动黏度为 $\nu=(10^{-2}\pm10^{-4})\mathrm{cm^2/s}$，物质 i 的扩散率为 $D_i=(10^{-5}\pm10^{-7})\mathrm{cm^2/s}$。

3.3 在频率为 10mHz～10kHz 的范围内，求图 4.3(b) 给出的等效电路模型 95.4%的置信区间。其中，回归参数 $R_e=(10\pm1)\Omega\cdot\mathrm{cm^2}$，$R_t=(100\pm15)\Omega\cdot\mathrm{cm^2}$，$\tau=R_tC_{dl}=(0.01\pm0.001)\mathrm{s}$。

3.4 估算膜厚度 95.45%的置信区间。膜厚度是根据幂律模型公式（14.33）计算的，即

$$Q=\frac{(\varepsilon\varepsilon_0)^{\alpha}}{g\delta\rho_{\delta}^{1-\alpha}} \tag{3.58}$$

其中

$$g=1+2.88(1-\alpha)^{2.375} \tag{3.59}$$

并且有 $\alpha=0.91\pm0.1$，$Q=(11\pm1)\mu\mathrm{F}/(\mathrm{s}^{1-\alpha}\cdot\mathrm{cm^2})$，$\rho_{\delta}=450\Omega\cdot\mathrm{cm}$，假设 $\varepsilon=12$。

3.5 Erol 和 Orazem[109] 提供的回归结果值如表 3.11 所列。计算相应 95.45%的置信区间，并确定置信区间内是否包含零。

表 3.11 $LiCoO_2$/C 电池在常温 10℃ 和 20℃、电位 4V 条件下参数估计值和标准差

参数	10℃	20℃
$C_{a\parallel s}/(\mu\mathrm{F/cm^2})$	28±1.8	28.8±0.84
$A_{W,a}/(\Omega\cdot\mathrm{cm^2/s^{0.5}})$	58.8±0.87	52.5±0.51
$R_{t,a}/(\Omega\cdot\mathrm{cm^2})$	0.256±0.0066	0.195±0.0045
$R_{t,S}/(\Omega\cdot\mathrm{cm^2})$	1.93±0.013	1.383±0.0073
$R_e/(\Omega\cdot\mathrm{cm^2})$	1.357±0.0074	0.845±0.0022
$R_{t,c}/(\Omega\cdot\mathrm{cm^2})$	1.19±0.018	0.954±0.0094
α_c	0.912±0.0074	0.938±0.0052
$Q_c/(\mathrm{F\cdot cm^{-2}\cdot s^{\alpha_c-1}})$	0.0662±0.00088	0.0608±0.00065
$\gamma_{d,c}$	0.72±0.015	0.785±0.0087
$A_{d,c}/(\Omega\cdot\mathrm{cm^2\cdot s^{-\gamma_{d,c}/2}})$	0.254±0.0042	0.203±0.0023

3.6 写出 95.45%置信区间的表达式。该式对应于式（3.12）的 95%置信区间。

3.7 在表 3.12 中，所列测得的阻抗数据为 $5\mathrm{cm^2}$ 聚合物电解质膜（PEM）燃料电池在电流为 1A 的条件下工作时的阻抗测量结果。分别使用 Scribner Associates 公司提供的 850C 和由 Gamry 公司提供的 FC350，测定了在 1Hz 的频率下，相同电池的阻抗。

（a）检验假设：由两种仪器得到的阻抗值是没有多大区别的。

（b）检验假设：由两种仪器得到的方差值是没有多大区别的。

表 3.12 使用两套不同的仪器，分别为 Scribner Associates 公司提供的 850C 和由 Gamry 公司提供的 FC350，测定的在 1Hz 的频率下，相同聚合物电解质膜（PEM）燃料电池的阻抗

平行试样	850C		FC350	
	Z_r/Ω	Z_j/Ω	Z_r/Ω	Z_j/Ω
1	0.17117	−0.041791	0.167993	−0.038176
2	0.18236	−0.043494	0.173985	−0.040603
3	0.18606	−0.044666	0.176629	−0.041786
4	0.18941	−0.045946	0.1827	−0.044806

3.8 在表 3.13 中，所示阻抗测量结果为 $5cm^2$ 聚合物电解质膜（PEM）燃料电池在电流为 1A 的环境下工作时的阻抗测量。在同一种电池上使用两种不同的装置测量 10Hz 频率下的阻抗。其中，电池分别是蛇形通道和一个更有效的、但也更容易水浸的分叉式通道。

表 3.13 在 10Hz 频率下，相同聚合物电解质膜（PEM）燃料电池，使用两种不同通道时测得的阻抗值

平行试样	蛇形通道		分叉式通道	
	Z_r/Ω	Z_j/Ω	Z_r/Ω	Z_j/Ω
1	0.055822	−0.048797	0.073113	−0.039505
2	0.0583180	−0.053851	0.074073	−0.04012
3	0.05861	−0.05494	0.074244	−0.040369
4	0.058842	−0.055843	0.074362	−0.040548

（a）检验假设：由两种仪器得到的阻抗值是没有多大区别的。

（b）检验假设：由两种仪器得到的方差值是没有多大区别的。

第 4 章 电子电路

传递函数法很普遍，且适用于电力、机械、光学多种系统。正是由于这个原因，一个系统的行为与另一个系统行为类似就并不新奇。电化学家利用这种相似性，比较了电化学系统的行为与已知电路的行为。

第 1 章的综述内容很有用。表 1.1～表 1.3 全面地总结了复阻抗、阻抗实部与虚部以及相位角和模值之间的关系。图形法的应用将在第 18 章中进行全面的讨论。

4.1 无源电路

无源电路元件是指不产生电流和电压的元件。一个无源电路只由无源元件组成。在这里，只考虑有两个触点的元件，如图 4.1 所示，通过考虑流过的电流和两触点间的电压差来分析。

4.1.1 电路元件

电路可由图 4.1 中的无源元件构成。电阻的电流与电压间的基本关系是

$$V(t)=RI(t) \tag{4.1}$$

式中，电阻值 R 是电阻器的基本性质；I 是电流。在本书的注释中，I 表示电流，单位为 A；i，如式（5.15）中所用，表示电流密度，单位为 A/cm^2。在每一时刻，电阻器夹子之间的电压差与流过电阻器的电流成比例。流过电阻器的稳态电流是有限的，并可由式（4.1）得出。

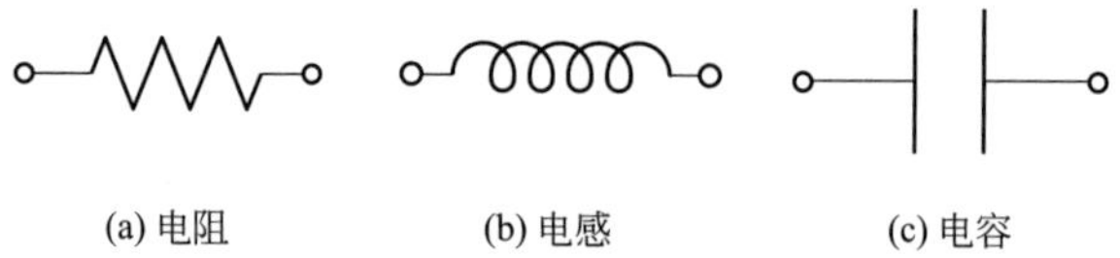

(a) 电阻　(b) 电感　(c) 电容

图 4.1　无源电路元件

如图 4.1(b) 所示，对于电感，电流与电压差的关系为

$$V(t)=L\frac{dI(t)}{dt} \tag{4.2}$$

这个方程就是电感的定义。在稳态条件下，$dI(t)/d(t)=0$，则根据式（4.2），$V(t)=0$。因此，在稳态条件下电感相当于短路。

电容如图 4.1（c）所示，其定义是

$$C=\frac{dq(t)}{dV(t)} \tag{4.3}$$

式中，$q(t)$ 是电荷量。流过电容的电流可以通过电荷量对时间求导数得出，即

$$I(t)=\frac{dq(t)}{dt} \tag{4.4}$$

因此，根据式（4.3）和式（4.4），可以得出

$$I(t)=C\frac{dV(t)}{dt} \tag{4.5}$$

式（4.5）提供了电容电流与电压之间的关系。在稳态条件下，$dV/d(t)=0$，根据式（4.5），有 $I(t)=0$。所以，在稳态条件下，电容相当于开路。

电化学系统的阻抗响应一般被归一化为电极的有效面积，这种归一化仅适用于定义好的有效区域，不能用于本章中电路的阻抗响应上。因此，本章所使用的电容单位为 F，而不是 F/cm^2，电阻的单位是 Ω，而不是 $\Omega\cdot cm^2$，电感单位是 H，而不是 $H\cdot cm^2$。一些符号、单位和变量之间的关系如表 4.1 所列。

表 4.1　电路中符号、单位和变量之间的关系

变量	符号	单位	单位缩写符号	换算关系
导纳	Y	西门子	S 或 mho	$1S=1/\Omega$
角频率	ω	弧度/秒	s^{-1}	$\omega=2\pi f$
电容	C	法拉第	F	$1F=1s/\Omega$
电量	q	库伦	C	
电流	I	安培	A	$1A=1C/s, 1A=1V/\Omega$
电流密度	i	安培/面积	A/cm^2	$1A/cm^2=1C/s\cdot cm^2$
频率	f	赫兹	Hz	$f=\omega/2\pi$
阻抗	Z	欧姆	Ω	$1\Omega=1V/A, 1\Omega=1J/s\cdot A^2$
电感	L	亨利	H	$1H=1s\cdot\Omega$
电位	Φ	伏	V	$1V=1J/C$
电阻	R	欧姆	Ω	

（1）对正弦信号的响应

当纯正弦电压为

$$V(t)=|\Delta V|\cos(\omega t) \tag{4.6}$$

时，对于无源元件，其电流响应可以表示为

$$I(t)=|\Delta I|\cos(\omega t+\varphi) \tag{4.7}$$

根据表 1.7 所述的复数性质，即式（1.124）～式（1.127），式（4.7）可以写为

$$\begin{aligned}I(t)&=\mathrm{Re}\{|\Delta I|\exp(j\varphi)\exp(j\omega t)\}\\&=\mathrm{Re}\{\widetilde{I}\exp(j\omega t)\}\end{aligned} \tag{4.8}$$

提示 4.1： 在稳态条件下，电感相对于短路，电容相对于断路，电阻允许其电流随着电压成正比变化。

其中，$\tilde{I}=|\Delta I|\exp(\mathrm{j}\varphi)$。由于

$$\frac{\mathrm{d}}{\mathrm{d}t}\mathrm{Re}\{f(t)\}=\mathrm{Re}\left\{\frac{\mathrm{d}f(t)}{\mathrm{d}t}\right\} \tag{4.9}$$

这里，f 是 t 的连续函数，因此有

$$\frac{\mathrm{d}I(t)}{\mathrm{d}t}=\mathrm{Re}\{\mathrm{j}\omega\tilde{I}\exp(\mathrm{j}\omega t)\} \tag{4.10}$$

同理，有

$$\frac{\mathrm{d}V(t)}{\mathrm{d}t}=\mathrm{Re}\{\mathrm{j}\omega\tilde{V}\exp(\mathrm{j}\omega t)\} \tag{4.11}$$

根据式（4.2），电感元件的响应为

$$\mathrm{Re}\{\tilde{V}\exp(\mathrm{j}\omega t)\}=L\,\mathrm{Re}\{\mathrm{j}\omega\tilde{I}\exp(\mathrm{j}\omega t)\} \tag{4.12}$$

由于 $\mathrm{j}=\exp(\mathrm{j}\pi/2)$［见式（1.87）］

$$\mathrm{Re}\{\tilde{V}\exp(\mathrm{j}\omega t)\}=L\,\mathrm{Re}\{\omega\tilde{I}\exp[\mathrm{j}(\omega t+\pi/2)]\} \tag{4.13}$$

式（4.13）表明，电压差是由相位与电流的不同步造成的。

根据式（4.12），就有

$$\tilde{V}=\mathrm{j}\omega L\tilde{I} \tag{4.14}$$

式（4.14）为在正弦信号条件下，电感电位对正弦信号的电位响应。

再由式（4.5），电容的响应可以表示为

$$\mathrm{Re}\{\tilde{I}\exp(\mathrm{j}\omega t)\}=C\,\mathrm{Re}\{\mathrm{j}\omega\tilde{V}\exp(\mathrm{j}\omega t)\} \tag{4.15}$$

或

$$\mathrm{Re}\{\tilde{I}\exp(\mathrm{j}\omega t)\}=C\,\mathrm{Re}\{\omega\tilde{V}\exp[\mathrm{j}(\omega t+\pi/2)]\} \tag{4.16}$$

电流是由相位与电压差的不同步引起的。根据式（4.15），对于电容器，输入正弦电压引起的频域响应电流为

$$\tilde{I}=\mathrm{j}C\omega\tilde{V} \tag{4.17}$$

对于电阻，根据式（4.1），电阻的另一种表述可写为

$$\tilde{V}=R\tilde{I} \tag{4.18}$$

在这里，得出的电流和电压的关系在后面的章节中将用来建立各种电路元件的阻抗响应。

（2）无源电路元件的阻抗响应

电路元件的阻抗定义为

$$Z=\frac{\tilde{V}}{\tilde{I}} \tag{4.19}$$

对于纯电阻，式（4.19）也可写作

$$Z_{\mathrm{R}}=R \tag{4.20}$$

对电容来说，有

提示 4.2：在物理学中，所有与时间有关的参数，比如 $I(t)$、$V(t)$、$\mathrm{d}I(t)/\mathrm{d}t$ 和 $\mathrm{d}V(t)/\mathrm{d}t$，都是实数。

$$Z_C = \frac{1}{j\omega C} \tag{4.21}$$

对电感来说，有

$$Z_L = j\omega L \tag{4.22}$$

电阻、电容以及电感的阻抗响应均是为建立电路阻抗响应服务的。

4.1.2　并联和串联电路

对于两个串联的无源元件来说，流过这两个元件的电流是相等的，总的电压差是每个元件电压差之和。因此，根据式（4.19）所给出的阻抗定义，图 4.2(a) 所示的串联排列阻抗为

$$Z = Z_1 + Z_2 \tag{4.23}$$

对于两个并联的无源元件来说，总电流等于流过各个元件的电流之和，总的电压差与每个元件的电压差相等。因此，根据阻抗定义，图 4.2(b) 所示的并联排列的阻抗为

$$Z = \left[\frac{1}{Z_1} + \frac{1}{Z_2}\right]^{-1} \tag{4.24}$$

对于串联电路的元件，阻抗可以相加；在并联电路的元件里，阻抗的倒数，或者说是导纳，也可以相加。

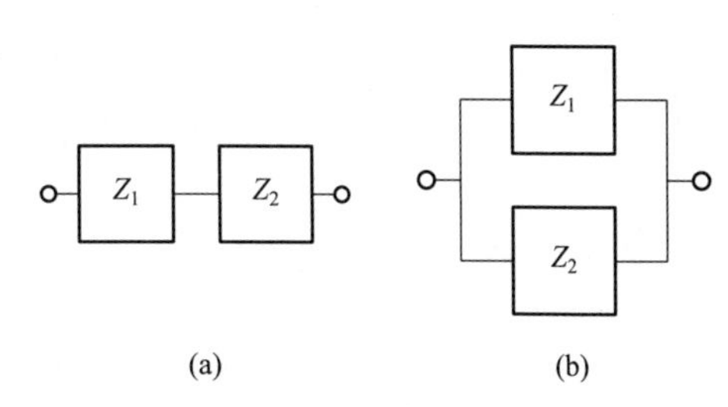

图 4.2　无源元件的组合。（a）串联；（b）并联

例 4.1　串联的阻抗：根据图 4.3(a) 所示电路，求电路阻抗表达式。

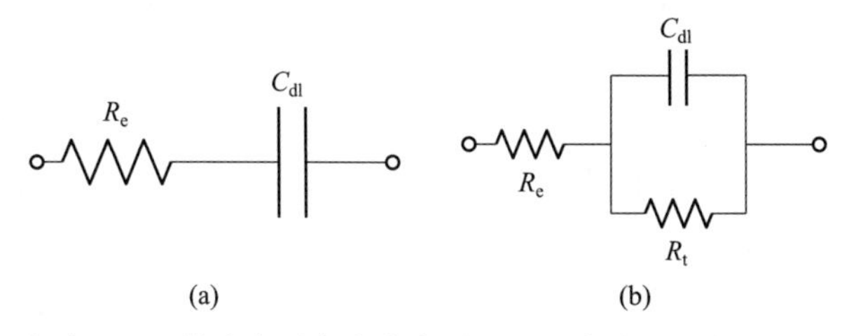

图 4.3　电路。（a）溶液电阻与电容串联；（b）溶液电阻与 Voigt 元件串联

解：由电阻所引起的阻抗变化为 R_e，式（4.21）给出了电容阻抗。根据式（4.23）可知，电路的阻抗为

$$Z = R_e + \frac{1}{j\omega C_{dl}} \tag{4.25}$$

也可以改写为

$$Z = R_e - j\frac{1}{\omega C_{dl}} \tag{4.26}$$

阻抗的实部等于 R_e，且与频率无关。由于频率趋于 0，虚部则趋于 $-\infty$。在任意外加电压下，零频的直流电流等于 0，在频率无穷大时，电流则等于 V/R_e。

提示 4.3：在串联电路中，阻抗相加；在并联电路中，导纳相加。

例 4.2　并联的阻抗：根据图 4.3(b) 所示电路，求电路阻抗表达式。

解：由电阻所引起的阻抗变化分别为 R_e 和 R_t，式（4.21）给出了电容阻抗，由式（4.23）和式（4.24）可知，电路的阻抗为

$$Z=R_e+\frac{1}{\frac{1}{R_t}+j\omega C_{dl}} \tag{4.27}$$

也可改写为

$$Z=R_e+\frac{R_t}{1+j\omega R_t C_{dl}} \tag{4.28}$$

注意，ω 的单位是 s^{-1}；$R_t C_{dl}$ 代表系统的特征时间常数。当电压为 V 时，零频直流电流等于 $V/(R_e+R_t)$；在频率无穷大时，电流等于 V/R_e。

例 4.1 和 4.2 阐明了在电路元件复杂组合后如何得出阻抗响应。除了对正弦输入的响应提供了一个直观的理解，这些简单电路还形成了电化学阻抗的初步基础。

4.2　基本关系

阻抗响应可以描述为具有实部和虚部的表达式，即

$$Z=Z_r+jZ_j \tag{4.29}$$

当输入、输出同相位时，如式（4.20）所示，阻抗的虚部等于 0，阻抗就只有实部 Z_r 了。当输入、输出不同相位时，如式（4.21）和式（4.22）所示，阻抗的实部等于 0，阻抗就只有虚部 Z_j 了。

复阻抗与相位角之间的关系使用矢量图和矢量关系描述得更为清楚。阻抗可表述为

$$Z=|Z|\exp(j\varphi) \tag{4.30}$$

这里，$|Z|$ 表示阻抗向量的模；φ 表示相位角。复阻抗、模以及相位角这三者之间的关系见图 4.4 所示。阻抗的模可以用实部和虚部表示为

$$|Z(\omega)|=\sqrt{[Z_r(\omega)]^2+[Z_j(\omega)]^2} \tag{4.31}$$

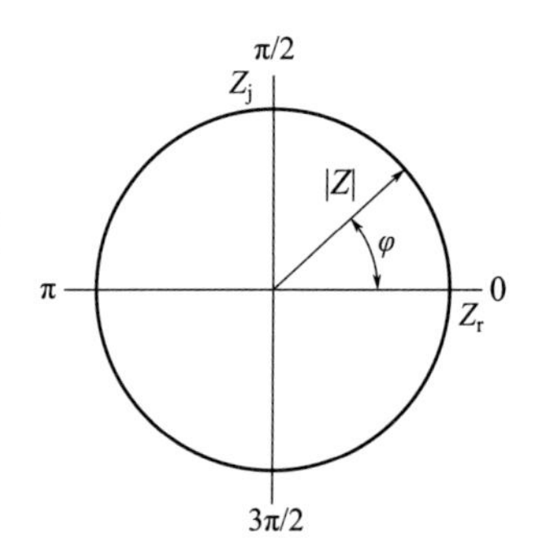

图 4.4　复阻抗、模和相位角之间的矢量关系图

相位角可由下式得出

$$\varphi(\omega)=\tan^{-1}\left[\frac{Z_j(\omega)}{Z_r(\omega)}\right] \tag{4.32}$$

或是通过图 4.4 中明显的几何关系得出，即

$$Z_r(\omega)=|Z(\omega)|\cos[\varphi(\omega)] \tag{4.33}$$

和

$$Z_j(\omega)=|Z(\omega)|\sin[\varphi(\omega)] \tag{4.34}$$

在对数坐标系中，可以把阻抗的模值和相位角表示为频率的函数，这种表达方式称为 Bode 图[110]。

例 4.3　元件电路的 Bode 图表示法：根据图 4.1 所示，求元件电路中元件的模和相角的表达式。

解：对于电阻器：电阻器的阻抗是 $Z=R+0j$。因此，模为 $|Z|=R$，相位角为 $\varphi=$

$\tan^{-1}(0)=0$。

对于电容器：电容器的阻抗是 $Z=0-\mathrm{j}\dfrac{1}{\omega C}$。因此，模为 $|Z|=\dfrac{1}{\omega C}$，相位角为 $\varphi=\tan^{-1}(-\infty)=-\pi/2$。电容器的相位角为$-90°$。

对于电感器：电感器的阻抗是 $Z=0+\mathrm{j}\omega L$。因此，模为$|Z|=\omega L$，相位角为 $\varphi=\tan^{-1}(\infty)=\pi/2$。电感器的相位角为$+90°$。

常相位角元件（CPE）适用于一般电路元件，表示为常相位角。因此，电阻器、电容器以及电感器均可视为常相位角元件。

4.3　复杂电路

复杂电路的阻抗响应，根据式（4.23）和式（4.24），可以很容易地计算出来。

例 4.4　复杂电路的阻抗表达式：根据图 4.5(a) 所示电路，求出阻抗响应的表达式，并给出直流电流的表达式和在给定电压 V 且频率无穷大条件下的电流表达式。

解：根据图 4.2，对于如图 4.5(b) 所示的一系列复杂电路，在某种程度上可以说是直观可见的。并联的两个元件 Z_3 和 Z_4 可以写作 $Z_{3,4}$，如图 4.5(c) 所示。因此，图 4.5(c) 中所示电路的阻抗可表示为

$$Z=Z_0+\left[\frac{1}{Z_1}+\frac{1}{Z_2+Z_{3,4}}\right]^{-1} \tag{4.35}$$

在这里，由图 4.5(b) 可以得出

$$Z_{3,4}=\left[\frac{1}{Z_3}+\frac{1}{Z_4}\right]^{-1} \tag{4.36}$$

下一步将介绍每个独立元件的阻抗，即 $Z_0=R_e$，$Z_1=1/(\mathrm{j}\omega C_1)$，$Z_2=R_1$，$Z_3=1/(\mathrm{j}\omega C_2)$ 和 $Z_4=R_2$

$$Z_{3,4}=\left[\mathrm{j}\omega C_2+\frac{1}{R_2}\right]^{-1} \tag{4.37}$$

或

$$Z_{3,4}=\frac{R_2}{1+\mathrm{j}\omega R_2C_2} \tag{4.38}$$

根据电路参数，即有

$$Z=R_e+\left[\mathrm{j}\omega C_1+\frac{1}{R_1+\dfrac{R_2}{1+\mathrm{j}\omega R_2C_2}}\right]^{-1} \tag{4.39}$$

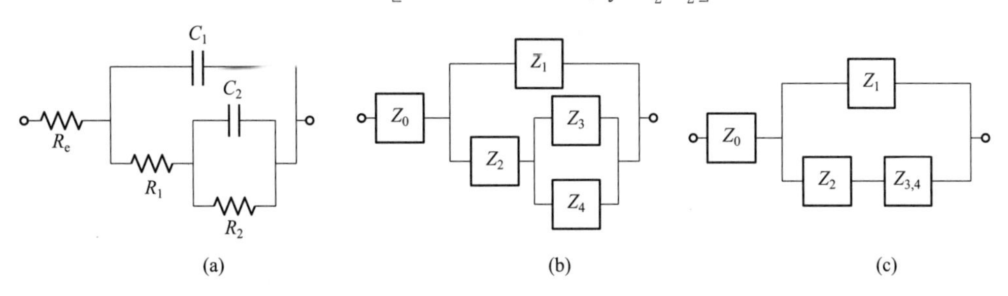

图 4.5　复杂电路阻抗的计算。(a) 电阻器和电容器组成的电路；(b) 以通用阻抗 Z_k 表示的等效电路；(c) 为方便计算的二次简化电路

当频率等于 0 时，阻抗等于（$R_e+R_1+R_2$）；当频率无穷大时，阻抗等于 R_e。

4.4 等效电路

当不同的电路具有同样多的时间常数时，可以得出在数学上等价的频率响应。例如，图 4.6 所示的 3 个电路是由 3 个完全不同的物理模型得出的，但是具有相同的频率响应。电路 4.6(a) 可用来描述两个电阻层，并作为度量模型，如第 21 章所讲。电路 4.6(b) 可用来描述包含两个电化学步骤的反应原理，或者是描述由涂层电极组成的系统。在第 10 章中，将会涉及这些模型的建立方法。

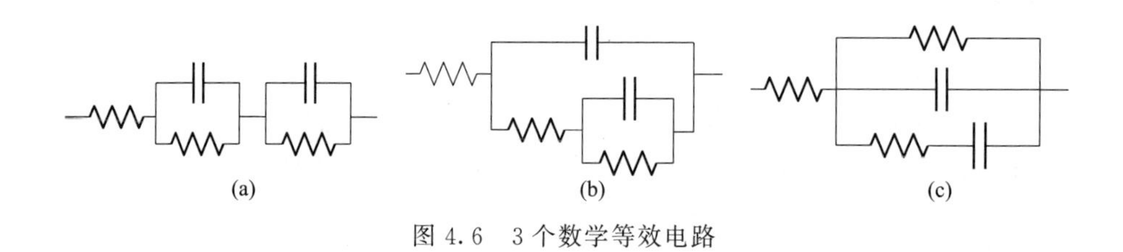

图 4.6　3 个数学等效电路

由于电路模型不是唯一的，因此在用逆向分析描述阻抗响应时便导致了结果的不确定性。一个好的拟合，它本身并不能证明所使用的模型是有效的。如第 23 章所讲，阻抗谱并非独立的技术，还需要更多的观测来证明模型的有效性。

4.5 电路响应的图形

图 4.7 表示了电阻与电容并联时阻抗与频率 f 的函数关系，f 的单位是 Hz。当频率 ω 以 s^{-1} 为单位，画出图像后（轴的上面部分），阻抗虚部的最小值在特征频率 $\omega_c=1/\tau_c$ 处清楚地呈现出来。虚部对应的是特征频率为 $1s^{-1}$ 处的情况。当频率以 Hz 为单位，画出图像后，特征频率移动了 2π，即 $f_c=1/2\pi\tau_c$。

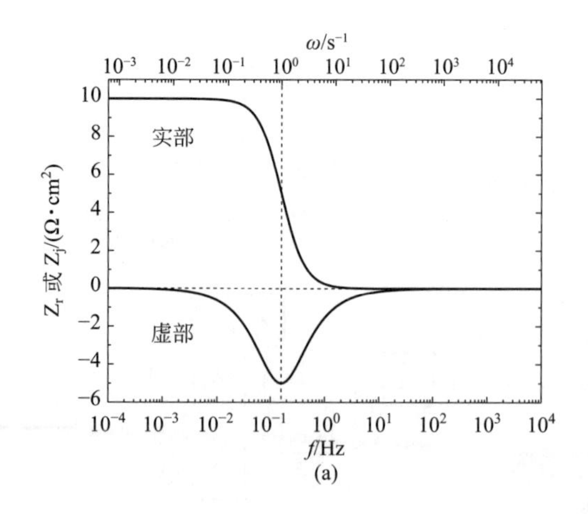

提示 4.4： 等效电路不是唯一的。对实验结果很好的拟合模型并不一定有效。

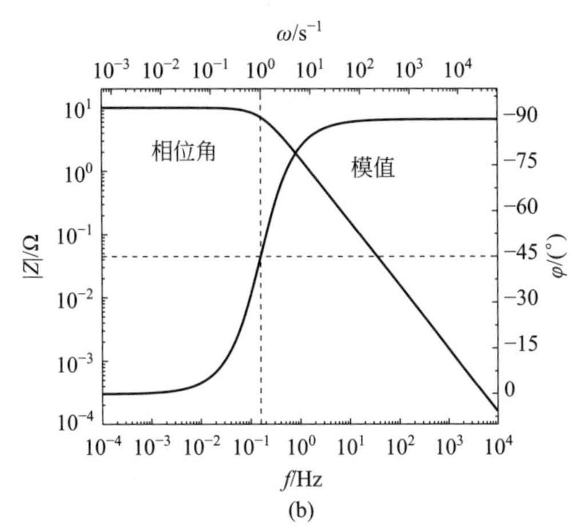

图 4.7　10Ω 电阻与 0.1F 电容并联后的阻抗响应图，其特征时间常数为 1s。
(a) 阻抗实部、虚部与频率间的关系；(b) 阻抗模值、相位角与频率间的关系（即 Bode 图）

阻抗响应的 Bode 图如图 4.7(b) 所示，阻抗是频率 f(单位 Hz) 的函数，也是频率 ω (单位 s^{-1}) 的函数。对于单位为 s^{-1} 的频率 ω 函数图，相位角特征频率 $\omega_c=1/\tau_c$ 处到达拐点（$-45°$）。同样，对于单位为 Hz 的频率 f 函数图，特征频率移动了 2π。

图形表示法对于解释阻抗测量结果非常有用，将在第 18 章进行详细的讨论。

思考题

4.1　根据电感表达式 (4.12)，推导式 (4.13)。证明这个结论表明了电感的电流和电压信号不是同相的。

4.2　推导式 (4.16)，证明电容的电流和电压信号是异相的。

4.3　借助表 4.1，说明式 (4.21)、式 (4.22) 中阻抗的单位是欧姆。

4.4　求图 4.8(a) 所示电路的阻抗响应表达式。

4.5　求图 4.8(b) 所示电路的阻抗响应的表达式。

4.6　求图 4.8(c) 所示电路的阻抗响应的表达式。

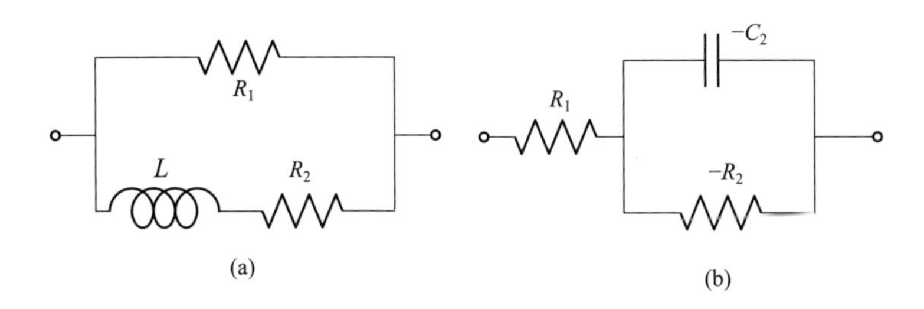

图 4.8　导致感抗弧的电路图。(a) 存在电感的电路图；(b) 负电阻与负电容并联的电路图

4.7　目前，对使用电感来模拟低频感应阻抗响应模型是有争议的。如图 4.8(a) 所示。证明如图 4.8(b) 所示负电阻 R 和负电容 C 并联电路与含有一个电感的电路在数学上是等效的。

4.8　用电子表格程序绘制出图 4.3(a) 所示电路的阻抗响应图。其中，$R_e=10\Omega$，

$C_{dl}=20\mu F$。

（a）画出阻抗实部和虚部是频率的函数图。

（b）画出 Bode 图（模值和相位角均是频率的函数）。

4.9 用电子表格程序绘制出图 4.3（b）所示电路的阻抗响应图。其中，$R_e=10\Omega$，$C_{dl}=20\mu F$，$R_t=100\Omega$。

（a）画出阻抗实部和虚部是频率的函数图。

（b）画出 Bode 图（模值和相位角均是频率的函数）。

第 5 章 电化学

为了建立电化学阻抗谱应用领域的专业知识体系，学习、了解电化学的基本原理是必要的。本章将简要介绍电化学领域的基本原理，并且在 5.8 节中介绍一些其他参考文献。

5.1 电阻与电化学电池

如 Gileadi 所发现的，电化学反应的显著特征是测得的电流与电极电位呈非线性函数关系[111]。然而，这种非线性的电流-电位关系与图 5.1 所示 1Ω 电阻的情况恰好相反。在图 5.1(a) 中，电阻大小为 1Ω。如果电阻上加了 1V 的电位差，由此产生的电流为 1A。电流与电位的关系是线性的，即

$$I=V/R \tag{5.1}$$

如图 5.2 所示。

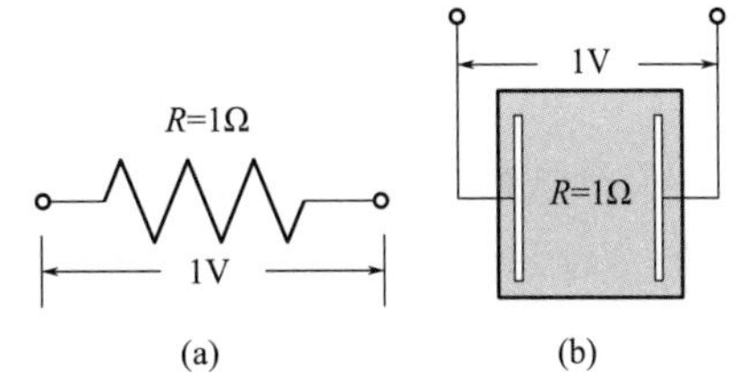

图 5.1 电流流经系统。(a) 1Ω 电阻；(b) 电解液，有效电阻为 1Ω 的电化学电池

电化学电池的行为则显著不同。例如，图 5.1(b) 所示的电化学电池。假设电极是由惰性材料如金或铂加工而成，电解质是溶于蒸馏水的 Na_2SO_4 溶液。那么，流过电池的电流不仅受到电池电阻欧姆降的影响，而且还受到驱动电子转移反应所需电位的影响。如果电化学反应无法发生，就不产生流动电流。在这个假想电池中，唯一可能发生的电化学反应是把水分解为氢和氧。由于电荷守恒，发生的氢反应为

$$2H_2O+2e^- \rightleftharpoons H_2+2OH^- \tag{5.2}$$

氧析出的反应为

$$H_2O \rightleftharpoons \frac{1}{2}O_2+2H^+ +2e^- \tag{5.3}$$

这样，才能够维持电荷平衡。

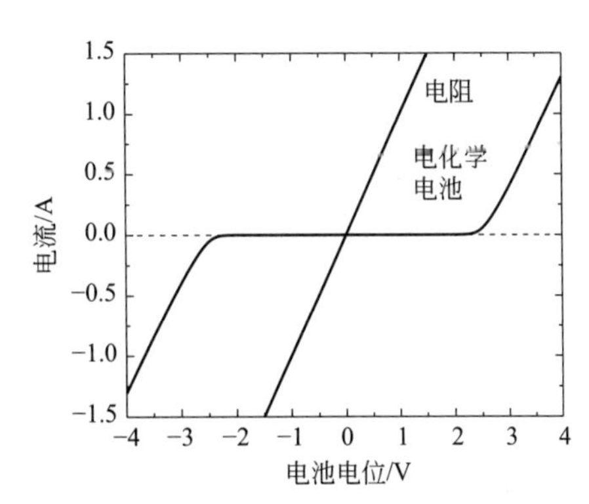

图 5.2 1Ω 电阻和电解液电阻为 1Ω、惰性电极为金或铂的电化学电池的极化曲线

图 5.2 所示为测试得到的电流-电位曲线，也即极化曲线。在较小的电池电位下，电流由电极动力学过程控制。在较高的电池电位下，电流增加并受欧姆电阻控制。因此，电流看起来像一条与电阻器平行的线，但是从原点偏移了大约 2V 的电位。因此，从图 5.2 所示可见，只有电池电位超过一个临

界值时，电流才可以流动。

正如本章稍后将讨论的那样，在一定的电位范围内（即在极化窗口中），电流确实在流动。但是，由于存在着不利的电极动力学过程，因此电流的大小可能低于检测极限值。电化学反应的速率常数很大程度上取决于电极的性质和与电极接触的电解质。所以，极化窗口的大小取决于电极材料和电解质。据 Lovric[112] 报道，在水溶液中，当 pH＝1 时，汞电极的阴极极限电位为－0.86V（NHE）；当 pH＝13 时，为－2.56V（NHE）。在 pH＝1 时，主要的阴极反应是质子还原反应，即

$$2H^+ + 2e^- \rightleftharpoons H_2 \tag{5.4}$$

而反应（5.2）在 pH＝13 时发生。

显然，在汞电极上的阴极反应的速率和特性取决于电解质的 pH 值。阳极极限电位也取决于电解质溶液的性质。在硝酸盐和高氯酸盐水溶液中，由于汞的氧化，阳极极限电位为 0.45V（NHE），但由于甘汞的形成和沉淀，氯化物溶液的极限电位为 0.15V（NHE）[112]。在表 5.1 中，列出了不同材料阳、阴电极的电位极限值。不同电极材料具有不同电位窗口表明了观察到的电位窗口归因于动力学过程而非热力学起源。

表 5.1　电极材料及其法拉第电流为零的电位窗口

电极	电解质	极限电位(NHE)/V			参考文献
		阳极	阴极	窗口	
Au	H_2O	1.53	−0.32	1.85	[113]
BDD(掺硼金刚石电极)	H_2O	2.30	−1.10	3.40	[113],[114]
C(玻碳电极)	1mol/L $HClO_4$	1.65	−0.76	2.40	[112]
C(玻碳电极)	1mol/L NaO	1.15	−1.26	2.40	[112]
Hg	1mol/L $HClO_4$	0.75	−0.86	1.60	[112]
Hg	1mol/L NaO	0.25	−2.56	2.80	[112]
Pt	1mol/L $HClO_4$	1.55	−0.01	1.55	[112]
Pt	1mol/L NaOH	0.99	−0.91	1.90	[112]

注：电位窗口与参比电极无关。

电阻器和电化学电池之间的区别在于，电阻器的电流是通过电子传输的，而在电化学电池中，电子必须通过电化学反应转化为离子物质才能传输。如本章后面所述，电化学反应速率与电位呈指数关系。对于像表 5.1 中描述的电极，这种效应更加显著。一般认为，这些电极在相当大的电位窗口中属于理想极化。如果惰性电极用易于溶解的铁等金属取代，则不会看到理想极化的电位窗口。但是，所得的极化曲线仍然是非线性的。

5.2　电化学系统的极化行为

图 5.3(a) 显示了电化学系统电流与电位之间的非线性关系。在这种情况下，阳极电流

提示 5.1：电化学反应是通过电子和可溶性物质之间的电荷传递，实现电流在电化学电池中的流动。

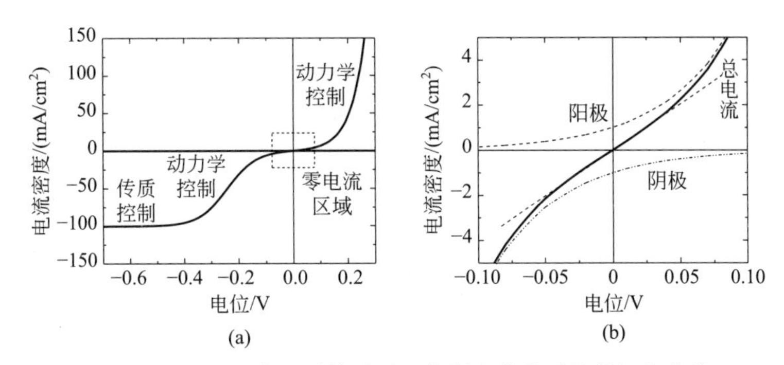

图 5.3　在阴极电位下受传质过程控制电化学系统的极化曲线。
(a) 电位范围明确标示图；(b) 零电流区的放大图。其中，电位相对于平衡电位

与电位呈指数关系，阴极电流受传质极限过程的影响。在图 5.3(a) 中，存在着一个电流趋于零的区域，阴极电流受反应动力学过程控制，同时也受传质过程控制。

对于给定反应，其一般表达式为

$$\sum_{i} s_{i} M_{i}^{z_{i}} \rightleftharpoons n\mathrm{e}^{-} \tag{5.5}$$

其中，s_i 是物质 i 的化学计量系数；M_i 代表物质 i 的化学式符号；z_i 是与物质 i 相关的电荷。当 $s_i=0$ 时，物质 i 不是反应物。对于作为阳极反应的反应物，$s_i>0$；对于作为阴极反应的反应物，$s_i<0$。给定物质的通量与反应（5.5）相关的电流密度之间的关系可以表示为

$$N_{i}\big|_{y=0} = -\frac{s_{i}}{nF} i_{F} \tag{5.6}$$

其中，i_F 是由反应（5.5）产生的法拉第电流密度。

例 5.1　通量与电流密度之间的关系：对于下列反应

$$H_2O_2 \longrightarrow O_2 + 2H^+ + 2e^- \tag{5.7}$$

求解相应通量的方向并绘制 H_2O_2 和 O_2 的浓度梯度。

解：反应（5.7）可以以反应（5.5）的形式写成

$$H_2O_2 - O_2 - 2H^+ \longrightarrow 2e^- \tag{5.8}$$

其中，$s_{H_2O_2}=1$；$s_{O_2}=-1$，$n=2$。

如第 5.5 节所述，通量可写为

$$N_{i} = -D_{i}\frac{\mathrm{d}c_{i}}{\mathrm{d}y} \tag{5.9}$$

这里，忽视迁移和对流。反应（5.7）是阳极反应，相关的电流密度具有正值。对于 H_2O_2，化学计量系数具有正值，并且相关的通量应该是负值。这就意味着双氧水在 $-y$ 方向上迁移。根据式（5.9），计算的浓度梯度是正值。图 5.4 所示为在厚度为 δ 的停滞层中双氧水浓度梯度图。其中，假设电流密度等于传质极限电流密度的 1/2（见例 5.5）。

对于 O_2，化学计量系数具有负值，并且相关的通量是正值。这意味着氧在 $+y$ 方向上迁移。根据式（5.9），计算获得的浓度梯度应是负值。氧气浓度梯度曲线如图 5.4 所示。

在随后的章节中，将探讨电化学反应的性质。反应（5.5）的广义速率表达式见 5.4 节。

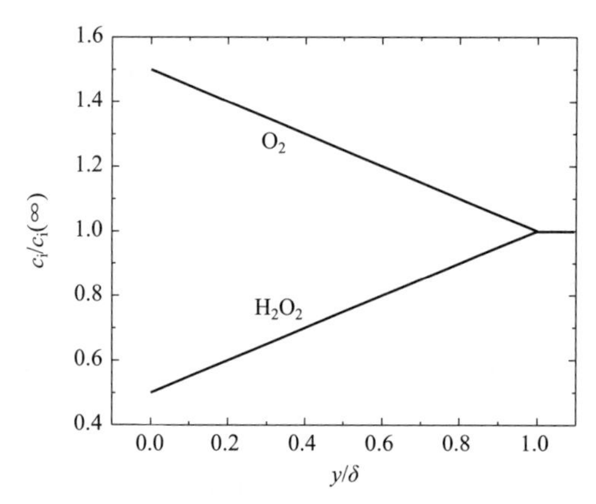

图 5.4　在厚度为 δ 的停滞层中，对应反应（5.7）氧和双氧水的浓度梯度图。其中，电流密度等于传质极限电流密度的 1/2

5.2.1　零电流

图 5.3(b) 为图 5.3(a) 中的零电流区域的放大情况。阳极反应所产生的正电流与阴极反应产生的负电流达到平衡。如果阳极和阴极反应分别代表同一反应中正反应速率和逆反应速率，那么在反应达到平衡状态时，电流为零。如果阳极和阴极反应代表不同反应的正反应速率和逆反应速率，那么由于每个反应都是非平衡的，也就达不到真正的平衡状态。因此，在平衡状态下或是非平衡状态下净电流都有可能等于零。

（1）平衡

如果电流是由一个独立电化学反应所产生，且该反应的正、逆反应速率相等，那么则会观察到电流为零。例如，若正反应（阳极反应）为

$$Cu \longrightarrow Cu^{2+} + 2e^- \tag{5.10}$$

逆反应（阴极反应）为

$$Cu^{2+} + 2e^- \longrightarrow Cu \tag{5.11}$$

若电流 i_a 是反应（5.10）中的电流，i_c 是反应（5.11）的电流，则净电流为

$$i = i_a + i_c \tag{5.12}$$

其中，$i_a > 0$，且 $i_c < 0$。在平衡状态下，$i_a = -i_c$，$i = 0$。独立电化学反应电流等于零时的电位定义为平衡电位。平衡电位的值可用热力学原理计算[115,116]。

（2）非平衡

如果是在几个不同反应建立平衡后出现了零电流，那么并不意味着体系达到了平衡状态，因为在这种情况下，每个反应的净反应速率并不等于零。例如，铁的腐蚀

$$Fe \longrightarrow Fe^{2+} + 2e^- \tag{5.13}$$

通过氧气的还原来平衡

$$O_2 + 2H_2O + 4e^- \longrightarrow 4OH^- \tag{5.14}$$

如此，随着铁的溶解和氧气的消耗，净电流等于零。但是，反应并不处于平衡状态。

在多重电化学反应中，电流为零时的电位称为混合电位，或者在金属溶解这个实例中，称作腐蚀电位。这需要利用热力学、动力学和传递方面的概念计算、求解混合电位或腐蚀电位的值。在 5.2.3 节中，将进一步阐述。

5.2.2　动力学控制

对于受动力学控制的电化学反应过程，其电流密度是电位的指数函数。对一个可逆反应，Butler-Volmer 方程为

$$i = i_0 \left\{ \exp\left[\frac{(1-\alpha)nF}{RT}\eta_s\right] - \exp(-\frac{\alpha nF}{RT}\eta_s) \right\} \tag{5.15}$$

该方程广泛应用于描述电位对电流密度的影响。这里，i_0 是交换电流密度。这样定义的原因是 $\eta_s=0$ 时，$i_a=-i_c=i_0$。表面过电位 η_s 表示偏离平衡电位的程度。因为在平衡电位下，$\eta_s=0$ 时，总电流 $i=i_a+i_c$ 等于 0。对称系数 α 是表面过电位的一部分，它可促进阴极反应。通常，假设 α 约等于 0.5，其值范围在 0～1 之间。

在第 10 章将讲到，电化学动力学在阐释阻抗谱方面占有重要的地位。为了使电化学动力学的讨论更加合理，需要更加严密的表示方法，对于阳极反应，有

$$b_a = \frac{(1-\alpha)nF}{RT} \tag{5.16}$$

对于阴极反应，有

$$b_c = \frac{\alpha nF}{RT} \tag{5.17}$$

其中，b_a 和 b_c 的单位为电位的倒数。因此，方程（5.15）可表示为

$$i = i_0 \{\exp(b_a\eta_s) - \exp(-b_c\eta_s)\} \tag{5.18}$$

参数 b_a 和 b_c 与 Tafel 斜率有着密切关系。由于 ln10＝2.303，因此阴极反应的 Tafel 斜率 β_c 可以表示为

$$\beta_c = \frac{2.303\times10^3 RT}{\alpha nF} = \frac{2.303\times10^3}{b_c} \tag{5.19}$$

这里，β_c 的单位为 mV/decade。

在图 5.3(b) 中，电流密度在零电流电位附近的小范围内与电位呈线性函数关系。对于方程（5.15）中指数形式，进行泰勒级数展开，可得

$$i = i_0 \frac{n\mathrm{F}}{RT}\eta_s = i_0(b_a+b_c)\eta_s \tag{5.20}$$

当不同阳极和阴极的反应之间达到平衡时，会出现零电流的情况。此时，同样可以确定一个相似线性区域。

在完全正电位条件下，阴极部分可以忽略不计，电流密度可表示为

$$i = i_0 \exp(b_a\eta_s) \tag{5.21}$$

在完全负电位下，阳极部分可以忽略不计，这样就有

$$i = -i_0 \exp(-b_c\eta_s) \tag{5.22}$$

式（5.21）和式（5.22）就是 Tafel 方程的示例。在这些方程中，电流是电位的指数函数。

例 5.2　Butler-Volmer 方程和 Tafel 方程：Butler-Volmer 方程可以看作是 Tafel 方程近似式，求其过电位值。

解：当采用较小的电流密度代表电流密度的一小部分时，可以认为式（5.15）趋于式（5.21）和式（5.22）表示的极限 Tafel 行为。在这种情况下，电流比参数可表示为

$$\xi_a = 1 - \frac{i_a+i_c}{i_a} = \frac{-i_c}{i_a} \tag{5.23}$$

或者

$$\xi_c = 1 - \frac{i_a + i_c}{i_c} = \frac{-i_a}{i_c} \tag{5.24}$$

对于 $\alpha=0.5$ 的单个电化学反应，式（5.16）和式（5.17）必须相等。因此，$b=b_a=b_c$，并且根据式（5.23），有

$$\xi_a = \frac{\exp(-b\eta_s)}{\exp(b\eta_s)} = \exp(-2b\eta_s) \tag{5.25}$$

对应于给定量 ξ，η_s 值可表示为

$$\eta_{s,\xi} = -\frac{1}{2b}\ln(\xi_a) \tag{5.26}$$

类似地，根据式（5.24），可得出

$$\eta_{s,\xi} = \frac{1}{2b}\ln(\xi_c) \tag{5.27}$$

在 $T=298\text{K}$ 条件下，当 $n=1$ 时，按照式（5.16）和式（5.17），计算的 $b=19.5\text{V}^{-1}$，对应的 Tafel 斜率为 118mV/decade。如果式（5.15）中的小电流是电流的百分之一，即 $\xi=0.01$，则根据式（5.26）计算的 $\eta_{s,0.01}\approx 0.118\text{V}$。在 $T=298\text{K}$ 条件下，当 $n=2$ 时，$b=38.9\text{V}^{-1}$（$\eta\approx 59\text{mV}$），$\eta_{s,0.01}\approx 0.59\text{V}$。结果如图 5.5 所示。阴极、阳极电流外推线的交点，即为平衡电位和交换电流密度。当 $n=1$ 时，在 $|\eta_s|>118\text{mV}$ 的范围内，观察到 Tafel 行为；当 $n=2$ 时，在 $|\eta_s|>59\text{mV}$ 范围内，观察到 Tafel 行为。

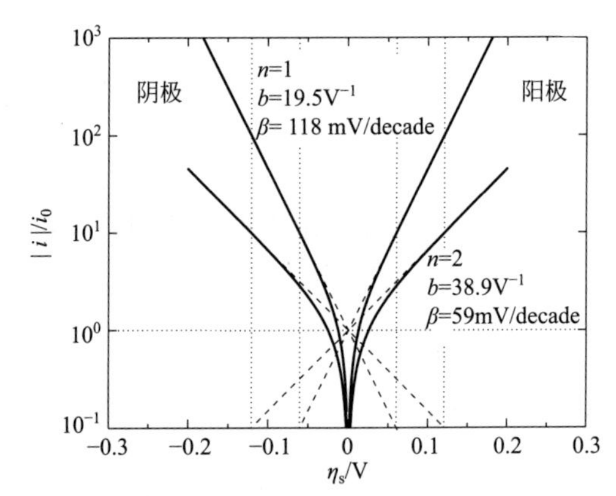

图 5.5　电流密度与过电位之间的关系。虚线对应于式（5.21）和式（5.22），分别是阳极和阴极的 Tafel 曲线。垂直点画线对应于 $\pm(1/2b)\ln(0.01)$。水平虚线与 Tafel 线的交点即为交换电流密度 i_0

通常，电化学实验时系统都是处于不平衡状态。因此，Tafel 表达式通常用于建立阻抗谱的动力学模型。

5.2.3　混合电位理论

Butler-Volmer 方程适用于单个电化学反应。对于发生两个或更多个反应的情况，可以采用类似的数学方程式处理。但是，在电流等于零条件下，相关动力学参数却不一定与平衡条件相关。

例如，对于铁在含有 1mol/L $FeSO_4$ 溶液中的腐蚀，即

$$Fe \rightleftharpoons Fe^{2+} + 2e^- \tag{5.28}$$

据 McCafferty 报道[117]，铁在 1mol/L $FeSO_4$ 溶液中的交换电流密度 $i_{0,Fe}=1\times10^{-8}A/cm^2$。根据热力学原理，可计算得到其平衡电位为 $U_{Fe}^{\ominus}=-0.44V(H_2)$ 或者 $-0.1724V(Hg/Hg_2Cl_2)$。根据 Jones 的研究[118]，Tafel 斜率为 60mV/decade。极化曲线可以用 Butler-Volmer 方程表示，如图 5.6(a) 所示。同样，对于析氢反应

$$H_2 \rightleftharpoons 2H^+ + 2e^- \tag{5.29}$$

根据相关文献，在 $p_{H_2}=1atm$（1atm=101.325kPa，下同）条件下，铁电极在 HCl 溶液中的交换电流密度为 $i_{0,H_2}=1\times10^{-7}A/cm^2$，Tafel 斜率为 120mV/decade[119]。由 Butler-Volmer 方程表示的极化曲线如图 5.6(a) 所示。

每个反应都有其自身的平衡电位和交换电流密度。在例 5.8 中，将更详细地描述了氢反应。如果反应（5.29）按照下列电化学步骤进行，即

$$H_{ads} \underset{k_{-1}}{\overset{k_1}{\rightleftharpoons}} H^+ + e^- \tag{5.30}$$

这就是 Volmer 反应，其化学步骤为

$$2H_{ads} \underset{k_b}{\overset{k_f}{\rightleftharpoons}} H_2 \tag{5.31}$$

这里称为 Tafel 反应，相应的电流密度可以表示为 Butler-Volmer 方程，如式（5.98）所示。按照式（5.99），其交换电流密度与氢的分压（$p=\kappa_b p_{H_2}/k_f$）以及电极表面上的氢离子浓度有关，如

$$pH=-\lg(c_{H^+}) \tag{5.32}$$

可以利用式（5.99）表示恒定的氢分压。当 $\alpha=0.5$，有

$$i_0=\frac{F\Gamma}{1+\sqrt{p}}(k_1k_{-1}\sqrt{p})^{1/2}10^{-pH/2}=K_1 10^{-pH/2} \tag{5.33}$$

其中，Γ 代表最大覆盖率；p 是由式（5.92）定义的氢分压。

根据式（5.97），其平衡电位取决于氢的分压和电极表面上的氢离子浓度。式（5.97）可以用 pH 表示为

$$V_{0,H_2}=\frac{RT}{F}\left[-2.303pH+\ln\left(\frac{k_{-1}}{k_1\sqrt{p}}\right)\right] \tag{5.34}$$

对于恒定的氢分压，有

$$V_{0,H_2}=\frac{RT}{F}(K_2-2.303pH) \tag{5.35}$$

如图 5.6(a) 所示，根据 pH 值，可以确定其电流密度值。

如果铁电极在含有稀 HCl 的脱气溶液中，由于电解质中不含亚铁离子，铁反应 $Fe^{2+}+2e^-\longrightarrow Fe$ 的阴极部分不会发生。类似地，由于电解质中不存在溶解的氢气，氢反应的阳极部分也不会进行。所以，在净电流等于零的条件下，铁溶解的阳极反应与氢的析出的阴极反应处于平衡状态，不同 pH 值对应的极化曲线如图 5.6(b) 所示。

通常，相同的信息也可以采用 Evans 图表示，见图 5.7。根据 Evans 图，遵循外推 Tafel 线，在虚线的交叉点处[120]，即可以得到腐蚀电位 V_{corr} 和腐蚀电流密度 i_{corr}。图 5.7 所示结果清楚地表明，即使在净电流等于零（对应开路电位）条件下，系统也不处于平衡状态，腐蚀电流密度不等于零。如图 5.7 所示，由于氢析出反应增强，电解质逐渐变得更加酸

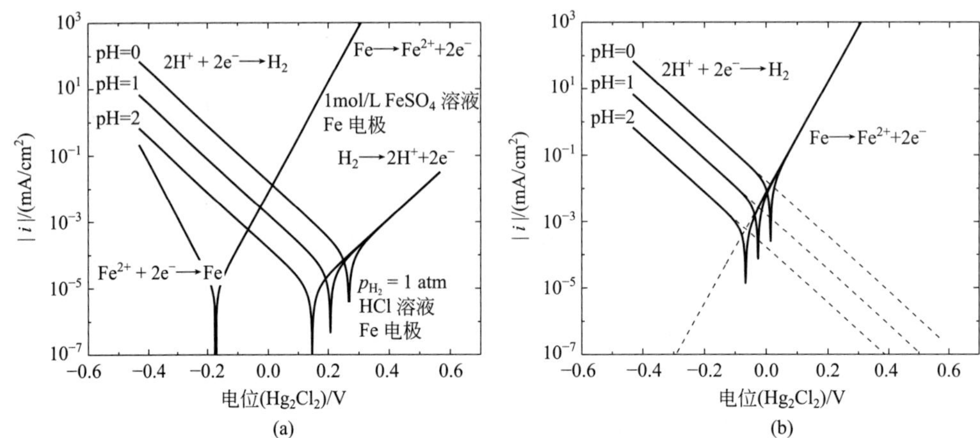

图 5.6　两个电化学反应体系的极化曲线。(a) 在p_{H_2}=1atm 条件下，铁电极在 HCl 溶液中的析氢反应和铁在 1mol/L $FeSO_4$ 溶液中的腐蚀；(b) 铁在 HCl 溶液中，其表面发生的析氢和腐蚀反应。动力学参数摘自 McCafferty[117] 和 Conway[119]

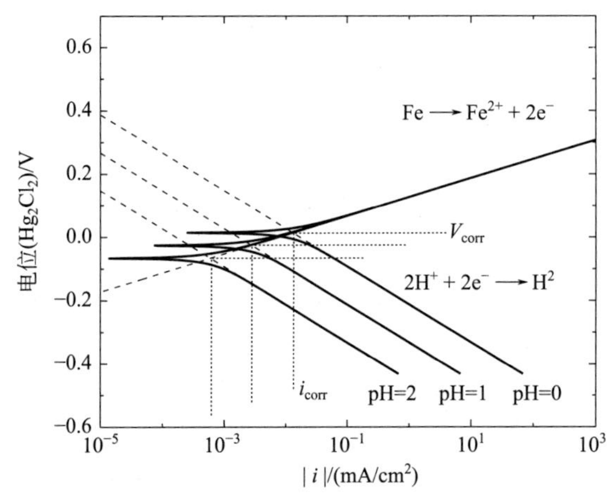

图 5.7　铁电极在 HCl 溶液中，其电位与表面析氢和腐蚀反应的电流密度之间的关系。动力学参数摘自 McCafferty[117] 和 Conway[119]。外推 Tafel 线的虚线在交点处为腐蚀电位 E_{corr} 和腐蚀电流密度 i_{corr}。获取腐蚀特性的示意图称为 Evans 图[120]

性，因此开路电位处的腐蚀速率增加。在阴极保护时，电位变负，腐蚀电流降低，如图 5.6(b) 所示。但是，该电流不会等于零。同样，从图 5.6(b)，可以得到腐蚀电位和腐蚀电流，两种表示方法在文献中都可以找到。

例 5.3　腐蚀：下列腐蚀反应

$$Fe \longrightarrow Fe^{2+} + 2e^- \tag{5.36}$$

和氢析出（或质子还原）反应

$$2H^+ + 2e^- \longrightarrow H_2 \tag{5.37}$$

发生在脱氧环境中。利用 Butler-Volmer 方程的形式表示耦合反应的电流密度。

解：与腐蚀和析氢反应相关的电流可表示为

$$i = K_{Fe}^* \exp[b_{Fe}(V - V_{0,Fe})] - K_{H_2}^* \exp[-b_{H_2}(V - V_{0,H_2})] \tag{5.38}$$

其中，速率常数为 K_{Fe}^* 和 $K_{H_2}^*$；腐蚀和析氢反应的平衡电位为 $V_{0,Fe}$ 和 V_{0,H_2}，分别遵循式

(10.14)中给出的符号，电流密度等于零的电位称为腐蚀电位。该参数已在图5.7中进行了定义。当$i=0$时，有

$$K_{Fe}^{*}\exp[b_{Fe}(V_{corr}-V_{0,Fe})]=K_{H_2}^{*}\exp[-b_{H_2}(V_{corr}-V_{0,H_2})] \tag{5.39}$$

腐蚀电位可以表示为

$$V_{corr}=\frac{1}{b_{Fe}+b_{H_2}}\left[\ln\left(\frac{K_{H_2}^{*}}{K_{Fe}^{*}}\right)+b_{Fe}V_{0,Fe}+b_{H_2}V_{0,H_2}\right] \tag{5.40}$$

图5.7所示的腐蚀电流i_{corr}可以根据腐蚀电位V_{corr}下的阳极或阴极反应获得，即

$$\begin{aligned}i_{corr}&=K_{Fe}^{*}\exp[b_{Fe}(V_{corr}-V_{0,Fe})]\\&=K_{H_2}^{*}\exp[-b_{H_2}(V_{corr}-V_{0,H_2})]\end{aligned} \tag{5.41}$$

将式(5.40)代入式(5.41)的阳极部分后，就有

$$i_{corr}=K_{Fe}^{*}\left(\frac{K_{H_2}^{*}}{K_{Fe}^{*}}\right)^{\frac{b_{Fe}}{b_{Fe}+b_{H_2}}}\exp\left[\frac{b_{Fe}b_{H_2}}{b_{Fe}+b_{H_2}}(V_{0,H_2}-V_{0,Fe})\right] \tag{5.42}$$

或者

$$i_{corr}=K_{Fe}^{*\frac{b_{H_2}}{b_{Fe}+b_{H_2}}}K_{H_2}^{*\frac{b_{Fe}}{b_{Fe}+b_{H_2}}}\exp\left[\frac{b_{Fe}b_{H_2}}{b_{Fe}+b_{H_2}}(V_{0,H_2}-V_{0,Fe})\right] \tag{5.43}$$

从式(5.41)的阴极部分，也可以获得相同的表达式。

表面过电位定义为

$$\eta_s=V-V_{corr} \tag{5.44}$$

因此，就有

$$V=\eta_s+V_{corr} \tag{5.45}$$

将式(5.45)代入式(5.38)，经过代数推导后，电流密度可表达为

$$i=i_{corr}\{\exp(b_{Fe}\eta_s)-\exp(-b_{H_2}\eta_s)\} \tag{5.46}$$

式(5.46)类似于式(5.18)给出的Butler-Volmer方程。但是，交换电流密度i_0应该由腐蚀电流密度i_{corr}代替，系数b_a和b_c分别对应于电极反应的阳极和阴极部分，由对应于不同反应的系数b_{Fe}和b_{H_2}代替，并且表面过电位η_s表示偏离腐蚀电位V_{corr}而不是偏离给定反应的平衡电位。

重要的是，要认识到平衡系统之间的差异，总电流密度等于零，即意味着所有反应均处于平衡状态，并且系统处于开路状态时，其中的反应是不平衡的。然而，电流总和为零。当例5.3中描述的腐蚀系统处于开路时，发生腐蚀反应所产生的电子被以相同速率发生的阴极反应所消耗。如同下面的示例，在没有腐蚀反应的情况下，可以考虑类似的因素。

例5.4 水的氧化和还原：对于在不含溶解氧或氢气电解质中的惰性电极，其表面上的氧和氢析出反应的电流密度用Butler-Volmer方程的形式表示。阳极(析氧)反应可表示为

$$H_2O \longrightarrow \frac{1}{2}O_2+2H^{+}+2e^{-} \tag{5.47}$$

阴极(析氢)反应可表示为

$$2H_2O+2e^{-} \longrightarrow H_2+OH^{-} \tag{5.48}$$

且适用于pH值大于7的情况。

解：与腐蚀和析氢反应相关的电流可表示为

$$i=K_{O_2}^{*}\exp[b_{O_2}(V-V_{0,O_2})]-K_{H_2}^{*}\exp[-b_{H_2}(V-V_{0,H_2})] \tag{5.49}$$

当 $i=0$ 时，得到净电流等于零的电位，即混合电位

$$K_{O_2}^{*}\exp[b_{O_2}(V_{mixed}-V_{0,O_2})]=K_{H_2}^{*}\exp[-b_{H_2}(V_{mixed}-V_{0,H_2})] \tag{5.50}$$

这样，可以得到零电流时的混合电位，即

$$V_{mixed}=\frac{1}{b_{O_2}+b_{H_2}}\left[\ln\left(\frac{K_{H_2}^{*}}{K_{O_2}^{*}}\right)+b_{O_2}V_{0,O_2}+b_{H_2}V_{0,H_2}\right] \tag{5.51}$$

在混合电位 V_{mixed} 下，从电极的阳极或阴极反应都可以得到表观交换电流密度，即

$$i_{mixed}=K_{O_2}^{*\frac{b_{H_2}}{b_{O_2}+b_{H_2}}}K_{H_2}^{*\frac{b_{O_2}}{b_{O_2}+b_{H_2}}}\exp\left[\frac{b_{O_2}b_{H_2}}{b_{O_2}+b_{H_2}}(V_{0,H_2}-V_{0,O_2})\right] \tag{5.52}$$

由式（5.41）的阴极部分推导也可以获得相同的表达式。

表面过电位定义为

$$\eta_s=V-V_{mixed} \tag{5.53}$$

因此，将式（5.53）代入式（5.49）之后，即得电流密度的表达式为

$$i=i_{mixed}\{\exp(b_{O_2}\eta_s)-\exp(-b_{H_2}\eta_s)\} \tag{5.54}$$

如例5.3所示，式（5.54）采用了Butler-Volmer方程形式，但交换电流密度 i_0 由表观交换电流密度 i_{mixed} 代替，对应阳极和阴极部分的系数 b_a 和 b_c 分别由对应的不同反应的系数 b_{O_2} 和 b_{H_2} 代替，并且表面过电位 η_s 表示偏离腐蚀电位 V_{mixed} 而不是偏离给定反应的平衡电位。

表 5.2　例 5.4 中电化学反应的动力学参数

阳极反应		阴极反应	
$K_{O_2}^{*}=i_{0,O_2}$	$1\times10^{-7}A/cm^2$	$K_{H_2}^{*}=i_{0,H_2}$	$1\times10^{-10}A/cm^2$
V_{O_2}	1.223V	V_{H_2}	0V
β_{O_2}	60mV/decade	β_{H_2}	120mV/decade
b_{O_2}	$38.38V^{-1}$	b_{H_2}	$19.19V^{-1}$

假设动力学参数如表5.2所列，根据式（5.51），计算得出 $V_{mixed}=0.706V$（NHE），并且按照式（5.52），可以计算得到 $i_{mixed}=1.4\times10^{-15}A/cm^2$。如图5.8(a) 所示极化曲线，在线性坐标系中，可见在一定的电位范围内似乎没有电流流过。该电位窗口的动力学起源如图5.8(b) 所示，即当 $V=V_{mixed}$ 或 $\eta_s=0$，没有电流流过时，有限的水氧化反应与有限的析氢反应达到平衡。在这种情况下，电流的值非常小，往往检测不出来。电位窗口的大小可以从式（5.54）导出，其表达为

$$\eta_{s,O_2,max}=\frac{1}{b_{O_2}}\ln\left(\frac{i_{detect}}{i_{mixed}}\right) \tag{5.55}$$

式（5.55）表示的是 η_{s,O_2} 的最大值。此时，析氧反应电流低于检测的临界电流密度 i_{detect}。同时，有

$$\eta_{s,H_2,min}=-\frac{1}{b_{H_2}}\ln\left(\frac{i_{detect}}{i_{mixed}}\right) \tag{5.56}$$

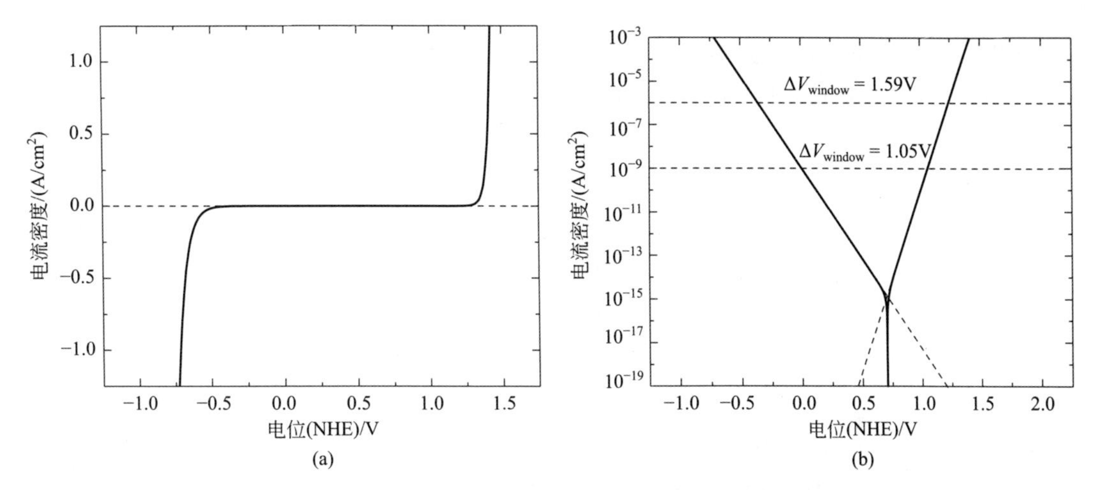

图 5.8　例 5.4 中惰性电极在不含溶解氧或氢气电解质中的极化曲线。
其中，表面反应为氧和氢析出反应。(a) 电流密度的线性坐标；
(b) 电流密度绝对值的对数坐标。动力学参数摘自 McCafferty[117] 和 Conway[119]

同理，式 (5.56) 是 η_{s,H_2} 的最小值。在这种情况下，氢析出电流的大小低于检测的临界电流密度 i_{detect}。如果 i_{detect} 代表电流密度测量的下限，那么有

$$\Delta V_{window}=(\eta_{s,O_2,max}-\eta_{s,H_2,min})=\left(\frac{1}{b_{O_2}}+\frac{1}{b_{H_2}}\right)\ln\left(\frac{i_{detect}}{i_{mixed}}\right) \tag{5.57}$$

式 (5.57) 表示不能够检测到电流的电位窗口。很明显，电位窗口的大小取决于检测电流密度仪器的精度。当电流密度的检测精度为 10^{-9} A/cm²（或 1nA/cm²）时，电位窗口值为 1.06V；如果电流密度的检测精度为 10^{-6} A/cm²（或 1μA/cm²），则电位窗口值为 1.59V。

例 5.3 和例 5.4 表明，虽然耦合反应可以利用 Butler-Volmer 反应方程式的形式表示，但是即使净电流密度等于零，系统也不处于平衡状态。对于单个电化学反应，根据式 (5.16) 和式 (5.17) 可以得出

$$b_a+b_c=\frac{nF}{RT} \tag{5.58}$$

尽管如此，在例 5.4 中使用的参数 b_{O_2} 和 b_{H_2}，例 5.3 中使用的 b_{Fe} 和 b_{H_2} 之间却不存在这种关系。最为重要的是，两个独立的 Tafel 表达式可以用于表示混合电位条件下的反应。

5.2.4　传质控制

电化学反应速率也有可能受限于反应物传递至电极表面的速度。在图 5.3(a) 中，当电位为负时，电极反应就受到传质控制。对于一级阴极反应，其阴极电流密度为

$$i=-k_c nFc_i(0)\exp(-b_c\eta_s) \tag{5.59}$$

与电流密度对应的反应物的流量密度为

$$i=-nFD_i\frac{dc_i}{dy}\bigg|_{y=0} \tag{5.60}$$

假设在扩散层厚度 δ 范围内，浓度呈线性梯度关系，那么方程 (5.60) 可转化为

$$i=-nFD_i\frac{c_i(\infty)-c_i(0)}{\delta_i} \tag{5.61}$$

其中，$c_i(\infty)$ 是本体溶液中物质 i 的浓度。

如果确定 δ_i 值，则需要求解对流扩散方程。这些将在第 11 章中讲到。利用方程（5.59）和方程（5.61），消除方程中 $c_i(0)$，就得到电流密度的值为

$$i^{-1}=i_{\lim}^{-1}+i_{k}^{-1} \tag{5.62}$$

其中，传质极限电流密度 $i_{\lim}$ 为

$$i_{\lim}=-nFD_i c_i(\infty)/\delta_i \tag{5.63}$$

基于溶液浓度的动力学控制电流密度 i_k 为

$$i_k=-k_c nFc_i(\infty)\exp(-b_c\eta_s) \tag{5.64}$$

上述式（5.62）称之为 Koutecky-Levich 公式[121]。传质极限电流密度的数值受溶液浓度、极限反应物的扩散速率影响，也受对流程度和电池几何形状的影响。

在假设 $c_i(0)=0$ 的情况下，式（5.63）似乎可以从式（5.61）获得。这经常引起概念上的困惑，因为式（5.59）与 $c_i(0)$ 有关。这样，当 $c_i(0)=0$ 时，$i=0$。实际上，只有在假设 $c_i(0)\ll c_i(\infty)$ 的情况下，才能得到式（5.63）。对于传质极限电流密度的条件，$c_i(0)$ 的表达式可以从式（5.59）得出，即

$$c_i(0)=-\frac{i_{\lim}}{-k_c nF\exp(-b_c\eta_s)}=\varepsilon \tag{5.65}$$

其中，ε 是一个非常小的数字。从式（5.65）可知，当 $\exp(-b_c\eta_s)$ 趋于无穷大时，$c_i(0)$ 趋于零。因此，式（5.63）与式（5.59）完全一致。

例 5.5　传质极限电流密度：建立电极表面反应物质浓度与相应的传质极限电流密度之间的关系式。

解：式（5.61）可以用传质极限电流密度表示。这样，式（5.63）变化为

$$i=i_{\lim}\left[1-\frac{c_i(0)}{c_i(\infty)}\right] \tag{5.66}$$

对式（5.66）进行整理，可得

$$\frac{c_i(0)}{c_i(\infty)}=1-\frac{i}{i_{\lim}} \tag{5.67}$$

随着电流密度接近其传质极限值，反应物质的浓度接近零。

例 5.6　Koutecky-Levich 公式的应用：对于旋转圆盘电极，利用广义 Levich 公式，其传质极限电流密度为：

$$i_{\lim}=0.62045\frac{nF}{s_i}D_i^{2/3}\Omega^{1/2}\upsilon^{-1/6}c_i(\infty) \tag{5.68}$$

其中，Ω 是以 rad/s 为单位的圆盘旋转速度。如何使用图形方法获得在不同电位和旋转速度下测量电流密度的物理意义变量。

解：基于测量是在固定电位或者固定转速条件下进行，两种方法可能很方便用于求解。

（a）固定转速。对于固定转速条件下的测量，电流密度是电位的函数。根据式（5.59）、式（5.64）和式（5.67），电流密度可以表示为

$$i=i_k\frac{c_i(0)}{c_i(\infty)}=i_k\left(1-\frac{i}{i_{\lim}}\right) \tag{5.69}$$

或者

$$i=\frac{i_{\lim}i_{\mathrm{k}}}{(i_{\lim}+i_{\mathrm{k}})} \tag{5.70}$$

随着电位变负，$|i_{\mathrm{k}}|\gg|i_{\lim}|$，$i$ 接近 $i_{\lim}$。由于电流是电位的函数，由此可以得到传质极限电流密。以 $i_{\lim}$ 对 $\sqrt{\Omega}$ 作图，得到直线斜率为 $0.62045nFD_{\mathrm{i}}^{2/3}\nu^{-1/6}c_{\mathrm{i}}(\infty)$。由此，可以计算扩散系数 D_{i}。

图 5.9 所示为在含有 0.15mol/L H_3BO_3 和 0.0375mol/L $Na_2B_4O_7$ 的电解质中，铁电极上的氧还原动力学数据，来自 Jovancicevic 和 Bockris[122] 的研究成果。动力学过程的电流密度表示为

$$i_{\mathrm{k}}=i_{0,\mathrm{O}_2}\exp\left[b_{\mathrm{c},\mathrm{O}_2}(V-V_{0,\mathrm{O}_2})\right] \tag{5.71}$$

其中，$i_{0,\mathrm{O}_2}=1.5\times10^{-13}\mathrm{A/cm^2}$，$b_{\mathrm{c},\mathrm{O}_2}=19.2\mathrm{V}^{-1}$，$V_{0,\mathrm{O}_2}=0.72\mathrm{V(NHE)}$。氧的溶解度为 $c_{\mathrm{O}_2}(\infty)=4\times10^{-6}\mathrm{mol/cm^3}$，扩散系数为 $D_{\mathrm{O}_2}=5\times10^{-6}\mathrm{cm^2/s}$。其他相关参数值见图题。从图 5.9(a) 所示可知，在不同转速条件下，电流随电位变化的曲线类似。在曲线平台对应的电流密度则是传质极限电流密度。从图 5.9(b) 可见，传质极限电流密度随着旋转速度的平方根变化呈一条直线，且直线穿过坐标系的原点。当旋转速度是 r/min 而不是 rad/s 时，对应式（5.86）的直线斜率为 $0.20078nFD_{\mathrm{i}}^{2/3}\nu^{-1/6}c_{\mathrm{i}}(\infty)$，其中 $n=4$。

（b）固定电位。在固定电位条件下进行测量时，电流密度为转速的函数。随着旋转速度的增加，电流变得越来越不受传质限制的影响。根据式（5.62），以 $1/i$ 对 $1/\sqrt{\Omega}$ 作图，曲线当 $1/\sqrt{\Omega}$ 接近零的极限下，即为 $1/i_{\mathrm{k}}$。

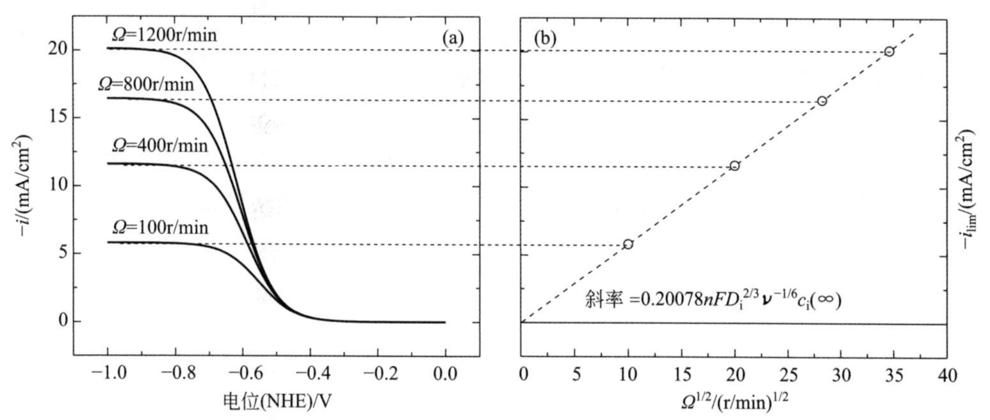

图 5.9　在硼酸盐缓冲溶液中氧还原的 Levich 图。数据摘自 Jovancicevic 和 Bockris[122]，其中参数 $i_{0,\mathrm{O}_2}=1.5\times10^{-13}\mathrm{A/cm^2}$，$b_{\mathrm{c},\mathrm{O}_2}=19.2\mathrm{V}^{-1}$，$n=4$，$V_{0,\mathrm{O}_2}=0.72\mathrm{V(NHE)}$，$c_{\mathrm{O}_2}(\infty)=4\times10^{-6}\mathrm{mol/cm^3}$，$D_{\mathrm{O}_2}=5\times10^{-6}\mathrm{cm^2/s}$。

（a）电流与电位之间的变化关系，参数为旋转速度；（b）传质极限电流密度与转速平方根之间的变化关系。两个图中的虚线表示图（a）中传质极限电流密度，同时为图（b）所需的电流密度

对于图 5.9 中的动力学数据，可以表示为如图 5.10 所示。从图 5.10(a) 可知，动力学过程的电流密度 i_{k} 和 $1/i_{\mathrm{k}}$ 是电位的函数。如图 5.10(b) 所示，在指定电位下，$1/i$ 的值是旋转速度平方根的函数。根据图 5.10(b) 外推，就得到了电流密度中动力学过程的贡献值为 $1/i_{\mathrm{k}}$，见图 5.10(a)。

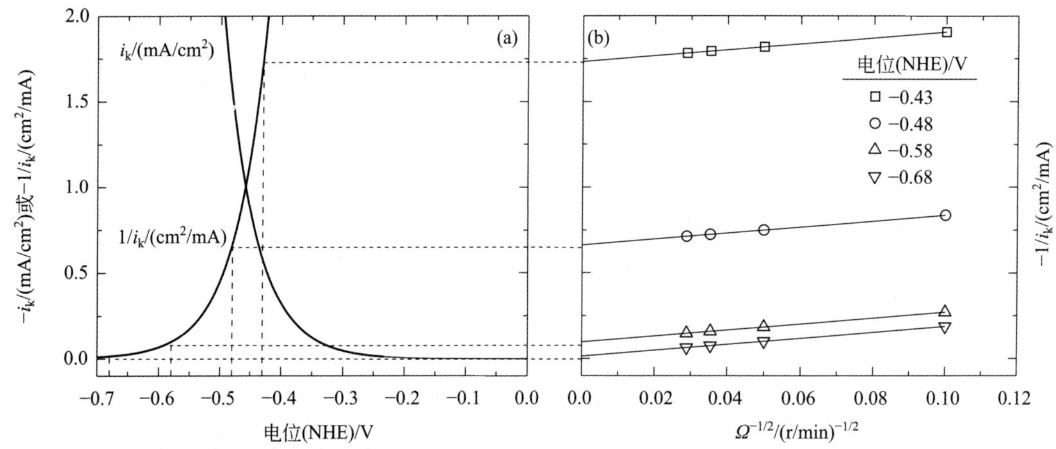

图 5.10 在硼酸盐缓冲溶液中氧还原的 Koutecky 图。其中，参数参照图 5.9 中摘自 Jovancicevic 和 Bockris 的数据[122]。(a) 动力学过程电流密度 i_k 和 $1/i_k$ 与电位之间的变化关系；(b) $1/i$ 与转速平方根之间的变化关系，参数为电位。两个图中的虚线表示图 (b) 中数据外推得到动力学过程对电流密度的贡献值，如图 (a) 中所示 $1/i_k$

5.3 电位的定义

电极电位 U 的定义为在电解质溶液中，工作电极电位 Φ_m 与参比电极电位 Φ_{REF} 之间的差值，即

$$U=\Phi_m-\Phi_{REF} \tag{5.72}$$

电池电位可用电解质溶液中邻近电极电位 Φ_0 来表达，即

$$U=(\Phi_m-\Phi_0)+(\Phi_0-\Phi_{REF}) \tag{5.73}$$

如图 5.18 所示，计算 Φ_0 时，Φ_0 所处的位置一般是电中性扩散层的内侧。这样一来，就假设了界面包含了双层间的详细结构，包括电荷扩散层区域和某种带电吸附粒子的内亥姆霍兹面。

式 (5.73) 可改写为

$$U=V+iR_e \tag{5.74}$$

其中，界面电位 V 定义为

$$V=\Phi_m-\Phi_0 \tag{5.75}$$

在电解质溶液中，欧姆电位降为

$$iR_e=\Phi_0-\Phi \tag{5.76}$$

对于一个已知反应 k，其表面过电位为

$$\eta_s=V-V_{0,k} \tag{5.77}$$

式中，$V_{0,k}$ 是与电极反应有关的平衡电位差。在电化学反应中，平衡电位差称之为电位推动力 [见式 (10.14)]。在表 5.3 中，总结了在电化学系统中有关电位的定义。

表 5.3 在电化学系统中有关电位的符号和定义

V	工作电极的界面电位，$V=\Phi_m-\Phi_0$
$V_{0,k}$	给定反应 k 处于平衡状态时的界面电位，$V_{0,k}=(\Phi_m-\Phi_0)_{0,k}$

续表

U	相对于参比电极的电极电位，$U=\Phi_m-\Phi_{REF}$
η_s	反应k的表面过电位，$\eta_s=V-V_{0,k}$
η_c	由式(5.75)确定的浓差过电位
Φ_m	除常用参比电位外，相对于未知参比电位的电极电位
Φ_0	除常用参比电位外，相对于未知参比电位的工作电极附近的电解质电位
Φ_{REF}	除常用参比电位外，相对于未知参比电位的参比电极电位
iR_e	工作电极与参比电极之间的欧姆电位降

5.4 速率表达式

电化学反应（5.5）的速率可以表示为

$$r=k_a\exp\left[\frac{(1-\alpha)nF}{RT}V\right]\prod_i c_i^{p_i}(0)-k_c\exp(-\frac{\alpha nF}{RT}V)\prod_i c_i^{q_i}(0) \tag{5.78}$$

其中，浓度的指数定义为化学计量系数 s_i。当 $s_i=0$ 时，组分i不是反应物，且 $p_i=0$，$q_i=0$；当 $s_i>0$ 时，组分i是反应k的阳极反应物i，且 $p_i=s_i$，$q_i=0$；当 $s_i<0$ 时，组分i是反应k的阳极生成物（阴极反应物），且 $p_i=0$，$q_i=-s_i$。

式（5.78）给出的速率表达式，提出了一些关于浓度和电位测量位置的问题。例如，对于反应物的浓度，则应该在扩散层内层范围内测量，如图5.11所示。从图5.11可见，在双层结构中，ihp代表亥姆霍兹面内侧，对应着物理吸附离子；ohp代表亥姆霍兹面外侧，对应着靠近溶解离子的平面。在扩散层的最内侧位置为双层外扩散层的最外侧。对于双层结构，将在5.7节中阐述，通常与电极有关。这样，式（5.78）的电位 V 表示电极与扩散层最内侧处溶液之间的电位差，或者为电极与双层外扩散层处溶液之间的电位差。

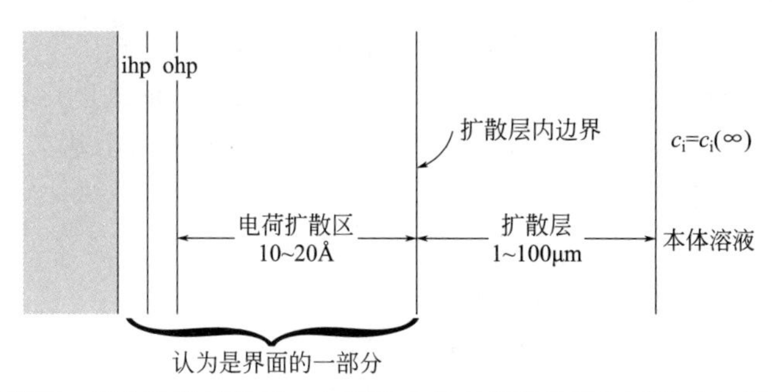

图5.11 电极表面示意图。存在浓度扩散层，电解质中的电荷扩散区和可能的双层。在双层中，ihp代表亥姆霍兹面内侧，对应着物理吸附离子；ohp代表亥姆霍兹面外侧，对应着靠近溶解离子的平面

平衡电位可以表示为

$$V_0=\frac{RT}{nF}\left[\ln(\frac{k_c}{k_a})+\sum_i(q_i-p_i)\ln c_i(\infty)\right] \tag{5.79}$$

这里，由于式（5.70）表示的是平衡电位，因此不存在浓度梯度，并且界面浓度 $c_i(0)$ 等于

提示5.2： 质量作用定律的动力学表达式是电化学阻抗谱建立电荷传递阻抗模型的基础。

本体浓度 $c_i(\infty)$。表面过电位可以表示为 V 与平衡值之差，即

$$\eta_s = V - V_0 \tag{5.80}$$

式（5.78）可用 Butler-Volmer 方程（5.15）表示为

$$i = i_0 \left\{ \exp\left[\frac{(1-\alpha)nF}{RT} \eta_s \right] - \exp\left(-\frac{\alpha n F}{RT} \eta_s \right) \right\} \tag{5.81}$$

其中

$$i_0 = nFk_c^{1-\alpha} k_a^{\alpha} \prod_i [c_i(0)]^{(q_i + \alpha s_i)} \tag{5.82}$$

式中，α 是对称因子，通常赋值为 0.5。由于浓度 $c_i(0)$ 与电极极化电位有关，因此交换电流密度是外加电位的函数。

例 5.7　铜溶解速率的表达式：对于反应（5.83）

$$Cu \rightleftharpoons Cu^{2+} + 2e^- \tag{5.83}$$

根据式（5.82）推导反应速率表达式。其中，假设铜溶解直接形成铜离子。

解：对于反应（5.83），化学计量系数是 $s_{Cu} = +1$，$s_{Cu^{2+}} = -1$，$n=2$。因此，依据反应方程式（5.5），将反应方程式（5.83）表示为

$$Cu - Cu^{2+} \longrightarrow 2e^- \tag{5.84}$$

对应的反应速率，根据式（5.78），可以表达为

$$r_{Cu} = \frac{i_{Cu}}{2F} = k_a \exp\left(\frac{F}{RT} V \right) - k_c \exp\left(-\frac{F}{RT} V \right) c_{Cu^{2+}}(0) \tag{5.85}$$

平衡电位可写为

$$V_{0,Cu} = \frac{RT}{2F} \left[\ln\left(\frac{k_c}{k_a} \right) + \ln c_{Cu^{2+}}(\infty) \right] \tag{5.86}$$

交换电流密度可以表示为

$$i_0 = 2Fk_c^{1/2} k_a^{1/2} c_{Cu^{2+}}^{1/2}(0) \tag{5.87}$$

同样，式（5.85）也可以采用 Butler-Volmer 方程（5.81）的形式进行表示。

例 5.7 简化了反应历程。实际上，形成铜离子的反应是由两个基本反应构成，分别是铜溶解生成一价铜离子，即

$$Cu \rightleftharpoons Cu^+ + e^- \tag{5.88}$$

然后，一价铜离子继续反应生成二价铜离子，即

$$Cu^+ \rightleftharpoons Cu^{2+} + e^- \tag{5.89}$$

该反应机理是由 Newman 和 Thomas-Alyea 提出的[116]。电化学阻抗谱通常可以证明在复杂反应过程中存在着中间反应物。

例 5.8　氢反应的速率表达：对于反应（5.30）和反应（5.31），建立 Butler-Volmer 方程形式的速率表达式。

解：按照 Newman 和 Thomas-Alyea[116]，对于反应（5.31），其速率表达式为

$$r = k_f \Gamma^2 \gamma_H^2 - k_b p_{H_2} \Gamma^2 (1-\gamma_H)^2 \tag{5.90}$$

其中，Γ 代表最大覆盖率；γ_H 代表原子氢对表面的覆盖率。假设反应（5.31）很容易发生，处于平衡状态时，就有

$$k_f \Gamma^2 \gamma_H^2 = k_b p_{H_2} \Gamma^2 (1-\gamma_H)^2 \tag{5.91}$$

或者

$$\left(\frac{\gamma_{H}}{1-\gamma_{H}}\right)=\left(\frac{k_{b} p_{H_{2}}}{k_{f}}\right)^{1/2}=\sqrt{p} \tag{5.92}$$

式（5.92）定义了氢气的分压 p。

对于反应（5.30），其电流密度为

$$i=Fk_{1}\Gamma\gamma_{H}\exp\left[\frac{(1-\alpha)FV}{RT}\right]-Fk_{-1}\Gamma(1-\gamma H)c_{H^{+}}\exp\left(\frac{-\alpha FV}{RT}\right) \tag{5.93}$$

根据式（5.92），可得

$$\gamma_{H}=\frac{\sqrt{p}}{1+\sqrt{p}} \tag{5.94}$$

和

$$1-\gamma_{H}=\frac{1}{1+\sqrt{p}} \tag{5.95}$$

将式（5.94）和式（5.95）代入式（5.93），得到

$$i=F\frac{\Gamma}{1+\sqrt{p}}\left\{k_{1}\sqrt{p}\exp\left[\frac{(1-\alpha)FV}{RT}\right]-k_{-1}c_{H^{+}}\exp\left(\frac{-\alpha FV}{RT}\right)\right\} \tag{5.96}$$

在平衡时，净电流密度等于零。在 $i=0$ 的条件下，可以求解方程（5.96）得到 V，于是有

$$V_{i=0}=V_{0,H_{2}}=\frac{RT}{F}\ln\left(\frac{k_{-1}c_{H^{+}}}{k_{1}\sqrt{p}}\right) \tag{5.97}$$

将 $V=\eta_{s}+V_{0,H_{2}}$ 代入式（5.96）得到

$$i=i_{0}\left\{\exp\left[\frac{(1-\alpha)nF}{RT}\eta_{s}\right]-\exp\left(-\frac{\alpha nF}{RT}\eta_{s}\right)\right\} \tag{5.98}$$

其中

$$i_{0}=\frac{F\Gamma}{1+\sqrt{p}}(k_{1}\sqrt{p})^{\alpha}(k_{-1}c_{H^{+}})^{1-\alpha} \tag{5.99}$$

式（5.98）为式（5.15）给出的 Butler-Volmer 方程形式。式（5.97）和式（5.99）表示平衡电位和交换电流密度分别与氢离子浓度和氢分压有关。

表 5.4　在稀溶液中离子的扩散系数值（25℃）

阳离子	价态/z_i	扩散系数 D_i/(cm^2/s)	阴离子	价态/z_i	扩散系数 D_i/(cm^2/s)
H^+	+1	9.312×10^{-5}	OH^-	−1	5.260×10^{-5}
Na^+	+1	1.334×10^{-5}	Cl^-	−1	2.032×10^{-5}
K^+	+1	1.957×10^{-5}	NO_3^-	−1	1.902×10^{-5}
Ag^+	+1	1.648×10^{-5}	SO_4^{2-}	−2	1.065×10^{-5}
Mg^{2+}	+2	0.7063×10^{-5}	$Fe(CN)_6^{3-}$	−3	0.896×10^{-5}
Cu^{2+}	+2	0.72×10^{-5}	$Fe(CN)_6^{4-}$	−4	0.739×10^{-5}

5.5　传递过程

在本节中，将根据 Newman 和 Thomas-Alyea 提出的理论[116]，讲述在稀电解质溶液中的传递过程。根据质量守恒原理，即有

$$\frac{\partial c_i}{\partial t}=-(\nabla \cdot \boldsymbol{N}_i)+R_i \tag{5.100}$$

其中，c_i 是物质 i 的体积浓度；$\boldsymbol{N}_i$ 是物质 i 的净通量矢量；R_i 是物质 i 的生成速率。在稀溶液中，任何物质的通量都可以根据对流、扩散和迁移的贡献来写，即

$$\boldsymbol{N}_i=\boldsymbol{v}c_i-D_i\nabla c_i-z_iu_ic_iF\nabla\boldsymbol{\Phi} \tag{5.101}$$

其中，$\boldsymbol{v}$ 是流体速度；D_i 是扩散系数；u_i 是迁移率；z_i 是物质 i 的电荷。通过 Nernst-Einstein 方程，迁移率与扩散系数关系为

$$D_i=RTu_i \tag{5.102}$$

在表 5.4 中，列出了在 25℃水中无限稀释离子的扩散系数值。

电流密度等于每种离子物质的通量贡献之和，即

$$\boldsymbol{i}=F\sum_i z_i\boldsymbol{N}_i \tag{5.103}$$

基于电荷守恒原理，即有

$$\nabla \cdot \boldsymbol{i}=0 \tag{5.104}$$

基于电解质电中性条件，存在着

$$\sum_i z_ic_i=0 \tag{5.105}$$

根据式（5.101）和式（5.103），即可得出

$$\nabla \cdot (\kappa\nabla\Phi)+F\sum_i z_i\nabla \cdot (D_i\nabla c_i)=0 \tag{5.106}$$

在没有浓度梯度的情况下，可以对式（5.106）进行简化，即得到拉普拉斯方程

$$\nabla^2\Phi=0 \tag{5.107}$$

在没有浓度梯度的情况下，根据式（5.101）和式（5.103），可得到

$$\boldsymbol{i}=-\kappa\nabla\Phi \tag{5.108}$$

这就是欧姆定律的表达式。对于稀溶液，电解质电导率 κ 可以表示为来自每种离子物质的贡献总和，即

$$\kappa=F^2\sum_i z_i^2u_ic_i=\frac{F^2}{RT}\sum_i z_i^2D_ic_i \tag{5.109}$$

拉普拉斯方程（5.107）不适用于存在浓度梯度的情况，因为电导率 κ 不是常数，式（5.106）的右侧项不等于零。在没有浓度梯度且 κ 值均匀的情况下，式（5.106）可简化为式（5.107）。这样，就可以获得一系列近似解，如表 5.5 中所列，将在随后的章节中讨论。应注意的是，没有浓度梯度的假设在电极表面附近是无效的。例如，即使当本体电解质中的 pH 等于 7 时，电极表面处的氧还原导致电极表面的 pH 可达到 10 或 11。

表 5.5　电流分布模型假设

溶液	欧姆阻抗	反应阻抗	传质阻抗
第一层	√	×	×
第二层	√	√	×
第三层	√	√	√
传质极限	×	×	√

提示 5.3： 在电化学阻抗谱中，溶液阻抗是由电解质溶液中的传递过程引起的。

5.5.1　一次电流与电位分布

研究发现，阻抗响应很容易受到电极电流和电位分布的影响。可以建立一些通用指南，帮助确定非均匀分布出现的条件。

假设在电解质溶液中浓度是均匀的，则电位应该满足拉普拉斯方程（5.107）。在这些条件下，通过系统的电流大小是受到通过电解质溶液的欧姆阻抗与电极反应动力学相关的阻抗控制。一次电流适用于欧姆电阻占主导地位，且动力学限制可以忽略不计的场合。电极附近的溶液可以认为是一个等电位表面，电位值为 Φ_0。绝缘表面的边界条件是电流密度等于零。

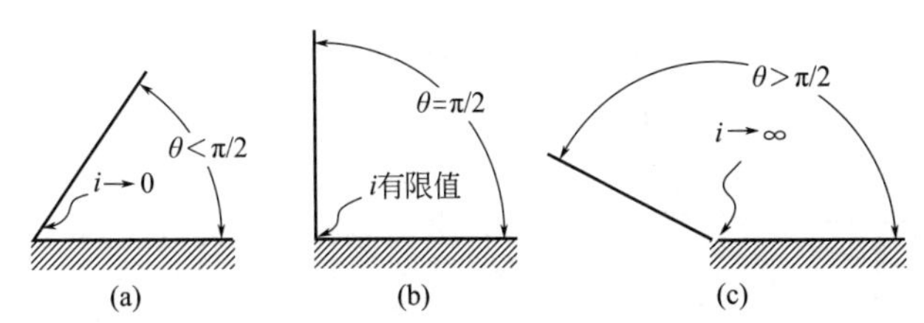

图 5.12　一次电流在电极附近的分布行为。其中，分布满足方程（5.110）。
（a）$\theta<\pi/2$ 时，$i\to 0$；（b）$\theta=\pi/2$ 时，i 是有限值；（c）$\theta>\pi/2$ 时，$i\to\infty$

一次电流分布通常代表电极设计最差的情况。在电极和绝缘体之间的边界，电极表面的电流密度为

$$i \propto r^{(\pi-2\theta)/\pi} \tag{5.110}$$

式中，r 是交点的径向距离；θ 是电极和绝缘体之间的夹角（弧度）。如图 5.12 所示，对于方程（5.110），当 $\theta<\pi/2$ 时，电流趋于零；当 $\theta>\pi/2$ 时，电流趋于无穷，只有当 $\theta=\pi/2$ 时，电流为均匀的。

一个半径为 r_0 的圆盘，嵌在绝缘平板上，距离辅助电极无穷远。在这种情况下，Newman 提出[123]，一次电流密度为

$$\frac{i}{\langle i\rangle}=\frac{1}{2\sqrt{1-\left(\frac{r}{r_0}\right)2}} \tag{5.111}$$

其中，$\langle i\rangle$ 为平均电流密度。一次电流分布取决于电极的几何形状。在圆盘外周边，其电流密度趋于无穷大。相应的初始电阻为[124]

$$R_e=\frac{1}{4\kappa r_0} \tag{5.112}$$

无量纲初始电阻可以写为 $R_e\kappa r_0=1/4$。

5.5.2　二次电流与电位分布

二次分布适用于动力学因素不能忽略的场合。电极附近的溶液不再被认为是一个等势面。电极条件替换为

$$i=-\kappa\frac{\partial \Phi}{\partial y}\bigg|_{y=0}=f(V) \tag{5.113}$$

式中，y 是电极表面的法向，也即对应坐标纵轴；V 为由式（5.75）定义的界面电位，$f(V)$ 是由 Butler-Volmer 方程（5.14）、Tafel 公式（5.21）或式（5.22）给出的通用函数。

在足够小的过电位条件下，式（5.15）经过线性化处理后为

$$\left.\frac{\partial \Phi}{\partial y}\right|_{y=0}=-JV \tag{5.114}$$

式中，J 表示为

$$J=\frac{(b_a+b_c)i_0 l}{\kappa} \tag{5.115}$$

见思考题 5.6。在这里，参数 l 是电极特征长度。对于圆盘电极，电极的特征长度就是电极半径，即 $l=r_0$，J 可以用欧姆和电荷转移电阻表示为[125]

$$J=\frac{4}{\pi}\frac{R_e}{R_t} \tag{5.116}$$

其中，电荷传递电阻表示为

$$R_t=\frac{1}{(b_a+b_c)i_0} \tag{5.117}$$

参数 J 是无量纲交换电流密度，并且是 Wagner 准数的倒数[126]。通过数值求解拉普拉斯方程，可以得到电流分布，如图 5.13 所示。当 $J\to\infty$ 时，欧姆电阻占主导地位，并且电流密度遵循式（5.111）给出的初级分布的电流密度。

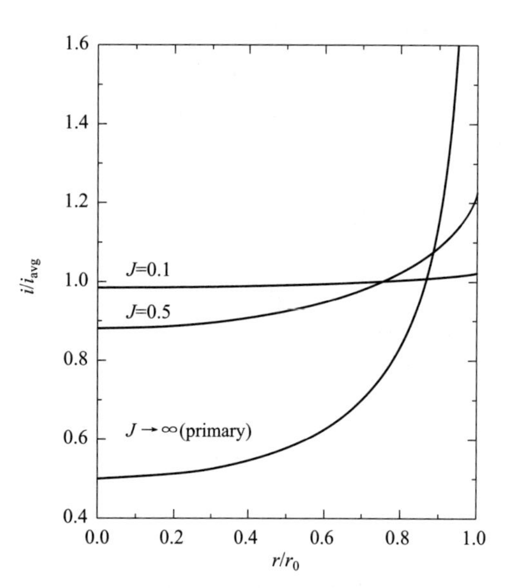

图 5.13 圆盘电极线性极化的二次电流分布。其中，由式（5.115）确定的 J 为影响因素，模拟结果摘自 Huang 等人研究[125]

对于 Tafel 动力学，当 $|i|\gg i_0$ 时，才有效。为此，参数 J 可以定义为

$$J=\frac{b_c i_{avg} r_0}{\kappa} \tag{5.118}$$

其中，J 由阴极反应确定。圆盘电极的相应电流分布类似于图 5.13 中线性动力学分布。

5.5.3 三次电流和电位分布

当拉普拉斯方程由一系列 n 个方程（5.100）和相应的电中性公式（5.105）所替代时，就需要考虑三次分布。其中，n 代表系统中离子种类的数目。因此，三次分布不再假设浓度是均匀的。欧姆降、动力学过程的反应阻力和传质阻力都将发挥其作用。

5.5.4 传质过程控制的电流分布

当假设欧姆降和反应阻力忽略不计时，传质控制分布即可适用。

例 5.9 一次和二次电流分布：对于图 5.14 所示的电极几何结构，预期一次和二次电流分布是否是均匀的。

解：基于图 5.12 所示，结合式（5.110），可以定性回答上述问题。

（a）电极与绝缘体齐平。电极和绝缘体之间的角度为 π 弧度或 180°。在这种情况下，如图 5.12(c) 所示，其一次电流分布是不均匀的。对于线性动力学过程，二次分布加上均匀的界面电荷转移电阻，结果使电流分布更均匀，如图 5.13 所示。电极形状对应于第 11.3 节中的旋转盘电极和在第 11.4 节中的浸没式喷射电极。这些电极很受欢迎，因为电极易于制造和抛光，并且传质极限电流均匀。

（b）凹陷电极。电极和绝缘体之间的角度是 π/2 弧度或 90°。在这种情况下，如图 5.12

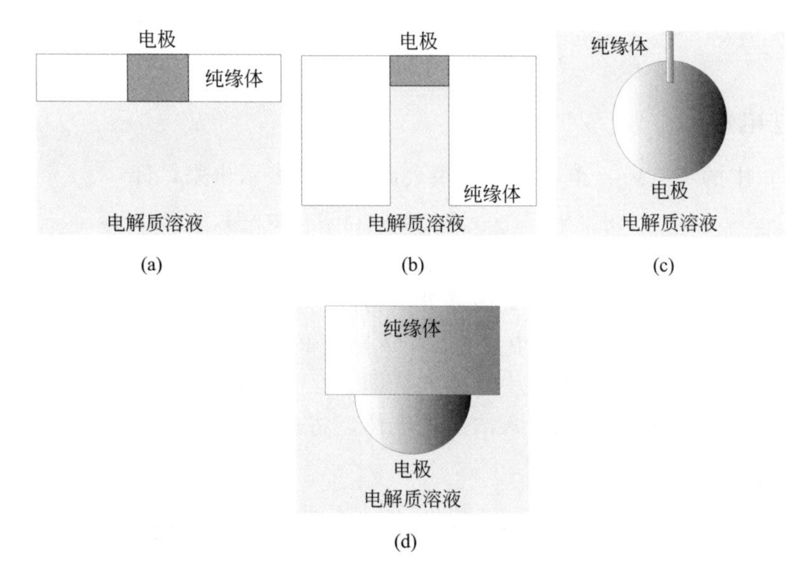

图 5.14　电极几何形状示意图。(a) 电极与绝缘体齐平；(b) 凹陷电极；(c) 球形电极；(d) 半球形电极

(b) 所示，其一次电流分布是均匀的。均匀度取决于凹陷深度与电极直径的比率。如果凹槽的深度大于电极直径，则可以认为电流分布是均匀的[127,128]。由于一次分布是均匀的，二次分布也是均匀的。

(c) 球形电极。如果忽略与球体的电接触，拉普拉斯电位方程式 (5.107) 只是径向位置的函数，并且与方位角和角度方向无关。所以，一次和二次电流分布将是均匀的。对于这样的几何形状，其传质极限电流密度是不均匀的。

(d) 半球形电极。球形电极的结果也可以应用于半球形电极，其一次和二次电流分布将是均匀一的。这种几何形状的电极已被用作旋转半球电极[129~131] 和作为浸没式喷射半球形电极[132,133]。对于这两种流型，传质极限电流密度是不均匀的。半球形电极对于电流密度足够小、且小于平均传质极限电流密度的动力学过程研究是很有吸引力的。Nisancioglu 和 Newman 认为[130]，电流密度应小于 0.680267$\langle i_{\lim} \rangle$。Shukla 等[133] 提出，对于浸没式喷射电极，电流密度应小于 0.25$\langle i_{\lim} \rangle$。

5.6　电位作用

电池电压可以分解为电池不同方面的损耗。例如，两个电极间的电位差可表示为

$$(V_a - V_c) = (V_a - \Phi_{0,a}) + (\Phi_{0,a} - \Phi_{0,c}) + (\Phi_{0,c} - V_c) \tag{5.119}$$

式中，$\Phi_{0,a}$ 代表在阳极扩散层最内侧的电位；$\Phi_{0,c}$ 代表阴极扩散层最内侧的电位。等式 (5.119) 右边的项分别是由第 5.6.1 节和第 5.6.2 节中得出的欧姆项和反应动力学项。本书采用了一种不需要使用浓度过电位的形式。为了将这种方法归入常用方法，将在第 5.6.3 节中对浓度过电位进行讨论。

5.6.1　欧姆电位降

式 (5.119) 中的项 ($\Phi_{0,a} - \Phi_{0,c}$) 表示通过电解质溶液的压降。正如此处所定义的，电位降的数值计算需要计算扩散层内电解质导电性的变化。另一种方法是，定义欧姆电位降为在溶液导电率均匀的条件下用拉普拉斯方程计算得到的值。在这种情况下，需要一个附加

项来估计扩散层导电率的变化对测量电压的影响，此项可以并入浓度过电位，将在第5.6.3节中讨论。

5.6.2 表面过电位

式（5.119）中的项（$V_a-\Phi_{0,a}$）可以用表面过电位表示出来，即

$$\eta_{s,a}=(V_a-\Phi_{0,a})-(V_a-\Phi_{0,a})_0 \tag{5.120}$$

式中，$(V_a-\Phi_{0,a})_0$ 是电极电位和电极附近电解质（一般取扩散层的最内侧）电位之间的平衡差。如果平衡电位是在扩散层中的最内侧处测得的，即 $c_i(0)$，那么就有

$$(V_a-V_c)=\eta_{s,a}+(V_a-\Phi_{0,a})_0+(\Phi_{0,a}-\Phi_{0,c})-\eta_{s,c}-(V_c-\Phi_{0,c})_0 \tag{5.121}$$

与此相反，如果平衡电位是在电解质中测得的，即 $c_i(\infty)$，那么就需要一个附加项来计算扩散层对测量电位的影响。此项可以并入浓度过电位，将在第5.6.3节中讨论。

5.6.3 浓度过电位

浓度过电位常用来估计浓度分布对电位的影响。例如，在扩散层中最内侧浓度是 $c_i(0)$，符合式（5.59），单个阳极反应的电流可表示为

$$i=k_a nFc_i(0)\exp(b_a\eta_s) \tag{5.122}$$

对于式（5.122），可以用本体溶液浓度表示为

$$i=k_a nFc_i(\infty)\frac{c_i(0)}{c_i(\infty)}\exp(b_a\eta_s) \tag{5.123}$$

或

$$i=k_a nFc_i(\infty)\exp[b_a(\eta_s+\eta_c)] \tag{5.124}$$

其中

$$\eta_c=\frac{1}{b_a}\ln\left[\frac{c_i(0)}{c_i(\infty)}\right] \tag{5.125}$$

式（5.125）可以与Newman和Thomas-Alyea提出的式（20.17）进行比较[116]。如果在动力学表达式中使用的浓度就是根据电极表面计算出的，那么就不需要浓度过电位了。

例5.10 电池电位的作用：计算电解质中两个相同惰性电极之间的电位作用，如图5.2所示，在介质中没有溶解的氢气或氧气。

解：在例5.4中，提出了在不含溶解氢、氧电解质中，其腐蚀和析氢反应总电流的公式。对于表5.2中所列动力学参数，按照式（5.51），可以得到零电流对应的混合电位 $V_{mixed}=0.706V$（NHE），并且从式（5.52）得到相应的有效交换电流密度 $i_{mixed}=1.4\times10^{-15}A/cm^2$。在给定电流条件下，电池电位为

$$V_{cell}=\eta_{s,anode}+i_{avg}R_e-\eta_{s,cathode} \tag{5.126}$$

其中，i_{avg} 是在电池横截面上的平均电流密度。

对于阳极，表面过电位可以从式（5.54）获得。在大的表面过电位下，Tafel方程是适用的。表面过电位可表示为

$$\eta_{s,anode}=\frac{1}{b_{O_2}}\ln\left(\frac{i_{avg}}{i_{mixed}}\right) \tag{5.127}$$

在较小的过电位下，阴极反应的影响可能不容忽视，并且有

$$\eta_{s,anode,n+1}=\frac{1}{b_{O_2}}\ln\left[\frac{i_{avg}}{i_{mixed}}+\exp(-b_{H_2}\eta_{s,anode,n})\right] \tag{5.128}$$

这可以采用迭代方法求解。在更小的过电位下，过电位可以表示为

$$\eta_{s,anode,n+1}=\frac{i_{mixed}}{i_{avg}(b_{O_2}+b_{H_2})}-\eta^2_{s,anode,n}\frac{b^2_{O_2}-b^2_{H_2}}{b^2_{O_2}+b^2_{H_2}} \tag{5.129}$$

有了阴极的过电位之后，记住阳极处的电流也必须流过阴极。在这种情况下，阴极过电位为

$$\eta_{s,cathode}=-\frac{1}{b_{H_2}}\ln\left(\frac{i_{avg}}{i_{mixed}}\right) \tag{5.130}$$

同样，当过电位很小时，需要迭代方法来获得准确的解。

图 5.2 所示为电流与电池电位之间的变化关系。由图 5.15(a) 可观察到欧姆电阻和表面过电位的作用。当电池电位很小时，电流很小，表面过电位的作用主导电池电位。在较大的电池电位条件下，与欧姆电阻相比，表面过电位增加缓慢，而欧姆电阻往往占主导地位，并且在较大的电池电位条件下，电流随着电位变化而变化，其曲线斜率值 $dI/dV=1/R_e$。

从图 5.15(b) 所示，可以更全面地讨论在电池电位窗口范围内电化学电池不会通过电流的概念。事实上，系统不处于平衡状态，并且在窗口范围内的某一电位下，流动的电流是受动力学过程控制的。如式 (5.57) 所示，电位窗口值是由可检测的电流精度水平确定的。

对于电池，电位窗口值大小是构成电池的每个单独电极确定值的两倍。因此，如果检测电流密度为 10^{-9} A/cm^2 (或 1nA/cm^2)，电位窗口值为 2.10V，检测电流密度为 10^{-6} A/cm^2 (或 1μA/cm^2)，电位窗口值为 3.20V。

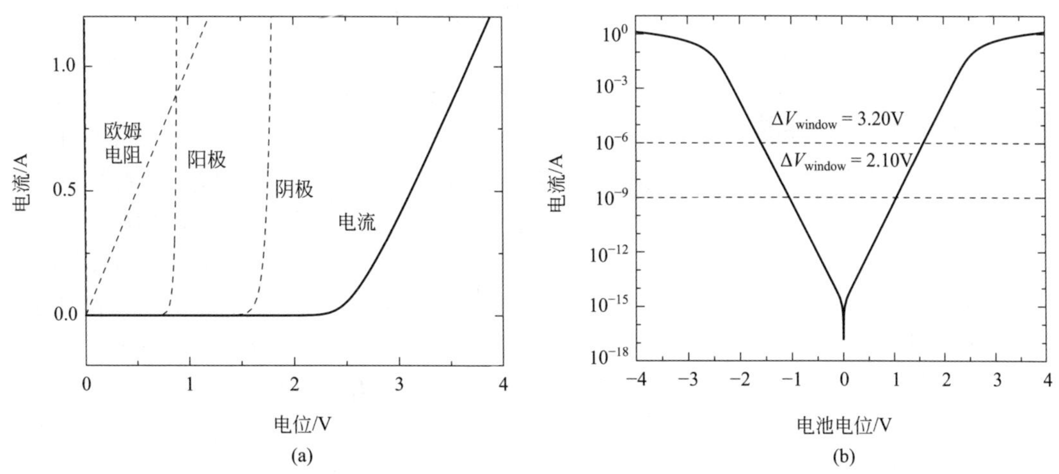

图 5.15　例 5.4 所述惰性电极在不含溶解氧或氢的电解质中的极化曲线。
其中，电极表面上发生氧和氢的析出反应。(a) 电流密度在线性坐标系中；
(b) 电流密度绝对值在对数坐标系中。动力学参数摘自 McCafferey[117] 和 Conway[119] 的研究

5.7　电容作用

通过电化学电池的总电流包括电化学反应的法拉第电流和与界面充电时间有关的充电电流两部分。这样，就有

$$i=i_F+C\frac{dV}{dt} \tag{5.131}$$

其中，C 是与电极相关的电容。在电化学系统中，由于电荷的再分布或是双电荷现象而出现电容。电荷再分布发生在电双层中。

5.7.1 双电层电容

在远离固体表面的区域中，电解质溶液可以说是电中性的，并且不存在浓度梯度，是完全符合方程（5.105）的。若浓度梯度存在于扩散系数不同的物质中，则大致满足方程（5.105），然而，由于电荷很小，所以可使用方程（5.105）。从泊松方程可以看出：

$$\sum_{i} z_i c_i = -\frac{\varepsilon\varepsilon_0}{F}\nabla^2\Phi \tag{5.132}$$

式中，ε 是介质的介电常数；ε_0 是真空介电常数［$\varepsilon_0 = 8.8542\times10^{-14}$F/cm 或 8.8542×10^{-14}C/(V·cm)］。常数 $\varepsilon\varepsilon_0/F$ 非常小，且仅为 10^{-16}equiv/(V·cm) 左右。因此，对于 $\nabla^2\Phi$ 的中值，$\sum_i z_i c_i \approx 0$。

由于电荷的再分布，界面附近的情况则完全不同。例如，在开路电路中，电化学电池的电位分布即是如此。设想两个金属电极之间存在电压但没有电流流过的情况。在第 5.1 节中，对类似这样的情况进行了阐述。电极可以认为是理想极化的，因为在没有电流通过的情况下也能存在电位。

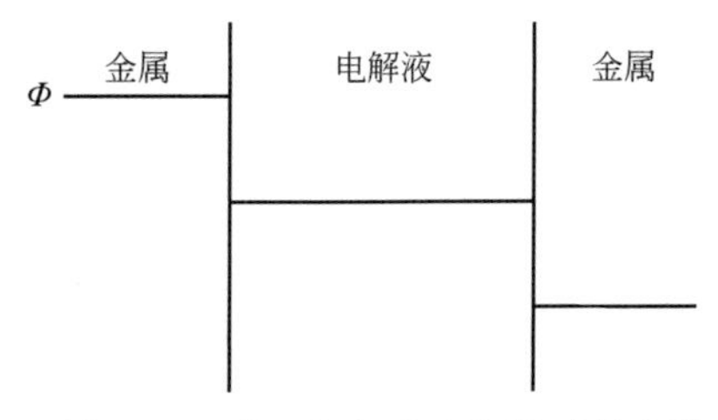

图 5.16　由理想极化电极构成的电池在开路时的电位分布

在图 5.16 中，给出了电位分布的示意图。由于电池中没有电流流动，电位在电解液中必须是相等的。在电池中，电位发生变化的唯一之处是电极与电解液的接触面。在这种情况下，电位相对于位置的二阶导数即 $\mathrm{d}^2\Phi/\mathrm{d}y^2$ 非常大。从式（5.132）可见，需要电荷持续的再分布，以适应电位的突然变化。

电荷再分布可能是因为金属表面附近积累的电子与金属表面之间有电荷转移。此外，一些离子物质在电极-电解质界面可能有一种优先聚积的倾向。最后，界面作为一个整体，它必须是电中性的，电荷的扩散区域可能存在于电极附近的电解质溶液中。

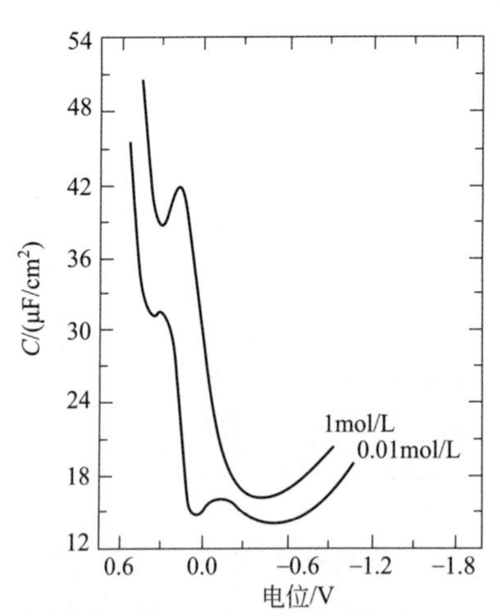

图 5.17　Grahame 得出的 25℃条件下电解质为 NaCl 时汞电极的双层电容情况。其中，电位相对于电毛细管的最大值或是零电荷电位

采用实验方法，测量了汞电极电位，这对理解双电层的性质有着重要的意义。图 5.17 所示是 Grahame 在 25℃条件下，电解质为 NaCl 溶液时，汞电极双层电容变化的结果[42]。其中，电位是相对于电毛细管的最大值或是零电荷电位。电容值介于 (14～50)μF/cm^2，并且是电位的函数。Grahame 根据汞电极浸没在其他电解质中的情况，得出了电位值的范围和影响因素[42]。

关于电极-电解质界面的模型有许多。其中，最简单的是亥姆霍兹双层模型。该模型假设离子扩散层的电荷与金属表面电子的电荷相平衡。亥

提示 5.4： 电化学阻抗谱中的电容可能是界面电荷再分布介电现象引起的。

姆霍兹双层模型的预测是不正确的，因为表面电容与电位是相互独立的。然而，电极-电解质界面电荷再分布的电流模型归功于原始亥姆霍兹模型的概念。

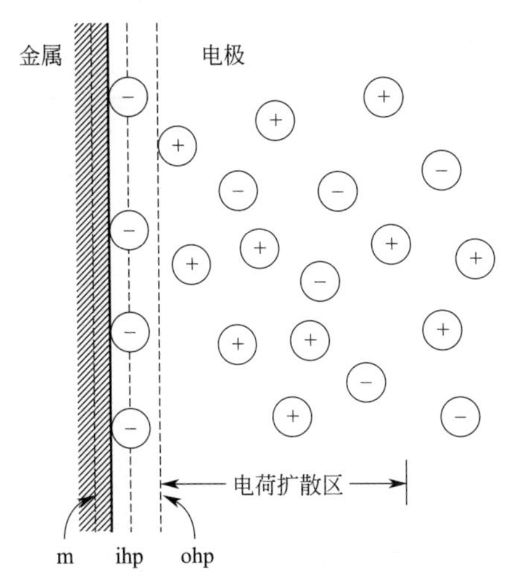

图 5.18　双电层结构示意图

双电层结构示意图如图 5.18 所示。实线表示电极物理表面附近电子浓度过剩的面。内层亥姆霍兹平面（ihp）专门吸附金属表面上的离子。外层亥姆霍兹平面（ohp）是最接近能在电解液中自由移动的溶剂化离子的平面。电极表面附近电解液中的离子提供了电荷扩散的区域。电荷扩散区域具有 Debye 长度，即为

$$\lambda=\sqrt{\frac{\varepsilon\varepsilon_0 RT}{F^2\sum_i z_i^2 c_i(\infty)}} \tag{5.133}$$

对于电解质溶液，Debye 长度一般为 1～10Å。

每层中的电荷必须相互抵消，这样就可以满足

$$q_m+q_{ihp}+q_d=0 \tag{5.134}$$

式中，q_m 是电极表面电子的电荷量；q_{ihp} 是所吸附离子的电荷量；q_d 是扩散区域中的电荷量。外层亥姆霍兹面没有电荷面，因为电荷面仅仅代表电荷扩散区域的最内侧。

金属相对于处在电荷扩散区域外的电极的电位可以表示为

$$U-\Phi_{REF}=(U-\Phi_{ihp})+(\Phi_{ihp}-\Phi_{REF}) \tag{5.135}$$

界面电容的定义为在固定电化学电位 μ_i 和温度 T 条件下，电荷密度对电极电位的导数，即

$$C=\left(\frac{\partial q}{\partial U}\right)_{\mu_i,T} \tag{5.136}$$

因此，根据式（5.135），界面电容可以表示为几项之和

$$\frac{1}{C}=\frac{1}{C_{m-ihp}}+\frac{1}{C_d} \tag{5.137}$$

如式（5.137）所示，界面电容主要由较小的电容决定。

5.7.2　介电电容

与氧化物层和聚合物涂层有关的电容可以表示为

$$C=\frac{\varepsilon\varepsilon_0}{\delta} \tag{5.138}$$

其中，δ 是膜厚度；ε 是材料的介电常数；ε_0 是真空介电常数，$\varepsilon_0=8.8542\times10^{-14}$F/cm。这种氧化物层和聚合物层间的电容非常小，以至于在与双电层电容串联时，双电层电容的影响可以忽略不计。表 5.6 给出了一些电容的特征值。

表 5.6　介电常数、膜厚度和电容的特征值，其它一些材料的介电常数如表 12.1 所列

体　系	ε	δ	C
裸露金属的双电层	—	—	10～50μF/cm²
Fe_2O_3 氧化物[134]	12	2.7nm	4μF/cm²
		5.9nm	1.8μF/cm²

续表

体　系	ε	δ	C
Ni_2O_5 氧化物[135]	42	8nm	$4.6\mu F/cm^2$
		29nm	$1.3\mu F/cm^2$
人体皮肤[136]	21.2	$15\mu m$	$1.25nF/cm^2$
环氧聚氨酯涂层[137]	4.9	$21\mu m$	$0.2nF/cm^2$

5.8 相关阅读资料

有许多优秀的电化学书籍可供选择。Newman[115] 及 Newman 和 Thomas-Alyea[116] 全面、详细地建立了电化学工程领域中的相关理论与数学模型。West 对 Newman 和 Thomas-Alyea 理论与模型方法作了通俗易懂的讲解[138]。Prentice 的研究主要强调的是应用[139]。Bard 和 Faulkner[121] 的研究重点在于分析方法，Bockris 和 Reddy[140,141] 对电化学过程作了通俗易懂的阐述。Gileadi[111] 和 Oldham 等人[142] 对电极动力学过程提出了极好的处理方法，Brett[143] 在电化学基本原理和应用方面均有研究，包括阻抗谱技术。Fuller 和 Harb[144] 为高年级本科生和初级研究生编写了适合课堂教学的教材。

思考题

5.1 估算直径 0.25cm 旋转圆盘电极在 25℃、0.1mol/L NaCl 溶液中溶液电阻。

5.2 建立 Tafel 区域中电荷转移抗阻抗的关系式。

5.3 验证等式（5.62）。

5.4 证明：电极表面反应物的浓度可以表示为电流密度的函数

$$\frac{c_i(0)}{c_i(\infty)}=1-\frac{i}{i_{lim}} \tag{5.139}$$

5.5 根据式（5.139），使用坐标纸绘制电流密度随着表面过电位变化的关系。其中，$K_c c_i(\infty)=1mA/cm^2$，$b_c=20V^{-1}$，$i_{lim}=-0.1mA/cm^2$、$-1.0mA/cm^2$、$10mA/cm^2$。

5.6 利用泰勒级数展开方法，将法拉第电流展开为平衡电位的函数，求关于参数 $J=ni_0F/\kappa RT$ 的电荷转移电阻的表达式。

5.7 估算钢板表面上氧化层厚度为 50Å 的电容。

5.8 在 0.1mol/L NaCl 溶液中，如果电极电容等于 $120\mu F$，求电极表面积，并估算一个合理的置信区间。

5.9 使用电子表格程序，按照例 5.10 重新绘制图 5.15。

第 6 章 电化学仪器

运算放大器是电化学仪器的基础。本章的目的在于描述运算放大器的主要性能，以便了解恒电位和恒电流的工作原理，包括了解如何利用这些运算放大器进行阻抗测试。利用运算放大器，可以设置两个等电位的输入，并且这两个等电位输入之间电流为零。同时，利用运算放大器也可以根据输入需要的限制，设置电流、电位的输出。

6.1 理想运算放大器

我们的目的就是把运算放大器设计成具有一定功能特征的一系列固态元件。图 6.1(a) 所示为运算放大器的示意图。其中，标明了 5 个连接到运算放大器的接线柱。标有 V_{S^+} 和 V_{S^-} 的两根垂直接线为放大器的电源供电接线，与直流电源连接。左边的两根接线称之为正相输入和反相输入，其电压分别为 V_+ 和 V_-，输出电压是 V_0。

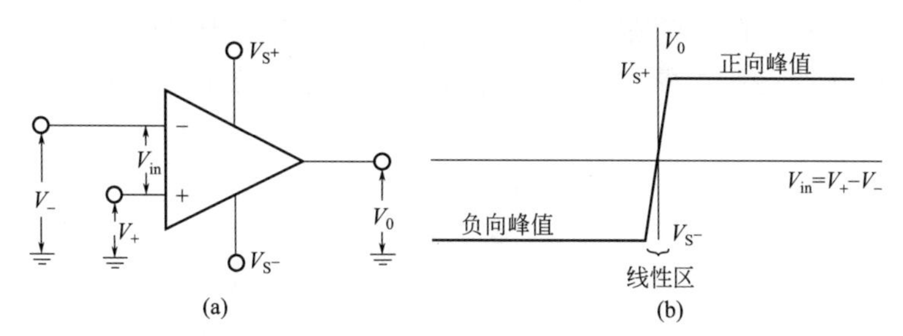

图 6.1 理想运算放大器。(a) 运算放大器五个功能接线柱的电路符号；(b) 输出电压是输入电压的函数，输出电压的线性范围是非常小的

一般地，放大器用来测量它的两个输入端子之间的电压信号差异，通过乘以一个常数 A_{op}，使输出电压为

$$V_0 = A_{op}(V_+ - V_-) \tag{6.1}$$

图 6.1(b) 给出了运算放大器典型的响应信号。输出电压 V_0 在 V_{S^+} 和 V_{S^-} 范围内。对于一个理想的运算放大器，其开环增益是非常大的（在理想情况下，是无限的），于是有

$$V_+ - V_- = \frac{V_0}{A_{op}} \approx 0 \tag{6.2}$$

提示 6.1：运算放大器是电化学仪器的基础。

运算放大器的开环增益系数 A_{op} 近似为 $10^4 \sim 10^6$。因此，当电源电压为 10～15V 时，在线性区域的输入电压差为 1mV 量级，有时还可以小到几微伏量级。

在线性范围内，其操作要求是

$$|V_+ - V_-| < \left|\frac{V_S}{A_{op}}\right| \tag{6.3}$$

由于 A_{op} 很大，对应的线性计算范围相对较小。理想运算放大器的性质如下：

- 常数 A_{op} 很大，以至于电压差 $V_+ - V_- \approx 0$。
- 输入阻抗很大，以至于正、负极的输入电流等于零。
- 饱和输出电压为 V_{S^+} 或 V_{S^-}。
- 在线性范围内，其输出电压由式（6.1）给出。

然而，在应用过程中，应当避免运算放大器在饱和区和线性区域工作。

对于理想运算放大器，其电流是平衡的。对于图 6.1(a) 中所示的运算放大器，其电流平衡为

$$i_+ + i_- + i_0 + i_{S^+} + i_{S^-} = 0 \tag{6.4}$$

由于输入阻抗很大，$i_+ = i_- = 0$，所以有

$$i_0 + i_{S^+} + i_{S^-} = 0 \tag{6.5}$$

为了减少电路图中的杂波，常忽略电源端子，如图 6.2 所示。但依然假定电源端子是存在的。

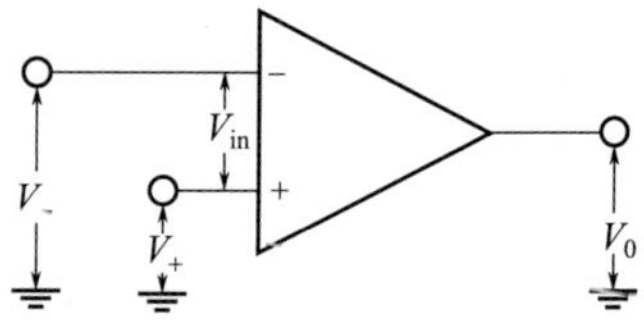

图 6.2　忽略电源输入、输出端子时，运算放大器输入、输出端子电路符号。但依然假定电源端子是存在的

6.2　电化学仪器组件

如图 6.1(b) 所示，在开环条件下，运算放大器的输出趋于饱和区域。通过增加反馈回路，放大器就能在线性范围内操作，这样的操作特性对于电化学仪器来说至关重要。这就是所谓闭环条件运行。

例 6.1　负反馈：负反馈运算放大器的电气特性，如图 6.3 所示。

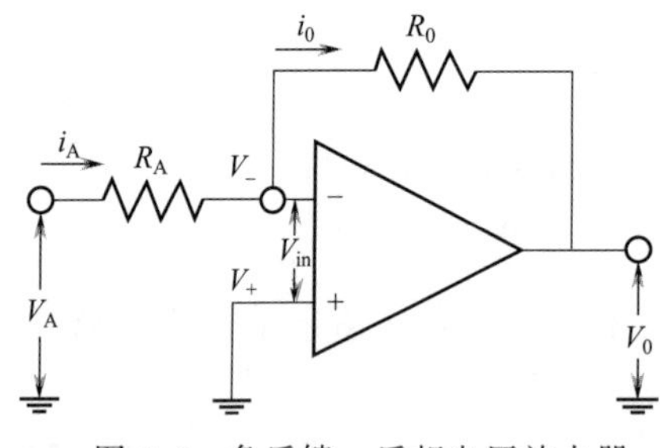

图 6.3　负反馈：反相电压放大器

解：由于输入电流等于零，流过 R_A 和 R_0 的电流相等；$i = i_A = i_0$，且

$$i = \frac{V_- - V_A}{R_A} = \frac{V_0 - V_-}{R_0} \tag{6.6}$$

由于输入端（+）接地，电位为零，所以 V_- 等于零。这样

$$V_0 = -\frac{R_0}{R_A} V_A \tag{6.7}$$

可见，输出电压与输入电压 V_A 符号相反。

R_0/R_A 称为闭环增益。反相放大器在线性范围内的操作要求是

$$|V_+ - V_-| < \left|\frac{V_S}{R_0/R_A}\right| \tag{6.8}$$

反馈的作用是减少总增益，以允许相应增大输入电压但不达到饱和，更换一个开环增益只取决于无源电阻。一个运算放大器的开环增益强烈地依赖于温度改变，且每一个单元都发生变化。因此，使用一个反馈电路，可以提高放大器增益的控制能力。与闭环增益相比，开

环增益应大一点，且应满足式（6.8），即不能导致系统饱和。

输出电压 V_0 与输入电压 V_A 符号相反。在思考题6.3中，将提出非反相放大器的问题。

例6.2　**电流跟随器**：求解理想电流跟随器的操作特性，如图6.4所示。

解：该电路与输入线路上没有 R_A 的反相电压放大器非常相似。输入点 A 是一个虚拟的接地电位，V_0 与电流成正比，即 $V_0=R_0 i$。

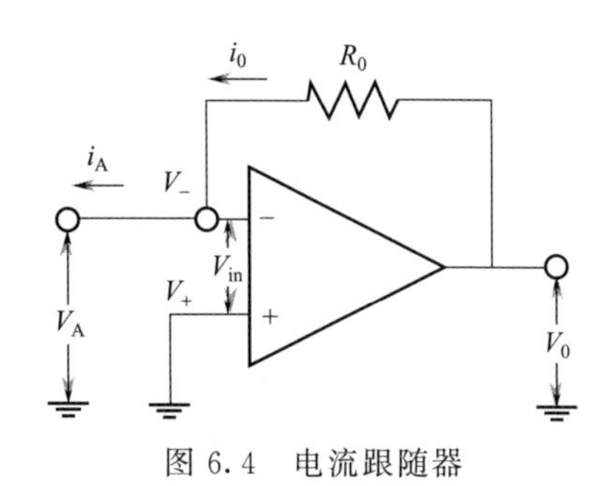

图6.4　电流跟随器

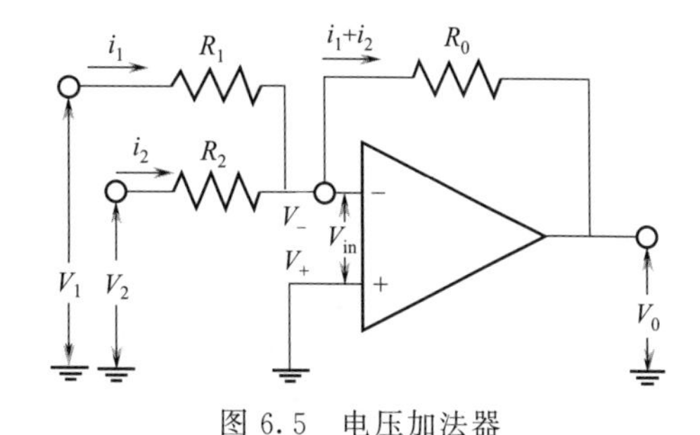

图6.5　电压加法器

例6.3　**电压加法器**：求解理想电压加法器的操作特性，如图6.5所示。

解：本例给出了两个电压的总和，但显然，有更多电压时都可以用相同的方法来叠加。电流 i_1 和 i_2 分别等于 V_1/R_1 和 V_2/R_2。因此，输出电压由下式给出

$$V_0=-R_0(V_1/R_1+V_2/R_2) \tag{6.9}$$

在不同的应用场合下，可以使用不同的 R_0、R_1 和 R_2。特别是当 $R_0=R_1=R_2$ 时，输出电压表示为

$$V_0=-(V_1+V_2) \tag{6.10}$$

6.3　电化学界面

电化学接口包括恒电流仪和恒电位仪。这些设备可看做是运算放大器和电阻的组合。

6.3.1　恒电位仪

恒电位仪的目的是保持工作电极WE与参比电极REF之间的电位差恒定。在最简单的方案中，参比电极连接到运算放大器的反相输入端，如图6.6(a)所示。工作电极的电位为接地电位，参比电极的电位保持在电位 V_{set}，参比电极的电位也是相对于接地电位而言的。因此，图6.6(a)所示的恒电位仪控制的是工作电极和参比电极之间的电位差。

恒电位仪也需要测量电流的方法。一种方法是测量电阻两端的电位差，如图6.6(b)中所示。电流为 $I=V_m/R_m$。在第二种方法中，工作电极电流的测量是通过电路中的电流跟随器进行测量，如图6.6(c)所示。在最后的这种情况下，工作电极不是直接接地，而是虚拟接地。

在图6.6所示的每一种不同的配置中，工作电极的电位是由参比电极来控制的。工作电极接地，且运算放大器正极和地面间的电位 V 与参比电极和工作电极间的电位是不同的。正极和负极之间不存在电压差。运算放大器是通过辅助电极进行电流传输的，这样就在工作电极与参比电极之间形成相应的电位差。

提示6.2：恒电位仪由两个运算放大器组成。其中一个用于控制电位，另一个控制电流。

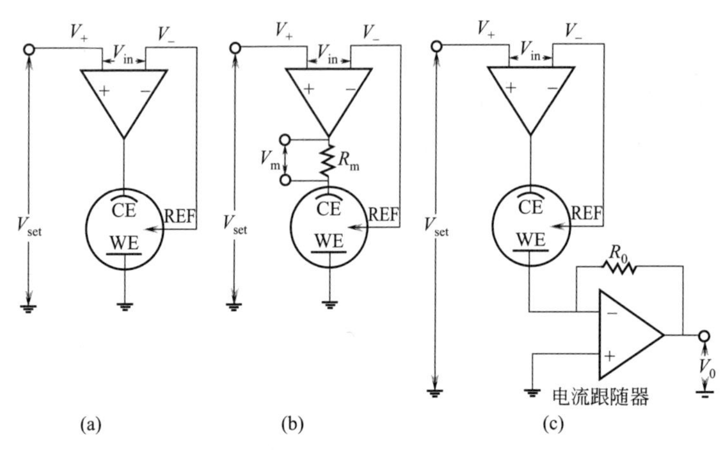

图 6.6 恒电位器。(a) 控制工作电极与参考电极电位的简单方案；(b) 通过测量电阻压降测量电流的恒电位器；(c) 利用电流跟随器测量电流的恒电位器

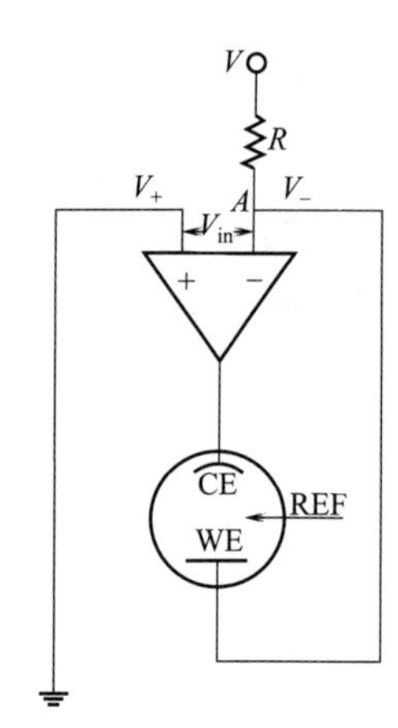

图 6.7 控制流过工作电极电流的原理示意图

6.3.2 恒电流仪

如图 6.7 所示，为恒电流仪的原理示意图。A 点和工作电极虚拟接地。电流 I 的表达式为 $I=V/R$。通过调节 R 或 V，可以改变电流大小。由此，可以轻松测得参比电极与工作电极间的电位。

6.3.3 电化学阻抗谱测试的恒电位仪

如图 6.6(c) 所示，阻抗测量一般是通过对电位产生小幅度改变，在恒电位控制条件下进行测量的。在图 6.8 中，电压加法器目的是对极化点的直流电位和频响仪产生的交流电位求和。通过选择式 (6.9) 中的 R_0、R_1 和 R_2，可以很容易得到电位除以 100 之后的交流电位输入（即 $R_0=R_1=100R_2$）。

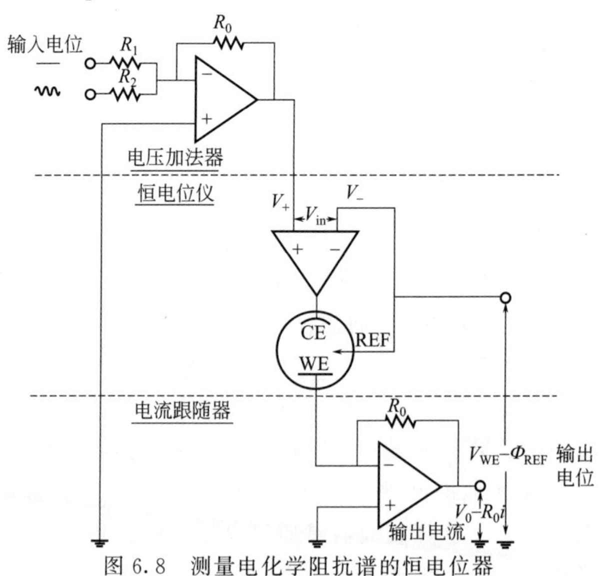

图 6.8 测量电化学阻抗谱的恒电位器

提示 6.3：在阻抗测试过程中，一般需要一个电位加法器，以满足在一外加电位上再加上一个正弦波信号的条件。

思考题

6.1　设计一个电路，在一个稳定的基准电位上加上一斜波电位和正弦扰动电位。

6.2　假设在图 6.8 中使用的运算放大器具有 10^5 的开环增益以及 ±10V 的电源，估计 $V-\Phi_{REF}$ 的最大误差。

6.3　证明：在图 6.9 中，所示的同相放大器的输出电压可以表示为

$$V_0 = V_A \frac{R_1 + R_2}{R_2} \tag{6.11}$$

6.4　设计一个类似图 6.8 中所示的系统。其中，阻抗测量需在恒电流调节下进行。

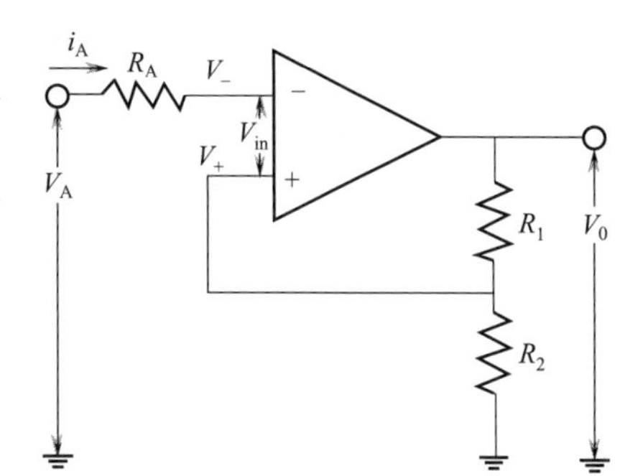

图 6.9　同相放大器示意图

Electrochemical
Impedance
Spectroscopy

第二部分
实验设计

第 7 章 实验方法

阻抗测量实际上是将时域的输入、输出信号转换为频率函数的复数。如图 6.8 所示，通常采用信号发生器控制恒电位仪产生扰动信号。输入信号与结果输出信号通过仪器处理成为与频率有关的传递函数。如果传递函数按照电位与电流的比值进行处理，这个传递函数就是阻抗。

一般来说，测量阻抗的第一步是测量稳态极化曲线。然后，获得极化曲线上指定点的阻抗。所采用的仪器包括相敏检测仪或傅里叶分析仪，以将时域测量结果转换为频域数据。在阻抗谱应用的早期，通常利用李萨育（Lissajous）图，确定给定频率条件下的阻抗值。尽管 Lissajous 图已经不再用于测量阻抗，但是 Lissajous 图为实验人员提供了非常有用的信息。在下面的章节中，将介绍如何从时域测量获得阻抗的方法。

7.1 稳态极化曲线

通过稳态极化曲线，如图 5.3(a) 所示，可以得到一些重要的电化学参数，比如交换电流密度、Tafel 斜率和扩散系数。从式（5.18 ）和式（5.19）可以看出交换电流密度和 Tafel 斜率对稳态电流密度的影响。在 5.2.4 节中，阐述了传质和扩散对电流密度的影响。然而，稳态测量不能提供有关电化学过程的 *RC* 时间常数，暂态测量则可以满足上述要求。

即使采用极其缓慢的伏安扫描速率，也可能不足以确保测得的极化曲线就代表稳态测量的数据。对于这些情况，有必要测量阶跃电位条件下的电流，直到电流稳定为止。对于某些系统，例如在碱性电解液中的钢，达到稳定状态所需的时间可能需要好几天。

7.2 电位阶跃的暂态响应

对于所给的电子线路，当时间为 t_0，施加 10mV 的电位阶跃时，计算的电流响应如图 7.1 所示。该电子电路的两个时间常数分别为 $\tau_1=0.0021$s(76Hz) 和 $\tau_2=0.02$s(8Hz)。参数 R_1 的电位变化与电荷转移电阻电位变化是一致的，这将在第 10 章中进行阐述。

在图 7.1 中，计算的电流瞬时增大，然后急剧降低。根据图 7.1 可以断定，非常有必要进行准确的电流测量以表征 *RC* 元件的特性。图 7.2 为对数坐标的数据，图中很清楚地给出

提示 7.1：极化曲线的稳态特征必须验证。

了图 7.1 中的电子电路特征。虚线表示图 7.1 中元件的电流响应。图 7.1 和图 7.2 所示结果都表明，电化学体系的暂态测量需要在极短时间内完成，才能准确测量电流。

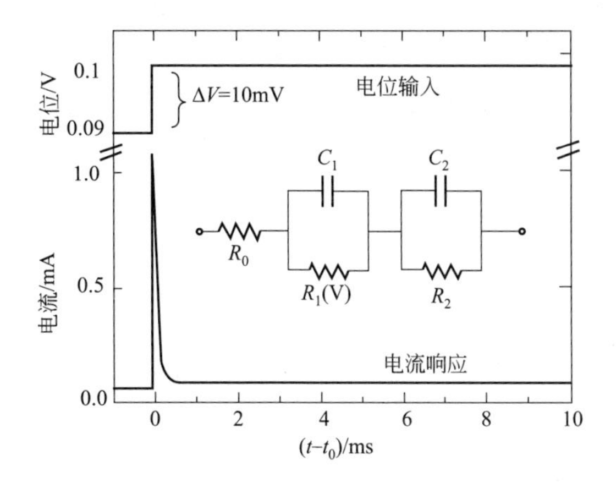

图 7.1 电化学系统对 10mV 电位阶跃的电流响应。其中，电位是从 0.09V 阶跃至 0.1V。在电子电路中，$R_0=1\Omega$，$R_1=10^{4-V/0.060}\Omega$，$C_1=10\mu F$，$R_2=10^3\Omega$，$C_2=20\mu F$。电阻 R_1 电位的变化与第 10 章中描述的电荷传递电阻行为一致

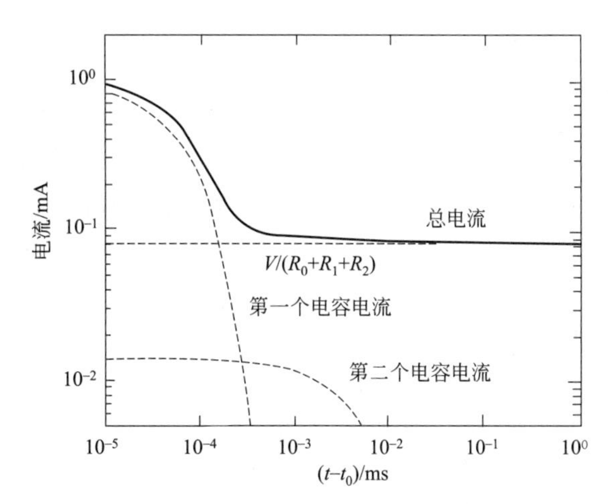

图 7.2 对图 7.1 中电路外加 10mV 阶跃后，其电流响应在对数坐标系中的作图。虚线为电路中不同元件的电流响应

比起电位阶跃和电流阶跃技术，频域测量是更吸引研究人员的一项暂态测量技术。因为频域测量能够在单一频率下反复测量，这样，可以提高信噪比，扩大特征频率的范围。所有这些测量实际上都是一种可以施加周期性输入信号的暂态测量技术。

7.3 频域分析

傅里叶分析和相位敏感性测量技术经常用于将时域信号转换成频域数据。为此，在下面的章节中，将简要介绍采用傅里叶分析仪和相位敏感性测量技术时，所用的数学转换方面的知识。这些仪器技术代替了 7.3.1 节中所介绍的 Lissajous 分析。然而，Lissajous 分析仍然非常有用，因为 Lissajous 分析可以实时评估阻抗测量结果，建立精确的阻抗测量技术。

7.3.1 Lissajous 图分析

图 6.8 为某系统阻抗响应测量的电子电路示意图。其中，输入信号为

$$V=\overline{V}+\Delta V\cos(2\pi ft) \tag{7.1}$$

式中，$\overline{V}$ 是外加基准电位；ΔV 是正弦波电位信号的幅值。电流相应取决于于该体系特征。例如，根据 5.2.2 节内容，法拉第电流密度可以表示为

$$i_{\mathrm{F}}=n_{\mathrm{a}}Fk_{\mathrm{a}}\exp(b_{\mathrm{a}}V)-n_{\mathrm{c}}Fk_{\mathrm{c}}\exp(-b_{\mathrm{c}}V) \tag{7.2}$$

电极电容的充电电流密度为

$$i_{\mathrm{C}}=-C_{\mathrm{dl}}\frac{\mathrm{d}V}{\mathrm{d}t}=-\omega\Delta VC_{\mathrm{dl}}\sin(2\pi ft) \tag{7.3}$$

图 7.3 电极界面的示意图，表明了充电电流密度和法拉第电流密度的分配

如图 7.3 所示，总的电流密度为法拉第和充电电流密度的总和。

在本章节中，其模拟结果是根据式（7.1）～式（7.3）计算得到的。其中，$C_{\mathrm{dl}}=31\mu\mathrm{F/cm^2}$，$n_{\mathrm{a}}Fk_{\mathrm{a}}=0.5\mathrm{mA/cm^2}$，$n_{\mathrm{c}}Fk_{\mathrm{c}}=0.5\mathrm{mA/cm^2}$，$b_{\mathrm{a}}=19.5\mathrm{V^{-1}}$，$b_{\mathrm{c}}=19.5\mathrm{V^{-1}}$，$\overline{V}=0\mathrm{V}$，$\Delta V=1\mathrm{mV}$。这样，电荷转移电阻可以表示为

$$R_{\mathrm{t}}=\frac{1}{b_{\mathrm{a}}n_{\mathrm{a}}Fk_{\mathrm{a}}\exp(b_{\mathrm{a}}\overline{V})+b_{\mathrm{c}}n_{\mathrm{c}}Fk_{\mathrm{c}}\exp(-b_{\mathrm{c}}\overline{V})} \tag{7.4}$$

其大小为 $51.28\Omega\cdot\mathrm{cm^2}$，特征频率 $f_{\mathrm{c}}=(2\pi R_{\mathrm{t}}C_{\mathrm{dl}})^{-1}=100\mathrm{Hz}$。图 7.4 所示为在不同频率条件下，输入电位所对应的电流-时间响应图。其中，实线代表输入电位和电流响应。在图 7.4 中，纵坐标表示正弦波电位信号的幅值大小。

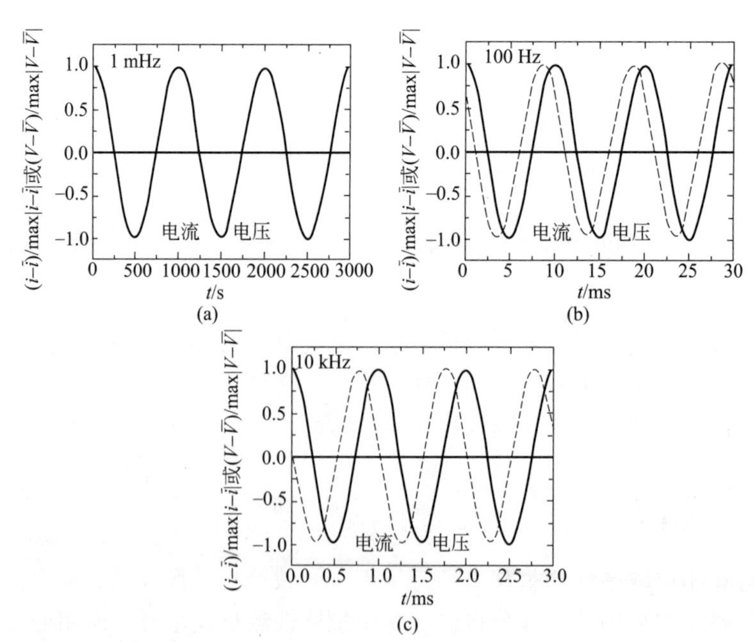

图 7.4 电流密度对外加正弦波电位的响应。其中，$C_{\mathrm{dl}}=31\mu\mathrm{F/cm^2}$，$n_{\mathrm{a}}Fk_{\mathrm{a}}=0.5\mathrm{mA/cm^2}$，$n_{\mathrm{c}}Fk_{\mathrm{c}}=0.5\mathrm{mA/cm^2}$，$b_{\mathrm{a}}=19.5\mathrm{V^{-1}}$，$b_{\mathrm{c}}=19.5\mathrm{V^{-1}}$，$\overline{V}=0\mathrm{V}$，$\Delta V=1\mathrm{mV}$。
(a) 1mHz；(b) 100Hz；(c) 10kHz。实线代表外加电位，虚线表示对应的电流密度

如图 7.4(a) 所示，当外加信号频率远低于特征频率时，例如 1mHz，电流密度的相位与扰动的正弦波电位的相位一致。当外加电位信号的频率与特征频率一致时，电流信号的相位将滞后于输入正弦波电位的相位 45°，见图 7.4(b)。在这种情况下，对于线性电化学体系，非法拉第过程的充电电流和法拉第过程的幅值是相同的。如图 7.4(c) 所示，当输入信号的频率远高于特征频率时，响应电流相位将滞后外加输入正弦波电位 90°。

Lissajous 图表达了输出信号和输入信号之间的函数关系。由此，可以清楚看出输入和输出信号的相位角变化。在图 7.5 中，将频率作为影响因素，作出图 7.4 中电位电流信号的 Lissajous 图。如果根据扰动信号的幅值对信号进行归一化处理，那么电流和电位值的范围就在 ±1 之间。在低频区，比如 1mHz 时，电流密度的相位与正弦波电位的相位一致。这样，在图 7.5 中就显示为一条直线。在高频区，例如 10kHz，电流主要为充电电流，其相位与扰动正弦波电位的相位相反，结果在 Lissajous 图中就是一个圆，见图 7.5。当频率为特征频率（100Hz）时，Lissajous 图为一个椭圆。

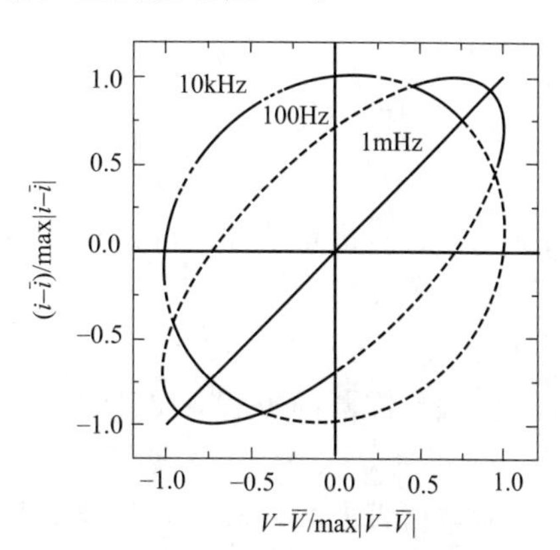

图 7.5　当频率作为影响因素时，图 7.4 所示信号的 Lissajous 图。信号根据扰动信号的幅值进行正交归一化处理。这样，电流和电位值的范围在 ±1 之间

例 7.1　Lissajous 椭圆的推导：推导得出 Lissajous 图为一个椭圆形。

解：当输入和输出信号分别为

$$V = \Delta V\ \cos(\omega t) \tag{7.5}$$

和

$$I = \Delta I\ \cos(\omega t + \varphi) \tag{7.6}$$

应用三角恒等式，即

$$\cos(\omega t + \varphi) = \cos(\omega t)\cos(\varphi) - \sin(\omega t)\sin(\varphi) \tag{7.7}$$

就可以得到

$$I = \Delta I[\cos(\omega t)\cos(\varphi) - \sin(\omega t)\sin(\varphi)] \tag{7.8}$$

对于三角恒等式，有

$$\cos^2(\omega t) = 1 - \sin^2(\omega t) \tag{7.9}$$

于是得到

$$\sin(\omega t) = \sqrt{1 - \cos^2(\omega t)} \tag{7.10}$$

将式（7.5）代入式（7.10），得到

$$\sin(\omega t) = \sqrt{1 - \left(\frac{V}{\Delta V}\right)^2} \tag{7.11}$$

利用式（7.5）和式（7.11），消除式（7.8）中的时间 t，从而得到

$$\frac{I}{\Delta I} = \frac{V}{\Delta V}\cos\varphi - \sqrt{1 - \left(\frac{V}{\Delta V}\right)^2}\sin\varphi \tag{7.12}$$

或者

$$\frac{I}{\Delta I} - \frac{V}{\Delta V}\cos\varphi = -\sqrt{1 - \left(\frac{V}{\Delta V}\right)^2}\sin\varphi \tag{7.13}$$

将式（7.13）两边平方，则有

$$\left(\frac{I}{\Delta I}\right)^2+\left(\frac{V}{\Delta V}\right)^2\cos^2\varphi-2\frac{I}{\Delta I}\frac{V}{\Delta V}\cos\varphi=\left[1-\left(\frac{V}{\Delta V}\right)^2\right]\sin^2\varphi \tag{7.14}$$

因为

$$\left(\frac{V}{\Delta V}\right)^2(\cos^2\varphi+\sin^2\varphi)=\left(\frac{V}{\Delta V}\right)^2 \tag{7.15}$$

得

$$\left(\frac{I}{\Delta I}\right)^2+\left(\frac{V}{\Delta V}\right)^2-2\frac{I}{\Delta I}\frac{V}{\Delta V}\cos\varphi-\sin^2\varphi=0 \tag{7.16}$$

对式（7.16）进行整理，得到

$$\frac{I}{\Delta I}=\frac{V}{\Delta V}\cos\varphi\pm\sqrt{\left(\frac{V}{\Delta V}\right)^2(\cos^2\varphi-1)+\sin^2\varphi} \tag{7.17}$$

这就是椭圆的方程，如图 7.5 所示。当 $\varphi=0$ 时，式（7.17）表示的是一条直线。当 $\varphi=-\pi/2$ 时，式（7.17）表示一个圆。

时域信号的幅值和椭圆图形，提供了许多信息，包括传递函数的幅值信息，输入信号与输出信号之间的相位角信息。利用 Lissajous 图，根据图 7.6 所示的标注位置点，可以对阻抗响应进行分析。频率（t_{cycle}）可以根据完成一圈测量所需要的时间确定，即

$$\frac{1}{t_{\text{cycle}}}=f \tag{7.18}$$

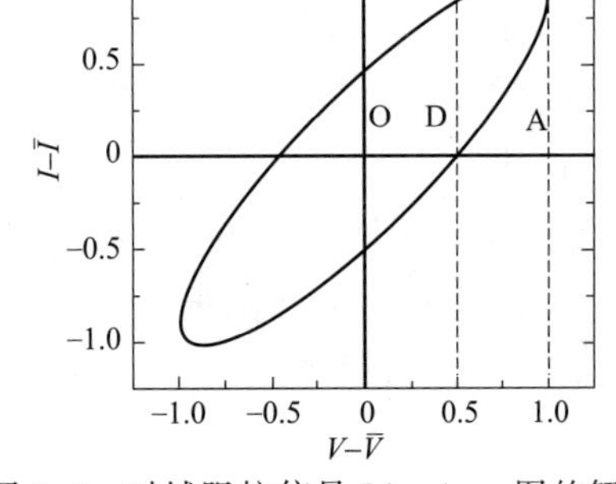

图 7.6　时域阻抗信号 Lissajous 图的解析

式中，频率的单位是 Hz。在频域曲线中，电位和电流的比值为阻抗。所以，阻抗传递函数的幅值为

$$|Z|=\frac{\max|V-\bar{V}|}{\max|I-\bar{I}|}=\frac{OA}{OB} \tag{7.19}$$

相位角为

$$\sin\varphi=-\frac{OD}{OA} \tag{7.20}$$

或者

$$\varphi=\sin^{-1}\left(-\frac{OD}{OA}\right) \tag{7.21}$$

式中，OD、OA 和 OB 的长度如图 7.6 所示。

例 7.2　Lissajous 分析：对于一个线性的电化学体系，其双电层电容 $C_{\text{dl}}=31\mu\text{F/cm}^2$，电荷传递电阻 $R_{\text{t}}=51.34\Omega\cdot\text{cm}^2$，扰动电压 $\Delta V=0.01\text{V}$。利用 Lissajous 图，求解频率为 100Hz 时的阻抗。

解：完成一圈测量的时间 $T=1/100\text{Hz}=0.01\text{s}$。在一个周期内，电位表达为

$$V=\Delta V\cos(2\pi ft) \tag{7.22}$$

对于线性电化学体系，其法拉第电流为

$$i_{\text{F}}=\frac{V}{R_{\text{t}}} \tag{7.23}$$

电极电容充电电流密度如式（7.3）所示，结果见图 7.7。阻抗的幅值可以表达为

$$|Z|=\frac{10\ \mathrm{mV}}{0.275\ \mathrm{mA/cm^2}}=36.4\Omega\cdot\mathrm{cm^2} \tag{7.24}$$

相位角为

$$\varphi=\sin^{-1}\left(-\frac{7.07}{10}\right)=-45^{\circ} \tag{7.25}$$

如图 7.7 所示，对应电容和电荷传递电阻的特征频率为 100Hz。在这个频率条件下，其相位角为 45°。

如 21.2.2 节中所阐述的那样，可以利用 Lissajous 图解释一些机理，比如，通过频域分析，在时域信号含有显著噪声水平的条件下，也可以得到较大信噪比的传递函数机理。通过多次的循环测量并取平均值，就可以提高椭圆数值计算精度，从而使得传递函数产生的随机误差最小。

在图 7.5 中，Lissajous 图虽然能够表示电化学体系的界面阻抗，但是不能计算欧姆降。这就是在高频区时电流-电位的关系曲线表现为圆弧的原因。实际上，如式（7.3）所示，界面电容的充电电流与频率成正比。欧姆降的影响仅局限于在高频区域时对充电电流幅值大小的影响。图 7.8 所示为电化学体系欧姆电阻 $R_e=10\Omega\cdot\mathrm{cm^2}$，有效的电荷转移电阻 $R_t=26\Omega\cdot\mathrm{cm^2}$ 和双电层电容为 $C_{dl}=20\mu\mathrm{F/cm^2}$ 时的 Lissajous 图。当输入电位信号 $\Delta V=10\mathrm{mV}$ 时，对应的 $b_a\Delta V=0.19$。根据例 8.2 的推导结果，可知满足线性响应条件。这个体系的特征频率为 302Hz。在低频时，Lissajous 图中的电流和电位是同步的，表现为线性关系；在高频时也是线性关系，电流和电位同样是同步的。然而，高频和低频的直线斜率却不一样。因为低频时的有效电阻为 R_e+R_t，高频时电阻为 R_e。比较图 7.5 和图 7.8 可以发现，欧姆电阻隐藏了高频条件下的界面过程行为。在第 18.2.1 节中，将介绍采用欧姆电阻对 Bode 图校正。

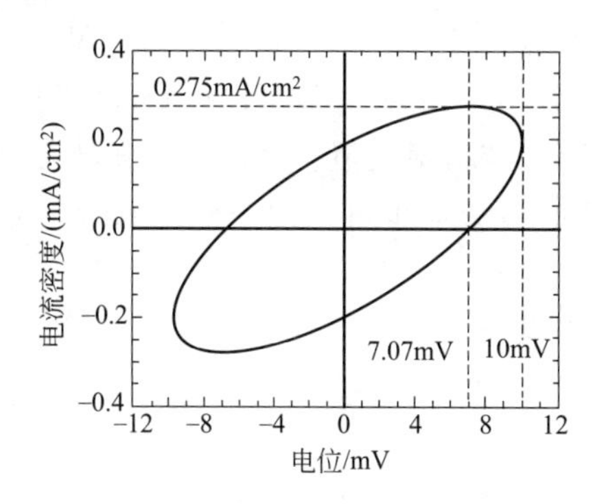

图 7.7　例 7.1 中阻抗时域信号的 Lissajous 图解释

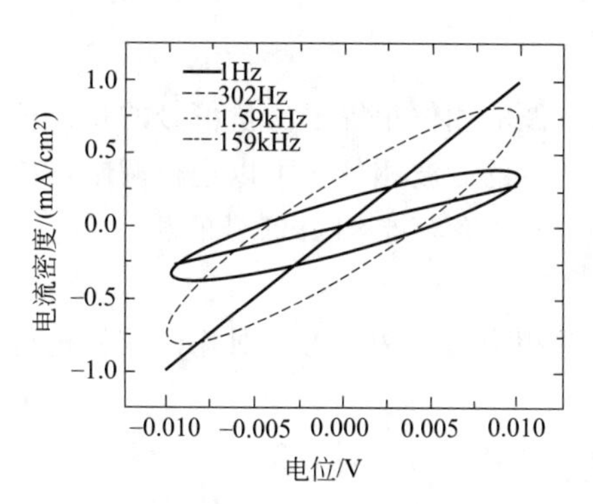

图 7.8　某体系时域信号的 Lissajous 图解。其中，系统的欧姆电阻 $R_e=10\Omega\cdot\mathrm{cm^2}$，交换电流密度 $nFk_a=nFk_c=1\mathrm{mA/cm^2}$，$b_a=19\mathrm{V^{-1}}$，$b_c=19\mathrm{V^{-1}}$，$\overline{V}=0\mathrm{V}$，$\Delta V=10\mathrm{mV}$，电容 $C_{dl}=20\mu\mathrm{F/cm^2}$，有效电荷转移电阻 $R_t=26\Omega\cdot\mathrm{cm^2}$，体系特征频率为 302Hz

示波器是非常有用的，采用示波器能够显示实验测量中的 Lissajous 图。这些内容将在第 8 章中介绍。椭圆的变形，可能是由于信号的非线性行为导致的，并且与扰动信号太大有关。测试数据点出现发散现象，则往往和时域中数据点的噪声太大有关，这时就可能需要通

过调整、改变仪器的参数进行解决。

7.3.2 相位检测（锁相放大器）

锁相放大器用于相位检测时，通常与恒电位技术结合起来测量复数阻抗。从原理上讲，其算法与傅里叶分析仪的算法是不一样的。傅里叶分析仪主要用于输入信号和输出信号的傅里叶系数分析、计算。而锁相放大器则用于测量两个信号的幅值，包括每个信号相对参比信号的相位角。因此，阻抗测量采用极坐标，而不是直角坐标。

输入和输出信号的处理是分开进行的。在频率相同的条件下，与正弦波信号一样，可以产生单位幅值的参比方波信号，即

$$V=\Delta V\sin(\omega t+\varphi_{\mathrm{V}}) \tag{7.26}$$

方波可以采用傅里叶级数展开式进行表示，即

$$S=\frac{4}{\pi}\sum_{n=0}^{\infty}\frac{1}{2n+1}\sin[(2n+1)\omega t+\varphi_{\mathrm{S}}] \tag{7.27}$$

式中，φ_{S} 为参比信号的相位角，将测量的信号和参比信号相乘，其结果如下

$$VS=\frac{4\Delta V}{\pi}\sum_{n=0}^{\infty}\frac{1}{2n+1}\sin(\omega t+\varphi_{\mathrm{V}})\sin[(2n+1)\omega t+\varphi_{\mathrm{S}}] \tag{7.28}$$

利用三角恒等式，式（7.28）可以改写为

$$\begin{aligned}VS=\sum_{n=0}^{\infty}\frac{2\Delta V}{(2n+1)\pi}\{&\cos[-2n\omega+\varphi_{\mathrm{V}}-(2n+1)\varphi_{\mathrm{S}}]\\&-\cos[(2n+2)\omega t+\varphi_{\mathrm{V}}+(2n+1)\varphi_{\mathrm{S}}]\}\end{aligned} \tag{7.29}$$

利用三角恒等式表达两个相角和的余弦函数。由此展开信号的乘积函数，并对每一循环进行积分。当且仅当级数项不等于零时，有

$$\frac{\omega}{2\pi}\int_{0}^{2\pi/\omega}VS\,\mathrm{d}t=\frac{2\Delta V}{\pi}\cos(\varphi_{\mathrm{V}}-\varphi_{\mathrm{S}}) \tag{7.30}$$

当方波的相位角等于测量信号的相位角时，方程（7.30）的积分值可以得到最大值。实际上，产生的方波相位角可以进行调制，使得积分总可以获得最大值。这样，积分最大值对应的方波相位角就是测量信号的相位角。另外，积分的最大值也可以用于确定测量信号的幅值。

采取相同的方法，可以对输出信号进行分析。对于电流，有

$$I=\Delta I\sin(\omega t+\varphi_{\mathrm{I}}) \tag{7.31}$$

同样地，可以写出下列方程

$$\frac{\omega}{2\pi}\int_{0}^{2\pi/\omega}IS\,\mathrm{d}t=\frac{2\Delta I}{\pi}\cos(\varphi_{\mathrm{I}}-\varphi_{\mathrm{S}}) \tag{7.32}$$

与前面的讲述一样，所产生方波的相位角可以进行调制，使得积分值最大。这样，积分的最大值对应的方波相位角就是测量信号的相位角。同时，积分的最大值也可以用于确定测量信号的幅值。

提示 7.2： 虽然采用 Lissajous 图对阻抗进行数值估算的方法已经过时，但是在实验过程中，利用示波器显示 Lissajous 图却是非常有用的。

正如文前“阻抗谱简介”部分所述，传递函数的幅值为

$$|Y|=\frac{\Delta I}{\Delta V} \tag{7.33}$$

这里，Y 是导纳。阻抗的幅值可以表示为

$$|Z|=\frac{\Delta V}{\Delta I} \tag{7.34}$$

对应的相位角可以通过输入和输出信号相位角的差进行计算，即

$$\varphi=(\varphi_{\mathrm{I}}-\varphi_{\mathrm{S}})-(\varphi_{\mathrm{V}}-\varphi_{\mathrm{S}}) \tag{7.35}$$

Carson 等[145] 指出，在采用标准信号进行相位检测的过程中，当标准方波信号相位角和测量信号的相位角相同时，会发生标准信号偏离阻抗数据的误差结构。现代的相位测试仪器，往往采用多个标准信号，以避免这种情况的发生。

7.3.3 单频率傅里叶分析

所谓单频率傅里叶分析，就是利用正弦和余弦函数的正交性确定复数阻抗，以表示单频率输入信号的输出与输入的比值。在本节中，将对这种傅里叶分析方法给出简单介绍。

对于随着时间周期性变化的函数，可以采用傅里叶级数展开式进行表示[90,146]

$$f(t)=a_0+\sum_{n=1}^{\infty}[a_n\cos(n\omega t)+b_n\sin(n\omega t)] \tag{7.36}$$

根据式（1.97）和式（1.98），可以将三角函数采用指数形式进行表示，即有

$$f(t)=\tilde{c}_0+\sum_{n=1}^{\infty}[\tilde{c}_n\exp(n\mathrm{j}\omega t)+\tilde{c}_{-n}\exp(-n\mathrm{j}\omega t)] \tag{7.37}$$

式中，系数 $\tilde{c}_n$ 是复数，并与式（7.36）中的系数 a_n、b_n 相关，并且可以表示为

$$\tilde{c}_n=\frac{a_n-\mathrm{j}b_n}{2} \tag{7.38}$$

$$\tilde{c}_{-n}=\frac{a_n+\mathrm{j}b_n}{2} \tag{7.39}$$

且有

$$\tilde{c}_0=a_0 \tag{7.40}$$

式（7.37）可以采用更为紧凑的形式表示为

$$f(t)=\sum_{n=-\infty}^{\infty}\tilde{c}_n\exp(n\mathrm{j}\omega t) \tag{7.41}$$

式中，n 值的范围为 [$-\infty$，$+\infty$]，系数表示为

$$\tilde{c}_n=\frac{1}{T}\int_0^T f(t)\exp(-n\mathrm{j}\omega t)\mathrm{d}t \tag{7.42}$$

其中，T 代表频率为 ω 时，对应整数倍循环的时间周期数。利用式（1.124），式（7.42）可以按照三角函数表示为

$$\tilde{c}_n=\frac{1}{T}\int_0^T f(t)[\cos(n\omega t)-\mathrm{j}\sin(n\omega t)]\mathrm{d}t \tag{7.43}$$

等式（7.43）是阻抗测量单频率傅里叶分析的基础。

对于线性正弦波的输入和输出信号，可以根据 $n=1$ 时等式（7.36）的形式表达。例如，对于输入电位信号，就有

$$V(t)=\Delta V\cos(\omega t) \tag{7.44}$$

对于输出电流，可以表示为

$$I(t)=\Delta I\cos(\omega t+\varphi_{\mathrm{I}}) \tag{7.45}$$

或者表示为

$$I(t)=a_1\cos(\omega t)+b_1\sin(\omega t) \tag{7.46}$$

常系数 ΔI 和 ΔV 分别代表相应电流、电位信号的幅值。参数 φ_{I} 代表电流信号相对于参比输入电位信号的滞后相位角。

通过傅里叶复数表达[2~4]，就可以将时域信号［式（7.45）与式（7.44）］对频域信号进行绘图。对于余弦波表示的信号，其电流信号的相位角和实部可以表示为

$$I_{\mathrm{r}}(\omega)=\frac{1}{T}\int_0^T I(t)\cos(\omega t)\mathrm{d}t \tag{7.47}$$

电流信号的虚部可以表示为

$$I_{\mathrm{j}}(\omega)=-\frac{1}{T}\int_0^T I(t)\sin(\omega t)\mathrm{d}t \tag{7.48}$$

电位信号的实部表示为

$$V_{\mathrm{r}}(\omega)=\frac{1}{T}\int_0^T V(t)\cos(\omega t)\mathrm{d}t \tag{7.49}$$

电位信号的虚部表示为

$$V_{\mathrm{j}}(\omega)=-\frac{1}{T}\int_0^T V(t)\sin(\omega t)\mathrm{d}t \tag{7.50}$$

利用式（7.47）～式（7.50），可以将时域变量转换成相应的频域变量。在对应整数倍的时间周期内进行积分，可以消除测量误差。电流复数 $I_{\mathrm{r}}+\mathrm{j}I_{\mathrm{j}}$ 和电位复数 $V_{\mathrm{r}}+\mathrm{j}V_{\mathrm{j}}$ 是公式（7.43）傅里叶级数展开式中的系数。

阻抗可以根据输出信号和输入信号的复数比进行计算。这样，就有

$$Z_{\mathrm{r}}(\omega)=\mathrm{Re}\left\{\frac{V_{\mathrm{r}}+\mathrm{j}V_{\mathrm{j}}}{I_{\mathrm{r}}+\mathrm{j}I_{\mathrm{j}}}\right\} \tag{7.51}$$

和

$$Z_{\mathrm{j}}(\omega)=\mathrm{Im}\left\{\frac{V_{\mathrm{r}}+\mathrm{j}V_{\mathrm{j}}}{I_{\mathrm{r}}+\mathrm{j}I_{\mathrm{j}}}\right\} \tag{7.52}$$

阻抗的实部和虚部对应相应复数中的实部和虚部值。

例 7.3　傅里叶分析：利用傅里叶分析计算第 7.3.1 节的结果。

解：对于第 7.3.1 节的计算，其中电位是输入信号，相位角滞后为 0，即 $\varphi_{\mathrm{V}}=0$。由式（7.49），可以得到电位实部为 $V_{\mathrm{r}}=\Delta V/2$；根据式（7.50），同样可以得到电位虚部 $V_{\mathrm{j}}=0$。通过傅里叶分析得到的阻抗响应如图 7.9 所示。由于扰动的幅值很小，结果与已知的动力学参数吻合很好。当频率趋于零时，实部渐近值与通过式（7.4）得到的值 $51.28\Omega\cdot\mathrm{cm}^2$ 一致。

提示 7.3：阻抗谱的输入、输出信号通常是时间的函数，而不是频率的函数。阻抗与频率有关是由于时域信号造成的。

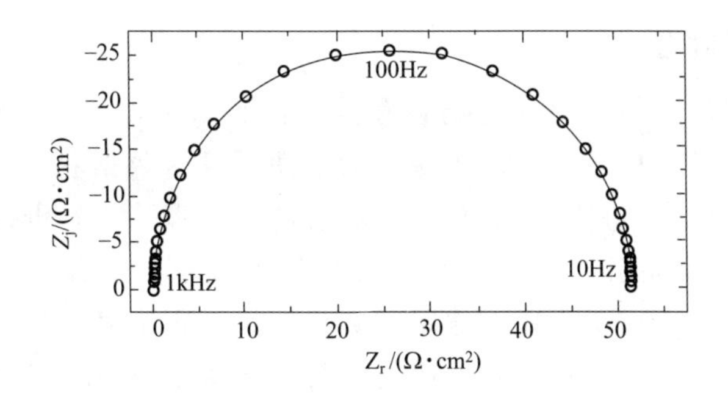

图 7.9　傅里叶分析得到的阻抗响应与理论值（图中实线所示）的比较图。
其中，符号表示的为 7.3.1 节中的计算结果

7.3.4　多频率傅里叶分析

多个频率信号同时输入，也可以获得阻抗传递函数。这样的信号可能含有多个正弦波信号，或者是含有白噪声的信号。如果信号的幅值足够小，且响应是线性的，电化学体系输出响应信号也应当是具有与输入信号相同频率的信号。由此，可以利用傅里叶快速转换算法，获取与频率相关的传递函数。由于所有的频率可以同时测量，因此相对于单频率测量方法，多频率傅里叶分析方法可以缩短阻抗测量时间。

7.4　测量技术的对比

上述每一种频率响应分析方法在实际应用中都有它的一席之地，其相应优缺点将在下面的章节中进行总结。

7.4.1　Lissajous 图分析法

作为阻抗测量的实验方法，Lissajous 分析法已经过时，现在已经被自动化仪器所代替。然而，Lissajous 图形对于学习阻抗谱却具有重要的价值。除此之外，如 8.2 节中所建议的，采用示波器技术跟踪阻抗的测量过程，发现能够显示 Lissajous 图形的示波器是非常有用的。

7.4.2　相位检测技术（锁相放大器）

相位测试技术是准确而又经济实惠的技术。现代化仪器采用了多个标准信号，能够很好地降低误差结构中存在的偏差。

7.4.3　单频率傅里叶分析法

采用傅里叶分析技术进行连续的阻抗测量，用于静态电化学体系时有很高的准确性。由于可以随机选择频率的序列，因此频率间隔（$\Delta f/f$）是阻抗测量中经常采用的最为经济的方法。因为每个频率下的阻抗测量是独立的，所以不满足 K-K 转换的频率数据可以去掉。

提示 7.4： 在这里介绍的阻抗谱测试技术是通用的，可以用于测定其他任何传递函数。

7.4.4 多频率傅里叶分析法

快速的多频傅里叶分析技术，也能够为静态电化学体系提供准确的阻抗测量。比较而言，比单频率傅里叶分析测试方法更快。为了使低频区数据获得高分辨率，需要对高频区的频率间隔 Δf 和采样间隔提出要求。采用多频率傅里叶分析技术得到的阻抗谱通常具有很好的 K-K 转换关系。因此，利用 K-K 转换关系不能够判定仪器操作测量结果是否准确，也不能够判定对于非稳态体系的测量结果是否准确。所以，一般是通过计算相关系数，并且利用相关系数判定阻抗谱是否与 K-K 转换关系具有非一致性。

7.5 特殊测量技术

在本章和本书中阐述的方法，都主要用于电化学阻抗谱测试。阻抗谱应当认为是传递函数应用的一个特例。传递函数原理适于各式各样的频域测量，包括非电化学测量。传递函数的应用方法在其他章节中作详细介绍，这里不再探讨。局部阻抗谱，是相对较新并且很有用的电化学方法，下面将详细阐述。

7.5.1 传递函数分析

虽然本书的重点在于电化学阻抗谱，但是在 7.3 节中阐述的将时域信号转换为频域信号的传递函数方法却很通用，并且能够用于任何输入输出类型信号的分析。其他一些通用传递函数分析将在第 15 和 16 章中进行阐述。

在第 11 章中，即将介绍旋转圆盘电极。对于旋转圆盘电极，需要确定四个状态变量。这些变量包括转速、温度、电流和电位。在一定温度条件下，有三个变量可以采用传递函数进行分析。如表 7.1 所述，通用传递函数分析包括阻抗、导纳（见第 17 章）和其他两种电流体动力学阻抗（见第 16 章）。

表 7.1　一定温度条件下旋转圆盘电极的通用传递函数

固定变量	输入变量	输出变量	传输函数
转速	电流	电位	阻抗
转速	电位	电流	导纳
电流	转速	电位	电流体动力学阻抗
电位	转速	电流	电流体动力学阻抗

7.5.2 局部电化学阻抗谱

局部阻抗测量代表另外一类通用型的传递函数分析。在这类实验中，将微探针置于电极表面附近进行测量。这类探针一般采用两个微电极或者一个震动线电极来测量两个不同位置的电位。假定电位测量的两个位置之间的电解质电导是均匀的，可以根据测定的电位差（ΔV_{probe}）计算探针电流密度，即

提示 7.5： 局部电化学阻抗谱（LEIS）是相对较新的方法，对研究表面均匀性对阻抗谱的影响很有用。

$$i_{\text{probe}} = \Delta V_{\text{probe}} \frac{\kappa}{d} \tag{7.53}$$

式中，d 是测量电位探针之间的间距；κ 是电解质的电导率。

图 7.10 所示为电极-界面的示意图。其中，局部欧姆阻抗模块反映了欧姆电阻对局部阻抗响应的复数特征。Huang 等人[147] 提出了关于局部阻抗变量的系列定义，见表 7.2。这些与计算阻抗的电位和电流存在差异。为了避免与局部阻抗值产生混淆，使用符号 y 定义圆柱坐标中的坐标轴位置。

表 7.2　局部阻抗变量的定义和注释

符　　号	意　　义	单　　位
Z	总阻抗[见式(7.54)]	Ω 或者 Ω · cm^2
Z_r	总阻抗的实部	Ω 或者 Ω · cm^2
Z_j	总阻抗的虚部	Ω 或者 Ω · cm^2
Z_0	总界面阻抗[见式(7.61)]	Ω 或者 Ω · cm^2
$Z_{0,r}$	总界面阻抗的实部	Ω 或者 Ω · cm^2
$Z_{0,j}$	总界面阻抗的虚部	Ω 或者 Ω · cm^2
Z_e	总欧姆阻抗[见式(7.63)]	Ω 或者 Ω · cm^2
$Z_{e,r}$	总欧姆阻抗的实部	Ω 或者 Ω · cm^2
$Z_{e,j}$	总欧姆阻抗的虚部	Ω 或者 Ω · cm^2
z	局部阻抗[见式(7.56)]	Ω · cm^2
z_r	局部阻抗的实部	Ω · cm^2
z_j	局部阻抗的虚部	Ω · cm^2
z_0	局部界面阻抗[见式(7.58)]	Ω · cm^2
$z_{0,r}$	局部界面阻抗的实部	Ω · cm^2
$z_{0,j}$	局部界面阻抗的虚部	Ω · cm^2
z_e	局部欧姆阻抗[见式(7.59)]	Ω · cm^2
$z_{e,r}$	局部欧姆阻抗的实部	Ω · cm^2
$z_{e,j}$	局部欧姆阻抗的虚部	Ω · cm^2
$\langle\Phi\rangle$	空间平均电位	V
$\bar{\Phi}$	时间平均或者稳态电位	V
$\langle i\rangle$	空间平均电流密度	A/cm^2
$\bar{i}$	时间平均或者稳态电流密度	A/cm^2
y	坐标轴位置变量	cm

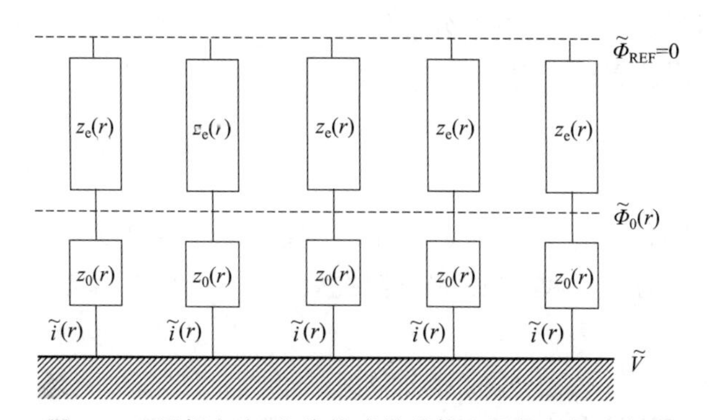

图 7.10　局部电流、电位构成的总体和局部阻抗示意图

（1）总阻抗

总阻抗的定义如下

$$Z=\frac{\widetilde{V}}{\widetilde{I}} \tag{7.54}$$

对于旋转圆盘电极，其复数电流可以表示为

$$\widetilde{I}=\int_0^{r_0}\widetilde{i}(r)2\pi r\mathrm{d}r \tag{7.55}$$

大写字母 Z 强调的是总阻抗。总阻抗的实部和虚部分别表示为 Z_r 和 Z_j。总电流可以用 $\widetilde{I}=\pi r_0^2\langle\widetilde{i}(r)\rangle$ 表示。其中，角括号代表电流密度的平均值。

（2）局部阻抗

从传统意义上讲，局部阻抗定义了参比电极在距离研究电极表面很远时，相对于参比电极测定的电极电位[84,148]。这样，局部阻抗可以表示为

$$z=\frac{\widetilde{V}}{\widetilde{i}(r)} \tag{7.56}$$

小写字母 z 强调的是局部阻抗。局部阻抗的实部和虚部分别表达为 z_r 和 z_j。
根据局部阻抗，总阻抗表达式如下

$$Z=\langle\frac{1}{z}\rangle^{-1} \tag{7.57}$$

式（7.57）与 Brug 等[149] 的数学处理结果是一致的。对于圆盘电极，其导纳可以对局部导纳在圆盘范围内进行积分获得。

（3）局部界面阻抗

局部界面阻抗定义了当参比电极位于双电层扩散层的外测极限处时，相对于参比电极 $\Phi_0(r)$ 测定的电极电位。这样，局部界面阻抗可以表示为

$$z_0=\frac{\widetilde{V}-\widetilde{\Phi}_0(r)}{\widetilde{i}(r)} \tag{7.58}$$

小写字母 z_0 强调的是局部阻抗值，下标 0 表示 z_0 值仅与表面有关。局部界面阻抗的实部和虚部同样可以分别表示为 $z_{0,\mathrm{r}}$ 和 $z_{0,\mathrm{j}}$。

（4）局部欧姆阻抗

局部欧姆阻抗所定义的电极电位是指，参比电极处于双电层扩散层的外极限处所测的电位 $\Phi_0(r)$ 和参比电极放到远离电极无穷远处所对应的电位 $\widetilde{\Phi}(\infty)=0$ 之差，如图 7.10 所示。这样，局部欧姆阻抗表达式为

$$z_\mathrm{e}=\frac{\widetilde{\Phi}_0(r)}{\widetilde{i}(r)} \tag{7.59}$$

小写字母 z_e 强调了局部值概念。下标 e 强调 z_e 只能和电解质的欧姆降有关。局部欧姆阻抗的实部和虚部分别表达为 $z_{\mathrm{e,r}}$ 和 $z_{\mathrm{e,j}}$。局部阻抗就可以表达为局部界面阻抗与局部欧姆阻抗之和，即

$$z=z_0+z_\mathrm{e} \tag{7.60}$$

对欧姆阻抗按照复数形式进行表达不符合标准惯例。如第 13.2 节所述，局部阻抗具有

感抗特征，而局部界面阻抗则没有感抗特征。对于理想极化电极，其计算结果是不会受到法拉第反应影响的，但是会受到溶液欧姆降的影响。

（5）总界面阻抗

总界面阻抗可以定义如下，即

$$Z_0 = 2\pi\left(\int_0^{r_0}\frac{1}{z_0(r)}r\,\mathrm{d}r\right)^{-1} \tag{7.61}$$

或者

$$Z_0 = \langle\frac{1}{z_0(r)}\rangle^{-1} \tag{7.62}$$

大写字母 Z_0 强调的是总阻抗。总界面阻抗的实部和虚部分别表达为 $Z_{0,\mathrm{r}}$ 和 $Z_{0,\mathrm{j}}$。

（6）总欧姆阻抗

总欧姆阻抗定义如下，即

$$Z_\mathrm{e} = Z - Z_0 \tag{7.63}$$

大写字母 Z 仍然强调 Z 是总阻抗。在下面的章节中会发现，总欧姆阻抗在中等频率区范围，即 $K=1$ [见式（13.67）]，具有复数特征。总欧姆阻抗的实部和虚部分别表达为 $Z_{\mathrm{e,r}}$ 和 $Z_{\mathrm{e,j}}$。

思考题

对于下列问题，需要采用电子表格程序求解，例如 Microsoft Excel®，或者使用 Matlab® 的计算程序。

7.1 重新计算图 7.4 和图 7.5 给出的结果。

7.2 针对例 7.2 所阐述的体系，当特征频率为 1Hz 和 10kHz 时，采用 Lissajous 图计算相应阻抗的相位角和幅值。同时，计算扰动电位、双电层充电电流、法拉第电流随时间的响应。

7.3 针对例 7.2 所阐述的体系，当特征频率为 1Hz、100Hz 和 10kHz 时，计算充电电流和法拉第电流的幅值比例。

7.4 采用傅里叶分析，计算针对例 7.2 所阐述体系在不同频率下的阻抗。并与采用第 4 章方法计算出的理论值进行比较。

7.5 图 7.11 所示的圆盘电极，当裸露金属直径为 r_0，带涂层的直径是 r_1 时，根据圆盘电极的几何形状，估算界面阻抗。其中，有机涂层的厚度是 100 μm，电荷在裸露金属电极上的转移电阻是 $100\Omega\cdot\mathrm{cm}^2$。提示：表 5.6 给出了电容的估算值。

（a）$r_0=0.25\mathrm{cm}$，$r_1=1.0\mathrm{cm}$

（b）$r_0=0.5\mathrm{cm}$，$r_1=1.0\mathrm{cm}$

（c）$r_0=0.75\mathrm{cm}$，$r_1=1.0\mathrm{cm}$

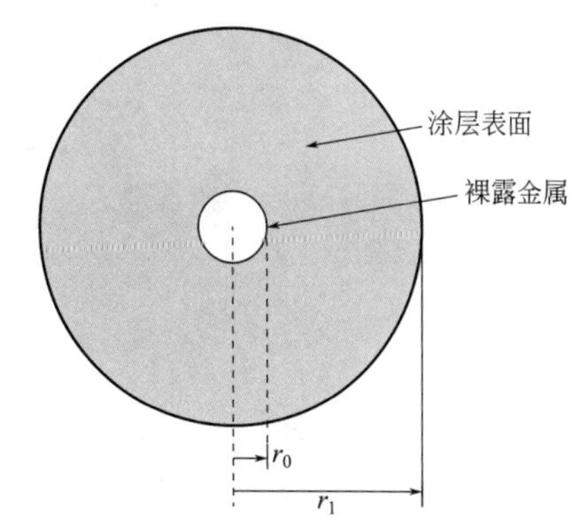

图 7.11 思考 7.5 中金属圆盘电极的示意图。其中，圆心至半径 r_0 处为裸露金属，r_0 处至 r_1 处为涂层表面

7.6 针对思考 7.5 中裸露金属电极，提出界面总阻抗响应的误差分析表达式，该表达式与涂层电极面积比 r_1^2/r_0^2 以及涂层性质 ε/δ 有关。

7.7 利用 Lissajous 分析方法，计算图 7.12 所示的相位角和幅值。

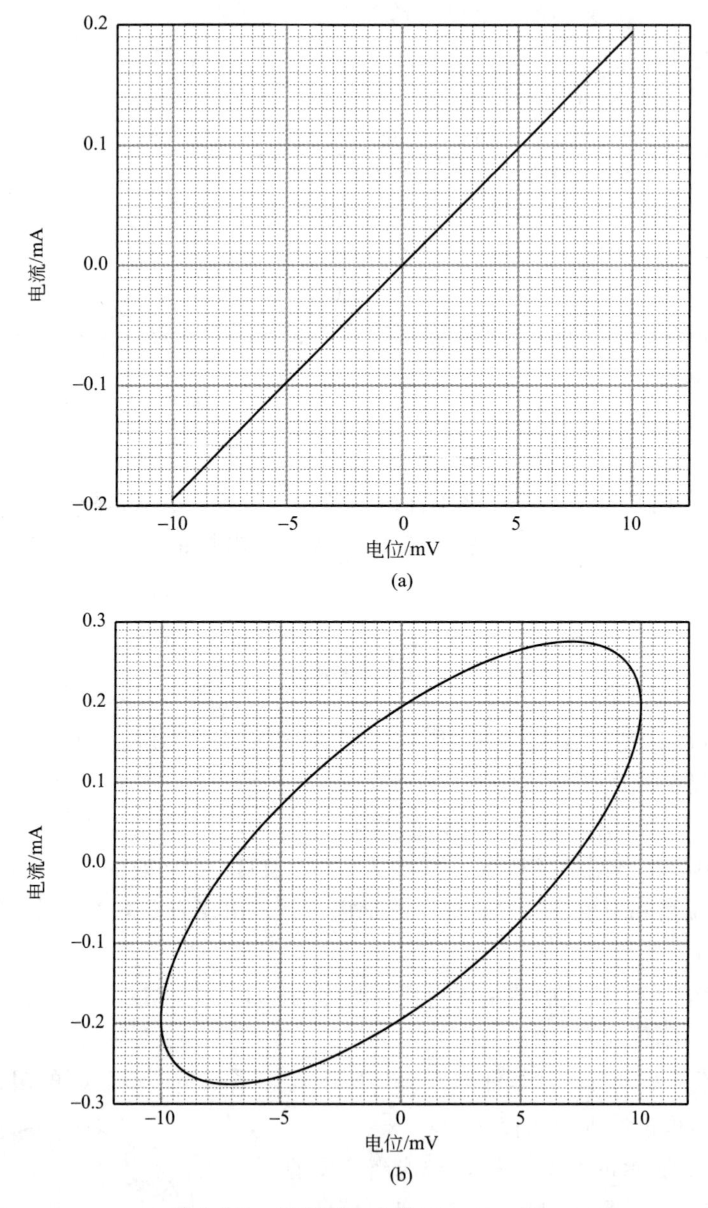

图 7.12　思考题 7.7 的 Lissajous 图

第 8 章 实验设计

交流阻抗测量主要是针对一些电化学反应发生过程中的物理现象进行研究，并确定其相应的物理性质。本章将主要从实验电解池的设计、阻抗参数的合理选择和实验仪器的控制及设置等方面给予介绍。

8.1 电解池设计

合理的电解池设计是必需的，这对于减少阻抗谱解析数据的不确定性具有重要意义。参比电极可以用来研究电解池中某个电极的阻抗。同时，可以利用对流体系，定量研究传质过程的影响。同样，也可以通过电极的合理配置，降低电流和电位在电极表面分布的非均匀性。

8.1.1 参比电极

如在 5.6 节中所讨论的那样，整个电解池的电位降可以采用下面式（8.1）表示

$$V_{\mathrm{WE}}-V_{\mathrm{CE}}=(V_{\mathrm{WE}}-\Phi_{0,\mathrm{WE}})+(\Phi_{0,\mathrm{WE}}-\Phi_{0,\mathrm{CE}})-(V_{\mathrm{CE}}-\Phi_{0,\mathrm{CE}}) \tag{8.1}$$

参比电极用于测定电极和膜的影响。典型的电解池的结构如图 8.1 所示。

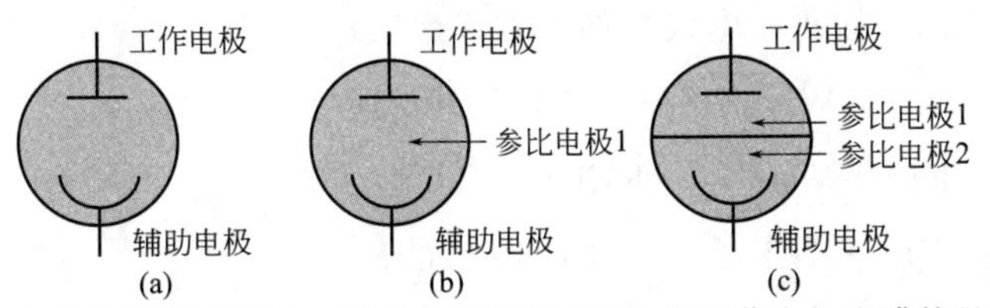

图 8.1 电解池结构示意图，利用参比电极可以测定工作电极和膜的阻抗响应。(a) 两电极体系；(b) 三电极体系；(c) 四电极体系

对于图 8.1(a) 所示的两电极体系，阻抗可以表示为

$$Z_{\mathrm{cell}}=\frac{\widetilde{V}_{\mathrm{WE}}-\widetilde{V}_{\mathrm{CE}}}{\widetilde{I}} \tag{8.2}$$

其中，包括工作电极和辅助电极的界面阻抗响应，工作电极与辅助电极之间的电解质阻抗。图 8.1(b) 为三电极体系。根据式（8.2），可以测量获得三部分阻抗。其中，工作电极界面阻抗为

$$Z_{\mathrm{WE}}=\frac{\widetilde{V}_{\mathrm{WE}}-\widetilde{\Phi}_{\mathrm{REF}}}{\widetilde{I}} \tag{8.3}$$

辅助电极界面的阻抗为

$$Z_{\mathrm{CE}}=\frac{\widetilde{V}_{\mathrm{CE}}-\widetilde{\Phi}_{\mathrm{REF}}}{\widetilde{I}} \tag{8.4}$$

电解池的总阻抗为

$$Z_{\mathrm{cell}}=Z_{\mathrm{WE}}+Z_{\mathrm{CE}} \tag{8.5}$$

这样，测量的阻抗只有两个是独立的。对于膜电解池体系，利用膜将工作电极和辅助电极分开。如图 8.1(c) 所示，一般可以采用四电极电解池体系完成阻抗测量。其中，膜的阻抗可以表示为

$$Z_{1,2}=\frac{\widetilde{\Phi}_{\mathrm{REF},2}-\widetilde{\Phi}_{\mathrm{REF},1}}{\widetilde{I}} \tag{8.6}$$

电解池的阻抗为

$$Z_{\mathrm{cell}}=Z_{\mathrm{WE},1}+Z_{\mathrm{CE},2}+Z_{1,2} \tag{8.7}$$

式中，$Z_{\mathrm{WE},1}$ 是相对于参比电极 REF1 测得的工作电极阻抗；$Z_{\mathrm{CE},2}$ 是相对于参比电极 REF2 测定的辅助电极阻抗。这三个阻抗测量是独立的。

例 8.1　**电极的连接**：大多数用于阻抗测量的恒电位仪有三个或四个接头。当恒电位仪有三个接头时，一般是有连接工作电极（WE）、参比电极（REF）和辅助电极（CE）的导线。除了连接到工作和辅助电极之外，如果恒电位仪有四个接头，则还需要连接工作感测参比电极（REF1）的导线和连接真正的参比电极（ REF2）。图 8.1 所示的三种情况如何连接？

解：如果恒电位仪有三个接头，那么电线按如下方式连接：

（a）两个电极：WE ·········· CE-REF

（b）三个电极：WE ····· REF ····· CE

（c）四个电极：无法连接。

如果恒电位仪有四个接头，电线按如下方式连接：

（a）两个电极：REF1-WE ········ CE-REF2

（b）三个电极：REF1-WE ····· REF2 ···· CE

（c）四个电极：WE ·· REF1·· ‖ ·· REF2··· CE

8.1.2　流场构型

利用对流体系，可以定量研究传质的影响。这样，界面过程阻抗谱数据的解析就成为重点。下面介绍几种常见的实验体系的设计。

（1）旋转圆盘电极

旋转圆盘电极将在 11.3 节中介绍。它的设计结构紧凑而简单，并且流体流动形态清晰。圆盘的旋转产生离心力，使介质沿着径向流动，从而形成均匀的流动。如果圆盘面上的反应受传质控制，那么相应的电流也是均匀的，由此可以大大简化数学模型的处理。正如 5.5.1 节和 8.1.3 节中阐述的那样，当电流小于传质极限电流时，电流分布是不均匀的。圆盘上电流和电位的分布与圆盘的形状有关，并且经常导致阻抗谱数据分散。由于圆盘电极的转速具有可调性，因此特别适合低于传质极限电流条件下的试验研究。这类阻抗实验的结果，通常称为电动流体阻抗，这将在第 16 章中进行讨论。

提示 8.1：参比电极能够用来测定电解池中元件的阻抗。

（2）浸没喷射下的圆盘电极

如在 11.4 节中所述，浸没喷射条件下的圆盘电极具有自己的特色，比如电极是静止的，实验设计需要一个泵和流动回路系统，其他的与旋转圆盘类似，受几何形状限制。对于在喷射作用下电极表面的滞留区域，其流体形态是已知的，并且已经建立了流体模型。电极表面的流体在径向上是均匀的。这样一来，在传质极限条件下，电流密度是均匀的。与旋转圆盘类似，几何形状会导致电流和电位分布的非均匀。

（3）旋转圆柱电极

如在 11.5 节中所述，旋转圆柱体设计简单、方便易用，在适当的转速下，流体状态可为湍流，其传质扩散极限电流密度是均匀的。有很多经验公式建立了旋转圆柱的转速和传质系数之间的关系[150]。

（4）旋转半球电极

Chin 等[129] 设计了旋转半球电极，该电极具有初始电流分布均匀的特点，尤其适合不受传质非均匀性影响的实验。Nisancioglu 和 Newman [130]指出，当旋转半球电极的平均电流密度小于平均扩散极限值的 68%时，电极上的电流密度分布是均匀的。Barcia 等[131] 针对旋转半球电极的对流扩散阻抗，建立了数学模型，并且与实验结果吻合很好。

在浸没喷射条件下，圆盘电极具备旋转圆盘电极的流动特征。然而，在喷射条件下，半球电极和旋转半球电极的流动形态却不一致。Shukla 和 Orazem[132,133] 通过计算与实验研究发现，在余纬角 54.8°处存在着边界流层的分离。分析表明，当低于极限扩散电流密度时，只要浸没喷射条件下半球电极的平均电流密度小于极限扩散电流密度的 25%，电流密度在静止半球电极表面上的分布就是均匀[151]。边界层的分离表明在喷射条件下半球电极并不适合作为电化学研究体系。

8.1.3　电流分布

在电极表面上，如果阻抗分布不均匀，也会使结果的解析更加复杂。阻抗分布的不均匀性，主要是由表面性质变化引起的。例如，多晶材料表面的晶粒取向，制造过程中产生的残余应力和表面膜的不均匀性等，都会引起电极表面阻抗分布不均匀。阻抗的不均匀分布也有可能来自电极几何形状引起的电流或者电位的不均匀分布。

采用电流和电位均匀分布的电极，可以有效降低阻抗响应解析结果的不确定性。在电极设计中，有两种类型的分布需要考虑。如同在 5.5.1 节中所述的一样，首先要考虑欧姆电阻的影响和传质极限分布在对流扩散中的作用。其次是考虑电化学反应动力学电阻，因为反应动力学电阻在一定程度上易于降低初始分布的非均匀性。所以，如果初始的分布是均匀的，那么电流的二次分布也会是均匀的。式（5.110）和图 5.12 都可以用来评估不同几何形状电极表面电流分布是否均匀。其结果列于表 8.1。像在 13.2 节中讨论的那样，对于单个反应，当频率低于某一临界值时，因初始和二次电流分布非均匀引起的频率弥散不是非常明显。因此，可以通过设计实验，控制频率低于临界值，避免电极几何形状对电极电流和电位分布非均匀性的影响。图 13.11 表明，可以通过选择圆盘电极的尺寸，避免由于几何形状引起电

提示 8.2：阻抗测量对非均匀表面反应敏感。这种非均匀性可能是由表面的非均匀性、非均匀传质过程和几何形状引起的电流、电位分布导致的。

流、电位分布非均匀从而导致频率弥散效应。

表 8.1　不同电极设计的电流分布特征

体　　系	初始分布	传质控制的分布
旋转圆盘	不均匀	均匀
浸没喷射条件下的圆盘	不均匀	均匀
部分旋转圆柱体	不均匀	均匀
全部旋转圆柱体	均匀	均匀
旋转半球电极	均匀	不均匀
浸没条件下的半球电极	均匀	不均匀

8.2　实验注意事项

在本节中，将讨论研究体系、研究目的和仪器性能对实验设计参数的影响，其主要的出发点是获取更多的有用信息，同时降低仪器偏差和随机误差。

8.2.1　频率范围

一般说来，阻抗测量是捕捉并测量研究体系的频率响应。说到底，就是测量频率的范围应当足够大和足够小，使得虚部阻抗值逐渐趋于零。在一些情况下，例如对于固体电极，其低频的极限行为不再存在。但是，在其他情况下，由于体系的非稳态行为，真正的直流极限也不能达到。仪器缺陷也可能会限制高频下阻抗特征的测量。一些实验科学家经常以仪器的测量频率范围为依据。实际上，根据体系的动态响应，选择频率范围才是非常重要的。在13.2节中，所介绍的一些考虑因素也可能会对频率选择范围提出限制要求。

8.2.2　线性条件

如在5.2.2节中讨论的那样，电化学体系中的线性特性主要受电位控制。小幅值信号的扰动保证了可以利用线性模型来解释阻抗谱图。合理的扰动信号幅值代表了降低非线性（施加小幅值扰动信号）和降低噪声（施加大幅值信号）这两个方面的诉求。扰动信号幅值大小取决于研究的体系。对于电流-电位有很好线性关系的体系，可以施加幅值大的扰动信号；反之，对于线性关系非常不好的体系，则需要施加幅值小的扰动信号[152～154]。

例 8.2　线性条件原则：我们希望建立一个信号幅值大小确定的原则，以保证恒电位条件下线性特性。在极化电位 $\tilde{V}$ 的条件下，某个电化学体系遵从 Tafel 定律。当对反应体系施加一个大的正弦波信号时，请按照泰勒级数展开式，写出响应电流和计算直流电流的表达式。如果仅仅考虑泰勒级数展开式的前三项，写出具有前三项形式的电流表达式。

解：对于遵从 Tafel 定律的电化学体系，在扰动电位作用下，即

$$V(t)=\overline{V}+\Delta V\cos(\omega t) \tag{8.8}$$

其电流密度的表达如下

提示 8.3：阻抗谱测量就是在误差偏离最小化、随机误差最小化和阻抗谱信息最大化之间寻求平衡。虽然仪器设置和实验参数的选择不是万能的，但是在研究过程中，必须对每一个体系选择合理的实验参数，对仪器进行合理的设置。

$$i(t)=K\exp[bV(t)] \tag{8.9}$$

因此，就有

$$i(t)=K\exp[b(\overline{V}+\Delta V\cos\omega t)] \tag{8.10}$$

或者表示为

$$i(t)=i_0\exp(b\Delta V\cos\omega t) \tag{8.11}$$

其中，i_0 的表达式为

$$i_0=K\exp(b\overline{V}) \tag{8.12}$$

按照泰勒级数展开，就有

$$i(t)=i_0\left(1+b\Delta V\cos\omega t+\frac{b^2\Delta V^2\cos^2\omega t}{2!}+\frac{b^3\Delta V^3\cos^3\omega t}{3!}+\cdots+\frac{b^n\Delta V^n\cos^n\omega t}{n!}+\cdots\right) \tag{8.13}$$

对于一段时间内的电流密度平均值，可以表示为

$$\bar{i}(t)=\frac{1}{T}\int_0^T i(t)\mathrm{d}t \tag{8.14}$$

其中，T 为循环周期数。

考虑应用下列公式，即

$$\int\cos^n x\,\mathrm{d}x=\frac{1}{n}\cos^{n-1}x\ \sin x+\frac{n-1}{n}\int\cos^{n-2}x\,\mathrm{d}x \tag{8.15}$$

当 $\sin T=0$ 时，就有

$$\int_0^T\cos^n x\,\mathrm{d}x=\frac{n-1}{n}\int_0^T\cos^{n-2}x\,\mathrm{d}x \tag{8.16}$$

如果 n 是偶数，那么

$$\int_0^T\cos^n x\,\mathrm{d}x=\frac{n-1}{n}\,\frac{n-3}{n-2}\cdots\,\frac{1}{2}T \tag{8.17}$$

如果 n 是奇数，积分值为 0。这样 $i(t)$ 的平均值为

$$\bar{i}(t)=i_0\left[1+\sum_{n=1}^{\infty}\frac{b^{2n}\Delta V^{2n}}{(2^n n!)^2}\right] \tag{8.18}$$

为了确保直流电流变化小于 1%，ΔV 必须小于 $0.2/b$。

为了评估非线性电流响应的谐函数大小，引入三角函数表达式，即

$$\cos 2x=2\cos^2 x-1 \tag{8.19}$$

并且有

$$\cos 3x=4\cos^3 x-3\cos x \tag{8.20}$$

如果仅考虑泰勒级数展开式的前三项，$i(t)$ 就可表示为

$$i(t)=i_0\left[\left(1+\frac{b^2\Delta V^2}{4}\right)+\left(b\Delta V+\frac{3b^3\Delta V^3}{24}\right)\cos(\omega t)+\frac{b^2\Delta V^2}{4}\cos(2\omega t)+\frac{b^3\Delta V^3}{24}\cos(3\omega t)\right] \tag{8.21}$$

由于泰勒级数展开式的前三项存在着局限性，为此仅考虑级数展开式的第一项，以便求解平均值［见等式（8.18）］。所以，根据式（8.21），可以把直流电流的表达式简化为

提示 8.4： 最佳的扰动信号幅值取决于研究体系的极化曲线。

$$i_0\left(1+\frac{b^2\Delta V^2}{4}\right) \tag{8.22}$$

第一个谐函数，或者基本电流大小可以表达为

$$i_0\left(b\Delta V+\frac{3b^3\Delta V^3}{24}\right) \tag{8.23}$$

当 ΔV 小于 $0.2/b$ 时，直流电流的大小变化小于 1%，基本电流大小变化小于 0.22%。

例 8.2 表明，对于非线性的电化学体系，当施加大幅值的电位信号时，会在对应基本频率或者施加频率的几倍处产生谐频，这是其一。其二，从例 8.2 可以发现，当对非线性体系施加大幅值电位信号时，会改变稳态电流密度和基本电流响应。这说明阻抗响应也会受到大幅值电位信号的影响。

大幅值电位信号对阻抗响应的影响在 7.3 节中已经做了进一步说明。对于 7.3 节中的电化学体系，其中 $C_{dl}=31\mu F/cm^2$，$n_aFk_a=n_cFk_c=0.14mA/cm^2$，$b_a=19.5V^{-1}$，$b_c=19.5V^{-1}$，$\overline{V}=0.1V$。当施加 40mV 幅值（$b_a\Delta V=0.78$）的正弦波电位信号时，对应的电流密度响应如图 8.2 所示。根据（7.4），这些参数对应的电荷转移电阻 $R_t=51.28\Omega\cdot cm^2$，特征频率为 100Hz。电流和电位信号采用最大值进行作图处理。

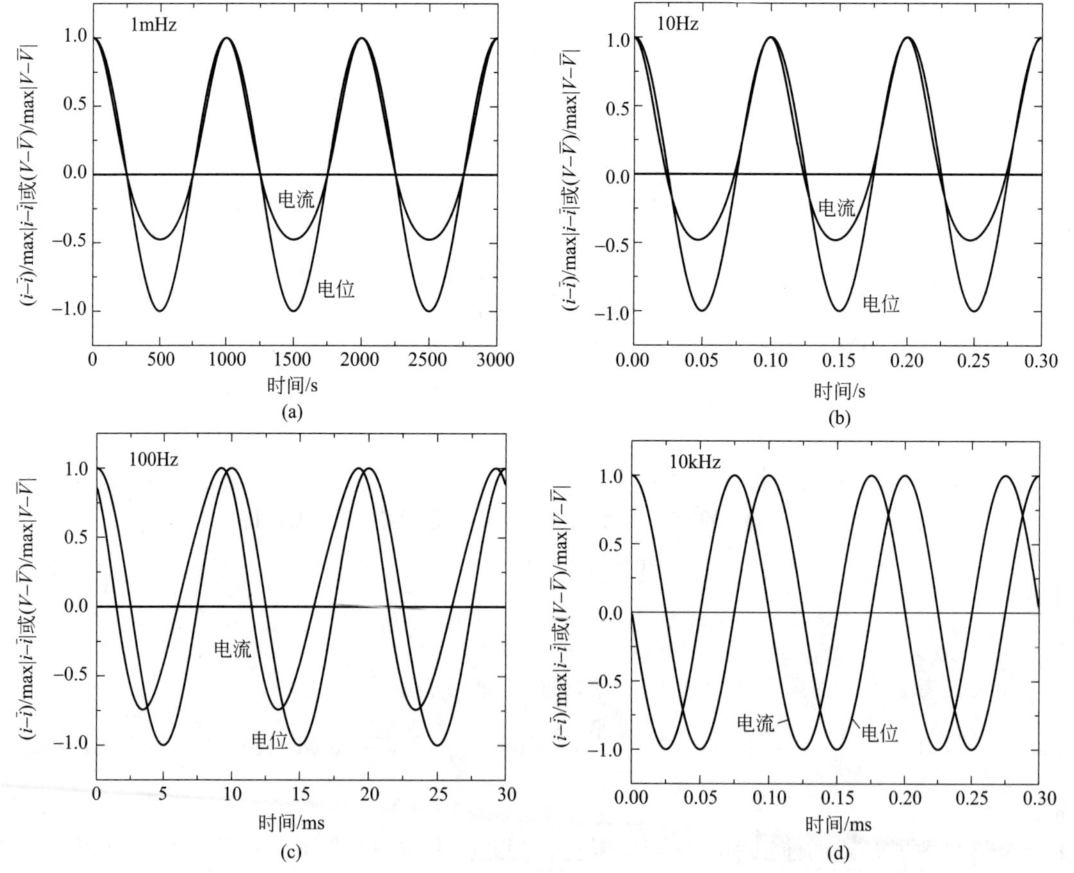

图 8.2　对于 7.3 节中所述体系，当正弦波电位输入为 $\Delta V=40mV$ 时的电流密度响应。其中，$C_{dl}=31\mu F/cm^2$，$n_aFk_a=n_cFk_c=0.14mA/cm^2$，$b_a=19.5V^{-1}$，$b_c=19.5V^{-1}$，$\overline{V}=0.1V$。（a）1mHz；（b）10Hz；（c）100Hz；（d）10kHz。实线为电位输入，虚线为电流密度

当电位信号的幅值为 40mV，频率为 1mHz 时，其电流响应如图 8.2(a) 所示。由图 8.2(a) 可知，电流密度在 0 值处不是对称的，并且响应是非线性的。然而，当电位信号的幅值为 1mV，频率为 100Hz 时，如图 7.4(a) 所示，电流相对于 0 值是对称的。同样，从图 8.2(b) 可知，当电位信号的频率为 10Hz 时，电流响应很明显也是不对称的，并且也是非线性响应。当特征频率为 100Hz 时，如图 8.2(c) 所示，相位角明显滞后。与图 7.4(b) 所示频率 100Hz，幅值 1mV 的电位扰动结果相比，电流信号曲线明显变形。当施加频率远高于特征频率时，线性充电电流远高于非线性法拉第电流，其结果如图 8.2(d) 所示，当频率为 10kHz，电位信号幅值为 40mV 时，对应产生的电流响应表现出线性行为，结果与图 7.4(c) 中频率为 10kHz，电位信号为 1mV 时所对应的电位扰动结果十分相似。

图 8.3 为 Lissajous 图。当 $\Delta V=1\text{mV}$ 时，$b_a\Delta V$ 的值为 0.0195；当 $\Delta V=20\text{mV}$ 时，$b_a\Delta V$ 的值为 0.39；当 $\Delta V=40\text{mV}$ 时，$b_a\Delta V$ 的值为 0.78。当电位幅值为 10mV 时，对应的 $b_a\Delta V=0.195$，与例 8.2 给出的结果是一致的。在低频处，电位信号幅值越大，干扰影响越明显，如图 8.3(a) 和 (b) 所示。其中，法拉第电流远远高于充电电流。在体系特征频率为 100Hz 时，法拉第电流和充电电流幅值相当。仔细分析图 8.3(c) 可以发现，椭圆状图形有所变形。但是，这种影响不像图 8.3(a) 和 (b) 所示那样明显。当频率高于特征频率时，如图 8.3(d) 所示，所有曲线叠加在一起。由于法拉第电流的非线性行为而表现出非线性。与此相反，充电电流是线性的。如果在高频区，充电电流处于控制地位，那么体系就会表现出线性行为。

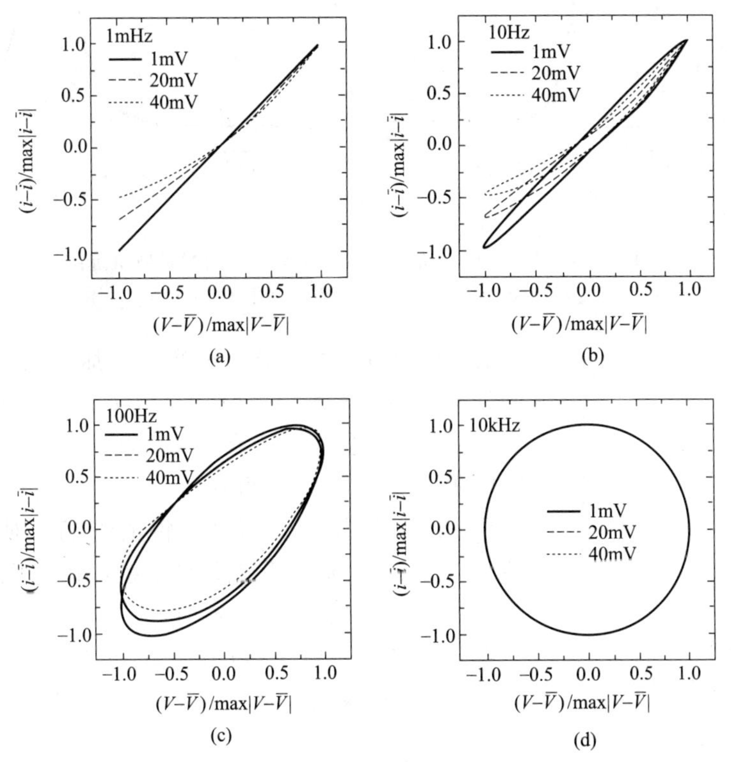

图 8.3　图 8.2 所对应体系的 Lissajous 图。

其中，电位扰动 ΔV 为影响因素。(a) 1mHz；(b) 10Hz；(c) 100Hz；(d) 10kHz。当 $\Delta V=1\text{mV}$ 时，$b_a\Delta V=0.0195$；当 $\Delta V=20\text{mV}$ 时，$b_a\Delta V=0.39$；当 $\Delta V=40\text{mV}$ 时，$b_a\Delta V=0.78$

根据 7.3.3 节的傅里叶分析方法，采用电位和电流的时域信号，就可以进行阻抗计算。如图 8.4(a) 所示，相应的阻抗谱图可以表示为 Nyquist 图。幅值较大的电位扰动，会引起阻抗响应的误差。误差主要来源于法拉第电流的非线性行为。电流与施加电位是同相的。如图 8.4(b) 所示，法拉第电流的非线性行为对阻抗实部的影响很明显。另外，从图 8.4(c) 可知，阻抗虚部也存在误差，这是由于对应的特征频率增大的结果。

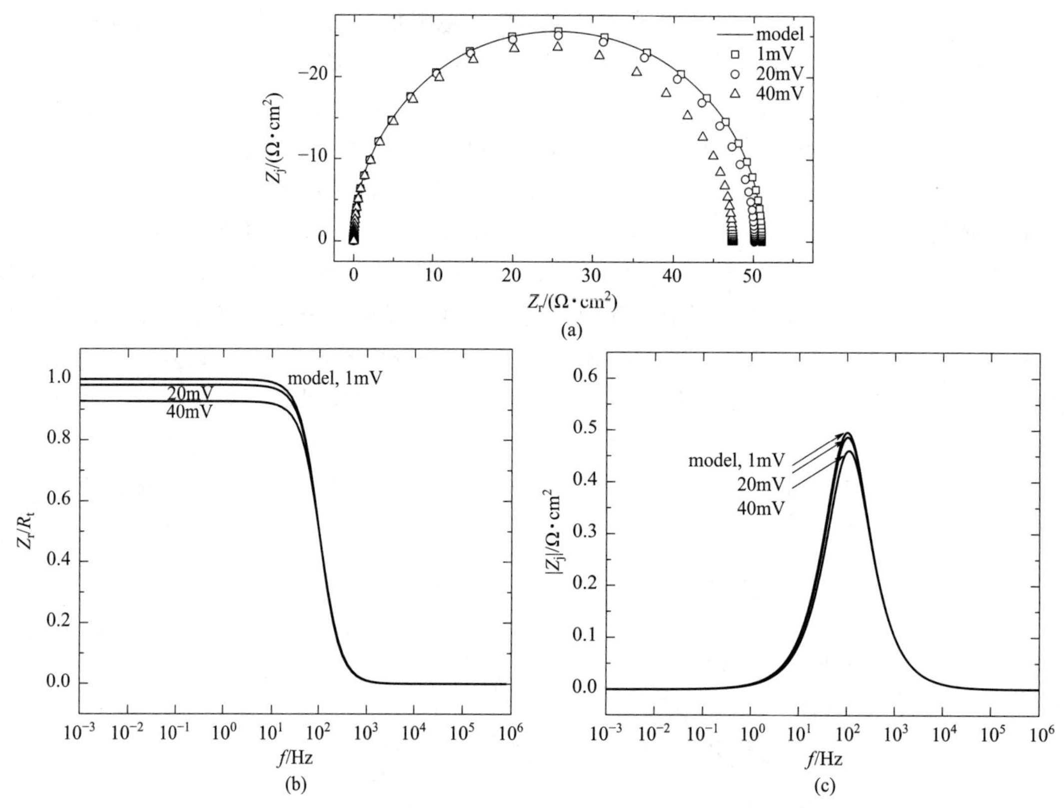

图 8.4 采取 7.3.3 节中所述傅里叶分析方法，从图 8.3 所示得到的时域阻抗结果。其中，电位信号幅值 ΔV 为影响因素。(a) Nyquist 图；(b) 阻抗实部与频率的关系；(c) 阻抗虚部与频率的关系

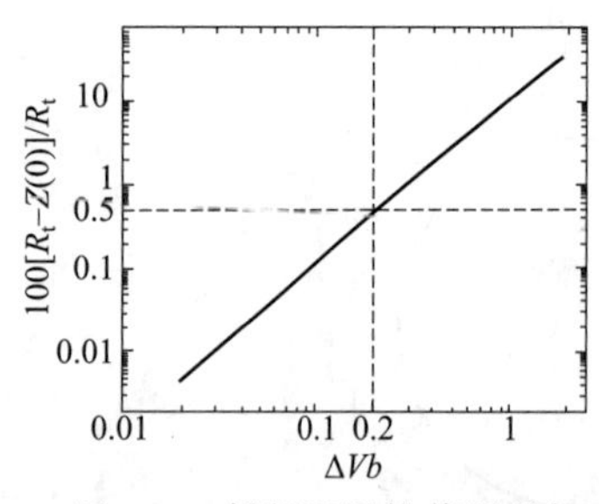

图 8.5 低频区阻抗值误差与电位信号幅值之间的关系

低频区阻抗值的误差百分数与施加的大幅值电位信号之间的关系如图 8.5 所示。其中，以 $b_a\Delta V$ 作为影响因素。当 $b_a\Delta V=0.2$ 时，低频阻抗值的误差为 0.5%。这个值可以从例 8.2 中的式 (8.21) 计算得到。

例 8.3 欧姆降对线性特性的影响：对例 8.2 进一步讨论，对于欧姆降不可忽略的体系，在恒电位条件下，建立扰动信号幅值保持线性特性的条件。

解：从图 8.6 所示阻抗电路图可见，在电化学体系中，其欧姆降会降低施加在界面反应和双电层的扰动电位。即有

$$Z=R_e+\frac{1}{\frac{1}{Z_F}+j\omega C_{dl}} \tag{8.24}$$

由此，溶液电阻引起的电位降为 iR_e，穿过界面的电位降为 $i/(1/Z_F+j\omega C_{dl})$。

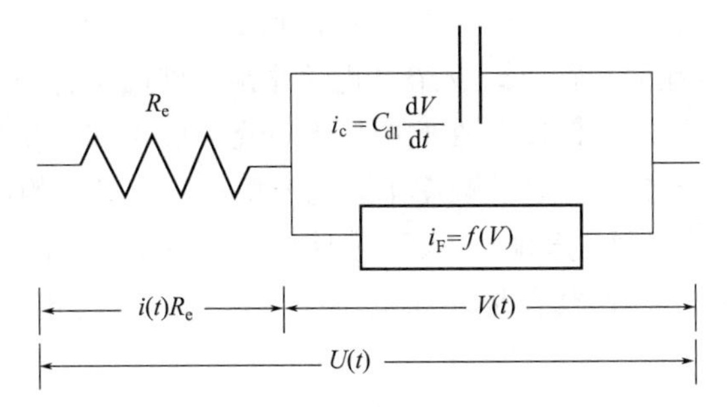

图 8.6 电子电路表明了流经欧姆电阻和界面时的电位分布

在高频率区域，界面阻抗趋近为 0，线性的欧姆降起着主导作用。当频率较低时，虽然可以忽略电容的充放电作用，但是法拉第反应阻抗决定了界面阻抗。其结果如同图 8.3 所示，进一步表明了当频率较低时，非线性作用是最为重要的。

所以，电化学体系在低频时的行为决定了电位扰动信号的行为准则。假定 $b_a \Delta V \leqslant 0.2$，那么，就可以得到

$$b_a \Delta U \frac{R_t}{R_e + R_t} \leqslant 0.2 \tag{8.25}$$

由此可见，欧姆阻降会增大电位扰动信号的幅值。

如图 8.7 所示，为图 7.8 所示电化学体系在 100mV 的电压幅值条件下的 Lissajous 图。在低频条件下，直线出现扭曲，很明显为非线性行为特征。在高频时，因受欧姆降控制表现为线性特征。

图 8.8 为表面过电位与外加电位关系的 Lissajous 图。从图 8.8 可以看出，在高频条件下出现线性响应的原因。在低频区，表面过电位高，可以表达为 $\Delta U R_t/(R_t + R_e)$。而在高频区，表面过电位趋近于零。很有意思的是，在低频区，表面过电位受非线性的影响，并且与法拉第反应有关。

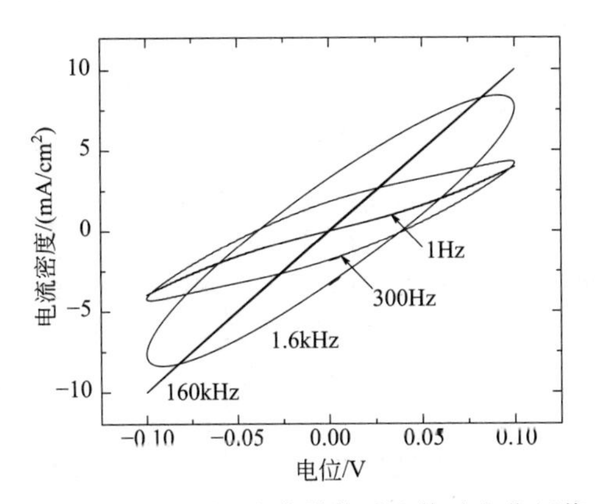

图 8.7 图 7.8 所示电化学体系在扰动电位幅值为 $\Delta V = 100\text{mV}$ 时电流-电位时域信号的 Lissajous 图

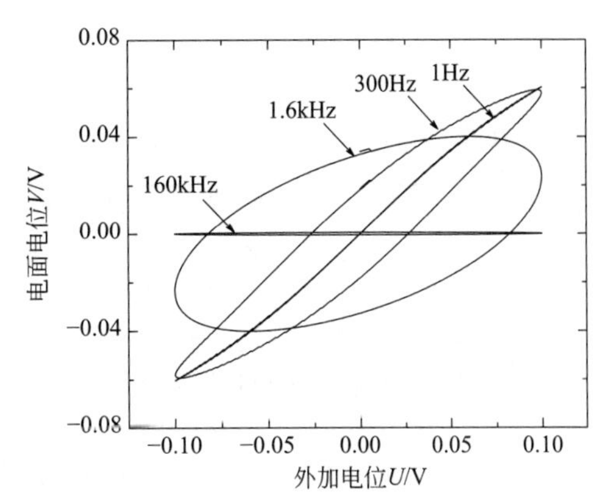

图 8.8 图 8.7 所示电化学体系表面过电位与外加电位时域信号的 Lissajous 图

从图 8.9 清楚地看出，界面电位和频率的关系。其中，当外加扰动电位幅值为 ΔU 时，界面电位的无量纲量 $[\Delta V(R_t + R_e)/\Delta U R_t]$是频率的函数。在低频区，当进行小电位信号扰动时，界面电位与外加电位的比值接近于1，说明 ΔV 趋于 $\Delta U R_t/(R_t + R_e)$。当较大电位信号进行扰动时，非线性响应降低了有效的电荷转递电阻的影响，导致在低频区界面电位与

外加电位的比值小于1。在高频区，当处于10mV和100mV的线性范围内时，对于电位扰动幅值，其高频响应是线性的。可见，这个电化学体系受到两个特征频率的控制。与法拉第反应相关的特征频率为$1/(2\pi R_t C\mathrm{dl})$。在此频率下，充电电流和法拉第电流相等。与欧姆降相关的特征频率为$1/(2\pi R_e C_{dl})$。在此频率下，电容电流会受到欧姆降的限制。

例8.4　**电容对线性条件的影响**：表面涂层的电容可能与外加电位没有关系，如图5.17所示，而裸露金属电极的电容是外加电位的函数。讨论与电位相关的电容对阻抗响应线性条件的影响。

解：由于界面存在充电电流，因此电位对电容的影响在高频区尤其明显。为了使电位对电容的影响最大化，假设在欧姆电阻可以忽略的条件下，采用模拟方法，进行讨论。电容与电位的关系可以表达为

$$C=C_0(1+aV) \tag{8.26}$$

式中，$a=1.61V^{-1}$。当外加±100mV的电位扰动信号时，会导致电容发生32%的线性变化，这与图5.17所示的计算结果一致。其他的参数也与图8.2中的一样，相应的Lissajous图与图8.2中的类似。从图8.10所示可见，在高频条件下图形有些扭曲变形。从图8.11(a)和(b)中可以看到，高频对阻抗响应的影响还是很小。从图8.11(a)可见，在低频区，阻抗响应的实部与扰动电位幅值大小有关，这与图8.4(b)中恒定电容时的结果是一致的。如图8.11(b)所示，阻抗的虚部与图8.4(c)中恒定电容时的结果一致。根据式(17.48)，计算出的电容值与特定电位下的测量阻抗值是一致的，见图8.12。

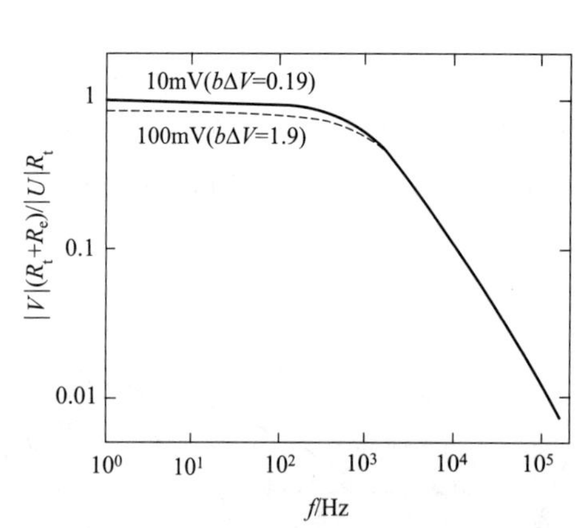

图8.9　图8.7所示电化学体系界面电位无量纲量$\Delta V(R_t+R_e)/\Delta U R_t$与频率的关系。其中，外加扰动电位幅值为$\Delta U$

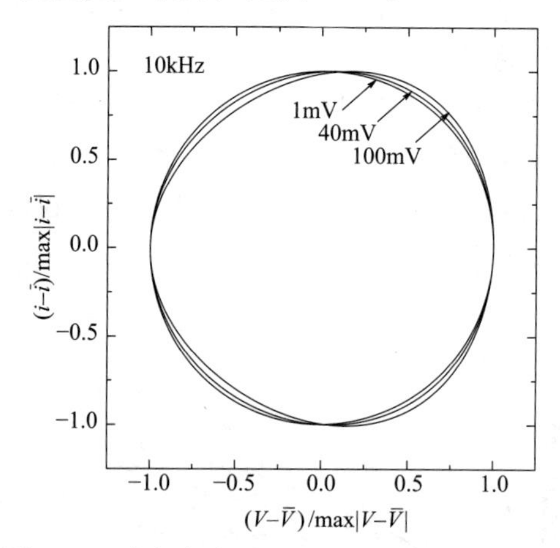

图8.10　当频率为10kHz时，根据式(8.26)得到的电位与电容关系的Lissajous图

最佳的电位扰动幅度可以通过实验确定。Lissajous图在低频处的变形主要受非线性响应的影响，如图8.3所示。如果图的椭圆形状变形了，就应当降低电位幅值。第二种方法是比较不同电位幅值下的阻抗响应，如图8.4所示。如果阻抗在低频的阻抗模值受电位扰动信号幅值影响，表明电位扰动的幅值太大了。

8.2.3　调制技术

电化学阻抗的测量经常是在恒电位控制下进行。在这种情况下，外加电位是一个固定值叠加一个固定幅值的电位扰动信号（通常是正弦波）。这种技术的优点如在8.2.2节中讨论

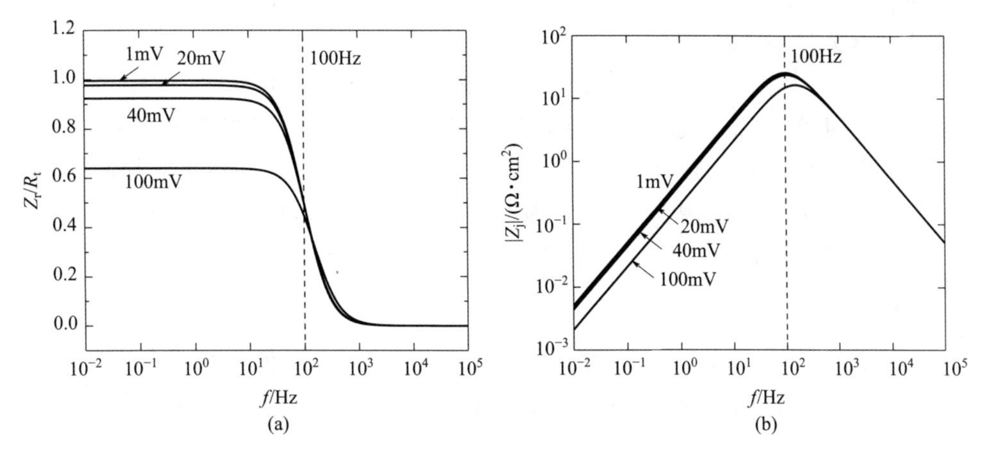

图 8.11　图 8.3 对应电化学体系的阻抗图

其界面电容满足公式（8.26）关系，扰动电位 ΔV 为影响因素。

（a）阻抗实部与频率的关系；（b）阻抗虚部与频率的关系

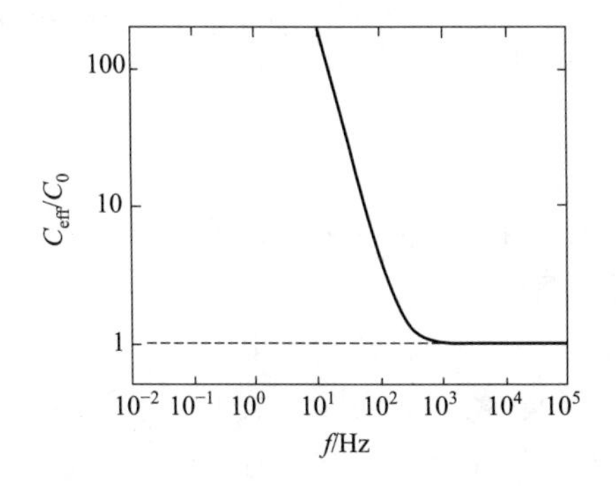

图 8.12　根据公式（17.48）和图 8.11(b) 所示阻抗虚部计算的有效电容值

的那样，很容易保证电化学体系的线性特征。

然而，在恒电流条件下，恒电流调制的阻抗技术也是必需的。例如评价皮肤离子导入阻抗时，经常采用的是恒电流调制阻抗技术。因为治疗药物的传递是电流控制，而不是电位控制。恒电流控制也经常用来作为一种非破坏性的手段，长时间跟踪金属样品在开路电位下的阻抗变化。图 8.13 为恒电位控制下测量的阻抗谱。由于开路电位的漂移，导致外加控制电位的改变。这种改变可能是改变阳极电位使得向开路电位靠近，或者也有可能是改变阴极电位，这完全取决于电位的偏移方向。这样，就会影响在零电流条件下的长时间测量。然而，在恒电流控制条件下，整个阻抗测量过程都能够保证理想的零电流条件。

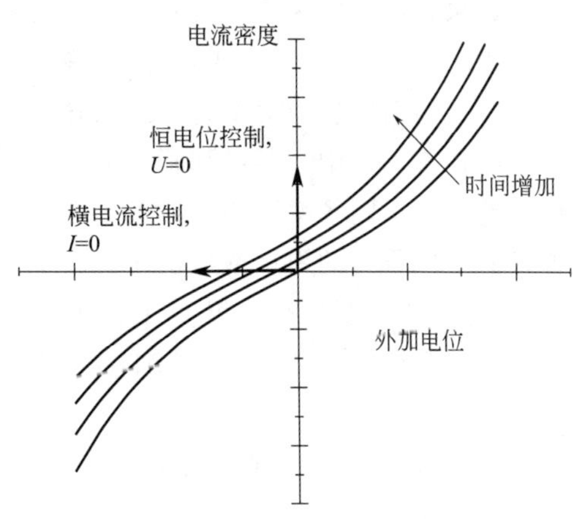

图 8.13　某系统在恒电位恒电流调制下的对比。其中，系统开路电位随着时间增大

恒电流测量技术就是外加一个恒定幅值的电流扰动信号进行测量。其困难在于在进行恒

电流测量过程中，有时会导致电位的严重偏移，尤其在低频、高阻抗的条件下。电位幅值变化与电流扰动有关，可以表示为

$$\Delta V = \Delta I \ |Z(\omega)| \tag{8.27}$$

对于极化电阻为 $10^5\Omega$ 的电化学体系，比如许多膜的电阻或者慢腐蚀体系的反应电阻，即使受到 $10\mu A$ 的小电流扰动，也会产生 1V 的电位波动。例如，在恒电流控制条件下进行皮肤的阻抗测量，就表现出非线性行为。对此，Wocjik 等人探讨了可变幅值恒电流调制技术控制下的阻抗测量技术[155,156]。

8.2.4 示波器

强烈建议测量交流阻抗时采用示波器。这对于跟踪时域信号处理阻抗数据非常有用，特别是对于监测 Lissajous 图所示信号非常有用。这些已经在 7.3.1 节中进行了讨论。

8.3 仪器参数

在 21.1 节中，将阐述各种阻抗测量误差的来源。一般说来，阻抗测量主要是降低系统偏差误差、降低随机误差和放大测量谱信息。在本章节中所介绍的参数设置并不一定适合所有的阻抗仪器。

8.3.1 提高信噪比

采取下面的措施，可以降低阻抗测量的随机误差，具体参见 21.2 节。

（1）选取优化的电流测试范围

在恒电位仪中，电流是通过电子线路转换成电位的。如例 6.2 所述，恒电位仪也可以通过电流跟随器实现电位与电流的转换。当实测电流值和量程不一致时，并且电流设置量程过大，就会引起额外的随机误差。然而，当电流设置量程过小时，则会因电流过载引起系统偏差误差。有些仪器厂家要求实验用户估计相对正确的电流量程。当然，在直流电流条件下进行实验，估计电流范围并不是一件难事。在开路条件下，所期望的电流量程会随着频率而变化。如果在电化学体系上外加电流会导致体系性质发生变化，则鼓励进行电流量程的自动选择。Wocjik 等人已经提出了在给定频率下估算电流量程的方法[155,156]。

（2）增加时间/频率周期的积分

如在 7.3 节中介绍的那样，阻抗测量包括不同频率条件下时域信号的复数转换。测量随机误差随着不同频率下积分时间的增加而降低。如图 21.6(a) 所示，在不同频率下达到设置误差水平所需的周期数取决于测量的频率。在高频区需要很多的周期，但是在低频区则仅需要 3、4 个周期。有些仪器具备自动积分模式，可以通过确定周期数来达到测量的误差范围。通过选择高要求的误差范围，可以降低噪声水平。对于某些仪器来讲，这种选择是长/短积分模式。

（3）提高调制信号的幅值

像在 8.2.2 节中阐述的那样，对于给定的研究体系，其极化曲线可以用来确定调制信号幅值的大小，以此确保体系的线性响应。对于很多高阻抗体系，其电位具有相对较大的线性范围。在这种条件下，可以利用大幅值的扰动信号降低测量的随机误差。

（4）引入滞后时间

阻抗测量总是在稳态的正弦波条件下进行，意味着正弦波输入而导致的正弦波响应不会

随着时间变化。当扰动的正弦波从一个频率换到另外一个频率时，会发现系统存在一个相应过渡。这种过渡会影响到测量阻抗的积分值。Pollard 和 Compte 发现[157]，这种过渡会对在第一个周期中利用积分测量的阻抗带来 4%的误差。为了避免这种由于过渡而导致本不应该有的误差，最好是在频率转换与阻抗测量过程中引入一个或者两个周期的滞后时间。

（5）忽略第一个频率测量的结果

在阻抗测量过程中，对于第一个频率的测量结果，经常由于起始的过渡变化导致误差极大。建议在进行数据模拟回归时，忽略第一个频率的测量结果。

（6）避免线频率和谐波的影响

当前的电化学阻抗测量仪器都能够很好地过滤掉随机误差噪声。尽管如此，但是终究不能消除线频率的影响。这样，就会导致在阻抗谱中存在很多的偏离点，而且也会影响数据的非线性回归分析。因此，阻抗的测量应当避免线频率和初始谐波的影响，也就是美国频率的 (60±5)Hz 和 (120±5)Hz，欧洲频率的 (50±5)Hz 和 (100±5)Hz。

（7）避免外界电场的影响

外部设备，例如电动机、泵、荧光发光设备等都能够产生电场，并且会对电化学体系产生明显的噪声。这种影响常见于高阻抗体系，可以采用法拉第笼进行消除。

8.3.2　降低偏移误差

在阻抗测量过程中，可以采取本章节阐述的系列步骤或者措施，降低阻抗测量系统的偏移误差。有关偏移误差详见 21.3 节。非稳态带来的偏移误差对于低频区的阻抗测量影响最大，原因在于低频的测量需要更长的时间。

（1）非稳态影响

电化学体系性质的改变会对低频区阻抗测量的准确性产生明显的影响。每一个频率完成阻抗测量需要的时间将通过图 21.6 和图 21.7 进行详细的阐述。

（2）降低测量的时间

通过降低每个频率测量需要的积分时间，虽然可以降低阻抗测量的总时间，然而却增加了测量过程中随机误差的值。实际上，正确的做法是接受一定水平的随机噪声，以降低偏移误差。第二种方法是通过缩小测量频率范围或者减少每个频率段中的测量频率数，最终减少频率测量的个数。一般说来，测量的频率数越多，参数的预测越为准确。这种方法实际上是牺牲了模型的准确性而达到了相对较低的偏移误差。

（3）引入滞后时间

如上所述，在测量过程中，调制频率变化时，会产生偏移误差。这种偏差可以通过改变频率和阻抗测量中一个或者两个循环的滞后进行避免。

（4）避免线频率和谐波的影响

如上所述，线频率或者一次谐波对应的阻抗测量结果与其他频率对应的阻抗比较，会有很大的误差。应当避免在±5Hz 的线频率和对应的初始谐波进行阻抗测量。

（5）选择合适的调制技术

像在 8.2.3 节中讨论的那样，选择合理的调制技术，对偏移误差影响较大。采用恒电位调制技术，当体系电位变化时，由于自动积分的时间增加，将会导致阻抗测量的时间增长。用户应当考虑是采用恒电流还是恒电位调制技术。

（6）仪器偏差

仪器偏移偏差主要出现在高频区域，尤其是低阻抗体系。

（7）采用高速恒电位仪

高频偏移偏差可以通过选择合适的恒电位仪来降低。恒电位仪在高频区测量阻抗的能力因仪器的品牌而不同。

（8）采用短的屏蔽导线

当电解池的阻抗和仪器的内阻相当时，高频偏移偏差相当明显。在此类条件下，必须减少一些固定配件，例如导线。建议使用短的屏蔽导线。

（9）采用法拉第笼

法拉第笼是由金属导体组成的，通过将电解池包围起来，达到降低外界电场的影响。导体是由细的金属导线或者金属片组成。一般说来，笼子是接地的。尽量避免将一些电子设备放到法拉第笼里，因为电子设备在笼子里会产生电场。对于高阻抗体系，也就是对应的小电流体系，建议采用法拉第笼。导线类似天线，用来收集那些引起附加电流的杂散小电场信号。当研究体系的电流小时，这种影响就非常明显。

（10）检查实验结果

仪器偏移误差很难辨别。K-K 关系为此提供了合适的指导准则，如第 22 章中讨论的那样，一些仪器带来的偏移误差是满足 K-K 转换关系的。如果是这样的话，可以将高频随机误差值与独立获得的一些参数进行分析比较。为了更好地甄别仪器偏差误差，第三种方法，也是我们特别推荐的方法就是测量具有相同阻抗幅值和特征频率电子线路的阻抗响应。这样，就比较容易区别仪器的偏移误差带来的影响。

8.3.3 增大信息量

为了提高阻抗谱信息的满意度，可以通过增大频率范围，提高测量频率的数目，降低偏移偏差和随机误差的值和优化测量频率。

（1）增大频率范围

像在 19.5.3 节中讨论的那样，如果频率范围窄小，则会降低识别体系特征的能力。关键的问题是，增大高频率往往受制于仪器的限制，而降低最低频率则受制于体系的不稳定性约束。

（2）增加区段的频率数

增加频率数，可以提高阻抗数据分析的质量，也会提高回归分析的自由度程度。然而，增加测量的频率数，延长了阻抗测量的时间，也增加了非稳定行为的可能性。

（3）降低偏移和随机误差

如在 8.3.1 节和 8.3.2 节中阐述的那样，降低偏移误差和随机误差可以提高阻抗测量的有用信息。

（4）优化测量频率

在模型参数敏感的频率范围进行阻抗测量，可以提高回归分析的有用信息。比如，如果所有阻抗数据都是在高频区获得，而高频区的随机误差值与阻抗差不多；对于低频区的数据少，低频区的测量又与扩散和反应动力学息息相关，这样就很难选择相应的模型来分析阻抗数据。一般说来，人们认为可以通过频率的对数坐标，甄别不同模型之间的差别和分析模型参数。

思考题

8.1 根据例8.3中的讨论，当电位扰动信号满足例8.2中的指导准则时，评估电阻降对电化学体系中外加最大扰动信号幅值的影响。

8.2 对于Tafel动力学控制的电化学体系，当进行电位扰动时，计算最大幅值：

(a) 当Tafel斜率为60mV/decade且欧姆降可以忽略时，其中Tafel斜率β和常数b满足式(5.19)。

(b) Tafel斜率为120mV/decade且欧姆降可以忽略。

(c) Tafel斜率为60mV/decade，交换电流密度是$1mA/cm^2$，外加电位为100mV，欧姆降为$10\Omega \cdot cm^2$。

(d) Tafel斜率为60mV/decade，交换电流密度是$1mA/cm^2$，外加电位是200mV，欧姆降为$10\Omega \cdot cm^2$。

8.3 当电流响应的误差为0.22%时，采用3.2节中的模型，计算阻抗实部的误差。

8.4 可否采用同样幅值的电位干扰极化曲线的各个部分进行阻抗测量？请给出实例解释。

8.5 当正弦电位输入时，电容的空间分布会导致电流的非线性响应吗？

8.6 重复图8.3和图8.4的结果。采用电子表格，例如Microsoft Excel®或者Matlab®计算机程序解决。

8.7 据研究人员报道，采用固定幅值的恒电流调制技术对人体皮肤进行阻抗测量时，发现皮肤性质明显变化，并且这种变化是阻抗测量造成的。皮肤的阻抗在高频时是$10\Omega \cdot cm^2$，低频时是$100k\Omega \cdot cm^2$。外加电流扰动信号幅值为0.1mA，测量皮肤表面面积是$1cm^2$。请解释测量结果出现的原因，并给出提高实验方法的建议。

Electrochemical
Impedance
Spectroscopy

第三部分

过程模型

第 9 章
等效电路模拟

在第三部分中，第 10 章对反应过程、第 11 章和第 16 章对传质过程、第 13 章和第 15 章对物理现象进行了假设，并由此建立了阻抗响应模型。这些模型通常采用电子电路的数学形式表达。电子电路也可以用于构建一个框架来解释影响电化学系统阻抗响应的现象。本章将介绍电子电路的应用方法。

9.1 一般方法

针对一个电化学系统，在建立其等效电路的过程中，第一步就是分析总电流和总电位的性质。例如图 9.1(a) 所示，总电位是界面电位 V 和欧姆降 $R_e i$ 之和。因此，总阻抗是界面阻抗 Z_0 与电解液电阻 R_e 之和。

$$Z = R_e + Z_0 \tag{9.1}$$

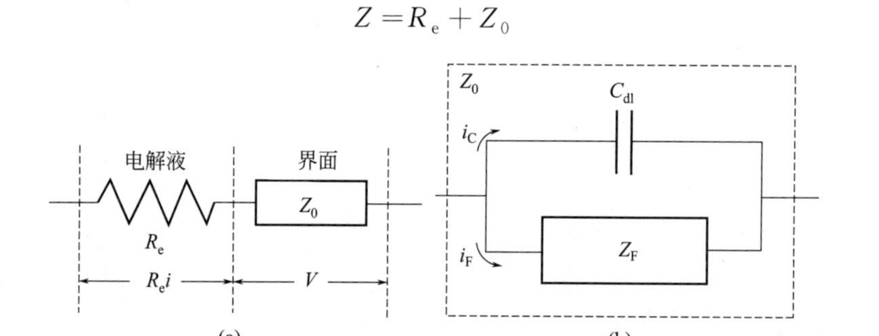

图 9.1 均匀电极上单个反应的电路图。
(a) 电解液电阻和界面阻抗串联；(b) 法拉第阻抗和双电层电容并联共同组成了界面阻抗

在界面处，如图 9.1(b) 所示，总电流是法拉第电流 i_F 和通过双电层电容 C_{dl} 的充电电流 i_C 之和。因此，界面阻抗是由法拉第阻抗 Z_F 与双电层电容并联构成的，对应的阻抗为

$$Z = R_e + \frac{Z_F}{1 + j\omega C_{dl} Z_F} \tag{9.2}$$

其中，Z_F 用图 9.1 中的方框表示，方框一般用来代表那些无法用电阻、电容这种无源元件描述的阻抗。在均匀电极上，如果仅单个反应发生，如同 10.2.1 节中描述的那样，可以用法拉第阻抗 Z_F 描述为一个电荷转移电阻，见图 9.1(b)。然而，对于耦合反应的界面响应，描述就更为复杂了，涉及传质过程、物质吸附反应以及非均匀表面上的反应。

尽管如此，图 9.1 还是说明了复杂情况下所采用的步骤。当流过电路元件的电流相等但

提示 9.1：在等效电路图中，方框通常用于代表无源元件无法描述的阻抗。

压降不等时，每个阻抗须按串联方式相加，如图 9.1(a) 所示。当流过电路元件的电流不等但压降相等时，每个阻抗须按并联方式相加，如图 9.1(b) 所示。电路元件串、并联加法的相关计算法则请参考第 4.1.2 节。

对电流路径和系统压降的物理意义的理解，则是为了理解对应的电路结构。对于界面阻抗的数学表达式，将在随后的章节中介绍。在以下几个小节中，将给出几个例子说明等效电路的构建过程。

9.2 电流加法

图 9.1(b) 为一个电流相加的电路例子。在本节中，有关示例将说明这条原则在更复杂情况下也是适用的。

9.2.1 在腐蚀电位下的阻抗

在自腐蚀电位条件下，电极电路可以分两个步骤进行构建。图 9.1(a) 中，电解质的电阻与界面阻抗串联。根据图 9.2，可以得出界面阻抗。图 9.1(b) 中，溶液电阻与界面阻抗串联。界面阻抗进一步分解为图 9.2 所示阻抗构成。如图 9.1(b) 所示，总电流等于充电电流和法拉第电流之和。在腐蚀电位下，阳极和阴极的法拉第电流和总是等于零，即 $\bar{i}_a+\bar{i}_c=0$。因此，法拉第阻抗必须是 Z_a 和 Z_c 的并联之和。双电层电容是以并联方式相加的，对应阻抗表达式为

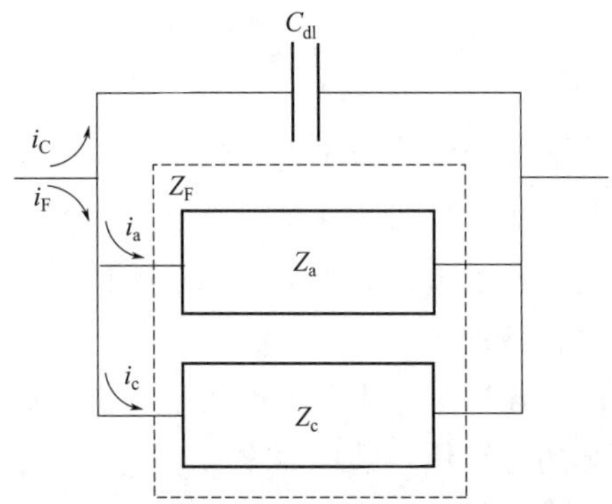

图 9.2 腐蚀电位下界面阻抗的等效电路图。其中，i_C 指充电电流，而 i_a、i_c 分别表示阳极电流、阴极电流

$$Z=R_e+\frac{1}{\frac{1}{Z_a}+\frac{1}{Z_c}+j\omega C_{dl}} \tag{9.3}$$

根据所提出的反应机理，阻抗 Z_a 和 Z_c 的表达式必须分开表示，见第 10 章。

例 9.1 区分腐蚀模型的方法：如果 $Z_a \gg Z_c$，则式 (9.3) 可表示为

$$Z=R_e+\frac{Z_c}{1+j\omega C_{dl}Z_c} \tag{9.4}$$

相反，如果 $Z_c \gg Z_a$，则式 (9.3) 可以表示为

$$Z=R_e+\frac{Z_a}{1+j\omega C_{dl}Z_a} \tag{9.5}$$

如何确定何时可以进行这种简化？

解：推荐方法是，首先测量开路电位条件下的阻抗，然后测量开路电位偏正的阳极电位和开路电位偏负的阴极条件下电极阻抗。注意：必须确保是在稳态条件下才能进行阻抗测量。如果两个反应过程都是动力学控制的，则电位的增加即偏正，则会增加阴极阻抗 Z_c 并

提示 9.2：当总电流等于各个电流之和时，在等效电路中为各元件并联；当总电压降等于各个电压之和时，在等效电路中为各元件串联。

降低阳极阻抗 Z_a，电位的降低即偏负，则会降低 Z_c 并增加阳极阻抗 Z_a。其结果列于表 9.1，并且与在开路电位下测量的值比较，其阻抗的预期变化见表 9.1。

表 9.1　为确定式（9.3）简化为式（9.4）和式（9.5）的合理性而进行的实验的结果

假设条件	$V_{corr}+\Delta V$	$V_{corr}-\Delta V$
$Z_c \gg Z_a$	降低⇓	增大⇑
$Z_c \ll Z_a$	增大⇑	降低⇓
$Z_c \approx Z_a$	降低⇓	降低⇓
$Z_a \neq f(V)$ 且 $Z_a \gg Z_c$	增大⇑	降低⇓
$Z_a \neq f(V)$ 且 $Z_a \ll Z_c$	不变⇔	不变⇔

注：实验在 V_{corr}、$V_{corr}+\Delta V$ 和 $V_{corr}-\Delta V$ 下进行。ΔV 的典型值在 10～50mV 之间。结果是将阻抗预期变化与在开路电位下的阻抗测量值进行比较。

9.2.2　部分覆盖电极

用一层表面薄膜对电极进行部分覆盖，例如氧化物层，则会阻止法拉第电流的流过。在某些情况下，表面覆盖率受电位的影响，并且必须通过 10.4.1 节和 10.4.2 节中提出的方法进行处理。

在这里，需要考虑的是覆盖表面与电位无关的情况。如图 9.3 所示，将覆盖区看作是完全的绝缘体，其覆盖率为 γ，活性表面的覆盖率为 1－γ。对于图 9.3 所示体系，其阻抗表达式为

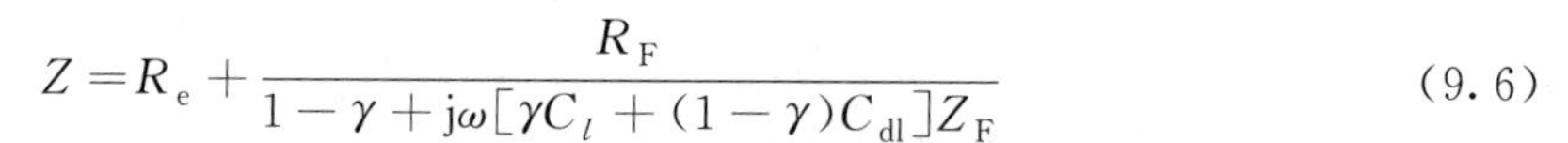

$$Z = R_e + \frac{R_F}{1-\gamma + j\omega[\gamma C_l + (1-\gamma)C_{dl}]Z_F} \tag{9.6}$$

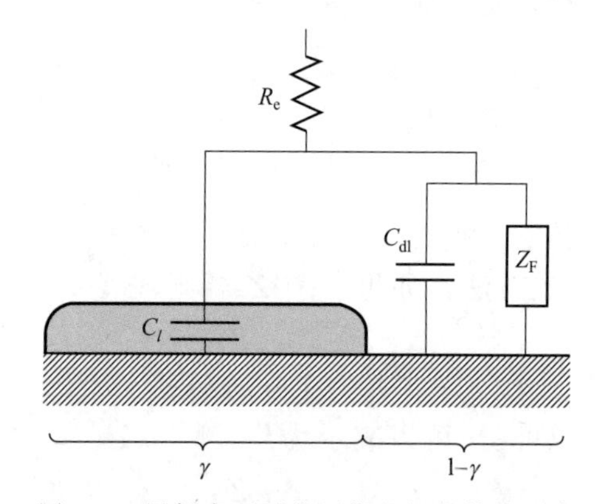

图 9.3　局部表面覆盖固体电极的等效电路

如果覆盖率 γ 趋于零，系统阻抗趋于未覆盖表面的阻抗值。当覆盖率 γ 趋于 1，电极阻抗将变大。当 γ=1，双电层容抗为 C_l 时，固体电极的阻抗为

$$\lim_{\gamma \to 1} Z = R_e + \frac{1}{j\omega C_l} = R_e - j\frac{1}{\omega C_l} \tag{9.7}$$

如果体系不受传质控制，那么部分覆盖率的影响作用仅为减小活性面积。

例 9.2　涂层电极：从式（9.6）可以得到多少个自变量？

解：式（9.6）可以写成

$$Z = R_e + \frac{Z_F/(1-\gamma)}{1 + j\omega[\gamma C_l + (1-\gamma)C_{dl}]Z_F/(1-\gamma)} \tag{9.8}$$

如果考虑以下新参数

$$Z_{F,\gamma} = \frac{Z_F}{1-\gamma} \tag{9.9}$$

$$C_{l,\gamma} = \gamma C_l \tag{9.10}$$

和

$$C_{dl,\gamma} = (1-\gamma)C_{dl} \tag{9.11}$$

式（9.8）变为

$$Z = R_e + \frac{Z_{F,\gamma}}{1 + j\omega(C_{l,\gamma} + C_{dl,\gamma})Z_{F,\gamma}} \tag{9.12}$$

所以，根据式（9.6），通过回归，可以获得三个独立变量：即 R_e、$Z_{F,\gamma}$ 和（$C_{l,\gamma} + C_{dl,\gamma}$）。

为了说明表面覆盖的作用，考虑用介电常数 $\varepsilon = 11$ 的 1nm 厚薄膜覆盖的电极。按照式（5.138），相应的薄膜电容值接近 $10\mu F/cm^2$。如果按照第 10.2.1 节的推导，法拉第阻抗 $Z_F = R_t$，那么阻抗可以表示为图 9.4。其中，假设双电层电容值为 $40\mu F/cm^2$，并且假设电荷转移电阻值 $R_t = 100\Omega \cdot cm^2$。测得的法拉第阻抗与有效面积成反比。因此，相对于活性表面的双层容量，如果覆盖表面电容可以忽略的话，那么所有阻抗值与（$1-\gamma$）成反比。如图 9.6(a) 和 9.6(b) 所示，即使特征频率取决于 γ，但是归一化处理的阻抗却与表面覆盖率 γ 无关，见图 9.5 所示的 Nyquist 图。如果覆盖表面的电容不能忽略，则总容量将是涂覆区域和未涂覆区域的面积加权电容总和，即

$$C = \gamma C_l + (1-\gamma)C_{dl} \tag{9.13}$$

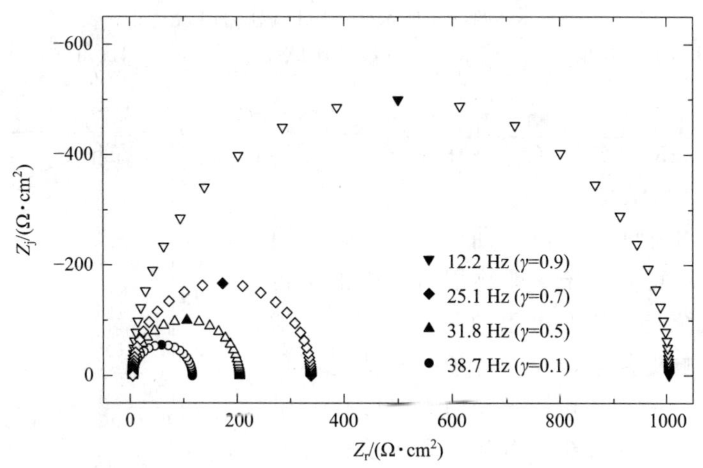

图 9.4　图 9.3 所示局部覆盖电极的阻抗响应。其中，$R_e = 5\Omega \cdot cm^2$，$C_l = 10\mu F/cm^2$，$C_{dl} = 40\mu F/cm^2$，$Z_F = R_t = 100\Omega \cdot cm^2$

对于图 9.4 中给出的示例，特征频率与覆盖率有关，即

提示 9.3：Nyquist 图出现重叠，表明活性表面积的影响。

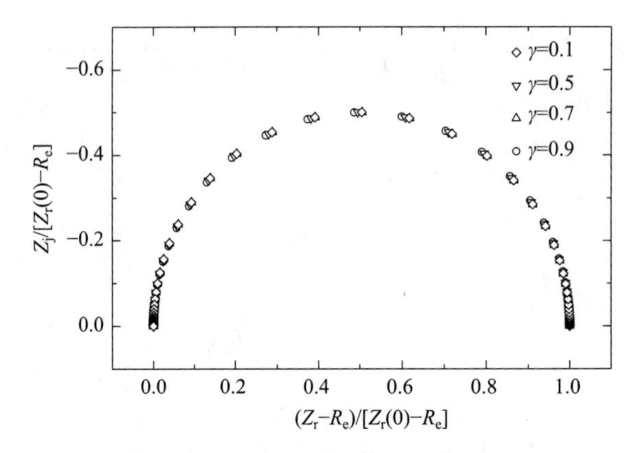

图 9.5　图 9.4 所示体系阻抗响应的 Nyquist 图

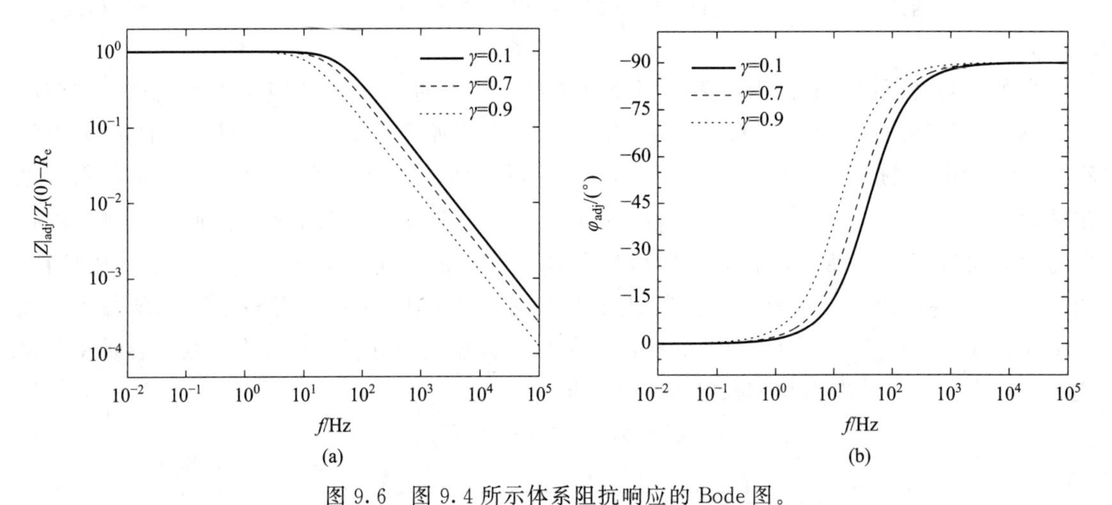

图 9.6　图 9.4 所示体系阻抗响应的 Bode 图。

(a) 欧姆电阻校正的模值图［见式（18.12)］；(b) 欧姆电阻校正的相位角图［见式（18.11)］

$$f_c = \frac{1-\gamma}{2\pi R_t[\gamma C_l + (1-\gamma)C_{dl}]} \tag{9.14}$$

具体如图 9.7 所示。

Baril 等人[158] 使用 Nyquist 曲线的叠加，证明了阻抗响应的变化可归因于氧化物层对电极的覆盖率增加。如果系统受到传质过程的限制[159,160]，则局部覆盖率的影响更复杂，并且对于一般情况不存在分析解。在第 16 章讨论电流体动力学（EHD）阻抗时，将提供一种分析局部表面覆盖和传质耦合效应的技术。

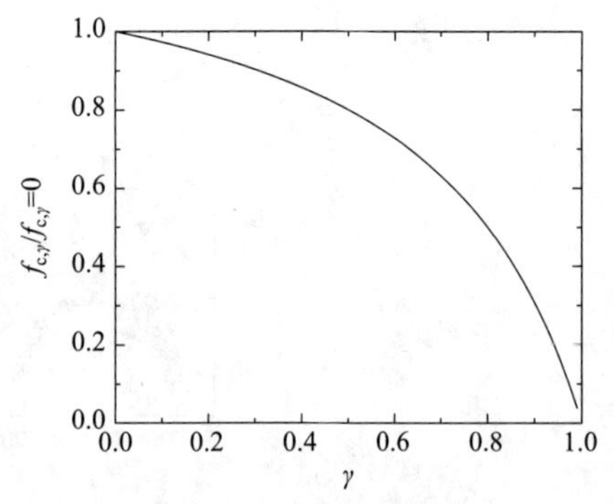

图 9.7　图 9.4 所示体系特征频率与覆盖率之间的关系图。其中，特征频率由式（9.14）确定

9.3　电压加法

图 9.1(a) 所示为基于电压相加的电路例子。在本节中，将举例说明更复杂情况下加法的应用原则。

9.3.1　单层惰性多孔膜电极

在电化学研究中，电极表面通常会形成表面膜，这些薄膜将影响阻抗响应。多孔惰性层涂覆电极也可以认为是在第 9.2.2 节中所述情况下的延伸。相比起来，对于多孔惰性层涂覆电极来讲，膜厚度更薄，整个表面覆盖率基本一致。

如图 9.8 所示，电极表面膜是多孔的，并且电化学反应只发生在暴露电极表面上孔隙的底部，其法拉第阻抗与第 9.2.2 节中所讨论的相同。然而，在动力学模型中，必须考虑到这样一个事实，即在孔隙内，参与反应的不同物质浓度与总浓度是有差别的。

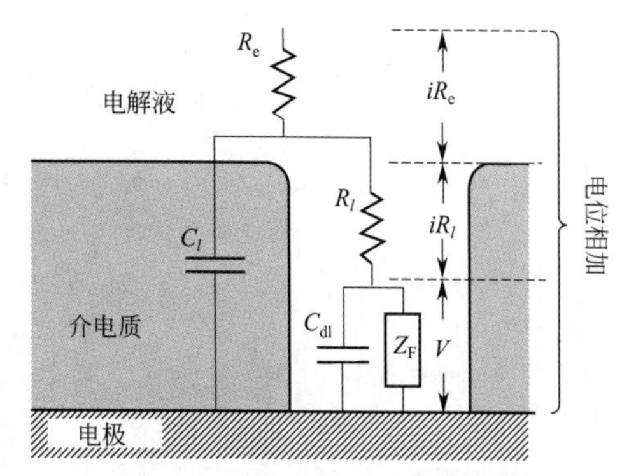

图 9.8　多孔介电质层覆盖电极阻抗的等效电路图

图 9.8 为涂覆电极对应的等效电路[161]。在孔隙底部界面上，整个阻抗响应为 Z_F 和 C_{dl} 的并联组合。在孔隙的长度方向上，存在电解质溶液电阻 R_l，涂层绝缘部分可以看作是一个电容 C_l，它与孔隙的阻抗并联。根据式（5.138）可知，电容与涂层介电常数和厚度有关，其特征值列于表 5.6 中。

电解质溶液电阻 R_e 与前面的阻抗串联相加，其对应的阻抗表达式为

$$Z = R_e + \frac{\left(R_l + \dfrac{Z_F}{1 + j\omega C_{dl} Z_F}\right)}{1 - \gamma + j\omega\gamma C_l \left(R_l + \dfrac{Z_F}{1 + j\omega C_{dl} Z_F}\right)} \tag{9.15}$$

按照式（9.9）～式（9.11），式（9.15）可以表示为

$$Z = R_e + \frac{\left(R_{l,\gamma} + \dfrac{Z_{F,\gamma}}{1 + j\omega C_{dl,\gamma} Z_{F,\gamma}}\right)}{1 + j\omega C_{l,\gamma} \left(R_{1,\gamma} + \dfrac{Z_{F,\gamma}}{1 + j\omega C_{dl,\gamma} Z_{F,\gamma}}\right)} \tag{9.16}$$

其中，$R_{l,\gamma}$ 表示为

$$R_{l,\gamma} = \frac{R_l}{1 - \gamma} \tag{9.17}$$

参数 R_e、$R_{l,\gamma}$、$Z_{F,\gamma}$、$C_{l,\gamma}$ 和 $C_{dl,\gamma}$ 可以通过回归获得。获得覆盖率 γ 值的唯一方法是假设 C_{dl} 的值。从 C_l 可以推导出介电膜层厚度 δ，具体见第 5.7.2 节。从 R_l 可以评估孔中的电解质电阻率，即

$$\rho_l = \frac{R_l}{\delta} \tag{9.18}$$

可以假设裸金属的电容值，因为该值一般在 10～50μF/cm² 之间（参见第 5.7 节）。

当 γ 接近 1 时，式（9.15）接近于式（9.7）。如果电化学反应受传质控制，则先前的等效电路仍然有效，但法拉第阻抗包括扩散阻抗 Z_D，见第 11 章所述。

9.3.2　双层惰性多孔膜电极

在腐蚀系统中，盐膜可以覆盖在本身已有多孔氧化物膜的电极上。如果电极表面有两个

不同的膜重叠，由几何分析表明，在考虑第二层多孔膜的影响时，需要考虑在第 9.3.1 节所述的等效电路上串联的 $R_{l,2}C_{l,2}$。图 9.9 是一个近似电路，因为它假设内层和外层之间的边界为一个等电位面。但是，这个等电位面将受孔隙的影响。图 9.9 所示的电路表示外层膜比内层膜厚，且内层膜具有相对较少的孔隙。其阻抗响应为

$$Z = R_e + \frac{R_{l,2}}{1 + j\omega R_{l,2} C_{l,2}} + \frac{\left(R_{l,1,\gamma} + \dfrac{Z_{F,\gamma}}{1 + j\omega C_{dl,\gamma} Z_{F,\gamma}}\right)}{1 + j\omega C_{l,1,\gamma}\left(R_{l,1,\gamma} + \dfrac{Z_{F,\gamma}}{1 + j\omega C_{dl,\gamma} Z_{F,\gamma}}\right)} \tag{9.19}$$

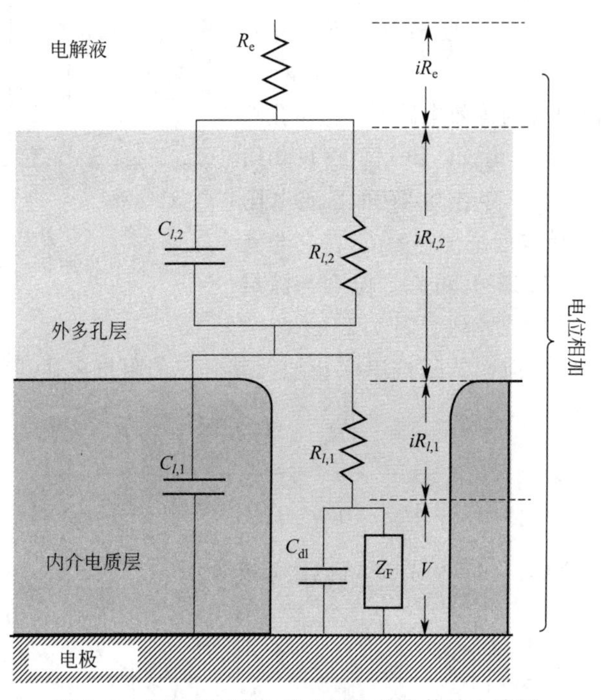

图 9.9　多孔双层膜电极的阻抗响应等效电路图

例 9.3　**随时间变化的欧姆电阻**：有时可以观察到这样的现象，系统外层阻抗与图 9.9 给出的情况相似，是可以忽略的，但是欧姆电阻却随时间增加而增加。解释这一现象。

解：在图 9.9 中，多孔外层的特征频率是

$$f_{l,2} = \frac{1}{2\pi R_{l,2} C_{l,2}} \tag{9.20}$$

电容可以根据式（5.138）得出。当介电常数 $\varepsilon_{l,2}=10$，涂层厚度 $\delta_{l,2}=100\mu m$ 时，电容为 $C_{l,2}=9\times10^{-11}F/cm^2$。电阻可以由下式计算

$$R_{l,2} = \delta_{l,2}/\kappa_{l,2} = \rho_{l,2}\delta_{l,2} \tag{9.21}$$

其中，$\kappa_{l,2}$ 是有效涂层的导电率，$\rho_{l,2}$ 是有效涂层电阻率。对于盐膜而言，盐膜层导电率值为 $\kappa_l=10^{-4}\Omega^{-1}\cdot cm^{-1}$（$\rho_l=10^4\Omega\cdot cm$）。

提示 9.4：当电路中的所有电阻在低频范围内都能够测定时，在足够高的频率范围内如果无法测得，那么就不可能得到所有的容抗值。

对应的时间常数 $\tau_{l,2}=9\times10^{-9}$s，特征频率 $f_{l,2}=1.8\times10^{7}$Hz，或者为18MHz。这个频率远高于电化学阻抗测试仪的量程。因此，对应于多孔外层的电容回路在实验中不会出现。膜层的电阻会影响所有频率范围内的测量结果。所以，随着膜层厚度的增加，欧姆电阻将表现出明显的增加。在这个例子中，图9.9所示的电路应该修改成图9.10所示的等效电路图[162]。能否测量多孔外层膜的容抗弧并不取决于多孔层的厚度，但是它对多孔层的有效电导率敏感。涂料和聚合物膜的有效导电率要低得多，从而可以得到一个更小的、接近实验可测范围的特征频率。

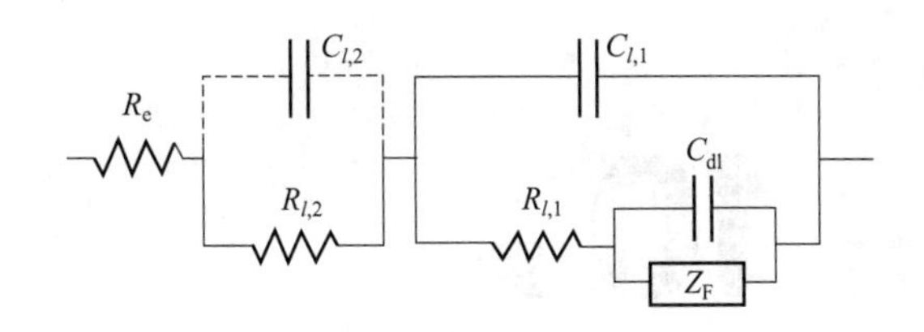

图9.10 多孔双层膜电极的等效电路图。其中，电容 $C_{l,2}$ 使用虚线表示，代表实验仪器无法测定的范围

思考题

9.1 根据图9.11给出的涂覆电极，画出相应的等效电路。

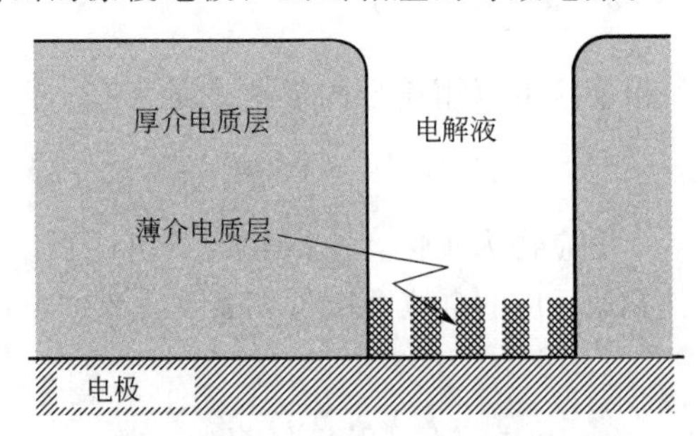

图9.11 多孔厚介电质膜覆盖薄膜层与金属基材暴露电极的示意图

9.2 思考题9.1得出的电路与9.3.2节中的电路等效是否一致?

9.3 估算下列物质在图9.9所示系统中多孔外层阻抗响应的特征频率：

(a) 盐膜，有效电导率。

(b) 聚合物涂层，有效电导率。

(c) 环氧涂层，有效电导率。

9.4 求证图9.9中系统多孔外层阻抗的特征频率与膜厚度无关。讨论多孔层厚度对多孔层电阻的影响。

9.5 如第9.2.2节所述，设定一个标准，以判断局部覆盖电极的介电薄膜是否就是薄膜?或者如第9.3.1节所述，确定其厚度。

9.6 考虑到厚10nm的α-Fe_2O_3（赤铁矿）介电膜覆盖金属电极，并且电极的覆盖率为 $\gamma=0.7$。估算系统的电容。

9.7 图9.9的电路如何受到外盐层厚度不均匀的影响?可以在阻抗响应中识别出盐膜层厚度的不均匀性吗?

9.8 假设图9.3正确描述了部分覆盖的电极，相关的等效电路是否会考虑与此几何相关的非均匀电流和电位分布的影响?

9.9 验证表9.1中的结果。

第 10 章 动力学模型

在第 9 章中，基于黑匣子理论，并利用未定义的传递函数 Z_F，解释了与界面反应有关的阻抗。在某些情况下，界面阻抗可以使用像电阻和电容器这样的电路元件进行描述。然而，阻抗响应特性却取决于反应机理。本章主要探讨反应机理和界面阻抗响应之间的关系。

10.1 通用数学式

如 5.2 节所述，一个多相反应可以用符号的形式表示为

$$\sum_i s_i M_i^{z_i} \rightleftharpoons n\mathrm{e}^- \tag{10.1}$$

其中，对于化学计量系数 s_i，反应物为正值，生成物为负值，不参与反应的物质为零。
如式（5.75）所示，对应该法拉第反应的电流密度可以表示为界面电位（V）、体积浓度$c_i(0)$和表面覆盖率 γ_k 的函数。即

$$i_F = f[V, c_i(0), \gamma_k] \tag{10.2}$$

其中，电极电位 φ_M 和电极附近的电解质电位 φ_0 之间的差值就是界面电位。界面电位可以用测量电池电位 U［参见等式（10.33）］的方法，使用参比电极进行测量。

所有变量，如浓度、电流或电位，都可以写成下列形式

$$X = \bar{X} + \mathrm{Re}\{\widetilde{X}\mathrm{e}^{\mathrm{j}\omega t}\} \tag{10.3}$$

其中，上划线表示稳态值；j 是虚数（$\mathrm{j}=\sqrt{-1}$）；ω 是角频率；波浪线表示频率函数的复变量。特别地，电流密度可以用稳态的、与时间无关的定值和瞬时值［见式（1.136）］表示为

$$i_F = \bar{i}_F + \mathrm{Re}\{\tilde{i}_F \mathrm{e}^{\mathrm{j}\omega t}\} \tag{10.4}$$

对于稳态值 $\bar{i}_F$ 可以用泰勒级数展开，即为

$$\tilde{i}_F = \left(\frac{\partial f}{\partial V}\right)_{c_i(0),\gamma_k}\widetilde{V} + \sum_i \left[\frac{\partial f}{\partial c_i(0)}\right]_{V,c_{l,l\neq i}(0),\gamma_k}\tilde{c}_{i,0} + \sum_k \left(\frac{\partial f}{\partial \gamma_k}\right)_{V,c_i(0),\gamma_{l,l\neq k}}\tilde{\gamma}_k \tag{10.5}$$

其中，假设 $\widetilde{V}$、$c_i(0)$ 和 $\tilde{\gamma}_k$ 取值很小，那么高阶项就可以忽略。式（10.5）可应用于表示任何电化学反应的一般结果。

在没有迁移的情况下，参与反应的组分通量与电流密度的关系为

$$D_i \left.\frac{\partial c_i}{\partial y}\right|_{y=0} = \frac{s_i i_F}{nF} \tag{10.6}$$

由式（10.6），可得法拉第电流密度的瞬时值，即

$$\widetilde{i}_{\mathrm{F}} = \frac{nFD_{\mathrm{i}}}{s_{\mathrm{i}}} \frac{\mathrm{d}\widetilde{c}_{\mathrm{i}}}{\mathrm{d}y}\bigg|_{y=0} \tag{10.7}$$

因此，式（10.5）可以进一步写成

$$1 = \left(\frac{\partial f}{\partial V}\right)_{c_{\mathrm{i}}(0),\gamma_{\mathrm{k}}} Z_{\mathrm{F}} + \sum_{\mathrm{i}} \left[\frac{\partial f}{\partial c_{\mathrm{i}}(0)}\right]_{V,c_{l,l\neq \mathrm{i}}(0),\gamma_{\mathrm{k}}} \left[\frac{s_{\mathrm{i}}\widetilde{c}_{\mathrm{i}}(0)}{nFD_{\mathrm{i}} \left.\frac{\mathrm{d}\widetilde{c}_{\mathrm{i}}}{\mathrm{d}y}\right|_{y=0}}\right] + \sum_{\mathrm{k}} \left(\frac{\partial f}{\partial \gamma_{\mathrm{k}}}\right)_{V,c_{\mathrm{i}}(0),\gamma_{l,l\neq \mathrm{k}}} \left(\frac{\widetilde{\gamma}_{\mathrm{k}}}{\widetilde{V}} Z_{\mathrm{F}}\right) \tag{10.8}$$

其中，Z_{F} 是由（10.9）定义的法拉第阻抗

$$Z_{\mathrm{F}} = \frac{\widetilde{V}}{\widetilde{i}_{\mathrm{F}}} \tag{10.9}$$

式（10.9）可表示为

$$Z_{\mathrm{F}} = \frac{R_{\mathrm{t}} + Z_{\mathrm{D}}}{1 + R_{\mathrm{t}} \sum_{\mathrm{k}} \left(\frac{\partial f}{\partial \gamma_{\mathrm{k}}}\right)_{V,c_{\mathrm{i}}(0),\gamma_{l,l\neq \mathrm{k}}} \frac{\widetilde{\gamma}_{\mathrm{k}}}{\widetilde{V}}} \tag{10.10}$$

其中，电荷转移电阻定义为

$$R_{\mathrm{t}} = \left[\left(\frac{\partial f}{\partial V}\right)_{c_{\mathrm{i}}(0),\gamma_{\mathrm{k}}}\right]^{-1} \tag{10.11}$$

扩散阻抗定义为

$$Z_{\mathrm{D}} = R_{\mathrm{t}} \sum_{\mathrm{i}} \frac{s_{\mathrm{i}}}{nFD_{\mathrm{i}}} \left[\frac{\partial f}{\partial c_{\mathrm{i}}(0)}\right]_{V,c_{l,l\neq \mathrm{i}}(0),\gamma_{\mathrm{k}}} \left[\frac{-\widetilde{c}_{\mathrm{i}}(0)}{\left.\frac{\mathrm{d}\widetilde{c}_{\mathrm{i}}}{\mathrm{d}y}\right|_{y=0}}\right] \tag{10.12}$$

如本章所述，传递函数 $\widetilde{\gamma}_{\mathrm{k}}/\widetilde{V}$ 是基于每种吸附物质 k 导出的。

通用公式（10.5）对于依据反应顺序建立阻抗模型是具有指导意义的。在这里，所考虑的反应机制不仅包括与电位有关的反应，也包括与电位和传质过程同时相关的反应，还包括与电位和表面覆盖有关的耦合反应，甚至包括与电位、表面覆盖和质量传递过程都相关的耦合反应。对于所提出的反应过程，在第 9 章中已经进行了阐述，他们都会对与界面法拉第阻抗相关的频率产生重大影响。

10.2　电化学反应

在本节中，所讨论的电化学反应是简单的一步反应，并且这些电化学反应可能是由电位驱动的，也有可能是由电位和传质过程耦合驱动的。在第 10.4 节中，将详细阐述表面覆盖对电极过程的影响。

10.2.1　仅与电位有关的反应

在水溶液中，金属的溶解反应为

$$\mathrm{M} \longrightarrow \mathrm{M}^{n+} + n\mathrm{e}^{-} \tag{10.13}$$

如图 10.1 所示，该电化学反应的稳态法拉第电流可以用 Tafel 动力学公式［见公式（5.21)］表示为

$$i_{\mathrm{M}}=K_{\mathrm{M}}^{*}\exp[b_{\mathrm{M}}(V-V_{0,\mathrm{M}})] \tag{10.14}$$

式中，$K_{\mathrm{M}}^{*}=nFk_{\mathrm{M}}$，单位为电流密度的单位；$b_{\mathrm{M}}=\alpha_{\mathrm{M}}nF/RT$，其中，$n$ 是反应（10.13）中单位摩尔反应物质转移的电子数；F 是法拉第常数（96485C/mol）；k_{M} 是反应速率常数；α_{M} 是对称因子；R 是摩尔气体常数［8.3147J/(mol·K)］；T 是热力学温度；V 是界面电位；$V_{0,\mathrm{M}}$ 为第 5.3 节中所述的界面平衡电位。

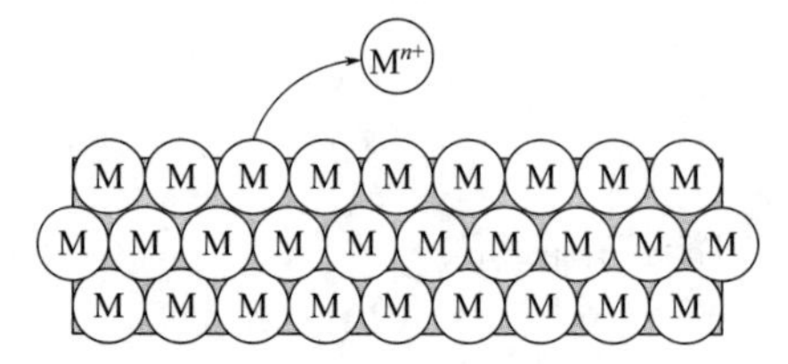

图 10.1　金属溶解反应的示意图

对于涉及多个简单反应的系统来说，为了方便起见，可以将界面平衡电位归纳为一个有效速率常数，即

$$i_{\mathrm{M}}=K_{\mathrm{M}}^{*}\exp(-b_{\mathrm{M}}V_{0,\mathrm{M}})\exp(b_{\mathrm{M}}V) \tag{10.15}$$

或

$$i_{\mathrm{M}}=K_{\mathrm{M}}\exp(b_{\mathrm{M}}V) \tag{10.16}$$

式中，$K_{\mathrm{M}}=K_{\mathrm{M}}^{*}\exp(-b_{\mathrm{M}}V_{0,\mathrm{M}})$。假设该反应不受吸附中间产物或是腐蚀产物膜层的影响，那么反应物的浓度就可以认为是有效速率常数 k_{M} 的一个反应常数。按照式（10.14），电流密度只是电位的函数。稳态电流密度随着界面电位 V 呈指数增加并且为正数。

因此，电位扰动引起的法拉第电流响应可以表示为

$$\widetilde{i}_{\mathrm{M}}=K_{\mathrm{M}}\exp(b_{\mathrm{M}}\overline{V})b_{\mathrm{M}}\widetilde{V}=\overline{i}_{\mathrm{M}}b_{\mathrm{M}}\widetilde{V} \tag{10.17}$$

其中，$\widetilde{V}$表示电位扰动。此反应的电荷转移电阻可以表示为

$$\widetilde{i}_{\mathrm{M}}=\frac{\widetilde{V}}{R_{\mathrm{t,M}}} \tag{10.18}$$

其中

$$R_{\mathrm{t,M}}=\frac{1}{K_{\mathrm{M}}\exp(b_{\mathrm{M}}\overline{V})b_{\mathrm{M}}}=\frac{1}{\overline{i}_{\mathrm{M}}b_{\mathrm{M}}} \tag{10.19}$$

式（10.18）对应于式（10.5）中的第一项。

由此，法拉第阻抗由式（10.20）表示为

$$Z_{\mathrm{F,M}}=\frac{\widetilde{V}}{\widetilde{i}_{\mathrm{M}}}=R_{\mathrm{t,M}} \tag{10.20}$$

从式（9.1）可以看出，平板电极上的反应阻抗可以表示为

$$Z_{\mathrm{M}}(\omega)=R_{\mathrm{e}}+\frac{R_{\mathrm{t,M}}}{1+\mathrm{j}\omega R_{\mathrm{t,M}}C_{\mathrm{dl}}} \tag{10.21}$$

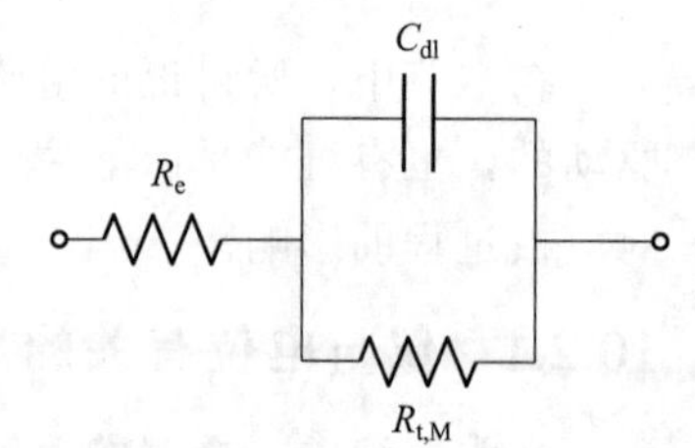

图 10.2　简单电化学反应阻抗响应的等效电路图

如图 10.2 所示，对于一个简单反应，其等效电路的阻抗表达式为式（10.21）。式（10.20）可用于第 9 章中其他反应所对应的阻抗表达。如例 10.1 所述，也可以在不使用电子电路的情况下推导出公式（10.21）。

例 10.1　不用电子电路进行阻抗推导：不使用第 9 章中所述电子电路方法，推导出仅与电位有关的简单电化学反应电池阻抗的表达式 [式 (10.21)]。

解：在推导过程中，利用了表 10.1 中所列的一些关系式。

表 10.1　法拉第反应阻抗响应推导过程中一些有用的关系式

$$\tilde{i}=\tilde{i}_{F}+j\omega C_{dl}\tilde{V} \tag{10.22}$$

$$\tilde{U}=\tilde{i}R_{e}+\tilde{V} \tag{10.23}$$

$$Z(\omega)=\frac{\tilde{U}}{\tilde{i}} \tag{10.24}$$

总电流密度可以用法拉第和充电电流密度之和表示为

$$i=i_{M}+C_{dl}\frac{dV}{dt} \tag{10.25}$$

其中，C_{dl} 为双电层电容。充电电流和法拉第电流的加和如图 9.1(b) 所示。电位和电流可表示为稳态值和瞬时值之和，即

$$V=\overline{V}+\mathrm{Re}\{\tilde{V}e^{j\omega t}\} \tag{10.26}$$

因此，式 (10.25) 可表示为

$$\overline{i}+\mathrm{Re}\{\tilde{i}e^{j\omega t}\}=\overline{i}_{M}+\mathrm{Re}\{\tilde{i}_{M}e^{j\omega t}\}+C_{dl}\frac{d}{dt}\mathrm{Re}\{\tilde{V}e^{j\omega t}\} \tag{10.27}$$

在稳态条件下，有

$$\overline{i}=\overline{i}_{M} \tag{10.28}$$

这样，式 (10.27) 可表示为

$$\mathrm{Re}\{e^{j\omega t}(\tilde{i}-\tilde{i}_{M}-j\omega C_{dl}\tilde{V}\}=0 \tag{10.29}$$

只有当式 (10.30)，即

$$\tilde{i}=\tilde{i}_{M}+j\omega C_{dl}\tilde{V} \tag{10.30}$$

对应于表 10.1 中的式 (10.22) 时，才能使式 (10.29) 成立。将式 (10.18) 代入式 (10.30)，即可得到式 (10.31) 或式 (10.32)

$$\tilde{i}=\tilde{V}\left(\frac{1}{R_{t,M}}+j\omega C_{dl}\right) \tag{10.31}$$

$$\frac{\tilde{V}}{\tilde{i}}=\frac{R_{t,M}}{1+j\omega R_{t,M}C_{dl}} \tag{10.32}$$

即为界面阻抗。

电极表面电位与相对于参比电极测量电位之间的关系可以表示为

$$U=iR_{e}+V \tag{10.33}$$

提示 10.1：虽然一些法拉第阻抗可用无源元件表示，但是根据提出的一些反应历程推导阻抗模型的过程，有助于充分理解、认识电路元件的物理意义。

由式（10.33）可以导出式（10.23）。根据式（10.24），对应于反应（10.13）的电池阻抗可以表示为

$$Z_M(\omega)=\frac{\widetilde{U}}{\widetilde{i}}=R_e+\frac{\widetilde{V}}{\widetilde{i}} \tag{10.34}$$

将式（10.32）代入式（10.34），即可得到阻抗表达式

$$Z_M(\omega)=R_e+\frac{R_{t,M}}{1+j\omega R_{t,M}C_{dl}} \tag{10.35}$$

该结果与通过电子电路获得的结果［即式（10.21）］一致。使用电子电路建模可以快速得到阻抗模型，特别是在涉及部分平板电极和电极表面有薄膜覆盖情况下的阻抗模型。

相对于利用电子电路建立阻抗模型，基于动力学过程建立阻抗模型的优点在于所获得的参数具有明确的物理意义。例如，从式（10.19）可知，电荷转移电阻就是稳态电位 V 的函数。根据式（5.19），式（10.14）可以用塔菲尔斜率表示为

$$\overline{i}_M=K_M\exp\left(\frac{2.303\times10^3\overline{V}}{\beta_M}\right) \tag{10.36}$$

将式（10.36）代入式（10.19），电荷转移电阻与电位之间的关系可以用塔菲尔斜率和稳态电流密度表示为

$$R_{t,M}=\frac{\beta_M}{2.303\times10^3\overline{i}_M} \tag{10.37}$$

式（10.37）表示的结果非常重要，因为从阻抗测量获得的电荷转移电阻与两个定义明确的稳态变量有关，即稳态电流密度和塔菲尔斜率。通过测量极化曲线上不同点的阻抗，可以检验基于单一法拉第反应模型能否充分对这个电化学系统进行描述。例如，式（10.37）允许使用稳态电流的值和相应的 $R_{t,M}$ 值来计算塔菲尔斜率 β_M。如果 β_M 随电位变化，则基于单一法拉第反应模型对该电化学系统的描述不够充分，应该考虑另一种模型。

10.2.2 受电位和浓度控制的反应

许多电化学反应都会受到电极表面反应物传递速度的影响。对于这样一个系统来讲，阻抗响应的解析需要掌握本章所讲述的动力学知识，同时也需要了解在第 11 章中讲述的质量传递理论。

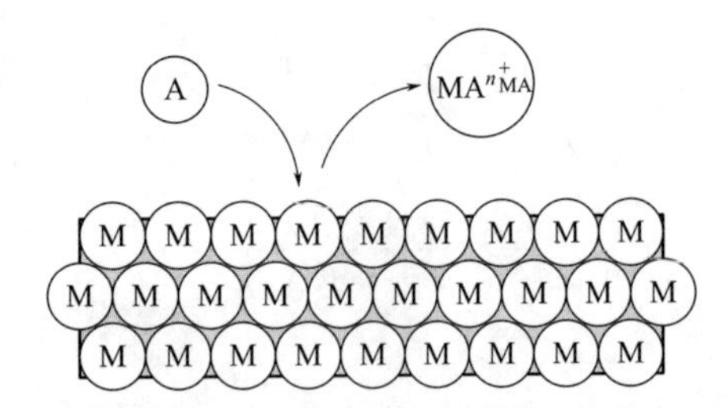

图 10.3　金属在电解质溶液中与电解质组分反应的示意图

例如，金属在水中的腐蚀。如图 10.3 所示，物质组分 A 与金属发生腐蚀反应，其反应机理为

$$M+A\longrightarrow MA^{n+}+ne^- \tag{10.38}$$

在稳态条件下，电流密度表示为

$$\bar{i}_{MA}=K_{MA}\bar{c}_A(0)\exp(b_{MA}\bar{V}) \tag{10.39}$$

式中，$K_{MA}=nFk_{MA}\exp(-b_{MA}V_{0,MA})$，$K_{MA}\bar{c}_A(0)$ 的单位与电流密度相同。电流密度是电极表面物质组分 A 浓度和电极电位的函数。物质组分 A 在惰性电极，例如铂或金上的氧化反应，有相同的电流计算式。根据式（5.6），所有反应物的通量密度可以用电流密度表示，即

$$i_{MA}=nFD_A\left.\frac{dc_A}{dy}\right|_{y=0} \tag{10.40}$$

根据式（10.3），电流密度可以表示为稳态项与正弦变化项之和，即

$$i_{MA}=\bar{i}_{MA}+\mathrm{Re}\{\tilde{i}_{MA}\exp(j\omega t)\} \tag{10.41}$$

其中，$\tilde{i}_{MA}$ 是一个复数。同样的

$$c_A=\bar{c}_A+\mathrm{Re}\{\tilde{c}_A\exp(j\omega t)\} \tag{10.42}$$

其中，$\tilde{c}_A$ 也是一个复数。

假设扩散层厚度为 δ_A，并且浓度存在着线性梯度分布，那么稳态电流密度为

$$\bar{i}_{MA}=nFD_A\frac{c_A(\infty)-\bar{c}_A(0)}{\delta_A} \tag{10.43}$$

式中，$c_A(\infty)$ 为本体溶液中组分 A 的浓度。根据式（10.39）和式（10.43），消去 $\bar{c}_A(0)$，得到电流密度值为

$$\frac{1}{\bar{i}_{MA}}=\frac{1}{\bar{i}_{lim,MA}}+\frac{1}{\bar{i}_{k,MA}} \tag{10.44}$$

其中，传质极限电流密度可以表示为

$$\bar{i}_{lim,MA}=\frac{nFD_Ac_A(\infty)}{\delta_A} \tag{10.45}$$

并且基于本体浓度，其反应动力学过程的电流密度可以表示为

$$\bar{i}_{k,MA}=K_{MA}c_A(\infty)\exp(b_{MA}\bar{V}) \tag{10.46}$$

上述分析遵循了在 5.2.4 节中介绍的库特基-列维奇（Koutecky-Levich）方程，并且是据此方程推导的。

根据式（10.39）和式（10.43），浓度 $\bar{c}_A(0)$ 的表达式为[163]

$$\bar{c}_A(0)=\frac{c_A(\infty)}{\dfrac{K_{MA}\delta_A}{nFD_A}\exp(b_{MA}\bar{V})+1} \tag{10.47}$$

当 $\exp(b_{MA}\bar{V})$ 趋于无穷时，式（10.47）趋近于

$$\bar{c}_A(0)=\frac{i_{lim,MA}}{K_{MA}\exp(b_{MA}\bar{V})}=\varepsilon \tag{10.48}$$

其中，ε 是一个很小的数。类似的推导见式（5.65）。

根据式（10.39），电流密度的瞬时量为

提示 10.2：传递函数，比如阻抗，表达了两个瞬时变量之间的关系，即 $\tilde{i}$ 和 $\tilde{V}$。当 $\tilde{i}$ 可以用两个或者更多个瞬时变量表示时，那么必须找到瞬时变量之间的加和关系。

$$\tilde{i}_{MA}=K_{MA}b_{MA}\bar{c}_A(0)\exp(b_{MA}\bar{V})\tilde{V}+K_{MA}\exp(b_{MA}\bar{V})\tilde{c}_A(0) \tag{10.49}$$

式中，$\tilde{c}_A(0)$ 为物质 A 的浓度在电极表面的瞬时量。当 $\tilde{\gamma}_k=0$ 时，式（10.49）可以表示为

$$\tilde{i}_{MA}=\frac{1}{R_{t,MA}}\tilde{V}+K_{MA}\exp(b_{MA}\bar{V})\tilde{c}_A(0) \tag{10.50}$$

其中

$$R_{t,MA}=\frac{1}{K_{MA}\bar{c}_A(0)b_{MA}\exp(b_{MA}\bar{V})} \tag{10.51}$$

利用式（10.51），可以推导出电荷转移电阻和扩散阻抗的表达式。

（1）电荷转移电阻

将式（10.47）代入式（10.51），即可得到

$$R_{t,MA}=\frac{\dfrac{K_{MA}\delta_A}{nFD_A}\exp(b_{MA}\bar{V})+1}{K_{MA}\bar{c}_A(\infty)b_{MA}\exp(b_{MA}\bar{V})} \tag{10.52}$$

式（10.52）可以改写为

$$R_{t,MA}=R_{t_k,MA}+R_{t_{lim},MA} \tag{10.53}$$

其中

$$R_{t_k,MA}=\frac{1}{K_{MA}\bar{c}_A(\infty)b_{MA}\exp(b_{MA}\bar{V})}=\frac{1}{b_{MA}\bar{i}_{k,MA}} \tag{10.54}$$

$$R_{t_{lim},MA}=\frac{\delta_A}{b_{MA}nFD_A\bar{c}_A(\infty)}=\frac{1}{b_{MA}\bar{i}_{lim,MA}} \tag{10.55}$$

这样，就有

$$R_{t,MA}=R_{t_k,MA}+R_{t_{lim},MA}=\frac{1}{b_{MA}\bar{i}_{MA}}=\frac{1}{b_{MA}}\left(\frac{1}{\bar{i}_{k,MA}}+\frac{1}{\bar{i}_{lim,MA}}\right) \tag{10.56}$$

电荷转移电阻可以表示为反应过程与基于库特基-列维奇（Koutecky-Levich）方程定义的极限电流密度之和，即

$$R_{t,MA}=R_{t_{lim},MA}\left(1+\frac{\bar{i}_{lim,MA}}{\bar{i}_{k,MA}}\right) \tag{10.57}$$

在正电位条件下，$\bar{i}_{k,MA}$很大，$R_{t,MA}/R_{t_{lim},MA}$ 趋近于 1。这种现象与电化学反应过程［反应(10.13)］不受浓度控制时的电荷转移电阻完全不同。对于这样的反应过程，反应电阻可以表示为

$$R_{t,M}=\frac{1}{K_M b_M\exp(b_M\bar{V})} \tag{10.58}$$

当电位很正时，反应电阻趋于零。

（2）扩散阻抗

对于式（10.50），可以进一步表示为

$$1=\frac{1}{R_{t,MA}}Z_{F,MA}+\frac{K_{MA}\exp(b_{MA}\bar{V})}{nFD_A}\frac{\tilde{c}_A(0)}{\left.\dfrac{d\tilde{c}_A}{dy}\right|_{y=0}} \tag{10.59}$$

其中，$Z_{F,MA}=\widetilde{V}/\widetilde{i}_{MA}$，或者表示为

$$Z_{F,MA}=R_{t,MA}+R_{t,MA}\frac{K_{MA}\delta_A\exp(b_{MA}\overline{V})}{nFD_A}\left[-\frac{1}{\theta'_A(0)}\right] \tag{10.60}$$

其中，$\theta_A=\widetilde{c}_A/\widetilde{c}_A(0)$。式（10.60）可以采用扩散阻抗（$R_{D,MA}$）进行表示，即

$$Z_{F,MA}=R_{t,MA}+R_{D,MA}\left[-\frac{1}{\theta'_A(0)}\right] \tag{10.61}$$

其中，扩散电阻为

$$R_{D,MA}=R_{t,MA}\frac{K_{MA}\delta_A\exp(b_{MA}\overline{V})}{nFD_A} \tag{10.62}$$

扩散阻抗为

$$Z_{D,MA}=R_{D,MA}\left[-\frac{1}{\theta'_A(0)}\right] \tag{10.63}$$

式（10.63）在推导式（10.77）所示的阻抗表达式中，是一个非常有用的公式。
代入式（10.52），扩散电阻（$R_{D,MA}$）可以进一步表达为

$$R_{D,MA}=R_{t_{lim},MA}\left[\frac{K_{MA}\delta_A}{nFD_A}\exp(b_{MA}\overline{V})+1\right] \tag{10.64}$$

同时，也可以表示为

$$R_{D,MA}=R_{D_1}+R_{t,lim} \tag{10.65}$$

其中，$R_{t,lim}$可以由式（10.55）导出

$$R_{D_1}=R_{t,lim}\frac{K_{MA}\delta_A}{nFD_A}\exp(b_{MA}\overline{V}) \tag{10.66}$$

扩散电阻（$R_{D,MA}$）还可以表示为反应过程与基于库特基-列维奇（Koutecky-Levich）方程定义的极限电流密度之和，即

$$R_{D,MA}=R_{t_{lim},MA}\left(1+\frac{\overline{i}_{k,MA}}{\overline{i}_{lim,MA}}\right) \tag{10.67}$$

当电位较负时，$\overline{i}_{k,MA}$很小，并且$R_{D,MA}/R_{t_{lim},MA}$趋近于 1。

根据式（10.45）和式（10.46），可以得出

$$\frac{\overline{i}_{lim,MA}}{\overline{i}_{k,MA}}=\frac{nFD_A}{K_{MA}\delta_A}\exp(b_{MA}\overline{V}) \tag{10.68}$$

式（10.68）可以进一步表示为

$$\ln\left(\frac{\overline{i}_{lim,MA}}{\overline{i}_{k,MA}}\right)=b_{MA}\overline{V}+\ln\left(\frac{nFD_A}{K_{MA}\delta_A}\right) \tag{10.69}$$

由式（10.44），可得总电流密度为

提示 10.3：对于受传质影响的电化学反应，当相应的速率常数趋近于无穷时，电荷转移电阻趋向于由式（10.55）定义的极限电荷转移电阻。

$$\frac{\bar{i}_{\mathrm{MA}}}{\bar{i}_{\mathrm{lim,MA}}}=\frac{1}{1+\frac{\bar{i}_{\mathrm{lim,MA}}}{\bar{i}_{\mathrm{k,MA}}}} \tag{10.70}$$

在式（10.57）中的 $R_{\mathrm{t,MA}}/R_{\mathrm{t_{lim}},\mathrm{MA}}$ 项，与在式（10.67）中的 $R_{\mathrm{D,MA}}/R_{\mathrm{t_{lim}},\mathrm{MA}}$ 项，均可以在图 10.4 中表示为 $b_{\mathrm{MA}}\bar{V}+\ln(K_{\mathrm{MA}}\delta_{\mathrm{A}}/nFD_{\mathrm{A}})$ 的函数。式（10.70）中的无量纲电流密度也可以如此表示。

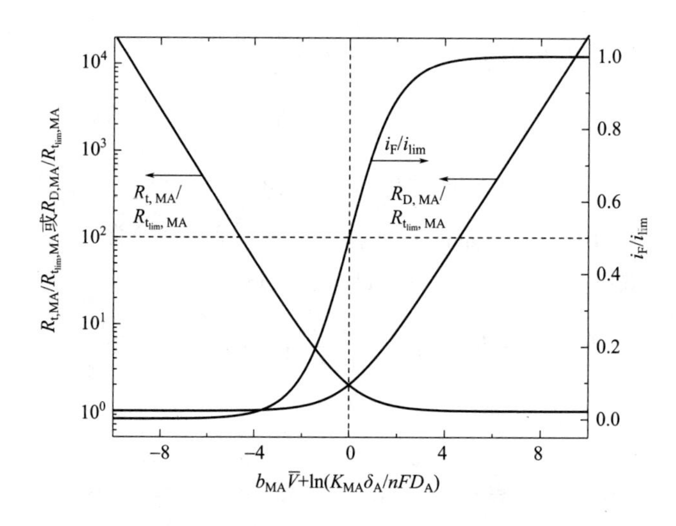

图 10.4 归一化处理后的电荷转移电阻［式（10.57）］、扩散电阻［式（10.67）］、电流密度［式（10.70）］与标度电位之间的关系

对于一个旋转圆盘电极，式（5.68）所示的列维奇（Levich）方程可表示为

$$\bar{i}_{\mathrm{lim,MA}}=k_{\Omega,\mathrm{MA}}\Omega^{1/2} \tag{10.71}$$

这样，就有

$$R_{\mathrm{t,MA}}=R_{\mathrm{t_{lim}},\mathrm{MA}}\left(1+\frac{k_{\Omega,\mathrm{MA}}\Omega^{1/2}}{\bar{i}_{\mathrm{k,MA}}}\right) \tag{10.72}$$

$$R_{\mathrm{D,MA}}=R_{\mathrm{t_{lim}},\mathrm{MA}}\left(1+\frac{\bar{i}_{\mathrm{k,MA}}}{k_{\Omega,\mathrm{MA}}\Omega^{1/2}}\right) \tag{10.73}$$

当转速趋近于无穷大时，$R_{\mathrm{t,MA}}\rightarrow\infty$，$R_{\mathrm{D,MA}}$ 趋近于 $R_{\mathrm{t_{lim}},\mathrm{MA}}$；当 $\Omega\rightarrow 0$ 时，$R_{\mathrm{t,MA}}\rightarrow R_{\mathrm{t_{lim}},\mathrm{MA}}$，且 $R_{\mathrm{D,MA}}\rightarrow\infty$。

例 10.2　动力学过程电流评估：基于传质极限电流密度的实验测量和在不同电位下 R_{t} 和 R_{D} 的评估，验证某一电化学反应应遵从式（10.39）的假设。

解：采用回归方法，首先得到 R_{t} 值和 R_{D} 值。这样，根据式（10.57）和式（10.67），就可以得到动力学过程电流密度 i_{k} 值，即

提示 10.4：对于受传质影响的电化学反应，当电流趋近于零时，相应的扩散电阻［式（10.62）］趋向于由式（10.55）定义的极限电荷转移电阻。

$$\frac{R_{\mathrm{D}}}{R_{\mathrm{t}}}=\frac{1+i_{\mathrm{k}}/i_{\mathrm{lim}}}{1+i_{\mathrm{lim}}/i_{\mathrm{k}}} \tag{10.74}$$

其中，由于传质极限电流密度在给定转速下为常数，因此，动力学过程的电流密度为

$$i_{\mathrm{k}}=\frac{-i_{\mathrm{lim}}}{2}\left[1-\frac{R_{\mathrm{D}}}{R_{\mathrm{t}}}+\sqrt{\left(1-\frac{R_{\mathrm{D}}}{R_{\mathrm{t}}}\right)^{2}+4\frac{R_{\mathrm{D}}}{R_{\mathrm{t}}}}\right] \tag{10.75}$$

如果反应遵循式（10.39），那么动力学过程电流密度将为电位的指数函数，并且可以表示为如式（10.46）所示形式。利用式（10.75），可以研究电化学反应随着电极电位的演化机制，从而获得比使用 Tafel 曲线所能获得的更多的信息。相关研究详见 Tran 等人的论文[163]。

（3）电池阻抗

基于式（9.2），法拉第阻抗可以表示为

$$Z_{\mathrm{F,MA}}=\frac{\widetilde{V}}{\widetilde{i}_{\mathrm{MA}}}=R_{\mathrm{t,MA}}+Z_{\mathrm{D,MA}} \tag{10.76}$$

或者，也可以利用表 10.1 中式（10.22）～式（10.24），得到以电容与电解质电阻表示的阻抗关系

$$Z_{\mathrm{MA}}(\omega)=R_{\mathrm{e}}+\frac{R_{\mathrm{t,MA}}+Z_{\mathrm{D,MA}}(\omega)}{1+\mathrm{j}\omega C_{\mathrm{dl}}[R_{\mathrm{t,MA}}+Z_{\mathrm{D,MA}}(\omega)]} \tag{10.77}$$

根据图 10.5 所示的电子电路图，可以得到一个法拉第反应与传质过程耦合的阻抗响应式，该式相当于式（10.77）。这个电路就是著名的 Randles 电路[45]。Randles 电路为第 9 章中复杂系统阻抗响应的电路模型建立，奠定了坚实的基础。例如，耦合反应或更复杂的二维或三维几何结构系统等。

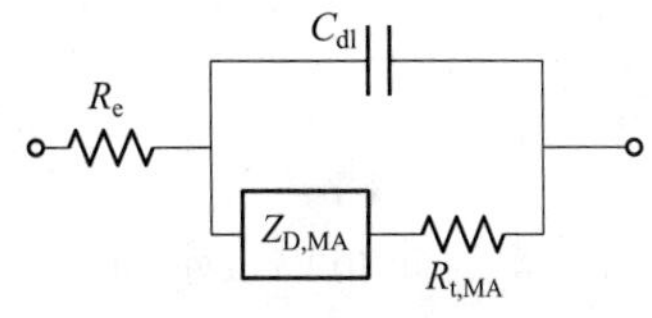

图 10.5　简单电化学反应与传质阻抗耦合时的阻抗响应等效电路图。这个电路被称为 Randles 电路[45]

图 10.5 所示的电路展示了式（10.77）的一个重要特征，即当扩散阻抗由对流扩散方程的解得到时，扩散阻抗本身则为电极-电解质界面的性质。

例 10.3　一阶反应扩散：在所有阳极反应可以忽略的条件下，为在足够负的阴极电位下的氧气还原反应阻抗响应建立表达式。在这些条件下，发生下列反应

$$O_2+H_2O+4e^- \longrightarrow 4OH^- \tag{10.78}$$

该电化学反应即为仅包括一种极限传质的一阶反应。

解：对于只有一种物质组分参与的简单一阶反应，法拉第电流可以写成

$$i_{O_2}=-K_{O_2}c_{O_2}(0)\exp(-b_{O_2}V) \tag{10.79}$$

根据式（5.6），假设在扩散层厚度（δ_{O_2}）中，组分浓度为线性梯度分布，这样，稳态电流密度为

$$\bar{i}_{O_2}=-4FD_{O_2}\frac{c_{O_2}(\infty)-\bar{c}_{O_2}(0)}{\delta_{O_2}} \tag{10.80}$$

其中，$c_{O_2}(\infty)$ 是溶液中氧的浓度。由式（10.79）和式（10.80），可以得到稳态条件下电极表面氧浓度的表达式，即

$$\bar{c}_{O_2}(0)=\frac{c_{O_2}(\infty)}{\frac{K_{O_2}\delta_{O_2}}{4FD_{O_2}}\exp(-b_{O_2}\bar{V})+1} \tag{10.81}$$

根据式（10.79）可知，瞬时电流为

$$\tilde{i}_{O_2}=K_{O_2}\bar{c}_{O_2}(0)b_{O_2}\exp(-b_{O_2}\bar{V})\tilde{V}-K_{O_2}(0)\exp(-b_{O_2}\bar{V})\tilde{c}_{O_2}(0) \tag{10.82}$$

如式（10.49）所示，在式（10.82）中有三个瞬时变量。然而，阻抗，像其它传递函数一样，与两个瞬时变量有关，其关系如式（10.40）所示。对于反应方程式（10.78）所示的反应，$s_{O_2}=-1$。由此，有

$$\tilde{i}_{O_2}=-4FD_{O_2}\frac{\tilde{c}_{O_2}(0)}{\delta_{O_2}}\theta'_{O_2}(0) \tag{10.83}$$

其中，$\theta_{O_2}=\tilde{c}_{O_2}/\tilde{c}_{O_2}(0)$ 为无量纲瞬时浓度；θ'_{O_2} 为 θ_{O_2} 对无量纲距离（$\zeta=y/\delta_{O_2}$）的导数；δ_{O_2} 为扩散层厚度。

根据式（10.82）和式（10.83），可消除浓度 $\tilde{c}_{O_2}(0)$，得到下列公式

$$Z_{F,O_2}=\frac{\tilde{V}}{\tilde{i}_{O_2}}=R_{t,O_2}+Z_{D,O_2} \tag{10.84}$$

其中，R_{t,O_2} 可以表示为

$$R_{t,O_2}=\frac{1}{K_{O_2}b_{O_2}\bar{c}_{O_2}(0)\exp(-b_{O_2}\bar{V})} \tag{10.85}$$

且 Z_{D,O_2} 也可以表示为

$$Z_{D,O_2}(\omega)=\frac{\delta_{O_2}}{4FD_{O_2}\bar{c}_{O_2}(0)b_{O_2}}\left[-\frac{1}{\theta'_{O_2}(0)}\right] \tag{10.86}$$

式（10.86）可以进一步表示为

$$Z_{D,O_2}(\omega)=R_{D,O_2}\left[-\frac{1}{\theta'_{O_2}(0)}\right] \tag{10.87}$$

其中，$-1/\theta'_{O_2}(0)$ 的表示见第 11 章。

利用式（10.81），R_{t,O_2} 和 R_{D,O_2} 可以表示为系统参数的函数。电荷转移电阻为

$$R_{t,O_2}=\frac{\frac{K_{O_2}\delta_{O_2}}{4FD_{O_2}}\exp(-b_{O_2}\bar{V})+1}{K_{O_2}c_{O_2}(\infty)b_{O_2}\exp(-b_{O_2}\bar{V})} \tag{10.88}$$

电荷转移电阻也可表示为两项之和，即

$$R_{t,O_2}=R_{t_{lim},O_2}+R_{t_k,O_2} \tag{10.89}$$

其中，R_{t_{lim},O_2} 为

$$R_{t_{lim},O_2}=\frac{\delta_{O_2}}{4FD_{O_2}c_{O_2}(\infty)}\frac{1}{b_{O_2}}=-\frac{1}{b_{O_2}\bar{i}_{lim,O_2}} \tag{10.90}$$

R_{t_k,O_2} 为

$$R_{t_k,O_2}=\frac{1}{K_{O_2}c_{O_2}(\infty)b_{O_2}\exp(-b_{O_2}\bar{V})} \tag{10.91}$$

扩散电阻可表示为

$$R_{\mathrm{D},\mathrm{O}_2}=R_{\mathrm{t}_{\lim},\mathrm{O}_2}\left[\frac{K_{\mathrm{O}_2}\delta_{\mathrm{O}_2}\exp(-b_{\mathrm{O}_2}V)}{4FD_{\mathrm{O}_2}}+1\right] \tag{10.92}$$

根据第 10.2.2 节的推导，式（10.89）可表示为

$$R_{\mathrm{t},\mathrm{O}_2}=R_{\mathrm{t}_{\lim},\mathrm{O}_2}\left(1+\frac{\bar{i}_{\lim,\mathrm{O}_2}}{\bar{i}_{\mathrm{k},\mathrm{O}_2}}\right) \tag{10.93}$$

且式（10.92）也可表示为

$$R_{\mathrm{D},\mathrm{O}_2}=R_{\mathrm{t}_{\lim},\mathrm{O}_2}\left(1+\frac{\bar{i}_{\mathrm{k},\mathrm{O}_2}}{\bar{i}_{\lim,\mathrm{O}_2}}\right) \tag{10.94}$$

其中，$R_{\mathrm{t}_{\lim},\mathrm{O}_2}$ 由式（10.90）定义，$\bar{i}_{\lim,\mathrm{O}_2}$ 和 $\bar{i}_{\mathrm{k},\mathrm{O}_2}$ 分别由式（10.45）和式（10.46）定义。

10.3　多重独立的电化学反应

根据电流加和原理，可以推导出多个非耦合反应的阻抗。如 9.2.1 节所述，相关的法拉第阻抗是以并联方式进行加和的。

例 10.4　铁在无氧溶液中的腐蚀：在腐蚀电位下，铁在无氧水中的腐蚀反应为

$$\mathrm{Fe}\longrightarrow \mathrm{Fe}^{2+}+2\mathrm{e}^- \tag{10.95}$$

同时，发生水的电解反应

$$\mathrm{H_2O}+\mathrm{e}^-\longrightarrow \frac{1}{2}\mathrm{H}_2+\mathrm{OH}^- \tag{10.96}$$

作为平衡阴极反应。求解法拉第阻抗响应的表达式。

解：稳态阳极电流密度为

$$\bar{i}_{\mathrm{Fe}}=K_{\mathrm{Fe}}\exp(b_{\mathrm{Fe}}\bar{V}) \tag{10.97}$$

稳态阴极电流密度为

$$\bar{i}_{\mathrm{H}_2}=-K_{\mathrm{H}_2}\exp(-b_{\mathrm{H}_2}\bar{V}) \tag{10.98}$$

其中，有效速率常数 K_{Fe} 和 K_{H_2} 分别代表了腐蚀和析氢反应的平衡电位。那么，总法拉第电流为

$$i_{\mathrm{F}}=i_{\mathrm{Fe}}+i_{\mathrm{H}_2} \tag{10.99}$$

在腐蚀电位下，总的腐蚀电流密度为零。这样，电流密度的瞬时值为

$$\tilde{i}_{\mathrm{F}}=\tilde{i}_{\mathrm{Fe}}+\tilde{i}_{\mathrm{H}_2} \tag{10.100}$$

对于这两个反应，其稳态电位和瞬时电位相同。因此，可以得到

$$\frac{\tilde{i}_{\mathrm{F}}}{\tilde{V}}=\frac{\tilde{i}_{\mathrm{Fe}}}{\tilde{V}}+\frac{\tilde{i}_{\mathrm{H}_2}}{\tilde{V}} \tag{10.101}$$

其阻抗可以表示为

$$Z_{\mathrm{F}}^{-1}=Z_{\mathrm{F},\mathrm{H}_2}^{-1}+Z_{\mathrm{F},\mathrm{Fe}}^{-1} \tag{10.102}$$

按照第 10.2.1 节中推导结果，可以得到铁腐蚀反应阻抗

$$Z_{\mathrm{F},\mathrm{Fe}}=R_{\mathrm{t},\mathrm{Fe}}=[K_{\mathrm{Fe}}b_{\mathrm{Fe}}\exp(b_{\mathrm{Fe}}\bar{V})]^{-1} \tag{10.103}$$

和氢反应阻抗，即

$$Z_{F,H_2}=R_{t,H_2}=[K_{H_2}b_{H_2}\exp(-b_{H_2}\overline{V})]^{-1} \tag{10.104}$$

按照式（9.2），可以得到总阻抗为

$$Z=R_e=\frac{Z_F}{1+j\omega Z_F C_{dl}} \tag{10.105}$$

或者，由式（10.102）得总阻抗表达式

$$Z=R_e+\frac{1}{\dfrac{1}{R_{t,Fe}}+\dfrac{1}{R_{t,H_2}}+j\omega C_{dl}} \tag{10.106}$$

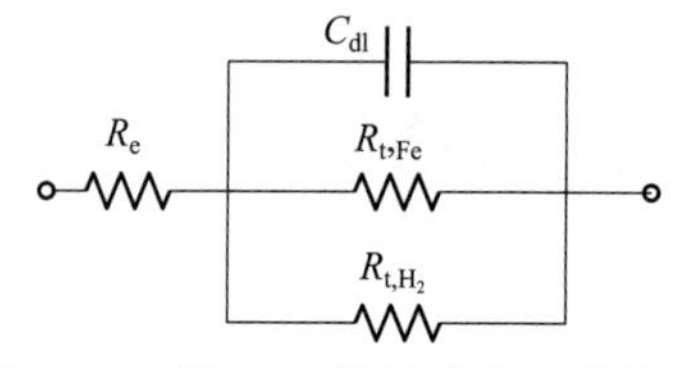

图 10.6　例 10.4 阻抗响应的等效电子电路。也即单个电化学反应阻抗响应的等效电子电路图

图 10.6 给出了在腐蚀电位下阻抗响应的等效电路。该电路图表示阳极过程和阴极过程对应的两个阻抗的并联，并且与图 9.2 所描述的一般情况一致。但是，从实验的角度来看，只能得到总的电荷转移电阻（R_t）。

在式（10.106）中，每一个电荷转移电阻都可以用塔菲尔斜率［见式（10.37）］表示为

$$R_{t,Fe}=\frac{\beta_{Fe}}{2.303\overline{i}_{Fe}} \tag{10.107}$$

和

$$R_{t,H_2}=\frac{\beta_{H_2}}{2.303\overline{i}_{H_2}} \tag{10.108}$$

其中，β_{H_2} 和 $\overline{i}_{H_2}$ 都是负值。在腐蚀电位下，$\overline{i}_{corr}=\overline{i}_{Fe}=-\overline{i}_{H_2}$。

总电荷转移电阻为

$$R_t=\frac{-\beta_{H_2}\beta_{Fe}}{2.303\times10^3\overline{i}_{corr}(\beta_{Fe}-\beta_{H_2})} \tag{10.109}$$

由上式可知，如果可以测量塔菲尔斜率和电荷转移总电阻，那么可由下式计算腐蚀电流（$\overline{i}_{corr}$），即

$$\overline{i}_{corr}=\frac{-\beta_{H_2}\beta_{Fe}}{2.303\times10^3 R_t(\beta_{Fe}-\beta_{H_2})} \tag{10.110}$$

这个关系式最初由斯特恩和盖里（Stern 和 Geary）提出[164]，并应用于一些工业仪器以测定腐蚀速率。

例 10.5　铁在有氧溶液中的腐蚀：在有氧溶液中，当铁处于开路电位（腐蚀电位）时，铁腐蚀的阳极反应为

$$Fe \longrightarrow Fe^{2+}+2e^- \tag{10.111}$$

阴极反应为氧的还原反应

提示 10.5：式（10.110）给出的 Stern-Geary 关系仅适用于阳极和阴极反应均遵循 Tafel 关系时。当不满足该限制时，必须基于阻抗测量，得到腐蚀反应的电荷转移电阻，计算腐蚀速率。

$$O_2 + 2H_2O + 4e^- \longrightarrow 4OH^- \tag{10.112}$$

求阻抗响应的表达式。

解：稳态阳极电流密度由式（10.97）给出。根据式（10.39），稳态阴极电流密度为

$$\bar{i}_{O_2} = -K_{O_2}\bar{c}_{O_2}(0)\exp(-b_{O_2}\overline{V}) \tag{10.113}$$

铁溶解的阻抗由式（10.103）给出，氧还原反应的阻抗可以用下式表示

$$Z_{F,O_2} = R_{t,O_2} + Z_{D,O_2} \tag{10.114}$$

其中，氧反应电阻为

$$R_{t,O_2} = [K_{O_2}\bar{c}_{O_2}(0)b_{O_2}\exp(-b_{O_2}\overline{V})]^{-1} \tag{10.115}$$

并且，有

$$Z_{D,O_2} = \frac{\delta_{O_2}}{4FD_{O_2}\bar{c}_{O_2}(0)}\frac{1}{b_{O_2}}\left[-\frac{1}{\theta'_{O_2}(0)}\right] \tag{10.116}$$

根据式（9.3），可以得到

$$Z = R_e + \cfrac{1}{\cfrac{1}{R_{t,Fe}} + \cfrac{1}{R_{t,O_2} + Z_{D,O_2}} + j\omega C_{dl}} \tag{10.117}$$

图 10.7 给出了在腐蚀电位下阻抗响应的等效电路。该电子电路图表明了阳极和阴极过程阻抗是并联关系，这与图 9.2 所描述的一般情况相一致。

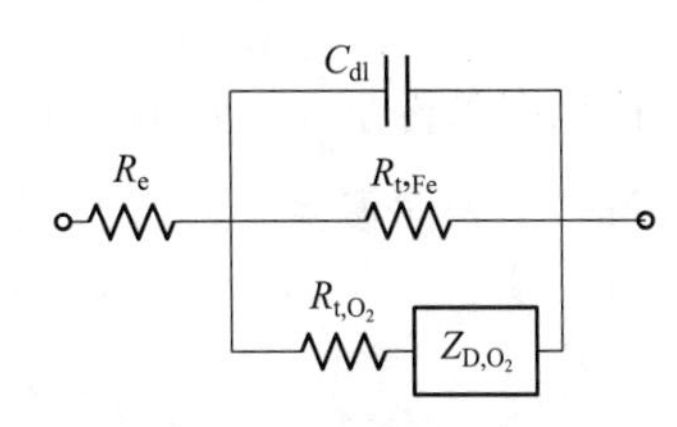

图 10.7　铁溶解和氧还原反应阻抗响应的等效电路图

例 10.4 和例 10.5 讲述了建立耦合反应阻抗模型的两种方法。在例 10.4 中，我们为这两种反应的组合效应建立了法拉第阻抗。然后，基于单一反应的等效电路的表达式，表达了欧姆电阻和电容的效应。在例 10.5 中，基于两个反应的法拉第阻抗的表达式，解释了如何基于多个反应的等效电子电路图推导阻抗表达式。

10.4　耦合电化学反应

与第 10.3 节中考虑的独立电化学反应相反，在本节中，将通过反应中间产物进行耦合的电化学反应进行讨论。这些反应可能同时受到电位和表面覆盖的影响，也有可能同时受到电位、表面覆盖和传质过程的影响。

10.4.1　受电位和表面覆盖率控制的电化学反应

图 10.8 所示的反应过程中，金属 M 首先通过吸附中间产物 X^+ 进行溶解，即

$$M \longrightarrow X^+ + e^- \tag{10.118}$$

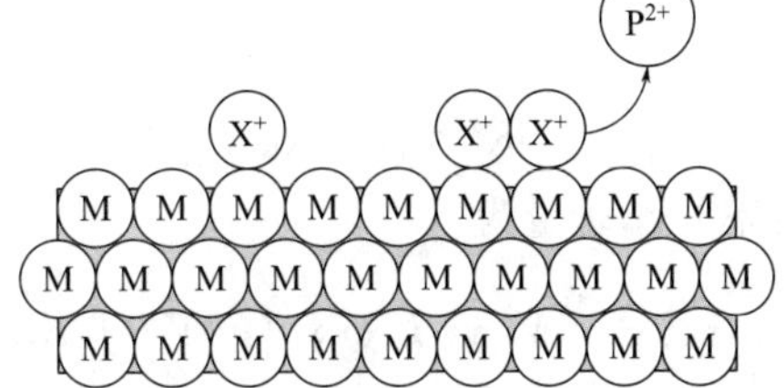

图 10.8　金属通过吸附中间产物溶解的示意图

然后，进行第二步电化学反应

$$X^+ \longrightarrow P^{2+} + e^- \tag{10.119}$$

最终形成产物 P。反应中间产物 X^+ 的吸附服从朗格缪尔（Langmuir）等温吸附规律，并定义 γ_{X^+} 表示表面覆盖率。与反应（10.118）有关的稳态电流密度为

$$\bar{i}_M = K_M(1-\bar{\gamma}_X)\exp(b_M\bar{V}) \tag{10.120}$$

其中，γ_X 表示中间产物 X^+ 的表面覆盖率。Epelboin 和 Keddam 为了计算铁在溶解过程中的阻抗时提出了类似机制。其中，铁通过两步法，包括吸附 FeOH 中间产物进行溶解反应[7]。此外，Peter 等人在建立铝溶解过程中的阻抗模型时，也提出了铝通过连续三步法，包括两种吸附中间产物的溶解机制[165]。

对于反应（10.119），其稳态电流密度为

$$\bar{i}_X = K_X\bar{\gamma}_X\exp(b_X\bar{V}) \tag{10.121}$$

其中，速率常数 K_X 包括中间产物 X 的最大表面浓度，它在式（10.122）中定义为 Γ。

中间产物 X^+ 引起的表面覆盖率的变化可以表示为

$$\Gamma\frac{d\gamma_X}{dt} = \frac{i_M}{F} - \frac{i_X}{F} \tag{10.122}$$

在稳态条件下，$d\gamma_X/dt=0$； $\bar{i}_M=\bar{i}_X$。利用式（10.120）和式（10.121），可以得出稳态条件下表面覆盖率 $\bar{\gamma}_X$ 的表达式为

$$\bar{\gamma}_X = \frac{K_M\exp(b_M\bar{V})}{K_M\exp(b_M\bar{V})+K_X\exp(b_X\bar{V})} \tag{10.123}$$

分析式（10.65）可以得出：若 $K_M\exp(b_M\bar{V}) \gg K_X\exp(b_X\bar{V})$，那么 $\bar{\gamma}_X \to 1$。若 $K_M\exp(b_M\bar{V}) \ll K_X\exp(b_X\bar{V})$，那么 $\bar{\gamma}_X \to 0$。总的稳态电流密度为

$$\bar{i}_F = \bar{i}_M + \bar{i}_X = \frac{2K_M\exp(b_M\bar{V})K_X\exp(b_X\bar{V})}{K_M\exp(b_M\bar{V})+K_X\exp(b_X\bar{V})} \tag{10.124}$$

对于这两个两个反应，其电流密度瞬时量分别为

$$\tilde{i}_M = R_{t,M}^{-1}\tilde{V} - K_M\exp(b_M\bar{V})\tilde{\gamma}_X \tag{10.125}$$

和

$$\tilde{i}_X = R_{t,X}^{-1}\tilde{V} + K_X\exp(b_X\bar{V})\tilde{\gamma}_X \tag{10.126}$$

其中，电荷转移电阻的定义式为

$$R_{t,M} = \frac{1}{K_M(1-\bar{\gamma}_X)b_M\exp(b_M\bar{V})} \tag{10.127}$$

和

$$R_{t,X} = \frac{1}{K_X\bar{\gamma}_X b_X\exp(b_X\bar{V})} \tag{10.128}$$

根据式（10.122），表面覆盖率的瞬时量为

$$\Gamma F j\omega\tilde{\gamma}_X = \left(\frac{1}{R_{t,M}} - \frac{1}{R_{t,X}}\right)\tilde{V} - [K_X\exp(b_X\bar{V}) + K_M\exp(b_M\bar{V})]\tilde{\gamma}_X \tag{10.129}$$

由此可以推出

$$\widetilde{\gamma}_{X}=\left\{\frac{\dfrac{1}{R_{t,M}}-\dfrac{1}{R_{t,X}}}{\Gamma F\mathrm{j}\omega+[K_{X}\exp(b_{X}\overline{V})+K_{M}\exp(b_{M}\overline{V})]}\right\}\widetilde{V} \tag{10.130}$$

净法拉第电流密度为反应（10.118）和反应（10.119）的分量之和，是 γ_X 和 V 的函数，且根据式（10.5），有

$$\widetilde{i}_{F}=\widetilde{i}_{X}+\widetilde{i}_{M}=\left(\frac{1}{R_{t,M}}+\frac{1}{R_{t,X}}\right)\widetilde{V}+[K_{X}\exp(b_{X}\overline{V})-K_{M}\exp(b_{M}\overline{V})]\widetilde{\gamma}_{X} \tag{10.131}$$

阻抗表达式为

$$\frac{1}{Z_{F}}=\frac{\widetilde{i}_{F}}{\widetilde{V}} \tag{10.132}$$

或

$$\frac{1}{Z_{F}}=\frac{1}{R_{t}}+\frac{[K_{X}\exp(b_{X}\overline{V})-K_{M}\exp(b_{M}\overline{V})](R_{t,M}^{-1}-R_{t,X}^{-1})}{\Gamma F\mathrm{j}\omega+[K_{X}\exp(b_{X}\overline{V})+K_{M}\exp(b_{M}\overline{V})]} \tag{10.133}$$

其中

$$\frac{1}{R_{t}}=\frac{1}{R_{t,M}}+\frac{1}{R_{t,X}} \tag{10.134}$$

式（10.133）给出的阻抗可以进一步表达为

$$\frac{1}{Z_{F}}=\frac{1}{R_{t}}+\frac{A}{\mathrm{j}\omega+B} \tag{10.135}$$

其中，A 可以根据状态变量和电位取正或负值。

A 也可以被写成

$$A=\frac{\partial\overline{i}_{F}}{\partial\overline{\gamma}}\frac{\partial\dot{\gamma}}{\partial\overline{V}} \tag{10.136}$$

其中

$$\dot{\gamma}=\frac{\partial\gamma}{\partial\overline{t}}=\frac{i_{M}-i_{X}}{\Gamma F} \tag{10.137}$$

所以，A 可以表示为

$$A=\left[\frac{1}{\Gamma F}\frac{\partial(\overline{i}_{M}+\overline{i}_{X})}{\partial\overline{\gamma}}\right]\frac{\partial(i_{M}+i_{X})}{\partial\overline{V}} \tag{10.138}$$

如果 A 是正值，与式（10.135）对应的阻抗响应等效电路为电感与电阻串联后，再与电荷转移电阻并联，如图 10.9(a) 所示。

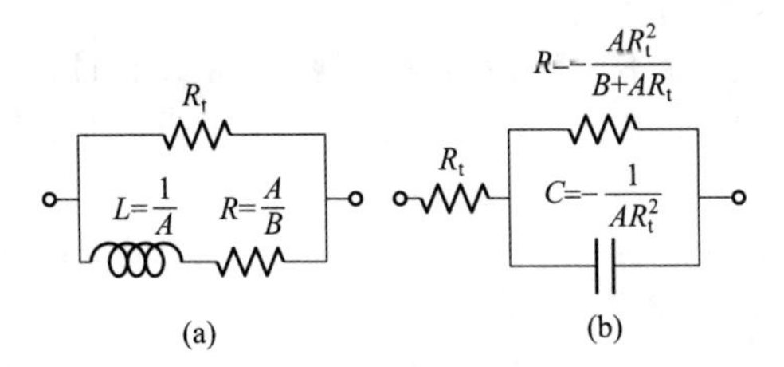

图 10.9　有表面覆盖物时两个耦合反应阻抗响应的等效电路图。
其中，(a)$A>0$，出现感抗；(b)$A<0$，出现容抗

在这种情况下，电感值为 $1/A$，电阻值为 B/A。若 A 为负值，阻抗可以表示为

$$Z_{\mathrm{F}}=R_{\mathrm{t}}+\frac{\dfrac{-AR_{\mathrm{t}}^{2}}{B+AR_{\mathrm{t}}}}{\dfrac{\mathrm{j}\omega}{B+AR_{\mathrm{t}}}+1} \tag{10.139}$$

同样地，根据式（10.135），其对应的阻抗响应的等效电路图为 Voigt 电路元件与电荷转移电阻串联。其中，对于 Voigt 电路元件，则是电阻与电容并联，见图 10.9(b) 所示。电容值为 $-1/(AR_{\mathrm{t}}^{2})$，电阻值为 $-AR_{\mathrm{t}}^{2}/(B+AR_{\mathrm{t}})$。

$B+AR_{\mathrm{t}}$ 总是正值。确定低频弧是感抗还是容抗的最简单方法是计算零频率处 $R_{\mathrm{t}}-Z_{\mathrm{F}}$ 的值。若这个值是正的，则是感抗弧；若这个值是负的，则是电容弧。因此，根据电位和状态变量，相同的阻抗表达式如式（10.133）可得到两种完全不同的等效电路图。

为了对前面的计算给予说明，一些典型的模拟结果如图 10.10 所示。在图 10.10(a) 中，在电流-电位极化曲线上标出了 A、B、C 三点，并对这三点对应电位下的阻抗进行了模拟。当电位为 −0.65V 时，可观察到在高频区为一容抗弧，低频区为感抗弧［图 10.10(b)］。当电位变为 −0.585V 时，容抗弧与感抗弧合并成一个容抗弧，如图 10.10(c) 所示。当电位更正，为 $V=-0.5\mathrm{V}$ 时，可以明显观察到两个容抗弧，如图 10.10 (d) 所示。

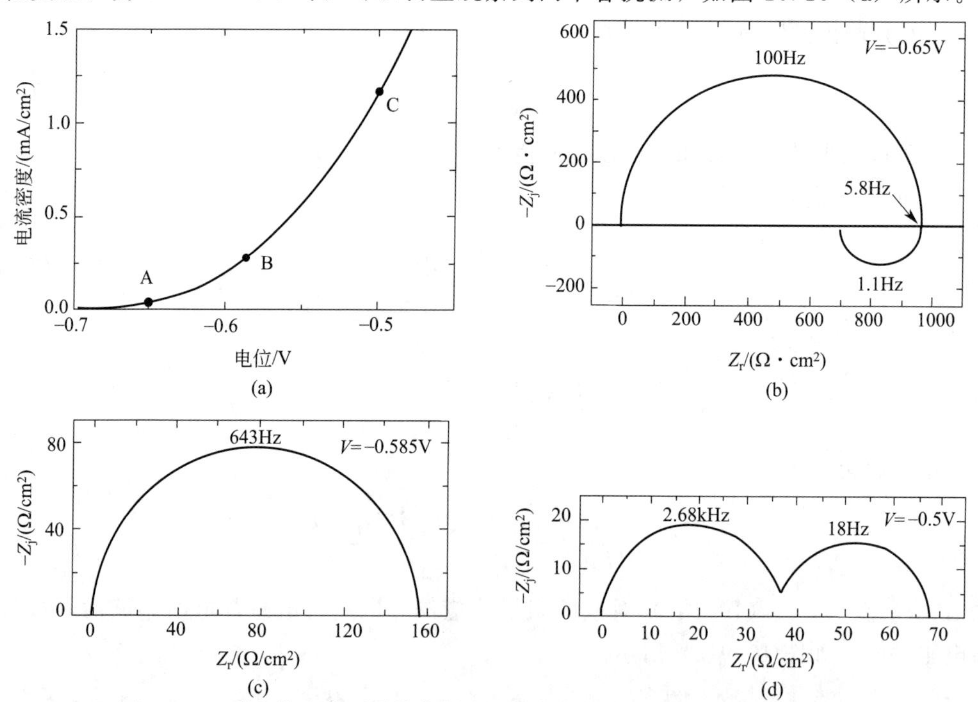

图 10.10 受电位和表面覆盖率影响的耦合反应稳态阻抗响应的计算值。
(a) 根据式（10.124）模拟得到的电流-电位极化曲线。其中，动力学参数 $K_{\mathrm{M}}=4F\,\mathrm{A/cm^{2}}$，$b_{\mathrm{M}}=36\mathrm{V}^{-1}$，$K_{\mathrm{X}}=10^{-6}F\,\mathrm{A/cm^{2}}$，$b_{\mathrm{X}}=10\mathrm{V}^{-1}$，$\Gamma=2\times10^{-9}\,\mathrm{mol/cm^{2}}$，$C_{\mathrm{dl}}=20\mu\mathrm{F/cm^{2}}$，与模拟阻抗相对应的点为 A、B、C。(b) A 点（$V=-0.65\mathrm{V}$）的模拟阻抗谱。(c) B 点（$V=-0.585\mathrm{V}$）的模拟阻抗谱。(d) C 点（$V=-0.50\mathrm{V}$）的模拟阻抗谱

提示 10.6：确定低频弧是感抗弧还是容抗弧的最简单方法是计算在零频率处的（$R_{\mathrm{t}}-Z_{\mathrm{F}}$）值。若这个值是正的，则是感抗弧；若这个值是负的，则是容抗弧。

本节中所讲述的动力学模型要优于电子电路图的分析方法。因为相同的模型可以诠释更为广泛的行为，如图 10.10 所示。这是第一个优点。第二个优点是，可以通过图 10.11 所示表面覆盖率的变化，深入了解其反应机理。在这种情况下，当表面覆盖范围很小时，低频弧就显而易见。

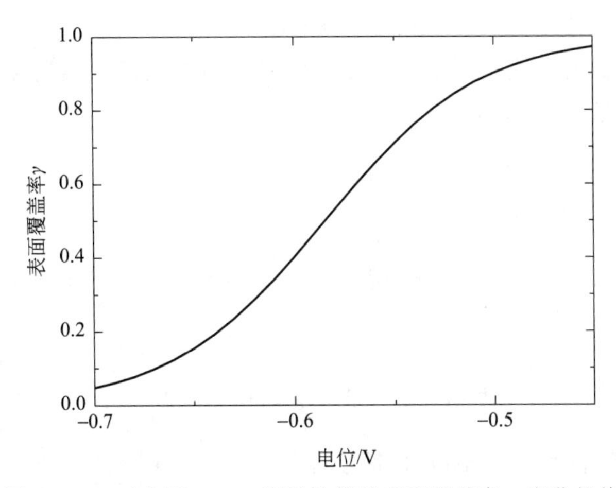

图 10.11　对应图 10.10 所示计算的表面覆盖率 γ 变化规律

10.4.2　受电位、表面覆盖物和浓度控制的反应

可以把上一节中的方法应用到图 10.12 所示的情况中。其中，离子产物从表面扩散并与中间产物发生逆向反应，这一点与 10.4.1 小节中的情况类似，所不同的是产物的传质过程影响了电流密度的大小。

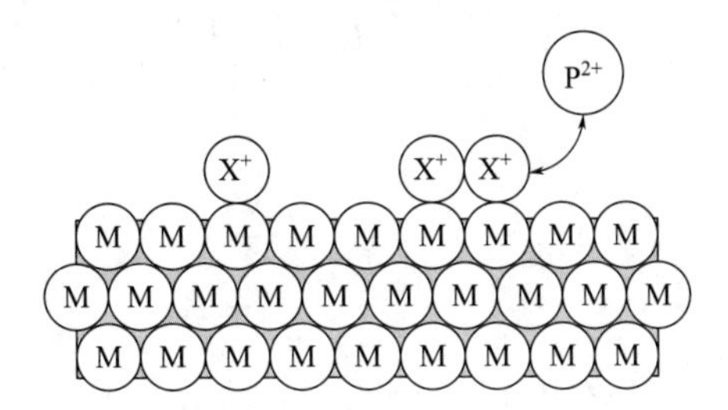

图 10.12　受中间产物形成的离子产物传质过程控制的反应示意图

例 10.6　镁的腐蚀：镁的腐蚀过程通过两步反应完成，即

$$Mg \xrightarrow{k_1} Mg_{ads}^{+} + e^{-} \tag{10.140}$$

反应中间产物为 Mg_{ads}^{+}，它将继续反应，产生 2 价镁离了 Mg^{2+}，即

$$Mg_{ads}^{+} \underset{k_{22}}{\overset{k_2}{\rightleftharpoons}} Mg^{2+} + e^{-} \tag{10.141}$$

镁离子 Mg^{2+} 通过厚度为 δ 的 $Mg(OH)_2$ 多孔层进行扩散。求这个反应的阻抗响应。

提示 10.7：在阻抗响应中，低频感抗弧可以归因于包括吸附中间物在内的法拉第反应。对于这样的系统，可以采用包括感抗的电子电路进行描述。

解：根据反应模型，即反应（10.140）和反应（10.141），假设吸附物 Mg_{ads}^{+} 遵从 Langmuir 等温吸附规律，就可以得出阻抗，并且电化学反应的速率常数随着电位呈指数变化，即遵从 Tafel 规律。每一个反应 i 都有一个标准速率常数 K_i，并且与速率常数 k_i 有关。由此，就有

$$K_i = k_i F \exp(b_i V) \tag{10.142}$$

假设在单位表面积上，能被覆盖的 Mg_{ads}^{+} 的最大点数为 Γ，质量和电荷平衡可用吸附物质表面覆盖率 γ 的函数来表达如下

$$F\Gamma \frac{d\gamma}{dt} = K_1(1-\gamma)\exp(b_1 V) - K_2\gamma\exp(b_2 V) + K_{22} c_{Mg^{2+}}(0)(1-\gamma)\exp(-b_{22}V) \tag{10.143}$$

其中，标准速率常数 K_1、K_2、K_{22} 包括了最大覆盖率 Γ。在稳态条件下，Mg^{2+} 的质量平衡为

$$F\frac{D_{Mg^{2+}}\bar{c}_{Mg^{2+}}(0)}{\delta_{Mg^{2+}}} = K_2\bar{\gamma}\exp(b_2\bar{V}) - K_{22}\bar{c}_{Mg^{2+}}(0)(1-\bar{\gamma})\exp(-b_{22}\bar{V}) \tag{10.144}$$

式中，$\delta_{Mg^{2+}}$ 是能斯特（Nernst）扩散层厚度；$\bar{c}_{Mg^{2+}}(0)$ 是镁离子 Mg^{2+} 在电极界面处的浓度。总的法拉第电流可以表示为

$$i_{F,Mg} = [K_1(1-\bar{\gamma}) + K_2\bar{\gamma} - K_{22}\bar{c}_{Mg^{2+}}(0)] \tag{10.145}$$

在稳态条件下，$\bar{\gamma}$ 和 $\bar{c}_{Mg^{2+}}(0)$ 分别为

$$\bar{\gamma} = \frac{K_1\left(\frac{D_{Mg^{2+}}}{\delta_{Mg^{2+}}} + K_{22}\right)}{K_1\left(\frac{D_{Mg^{2+}}}{\delta_{Mg^{2+}}} + K_{22}\right) + K_2\frac{D_{Mg^{2+}}}{\delta_{Mg^{2+}}}} \tag{10.146}$$

和

$$\bar{c}_{Mg^{2+}}(0) = \frac{\bar{\gamma}K_2}{\frac{D_{Mg^{2+}}}{\delta_{Mg^{2+}}} + K_{22}} \tag{10.147}$$

因此，在小正弦波扰动条件下，将式（10.143）～式（10.145）进行线性化处理，就可以计算法拉第阻抗 Z_F，即

$$(F\Gamma j\omega + K_1 + K_2)\tilde{\gamma} = [(1-\gamma)K_1 b_1 - \gamma K_2 b_2 - c_{Mg^{2+}}(0)K_{22}b_{22}]\tilde{V} + K_{22}\tilde{c}_{Mg^{2+}}(0) \tag{10.148}$$

以及

$$\tilde{i}_{F,Mg} = (K_2 - K_1)\tilde{\gamma} + [(1-\gamma)K_1 b_1 + \gamma K_2 b_2 + c_{Mg^{2+}}(0)K_{22}b_{22}]\tilde{V} - K_{22}\tilde{c}_{Mg^{2+}}(0) \tag{10.149}$$

式（10.149）是一般表达形式（10.5）的一种表达形式。

由于 Mg^{2+} 向电极表面扩散，从有限扩散阻抗可以得出瞬时浓度 $\tilde{c}_{Mg^{2+}}(0)$，根据式（11.20），可以表示为 $-1/\theta'_{Mg^{2+}}(0)$。这样，所得到的阻抗响应式为

$$Z_{F,Mg}=\frac{\widetilde{V}}{\widetilde{i}_{F,Mg}}=\frac{1+K_{22}\left[-1/\theta'_{Mg^{2+}}(0)\right]\left(1-\frac{K_2-K_2}{F\Gamma j\omega+K_1+K_2}\right)}{A\left[\frac{(r_1-r_2)(K_2-K_1)}{F\Gamma j\omega+K_1+K_2}+(r_1+r_2)\right]} \tag{10.150}$$

式中，$r_1=(1-\gamma)K_1b_1$；$r_2=K_2b_2\gamma+K_{22}b_{22}c_{Mg^{2+}}(0)$。图 10.13 所示为模拟图。阻抗响应的特征为三个圆弧：高频区电荷转移电阻容抗弧，正比于$-1/\theta'_{Mg^{2+}}(0)$的扩散阻抗弧和低频区的感抗弧。

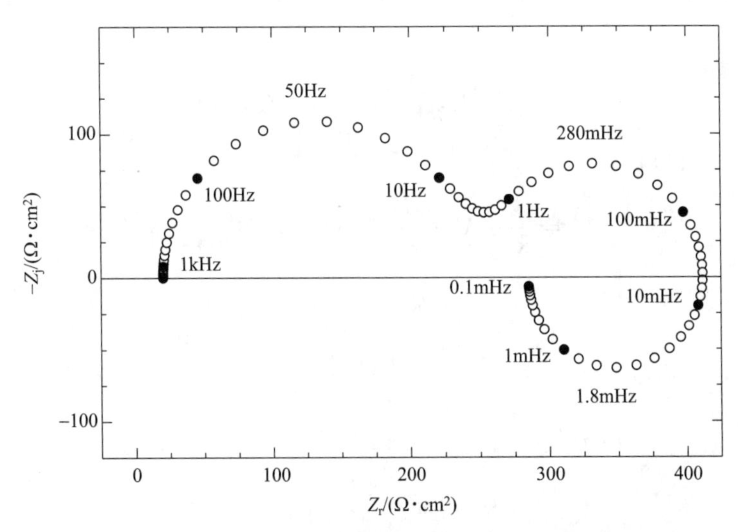

图 10.13　根据式（10.91）对法拉第阻抗进行模拟得到的模拟阻抗图。
此法拉第阻抗是与高频电容并联后模拟的（摘自 Baril 等[158]）

这个系统的阴极反应阻抗很大，但根据 9.2.1 节中所描述的观点，阴极阻抗对观察到的阻抗没有贡献。

例 10.6 所述的反应过程是 Baril 等[158] 提出模型的简化形式。实际上，这个模型还包括一个附加反应

$$2Mg^{+}+2H_2O \longrightarrow 2Mg^{2+}+2OH^{-}+H_2 \tag{10.151}$$

反应（10.151）是一个化学反应。在 Mg 溶解反应的过程中，会同时发生析出氢的反应。由于氢是在阳极电位而不是阴极电位下析出的异常产物，为此这个反应被称为负差数效应（NDE）。例 10.3 所述的结果可以由 Baril 等[122] 提出的理论得出，即令反应（10.151）中的 k_3 等于零。

10.5　电化学和非均相化学反应

在本节中，将介绍法拉第和非均相化学反应的耦合。法拉第反应和均相化学反应的耦合需要对传质概念进行更详细的了解。在第 11.7 节中将作详细的介绍。

例 10.7　两种物质的扩散：在足够高的过电位下，假设在锌酸盐溶液中锌的沉积遵循一个简化的反应，即首先进行化学步骤

$$Zn(OH)_4^{2-} \rightleftharpoons Zn(OH)_3^{-}+OH^{-} \tag{10.152}$$

然后，进行电化学步骤，即

$$Zn(OH)_3^- + 2e^- \longrightarrow Zn + 3OH^- \tag{10.153}$$

假设反应（10.152）的速度较快，在平衡电位下，建立的锌沉积的经验关系为[166]

$$i_{Zn} = K_{Zn}\frac{c_{Zn(OH)_3^-}}{c_{OH^-}} \tag{10.154}$$

基于反应物 $Zn(OH)_3^-$ 向电极扩散、产物 OH^- 离开电极表面的考虑，建立阻抗响应表达式。

解：如果电化学反应遵循塔菲尔规律，根据式（10.154），可以得到与电位的关系式，即

$$i_{Zn} = K_{Zn}\frac{c_{Zn(OH)_3^-}}{c_{OH^-}}\exp(b_{Zn}V) \tag{10.155}$$

依据式（10.5），可以得到

$$\begin{aligned} i_{Zn} = & \frac{1}{R_{t,Zn}}\widetilde{V} + \frac{K_{Zn}}{\overline{c}_{OH^-}}\exp(b_{Zn}\overline{V})\widetilde{c}_{Zn(OH)_3^-} \\ & - K_{Zn}\frac{\overline{c}_{Zn(OH)_3^-}}{(\overline{c}_{OH^-})^2}\exp(b_{Zn}\overline{V})\widetilde{c}_{OH^-} \end{aligned} \tag{10.156}$$

其中，电荷转移电阻为

$$R_{t,Zn} = \frac{1}{K_{Zn}b_{Zn}\dfrac{\overline{c}_{Zn(OH)_3^-}(0)}{\overline{c}_{OH^-}(0)}\exp(b_{Zn}\overline{V})} \tag{10.157}$$

或者

$$R_{t,Zn} = \frac{1}{\overline{i}_{Zn}b_{Zn}} \tag{10.158}$$

根据化学计量反应式（10.153），电流密度与 $Zn(OH)_3^-$ 的扩散通量的关系式为

$$\widetilde{i}_{Zn} = -2FD_{Zn(OH)_3^-}\left.\frac{d\widetilde{c}_{Zn(OH)_3^-}}{dy}\right|_{y=0} \tag{10.159}$$

同样地，电流密度与 OH^- 的扩散通量关系式为

$$\widetilde{i}_{Zn} = +\frac{2}{3}FD_{OH^-}\left.\frac{d\widetilde{c}_{OH^-}}{dy}\right|_{y=0} \tag{10.160}$$

对流扩散阻抗为

$$Z_D = Z_{D,Zn(OH)_3^-} + Z_{D,(OH)^-} \tag{10.161}$$

其中，$Zn(OH)_3^-$ 的扩散阻抗为

$$Z_{D,Zn(OH)_3^-} = R_{t,Zn}\frac{K_{Zn}\exp(b_{Zn}\overline{V})}{2F\overline{c}_{OH^-}(0)D_{Zn(OH)_3^-}}\frac{-\widetilde{c}_{Zn(OH)_3^-}(0)}{\left.\dfrac{d\widetilde{c}_{Zn(OH)_3^-}}{dy}\right|_{y=0}} \tag{10.162}$$

OH^- 离子的扩散阻抗为

$$Z_{D,OH^-} = R_{t,Zn}\frac{3K_{Zn}\exp(b_{Zn}\overline{V})\overline{c}_{Zn(OH)_3^-}(0)}{2F[\overline{c}_{OH^-}(0)]^2D_{OH^-}}\frac{-\widetilde{c}_{OH^-}(0)}{\left.\dfrac{d\widetilde{c}_{OH^-}}{dy}\right|_{y=0}} \tag{10.163}$$

这样，阻抗响应表达式为

$$Z = R_e + \frac{R_{t,Zn} + Z_{D,Zn(OH)_3^-} + Z_{D,(OH)^-}}{1 + j\omega C_{dl}(R_{t,Zn} + Z_{D,Zn(OH)_3^-} + Z_{D,(OH)^-})} \tag{10.164}$$

对应的电子电路与如图 10.5 所示的 Randles 电路相似。但是，这却是两个扩散元件与电荷转移电阻串联。

例 10.8　氯化物溶液中铜的腐蚀：许多学者已经研究过铜在含有氯离子的酸性和中性溶液中阳极溶解的动力学和机理[167~173]。式（10.165）和式（10.166）给出了与所有已发表实验数据一致的动力学模型。

$$Cu + Cl^- \underset{K_{-1}}{\overset{K_1}{\rightleftharpoons}} CuCl + e^- \tag{10.165}$$

和

$$CuCl + Cl^- \underset{k_b}{\overset{k_f}{\rightleftharpoons}} CuCl_2^- \tag{10.166}$$

其中，CuCl 为不溶性吸附物。求这些反应的阻抗响应。

解：由式（10.167）可得到法拉第电流

$$\frac{i_{F,Cu}}{F} = K_1 c_{Cl^-}(0)(1-\gamma)\exp(bV) - K_{-1}\Gamma\gamma\exp(-bV) \tag{10.167}$$

其中，γ 为 CuCl 的表面覆盖率；Γ 是 CuCl 的最大表面覆盖面积，单位是摩尔每单位面积；$b=0.5F/RT$。吸附中间物遵循守恒方程，即得到

$$\Gamma\frac{d\gamma}{dt} = K_1 c_{Cl^-}(0)(1-\gamma)\exp(bV) - K_{-1}\Gamma\gamma\exp(-bV) - k_f\Gamma\gamma c_{Cl^-}(0) + k_b(1-\gamma)c_{CuCl_2^-}(0) \tag{10.168}$$

其中，$c_{Cl^-}(0)$ 和 $c_{CuCl_2^-}(0)$ 分别表示电极表面的浓度。Barcia 等人[174] 对电流体阻抗的研究（第 16 章）和 Tribollet 等人[175] 应用图形方法的研究（第 18.5.2 节）都表明，当一个组分的施密特数为 2000 时，对应着组分的质量传递过程。由于 Cl^- 的扩散，当施密特数降低为 500 时，其极限传质过程归因于 $CuCl_2^-$。因此，在式（10.167）和式（10.168）中，$c_{Cl^-}(0) = c_{Cl^-}(\infty)$。

在稳态下，$CuCl_2^-$ 的通量与电流密度的关系为

$$\frac{\bar{i}_{F,Cu}}{F} = D_{CuCl_2^-}\frac{\bar{c}_{CuCl_2^-}(0)}{\delta_{CuCl_2^-}} \tag{10.169}$$

其中，$\delta_{CuCl_2^-}$ 为 $CuCl_2^-$ 的扩散层厚度。在稳定状态下，$d\gamma/dt=0$。因此，根据式（10.168）和式（10.169），可以得到

$$\frac{\bar{i}_{F,Cu}}{F} = k_f\Gamma\bar{\gamma}c_{Cl^-}(\infty) - k_b(1-\gamma)\frac{\bar{i}_F\delta_{CuCl_2^-}}{FD_{CuCl_2^-}} \tag{10.170}$$

在参考文献［174］中，假设 $\gamma\leqslant 1$。在这种假设下，公式（10.167）可以表示为

$$\frac{\bar{i}_{F,Cu}}{F} = K_1 c_{Cl^-}(\infty)\exp(bV) - K_{-1}\Gamma\bar{\gamma}\exp(-bV) \tag{10.171}$$

式（10.170）可进一步表示为

$$\frac{\bar{i}_{F,Cu}}{F}=k_f\Gamma\bar{\gamma}c_{Cl^-}(\infty)-k_b\frac{\bar{i}_F\delta_{CuCl_2^-}}{FD_{CuCl_2^-}} \tag{10.172}$$

由式（10.172），稳态表面覆盖率可以表示为

$$\bar{\gamma}=\frac{\dfrac{\bar{i}_{F,Cu}}{F}\left(1+k_b\dfrac{\delta_{CuCl_2^-}}{D_{CuCl_2^-}}\right)}{k_f\Gamma c_{Cl^-}(\infty)} \tag{10.173}$$

将式（10.173）代入式（10.167），可以得到

$$\frac{F}{\bar{i}_{F,Cu}}=\frac{1}{K_1\bar{c}_{Cl^-}(\infty)\exp(b\bar{V})}+\frac{K_{-1}\exp(-2b\bar{V})}{K_1k_f[\bar{c}_{Cl^-}(\infty)]^2\exp(b\bar{V})}\left(1+\frac{k_b\delta_{CuCl_2^-}}{D_{CuCl_2^-}}\right) \tag{10.174}$$

通过消除式（10.173）中的法拉第电流，稳态表面浓度可以表示为

$$\Gamma\bar{\gamma}=\frac{K_1\bar{c}_{Cl^-}(\infty)\exp(b\bar{V})\left(1+\dfrac{k_b\delta_{CuCl_2^-}}{D_{CuCl_2^-}}\right)}{k_f\bar{c}_{Cl^-}(\infty)+K_{-1}\exp(-b\bar{V})\left(1+\dfrac{k_b\delta_{CuCl_2^-}}{D_{CuCl_2^-}}\right)} \tag{10.175}$$

式（10.174）和式（10.175）表示了体系的稳态行为。

在正弦扰动信号下，如果满足式（10.174）和式（10.175）的假设条件，联合式（10.167）和式（10.170），可以得到

$$\tilde{i}_{F,Cu}=\frac{\tilde{V}}{Rt}-FK_{-1}\Gamma\exp(-b\bar{V})\tilde{\gamma} \tag{10.176}$$

其中，电荷转移电阻可以表示为

$$\frac{1}{R_t}=F[K_1\tilde{c}_{Cl^-}(\infty)b\exp(b\bar{V})+K_{-1}\Gamma\bar{\gamma}b\exp(-b\bar{V})] \tag{10.177}$$

式（10.168）可表示为

$$j\omega\Gamma\tilde{\gamma}=\frac{\tilde{V}}{FR_t}-[K_{-1}\exp(-b\bar{V})+k_fc_{Cl^-}(\infty)\Gamma\tilde{\gamma}+k_b\tilde{c}_{CuCl_2^-}(0)] \tag{10.178}$$

式（10.176）和式（10.178）由四个瞬时变量 $\tilde{V}$、$\tilde{i}$、$\tilde{\gamma}$ 和 $\tilde{c}_{CuCl_2^-}(0)$ 表示；还需要另外一个公式计算传递函数。式（10.169）可表示为

$$D_{CuCl_2^-}\left.\frac{d\tilde{c}_{CuCl_2^-}}{dy}\right|_{y=0}=k_fc_{Cl^-}(\infty)\Gamma\tilde{\gamma}-k_b\tilde{c}_{CuCl_2^-}(0) \tag{10.179}$$

式（10.179）对应反应（10.166），因为在非稳态条件下，反应（10.165）和反应（10.166）反应速率是不相等的。

按照第 11 章的推导结果，有

$$\frac{\tilde{c}_{CuCl_2^-}(0)}{\left.\dfrac{d\tilde{c}_{CuCl_2^-}}{dy}\right|_{y=0}}=\delta_{CuCl_2^-}\left[\frac{-1}{\theta'_{CuCl_2^-}(0)}\right] \tag{10.180}$$

式（10.176）、式（10.178）、式（10.179）和式（10.180）构成含有四个未知数的方程组，即 $\tilde{i}/\tilde{V}$、$\tilde{\gamma}/\tilde{V}$、$\tilde{c}_{CuCl_2^-}(0)/\tilde{V}$ 和 $(d\tilde{c}_{CuCl_2^-}/dy)|_{y=0}/\tilde{V}$。

法拉第阻抗的解为

$$Z_{\mathrm{F,Cu}}=R_{\mathrm{t}}+\frac{R_{\mathrm{t}}K_{-1}\exp(-b\overline{V})}{\mathrm{j}\omega+k_{\mathrm{f}}c_{\mathrm{Cl^-}}(\infty)\left\{\frac{\frac{D_{\mathrm{CuCl_2^-}}}{\delta_{\mathrm{CuCl_2^-}}}\left[\frac{-1}{\theta'_{\mathrm{CuCl_2^-}}(0)}\right]}{k_{\mathrm{b}}+\frac{D_{\mathrm{CuCl_2^-}}}{\delta_{\mathrm{CuCl_2^-}}}\left[\frac{-1}{\theta'_{\mathrm{CuCl_2^-}}(0)}\right]}\right\}} \tag{10.181}$$

对于旋转圆盘电极，扩散层厚度可以根据式（11.72）表示为

$$\delta_{\mathrm{CuCl_2^-}}=\left(\frac{3}{a}\right)^{1/3}\frac{1}{Sc_{\mathrm{CuCl_2^-}}^{1/3}}\sqrt{\frac{\upsilon}{\Omega}} \tag{10.182}$$

这里，Ω 是转速，当 $\Omega\to\infty$时，$\delta_{\mathrm{CuCl_2^-}}\to 0$，并得

$$\lim_{\Omega\to\infty}Z_{\mathrm{F,Cu}}=R_{\mathrm{t}}+\frac{R_{\mathrm{t}}K_{-1}\exp(-bV)}{\mathrm{j}\omega+k_{\mathrm{f}}c_{\mathrm{Cl^-}}(\infty)} \tag{10.183}$$

当 $\Omega\to 0$ 时，$\delta_{\mathrm{CuCl_2^-}}\to\infty$，并且有

$$\lim_{\Omega\to\infty}Z_{\mathrm{F,Cu}}=R_{\mathrm{t}}+\frac{R_{\mathrm{t}}K_{-1}\exp(-bV)}{\mathrm{j}\omega} \tag{10.184}$$

在图 10.14 中，给出了式（10.181）的阻抗模拟。其中，Z_{F} 与双电层电容 $C_{\mathrm{dl}}=30\mu\mathrm{F/cm^2}$ 并联。其他参数在图 10.14 的图题中已经给出。阻抗图由两个半圆弧组成，第一个半圆弧对应于双电层电容与电荷转移电阻的并联，第二个半圆弧与质量传输过程有关。虽然阻抗图可以用电阻、电容等元件构成的等效电路描述，但是由于扩散阻抗在公式中呈现的方式比较复杂，这些参数没有物理意义。该模拟结果与 Barcia 等人[174] 的图 3 中的实验数据吻合较好。

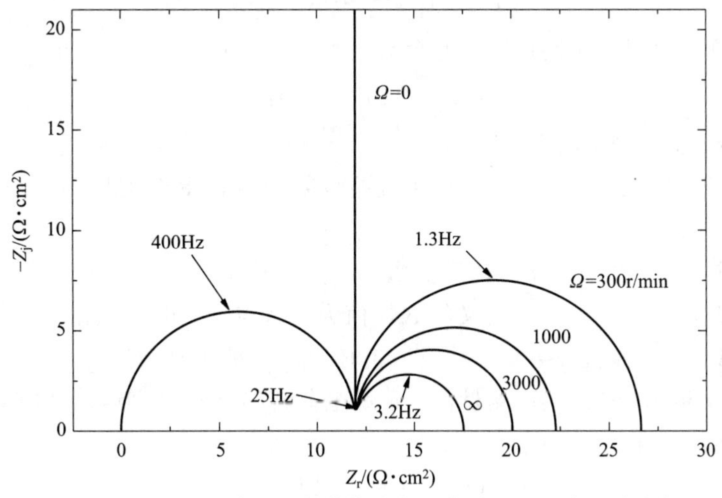

图 10.14　式（10.181）表示的阻抗模拟，盘旋转速率 Ω 作为影响因素，其单位为 r/min。参数为 $R_{\mathrm{t}}=12\Omega\cdot\mathrm{cm^2}$，$C_{\mathrm{dl}}=30\ \mu\mathrm{F/cm^2}$，$k_{\mathrm{f}}c_{\mathrm{Cl^-}}(\infty)=1\mathrm{s^{-1}}$，$k_{\mathrm{b}}=0.007\mathrm{cm/s}$，$D/\delta=0.0006\Omega^{1/2}\ \mathrm{cm/s}$，其中 Ω 单位为 $\mathrm{s^{-1}}$

在本章中，通过示例说明了基于假设反应机制建立模型的重要性。如第 10.4 节所述，相同的机制可能产生低频感抗或容抗，这取决于参数的相对值。如例 10.7 所示，如果使用

简单的 Randles 电路，就可能会掩盖两个扩散阻抗的影响。如例 10.8 所示，一个明显的容抗弧可能取决于质量传递，这取决于旋转圆盘电极的转速。虽然可以根据等效电路有效地描述模型，但模型的起源应该建立在提出的动力学过程和物理现象基础上。

思考题

10.1 求下列反应的法拉第阻抗表达式

$$Ag \longrightarrow Ag^{+} + e^{-} \tag{10.185}$$

10.2 求下列反应的法拉第阻抗表达式

$$Ag^{+} + e^{-} \longrightarrow Ag \tag{10.186}$$

其中，Ag^{+} 的浓度受传质过程影响。利用电子制表软件来绘制电流密度与电位的关系图（电流密度是电位的函数）。用相同的估计值绘制当传质极限电流密度为 1/4、1/2 和 3/4 时对应电位下的阻抗响应图。

10.3 是否能用如式（10.110）所示的 Stern-Geary 关系来评估例 10.6 中描述的镁的腐蚀速率？如果不能，如何估计腐蚀速率？

10.4 有下列反应过程

$$M + A \longrightarrow MA_{ads}^{+} + e^{-} \tag{10.187}$$

其中，MA_{ads}^{+} 是吸附中间产物，并进一步反应为

$$MA_{ads}^{+} + A \longrightarrow MA_{2}^{2+} + e^{-} \tag{10.188}$$

当物质 A 受传质过程控制时，推导出法拉第阻抗表达式。

10.5 按照下列反应过程，推导在氯化物溶液中，当过电位较低时，铜阳极溶解的法拉第阻抗

$$Cu + Cl^{-} \rightleftharpoons CuCl_{ads} + e^{-} \tag{10.189}$$

其中，$CuCl_{ads}$ 是吸附中间产物，并会与氯离子结合生成 $CuCl_{2}^{-}$，即

$$CuCl_{ads} + Cl^{-} \rightleftharpoons CuCl_{2}^{-} \tag{10.190}$$

传质过程受 $CuCl_{2}^{-}$ 控制。

10.6 当考虑反应式（10.151）存在负差数效应时，重新推导例 10.6 得出的法拉第阻抗。

10.7 完成图 10.10 中所需的计算。

10.8 解释公式（10.14）中定义的 K_{M}^{*} 值为什么与参比电极无关。

10.9 若 $V_{REF1} - V_{REF2} = 0.4V$，已知 $K_{M,REF2}$ 是关于 $K_{M,REF1}$ 的表达式。其中，$K_{M,REFi}$ 是参比电极 REFi 的实验测量值。证明电荷转移电阻 R_t 值与使用的参比电极无关。

10.10 在铂盘电极上，过氧化氢的氧化可表示为

$$H_2O_2 \longrightarrow O_2 + 2H^{+} + 2e^{-} \tag{10.191}$$

（a）用变量$\widetilde{V}$ 和$\widetilde{c}_{H_2O_2}(0)$ 表示瞬时法拉第电流。

（b）如果可以使用动力学参数表达电荷转移电阻和扩散阻抗的关系，那么根据电荷转移电阻和扩散阻抗，推导法拉第阻抗表达式。

（c）推导电荷转移电阻、塔菲尔斜率和过氧化物氧化电流之间的关系式。

10.11 在铂催化剂上，氧进行阴极还原反应，即

$$O_2 + 2H^+ + 4e^- \longrightarrow 2H_2O \tag{10.192}$$

同时，在铂催化剂上，还发生可逆反应氧化，即

$$Pt + 2H_2O \rightleftharpoons PtO + 2H_2 + 2e^- \tag{10.193}$$

（a）反应（10.192）能否在阻抗响应中产生低频感应？不需要推导相关的法拉第阻抗表达式，但需要解释你的推理。

（b）通过 PtO、γ_{PtO}，求出稳态覆盖率。

（c）建立与反应（10.192）和反应（10.193）相关的法拉第阻抗响应表达式。其中，假设反应（10.192）在 Pt 催化剂上进行得很快，但在 PtO 上没有进行。因此，反应（10.192）的有效速率常数可以表示为 $K_{eff}=K_{O_2}(1-\gamma_{PtO})$。此外，氢离子和水的传质限制可以忽略。但是，传质对氧浓度的影响不可忽略。

第11章
扩散阻抗

如第 10.1 节、第 10.2.2 节和第 10.4.2 节中所述，在建立动力学模型的过程中，需要电极表面反应物浓度的定量表达式。最终，用无量纲浓度梯度的倒数，即$-1/\widetilde{\theta}_i'(0)$进行了表达。本章将探究表达式$-1/\widetilde{\theta}_i'(0)$的适用条件和体系。

人们应该筛选出一些电化学测试的实验体系，以最大限度地利用一些熟知的实验现象，比如传质过程，去关注那些不甚了解的实验现象，比如电极动力学。举例来说，我们应该避免研究静态环境下的电化学反应过程，因为在实验过程中，浓度和温度梯度会导致自然对流，影响传质过程，使得传质过程难以表征。鉴于此，我们应该将研究的重点集中到那些传质过程可以定量表达的实验体系。为了简化阻抗数据的解析，一般认为电极表面附近的传质是均匀的。

在第 5.5 节中，已经讨论了电极表面传质过程中的一些问题。在第 8.1.2 节中，也已经对有关电解池设计的相关问题进行了阐述。在很多情况下，均匀电极是不存在的。在后面第 13.5 节中，将会详细介绍非均匀传质过程引起的时间常数的弥散效应。

11.1 均匀电极

所谓均匀电极，是指在电极表面上产生或消耗物质的通量和浓度与电极表面坐标系无关。通过求解质量平衡方程，就可以得到界面上物质的通量。如果物质的迁移可以忽略不计，那么在稀的电解液中，质量平衡方程可以简化为对流扩散方程。对于轴向对称的电极，物质在角坐标θ方向上的浓度导数为零。这样，对流扩散方程可以用圆柱坐标表示为

$$\frac{\partial c_i}{\partial t}+v_r\frac{\partial c_i}{\partial r}+v_y\frac{\partial c_i}{\partial y}=D_i\left[\frac{1}{r}\frac{\partial}{\partial r}\left(r\frac{\partial c_i}{\partial r}\right)+\frac{\partial^2 c_i}{\partial y^2}\right] \tag{11.1}$$

其边界条件为

$$当\ y\rightarrow\infty\ 时，c_i\rightarrow c_i(\infty) \tag{11.2}$$

$$当\ y=0\ 时，f\left[c_i(0),\ \left.\frac{\partial c_i}{\partial y}\right|_{y=0}\right]=0 \tag{11.3}$$

式中，c_i是物质 i 的体积浓度；D_i是物质 i 的扩散系数。是否满足边界条件$f\left[c_i(0),\ \left.\frac{\partial c_i}{\partial y}\right|_{y=0}\right]=0$，不仅取决于发生在电极表面的电化学反应，同时也受测量方法的

提示 11.1： 人们应该筛选出一些电化学测试的实验体系，以最大限度地利用一些熟知的实验现象，比如传质过程，去关注那些不甚了解的实验现象，比如电极动力学。

制约，比如是恒电流法，还是恒电位法。此边界条件一般适用于在电极表面上某物质的浓度不变，或者浓度梯度不变的情况。

如果轴向流速（v_y）与径向坐标无关，且在 $y=0$ 处的边界条件也与径向坐标无关，那么物质的浓度仅是 y 的函数。因此，对流扩散方程可以简化为

$$\frac{\partial c_i}{\partial t}+v_y\frac{\partial c_i}{\partial y}-D_i\frac{\partial^2 c_i}{\partial y^2}=0 \tag{11.4}$$

方程（11.4）表示均匀电极的扩散过程，这是因为物质的浓度仅是时间 t 和轴向距离变量 y 的函数。

最简单的均匀电极就是对流影响可以忽略的二维平板电极。当对流的影响不能忽略时，相对于电极表面而言，会发生溶液的流动，从而产生一个均匀的速度。基于 Levich 所做的工作[123]，人们熟知的旋转圆盘系统就是一个均匀电极。在其他的一些流动体系中，比如浸没在射流槽中的喷射电极，或者旋转圆柱电极，都可以获得均匀传质过程。处于以上流动体系中的电极都具有更加复杂的电极/溶液界面，可以认为是均匀电极，例如，多孔膜层电极，或者是处于一定黏度梯度介质中的电极。对均匀电极，问题可以简化为一维参数，即电极与溶液界面的距离。

11.2 多孔膜

在电解质溶液中，如果扩散过程可以忽略，那么就可以通过建立膜覆盖电极的扩散阻抗模型，研究固体膜的扩散。一种情况是，有电活性物质在膜和本体电解质之间进行交换。另外一种情况是，膜内扩散发生时，没有与本体电解质溶液交换的电活性物质。

11.2.1 有电活性物质交换的扩散过程

在多孔层中，传质只通过扩散和迁移发生，对流可以忽略。当支持电解质过量时，迁移也可以忽略，并且质量守恒方程简化为

$$\frac{\partial c_i}{\partial t}-D_i\frac{\partial^2 c_i}{\partial y^2}=0 \tag{11.5}$$

这就是著名的菲克第二定律。对于固体膜的稳态扩散，边界条件为

$$\text{当 } y=0 \text{ 时，} \bar{c}_i=\bar{c}_i(0) \tag{11.6}$$

$$\text{当 } y=\delta_f \text{ 时，} \bar{c}_i=\bar{c}_i(\infty) \tag{11.7}$$

图 11.1 所示为电活性物质通过膜在膜与电解质之间进行交换扩散的示意图。

在稳态条件下，$\partial c_i/\partial t=0$ 时，得到

$$D_i\frac{d^2\bar{c}_i}{dy^2}=0 \tag{11.8}$$

利用边界条件（11.6）和（11.7），进行连续积分，得到浓度梯度为

$$\frac{d\bar{c}_i}{dy}=\frac{\bar{c}_i(\infty)-\bar{c}_i(0)}{\delta_f} \tag{11.9}$$

浓度表达式为

提示 11.2：扩散阻抗是界面阻抗的一部分，但其值取决于整个界面的浓度分布。

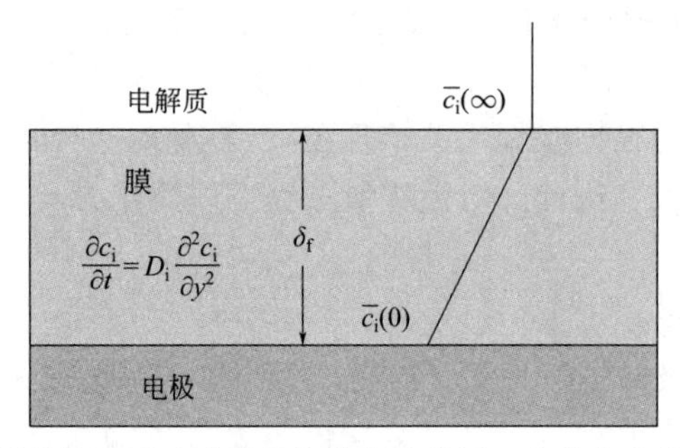

图 11.1　膜与电解质之间电活性物质通过膜进行扩散的示意图。在稳态条件下，浓度如式（11.10）所示

$$\bar{c}_i=\bar{c}_i(0)+[\bar{c}_i(\infty)-\bar{c}_i(0)]\frac{y}{\delta_f} \tag{11.10}$$

式（11.10）给出了电活性物质通过厚度为 δ_f 的薄膜进行交换扩散的稳态浓度分布。当电活性物质与周围电解质没有交换时，边界条件如式（11.40）所示。

在正弦信号扰动条件下，浓度可以用一个稳定且与时间无关的值和一个瞬时值［见例 1.9 或式（10.3）］表示为

$$c_i=\bar{c}_i+\mathrm{Re}\{\tilde{c}_i e^{j\omega t}\} \tag{11.11}$$

将式（11.11）代入式（11.5），得到

$$\mathrm{Re}\{j\omega\tilde{c}_i e^{j\omega t}\}-D_i\frac{d^2\bar{c}_i}{dy^2}-D_i\mathrm{Re}\left\{\frac{d^2\tilde{c}_i}{dy^2}e^{j\omega t}\right\}=0 \tag{11.12}$$

由式（11.8），稳态解表示为

$$\mathrm{Re}\left\{j\omega\tilde{c}_i e^{j\omega t}-D_i\frac{d^2\tilde{c}_i}{dy^2}e^{j\omega t}\right\}=0 \tag{11.13}$$

在式（11.13）中，其指数项 $e^{j\omega t}$ 可以消去，从而消除了与时间的关系。只有当

$$j\omega\tilde{c}_i-D_i\frac{d^2\tilde{c}_i}{dy^2}=0 \tag{11.14}$$

式（11.13）才成立。

方程（11.14）可以用无量纲量瞬时浓度 $\theta_i(y)=\tilde{c}_i/\tilde{c}_i(0)$ 和距离 $\xi=y/\delta_f$ 表示为

$$\frac{d^2\theta_i}{d\xi^2}-jK_i\theta_i=0 \tag{11.15}$$

其中，式（11.16）为物质 i 的无量纲频率，即

$$K_i=\frac{\omega\delta_f^2}{D_i} \tag{11.16}$$

式（11.15）的通解见例 2.3，即为

$$\theta_i=C_1\exp(\xi\sqrt{jK_i})-C_2\exp(-\xi\sqrt{jK_i}) \tag{11.17}$$

对于有限厚度的扩散层，对称边界条件为

$$\text{当 } \xi=1 \text{ 时，} \theta_i=0$$

$$\text{当 } \xi=0 \text{ 时，} \theta_i=1 \tag{11.18}$$

因为 θ_i 是一个复数，式（11.18）表示的边界条件是在 $\xi=1$ 时，$\mathrm{Re}\{\theta_i\}=0$，$\mathrm{Im}\{\theta_i\}=0$；在 $\xi=0$ 时，$\mathrm{Re}\{\theta_i\}=1$，$\mathrm{Im}\{\theta_i\}=0$。积分常数 C_1 和 C_2 的值为

$$当\ \xi<1\ 时，\theta_i=\frac{\sinh\left[(\xi-1)\sqrt{jK_i}\right]}{\sinh(-\sqrt{jK_i})}$$

$$当\ \xi\geqslant 1\ 时，\theta_i=0 \tag{11.19}$$

在第 10.2.2 节中，确定的无量纲量扩散阻抗由式（11.20）给出

$$\frac{-1}{\theta'_i(0)}=\frac{\tanh(\sqrt{jK_i})}{\sqrt{jK_i}} \tag{11.20}$$

式（11.20）为有限厚度 δ_f 膜的扩散阻抗。

扩散阻抗以无量纲量频率 $K_i=\omega\delta_f^2/D_i$ 为影响因素，以 Nyquist 格式表示，见图 11.2。实线是有限厚度（δ_f）薄膜的扩散阻抗。扩散阻抗负虚部的峰值出现在无量纲量频率 $K_i=2.5$ 处。当频率趋于零时，$\tanh(\sqrt{jK_i})$ 趋于 $\sqrt{jK_i}$，$-1/\theta'_i(0)$ 趋于 1。当频率趋于无穷大时，$\tanh(\sqrt{jK_i})$ 趋于 1，$-1/\theta_i'(0)$ 趋于 $1/\sqrt{jK_i}$，这就是 Warburg 阻抗的表达式，如例 11.1 所示。

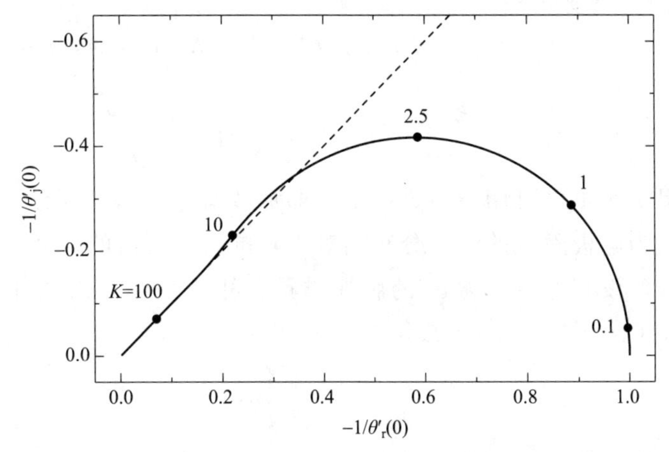

图 11.2　以无量纲量频率 $K_i=\omega\delta_f^2/D_i$ 为影响因素的 Nyquist 格式扩散阻抗。实线为有限厚度（δ_f）膜的扩散阻抗，如式（11.20）所示，虚线为无限域中扩散的 Warburg 阻抗，如式（11.28）所示

在图 11.3 中，可以更清楚地看到扩散阻抗接近 Warburg 阻抗的趋势。其中，扩散阻抗的实部和虚部都表示为无量纲量频率的函数。当频率 $K_i>10$ 时，扩散阻抗的实部和虚部的大小接近 Warburg 阻抗的对应值。

对于受质量传递影响的电化学系统，其扩散阻抗响应可以通过将无量纲量即式（11.20）代入式（10.61）得到。这里，所提出的通用方法的优点是，在使用传质阻抗模型时，不影响第 10 章中提出的动力学的建立。

例 11.1　静态扩散层的 Warburg 阻抗：在没有强制对流和自然对流忽略的条件下，求扩散阻抗。

解：在静态环境下，式（11.5）的边界条件为

$$当\ y\to\infty\ 时，c_i\to c_i(\infty)$$

$$当\ y=0\ 时，c_i=c_i(0) \tag{11.21}$$

$$当\ t=0\ 时，c_i=c_i(\infty)$$

有可能没有稳态解。如例 2.9 所示，浓度可用相似度变量表示为[177]

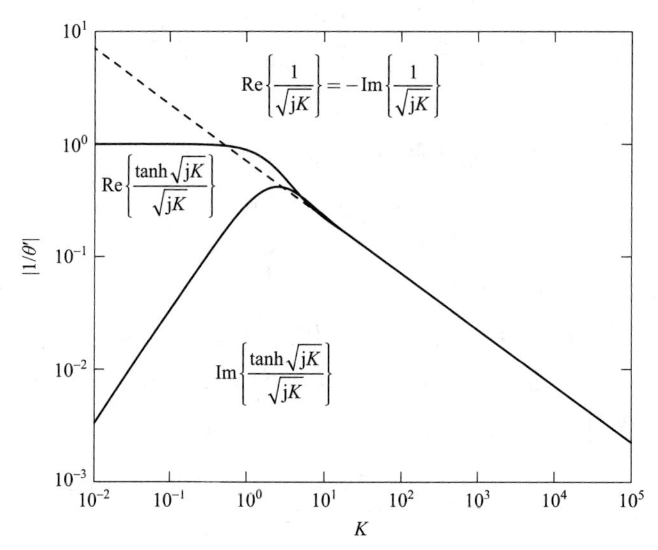

图 11.3　扩散阻抗的实部和虚部是无量纲量频率 $K_i=\omega\delta_f^2/D_i$ 的函数。实线为有限厚度(δ_f) 膜的扩散阻抗，如式（11.20）所示；虚线为无限域中扩散的 Warburg 阻抗，如式（11.28）所示

$$\Theta_i=\frac{c_i(y)-c_i(0)}{c_i(\infty)-c_i(0)}=1-\mathrm{erf}\left(\frac{y}{\sqrt{4D_it}}\right) \tag{11.22}$$

在原则上，阻抗测量仅可用于稳定系统，即那些有稳定解的系统。然而，当时间足够长之后，可以认为电极附近的浓度分布相对于阻抗测量所需的时间是稳定的。

对于无限扩散，没有像厚度为 δ_f 的膜那样具有特征长度。式（11.14）可以用无量纲量即瞬时浓度 $\theta_i(y)=\tilde{c}_i/\tilde{c}_i(0)$ 表示为

$$\mathrm{j}\frac{\omega}{D_i}\theta_i-\frac{\mathrm{d}^2\theta_i}{\mathrm{d}y^2}=0 \tag{11.23}$$

按照例 2.3，式（11.23）的通解由式（11.24）给出，即

$$\theta_i=C_1\exp(y\sqrt{\mathrm{j}\omega/D_i})-C_2\exp(-y\sqrt{\mathrm{j}\omega/D_i}) \tag{11.24}$$

并可以根据下列边界条件求解

$$\text{当 } y\to\infty \text{ 时，} \theta_i\to 0$$
$$\text{当 } y=0 \text{ 时，} \theta_i=1 \tag{11.25}$$

因此，$C_1=0$，就有

$$\theta_i=\mathrm{e}^{-y\sqrt{\mathrm{j}\omega/D_i}} \tag{11.26}$$

对式（11.26）的 y 求导数，得到

$$\left.\frac{\mathrm{d}\theta_i}{\mathrm{d}y}\right|_{y=0}=-\sqrt{\mathrm{j}\omega/D_i} \tag{11.27}$$

按照式（10.12）和 θ_i 的定义，有

$$\frac{-\tilde{c}_i(0)}{\left.\frac{\mathrm{d}\tilde{c}_i}{\mathrm{d}y}\right|_{y=0}}=\frac{1}{\sqrt{\mathrm{j}\omega/D_i}} \tag{11.28}$$

式（11.28）称为 Warburg 阻抗[28]。

例 11.2　Warburg 阻抗对膜厚度不敏感：在高频下，根据式（11.20），求极限值，可以得到膜的 Warburg 阻抗，即

$$\lim_{\omega \to \infty} \frac{-1}{\theta'_{\mathrm{i}}(0)} = \frac{1}{\sqrt{\mathrm{j}K_{\mathrm{i}}}} = \frac{1}{\sqrt{\mathrm{j}\omega\delta_{\mathrm{f}}^{2}/D_{\mathrm{i}}}} \tag{11.29}$$

从式（11.29）可见，Warburg 阻抗好像受薄膜厚度 δ_{f} 影响。然而，从例 11.1 中推导的 Warburg 阻抗表达式（11.28）可知，Warburg 阻抗与膜厚无关。请解释这种明显的差异。

解：式（11.29）可进一步表示为

$$\frac{-1}{\theta'_{\mathrm{i}}(0)} = \left.\frac{\mathrm{d}\xi}{\mathrm{d}\theta_{\mathrm{i}}}\right|_{\xi=0} = \left.\frac{\mathrm{d}y}{\mathrm{d}\theta_{\mathrm{i}}}\right|_{y=0} \frac{1}{\delta_{\mathrm{f}}} \tag{11.30}$$

这样，就有下列等式

$$\left.\frac{\mathrm{d}y}{\mathrm{d}\theta_{\mathrm{i}}}\right|_{y=0} \frac{1}{\delta_{\mathrm{f}}} = \frac{1}{\sqrt{\mathrm{j}\omega\delta_{\mathrm{f}}^{2}/D_{\mathrm{i}}}} \tag{11.31}$$

或

$$\left.\frac{\mathrm{d}y}{\mathrm{d}\theta_{\mathrm{i}}}\right|_{y=0} = \frac{1}{\sqrt{\mathrm{j}\omega/D_{\mathrm{i}}}} \tag{11.32}$$

式（11.32）与式（11.27）相同。另一种证明薄膜厚度对式（11.20）高频极限出现的 Warburg 阻抗影响不大的方法是，将式（11.29）代入扩散阻抗的定义式［式（10.60）］中，消去 δ 项。

例 11.3　在膜传递过程中浓度的变化：探讨与时间有关的浓度分布是频率的函数，是从另外一个角度理解 Warburg 阻抗与膜厚无关的方法。由此可以发现：扩散阻抗是一个复数，包含模值和相位信息。计算高频和低频下的浓度分布。

解：浓度由式（11.11）表示。由 $\mathrm{Re}\{\tilde{c}_{\mathrm{i}}\mathrm{e}^{\mathrm{j}\omega t}\}$ 表示的浓度瞬时量见图 11.4，其中，无量纲频率为 100 和 1 时分别如图 11.4(a) 和 (b) 所示。在较高的频率下，瞬时浓度不会延伸到扩散层的极限。在较低的频率下，瞬时浓度会延伸到扩散层的极限。在 $\xi=1$ 处出现突变，即为静态膜的极限。

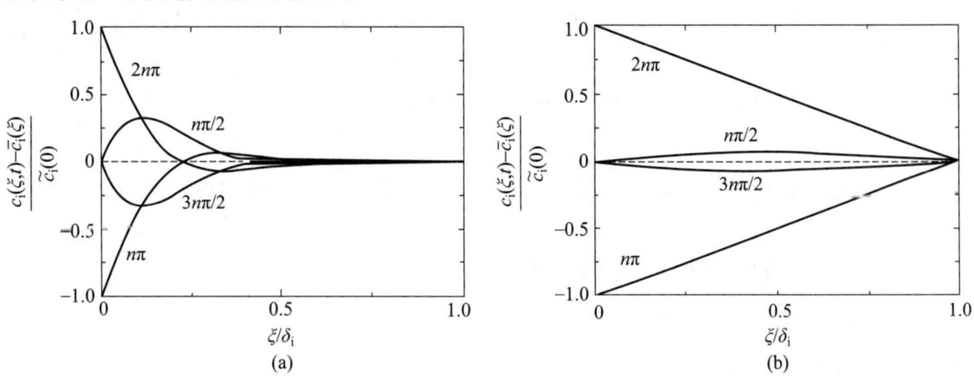

图 11.4　在有限静止扩散层中瞬时浓度与距离之间的函数关系曲线。其中，时间作为影响因素。(a) $K_{\mathrm{i}}=100$；(b) $K_{\mathrm{i}}=1$

在图 11.5 中，以无量纲时间为影响因素，给出了当传质极限电流一半时，以及在

界面处20%瞬时浓度时，系统的浓度分布图。在较高的频率下，远离电极表面的扰动引起的传递过程滞后于表面的扰动。在较低的频率下，远离表面的浓度响应几乎没有相位滞后。在 $K_i \rightarrow 0$ 的极限条件下，相位滞后趋于零，相应地，阻抗虚部也趋于零。

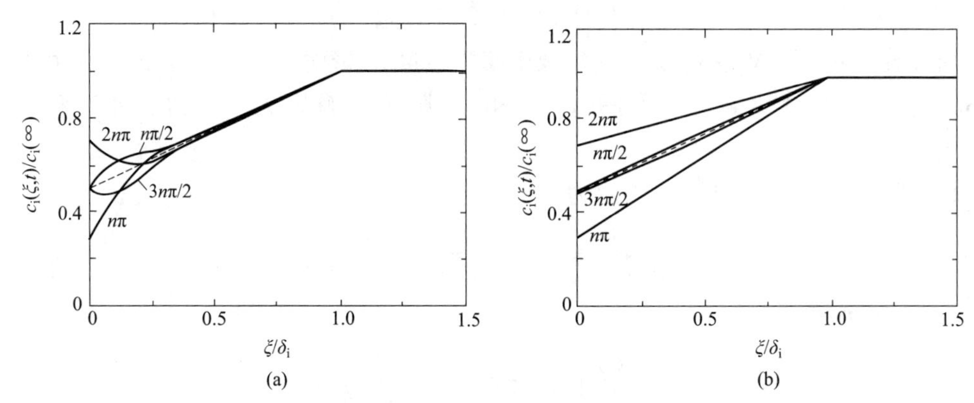

图 11.5 在有限静止扩散层中浓度与距离之间的函数关系曲线。其中，时间作为影响因素。（a）$K_i=100$；（b）$K_i=1$

当 $K_i=100$ 时，如果以距离的无量纲量为影响因素，如图11.6所示，瞬时浓度变化是时间的函数。任一距离处浓度滞后于表面浓度的程度是距离的函数。相位滞后随距离的变化与波在耗散介质中的传播是一致的。

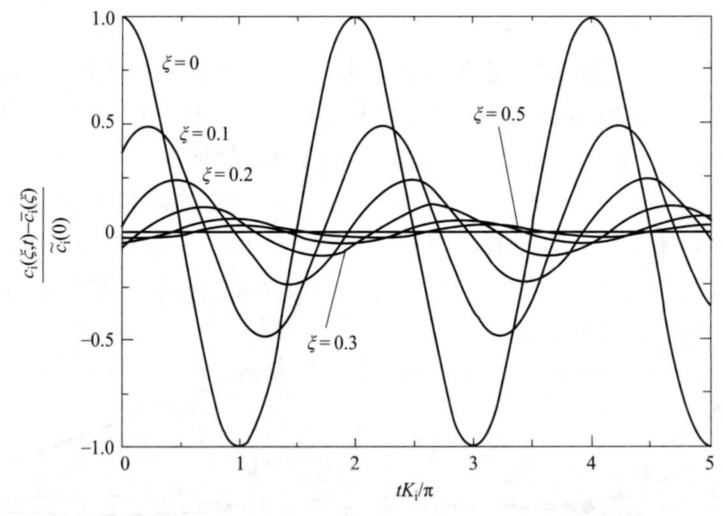

图 11.6 在有限静止扩散层中瞬时浓度与时间的函数关系（以距离作为影响因素）。其中，$K_i=100$

11.2.2 无电活性物质交换的扩散过程

在许多电化学系统中，包括一些电池中，即使没有与外部电解质交换电活性物质下，薄膜中也会出现扩散现象。

Ho 等人[178] 解决了锂电池的传质问题，Gabrielli 等人[179] 解决了涂有氧化还原聚合物膜电极的传质问题。根据 Gabrielli 等人[179] 的研究，在电极上发生了氧化还原反应，即

$$P + e^- \rightleftharpoons Q \tag{11.33}$$

在没有对流和迁移的情况下，物质 P 和 Q 的浓度遵从式（11.5）。氧化还原物与膜相连，必须在膜层中。因此，有

$$\left.\frac{\partial c_{\mathrm{P}}}{\partial y}\right|_{y=\delta_{\mathrm{f}}}=\left.\frac{\partial c_{\mathrm{Q}}}{\partial y}\right|_{y=\delta_{\mathrm{f}}}=0 \tag{11.34}$$

这种情况如图 11.7 所示。

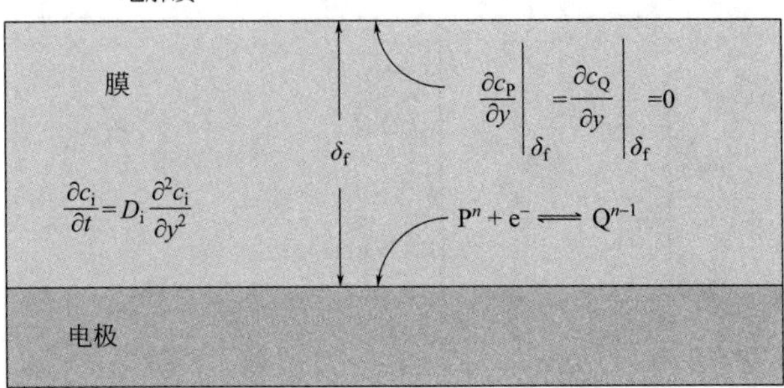

图 11.7　在膜和电解质间没有电活性物质交换的情况下通过膜扩散的示意图

在稳态条件下，式（11.5）变为式（11.8）。因此，浓度 $\bar{c}_{\mathrm{P}}$ 和 $\bar{c}_{\mathrm{Q}}$ 是均匀的，与距离变量 y 无关。反应（11.33）的法拉第电流的表达式为

$$i_{\mathrm{F}}=k_{\mathrm{f}}c_{\mathrm{P}}-k_{\mathrm{b}}c_{\mathrm{Q}} \tag{11.35}$$

其中，速率常数 k_{f} 和 k_{b} 是电位的函数，如第 10 章所述。氧化还原对的总浓度为

$$c_{\mathrm{P}}+c_{\mathrm{Q}}=c^{*} \tag{11.36}$$

由于稳态浓度 $\bar{c}_{\mathrm{P}}$ 和 $\bar{c}_{\mathrm{Q}}$ 为常数，稳态法拉第电流密度如式（11.35）所示为零。根据式（11.35）和式（11.36），可以得出

$$\bar{c}_{\mathrm{P}}=\frac{k_{\mathrm{b}}c^{*}}{k_{\mathrm{f}}+k_{\mathrm{b}}} \tag{11.37}$$

和

$$\bar{c}_{\mathrm{Q}}=\frac{k_{\mathrm{f}}c^{*}}{k_{\mathrm{f}}+k_{\mathrm{b}}} \tag{11.38}$$

由于电活性物质与膜有关，式（11.5）的边界条件为

$$\text{当 } y=0 \text{ 时，} c_{\mathrm{i}}=c_{\mathrm{i}}(0) \tag{11.39}$$

$$\text{当 } y=\delta_{\mathrm{f}} \text{ 时，} \frac{\mathrm{d}c_{\mathrm{i}}}{\mathrm{d}y}=0 \tag{11.40}$$

其中，下标 i 对应 P 或 Q。

虽然式（11.15）的通解仍然由方程（11.17）给出，但是对应的边界条件如下

$$\text{当 } \xi=1 \text{ 时，} \frac{\mathrm{d}\theta_{\mathrm{i}}}{\mathrm{d}\xi}=0$$

$$\text{当 } \xi=0 \text{ 时，} \theta_{\mathrm{i}}=1 \tag{11.41}$$

最后，得到的无量纲扩散阻抗为

$$\frac{-1}{\theta'_{\mathrm{i}}(0)}=\frac{\coth\left(\sqrt{\mathrm{j}K_{\mathrm{i}}}\right)}{\sqrt{\mathrm{j}K_{\mathrm{i}}}} \tag{11.42}$$

图 11.8 比较了在膜中发生电活性物质与电解质交换时的 Warburg 阻抗和扩散阻抗。

如图 11.8 所示，当频率趋于无穷大时，$\coth((\sqrt{\mathrm{j}K_\mathrm{i}}))$ 趋于 1，$-1/\theta'_\mathrm{i}(0)$ 趋于 $1/\sqrt{\mathrm{j}K_\mathrm{i}}$，即 Warburg 阻抗的表达式（参见例 11.1）。当频率趋向于零时，$\coth(\sqrt{\mathrm{j}K_\mathrm{i}})$ 趋向于 $(1/\sqrt{\mathrm{j}K_\mathrm{i}}+\sqrt{\mathrm{j}K_\mathrm{i}}/3)$，$-1/\theta'_\mathrm{i}(0)$ 趋向 $1/3+1/\mathrm{j}K_\mathrm{i}$。这是电容与值为 1/3 的电阻串联的行为。

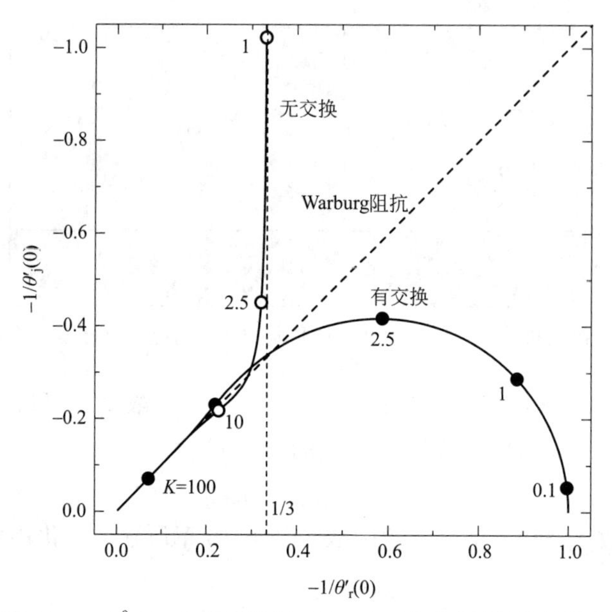

图 11.8　以无量纲频率 $K_\mathrm{i}=\omega\delta_\mathrm{f}^2/D_\mathrm{i}$ 为影响因素，Nyquist 格式表示的扩散阻抗图。实线为有限厚度（δ_f）膜的扩散阻抗，如式（11.20）（与电解质交换电活性物质）和式（11.42）（不与电解质交换电活性物质）所示。虚线为无限区域内扩散的 Warburg 阻抗，如式（11.28）所示

在无量纲频率 $K>10$ 时，三种阻抗模型相互重叠。因此，如果膜厚度非常大，在整个可测量的实验频率范围内，式（11.20）和式（11.42）与 Warburg 阻抗对应。在这种情况下，所研究问题的根本在于决定将哪个表达式引入式（10.61）中，以获得阻抗的完整解。

例 11.4　扩散或电容：在没有电活性物质交换的情况下，低频时通过薄膜扩散，对应的电容值是多少？

解：图 11.8 所示的低频响应为

$$\frac{-1}{\theta'(0)}=\frac{1}{3}-\mathrm{j}\frac{1}{K_\mathrm{i}} \tag{11.43}$$

或者

$$-3\frac{1}{\theta'(0)}=1-\mathrm{j}\frac{3D_\mathrm{i}}{\omega\delta_\mathrm{i}^2} \tag{11.44}$$

这可以与电阻 R 与电容 C 串联的无量纲阻抗表达式相比较，即

$$\frac{Z}{R}=1-\mathrm{j}\frac{1}{\omega RC} \tag{11.45}$$

根据式（11.44）和式（11.45），可以得到电容的关系式，即

$$C=\frac{\delta_{\mathrm{i}}^{2}}{3D_{\mathrm{i}}R} \tag{11.46}$$

其中，R 为阻抗图中低频电容部分的高频渐近线。

11.3　旋转圆盘

图 11.9 为旋转圆盘转动时产生的流场示意图。圆盘旋转将导致流体的螺旋式运动，如图 11.9(a) 所示，这种运动形式使得流体在电极表面上沿着电极表面径向方向的流动。在轴向某距离处，流动轨迹在一个平面上的投影图如图 11.9(b) 所示。由图 11.9 可知，流体速度主要分布在 θ 方向上，而相应的径向和轴向速度都很小。因此，我们可以将旋转圆盘视为一个没有效率的泵，只是将流体吸向圆盘表面，同时又使流体沿着径向射出。旋转圆盘电极在频域分析技术上的广泛应用，促使建立了一些经验模型。应用这些模型可以更好地理解实验数据。

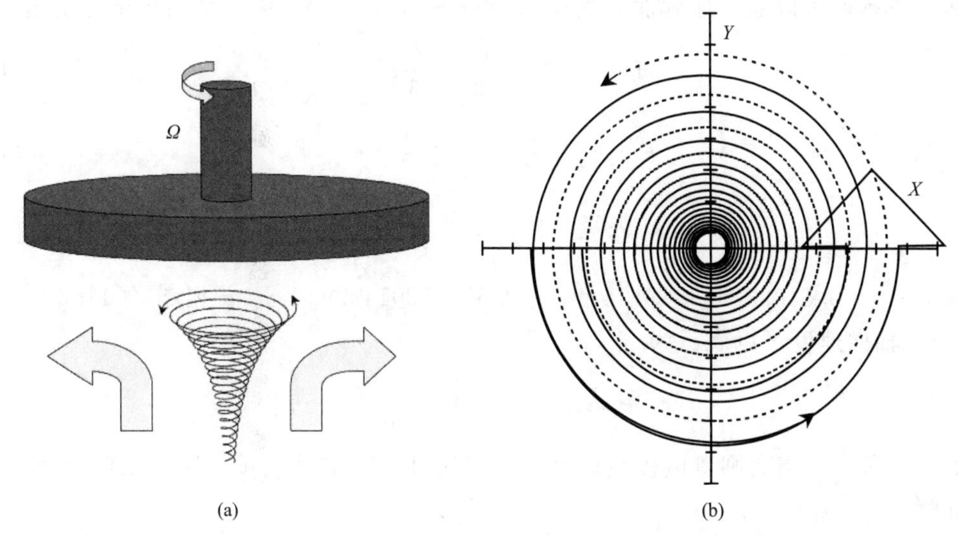

图 11.9　旋转圆盘的流场形态。(a) 三维流体流动轨迹示意图，这种运动形式使得流体向电极表面并且沿着径向流动，为了保证流动轨迹的可视性，轴向坐标放大了；(b) 在已知某轴向距离处，流动轨迹在平面上的投影图

11.3.1　流体流动

von Kármán 首次对稳态流动进行了研究[180]。所谓稳态流动是利用一个无限大的圆盘，以固定的角速度在物理性能稳定的流体中旋转而获得的。应用无量纲距离，通过分离变量的方法，即可以求解，即

$$\zeta=y\sqrt{\Omega/\nu} \tag{11.47}$$

提示 11.3：如方程（11.28）所示，Warburg 阻抗适用于无限滞流区的扩散。同样也适用于受高频控制的有限域内的扩散。

无量纲径向速度为

$$v_r = r\Omega F(\zeta) \tag{11.48}$$

角速度为

$$v_\theta = r\Omega G(\zeta) \tag{11.49}$$

轴向速度为

$$v_y = \sqrt{\nu\Omega}H(\zeta) \tag{11.50}$$

在这里，ν 表示运动黏度；Ω 表示旋转速度。

利用方程（11.48）～方程（11.50），就可以采用数值法求解连续性方程和 Navier-Stokes 方程[115,180]（译者注：Navier-Stokes 方程在流体力学中简称 N-S 方程）。如 Cochran 描述的那样[181]，变量 F、G 和 H 可以写成由两组级数展开式构成的方程。其中，这两组级数展开式分别对应较小和较大的 ζ 值。较小 ζ 值的级数解，是与传质问题有关的。特别是，在 $\zeta=0$ 时的导数很重要，因为据此可以确定级数展开式的第一个系数。其他的系数可以通过连续性方程和 Navier-Stokes 方程由第一个系数推导得出。

$$H = -a\zeta^2 + \frac{\zeta^3}{3} + \frac{b}{6}\zeta^4 + \cdots \tag{11.51}$$

$$F = a\zeta - \frac{\zeta^2}{2} - \frac{b}{3}\zeta^3 + \cdots \tag{11.52}$$

$$G = 1 + b\zeta + \frac{a}{3}\zeta^3 + \cdots \tag{11.53}$$

在这里，$a=0.510232618867$，$b=-0.615922014399$。[182] 根据式（11.50）和式（11.51），轴向速度可以表示为

$$v_y = -\sqrt{\nu\Omega}\left(a\zeta^2 - \frac{\zeta^3}{3} - \frac{b}{6}\zeta^4 + \cdots\right) \tag{11.54}$$

如图 11.10 所示，当离圆盘电极很远时，速度展开式中的第二项、第三项的贡献就变得十分重要。

在图 11.10 中，通过传质特征距离，即 $\zeta=(aSc_i/3)^{-1/3}\xi$，说明了仅使用速度展开式中的第一项计算速度时误差的相关性。其中，传质特征长度由方程（2.63）给出。当 $Sc_i=1000$ 时，ζ/ξ 的比值为 0.18。这意味着浓度变化的距离大约等于速度变化距离的 1/5。在速度展开式中，只使用第一项引起的速度误差是自由流体速度的 -0.2%（或 $\zeta=0.18$ 时的值的 -12%）。

11.3.2 稳态传质

在无迁移的情况下，旋转盘的传质控制方程可按照式（11.4）的形式表示。在稳态假设条件下，有

$$v_y\frac{d\bar{c}_i}{dy} - D_i\frac{d^2\bar{c}_i}{dy^2} = 0 \tag{11.55}$$

可以用下列边界条件进行求解

$$\text{当 } y\to\infty \text{ 时，} \bar{c}_i \to c_i(\infty)$$
$$\text{当 } y=0 \text{ 时，} \bar{c}_i = c_i(0) \tag{11.56}$$

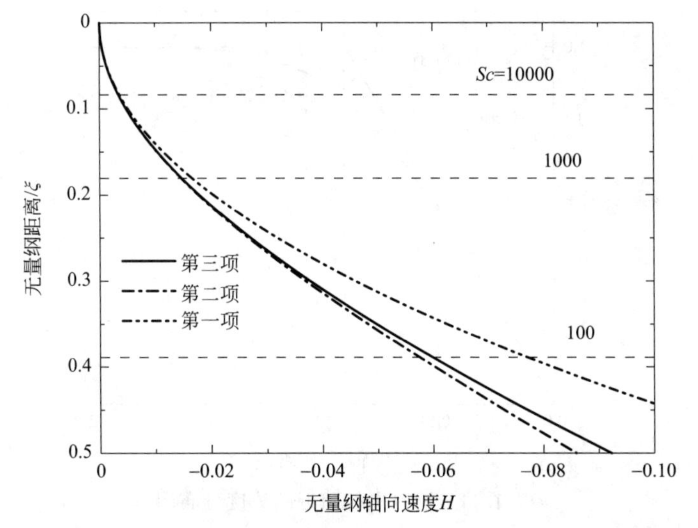

图 11.10　旋转圆盘附近区域中轴向速度的分布。虚线表示施密特数（Sc）分别为10000、1000 和 100 时的传质特征长度

式（11.55）的解可以参见例 2.2。在这种情况下，法向速度取决于其展开式的第一项，即

$$v_y = -a\frac{\Omega^{3/2}}{\sqrt{\nu}}y^2 = -\alpha y^2 \tag{11.57}$$

由此，得到了浓度是距离的函数关系式，即

$$\bar{c}_i(y) = \frac{\bar{c}_i(\infty) - \bar{c}_i(0)}{\left(\frac{3D_i}{\alpha}\right)^{1/3}\Gamma(4/3)}\int_0^y \exp\left(-\frac{\alpha y^3}{3D_i}\right)dy + \bar{c}_i(0) \tag{11.58}$$

式（11.58）以无量纲量形式表示为

$$\Theta_i = \frac{c_i - c_i(0)}{c_i(\infty) - c_i(0)} = \frac{1}{\Gamma(4/3)}\int_0^\xi \exp(-\xi^3)d\xi \tag{11.59}$$

式中，$\xi = y/\delta_i$，传质特征长度为

$$\delta_i = \left(\frac{3D_i}{\alpha}\right)^{1/3} = \left(\frac{3}{a}\right)^{1/3}\frac{1}{Sc_i^{1/3}}\sqrt{\frac{\nu}{\Omega}} \tag{11.60}$$

在电极表面上，其无量纲浓度梯度为

$$\left.\frac{d\Theta_i}{d\xi}\right|_0 = \frac{1}{\Gamma(4/3)} = \frac{\delta_i}{\delta_{N,i}} \tag{11.61}$$

对应的浓度分布图如图 11.11 所示。

对于式（11.55），同样可以用无量纲距离（ξ）表示为

$$\frac{d^2\bar{c}_i}{d\xi^2} + \left[3\xi^2 - \left(\frac{3}{a^4}\right)^{1/3}\frac{\xi^3}{Sc_i^{1/3}} - \frac{b}{6}\left(\frac{3}{a}\right)^{5/3}\frac{\xi^4}{Sc_i^{2/3}}\right]\frac{d\bar{c}_i}{d\xi} = 0 \tag{11.62}$$

在式（11.54）中，其速度展开式使用了这三项。其边界条件用 ξ 表示为

$$\begin{aligned}&当\ \xi \to \infty\ 时，\bar{c}_i \to c_i(\infty)\\&当\ \xi = 0\ 时，\bar{c}_i = c_i(0)\end{aligned} \tag{11.63}$$

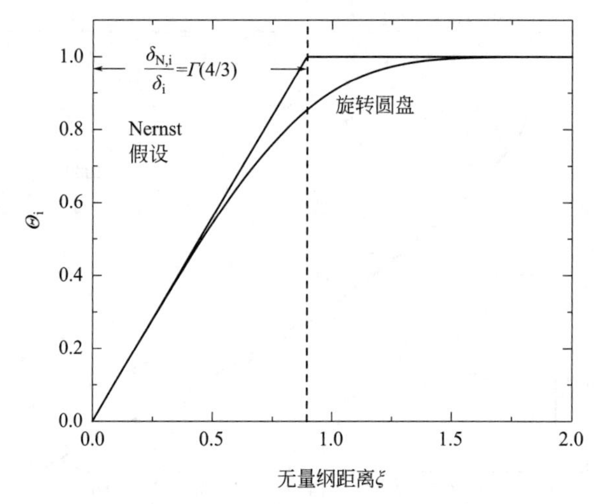

图 11.11　圆盘电极附近的浓度分布图

在例 2.6 中，给出了式（11.62）的解。

无量纲传质速率可用电极表面无量纲浓度（Θ_i）梯度表示为[183]

$$\frac{1}{Sc_i}\Theta'(0)=\frac{0.62045Sc_i^{-2/3}}{1+0.29801Sc_i^{-1/3}+0.14515Sc_i^{-2/3}+O(Sc_i^{-1})} \tag{11.64}$$

式（11.64）可看作式（2.84）的一个小扩展式，详见例 2.6 所示。电流密度的修正可以通过速度展开式中的附加项进行计算，如式（11.54）所示。大多数电解系统的施密特数都在 1000 左右。因此，由于忽略了速度展开式中的第二项和更高次项，式（11.64）中的误差一般小于 3%。结果表明，对于频域计算，误差要大得多。

11.3.3　对流扩散阻抗

基于传质影响的归一化处理和表达式的一般形式，建立了圆盘电极对流扩散阻抗的数学模型。

将浓度的定义式［式（11.11）］代入物质 i 的守恒表达式［式（11.4）］，就可得到式

$$\mathrm{j}\omega\tilde{c}_i e^{\mathrm{j}\omega t}+v_y\frac{\mathrm{d}\bar{c}_i}{\mathrm{d}y}+v_y\frac{\mathrm{d}\tilde{c}_i}{\mathrm{d}y}e^{\mathrm{j}\omega t}-D_i\frac{\mathrm{d}^2\bar{c}_i}{\mathrm{d}y^2}-D_i\frac{\mathrm{d}^2\tilde{c}_i}{\mathrm{d}y^2}e^{\mathrm{j}\omega t}=0 \tag{11.65}$$

消除稳态项并除以 $e^{\mathrm{j}\omega t}$ 后，式（11.65）可表示为

$$\mathrm{j}\omega\tilde{c}_i+v_y\frac{\mathrm{d}\tilde{c}_i}{\mathrm{d}y}-D_i\frac{\mathrm{d}^2\tilde{c}_i}{\mathrm{d}y^2}=0 \tag{11.66}$$

根据 Tribollet 和 Newman 的研究[184]，基于无量纲距离 $\xi=y/\delta_i$，可以建立传质对圆盘电极阻抗响应影响的无量纲方程。其中，δ_i 定义见式（11.60）。无量纲频率可以表示为

$$K_i=\frac{\omega}{\Omega}\left(\frac{9\nu}{a^2D_i}\right)^{1/3}=\frac{\omega}{\Omega}\left(\frac{9}{a^2}\right)^{1/3}Sc_i^{1/3}=\frac{\omega\delta_i^2}{D_i} \tag{11.67}$$

通过引入无量纲浓度 $\theta_i(\xi)=\tilde{c}_i/\tilde{c}_i(0)$，式（11.66）变为

$$\frac{\mathrm{d}^2\theta_i}{\mathrm{d}\xi^2}+\left[3\xi^2-\left(\frac{3}{a^4}\right)^{1/3}\frac{\xi^3}{Sc_i^{1/3}}-\frac{b}{6}\left(\frac{3}{a}\right)^{5/3}\frac{\xi^4}{Sc_i^{2/3}}\right]\frac{\mathrm{d}\theta_i}{\mathrm{d}\xi}-\mathrm{j}K_i\theta_i=0 \tag{11.68}$$

这里，式（11.51）中给出的三项均包含在轴向速度的展开式中。方程（11.68）的解满足下列边界条件

$$\text{当}\ \xi \to \infty\ \text{时}，\theta_i \to 0$$
$$\text{当}\ \xi = 0\ \text{时}，\theta_i = 1 \tag{11.69}$$

结果表明，阻抗测量引起的浓度扰动在离电极较远的地方减小。

解析解可能仅用于简化方程式（11.68）。否则，需要数值求解。但是，在无量纲项中，有关问题的表达式仅允许将结果应用于不同的条件。为此，获得方程式（11.68）解的方法与速度展开式的假设类型不同。

11.3.4　解析解和数值解

在前面，已经花费了大量精力求解方程（11.68）的解析解。这些解的主要区别于求解方式，即在求解过程中，认为对流作用近似。本节将介绍不同的模型及其对阻抗响应的影响。

（1）能斯特（Nernst）假设

图 11.11 所示的浓度分布图可用于说明能斯特假设。通过整个扩散层外推，可以得到电极表面处的浓度梯度

$$\left.\frac{\mathrm{d}\Theta_i}{\mathrm{d}\xi}\right|_{\xi=0} = \frac{1}{\Gamma(4/3)} \tag{11.70}$$

能斯特扩散层的厚度可以从下列公式获得，即

$$\left.\frac{\mathrm{d}c_i}{\mathrm{d}y}\right|_{y=0} = \frac{c_i(\infty) - c_i(0)}{\Gamma(4/3)\left(\dfrac{3}{a}\right)^{1/3}\dfrac{1}{Sc_i^{1/3}}\sqrt{\dfrac{\nu}{\Omega}}} = \frac{c_i(\infty) - c_i(0)}{\delta_{N,i}} \tag{11.71}$$

其中，$\delta_{N,i}$ 为能斯特扩散层厚度，可以用下式表示

$$\delta_{N,i} = \Gamma(4/3)\left(\frac{3}{a}\right)^{1/3}\frac{1}{Sc_i^{1/3}}\sqrt{\frac{\nu}{\Omega}} = 1.61\frac{1}{Sc_i^{1/3}}\sqrt{\frac{\nu}{\Omega}} \tag{11.72}$$

线性浓度分布对应于厚度为 $\delta_{N,i}$ 的多孔层中的纯扩散情况，其阻抗响应由式（11.20）给出。其中，将式（11.16）中的膜厚度 δ_f 由 $\delta_{N,i}$ 代替，可得

$$\frac{-1}{\theta'_i(0)} = \frac{\tanh\left(\sqrt{j\omega\dfrac{\delta_{N,i}^2}{D_i}}\right)}{\sqrt{j\omega\dfrac{\delta_{N,i}^2}{D_i}}} \tag{11.73}$$

如图 11.11 所示，在靠近 $y=\delta_{N,i}$ 的距离上，能斯特假设对应的浓度分布与真正的浓度分布不同，并且这两个浓度分布在电极附近是叠加重合的。

图 11.12 比较了能斯特静止扩散层的无量纲扩散阻抗与在施密特数无限大的假设条件下所得到的对流扩散阻抗值差异。由于扰动的传播距离与频率之间存在一定关系（见

提示 11.4： 基于能斯特假设得到的阻抗公式，如方程（11.20）所示，不能算是一个好的对流扩散阻抗模型。

例 11.3)，尽管在高频率时，其极限值与对流扩散阻抗的真实解一致，但是在低频时，能斯特假设仍然会产生不正确的结果。

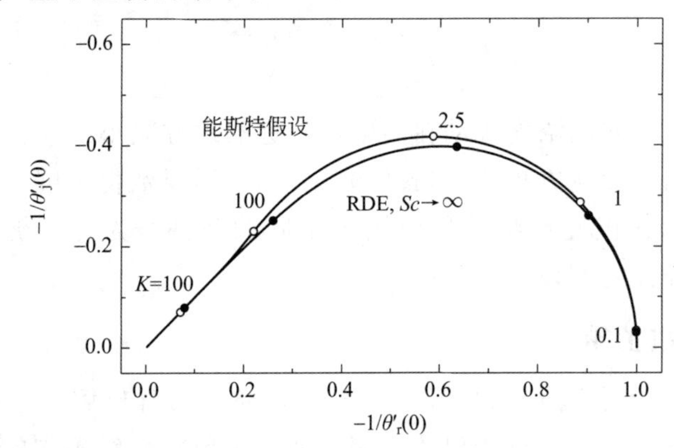

图 11.12　在能斯特假设和施密特数无限大的假设条件下，旋转圆盘的无量纲扩散阻抗

(2) 施密特数无限大的假设

在施密特数无限大的假设条件下，轴向速度可以近似为式 (11.51) 的展开式中的第一项。在稳态条件下，当展开式中忽略高阶项时，会导致传质极限电流密度值出现约3%的误差。如下所述，由于忽略扩展式中的高阶项导致的误差在频域中可能更大。

对流扩散方程 (11.68) 可以简化为

$$\frac{d^2\theta_i}{d\xi^2}+3\xi^2\frac{d\theta_i}{d\xi}-jK_i\theta_i=0 \tag{11.74}$$

对于式 (11.74)，已经提出了许多解析解。Deslouis 等人[185] 研究了一种方法，即通过近似，将问题简化为艾里函数 (Airy Function) 的正则方程 (canonical equation)。Tribollet 和 Newman[186] 给出了两个系列的解：一个用于 $K<10$，另一个用于 $K>10$。两个系列重叠性良好。

(3) 对有限施密特数的处理

当施密特数为 1000 时，从阻抗数据评估施密特数时，如果使用无限施密特数近似处理，将导致 Sc_i 误差大概为 24.4%[175]。因此，忽略速度展开式中高阶项，所得结果比稳态的系统更为重要。通常，对流扩散阻抗的全解需要采用数值方法求解。以下讨论由 Tribollet 和 Newman[184] 提出。

一些作者已经解决了施密特数的有限值对对流扩散阻抗表达式的影响。Levart 和 Schuhmann[187] 的研究表明，浓度项可以表示为含有 $Sc_i^{1/3}$ 的一系列展开式，即

$$\theta_i(\xi,Sc_i,K)=\theta_{i,0}(\xi,K)+\frac{\theta_{i,1}(\xi,K)}{Sc_i^{1/3}}+\frac{\theta_{i,2}(\xi,K)}{Sc_i^{2/3}}+\cdots \tag{11.75}$$

其中，$\theta_{i,0}$、$\theta_{i,1}$ 和 $\theta_{i,2}$ 是相应耦合微分方程 (11.76)～方程 (11.78) 的解。

$$\frac{d^2\theta_{i,0}}{d\xi^2}+3\xi^2\frac{d\theta_{i,0}}{d\xi}-jK_i\theta_{i,0}=0 \tag{11.76}$$

$$\frac{d^2\theta_{i,1}}{d\xi^2}+3\xi^2\frac{d\theta_{i,1}}{d\xi}-jK_i\theta_{i,1}=\left(\frac{3}{a^4}\right)^{1/3}\xi^3\frac{d\theta_{i,0}}{d\xi} \tag{11.77}$$

$$\frac{d^2\theta_{i,2}}{d\xi^2}+3\xi^2\frac{d\theta_{i,2}}{d\xi}-jK_i\theta_{i,2}=\frac{b}{6}\left(\frac{3}{a}\right)^{5/3}\xi^4\frac{d\theta_{i,0}}{d\xi}+\left(\frac{3}{a^4}\right)^{1/3}\xi^3\frac{d\theta_{i,1}}{d\xi} \tag{11.78}$$

其边界限制条件为

$$\theta_{i,0}(\infty)\to 0;\quad \theta_{i,1}(\infty)\to 0;\quad \theta_{i,2}(\infty)\to 0 \tag{11.79}$$

和

$$\theta_{i,0}(0)=1;\quad \theta_{i,1}(0)=0;\quad \theta_{i,2}(0)=0 \tag{11.80}$$

对于有限施密特数的扩散阻抗，可由下式获得，即

$$-\frac{1}{\theta'_i(0)}=\frac{-1}{\theta'_{i,0}(0)+\theta'_{i,1}(0)Sc_i^{-1/3}+\theta'_{i,2}(0)Sc_i^{-2/3}} \tag{11.81}$$

式（11.81）可以进一步表示为

$$-\frac{1}{\theta'_i(0)}=-\frac{1}{\theta'_{i,0}(0)}+\frac{\theta'_{i,1}(0)}{[\theta'_{i,0}(0)]^2}\frac{1}{Sc_i^{1/3}}-\frac{1}{\theta'_{i,0}(0)}\left\{\left[\frac{\theta'_{i,1}(0)}{\theta'_{i,0}(0)}\right]^2-\frac{\theta'_{i,2}(0)}{\theta'_{i,0}(0)}\right\}\frac{1}{Sc_i^{2/3}} \tag{11.82}$$

由此，可以得到

$$Z_{(0)}=-\frac{1}{\theta'_{i,0}(0)} \tag{11.83}$$

$$Z_{(1)}=-\frac{\theta'_{i,1}(0)}{[\theta'_{i,0}(0)]^2} \tag{11.84}$$

和

$$Z_{(2)}=-\frac{1}{\theta'_{i,0}(0)}\left\{\left[\frac{\theta'_{i,1}(0)}{\theta'_{i,0}(0)}\right]^2-\frac{\theta'_{i,2}(0)}{\theta'_{i,0}(0)}\right\} \tag{11.85}$$

对流扩散阻抗也可以直接从施密特数的函数式（11.86）获得，即

$$\frac{-1}{\theta'_i(0)}=Z_{(0)}+\frac{Z_{(1)}}{Sc_i^{1/3}}+\frac{Z_{(2)}}{Sc_i^{2/3}}+\cdots \tag{11.86}$$

图 11.13 比较了在无限和有限施密特数的假设条件下，所获得的无量纲对流扩散阻抗之间的差异。从图 11.13 可见，当施密特数等于 100 时，对应于氢离子的扩散；当施密特数等于 1000 时，对应的是典型的大多数离子物质。在高频率条件下，有限和无限施密特数收敛，并且与式（11.28）（用虚线表示）中给出的 Warburg 阻抗一致。

Tribollet 和 Newman 将 $Z_{(0)}$、$Z_{(1)}$ 和 $Z_{(2)}$ 的值表示为 $pSc_i^{1/3}$ 的函数。其中，p 为圆盘电极稳定转速下的无量纲频率，$p=\omega/\Omega$[184]，且 $K_i-3.258pSc_i^{1/3}$ 。该项对阻抗的相对贡献如图 11.14 所示，在这里，都表示为 K_i 的函数。

Tribollet 和 Newman 在电流体阻抗方面建立了相应的模型。利用查表方式，可以方便地将模型进行回归，得到实验数据。其中，充分考虑了有限施密特数对对流扩散阻抗的影响。仅使用方程（11.86）中的第一项就可以得到无限施密特数的数值解。Tribollet 和 Newman 发表的论文[184]，介绍了使用方程（11.86）中的前两项，求解无限施密特数数值解的结果。实验数据的低随机噪声水平证明了使用方程（11.86）中的前三扩展项是合理的。

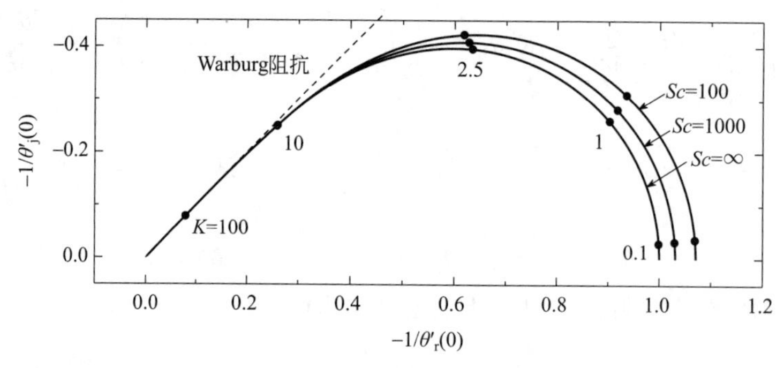

图 11.13　在无限施密特数和有限施密特数分别为 100 和 1000 的情况下，旋转圆盘电极的无量纲扩散阻抗。在高频条件下，有限施密特数和无限施密特数收敛，并与式（11.28）（用虚线表示）中的 Warburg 阻抗一致

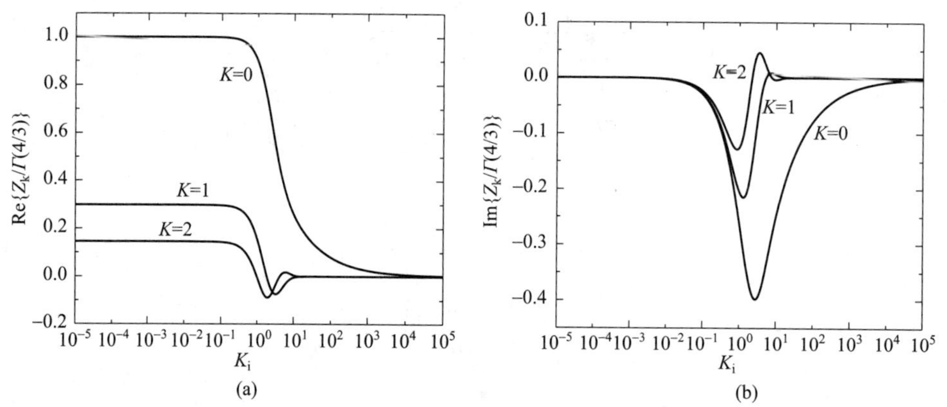

图 11.14　无量纲量 $Z_{(0)}$、$Z_{(1)}$ 和 $Z_{(2)}$ 随着无量纲频率（K_i）变化时［见式（11.86）］对扩散阻抗的影响。（a）实部；（b）虚部[184]

11.4　浸没喷射

对电化学研究而言，如图 11.15(a) 所示的轴向对称喷射流是一个很有吸引力的实验体系。在滞流区域中，如图 11.15(b) 所示，轴向速度与相对于坐标系的径向距离无关，且圆盘表面的对流扩散是均匀的。更多内容可以参见旋转圆盘电极相关的研究、讨论[188~190]。对一个完全处在滞流区域中的电极而言，由于传质速度是均匀的，所以在体系中不存在不同的传质电池。可以说，对于喷射流体系，与旋转圆盘体系一样具有均匀传质的特点。与旋转圆盘电极不同的是，在喷射流体系中，电极是静止的。因此，更适合于原位观察[190~193]。

11.4.1　流体流动

在喷射流体系中，电极表面的流体流动已经为人们所熟知[188,194~197]。可以加工、设计浸没喷射装置，用于研究圆盘电极表面滞流区中的均匀传质速度。对于滞流区域，其轴向速度可以表示为

$$v_y = -\sqrt{a_{\mathrm{IJ}}\nu}\,\phi(\eta) \tag{11.87}$$

可见，轴向速度与径向距离无关。而径向速度可以表示为

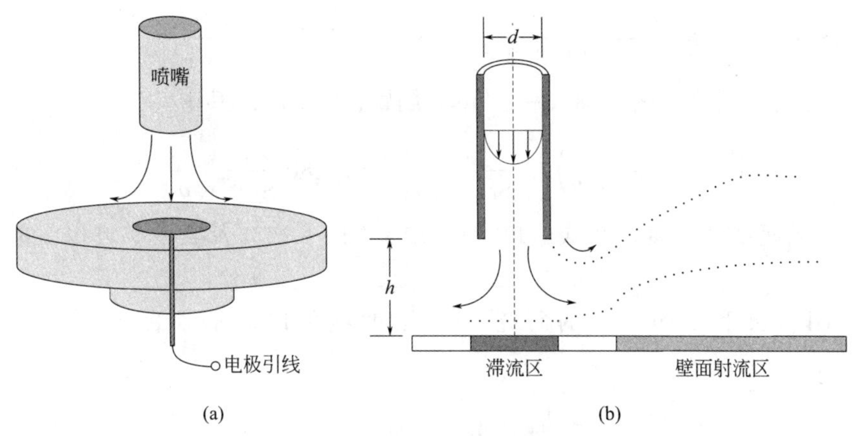

图 11.15　浸没喷射作用下的圆盘电极。
（a）示意图；（b）流动状态图

$$v_r = \frac{a_{IJ} r}{2} \frac{d\phi(\eta)}{d\eta} \tag{11.88}$$

在这里，a_{IJ} 为流体动力学常数，为几何尺寸和流体速度的函数；r 和 y 分别是径向和轴向坐标距离；ν 是运动黏度；ϕ 是流量函数，可用无量纲轴向坐标 $\eta = y\sqrt{a_{IJ}/\nu}$ 表示为[188]

$$\phi(\eta) = 1.352\eta^2 - \frac{1}{3}\eta^3 + 7.2888 \times 10^{-3}\eta^6 + \cdots \tag{11.89}$$

Esteban 等人[189] 使用环电极发现，滞流区域在径向上延伸，其大小大致等于喷嘴的内径。Baleras 等人[198] 完成了更加精细的实验分析，其结果表明，当喷嘴高度 h 和喷嘴直径 D 的比值变大时，滞流区域变小。

在滞流区域内，表面剪切力 τ_{ry} 可以表示为

$$\tau_{ry} = -1.312 r (\mu\rho)^{1/2} a_{IJ}^{3/2} \tag{11.90}$$

其中，μ 和 ρ 分别是流体的黏度和密度。流体动力学常数 a_{IJ}，可以使用环电极或圆盘电极在受传质控制的实验条件下获得，它与喷射速度成正比。

11.4.2　稳态传质

对于喷射电极，其表面稳态传质过程如方程（11.55）所示，与旋转圆盘电极相同，边界条件如方程（11.21）所示，方程的解与速度展开式中所使用的项的数目有关。旋转圆盘电极稳态传质方程的解与喷射电极稳态方程解的唯一差别在于：圆盘电极的轴向速度表达式为方程（11.51），而喷射电极体系中轴向速度的表达式却为方程（11.89）。

11.4.3　对流扩散阻抗

假定电极为均匀电极，那么在频域范围内的传质方程可表示为

$$\frac{d^2\theta_i}{d\xi^2} + \left[3\xi^2 - \left(\frac{3}{1.352^4}\right)^{1/3} \frac{\xi^3}{Sc_i^{1/3}} + \cdots\right] \frac{d\theta_i}{d\xi} - jK_i\theta_i = 0 \tag{11.91}$$

其中

$$K_i=\frac{\omega}{a_{IJ}}\left[\frac{9}{(1.352)^2}\right]^{1/3}Sc_i^{1/3}=1.70123\frac{\omega Sc_i^{1/3}}{a_{IJ}} \tag{11.92}$$

式（11.92）表示无量纲频率。而 $\xi=y/\delta_i$，是无量纲距离。其中

$$\delta_i=\left(\frac{3}{1.352}\right)^{1/3}\frac{1}{Sc_i^{1/3}}\sqrt{\frac{\nu}{a_{IJ}}}=1.180\frac{1}{Sc_i^{1/3}}\sqrt{\frac{\nu}{a_{IJ}}} \tag{11.93}$$

δ_i 是物质 i 的特征扩散长度。在式（11.91）中，ξ 的 6 次方及其 6 次方以上的项是可以忽略的。

根据 Tribollet 和 Newman 的研究[184]，浓度项可以表示为含 $Sc_i^{-1/3}$ 的级数展开式，即

$$\theta_i=\theta_{i,0}+\frac{\theta_{i,1}}{Sc_i^{1/3}}+\frac{\theta_{i,2}}{Sc_i^{2/3}}+\cdots \tag{11.94}$$

这里，$\theta_{i,k}$ 是下列方程的解

$$\frac{d^2\theta_{i,0}}{d\xi^2}+3\xi^2\frac{d\theta_{i,0}}{d\xi}-jK_i\theta_{i,0}=0 \tag{11.95}$$

$$\frac{d^2\theta_{i,1}}{d\xi^2}+3\xi^2\frac{d\theta_{i,1}}{d\xi}-jK_i\theta_{i,1}=\left(\frac{3}{1.352^4}\right)^{1/3}\xi^3\frac{d\theta_{i,0}}{d\xi} \tag{11.96}$$

$$\frac{d^2\theta_{i,2}}{d\xi^2}+3\xi^2\frac{d\theta_{i,2}}{d\xi}-jK_i\theta_{i,2}=\left(\frac{3}{1.352^4}\right)^{1/3}\xi^3\frac{d\theta_{i,1}}{d\xi} \tag{11.97}$$

在上述模型建立过程中，Sc_i^{-1} 项及更高次项可以忽略。

对流扩散阻抗可以表示为施密特数的函数，即

$$-\frac{1}{\theta'_i(0)}=Z_{(0)}+\frac{Z_{(1)}}{Sc_i^{1/3}}+\frac{Z_{(2)}}{Sc_i^{2/3}}+\cdots \tag{11.98}$$

其中，$Z_{(0)}$、$Z_{(1)}$ 和 $Z_{(2)}$ 的列表值是 K_i 的函数。各项的相对贡献见图 11.16。

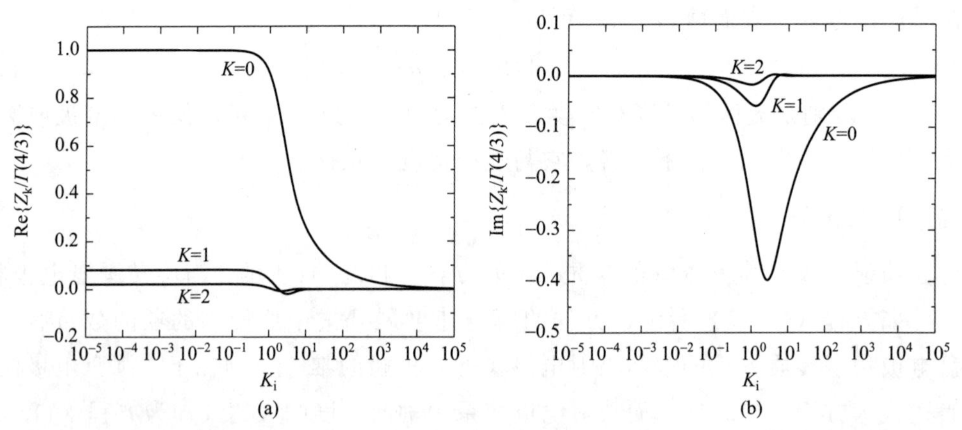

图 11.16 无量纲量 $Z_{(0)}$、$Z_{(1)}$ 和 $Z_{(2)}$ 随着 K_i 变化时［见式（11.98）］对扩散阻抗的影响。（a）实部；（b）虚部

11.5 旋转圆柱

旋转圆柱是一个很受欢迎的电化学研究工具，因为它使用方便，而且初始电流和传

质极限电流分布都很均匀[199]。图 11.17 所示是旋转圆柱电极的示意图。当圆柱的转速很低时，流体在旋转圆柱附近的同轴圆内流动，并且在内部圆柱旋转而外部圆筒静止的情况下满足无滑移条件。由于在径向上没有速度分量，因此就不存在对流传质。在较高的转速条件下，这种简单的流动形态会变得不稳定。此时，会观察到流动的漩涡，有时也把它称作泰勒涡流。泰勒涡流会以一种不规则的方式促进传质过程。在更高的转速下，流体流动会发展成为湍流。一般地，使用旋转圆柱电极是为了研究湍流情况下的传质过程，因为湍流可以均匀地促进传质过程。

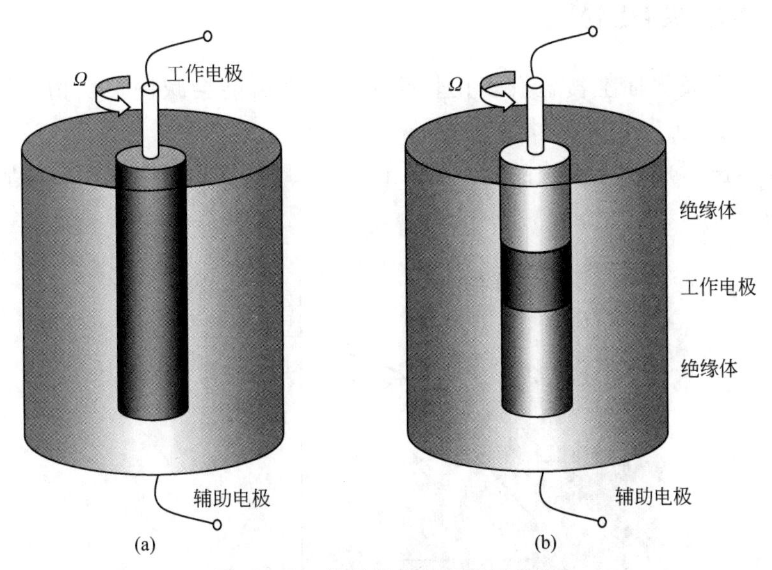

图 11.17 旋转圆柱电极的示意图。
(a) 整个圆柱作为工作电极，在小于等于传质极限电流密度的条件下，这种构型能提供均匀的电流和电位分布；
(b) 带状圆柱体作为工作电极，这种构型适用于开路条件下的研究

有文献对这两种结构的旋转圆柱电极进行了描述。如图 11.7(a) 所示，当整个内部圆柱作为电极时，在任何外加电位条件下，受传质控制的电流分布和初始电流分布都是均匀的。然而，这种几何构型的电极不具实用价值，一般选用上下绝缘而中间露出活性表面的带状电极，如图 11.7(b) 所示。在使用这种电极时，受传质控制的电流分布依然是均匀的，但是初始电流分布就不均匀了。对于在开路条件下进行的腐蚀实验而言，这种不均匀的初始电流分布不会引起严重的问题，因为净电流为零时的欧姆降是很小的。

对湍流体系而言，无法推导出精确的表达式。然而，在一个给定的电极体系中，将圆柱的转速与传质系数关联起来之后，便可获得经验关系式。Eisenberg 等[150] 得到的经验式为

$$Sh_{\mathrm{i}}=0.0791\left(Re\frac{d_{\mathrm{R}}}{d_{\mathrm{L}}}\right)^{0.7}Sc_{\mathrm{i}}^{0.356} \tag{11.99}$$

式中，d_{R} 是内部旋转圆柱的直径；d_{L} 是电流受传质过程限制的圆柱直径，一般是内部圆柱；Sh_{i} 是舍伍德（Sherwood）准数，与传质系数 k_{M} 相关，$Sh_{\mathrm{i}}=k_{\mathrm{M}}d_{\mathrm{R}}/D_{\mathrm{i}}$；$Re$ 是圆柱构型的雷诺（Reynolds）数，$Re=\Omega d_{\mathrm{R}}^{2}/2\nu$；$Sc_{\mathrm{i}}$ 是施密特数，$Sc_{\mathrm{i}}=\nu/D_{\mathrm{i}}$。

原则上，研究这种体系的对流扩散阻抗时，需要在频域内求解下列方程，即

$$\frac{\partial c_i}{\partial t}+\frac{1}{r}\left\{\frac{\partial}{\partial r}\left\{r\left[D_i+D_i^t(r)\right]\frac{\partial c_i}{\partial r}\right\}\right\}=0 \tag{11.100}$$

在这里，$D_i^t(r)$ 代表湍流涡流强化传质而引起的涡流扩散系数。$D_i^t(r)$ 与距离的关系可以对照管道中发生湍流流动时通用速度梯度进行估算。如果对传质过程作近似处理，旋转圆柱电极用于定性比较研究时还是可以的，比如，可以用于不同环境下腐蚀排序，或者相同介质环境中不同金属的耐蚀性排序研究。

11.6 多孔膜电极

如果在反应金属界面上覆盖有多孔非反应层，则可能会减慢扩散物的迁移速度。这种减小受扩散系数 $D_{f,i}$ 和层厚 δ_f 的影响。

图 11.18 给出了所研究系统的示意图。由图 11.18 可见，流体和多孔膜层之间存在浓度梯度分布。

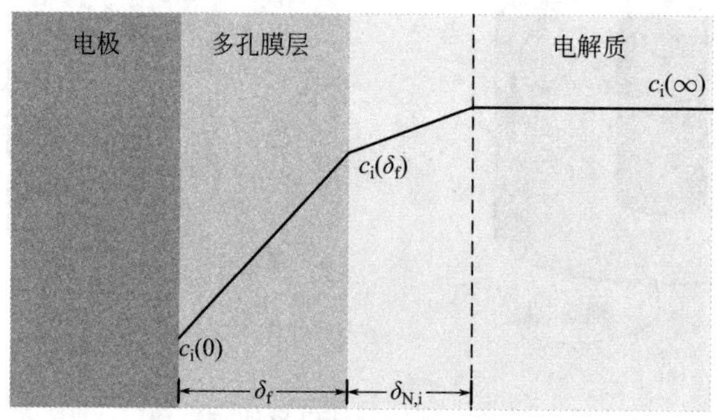

图 11.18 多孔膜电极的示意图。δ_f 是多孔膜层厚度，$\delta_{N,i}$ 是能斯特扩散层，c_i 是电活性物质浓度。电活性物质在界面上反应，并且通过多孔膜层和电解质扩散

假定金属层界面具有均匀的反应性，那么两种物质平衡方程可以写成：

① 在多孔层中，浓度分布 $c_i^{(1)}$ 仅由分子扩散决定，即

$$\frac{\partial c_i^{(1)}}{\partial t}=D_{f,i}\frac{\partial^2 c_i^{(1)}}{\partial y^2} \tag{11.101}$$

② 在流体中，浓度分布 $c_i^{(2)}$ 由对流扩散控制，即

$$\frac{\partial c_i^{(2)}}{\partial t}=D_i\frac{\partial^2 c_i^{(2)}}{\partial y_e^2}-v_y\frac{\partial c_i^{(2)}}{\partial y_e} \tag{11.102}$$

为简单起见，认为坐标 y 的原点位于金属层界面，而 y_e 的原点位于流体边界层-流体界面（$y_e=y-\delta_f$）。

方程（11.101）和方程（11.102）的边界条件在浓度场是连续的，同时，对于稳态变量和变量随时间变化时的通量也是连续的。当 $y=\delta_f$，或 $y_e=0$ 时，有

$$c_i^{(1)}(\delta_f)=c_i^{(2)}(0) \tag{11.103}$$

和

$$D_{f,i}\frac{\partial c_i^{(1)}}{\partial y}=D_i\frac{\partial c_i^{(2)}}{\partial y_e} \tag{11.104}$$

在 $y_e\rightarrow\infty$ 处，浓度趋近于远离电极的值，即 $c_i^{(2)}\rightarrow c_i(\infty)$

11.6.1 稳态解

在稳态条件下，式（11.101）可以简化为下列简单形式

$$\frac{\partial^2 \bar{c}_i^{(1)}}{\partial y^2}=0 \tag{11.105}$$

由此，可以进一步得出扩散通量的表达式，即

$$\bar{J}_i=D_{f,i}\frac{\bar{c}_i^{(1)}(\delta_f)-\bar{c}_i^{(1)}(0)}{\delta_f}=D_{f,i}\frac{\bar{c}_i^{(1)}(\delta_f)}{\delta_f} \tag{11.106}$$

其中，对于传质极限反应，可以假设 $\bar{c}_i^{(1)}(0)=0$。

所以，在电解质中，扩散通量可以表示为

$$\bar{J}_i=D_i\frac{c_i(\infty)-\bar{c}_i^{(2)}(0)}{\delta_{N,i}} \tag{11.107}$$

消除式（11.106）和式（11.107）中的 $\bar{c}_i^{(2)}(0)=0$，就可以得到

$$\bar{J}_i=\frac{c_i(\infty)}{\dfrac{\delta_{N,i}}{D_i}+\dfrac{\delta_f}{D_{f,i}}} \tag{11.108}$$

等式（11.108）可以改写成下列等式，即

$$\frac{1}{\bar{J}_i}=\frac{1}{\bar{J}_{L,i}}+\frac{1}{\bar{J}_{\Omega\to\infty,i}} \tag{11.109}$$

其中，对于金属表面，如果没有多孔层，那么表面上的极限扩散通量可以表示为

$$\bar{J}_{L,i}=D_i\frac{c_i(\infty)}{\delta_{N,i}} \tag{11.110}$$

当整个浓度梯度集中于多孔层内时，即当 $\Omega\to\infty$ 时，金属表面上的极限扩散通量为

$$\bar{J}_{\Omega\to\infty,i}=D_{f,i}\frac{c_i(\infty)}{\delta_f} \tag{11.111}$$

使用倒数的好处在于，作为 $\Omega^{-1/2}$ 的函数，$1/\bar{J}_i$ 的实验曲线是一条直线，且与 Levich 传质极限结果的直线平行。注意这条直线是通过原点的。该直线在 $\Omega^{-1/2}=0$ 时，其纵坐标值即截距为 $1/J_{\Omega\to\infty,i}$。在例 5.6 中，采用类似的分析方法，针对旋转圆盘电极，推导出了受对流扩散影响的动力学电流表达式。

例 11.5 由多孔膜覆盖的电极：证明 $1/\bar{J}_i$ 作为 $\Omega^{-1/2}$ 的函数的曲线是一条截距为 $1/J_{\Omega\to\infty,i}$ 的直线。

解：由式（11.109）～式（11.111），可以得到下列表达式

$$\frac{1}{\bar{J}_i}=\frac{\delta_{N,i}}{D_i c_i(\infty)}+\frac{\delta_f}{D_{f,i}c_i(\infty)} \tag{11.112}$$

按照式（2.26）[也见式（11.72）]，Nernst 扩散层厚度为

$$\delta_{N,i}=1.61\frac{1}{Sc_i^{1/3}}\sqrt{\frac{\nu}{\Omega}} \tag{11.113}$$

因此，结合式（11.112）和式（11.113），即可得

$$\frac{1}{\bar{J}_{\mathrm{i}}}=\frac{1.61\sqrt{\nu}}{Sc_{\mathrm{ii}}D_{\mathrm{i}}c_{\mathrm{i}}(\infty)}\frac{1}{\sqrt{\Omega}}+\frac{\delta_{\mathrm{f}}}{D_{\mathrm{f,i}}c_{\mathrm{i}}(\infty)} \tag{11.114}$$

在图 11.19 中，$1/\bar{J}_{\mathrm{i}}$ 表示为 $1/\sqrt{\Omega}$ 的函数，其截距是 $1/J_{\Omega\to\infty,\mathrm{i}}=\delta_{\mathrm{f}}/D_{\mathrm{f,i}}c_{\mathrm{i}}(\infty)$，斜率为 $1.61\sqrt{\nu}/Sc_{\mathrm{i}}^{1/3}D_{\mathrm{i}}c_{\mathrm{i}}(\infty)$。

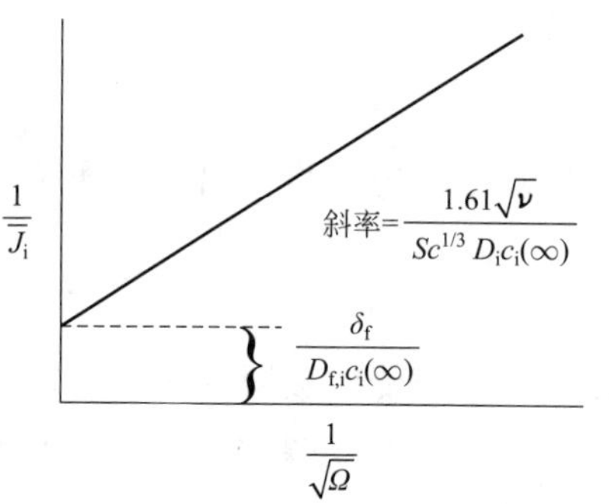

图 11.19　函数 $1/J_{\mathrm{i}}$ 以 $\Omega^{-1/2}$ 为变量的直线图，其中，截距为 $1/J_{\Omega\to\infty,\mathrm{i}}=\delta_{\mathrm{f}}/D_{\mathrm{f,i}}c_{\mathrm{i}}(\infty)$

通过稳态膜和电解质本体区域的通量由两个参数控制，即

$$\psi=\frac{D_{\mathrm{f,i}}\delta_{\mathrm{N,i}}}{D_{\mathrm{i}}\delta_{\mathrm{f}}} \tag{11.115}$$

其中，$\delta_{\mathrm{N,i}}/\delta_{\mathrm{f}}$ 为扩散长度的比值。假设孔隙率为ϵ的膜内的扩散系数与本体扩散系数的关系为[115,200]

$$D_{\mathrm{f,i}}=D_{\mathrm{i}}\,\epsilon^{1.5} \tag{11.116}$$

那么，式（11.115）可表示为

$$\psi=\frac{\delta_{\mathrm{N,i}}}{\delta_{\mathrm{f}}}\epsilon^{1.5} \tag{11.117}$$

由此，可以看出膜层和本体区域内的浓度分布由涂层孔隙率ϵ和扩散长度 $\delta_{\mathrm{N,i}}/\delta_{\mathrm{f}}$ 的比率控制。

在图 11.20（a）中，给出了当 $\delta_{\mathrm{N,i}}/\delta_{\mathrm{f}}=2$ 时，以涂层孔隙率为影响因素的覆膜旋转圆盘电极的浓度分布图。从图 11.20（a）可知，当覆膜孔隙率趋近于零，覆膜对扩散的阻力占主导地位，覆膜与本体溶液界面处的浓度等于本体浓度 $c_{\mathrm{i}}(\infty)$。在这种情况下，电化学系统的扩散阻抗由第 11.2.1 节中给出的固体膜扩散阻抗给出。当覆膜孔隙率较大时，对流扩散和通过覆膜的扩散都是重要的，应加以处理。

电极上的涂层可以通过沉积（例如，聚合物涂层）或者其它电化学反应产生。对于许多电化学系统而言，多孔膜的生长成为对传质过程的主要阻力，如图 11.20(b) 所示。在图 11.20(b) 中，孔隙率$\epsilon=0.3$，并且以相对膜厚度 $\delta_{\mathrm{N,i}}/\delta_{\mathrm{f}}$ 作为影响因素。改变 $\delta_{\mathrm{N,i}}$ 的大小，其目的在于强调覆膜层厚度的变化。

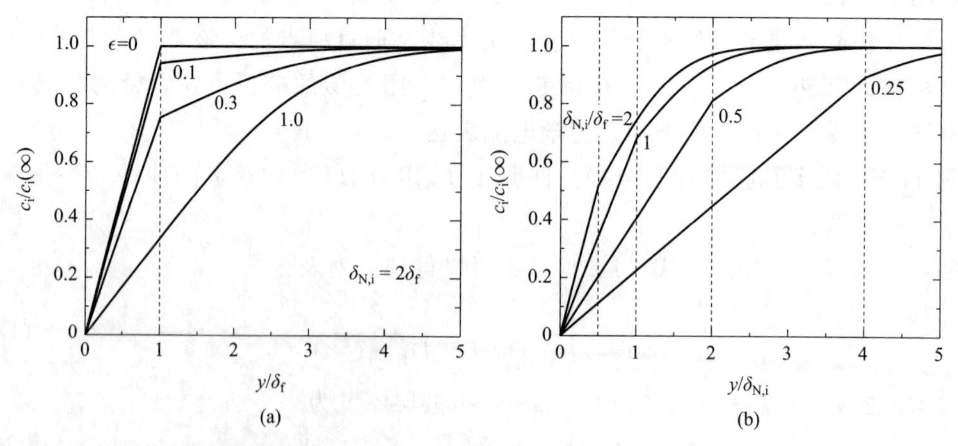

图 11.20　覆膜旋转圆盘电极的浓度分布图。(a) 以涂层孔隙率为影响因素，$\delta_{\mathrm{N,i}}/\delta_{\mathrm{f}}=2$ 时的结果；(b) 孔隙率$\epsilon=0.3$ 时，以相对涂层厚度 $\delta_{\mathrm{N,i}}/\delta_{\mathrm{f}}$ 作为影响因素的结果

例 11.6　当孔隙率ϵ= 1 时，薄膜的扩散：在图 11.20(a) 中，涂层孔隙率等于 1.0 时，没有出现斜率的突然变化。这是否意味着在计算扩散通量和扩散阻抗时可忽略涂层的作用？注意：对于一些膜层，例如，由微生物形成的生物膜，其孔隙率接近 1.0[201]。

解：虽然在图 11.20 (a) 中所示的浓度梯度类似于未涂覆膜的旋转圆盘，但在涂覆层内，即使速度为零也会影响扩散通量。表面的扩散通量可以用涂层/本体溶液界面的浓度来表示，即

$$\mathbf{N}_i = D_i \epsilon^{1.5} \frac{c_i(\delta_f)}{\delta_f} \tag{11.118}$$

或者，对于$\epsilon=1$，有

$$\mathbf{N}_i = D_i \frac{c_i(\delta_f)}{\delta_f} \tag{11.119}$$

对于给定的膜厚 δ_f，重要的参数就是膜表面的浓度。如果这个浓度趋于零，薄膜对传质作用的影响可以忽略不计。否则，薄膜的影响是不可以忽视的。

薄膜和主体电解质之间界面处的浓度表明系统的扩散阻抗是否可以假定为稳态薄膜的扩散阻抗。对于界面浓度，可以由下式给出

$$\frac{c_i(\delta_f)}{c_i(\infty)} = \frac{1}{1+\psi} \tag{11.120}$$

式 (11.120) 仅是 $\psi = D_{f,i}\delta_{N,i}/D_i\delta_f$ 的函数。这样，就可以确定传质控制的区域，如图 11.21 所示。当无量纲界面浓度接近 1 时，即为第 11.2.1 节中所讨论的薄膜扩散阻抗占主导的情况。当无量纲界面浓度接近 0 时，薄膜扩散阻抗可以忽略不计，则为在 11.3 节中讨论的以对流扩散为主的情况。在中间区域，对流扩散和通过薄膜的扩散都很重要，如第 11.6.2 节所述。

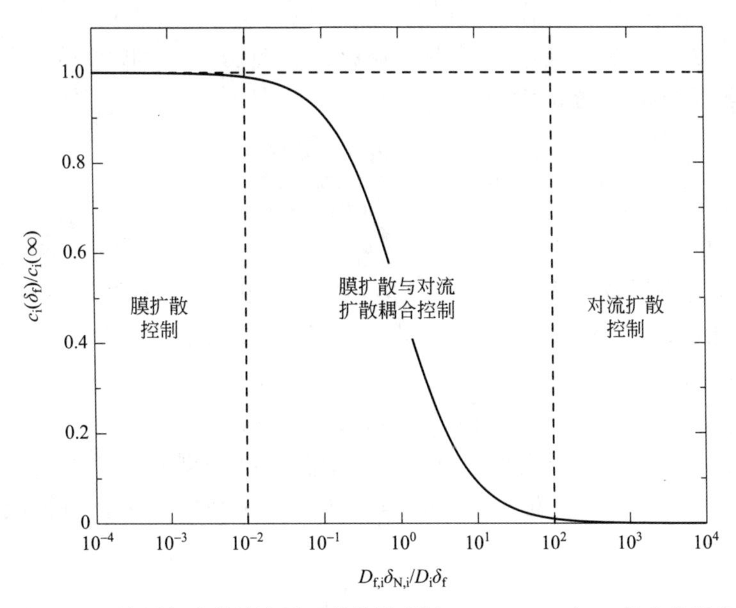

图 11.21　涂层与本体溶液界面处的浓度随 $\psi = D_{f,i}\delta_{N,i}/D\delta_f$ 的变化规律

例 11.7　接着例 11.6 的问题：当$\epsilon=1.0$ 时，薄膜的扩散阻抗可以忽略吗？

解：从式（11.119）可以看出，对于给定的膜厚度 δ_f，重要的参数是膜表面的浓度。如果该浓度趋于零，则膜对质量传递的影响可忽略不计。否则，膜的影响不能忽视。

由于

$$\lim_{\epsilon\to 1}\frac{D_{f,i}\delta_{N,i}}{D_i\delta_f}=\frac{\delta_{N,i}}{\delta_f} \tag{11.121}$$

当$\epsilon=1.0$时，对于一定厚度的膜作用仅取决于旋转圆盘的转速。随着旋转圆盘转速增加，$\delta_{N,i}$减小，膜扩散变得越来越重要。

11.6.2 耦合扩散阻抗

在多孔膜层中，式（11.101）的瞬时部分可表示为

$$\frac{\partial^2\tilde{c}_i^{(1)}}{\partial y^2}-\frac{j\omega}{D_{f,i}}\tilde{c}_i^{(1)}=0 \tag{11.122}$$

求解方程（11.122），得

$$\tilde{c}_i^{(1)}=C_1\exp\left(\sqrt{\frac{j\omega}{D_{f,i}}y^2}\right)+C_2\exp\left(-\sqrt{\frac{j\omega}{D_{f,i}}y^2}\right) \tag{11.123}$$

其中，C_1 和 C_2 是由边界条件得到的积分常数。

在流体-多孔膜层-膜层界面（$y_e=0$），浓度梯度与浓度的关系为

$$\left.\frac{\partial\tilde{c}_i^{(2)}}{\partial y_e}\right|_{y_e=0}=\frac{\tilde{c}_i^{(2)}(0)}{\delta_{N,i}}\theta'(0) \tag{11.124}$$

然后，根据 $y=\delta_f$ 的边界条件，可以消除常数 C_1 和 C_2，得到一般表达式

$$\left.\frac{\partial\tilde{c}_i^{(1)}(0)}{\partial y}\right|_0=\frac{-\tilde{c}_i^{(1)}}{\delta_f}\frac{\left(\frac{j\omega\delta_f^2}{D_{f,i}}\right)Z_D Z_{D,f}+\frac{D_i}{D_{f,i}}\frac{\delta_f}{\delta_{N,i}}}{Z_D} \tag{11.125}$$

其中，$Z_D=-1/\theta'(0)$ 是溶液中无量纲对流扩散 [见方程（11.20）]。同时，有限静止扩散层的无量纲扩散阻抗表达式为

$$Z_{D,f}=\frac{\tanh\sqrt{j\omega\delta_f^2/D_{f,i}}}{\sqrt{j\omega\delta_f^2/D_{f,i}}} \tag{11.126}$$

详见方程（11.20）。

可以证明，当膜层效应逐渐减小时（即，$\delta_f\to 0$ 和 $D_{f,i}\to D_i$），就可以得到关系式（11.73）。相反地，当 $\Omega\to\infty$时，$\delta\to 0$，式（11.73）变成下式，即

$$\left.\frac{\partial\tilde{c}_i^{(1)}}{\partial y}\right|_0=\frac{\tilde{c}_i^{(1)}(0)}{\delta_f}\frac{1}{Z_{D,f}} \tag{11.127}$$

如图 11.21 所示。对于薄膜覆盖电极，扩散阻抗必须同时考虑流动引起的对流扩散和通过稳态膜层的扩散过程。根据 Deslouis 等人[202] 的研究成果，净扩散阻抗可用薄膜项和对流扩散项的贡献来表示，即

$$Z_{D,net}=\frac{Z_D+\frac{D_i}{D_{f,i}}\frac{\delta_f}{\delta_{N,i}}Z_{D,f}}{Z_{D,f}Z_D\left(j\omega\frac{\delta_f^2}{D_{f,i}}\right)+\frac{D_i}{D_{f,i}}\frac{\delta_f}{\delta_{N,i}}} \tag{11.128}$$

其中，内部项 $Z_{D,f}$ 对应于厚度为 δ_f 的多孔膜层的有限长度扩散阻抗，外部项 Z_D 则对应于有限厚度为 $\delta_{N,i}$ 的静止层或对流层。在这种情况下，有效扩散阻抗 $Z_{D,net}$ 是时间常数 $\tau_{i,f}=\delta_f^2/D_{f,i}$、比率 $D\delta_f/D_{f,i}\delta_{N,i}$ 和施密特数 Sc_i 的函数。对于电流体动力学阻抗测量，将在第 16.4.2 节中建立薄膜和对流扩散阻抗的耦合模型。

例 11.8　串联扩散阻抗：由式（4.23）可知，两个串联电阻对应的阻抗等于电阻之和。为什么采用两个扩散阻抗之和的方式处理双层扩散是不正确的？

解：如式（11.20）中所示的扩散阻抗，如果采用两个扩散阻抗相加表征两个膜层界面条件，这不正确的。这是因为两组方程是在界面浓度连续的条件下联合求解的，如图 11.20 所示。

11.7　均相化学反应的阻抗

电极表面的阻抗响应也可能受到均相反应的影响。Remita 等人的研究表明[203]，在含有溶解二氧化碳的除氧水电解质中，溶解 CO_2 的均匀电离反应会增强电化学析氢反应，具体如下：

$$H_2O + CO_{2,aq} \rightleftharpoons HCO_3^- + H^+ \tag{11.129}$$

和

$$HCO_3^- \rightleftharpoons CO_3^{2-} + H^+ \tag{11.130}$$

这些反应解释了含有溶解 CO_2 的水溶液为什么具有很强的腐蚀性。在相关工作中，Tran 等人证明[204]，乙酸（CH_3COOH）的均相电离具有类似之处，相关反应为

$$HAc_{aq} \rightleftharpoons Ac^- + H^+ \tag{11.131}$$

电离反应生成的 H^+ 将参与阴极反应。

电化学和均相耦合反应也用于监测糖尿病人葡萄糖浓度的传感器[205,206]。在葡萄糖氧化酶存在的条件下，葡萄糖（$C_6H_{12}O_6$）和氧气转化为过氧化氢和葡萄糖内酯（$C_6H_{10}O_6$），即

$$C_6H_{12}O_6 + \text{GOX-FAD} \rightleftharpoons C_6H_{10}O_6\text{-GOX-FADH}_2 \tag{11.132}$$

$$C_6H_{10}O_6\text{-GOX-FADH}_2 \longrightarrow C_6H_{10}O_6 + \text{GOX-FADH}_2 \tag{11.133}$$

其中，GOX-FAD 和 GOX-FADH_2 分别为葡萄糖氧化酶的氧化和还原形式。$C_6H_{10}O_6\text{-GOX-FADH}_2$ 为中间络合物。葡萄糖氧化酶的氧化形式是由下列反应产生的

$$\text{GOX-FADH}_2 + O_2 \rightleftharpoons \text{GOX-FAD-}H_2O_2 \tag{11.134}$$

$$\text{GOX-FAD-}H_2O_2 \longrightarrow \text{GOX-FAD} + H_2O_2 \tag{11.135}$$

其中，$\text{GOX-FAD-}H_2O_2$ 为中间络合物，形成的过氧化氢在电极表面发生以下反应，即

$$H_2O_2 \longrightarrow 2H^+ + O_2 + 2e^- \tag{11.136}$$

这样，测量的电流与葡萄糖浓度成正比。

通过数值计算方法，可以获得均相和非均相电化学反应耦合的阻抗响应。一般的均

提示 11.5：不能通过每一膜层扩散阻抗相加的方法，表达由一系列膜层的扩散阻抗。因为这样的处理，不能正确地解释膜层之间界面处的条件。

相反应可表示为[207]

$$\mathrm{AB} \underset{k_b}{\overset{k_f}{\rightleftharpoons}} \mathrm{A}^- + \mathrm{B}^+ \tag{11.137}$$

如果其中一种离子，如 B^+，具有电活性，并且在电极上被消耗，那么反应可以表示为

$$\mathrm{B}^+ + \mathrm{e}^- \longrightarrow \mathrm{B} \tag{11.138}$$

反应式（11.138）相应的电流可以表示为

$$i_{\mathrm{B}^+} = -K_{\mathrm{B}^+} c_{\mathrm{B}^+}(0)\exp(-b_{\mathrm{B}^+} V) \tag{11.139}$$

随着电活性物质的消耗，电极附近必存在着 B^+ 的浓度梯度。

在远离电极的地方，AB、A^- 和 B^+ 三种物质达到了平衡状态。因此，有

$$K_{\mathrm{eq}} = \frac{k_f}{k_b} = \frac{c_{\mathrm{A}^-}(\infty) c_{\mathrm{B}^+}(\infty)}{c_{\mathrm{AB}}(\infty)} \tag{11.140}$$

浓度可以用常数 c^* 表示，常数 c^* 由下列公式表示，即

$$c^* = c_{\mathrm{AB}}(\infty) + c_{\mathrm{B}^+}(\infty) \tag{11.141}$$

当 $c_{\mathrm{A}^-}(\infty) = c_{\mathrm{B}^+}(\infty)$ 时，可由式（11.142）确定不同浓度，即

$$[c_{\mathrm{A}^-}(\infty)]^2 + K_{\mathrm{eq}} c_{\mathrm{A}^-}(\infty) - K_{\mathrm{eq}} c^* = 0 \tag{11.142}$$

这样，得到的解为

$$c_{\mathrm{A}^-}(\infty) = c_{\mathrm{B}^+}(\infty) = \frac{-K_{\mathrm{eq}} + \sqrt{K_{\mathrm{eq}}^2 + 4K_{\mathrm{eq}} c^*}}{2} \tag{11.143}$$

和

$$c_{\mathrm{AB}}(\infty) = c^* - c_{\mathrm{A}^-}(\infty) \tag{11.144}$$

上述平衡关系说明参与均相反应的物质之间有着相互关系。但是，这些关系仅适用于远离电极表面的物质，而不能够用以确定电极附近 B^+ 浓度梯度的值。

要解决这个问题，有必要对每种物质的对流方程进行积分，例如

$$\frac{\partial c_i}{\partial t} = D_i \frac{\partial c_i^2}{\partial y^2} - v_y \frac{\partial c_i}{\partial y} - R_i \tag{11.145}$$

其中，R_i 表示通过均相反应生成 i 物质的速率。在本例中，存在下列关系

$$\begin{aligned} R_{\mathrm{A}^-} = R_{\mathrm{B}^+} = -R_{\mathrm{AB}} &= k_f c_{\mathrm{AB}}(y) - k_b c_{\mathrm{A}^-}(y) c_{\mathrm{B}^+}(y) \\ &= k_b [K_{\mathrm{eq}} c_{\mathrm{AB}}(y) - c_{\mathrm{A}^-}(y) c_{\mathrm{B}^+}(y)] \end{aligned} \tag{11.146}$$

其中，假设反应（11.137）在电极表面附近区域不平衡。在这种情况下，式（11.146）的形式使问题具有非线性。对于非反应物质，在界面的边界条件为

$$\left.\frac{\partial c_{\mathrm{AB}}}{\partial y}\right|_{y=0} = \left.\frac{\partial c_{\mathrm{A}^-}}{\partial y}\right|_{y=0} = 0 \tag{11.147}$$

对于反应物质 B^+，按照式（5.6），界面的边界条件为

$$-FD_{\mathrm{B}^+} \left.\frac{\partial c_{\mathrm{B}^+}}{\partial y}\right|_{y=0} = i_{\mathrm{B}^+} \tag{11.148}$$

采用数值求解方法，对具有相应边界条件的三个稳态非线性微分方程组求解，可以得到各组分浓度场和电流-电位曲线。

从这个稳态解，可以推导出每个指定频率对应的阻抗。从本章前面部分可知，体相

中的控制方程表示如下

$$j\omega\tilde{c}_i = D_i \frac{d^2\tilde{c}_i}{dy^2} - v_y \frac{d\tilde{c}_i}{dy} - \tilde{R}_i \tag{11.149}$$

其中

$$\begin{aligned}\tilde{R}_{A^-} = \tilde{R}_{B^+} &= -\tilde{R}_{AB} \\ &= k_f\tilde{c}_{AB}(y) - k_b\bar{c}_{A^-}(y)\tilde{c}_{B^+}(y) - k_b\tilde{c}_{A^-}(y)\bar{c}_{B^+}(y)\end{aligned} \tag{11.150}$$

可见，对应的方程组是线性的。但是，如式（11.150）所示，它包括稳态浓度。因此，（11.149）的解一定是稳态方程的解。在 $y\to\infty$处，边界条件为

$$\tilde{c}_{A^-} = \tilde{c}_{B^+} = \tilde{c}_{AB} = 0 \tag{11.151}$$

在 $y=0$ 处，对于非反应物质，就有

$$\left.\frac{d\tilde{c}_{AB}}{dy}\right|_{y=0} = \left.\frac{d\tilde{c}_{A^-}}{dy}\right|_{y=0} = 0 \tag{11.152}$$

对于反应物质 B^+，存在下列关系，即

$$\tilde{c}_{B^+}(0) = 1 \tag{11.153}$$

由于阻抗响应的控制方程是线性的，即使稳态问题是非线性的，也可以任意选择 $\tilde{c}_{B^+}(0)$ 的值。

与 B^+ 有关的瞬时电流可表示为

$$\tilde{i}_{B^+} = \left(\frac{\partial i_{B^+}}{\partial V}\right)_{c_{B^+}(0)} \tilde{V} + \left(\frac{\partial i_{B^+}}{\partial c_{B^+}(0)}\right)_V \tilde{c}_{B^+}(0) \tag{11.154}$$

按照式（5.6），B^+ 的通量表达式为

$$i_{B^+} = \frac{nFD_{B^+}}{s_{B^+}} \left.\frac{dc_{B^+}}{dy}\right|_{y=0} = -FD_{B^+} \left.\frac{dc_{B^+}}{dy}\right|_{y=0} \tag{11.155}$$

由此，得出了瞬时电流密度的第二个方程式，即

$$\tilde{i}_{B^+} = -FD_{B^+} \left.\frac{d\tilde{c}_{B^+}}{dy}\right|_{y=0} \tag{11.156}$$

式（11.154）除以式（11.156），可以得到

$$1 = \left(\frac{\partial i_{B^+}}{\partial V}\right)_{c_{B^+}(0)} \frac{\tilde{V}}{\tilde{i}_{B^+}} + \left[\frac{\partial i_{B^+}}{\partial c_{B^+}(0)}\right]_V \frac{-\tilde{c}_{B^+}(0)}{FD_{B^+} \left.\dfrac{d\tilde{c}_{B^+}}{dy}\right|_{y=0}} \tag{11.157}$$

这样，阻抗可以表示为

$$Z_{F,B^+} = R_{t,B^+} + Z_{D,B^+} \tag{11.158}$$

其中，由式（11.139）求导数，得到

$$R_{t,B^+} = \frac{1}{K_{B^+} b_{B^+} \bar{c}_{B^+}(0)\exp(-b_{B^+} + \bar{V})} \tag{11.159}$$

和

$$Z_{D,B^+} = \frac{R_{t,B^+} K_{B^+} \exp(-b_{B^+} + \bar{V})}{FD_{B^+}} \left[-\frac{\tilde{c}_{B^+}(0)}{\left.\dfrac{d\tilde{c}_{B^+}}{dy}\right|_{y=0}}\right] \tag{11.160}$$

对式（11.149）进行数值求解，就可以得到各个频率条件下浓度分布。这样，也就可以估算式（11.160）。

例 11.9　均相反应的阻抗：一反应体系，其有关参数见表 11.1 和表 11.2。其中，均相反应（11.137）对非均相反应（11.138）有一定的促进作用。计算该反应体系的阻抗响应。

表 11.1　例 11.9 中描述系统的物质及其相关值

物质	$c_i(\infty)/(\mathrm{mol/cm^3})$	z_i	$D_i/(\mathrm{cm^2/s})$
AB	0.01	0	1.684×10^{-5}
A^-	0.0001	−1	1.957×10^{-5}
B^+	0.0001	1	1.902×10^{-5}

表 11.2　例 11.9 中所描述体系的动力学参数值

参数	值	单位
圆盘转速，Ω	2000	r/min
运动黏度，υ	0.01	$\mathrm{cm^2/s}$
均相平衡常数，K_{eq}	10^{-6}	$\mathrm{mol/cm^3}$
均相速率常数，k_b	10^7	$\mathrm{cm^3/mol\ s}$
非均相速率常数，K_{B^+}	2×10^{-12}	$\mathrm{A/cm^2}$
非均相常数，b_{B^+}	19.9	$\mathrm{V^{-1}}$

解：如在第 11.7 节中所述，阻抗的计算需要求解稳态方程的解。使用 FORTRAN 编程语言和 Newman 的 BAND 算法可以数值求解方程组。表 11.1 和表 11.2 中给出的参数，对应的极化曲线如图 11.22 所示。非均相反应速率随着电位变负而增加，当电位小于−2V 时，达到传质极限。在这种情况下，传质极限电流密度的绝大部分来源于均相反应产物 B^+ 的贡献。

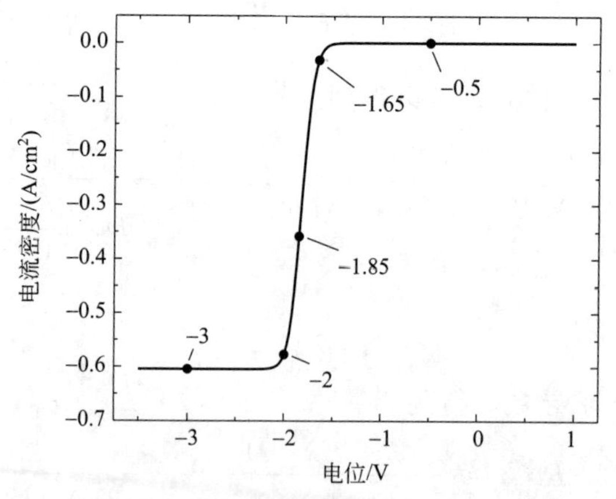

图 11.22　根据表 11.1 和表 11.2 所列参数计算的极化曲线，标注的电位值对应于图 11.23 中所示的稳态浓度分布

在图 11.22 中，所标记的电位值对应的稳态浓度如图 11.23 所示。浓度按对应的 y 值进行缩放，以强调值的相对变化。当电位接近−3V 时，图 11.23(a) 所示的 AB 浓度

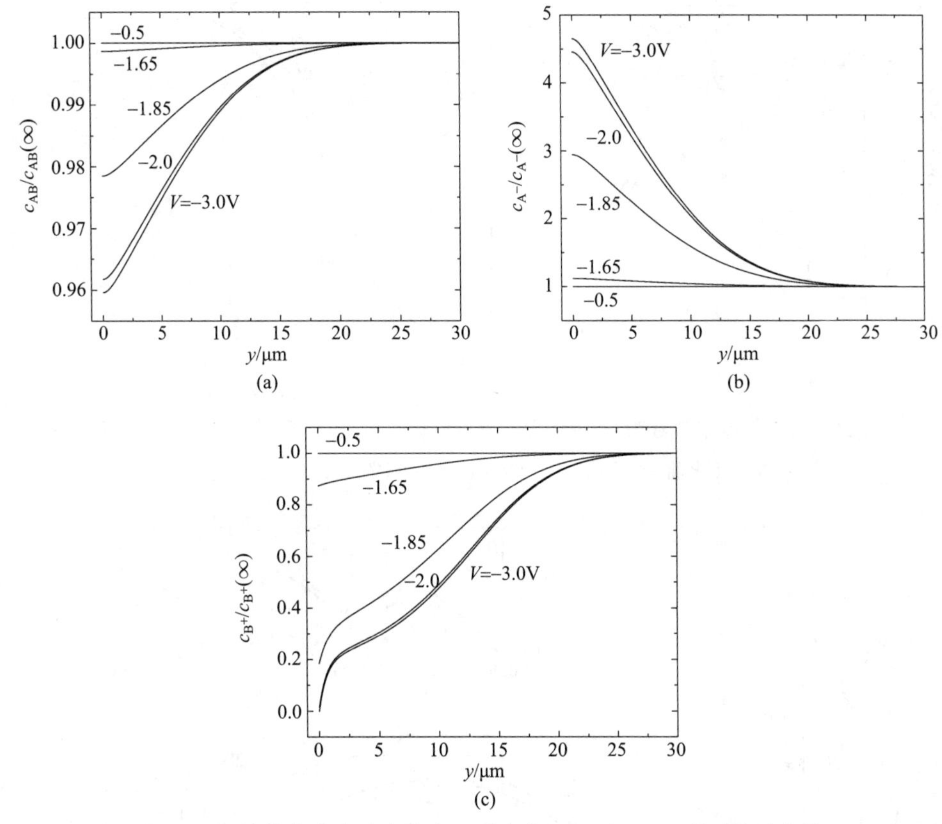

图 11.23 计算的稳态浓度分布，对应表 11.1 和 11.2 所列体系参数。

(a) AB；(b) A^-；(c) B^+

降低到本体浓度值的 96%。相反，在图 11.23（b）中，在传质极限电流密度下，A^-浓度的值几乎是本体浓度值的 5 倍。B^+的浓度分布如图 11.23（c）所示。当电流达到传质极限电流密度时，电极表面的 B^+浓度趋于零。对于不受均相反应影响的体系，应将图 11.23（c）所示浓度分布与图 11.11 所示浓度分布进行比较。在图 11.23（c）中，靠近电极表面的浓度峰值与电流密度在电极表面附近出现较大值相对应。

从图 11.24(a) 中可以看出，B^+均匀还原对极化曲线的影响。其中，当均相速率常数（k_b）等于 $10^7 cm^3/(mol \cdot s)$ 时，其传质极限电流密度是没有均相反应时的 4.7 倍。如图 11.24(b) 所示，B^+的浓度是距离的函数。在没有均相反应的情况下，浓度分布如图 11.11 所示。随着均相速率常数的增加，电极/电解质界面处的斜率变大。当 $k_b=10^7 cm^3/(mol \cdot s)$ 时，电极表面处的斜率相对应于 y 中间值处的斜率较大。

如图 11.25 所示，为对流扩散阻抗与外加电位的关系图。其中，对流扩散阻抗对应的是图 11.22 和图 11.23 所示的稳态条件。图 11.13 所示为有限施密特数和没有均相反应的体系，与该体系的无量纲扩散阻抗相比，在图 11.25 中，所示体系的扩散阻抗较小，且随着 B^+非均相反应速率的增加而减小。此外，与图 11.13 中的单个容抗弧相比，在图 11.25 中，表现为两个非对称容抗弧。低频容抗弧的特征频率 $K=2.5$，与无均相反应时扩散相关的特征频率一致。高频容抗弧与均相反应有关。高频容抗弧的特征频率 $K=1000$，这表明反应的特征尺寸远小于能斯特扩散层厚度。

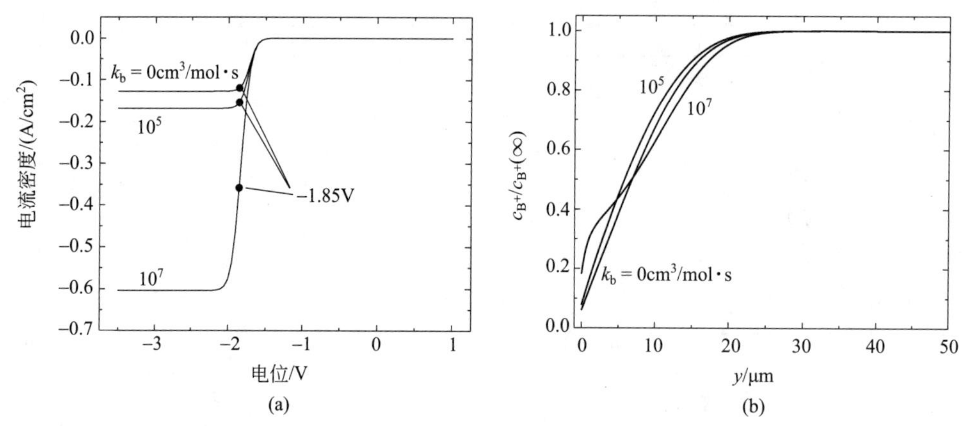

图 11.24　当均相速率常数为 k_b 时，基于表 11.1 和表 11.2 所列体系参数的计算结果。（a）极化曲线；（b）电位为 $V=-1.85\text{V}$ 时 B^+ 的浓度分布

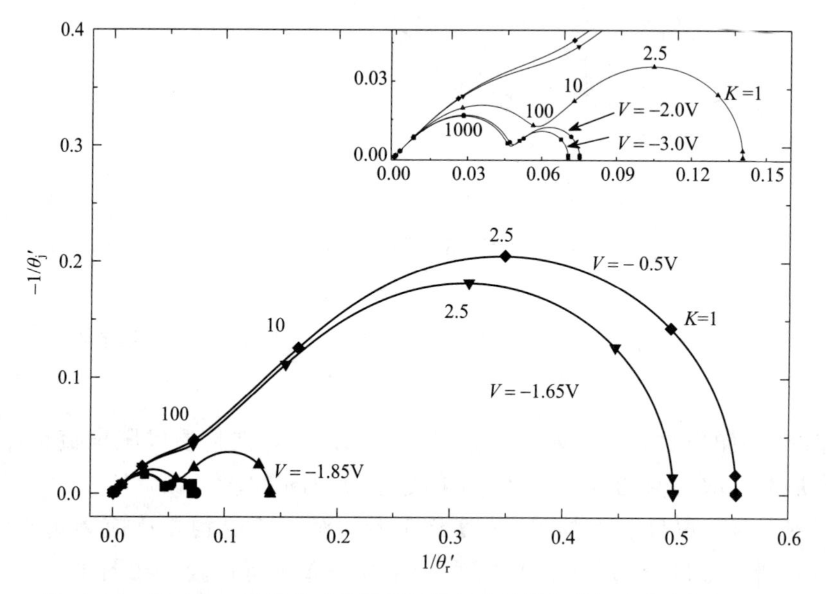

图 11.25　图 11.22 所示体系无量纲对流扩散阻抗与外加电位之间的关系

图 11.26 为虚部阻抗与无量纲频率之间的函数关系。从图 11.26 可以更清楚地看到特征频率。如图 11.27 所示，B^+ 均匀还原区域的特征尺寸小于 1μm。对于表 11.1 和表 11.2 所列的参数，其对流扩散层厚度为 15.5μm。比较两个容抗弧的特征频率，相差为 0.77μm，与图 11.27 中的结果一致。

当均相反应速率足够快时，反应（11.137）和反应（11.138）可表示为

$$AB + e^- \longrightarrow A^- + B \tag{11.161}$$

在这种情况下，对于 AB 向电极表面的扩散，其对流扩散阻抗谱图中只能看到一个容抗弧。

例 11.10　Gerischer 阻抗：在支持电解质存在的情况下，阴离子 A^- 的浓度可以足够大，并认为是常数，使反应（11.137）相对于 AB 和 B^+ 为一级反应。在假设 AB 和 B^+ 的扩散系数相等且对流可以忽略的情况下，建立受均相反应影响的非均相反应的扩散阻抗表达式。在推导过程中，可以利用 11.3.4 节中提出的 Nernst 静止扩散层假设。

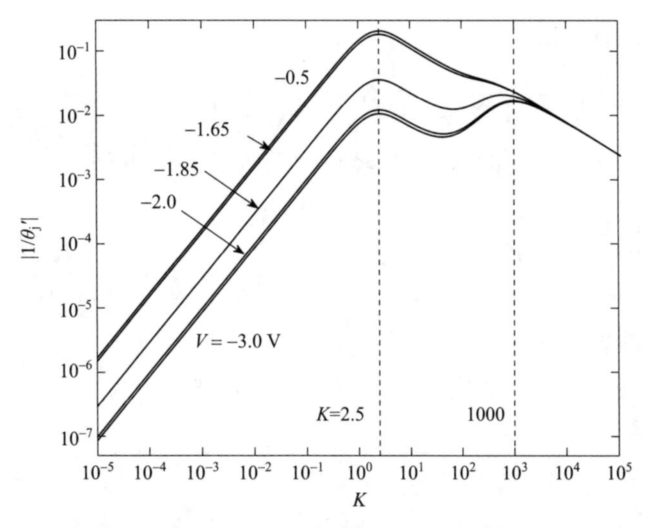

图 11.26 当外加电位为影响因素，图 11.22 所示系统无量纲对流扩散阻抗虚部与无量纲频率之间的关系

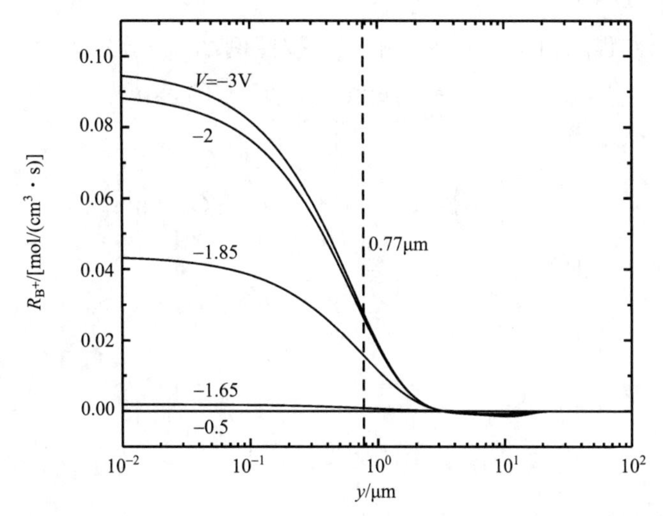

图 11.27 当外加电位为影响因素，图 11.22 所示体系 B^+ 均相生成率与距离之间的关系

解：当 A^- 的浓度不变时，根据反应式（11.137），AB 的反应率和 B^+ 的生成率可表示为

$$R_{B^+}=-R_{AB}=k_f c_{AB}(y)-k_b c_{B^+}(y) \tag{11.162}$$

基于物质守恒原理，AB 和 B^+ 的守恒方程可分别表示为

$$\frac{\partial c_{AB}}{\partial t}=D\frac{\partial^2 c_{AB}}{\partial y^2}-k_f c_{AB}+k_b c_{B^+} \tag{11.163}$$

和

$$\frac{\partial c_{B^+}}{\partial t}=D\frac{\partial^2 c_{B^+}}{\partial y^2}+k_f c_{AB}-k_b c_{B^+} \tag{11.164}$$

其中

$$D=D_{AB}=D_{B^+} \tag{11.165}$$

将式（11.163）和式（11.164）相加，得到

$$\frac{\partial}{\partial t}(c_{AB}+c_{B^+})=D\frac{\partial^2}{\partial y^2}(c_{AB}+c_{B^+}) \tag{11.166}$$

用式（11.163）减去式（11.164），并且经代数处理后，可得到

$$\frac{\partial}{\partial t}\left(c_{AB}-\frac{c_{B^+}}{K_{eq}}\right)=D\frac{\partial^2}{\partial y^2}\left(c_{AB}-\frac{c_{B^+}}{K_{eq}}\right)-k\left(c_{AB}-\frac{c_{B^+}}{K_{eq}}\right) \tag{11.167}$$

其中，$k=k_f+k_b$，且 $K_{eq}=k_f/k_b$。由于式（11.166）和式（11.167）为线性方程，相应扩散阻抗的解不需要稳态求解。

在频域中，式（11.166）和式（11.167）可以分别表示为

$$\frac{j\omega}{D}(\tilde{c}_{AB}+\tilde{c}_{B^+})=\frac{\partial^2}{\partial y^2}(\tilde{c}_{AB}+\tilde{c}_{B^+}) \tag{11.168}$$

和

$$\frac{j\omega}{D}\left(\tilde{c}_{AB}-\frac{\tilde{c}_{B^+}}{K_{eq}}\right)=\frac{\partial^2}{\partial y^2}\left(\tilde{c}_{AB}-\frac{\tilde{c}_{B^+}}{K_{eq}}\right)-\frac{k}{D}\left(\tilde{c}_{AB}-\frac{\tilde{c}_{B^+}}{K_{eq}}\right) \tag{11.169}$$

方程（11.168）和方程（11.169）的通解可以按照例 2.3，分别表示为

$$(\tilde{c}_{AB}+\tilde{c}_{B^+})=C_1\exp(-s_1y)+C_2\exp(s_1y) \tag{11.170}$$

和

$$\left(\tilde{c}_{AB}-\frac{\tilde{c}_{B^+}}{K_{eq}}\right)=C_3\exp(-s_2y)+C_4\exp(s_2y) \tag{11.171}$$

其中，有关常数如下，即

$$s_1^2=\frac{j\omega}{D} \tag{11.172}$$

和

$$s_2^2=\frac{j\omega+k}{D} \tag{11.173}$$

通过有限厚度（δ）膜层扩散的边界条件为

$$\tilde{c}_{AB}(\delta)=0 \tag{11.174}$$

$$\tilde{c}_{B^+}(\delta)=0 \tag{11.175}$$

$$\tilde{c}_{B^+}(0)=1 \tag{11.176}$$

$$\left.\frac{d\tilde{c}_{AB}}{dy}\right|_{y=0}=0 \tag{11.177}$$

对应的表达式分别为

$$0=C_1\exp(-s_1y)+C_2\exp(s_1y)+K_{eq}C_3\exp(-s_2y)+K_{eq}C_4\exp(s_2y) \tag{11.178}$$

$$0=C_1\exp(-s_1y)+C_2\exp(s_1y)-C_3\exp(-s_2y)-C_4\exp(s_2y) \tag{11.179}$$

$$1+\frac{1}{K_{eq}}=C_1+C_2-C_3-C_4 \tag{11.180}$$

$$0=-C_1s_1+C_2s_1-K_{eq}C_3s_2+K_{eq}C_4s_2 \tag{11.181}$$

无量纲扩散阻抗可以表示为

$$-\frac{1}{\theta'_{B^+}}=-\frac{1}{\delta}\frac{\tilde{c}_{B^+}(0)}{\left.\frac{d\tilde{c}_{B^+}}{dy}\right|_{y=0}} \tag{11.182}$$

$$=\frac{1}{K_{eq}+1}\frac{\tanh\sqrt{(j\omega+k)\frac{\delta^2}{D}}}{\sqrt{(j\omega+k)\frac{\delta^2}{D}}}+\frac{K_{eq}}{K_{eq}+1}\frac{\tanh\sqrt{j\omega\frac{\delta^2}{D}}}{\sqrt{j\omega\frac{\delta^2}{D}}} \tag{11.183}$$

或

$$-\frac{1}{\theta'_{B^+}}=\frac{1}{K_{eq}+1}\frac{\tanh\sqrt{jK+k_{dim}}}{\sqrt{jK+k_{dim}}}+\frac{K_{eq}}{K_{eq}+1}\frac{\tanh\sqrt{jK}}{\sqrt{jK}} \tag{11.184}$$

其中，$K=\omega\delta^2/D$，且 $k_{dim}=k\delta^2/D$。结果如图 11.28 所示。

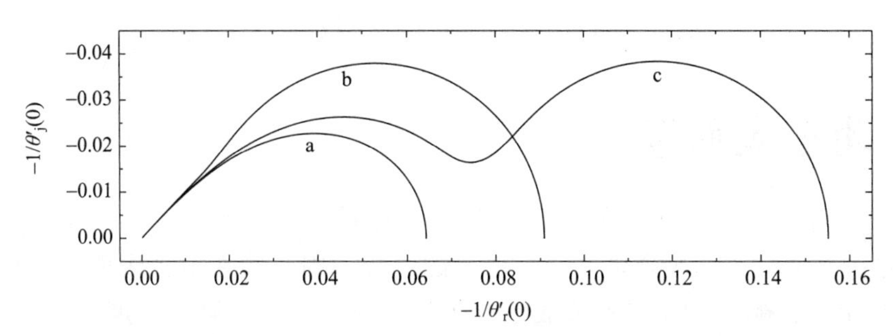

图 11.28　$K_{eq}=0.1$ 且 $k\delta^2/D=200$ 时，以 Nyquist 格式表示的式（11.184）的无量纲扩散阻抗。
a 为式（11.184）中右侧的第一项，对应改进的 Gerischer 阻抗；
b 为式（11.184）右侧的第二项，对应扩散阻抗；c 为阻抗 a 和 b 之和

在式（11.184）中，右端的第一项，对应修正后的 Gerischer 阻抗（如 Boukamp 和 Bouwmeester[209]）；右侧的第二项对应扩散阻抗。图 11.28 所示的结果与图 11.25 所示的旋转圆盘电极的结果相似。

在高频区域，扩散阻抗可以表示为

$$-\frac{1}{\theta'_{B^+}}=\frac{1}{K_{eq}+1}\frac{1}{\sqrt{jK+k_{dim}}}+\frac{K_{eq}}{K_{eq}+1}\frac{1}{\sqrt{jK}} \tag{11.185}$$

$$=\frac{1}{K_{eq}+1}Z_G+\frac{K_{eq}}{K_{eq}+1}Z_W \tag{11.186}$$

其中，Z_G 为 Gerischer 阻抗[210]；Z_w 为 Warburg 阻抗。式（11.186）的形式也适用于无限域中的扩散，如例 11.1 中所讨论的体系。由于局部均相产生反应物质的影响，Gerischer 阻抗在有限低频区具有极值，即

$$\lim_{K\to 0}Z_G=\frac{1}{\sqrt{k_{dim}}} \tag{11.187}$$

图 11.29 所示为 Gerischer 阻抗的 Nyquist 图形式。从图 11.29 所示可知，Gerischer 阻抗与 k_{dim} 的值无关。但是，特征频率却取决于 k_{dim} 值的大小，即

$$K_c=1.7783k_{dim} \tag{11.188}$$

或者，由于频率和 $k=k_f+k_b$ 可以表示为无量纲量，所以

$$\omega_c = 1.7783k \tag{11.189}$$

Lasia在参考文献［15］中的第4.10节中，提供了Gerischer阻抗的另一种推导方法。

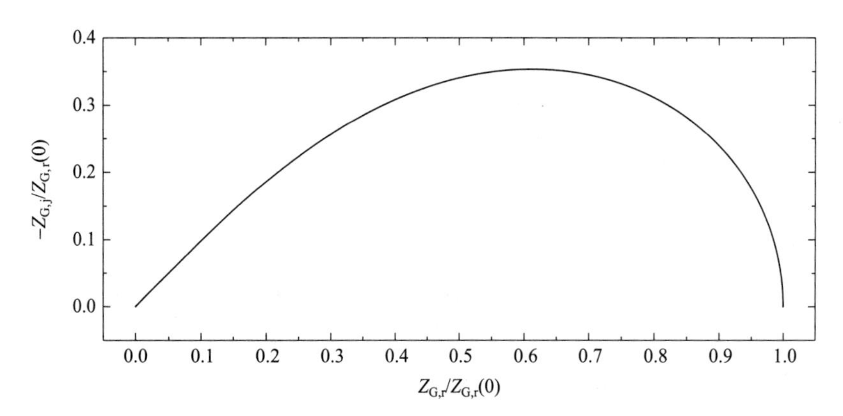

图11.29　以Nyquist图形式表示的Gerischer阻抗

11.8　动态表面膜

在第11.2节中，讲述了在假设膜层厚度与时间无关的条件下，多孔膜层扩散阻抗模型的建立。然而，表面膜通常是一个动态的过程，因为膜在电极表面上形成，同时在膜-电解质界面处溶解。如果膜的形成是电化学反应的结果，则膜厚度可能与时间有关。因此，相对于对电位的响应，膜层厚度也与电位有关，并且将影响膜层扩散阻抗。下面，基于Barcia等人[174]的研究工作，举例如下。

例11.11　铜通过CuCl膜层溶解的过程：在1mol/L HCl电解质中，在传质极限电流密度条件下，建立铜溶解的阻抗响应模型。其中，CuCl膜层厚度受电位影响。该体系如图11.30所示。

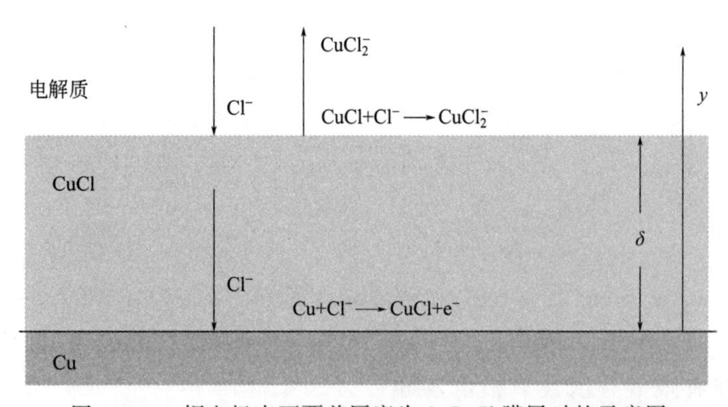

图11.30　铜电极表面覆盖厚度为δ CuCl膜层时的示意图

解：在Cu/CuCl界面上，设定$y=0$，氯离子反应生成CuCl的反应式如下

$$Cu + Cl^- \longrightarrow CuCl + e^- \tag{11.190}$$

假设该反应受氯离子通过膜层的传质控制。因此，在$y=0$处的电流密度为

$$\frac{i_{Cu}}{F} = +D_{Cl^-,f}\left.\frac{dc_{Cl^-}}{dy}\right|_{y=0} = D_{Cl^-,f}\frac{c_{Cl^-}(\infty)-c_{Cl^-}(0)}{\delta} \tag{11.191}$$

其中，δ 为膜厚，$D_{Cl^-,f}$ 为 Cl^- 在膜内的扩散系数，并且假设 Cl^- 在 $y=\delta$ 处的浓度等于 $y=\infty$处的浓度。

在 CuCl 层/电解质界面处，即 $y=\delta$ 处，膜层发生化学溶解反应，即

$$CuCl + Cl^- \longrightarrow CuCl_2^- \tag{11.192}$$

在 $y=\delta$ 处，其电流密度为

$$\frac{i_{CuCl_2^-}}{F} = k_2 c_{Cl^-}(\infty) - k_{-2} c_{CuCl_2^-}(\delta) \tag{11.193}$$

式（11.192）表示的是膜层的化学溶解过程。电流密度也可以用 $CuCl_2^-$ 在膜层表面扩散的形式表示，即为

$$\frac{i_{CuCl_2^-}}{F} = -D_{CuCl_2^-} \left.\frac{dc_{CuCl_2^-}}{dy}\right|_{y=\delta} = D_{CuCl_2^-} \frac{c_{CuCl_2^-}(\delta)}{\delta_{N,CuCl_2^-}} \tag{11.194}$$

其中，$\delta_{N,CuCl_2^-}$ 为电解液中 $CuCl_2^-$ 的扩散层厚度。根据方程（11.193）和方程（11.194），可以得出

$$\frac{i_{CuCl_2^-}}{F} = \frac{k_2 c_{Cl^-}(\infty)}{1 + k_{-2}\delta_{N,CuCl_2^-}/D_{CuCl_2^-}} \tag{11.195}$$

如果 $k_{-2}\delta_{N,CuCl_2^-}/D_{CuCl_2^-} \gg 1$，$i_{CuCl_2^-}$ 随着圆盘转速的平方根变化。那么，根据式（5.68）给出的 Levich 方程，在反应（11.190）达到传质极限的假设条件下，式（11.195）与电位无关。

CuCl 膜层厚度的一般表达式为

$$\rho(1-\epsilon)\frac{\partial \delta}{\partial t} = D_{Cl^-,f} \left.\frac{\partial c_{Cl^-}}{\partial y}\right|_{y=0} - D_{CuCl_2^-} \left.\frac{\partial c_{CuCl_2^-}}{\partial y}\right|_{y=\delta} \tag{11.196}$$

其中，ϵ是膜层孔隙率；ρ 是膜层摩尔密度。在稳态条件下，膜层厚度可以表达为

$$\delta = \frac{D_{Cl^-,f}}{D_{CuCl_2^-}} \frac{k_{-2}}{k_2} \delta_{N,CuCl_2^-} \tag{11.197}$$

由式（11.197）可知，CuCl 盐膜层厚度随电解质中扩散层厚度的变化而变化。这说明在求解动态膜层阻抗时，必须建立电解质和盐膜层的传质特性。

11.8.1　盐膜层中的传质

在盐膜中，Cl^- 的守恒方程为

$$\frac{\partial c_{Cl^-}}{\partial t} = D_{Cl^-,f} \frac{\partial^2 c_{Cl^-}}{\partial y^2} \tag{11.198}$$

通过引入一个无量纲距离变量，即

$$\chi = \frac{y}{\delta(t)} \tag{11.199}$$

式（11.198）就可以表示膜层厚度随时间变化的关系。
基于例 2.7 研究结果，可将等式（11.198）表示为

$$\frac{D_{Cl^-,f}}{\delta^2} \frac{\partial^2 c_{Cl^-}}{\partial \chi^2} = \left(\frac{\partial c_{Cl^-}}{\partial t}\right)_{\chi} - \chi \frac{d\bar{c}_{Cl^-}}{dy} \frac{\partial \delta}{\partial t} \tag{11.200}$$

按照式（10.3）所示的形式，在频域中，式（11.200）可以表示为

$$\frac{\partial^2 \tilde{c}_{Cl^-}}{\partial \chi^2}=j\mu\tilde{c}_{Cl^-}-\chi\frac{d\bar{c}_{Cl^-}}{dy}j\mu\tilde{\delta} \tag{11.201}$$

其中，$\mu=\omega\delta^2/D_{Cl^-,f}$。

方程（11.201）的通解是

$$\tilde{c}_{Cl^-}=\frac{d\bar{c}_{Cl^-}}{dy}\tilde{\delta}+A\exp(\sqrt{j\mu}\chi)+B\exp(-\sqrt{j\mu}\chi) \tag{11.202}$$

其中，A 和 B 为边界条件下得到的常数。

在盐膜层和电解质的界面处，有 $y=\delta$ 或 $\chi=1$。此处 Cl^- 的浓度是恒定的，并且等于其在 $y=\infty$处的值。因此

$$\tilde{c}_{Cl^-}(\delta)=0=\frac{d\bar{c}_{Cl^-}}{dy}\chi\tilde{\delta}+A\exp(\sqrt{j\mu})+B\exp(-\sqrt{j\mu}) \tag{11.203}$$

当 $y=\chi=0$ 时，式（11.203）可以简化为

$$\tilde{c}_{Cl^-}(0)=A+B \tag{11.204}$$

和

$$\left.\frac{\partial\tilde{c}_{Cl^-}}{\partial\chi}\right|_{y=0}=\frac{d\bar{c}_{Cl^-}}{dy}\tilde{\delta}+\sqrt{j\mu}(A-B) \tag{11.205}$$

根据式（11.199）中 χ 的定义，就有

$$\frac{\partial\tilde{c}_{Cl^-}}{\partial\chi}=\frac{\partial\bar{c}_{Cl^-}}{\partial y}\tilde{\delta}+\bar{\delta}\frac{\partial\tilde{c}_{Cl^-}}{\partial y} \tag{11.206}$$

这样，式（11.205）可表示为

$$\left.\frac{\partial\tilde{c}_{Cl^-}}{\partial y}\right|_{y=0}=\frac{\sqrt{j\mu}}{\bar{\delta}}(A-B) \tag{11.207}$$

如果要得到 A 和 B 的值，只有式（11.204）和式（11.207）是不够的，还需要求解电解质中平衡方程，得到 $CuCl_2^-$ 的浓度和膜厚度。

11.8.2 电解质中的传质

在本节中，将按照第 11.3.3 节中所述的解决方法，求解电解质溶液中的传质阻抗。不同的是，在本节中的距离是指与时间有关的膜层厚度，即

$$\eta=\frac{y-\delta(t)}{\delta_{N,i}} \tag{11.208}$$

为了使表达式更为简洁，用下标 i 代替 $CuCl_2^-$。按照例 2.8 中所述的方法，控制方程可以表示为

$$\frac{\partial c_i}{\partial\tau_i}-\frac{1}{\delta_{N,i}}\frac{d\bar{c}_i}{d\eta}\frac{d\delta}{d\tau_i}-3\eta^2\frac{\partial c_i}{\partial\eta}-\frac{\partial^2 c_i}{\partial\eta^2}=0 \tag{11.209}$$

其中，$\tau_i=tD_i/\delta_{N,i}^2$，且 $\delta_{N,i}$ 由式（11.72）确定。

在频域中，式（11.209）可以表示为

$$\frac{d^2\tilde{c}_i}{d\eta^2}+3\eta^2\frac{d\tilde{c}_i}{d\eta}-jK\tilde{c}_i=-jK\frac{1}{\delta_{N,i}}\frac{d\bar{c}_i}{d\eta}\tilde{\delta} \tag{11.210}$$

其中，$K=\omega\delta_{N,i}^2/D_i$ 。$c_i=\lambda\theta_{i,0}$，其中 $\theta_{i,0}$ 为齐次方程的解，则式（11.210）可以进一步写成

$$\frac{d^2\lambda_i}{d\eta^2}+\left(\frac{2}{\theta_{i,0}}\frac{d\theta_{i,0}}{d\eta}+3\eta^2\right)\frac{d\lambda_i}{d\eta}=-\frac{jK}{\theta_{i,0}\delta_{N,i}}\frac{d\bar{c}_i}{d\eta}\tilde{\delta} \tag{11.211}$$

对于方程（11.211），其齐次方程的解为

$$\frac{d\lambda_{i,0}}{d\eta}=\frac{\exp(-\eta^3)}{\theta_{i,0}^2} \tag{11.212}$$

所以，方程（11.211）的解为下列形式，即

$$\frac{d\lambda_i}{d\eta}=\gamma_i\frac{\exp(-\eta^3)}{\theta_{i,0}^2} \tag{11.213}$$

其中

$$\frac{d\gamma_i}{d\eta}=-jK\theta_{i,0}\exp(\eta^3)\frac{d\bar{c}_i}{d\eta}\frac{\tilde{\delta}}{\delta_{N,i}} \tag{11.214}$$

如例 2.2 所示，在稳态条件下，其浓度梯度可以表示为

$$\frac{d\bar{c}_i}{d\eta}=\frac{\bar{c}_i(\infty)-\bar{c}_i(0)}{\Gamma(4/3)}\exp(-\eta^3)=\left.\frac{d\bar{c}_i}{d\eta}\right|_0\exp(-\eta^3) \tag{11.215}$$

因此，就可以得到

$$\frac{d\gamma_i}{d\eta}=-jK\theta_{i,0}\left.\frac{d\bar{c}_i}{d\eta}\right|_0\frac{\tilde{\delta}}{\delta_{N,i}} \tag{11.216}$$

和

$$\gamma_i=-jK\left.\frac{d\bar{c}_i}{d\eta}\right|_0\frac{\tilde{\delta}}{\delta_{N,i}}\left(\int_0^\eta\theta_{i,0}d\eta+C_1\right) \tag{11.217}$$

其中，C_1 是积分常数。

方程式（11.211）的解，还可表示为

$$\gamma_i=-jK\left.\frac{d\bar{c}_i}{d\eta}\right|_0\frac{\tilde{\delta}}{\delta_{N,i}}\left[\int_0^{\eta_1}\left(\int_0^\eta\theta_{i,0}d\eta+C_1\right)\frac{\exp(-\eta^3)}{\theta_{i,0}}d\eta_1\right]+C_2 \tag{11.218}$$

其中，C_2 是积分常数。方程式（11.210）的解为

$$\tilde{c}_i=C_2\theta_{i,0}-jK\left.\frac{d\bar{c}_i}{d\eta}\right|_0\frac{\tilde{\delta}}{\delta_{N,i}}\theta_{i,0}\left[\int_0^{\eta_1}\left(\int_0^\eta\theta_{i,0}d\eta+C_1\right)\frac{\exp(-\eta^3)}{\theta_{i,0}}d\eta_1\right] \tag{11.219}$$

在第 16.2 节关于电流体动力学阻抗的章节中，其推导过程与此类似。

当 $\eta=0$ 时，$\theta_{i,0}=1$，$C_2=\theta_i(0)$。当 $\eta\to\infty$ 时，$\tilde{c}_i$ 趋于 0。由此，得到 $C_1=-\int_0^\infty\theta_{i,0}d\eta$。那么，在界面处的导数为

$$\left.\frac{d\tilde{c}_i}{dy}\right|_0=\tilde{c}_i(0)\frac{\theta'_{i,0}}{\delta_{N,i}}+jK\left.\frac{d\bar{c}_i}{d\eta}\right|_0\frac{\tilde{\delta}}{\delta_{N,i}}W_i \tag{11.220}$$

其中，$W_i=\int_0^\infty\theta_{i,0}d\eta$，并且必须通过数值计算才能得到。

W_i 的表达式可以由等式（16.30）给出。等式（11.220）右侧的第二项说明了膜层厚度改变对对流扩散阻抗的影响。在膜层和电解质的界面处，存在下列关系

$$D_i\left.\frac{d\tilde{c}_i}{dy}\right|_0=k_{-2}\tilde{c}_i(0) \tag{11.221}$$

所以，式（11.220）可以整理写成

$$\left.\frac{\mathrm{d}\tilde{c}_{\mathrm{i}}}{\mathrm{d}y}\right|_{0}=\frac{\mathrm{j}K\left.\frac{\mathrm{d}\bar{c}_{\mathrm{i}}}{\mathrm{d}y}\right|_{0}\frac{\tilde{\delta}}{\delta_{\mathrm{N,i}}}W_{\mathrm{i}}}{1-\frac{\theta'_{\mathrm{i,0}}}{\delta_{\mathrm{N,i}}}\frac{D_{\mathrm{i}}}{k_{-2}}} \tag{11.222}$$

在下一小节中，将讨论膜层厚度 $\tilde{\delta}$ 瞬时变化时的阻抗表达式。

11.8.3 非稳定膜的厚度

同上，下标 i 指的是 $CuCl_2^-$。将式（11.207）代入式（11.196），在频域中，式（11.196）变为

$$\rho(1-\varepsilon)\mathrm{j}\omega\tilde{\delta}=D_{\mathrm{Cl^-,f}}\frac{\sqrt{\mathrm{j}\mu}}{\bar{\delta}}(A-B)-D_{\mathrm{i}}\left.\frac{\mathrm{d}\tilde{c}_{\mathrm{i}}}{\mathrm{d}y}\right|_{0} \tag{11.223}$$

代入式（11.222），可以进一步变成

$$\tilde{\delta}\left[\rho(1-\varepsilon)\mathrm{j}\omega+D_{\mathrm{i}}\frac{\mathrm{j}K\left.\frac{\mathrm{d}\bar{c}_{\mathrm{i}}}{\mathrm{d}y}\right|_{0}\frac{W_{\mathrm{i}}}{\delta_{\mathrm{N,i}}}}{1-\frac{\theta'_{\mathrm{i,0}}}{\delta_{\mathrm{N,i}}}\frac{D_{\mathrm{i}}}{k_{-2}}}\right]=D_{\mathrm{Cl^-,f}}\frac{\sqrt{\mathrm{j}\mu}}{\bar{\delta}}(A-B) \tag{11.224}$$

式（11.202）也可以写成

$$\tilde{\delta}=-\frac{A\exp(\sqrt{\mathrm{j}\mu})+B\exp(-\sqrt{\mathrm{j}\mu})}{\frac{\mathrm{d}\bar{c}_{\mathrm{Cl^-}}}{\mathrm{d}y}} \tag{11.225}$$

等式（11.224）的左侧除以 $\tilde{\delta}$，定义为变量 $F_1(\omega)$，即

$$F_1(\omega)=\rho(1-\varepsilon)\mathrm{j}\omega+D_{\mathrm{i}}\frac{\mathrm{j}K\left.\frac{\mathrm{d}\bar{c}_{\mathrm{i}}}{\mathrm{d}y}\right|_{0}\frac{W_{\mathrm{i}}}{\delta_{\mathrm{N,i}}}}{1-\frac{\theta'_{\mathrm{i,0}}}{\delta_{\mathrm{N,i}}}\frac{D_{\mathrm{i}}}{k_{-2}}} \tag{11.226}$$

引入无量纲频率 $K=\omega\delta_{\mathrm{N,i}}^2/D_{\mathrm{i}}$，可以得到

$$F_1(\omega)=\mathrm{j}\omega\left[\rho(1-\varepsilon)+D_{\mathrm{i}}\frac{\delta_{\mathrm{N,i}}\left.\frac{\mathrm{d}\bar{c}_{\mathrm{i}}}{\mathrm{d}y}\right|_{0}W_{\mathrm{i}}}{1-\frac{\theta'_{\mathrm{i,0}}}{\delta_{\mathrm{N,i}}}\frac{D_{\mathrm{i}}}{k_{-2}}}\right] \tag{11.227}$$

将式（11.225）代入式（11.224），可以得到

$$-\left[\frac{A\exp(\sqrt{\mathrm{j}\mu})+B\exp(-\sqrt{\mathrm{j}\mu})}{\frac{\mathrm{d}\bar{c}_{\mathrm{Cl^-}}}{\mathrm{d}y}}\right]F_1(\omega)=D_{\mathrm{Cl^-,f}}\frac{\sqrt{\mathrm{j}\mu}}{\bar{\delta}}(A-B) \tag{11.228}$$

将常数 A 和常数 B 合并同类项，可以得到

$$A\left[D_{\mathrm{Cl^-,f}}\frac{\sqrt{\mathrm{j}\mu}}{\bar{\delta}}+\frac{\exp(\sqrt{\mathrm{j}\mu})}{\frac{\mathrm{d}\bar{c}_{\mathrm{Cl^-}}}{\mathrm{d}y}}F_1(\omega)\right]=$$

$$B\left[D_{Cl^-,f}\frac{\sqrt{j\mu}}{\delta}-\frac{\exp(-\sqrt{j\mu})}{\frac{d\bar{c}_{Cl^-}}{dy}}F_1(\omega)\right] \tag{11.229}$$

A/B 的比值可以表示为

$$\frac{A}{B}=\frac{\left[D_{Cl^-,f}\frac{\sqrt{j\mu}}{\delta}-\frac{\exp(-\sqrt{j\mu})}{\frac{d\bar{c}_{Cl^-}}{dy}}F_1(\omega)\right]}{\left[D_{Cl^-,f}\frac{\sqrt{j\mu}}{\delta}+\frac{\exp(\sqrt{j\mu})}{\frac{d\bar{c}_{Cl^-}}{dy}}F_1(\omega)\right]} \tag{11.230}$$

方程（11.230）两边同时加上1，可得到

$$\frac{A}{B}+1=\frac{\left\{2D_{Cl^-,f}\frac{\sqrt{j\mu}}{\delta}+\frac{F_1(\omega)}{\frac{d\bar{c}_{Cl^-}}{dy}}\left[\exp(\sqrt{j\mu})-\exp(-\sqrt{j\mu})\right]\right\}}{\left(D_{Cl^-,f}\frac{\sqrt{j\mu}}{\delta}+\frac{\exp(\sqrt{j\mu})}{\frac{d\bar{c}_{Cl^-}}{dy}}F_1(\omega)\right)} \tag{11.231}$$

同样地，方程（11.230）两边同时减去1，可得到

$$\frac{A}{B}-1=\frac{\left\{-\frac{F_1(\omega)}{\frac{d\bar{c}_{Cl^-}}{dy}}\left[\exp(\sqrt{j\mu})+\exp(-\sqrt{j\mu})\right]\right\}}{\left[D_{Cl^-,f}\frac{\sqrt{j\mu}}{\delta}+\frac{\exp(\sqrt{j\mu})}{\frac{d\bar{c}_{Cl^-}}{dy}}F_1(\omega)\right]} \tag{11.232}$$

上述 $A/B+1$ 和 $A/B-1$ 项常用于建立法拉第阻抗表达式。

11.8.4 法拉第阻抗

按照第10.22节所述，瞬时电流与电位和浓度存在下列关系，即

$$\tilde{i}_{Cu}=K_1\bar{c}_{Cl^-}(0)b_{Cu}\exp(b_{Cu}\overline{V})\overline{V}+K_1\exp(b_{Cu}\overline{V})\tilde{c}_{Cl^-}(0) \tag{11.233}$$

和

$$\tilde{i}_{Cu}=FD_{Cl^-,f}\left.\frac{d\tilde{c}_{Cl^-}}{dy}\right|_0 \tag{11.234}$$

这样，法拉第阻抗表示为

$$Z_F=R_t-R_t\frac{K_1\exp(b_{Cu}\overline{V})}{FD_{Cl^-,f}}\frac{\tilde{c}_{Cl^-}(0)}{\left.\frac{d\tilde{c}_{Cl^-}}{dy}\right|_0} \tag{11.235}$$

其中，R_t 表示为

$$R_t=\frac{1}{K_1\bar{c}_{Cl^-}(0)\exp(b_{Cu}\overline{V})} \tag{11.236}$$

代入式（11.204）和式（11.207），法拉第阻抗为

$$Z_F=R_t-R_t\frac{K_1\exp(b_{Cu}\overline{V})}{FD_{Cl^-,f}}\frac{\left(\frac{A}{B}+1\right)}{\frac{\sqrt{j\mu}}{\bar{\delta}}\left(\frac{A}{B}-1\right)} \tag{11.237}$$

代入式（11.204）和式（11.207）后，法拉第阻抗进一步表示为

$$Z_F=R_t-R_t\frac{K_1\exp(b_{Cu}\overline{V})}{FD_{Cl^-,f}}\frac{\left[2D_{Cl^-,f}\frac{\sqrt{j\mu}}{\bar{\delta}}+\frac{F_1(\omega)}{\frac{d\bar{c}_{Cl^-}}{dy}}\sinh(\sqrt{j\mu})\right]}{\frac{\sqrt{j\mu}}{\bar{\delta}}\left[-\frac{F_1(\omega)}{\frac{d\bar{c}_{Cl^-}}{dy}}\cosh(\sqrt{j\mu})\right]} \tag{11.238}$$

式（11.238）可简化为

$$Z_F=R_t-R_t\frac{K_1\exp(b_{Cu}\overline{V})}{F}\left[\frac{\frac{dc_{Cl^-}}{dy}}{F_1(\omega)\cosh\sqrt{j\mu}}+\frac{\bar{\delta}\tanh\sqrt{j\mu}}{D_{Cl^-,f}\sqrt{j\mu}}\right] \tag{11.239}$$

其中，$F_1(\omega)$ 由式（11.227）给出。

图 11.31（a）所示为得到的阻抗图。法拉第阻抗的特征是阻抗图由容抗弧、感抗弧和一条几乎垂直的线组成。模拟结果与图 11.31(b) 所示的实验结果进行了比较。该实验结果由 Barcia 等人获得，研究的是铜溶解在 1mol/L HCl 溶液中的阳极溶解过程。

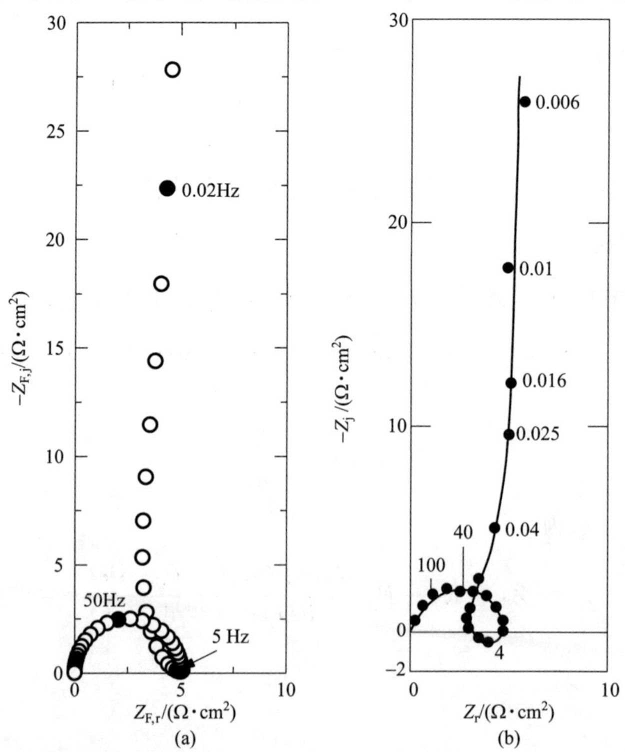

图 11.31　受膜层厚度影响的体系的 Nyquist 图。(a) 对应于式（11.239）的模拟法拉第阻抗；(b) Barcia 等人[174] 研究铜在 1mol/L HCl 溶液中阳极溶解过程的实验数据

在第 10 章中，所描述的体系受电极/电解质界面处的电位、电流、浓度变化以及表面局部覆盖率的影响。在本章中，主要是强调了如何建立扩散阻抗表达式。在第 11.7 节中，讲述了均相反应对扩散阻抗的影响。例 11.11 说明了传质与膜的动态生长、溶解之间的耦合，由此导致了膜层厚度的改变。

思考题

11.1　从物料平衡方程出发，验证推导式（11.20）。

11.2　从物料平衡方程出发，验证推导式（11.42）。

11.3　证明，对于在不可压缩流体中的旋转圆盘，由 $-\nabla \cdot N_i = 0$，可得到式（11.55），且 $-\nabla \cdot N_i \neq -\dfrac{dN_i}{dy}$。

11.4　分别绘制出能斯特静止扩散层的阻抗平面图，以及在无限施密特数条件下旋转圆盘电极上的阻抗平面图。解释为什么两个模型在高频和低频区相同，在中频区却不一致[211]？

11.5　建立一个能同时适用于接近或远离圆盘电极区域的速度一般解析展开式，是有用的。靠近圆盘电极区域的速度表达式分别为轴向和径向速度方程（11.51）和方程（11.52）。对于远离圆盘电极的区域，其速度展开式分别为[176]

$$H = -\alpha + \frac{2A}{\alpha}\exp(-\alpha\zeta) - \frac{A^2+B^2}{2\alpha^3}\exp(-2\alpha\zeta) + \frac{A(A^2+B^2)}{6\alpha^5}\exp(-3\alpha\zeta) + \cdots \tag{11.240}$$

和

$$F = A\exp(-\alpha\zeta) - \frac{A^2+B^2}{2\alpha^2}\exp(-2\alpha\zeta) + \frac{A(A^2+B^2)}{4\alpha^4}\exp(-3\alpha\zeta) + \cdots \tag{11.241}$$

其中，$\alpha = 0.88447411$，$A = 0.92486353$，$B = 1.20221175$[212]。其他常数和定义见第 11.3.1 节。找到一个适用于所有 ζ 值的插值公式。

11.6　根据式（11.81），推导出用于旋转圆盘计算公式（11.86）的式（11.83）、式（11.84）、式（11.85）。这些关系式也适用于喷射流模型的式（11.98）吗？

11.7　证明：图 11.19 所示的直线平行于旋转圆盘电极受传质极限电流密度控制时的 Levich 方程所对应的直线。

11.8　对于喷射流，其传质控制方程可表示为

$$\frac{\partial c_i}{\partial t} + v_y\frac{\partial c_i}{\partial y} - D_i\frac{\partial^2 c_i}{\partial y^2} = 0 \tag{11.242}$$

（a）根据 $c_i = \bar{c}_i + \mathrm{Re}\{\tilde{c}_i e^{j\omega t}\}$，推导出求解 $\tilde{c}_i$ 需要的方程。不必求解这个方程式。

（b）确定推导方程式所需的边界条件。

（c）解释 $\tilde{c}_i$ 与扩散阻抗的关系。换句话说，如何用你得到的方程的解来得到扩散

阻抗？

11.9 对于例 11.10 中描述的体系，在稳态分布条件下，求解浓度和反应速率。

11.10 根据例 11.10 在无限域中，推导出受化学反应影响的电化学反应的无量纲扩散阻抗表达式。

11.11 利用式（11.189），估计在无限区域中，受化学反应影响的电化学反应区的厚度。

11.12 针对多孔膜覆盖电极，给出式（11.122）求解的边界条件。换句话说，对于式（11.124），根据 $y=\delta_f$ 处的边界条件，可以得到常数 C_1 和 C_2 的表达式。这些边界条件是什么？

第12章 材料阻抗

在许多情况下，通过阻抗测量，可以获得材料的特性信息。例如，在第13.7节中的Young模型和第14.4节中的幂函数模型，就是通过阻抗谱测试，探索材料中电阻率的分布特性。在高频下，阻抗测量可用于研究材料的介电弛豫。在本章中，将讲述材料的阻抗，包括介电弛豫、几何电容和莫特-肖特基（Mott-Schottky）分析。

12.1 材料的电性质

根据导电性对材料进行分类。电导率 κ 大（电阻率 ρ 小）的材料称为导体，金属和金属合金都是导体。电导率小（电阻率大）的陶瓷、氧化物、玻璃和聚合物都称为绝缘体。半导体具有中等的电导率。这种分类非常普遍。另外某些氧化物或聚合物也可能是导体。

材料的电阻与其几何形状有关。对于长度为 L 且面积为 A 的样品，其电阻为

$$R=\frac{L}{\kappa A}=\frac{L\rho}{A} \tag{12.1}$$

对于一些典型材料，电阻率和介电常数如表12.1所列。虽然银、金、铜、铝、铁、铅和锰称为导体，但是其电阻率因金属不同而存在显著差异。硅和锗的电阻率随掺杂剂浓度的不同而变化。商用半导体的电阻率取决于掺杂水平，范围在 $10^{-2}\sim10^{6}\ \Omega\cdot\mathrm{cm}$ 之间[215]。在表12.1中，也列出了石英、氧化铝和固化树脂等绝缘体材料的电阻率和介电常数。

电绝缘体是一种能被外加电场 E 极化的介电材料。产生的电荷密度与电场成正比。在真空情况下，介电常数 $\varepsilon_0=8.854\times10^{-14}\mathrm{C/(V\cdot cm)}$（见第5.7节）。对于一般材料，介电常数为 $\varepsilon\varepsilon_0$。其中，ε 为无量纲材料常数，称为相对介电常数或介电常数。

如果不考虑铁电性和压电性，则可以利用电阻率（或电导率）和介电常数两个参数表征材料电学性质。一般地，如果导体面积不太小，长度不太长，其阻抗是可以忽略的。

表12.1 在298K时，固体材料的电阻率和介电常数值

类别	电阻率/(Ω·cm)	介电常数	材料
导体	1.617×10^{-6}		银(Ag)
	1.712×10^{-6}		铜(Cu)
	2.255×10^{-6}		金(Au)
	2.709×10^{-6}		铝合金
	9.87×10^{-6}		铁(Fe)
	2.11×10^{-5}		铅(Pb)
	1.44×10^{-4}		锰(Mn)
	5.2×10^{-3}	20	磁铁(Fe_3O_4)

续表

类别	电阻率/(Ω·cm)	介电常数	材料
半导体		12	赤铁矿(α-Fe_2O_3)
	0.04[214]	11.9	硅(Si,高纯度)
	200[214]	16	锗(Ge,高纯度)
	(1～5)×10^{-3}	7.6	赤铜矿(Cu_2O)
	6×10^5	18.1	黑铜矿(CuO)
绝缘体	1×10^8[215]	4.1	石英(SiO_2)
	10^{15}～10^{17}[214]	2.3	聚乙烯

注:除非另有说明,数值取自参考文献[213],介电常数、薄膜厚度和电容的典型取值范围见表 5.6。

12.2 均匀介质的介电响应

在高频下，电解质可能表现出介电响应。例如，图 12.1(a) 所示为根据 Kaatze[216] 给出的数据，以温度为影响因素的水的介电弛豫。相对复介电常数服从德拜弛豫函数，即

$$\varepsilon(\omega)=\frac{\varepsilon(0)-\varepsilon(\infty)}{1+\mathrm{j}\omega\tau} \tag{12.2}$$

其中，$\varepsilon(0)$为低频时的极限值，$\varepsilon(\infty)$为高频时的值，τ 为弛豫时间常数。从图 12.1(b) 可见，水的介电弛豫时间常数和相应的特征频率随着温度变化的关系。介质弛豫发生在 GHz 频率范围内，远远高于电化学阻抗测量的通常频率范围。水是一种液体，分子间的作用力很强，而且具有方向性。弛豫过程包括极化的瞬时变化和水分解成离子[217]。

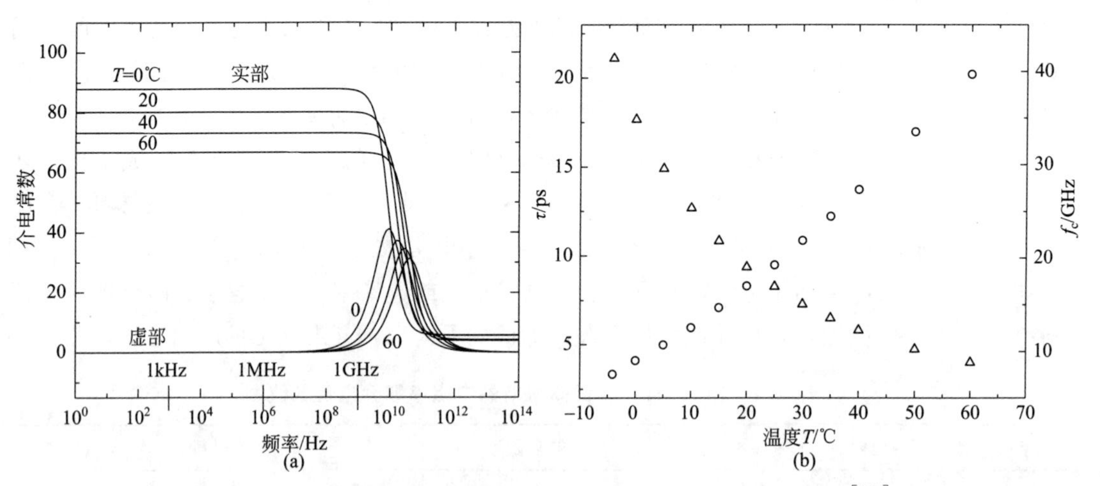

图 12.1 与德拜模型参数有关的水的介电弛豫，数据源自 Kaatze[216]。
(a) 在不同温度条件下，相对介电常数随频率的变化关系；(b) 相对时间常数和对应频率随温度的变化关系

如果介电弛豫与偶极子取向有关，那么介电弛豫就与黏度有密切的关系。例如，从图 12.2 可以看出，溶解在非极性溶剂中的大偶极分子介电弛豫的特征频率是黏度的函数。

提示 12.1：与电化学阻抗谱的频率范围相比，介电弛豫有着更大的频率范围。

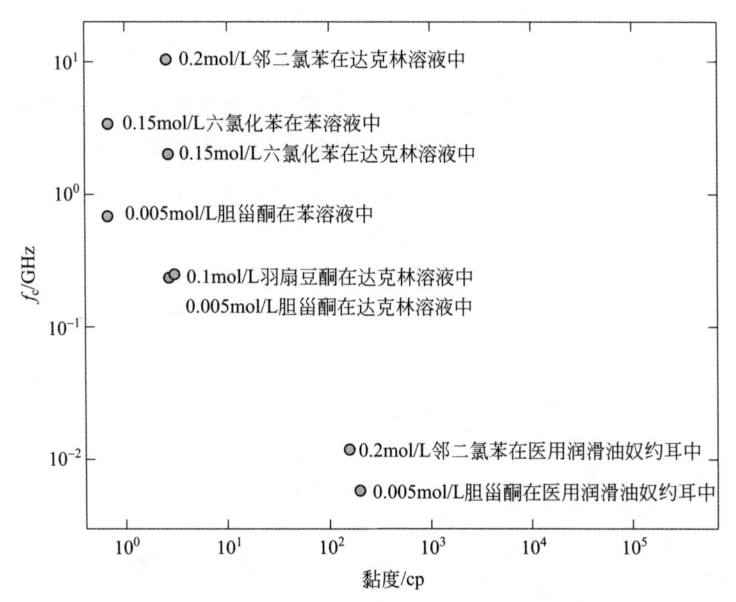

图 12.2　当极性分子溶解在非极性溶剂中时，介电弛豫特征频率随着溶液黏度的变化关系。数据来自 Daniel 著作[217]

偶极子的重定向也可能发生在晶体固体中。在 80℃下，D-樟脑的介电弛豫时间常数为 11ps（14GHz）[217]。Shang 和 Umana[218] 报道了沥青的特征介电弛豫时间常数约为 100～400ps（1.6～0.4GHz）。在−10.8℃温度条件下，纯单晶冰的特征介电弛豫时间常数与取向有关，在 c 轴方向为 5.8×10^{-5}s，在垂直 c 轴方向为 6.1×10^{-5}s。这些值分别对应 2.7kHz 和 2.6kHz 的特征频率。

12.3　Cole-Cole 模型

Cole-Cole 模型表达式为[40,219]

$$\varepsilon=\varepsilon_{\infty}+\frac{\varepsilon_{s}-\varepsilon_{\infty}}{1+(j\omega\tau_{c})^{\alpha}} \tag{12.3}$$

该模型常用于具有分布特征弛豫时间常数的系统。在式（12.3）中定义的 α 的含义是：$\alpha=1$ 时可以观察到理想的德拜弛豫。在 Cole-Cole 参数 $\alpha=0.98$ 的情况下，水的介电弛豫具有几乎理想的德拜弛豫[217]。D-樟脑在 80℃时的介电弛豫如式（12.2）所示，在−20℃下，$\alpha=0.07$ 时，弛豫遵循式（12.3）。其它有关描述介电弛豫的分布函数可参考相关文献[3,4,217]。

12.4　几何电容

电化学电池由三个电极组成。通过求解拉普拉斯方程（参见第 13.2 节），可以得到电解质电阻。该电阻对应的是工作电极和辅助电极之间的电阻。工作电极与辅助电极形成的几何电容 C_g 与电解液电阻成并联关系。对于常见的系统，几何电容的影响往往超出了电化学阻抗测量的频域范围。在某些特殊情况下，例如，当电解液电阻率非常大时，其特征频率为

$$f_c=1/(2\pi R_e C_g) \tag{12.4}$$

且在可控的频域范围内[220]。

在一般情况下，由式（12.4）给出的特征频率与几何形状的关系不大。对于例12.1中所描述的系统，特征频率与电极之间的距离和面积无关。因此，采用欧姆电阻经过归一化的阻抗在Nyquist图中是叠加的，如图12.3所示。由于介电常数随着液体种类变化不大，因此特征频率与电解质的电阻率关系最为密切。对于合成润滑油，其电阻率$\rho=2\times10^{10}\Omega\cdot cm$，其特征频率在22Hz左右。纯水（在25℃时，$\rho=18.2M\Omega\cdot cm$，$\varepsilon=78$）的特征频率约为1.2kHz。对于去离子水（$\rho=1M\Omega\cdot cm$），其特征频率是23kHz，而海水（$\rho=25\Omega\cdot cm$）的特征频率约为1GHz。因此，频率范围高达10或100kHz的常规电化学测量，是无法识别几何电容的。因此，电解质的影响只被看作是欧姆电阻。这种效应类似于例9.3中所述，对于多孔膜层，其欧姆电阻可能随时间而增加。

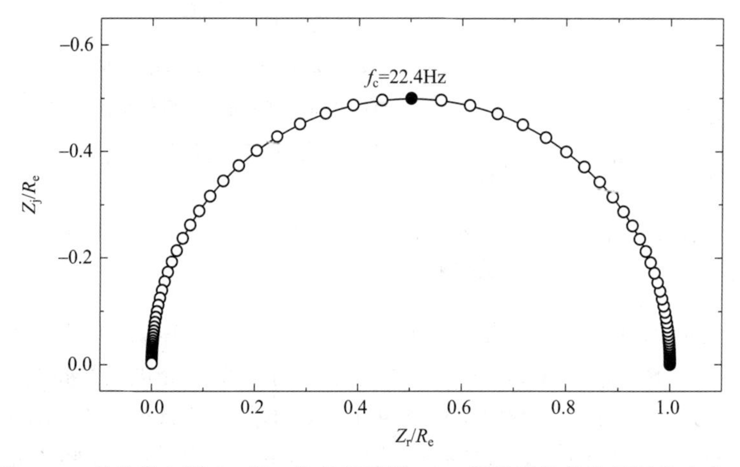

图12.3 经欧姆电阻R_e归一化处理后例12.1所述系统的几何阻抗响应

例12.1 几何电容：电化学电池由两个圆柱体电极组成，如图12.4所示，电极长度$L=1cm$，横截面积$A=1cm^2$。电化学电池选择圆柱形设计，是为了避免13.2节中描述的非均匀电流和电位分布的影响。电解质的相对介电常数（或介电常数）$\varepsilon=4$，电阻率$\rho=2\times10^{10}\Omega\cdot cm$。求几何阻抗响应。

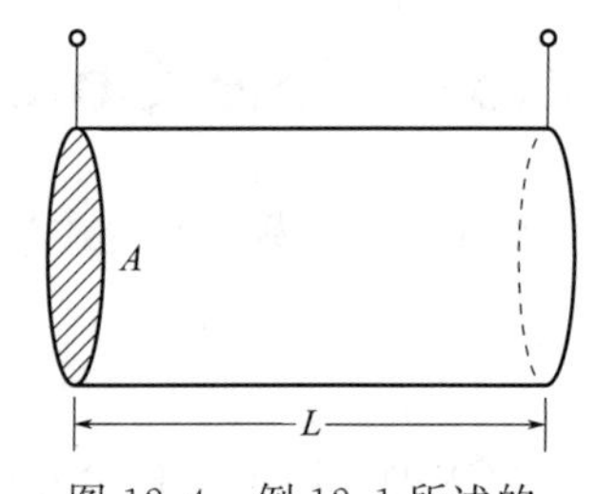

图12.4 例12.1所述的用于获得几何阻抗的圆柱形电池

解：电解质电阻为

$$R_e=\frac{\rho L}{A} \tag{12.5}$$

电容为

$$C_g=\frac{\varepsilon\varepsilon_0 A}{L} \tag{12.6}$$

对于这个系统，欧姆电阻为$R_e=2\times10^{10}\Omega$，电容为$C_g=3.53\times10^{-13}F$。由式（12.4）给出的特征频率可表示为

提示12.2：对于在大电阻率介质中进行的阻抗测量，Nyquist图中高频延伸至原点时容抗弧可能与几何电容有关。

$$f_c=\frac{1}{2\pi\rho\varepsilon\varepsilon_0} \tag{12.7}$$

由此，得到特征频率值为 22.4Hz。对应的阻抗响应如图 12.3 所示，在 Nyquist 图的原点处有一个高频极限。

例 12.1 表明，如果并联的电阻足够大，即使很小的电容也可以测量。

12.5　绝缘非均匀介质的介电响应

在非均匀介质中，介质的介电常数和电阻率随位置而变化。假设在电参数的变化方向与电极法线方向一致的情况下，电阻率的局部值可设为 $\rho(y)$，介电常数的局部值可设为 $\varepsilon(y)$。那么，对于微分单元 dy，其电阻可表示为 $\rho(y)dy$，电容可表示为 $\varepsilon\varepsilon_0/dy$。该微分单元的阻抗为

$$dZ=\frac{\rho(y)dy}{1+j\omega\rho(y)\varepsilon(y)\varepsilon_0} \tag{12.8}$$

对应的等效电路如图 12.5 所示。通过对膜层厚度积分，可以得到膜层的阻抗为

$$Z=\int_0^\delta\frac{\rho(y)}{1+j\omega\rho(y)\varepsilon(y)\varepsilon_0}dy \tag{12.9}$$

在膜层中，电性能的变化引起的频率弥散和相关分析具体详见第 13 章和第 14 章。

当频率趋于零时，在微分单元中，电阻 $\rho(y)dy$ 远小于对应的电容抗 $-j\varepsilon(y)\varepsilon_0/\omega dy$。因此，在这种情况下，其膜层阻抗即电阻为

$$R_{film}=\int_0^\delta\rho(y)dy \tag{12.10}$$

反之，当频率趋于无穷大时，电阻 $\rho(y)dy$ 相对于容抗即 $-jdy/\omega\varepsilon(y)\varepsilon_0$ 可以忽略。在这种情况下，阻抗即为容抗，即

$$\frac{1}{C_{film}}=\int_0^\delta\frac{1}{\varepsilon(y)\varepsilon_0}dy \tag{12.11}$$

电阻率的指数分布和幂函数分布已被用来建立时间常数弥散模型。这些模型分别在第 13.7 节和 14.4.4 节中介绍。

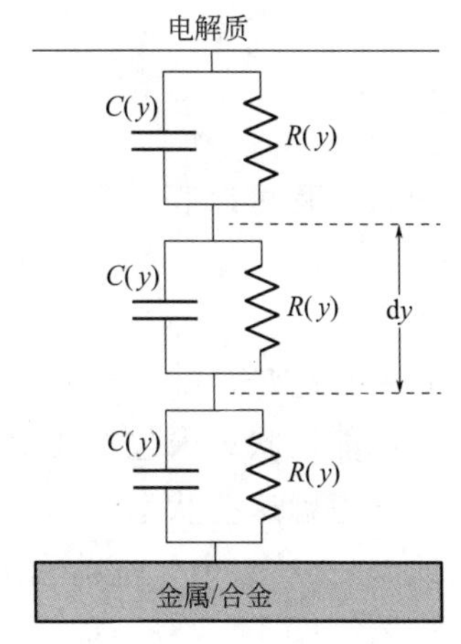

图 12.5　对应氧化物膜层沿轴向分布的介电常数和电阻特性的等效电路图

12.6　Mott-Schottky 分析

在相界面上已经观察到电荷的分布[221,222]。例如，在第 5.7.1 节所述的电极/电解质界面上，可以看到电解质中有一个电荷的扩散区域。该区域由电极/电解质界面上的电荷保持平衡，使该界面整体上是电中性的。泊松方程，即

$$\frac{d^2\Phi}{dy^2}=-\frac{F}{\varepsilon\varepsilon_0}\sum_i z_i c_i \tag{12.12}$$

描述了在电解质中电极表面双电层扩散部分中带电物质浓度与电位之间的关系。在典型

的电解质中，由于双电层中的扩散层非常薄，因此在阻抗模型中，可以简单地将电容分配给电极/电解质界面。由于金属具有良好的导电性，所以在金属电极中不存在电荷的扩散区域。然而，在半导体材料中，电荷的扩散区域却起着重要的作用。关于半导体物理学的相关内容，读者可以直接阅读有关教科书[223～225]。

莫特-肖特基（Mott-Schottky）分析是一种图形分析技术。该技术与单频测量半导体特性有关。通过选择测量频率，可以排除混杂现象的影响。例如，对于半导体二极管，在足够高的频率条件下进行阻抗测量，可以排除漏电流的影响，包括深能级和带边状态之间电子跃迁的影响。如第 17.4 节所述，电容可以从阻抗的虚部中得到，即

$$C=\frac{1}{\omega Z_{\mathrm{j}}} \tag{12.13}$$

这样，就简化为一个问题，即如何建立半导体性质与电容随外加电位变化的关系。

对于空间电荷区的电容 C_{sc}，可以通过下列式表示

$$C_{\mathrm{sc}}=\frac{\partial q_{\mathrm{sc}}}{\partial \Phi}\Big|_{y=0} \tag{12.14}$$

其中，空间电荷区的电荷密度 q_{sc} 与电位有关。在这里，浓度代表的是电子、空穴和固定电荷的分布。

通过电位，可以把电子和空穴浓度分别表示为

$$n=N\exp(F\Phi/RT) \tag{12.15}$$

和

$$n=P\exp(-F\Phi/RT) \tag{12.16}$$

这样，泊松方程可以表示为

$$\frac{\mathrm{d}^2\Phi}{\mathrm{d}y^2}=-\frac{F}{\varepsilon\varepsilon_0}\left[P\mathrm{e}^{-F\Phi/RT}-N\mathrm{e}^{F\Phi/RT}+(N_{\mathrm{d}}-N_{\mathrm{a}})\right] \tag{12.17}$$

其中，Φ 是静电势；$(N_{\mathrm{d}}-N_{\mathrm{a}})$表示掺杂水平；$P$ 和 N 分别是在平带电位下空穴和电子的浓度。深能级状态未包括在电荷密度的表达式中。深能级状态是电位的函数，可以作类似的工作考虑这些状态[226]。

在式（12.17）中，电荷密度表示为

$$\rho_{\mathrm{sc}}(\Phi)=P\mathrm{e}^{-F\Phi/RT}-N\mathrm{e}^{F\Phi/RT}+(N_{\mathrm{d}}-N_{\mathrm{a}}) \tag{12.18}$$

显然，电荷密度是电位的函数，而不是位置函数。用电场公式，即

$$E=-\frac{\mathrm{d}\Phi}{\mathrm{d}y} \tag{12.19}$$

对式（12.17）进行整理后，有利于泊松方程的积分。

电位对位置的二阶导数可以用电位对电位的导数来表示，即

$$\frac{\mathrm{d}^2\Phi}{\mathrm{d}y^2}=-\frac{\mathrm{d}E}{\mathrm{d}y}=-\frac{\mathrm{d}E}{\mathrm{d}\Phi}\frac{\mathrm{d}\Phi}{\mathrm{d}y}=E\frac{\mathrm{d}E}{\mathrm{d}\Phi}=\frac{1}{2}\frac{\mathrm{d}E^2}{\mathrm{d}\Phi} \tag{12.20}$$

提示 12.3：莫特-肖特基理论提供了实验测量的电容、掺杂水平和平带电位之间的关系。

因此，就有

$$\frac{\mathrm{d}E^2}{\mathrm{d}\Phi}=-\frac{2}{\varepsilon\varepsilon_0}\rho_{sc}(\Phi) \tag{12.21}$$

对式（12.21）积分，得到

$$E^2=-\frac{2}{\varepsilon\varepsilon_0}\int_{\Phi_{fb}}^{\Phi}\rho_{sc}(\Phi)\mathrm{d}\Phi \tag{12.22}$$

其中，平带电位 Φ_{fb} 为远离界面的电中性区域电位。

空间电荷区域内的电荷由下式给出

$$q_{sc}=\int_0^{\infty}\rho_{sc}\mathrm{d}y \tag{12.23}$$

假设不存在表面状态或带电粒子特异性吸附，则半导体中与电解质接触的空间电荷 q_{sc} 与双电层扩散部分的电荷 q_d 平衡。这样，$q_{sc}=q_d$。利用高斯定律，可以为半导体表面的电场设定边界条件，即

$$E[\Phi(0)]=-\left.\frac{\mathrm{d}\Phi}{\mathrm{d}y}\right|_{y=0}=\frac{q_{sc}}{\varepsilon\varepsilon_0} \tag{12.24}$$

所以

$$q_{sc}=\varepsilon\varepsilon_0E[\Phi(0)] \tag{12.25}$$

空间电荷电容表示为

$$C_{sc}=-\frac{\mathrm{d}q_{sc}}{\mathrm{d}\Phi(0)}=\varepsilon\varepsilon_0\frac{\mathrm{d}E[\Phi(0)]}{\mathrm{d}\Phi(0)} \tag{12.26}$$

或

$$C_{sc}=-\frac{\rho_{sc}[\Phi(0)]}{E[\Phi(0)]} \tag{12.27}$$

式（12.27）表达了半导体空间电荷区电容、界面电场和界面电荷密度之间的关系。

根据惯例，电位是相对于平带电位 Φ_{fb} 的参考电位。在远离电场为零的界面处，电位等于零，对式（12.22）积分，可以得到

$$E^2=\frac{2RT}{\varepsilon\varepsilon_0}\left[P(\mathrm{e}^{-F\Phi/RT}-1)+N(\mathrm{e}^{F\Phi/RT}-1)-\frac{F\Phi}{RT}(N_d-N_a)\right] \tag{12.28}$$

电容的一般表达式为

$$\frac{1}{C_{sc}^2}=\frac{2RT}{F^2\varepsilon\varepsilon_0}\frac{P[\mathrm{e}^{-F\Phi(0)/RT}-1]+N[\mathrm{e}^{F\Phi(0)/RT}-1]-\dfrac{F\Phi(0)}{RT}(N_d-N_a)}{[-P\mathrm{e}^{-F\Phi(0)/RT}+N\mathrm{e}^{F\Phi(0)/RT}-(N_d-N_a)]^2} \tag{12.29}$$

在电中性（即 $\rho_{sc}=0$）的假设和平衡条件下，可以评估在平带电位下 N 和 P 的值，即

$$np=n_i^2 \tag{12.30}$$

其中，n_i 是本征浓度。因此，有

$$N=\frac{1}{2}\left[(N_d-N_a)+\sqrt{(N_d-N_a)^2+4n_i^2}\right] \tag{12.31}$$

和

$$P=\frac{1}{2}\left[-(N_d-N_a)+\sqrt{(N_d-N_a)^2+4n_i^2}\right] \tag{12.32}$$

将式（12.31）和式（12.32）代入式（12.29），可以得到电容表达式，并且电容是电位的函数。其中，掺杂水平为影响因素。

图 12.6（a）所示为本征砷化镓（GaAs）半导体二极管电容随电位的变化关系。砷化镓的一些相关物理性质如表 12.2 所列。如果以平带电位为参考电位，电容与电位的关系曲线是对称的。在适当的掺杂水平下，如图 12.6(b) 所示，对于 p 型半导体，$1/C_{sc}^2$ 相对于电位的曲线具有明显的线性部分。当电位更正时，由于少数载流子的贡献，该图偏离直线。

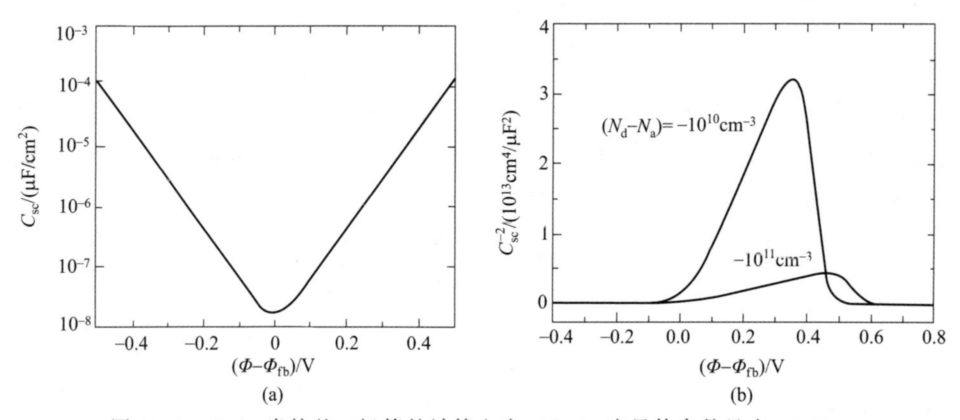

图 12.6　GaAs 肖特基二极管的计算电容（GaAs 半导体参数见表 12.2）。
（a）本征半导体的电容与电位之间的函数关系曲线，其中，参比电位是平带电位；
（b）少量掺杂物的 p 型半导体，$1/C_{sc}^2$ 与电位之间的函数关系，其中，参比电位为平带电位

表 12.2　GaAs 在 300K 下的物理特性参数

能隙	E_g	1.424	eV
本征载流子浓度	n_i	2.1×10^6	cm^{-3}
导带有效态密度	N_c	4.7×10^{17}	cm^{-3}
价带有效态密度	N_v	9.0×10^{18}	cm^{-3}
介电常数(静态)	ε	12.9	
介电常数(高频)	ε	10.89	
电子迁移率	μ_n	8500	$cm^2/V\cdot s$
空穴迁移率	μ_p	400	$cm^2/V\cdot s$
电子扩散系数	D_n	200	cm^2/s
空穴扩散系数	D_p	10	cm^2/s

针对 $1/C_{sc}^2$ 随着电位变化的关系，进行 Mott-Schottky 分析，这在较大的掺杂水平条件下特别有用。图 12.7(a) 为以欧姆接触电位为参比电位的砷化镓二极管的 $1/C_{sc}^2$ 的计算值。根据 IUPAC 半导体电极公约，在图 12.7(b) 中，给出了电解质中参比电极所对应的电位值。这两个图的主要区别在于，正斜率对应于图 12.7(a) 中的 p 型半导体和图 12.7(b) 中的 n 型半导体。所有浓度项均纳入分析中。

如图 12.7 所示，$1/C_{sc}^2$ 在很大的电位范围内呈线性关系。对于 n 型半导体，图 12.7(a) 的线性部分存在下列关系

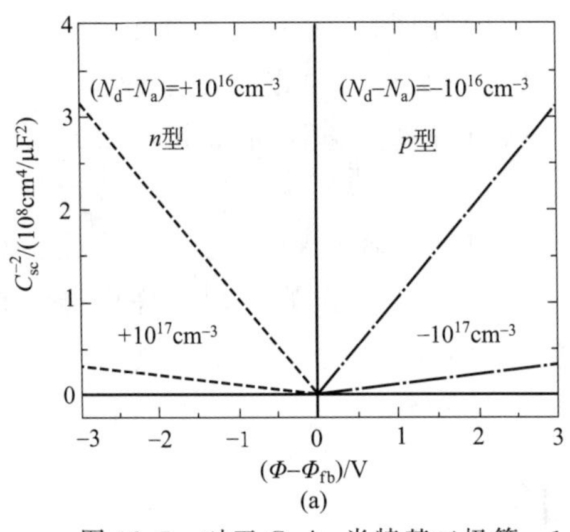

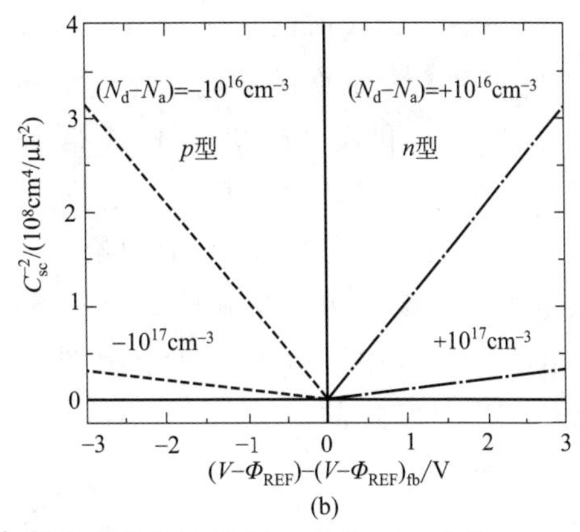

图12.7　对于GaAs肖特基二极管，$1/C_{sc}^2$ 随着电位变化的Mott-Schottky曲线。其中，参比电位为平带电位：(a) 以欧姆接触电位为参比电位；(b) 以电解质溶液中的参比电极为参比电位，其中参比电极符合IUPAC惯例[227,228]

$$\frac{1}{C_{sc}^2}=-\frac{2[\Phi(0)-\Phi_{fb}+RT/F]}{\varepsilon\varepsilon_0 F(N_d-N_a)} \tag{12.33}$$

对于p型半导体，图12.7(a) 的线性部分存在下列关系

$$\frac{1}{C_{sc}^2}=-\frac{2[\Phi(0)-\Phi_{fb}-RT/F]}{\varepsilon\varepsilon_0 F(N_d-N_a)} \tag{12.34}$$

例12.2　Mott-Schottky图：根据式 (12.29)，推导n型半导体的表达式 (12.33)。

解：对于n型半导体，(N_d-N_a) 为正，且远大于本征浓度 n_i。因此，$N\to(N_d-N_a)$，且 $P\to0$。在分母中，可以忽略孔的浓度，即 $P\exp[-F\Phi(0)/RT]$。在分子中，$P\{\exp[-F\Phi(0)/RT]-1\}$ 也可以忽略。曲线的线性部分位于负电位处，与平带电位有关。因此，$\exp[F\Phi(0)/RT]\to0$，并且有

$$N\{\exp[-F\Phi(0)/RT]-1\}\approx-(N_d-N_a) \tag{12.35}$$

于是，式 (12.29) 可表示为

$$\frac{1}{C_{sc}^2}=\frac{2RT}{F^2\varepsilon\varepsilon_0}\frac{-(N_d-N_a)\left[\frac{F\Phi(0)}{RT}+1\right]}{(N_d-N_a)^2} \tag{12.36}$$

或者

$$\frac{1}{C_{sc}^2}=\frac{2[\Phi(0)-\Phi_{fb}+RT/F]}{\varepsilon\varepsilon_0 F(N_d-N_a)} \tag{12.37}$$

在正电位下，作类似推导，可以得到式 (12.34)。

Mott-Schottky理论隐含的假设是：

- 与掺杂水平相比，电位被限制在大多数载流子（这里是电子）和少数载流子（空穴）都可以忽略的范围内。在小电位和大电位（参考平带电位）条件下，这些约束分别被破坏。随着掺杂水平的降低，这一电位范围越来越受限，该技术不能用于半绝缘材料。
- 在所关注的电位范围内，半导体电极一定是理想极化状态。这意味着没有泄漏电流或法拉第反应以及允许电荷在半导体/电解质界面转移。如果以足够高的频率

进行测量，从而抑制法拉第反应的影响，这种限制就不是太重要了。

• 电子和空穴浓度服从玻尔兹曼分布，即活度系数校正可以忽略不计。

式（12.33）和式（12.34）构成第18.5.4节中所描述方法的基础，该方法可用于得到半导体材料的掺杂水平和平带电位。

值得注意的是，莫特-肖特基理论特别适用于测量电容与频率无关的情况。对于受深能级电子态影响的单晶半导体，应从模型中提取空间电荷电容，以考虑深能级状态的影响。在图17.10中，给出了一个示例。直接将莫特-肖特基分析方法应用于非均匀材料，所得结果是定性的。

思考题

12.1 计算在例12.1中，当$L=2\text{cm}$和$L=10\text{cm}$时系统的阻抗响应。用Nyquist图表示结果。对应的欧姆电阻、几何电容和特征频率是多少？

12.2 估算在几何电容明显存在时的频率：

(a) 在25℃温度下含有0.1mol/L NaCl的电解质；

(b) 在25℃温度下含有1.0mol/L NaCl的电解质。

12.3 计算电阻率分布为式（13.171）时的膜层阻抗。

12.4 建立将表12.2中给出的迁移率，例如μ_n，转换为扩散率所需的关系式。

12.5 计算掺杂浓度为10^{16}的n型砷化镓半导体所需的德拜长度，单位为μ。将得到的值与NaCl浓度为0.1mol/L的电解系统的德拜长度进行比较。

12.6 空间电荷区电容与半导体中掺杂剂浓度（或固定电荷）有关。空间电荷区本质上相当于电解质中处理的扩散双电层，除了存在电离杂质，其在室温下是不可移动的。在这种情况下，泊松方程变成

$$\nabla^2\Phi=-\frac{F}{\varepsilon\varepsilon_0}[n-p-(N_d-N_a)] \tag{12.38}$$

通过Mott-Schottky关系，即

$$\frac{1}{C^2}=-\frac{2}{F\varepsilon\varepsilon_0}\frac{(V+RT/F)}{(N_d-N_a)} \tag{12.39}$$

证明电容与掺杂水平（N_d-N_a）和电位有关。

12.7 用莫特-肖特基图表征半导体-电解质界面时，常常忽略电解质扩散双电层的容量。在什么条件下，这个假设是合理的？

12.8 莫特-肖特基图通常通过使用单一频率（通常为1kHz）的测量来生成。解释这种方法的局限性。

第13章 时间常数的弥散效应

在第9～12章中，当建立阻抗模型时，一般都是假设电极表面为均匀的活性表面。其中，每一种物理现象或反应都只有一个单值的时间常数。然而，在通常条件下，均匀活性电极的假设是无效的。由于在电极表面上的反应特性，电流、电位沿着电极表面是变化的，因此可以观察到时间常数的弥散效应。在第14章中，将介绍这些变化引起的时间常数的表面分布。时间常数的弥散效应也可能是由反映电极局部特性的时间常数分布引起的，从而导致沿垂直于电极的方向分布。

本章将介绍传输线模型对阻抗响应的描述，包括与多孔电极、分级多孔电极（包括大孔、中孔和微孔）以及薄层电池相关的阻抗响应。对于其他体系，则需要求解控制方程，例如几何效应诱导电流和电位分布的拉普拉斯方程，非均匀传质的对流扩散方程，以及充电电流和法拉第电流耦合的多路传输过程。膜中电阻率的指数分布，也将产生其他时间常数的弥散行为。常相位角元件将在第14章中进行介绍。

13.1 传输线模型

传输线模型的起源和命名得益于表征海底电报电缆线性能的数学理论发展。电线架设在地面时，信号通过地上电线传输的速度受到电线与地面间的耦合电容限制。由于电容相对较小，因此速度的降低程度是可接受的。William · Thomson（即后来的开尔文勋爵）认为，海底电缆涉及电缆与海水间的电容耦合问题，因此需要对其进行更为详细的分析[229]。对于半径为 r_1 的导线，如果作为海底电报线，导线通过半径为 r_2 的绝缘同心圆柱体与导电的海水隔离。绝缘电缆单位长度的电容表示为[230]

$$C_{\text{wire}}=\frac{2\pi\varepsilon\varepsilon_0}{\ln(r_2/r_1)} \tag{13.1}$$

其中，ε 为电缆涂层的介电常数。

如图13.1(a) 所示，电线表示为圆柱体内芯，其单位长度电阻为 R_0。长度 $\mathrm{d}x$ 上的电压降可以表示为

$$\frac{\mathrm{d}u}{\mathrm{d}x}=R_0 i(x) \tag{13.2}$$

长度 $\mathrm{d}x$ 上电容为

$$\frac{\mathrm{d}i}{\mathrm{d}x}=C_{\text{wire}}\frac{\mathrm{d}u}{\mathrm{d}t} \tag{13.3}$$

由此，得到守恒方程为

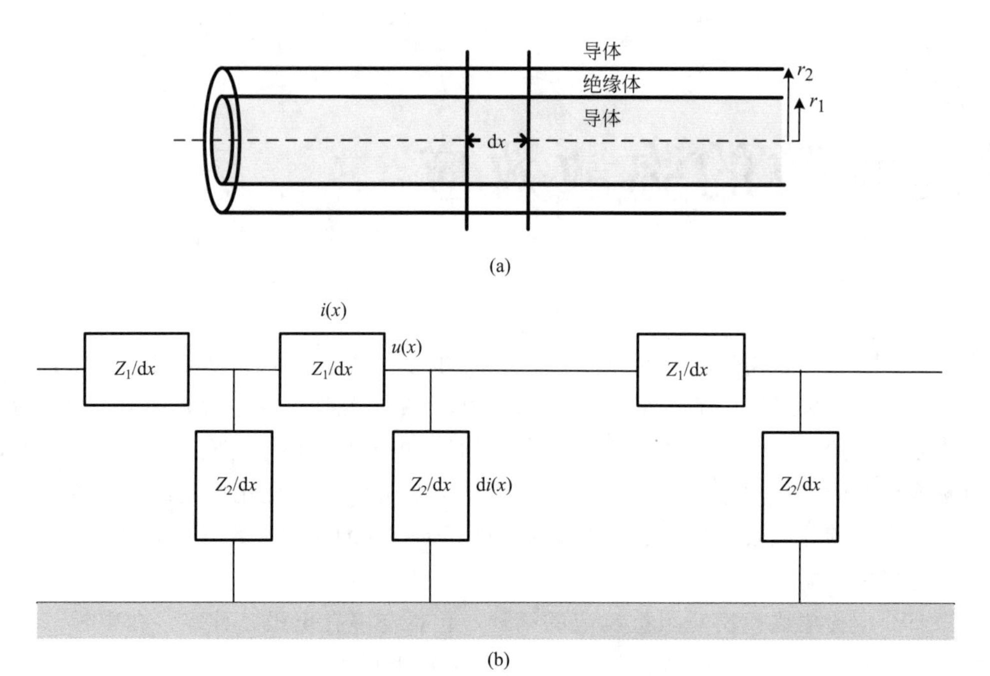

图 13.1 Thomson[230] 和 Heaviside[231~233] 提出的电报电缆示意图。
（a）微分长度 dx 示意图；（b）分支传输线的等效电路图。其中，对于图（a），$Z_1=R_0$，$Z_2=1/(\mathrm{j}\omega C_{\mathrm{wire}})$

$$\frac{\partial^2 u}{\partial x^2}=R_0 C_{\mathrm{wire}}\frac{\partial u}{\partial t} \tag{13.4}$$

其中，u 表示电位。

电缆一端的任意输入都可以通过傅里叶级数表示为频率的函数[参见式(7.36)]。Thomson 认为，每个频率都会以不同的速度通过导线传输，并导致频率弥散。这样，一个脉冲信号随着电缆到达另一端的时间而变宽。因此，需要显著降低传输速度解析脉冲。根据 Thomson 的预测，对于由 99 个单词、509 个字母组成的信息[99]，如果在 1858 年通过跨大西洋电缆进行传输，那么传输用时需要 17 小时 40 分钟[234]。Heaviside 在他的三篇论文中拓展了电报理论[231~233]，即从频率和单位电缆长度的电感效应角度而非时域角度来解释问题。后来，他依据传输线理论对此进行了分析[235]。

13.1.1 电报员方程式

电报员方程式是一对线性微分方程。线性微分方程描述了输电线路上电压和电流随距离和时间的变化关系。图 13.1 给出了传输线的等效电路图。其中，Z_1 是单位长度的电阻，单位为 Ω/cm，Z_2 是单位长度的阻抗，单位为 Ω·cm。

在频域中，传输线电压 $u(x)$和电流 $i(x)$分别表示为

$$\mathrm{d}\widetilde{u}(x)=-Z_1\widetilde{i}(x)\mathrm{d}x \tag{13.5}$$

和

$$\mathrm{d}\widetilde{i}(x)=-\frac{\widetilde{u}(x)}{Z_2}\mathrm{d}x \tag{13.6}$$

当阻抗 Z_1 和 Z_2 与距离 x 无关时，二阶稳态电报员方程可写为

$$\frac{\mathrm{d}^2\widetilde{u}(x)}{\mathrm{d}x^2}=\frac{Z_1}{Z_2}\widetilde{u}(x) \tag{13.7}$$

和

$$\frac{\mathrm{d}^2\widetilde{i}(x)}{\mathrm{d}x^2}=\frac{Z_1}{Z_2}\widetilde{i}(x) \tag{13.8}$$

方程（13.7）和方程（13.8）是传输线理论的基础，其解的形式如下（见例题 2.5）

$$\widetilde{u}(x)=A\exp(x\sqrt{Z_1/Z_2})+B\exp(-x\sqrt{Z_1/Z_2}) \tag{13.9}$$

$$\widetilde{i}(x)=C\exp(x\sqrt{Z_1/Z_2})+D\exp(-x\sqrt{Z_1/Z_2}) \tag{13.10}$$

其中，A、B、C 和 D 是由适当边界条件求得的常数。

例 13.1　海底电报线模型：方程（13.4）表示的是海底电报线的 Thomson 模型，找出与其对应的电报员方程式中参数 Z_1 和 Z_2 的表达式。

解：首先，将方程（13.4）从时域转换为频域。这样，就有

$$u=\bar{u}+\mathrm{Re}\{\widetilde{u}\exp(\mathrm{j}\omega t)\} \tag{13.11}$$

忽略稳态部分，可得

$$\frac{\mathrm{d}^2\widetilde{u}(x)}{\mathrm{d}x^2}=R_0C_{\mathrm{wire}}(\mathrm{j}\omega\widetilde{u}) \tag{13.12}$$

可见

$$Z_1=R_0 \tag{13.13}$$

$$Z_2=\frac{1}{\mathrm{j}\omega C_{\mathrm{wire}}}=-\mathrm{j}\frac{1}{\omega C_{\mathrm{wire}}} \tag{13.14}$$

这里，Z_1 表示导线的电阻；Z_2 表示通过绝缘体和海水中的耦合电容。

13.1.2　多孔电极

由于多孔电极有着比较大的有效活性面积，因此被广泛地用于工业生产中。多孔电极可以通过不同的技术制备，比如金属粉末模压法，金属溶解法[236]。在一些腐蚀电极中，也可以观察到这种多孔电极的结构。多孔电极和多孔层电极是不一样的，这一点非常重要。虽然它们结构可能是相同的，但是对多孔电极来说，其孔壁具有电活性，而多孔层电极的孔壁是惰性的。

如图 13.2(a) 所示，多孔电极的无序结构导致了多孔电极中微孔孔径及其长度的随机分布。然而，仍然可以把多孔电极简化为一个单孔模型。如图 13.2(b) 所示，假定微孔是一个长度为 l、半径为 r 的圆柱，这样，微孔的阻抗就可以由图 13.2(b) 中所示的传输线模型进行表达。其中，R_0 是单位长度微孔的电解质电阻，单位为 Ω/cm；Z_0 是单位长度微孔的界面阻抗，单位为 Ω·cm；r 是微孔半径，单位为 cm；l 是孔长度，单位为 cm。由此，电解质电阻 R_0 和界面阻抗 Z_0 可分别表示为孔半径的函数，即

$$R_0=\frac{\rho}{\pi r^2} \tag{13.15}$$

提示 13.1：多孔电极和多孔层电极是不一样的。虽然它们结构可能相同，但是，对多孔电极来说，其孔壁具有电活性，而多孔层电极的孔壁是惰性的。

和

$$Z_0=\frac{Z_{eq}}{2\pi r} \tag{13.16}$$

其中，Z_{eq} 是单位表面上的界面阻抗，单位是 $\Omega \cdot cm^2$；ρ 为电解质电阻率，单位为 $\Omega \cdot cm$。R_0 和 Z_0 分别对应于一般传输线模型中的 Z_1 和 Z_2（见例题 2.5）。

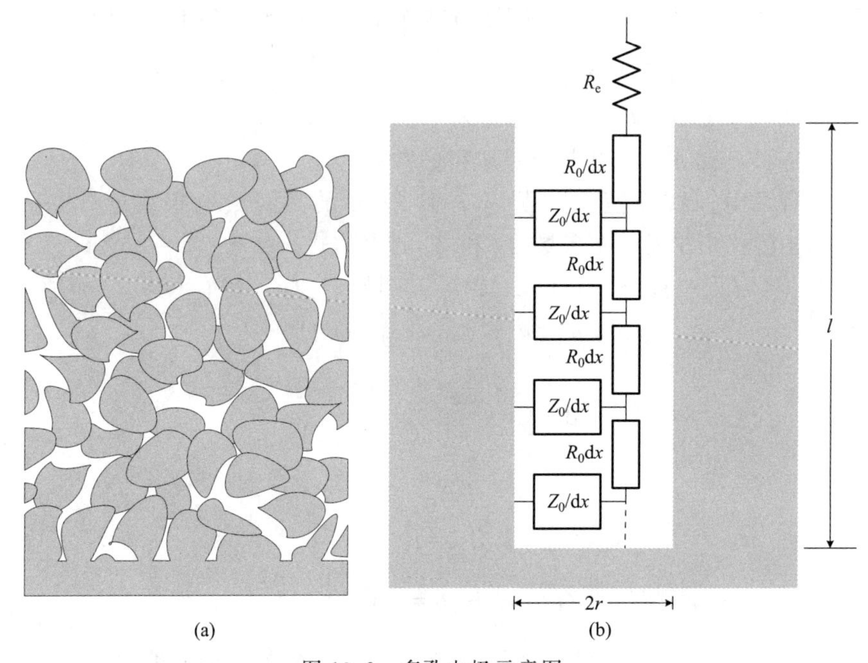

图 13.2　多孔电极示意图。

（a）电极材料颗粒之间形成的不规则多孔电极；（b）圆柱孔内的传输线

在一般情况下，由于在微孔中存在电位分布或浓度分布，因此 Z_0 和 R_0 是距离 x 的函数。只有通过所对应传输线模型的数值计算，才能得到一般解。例如，Keddam 等[237] 就采用数值计算方法，研究了当浓度梯度存在时多孔电极的阻抗值。但是，这只能针对电荷转移完全不可逆的反应，且欧姆降忽略不计的多孔电极。后来，Lasia 采用纯数值计算的方法，研究了在微孔中同时存在浓度梯度和电位降时多孔电极的阻抗值[238]。

de Levie 严格假设 Z_0 和 R_0 与距离 x 无关，采用解析方法计算了微孔的阻抗，即

$$Z_{pore}=(R_0Z_0)^{1/2}\coth\left(l\sqrt{\frac{R_0}{Z_0}}\right) \tag{13.17}$$

该方程的推导过程见例 2.5。通过计算 n 个孔和孔外电解质电阻总和，便可获得整个电极的阻抗为

$$Z=R_e+\frac{Z_{pore}}{n} \tag{13.18}$$

根据方程（13.15）～方程（13.18），可以推导出多孔电极阻抗 Z 的表达式，即

$$Z=R_e+\frac{(\rho Z_{eq})^{1/2}}{\sqrt{2}\pi n r^{3/2}}\coth\left(l\sqrt{\frac{2\rho}{rZ_{eq}}}\right) \tag{13.19}$$

由式（13.19）可见，阻抗 Z 是三个几何参数 l、r 和 n 的函数，并且式（13.19）存在

一定的局限性。例如，当双曲余切函数 $l\sqrt{2\rho/rZ_{eq}}$ 足够大时，$\coth(l\sqrt{2\rho/rZ_{eq}})$ 趋于 1，$(Z-R_e)$ 趋于 $(\rho Z_{eq})^{1/2}/\sqrt{2}\pi nr^{3/2}$。在这种特殊情况下，微孔好像是一个半无限深的微孔。在例 13.8 和例 13.9 中，探讨了方程（13.19）的其他局限性。孔的形状影响阻抗值[239]。然而，在高频范围内，这种几何影响几乎消失，阻抗与 $(Z_{eq})^{1/2}$ 成正比。

如果界面阻抗 Z_{eq} 是由一个双电层电容与一个电荷转移电阻并联构成，那么当频率趋于无穷大时，阻抗的相角趋于$-90°$。如果阻抗与 $(Z_{eq})^{1/2}$ 成正比，由表 1.3 可知，当频率趋于无穷大时，相角趋于$-45°$。就 CPE 行为而言，这相当于 $\alpha=0.5$（参见第 14 章）。

如果界面阻抗为双电层电容与电荷转移电阻的并联构成，即

$$Z_{eq}=\frac{R_t}{1+j\omega CR_t} \tag{13.20}$$

这样，式（13.19）可进一步表示为

$$Z=R_e+\frac{A}{\sqrt{1+j\omega CR_t}}\coth\left(B\sqrt{1+j\omega CR_t}\right) \tag{13.21}$$

其中，A、B 分别表示为

$$A=\frac{\sqrt{\rho R_t}}{\sqrt{2}\pi nr^{3/2}} \tag{13.22}$$

$$B=l\sqrt{\frac{2\rho}{rR_t}} \tag{13.23}$$

由此可见，阻抗仅取决于 R_e、A、B 及 CR_t 四个参数。R_t、C、n、r、ρ 和 l 等各个参数无法通过回归分析单独确定。

例 13.2　铸铁在饮用水中的腐蚀：饮用水管道内的腐蚀速率很小，影响也小。因此，腐蚀不是问题的本身。但是，为控制水中的微生物数量，水处理厂会加入游离氯（FCl）（次氯酸 HOCl 和次氯酸根离子 ClO^- 的总和），它们分布在整个系统中并逐渐消散。因此，还需要二次加氯。为了优化二次加氯程序，必须确定氯消耗的不同原因。一般认为，余氯减少的原因是溶解在水中的有机化合物的氧化和管道表面的生物膜反应。此外，在铸铁管道的腐蚀过程中，氯与管道材料本身会发生反应。腐蚀是氯减少的一个重要原因。因此，必须评估腐蚀速率[8]。如在第 9～11 章中所述的那样，铁电极为一种多孔电极，且孔中充满腐蚀产物，见第 9.3.2 节。因此在推导铁电极的阻抗响应模型时，应该考虑到这一点。

解：随着电化学反应的进行，游离氯直接参与腐蚀过程，并且在金属与水的界面处减少。在 pH 为酸性的条件下，通过下列方程进行反应，即

$$HOCl+H^++2e^-\rightleftharpoons Cl^-+H_2O \tag{13.24}$$

该反应将与下列金属的阳极溶解反应发生耦合，即

$$Fe\rightleftharpoons Fe^{2+}+2e^- \tag{13.25}$$

另一方面，根据在酸性介质中发生的均相反应，氯的消耗可由反应（13.25）产生的亚铁离子确定，即

$$2Fe^{2+}+HOCl+H^+\rightleftharpoons 2Fe^{3+}+Cl^-+H_2O \tag{13.26}$$

在溶解氧和氯化的水中，反应（13.24）的速率很小，可以忽略不计。阴极过程与铁溶解耦合是导致溶解氧消耗、降低的过程。在酸性介质中，有

$$\frac{1}{2}O_2 + 2H^+ + 2e^- \rightleftharpoons H_2O \tag{13.27}$$

根据腐蚀产物分析，铸铁/水的界面如图 13.3 所示。

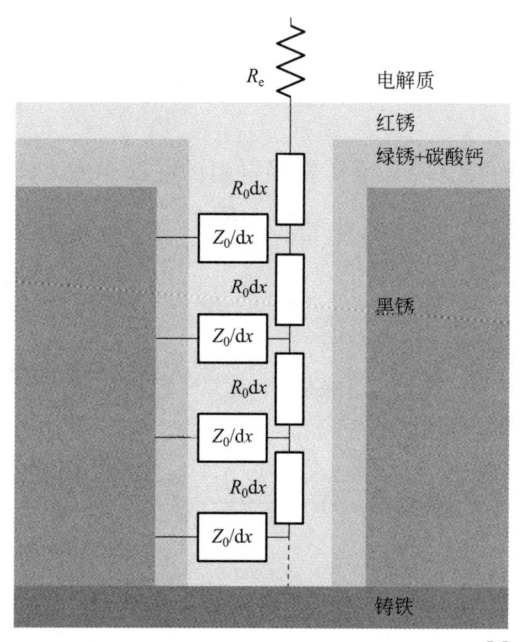

图 13.3 铸铁/水界面示意图（摘自 Frateur 等人[8]）

- 经过两天的浸泡后，顶部出现红锈层，说明没有流体力学的影响作用。这一层虽然是电子绝缘体，但是却是离子导体，在动力学过程中不起任何作用。
- 在红锈层下面，是黑锈的电子导电层，呈孔状分布并覆盖整个表面，但孔的底部除外。图的扁平部分反映了大孔层的存在。
- 黑锈层被非常致密的微孔层覆盖，此微孔层由绿锈和碳酸钙组成。这层膜将会影响阻抗图的高频弧段部分。

根据这一物理模型，可以建立界面的电子模型。自腐蚀过程实际上就是阳极过程（即铁的溶解过程）和阴极过程（电解质还原过程）耦合的结果。因此，如在第 9.2.1 节中所讨论的那样，在腐蚀电位下，体系的总阻抗相当于阴极阻抗 Z_c 与阳极阻抗 Z_a 并联，再与溶液电阻 R_e 串联，如图 13.4(a) 所示。其中，阳极阻抗 Z_a 为电荷转移电阻与双电层电容并联，如图 13.4(b) 所示。按照 de Levie 方法，阴极过程利用通过导电孔中传输线在空间的阻抗分布进行描述，如图 13.3 所示。在图 13.4(c) 中，给出了微孔层的界面阻抗 Z_0。其中，R_f 为电解质通过膜层的欧姆阻抗，C_f 表示膜层电容。阴极电子转移电阻 R_f 与扩散阻抗 Z_D 串联之后，再与阴极双电层电容 $C_{dl,c}$ 并联，最后再与欧姆阻抗 R_f 串联（图 9.8 也是如此）。Z_D 为大微孔中的径向扩散，即通过红锈层的扩散，由方程（11.20）给出。

这样，大孔的底部为阳极表面，而阴极反应则发生在微孔的末端。它们都在大孔壁

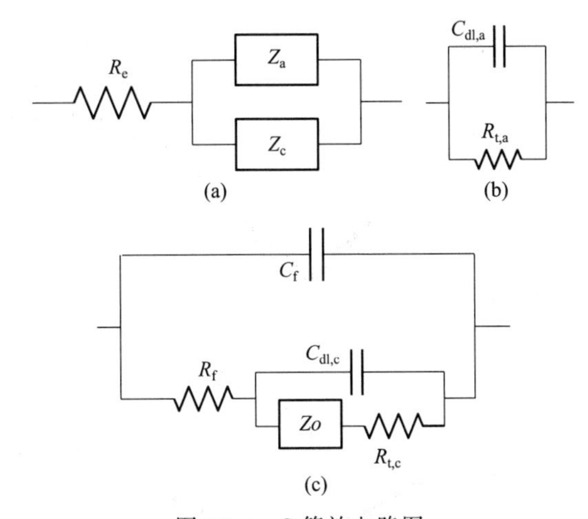

图 13.4　S 等效电路图。
(a) 铸铁/水界面的阻抗；(b) 阳极阻抗；(c) 微孔层的界面阻抗

上发生。应当指出的是，这种物理-电化学模型描述了任何浸泡时间条件下铸铁的行为。根据式 (13.17)，可以给出阴极阻抗表达式，即

$$Z_c=\sqrt{R_0Z_0}\coth(\frac{l}{\lambda}) \tag{13.28}$$

其中，λ 表示为

$$\lambda=\sqrt{\frac{Z_0}{R_0}} \tag{13.29}$$

式中，l 为大孔的平均长度；λ 是电信号的穿透深度。当 l 相对于 λ 很小时，大孔就像一个平板电极，阴极阻抗趋于 Z_0/l。在这种情况下，扩散阻抗的相角等于 45°。当 l/λ 变大时，大孔就表现出半无限深微孔。这样，$\coth(l/\lambda)$ 趋于 1，Z_c 等于 $\sqrt{R_0Z_0}$。在所谓的 Warburg 区域内，对应的相角为 22.5°。

利用图 13.3 和图 13.4 所示的模型，采用非线性最小二乘回归法，对阻抗谱图进行分析，可以获得参数的物理意义。每次浸泡，都要测定电解质电阻，并且保持电解质电阻不变，以减少未知参数的数量。利用第 21 章中的度量模型，分析误差结构，并用于物理模型回归过程中的数据的加权处理。

当水中含有 2mg/L 游离氯时，分别经过 3 天、7 天和 28 天浸泡后进行阻抗谱测定，结果分别如图 13.5(a)、(b) 和 (c) 所示。即使是在扩散弧严重变形的条件下（即浸泡时间很长），模型拟合与实验数据也吻合得很好。因此，尽管物理模型引入了大量的参数，但是每个参数都能够在一个狭窄的置信区间确定。计算结果表明，高频弧部分由两个容抗弧组成：一个与微孔膜有关，另一个与阴极的电荷转移有关。由于时间常数 $R_{t,c}C_{dl,c}$ 和 R_fC_f 的值相近，两个对应的半圆几乎没有区别。低频弧部分则表现为电解质溶液的扩散过程和阳极电荷转移过程的特征。经过 28 天的浸泡之后，理论上高频区的相位角为 45°，而实际扩散阻抗相位角为 22.5°，这意味着微孔在这些频率范围内表现为半无限深的微孔行为。

阳极的电荷转移电阻也可以从拟合过程中获得。因此，采用这种方法，可以计算得到可靠的腐蚀电流值和腐蚀速率值。腐蚀速率每年约为 10μm，可见，在考虑氯消耗时是不容忽视的。

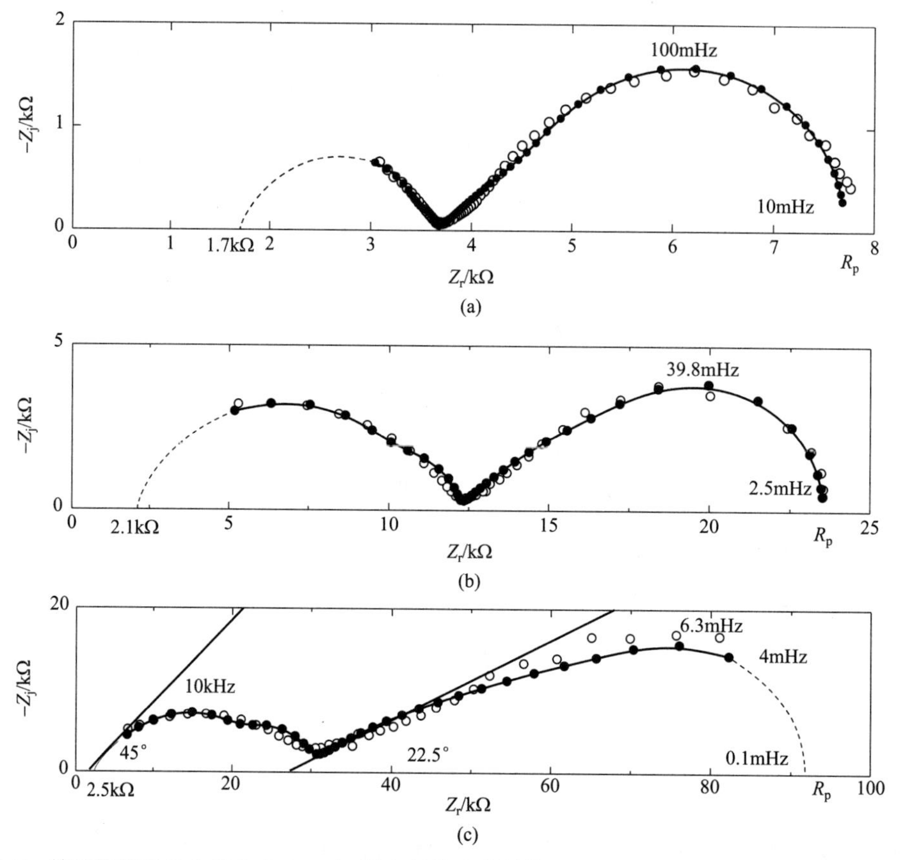

图 13.5 铸铁旋转圆盘电极在含 2mg/L 游离氯的水中浸泡 3 天（a）、7 天（b）和 28 天（c）后的阻抗谱及其拟合曲线。其中，（•）实验数据；（°）基于图 13.4 等效电路图的拟合值

13.1.3 孔内微孔模型

Gourbeyre 和 Itagaki 等人[240,241] 提出微孔可以出现在宏观孔隙的内部，如图 13.6 所示。Gourbeyre 等人[240] 研究了具有两种孔径层次结构的阻抗响应，Itagaki 等人[241] 对这项工作进行拓展研究，并将层次结构增加到三种不同的孔径。

假设孔是半无限的，Itagaki 认为最大孔的阻抗是 $\sqrt{R_0 Z_0}$。其中 Z_0 是壁上第一孔的阻抗，这与 de Levie 理论一致。如果最大孔与大量较小的中孔相交，则 Z_0 为第二孔的阻抗。在假设中孔是半无限的情况下，$Z_0=\sqrt{R_1 Z_1}$。其中，R_1 是中孔单位孔长的电解质电阻，Z_1 是中孔单位孔长的界面阻抗。如果考虑只有两种孔的层次结构，则最大孔的阻抗可以表示为

$$Z=\sqrt{R_0\sqrt{R_1 Z_1}} \tag{13.30}$$

如果 Z_1 对应于固体电极或与双电层电容并联的电荷转移电阻，那么当频率趋于无穷大时，Z_1 的相角趋于 90°。由于 Z 与 $\sqrt{\sqrt{Z_1}}$ 成正比关系，当频率趋向于无穷大时，方程（13.30）的相角则趋于 22.5°。就 CPE 行为而言，这意味着 $\alpha=0.25$（参见第 14 章）。

如果是三种不同的孔结构，那么上面的阻抗 Z_1 是图 13.6 所示的最小微孔的阻抗。所

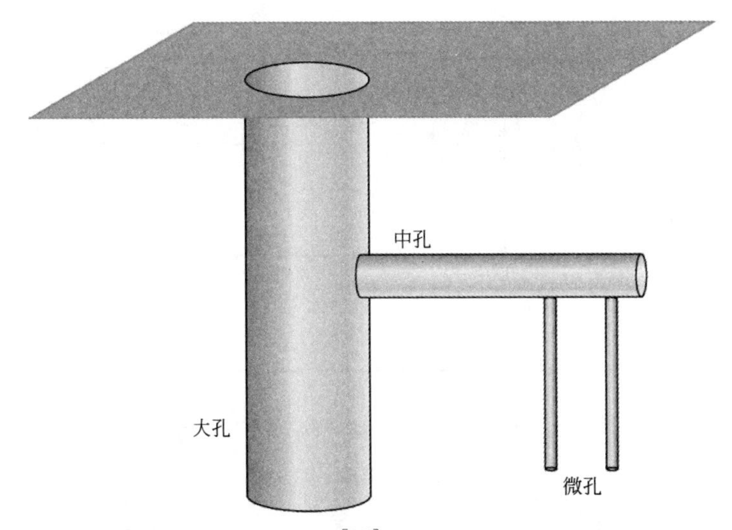

图 13.6 Itagaki 等人[241] 提出的孔中孔的示意图

以，最大孔的阻抗变为

$$Z=\sqrt{R_0\sqrt{R_1\sqrt{R_2Z_2}}} \tag{13.31}$$

由式（13.31）可见，Z 与 $Z_2^{1/8}$ 成正比关系。当频率趋向无穷大时，相角趋于 11.25°。对于 CPE 行为来说，$\alpha=0.125$（参见第 14 章）。

例 13.3 双涂层的阻抗：Gourbeyre 等人[240] 研究了活性金属涂层与有机涂层构成的双涂层。其中，金属沉积涂层提供的“主动”保护，对基材起到牺牲阳极的阴极保护作用。有机涂层提供“被动”保护，起到屏蔽、阻碍离子物质传输、扩散的作用。通过双涂层在氯离子溶液中的长时间浸泡方式，研究其腐蚀行为。图 13.7(a) 和 13.7 (b) 为双涂层在 6g/L NaCl 溶液中经过不同时间浸泡后的阻抗谱。如图 13.7(a) 所示，双涂层经过 21 天的浸泡后，其阻抗图只为一个平滑的容抗弧。采用外推方法，当外推到零频率处，即可得到极化电阻值。结果发现，在浸泡的前 2 周内，极化电阻减小。当浸泡时间超过 42 天时，高频区出现新的第二个平滑容抗弧 [见图 13.7(b)]。通常，可能是多孔层的存在导致出现高频容抗弧（参见第 13.1.2 节）。在这种条件下，有可能是腐蚀产物形成的结果。因为在短时间浸泡后，这个高频容抗弧不存在。浸泡 42 天后的极化电阻大约是浸泡 21 天电阻的 3 倍，这表明由于腐蚀产物的阻碍作用，腐蚀大幅下降。基于孔内孔结构，对这些结果作出解释。

解：在所有浸泡时间内，高频电阻的数量级为几百欧姆，相对于电解质电阻是非常大的，因为电解质电阻只有几欧姆。如在第 9.3.2 节中所述，高频电阻可以是电解质电阻和有机层内微孔电阻之和。由于频率范围的限制，对应微孔电阻和膜电容的弧超出了当前的测量范围。

当浸泡时间较短时 [见图 13.7(a)]，阻抗谱 Nyquist 图表现出 45°的斜率。因此，可以假设样品具有半无限长度微孔的多孔电极特征。这样，相应的阻抗为

$$Z=\sqrt{R_0Z_0} \tag{13.32}$$

其中，R_0 与之前所述的意义相同；Z_0 对应于电荷转移电阻 R_t 的阻抗，且 R_t 与双电层

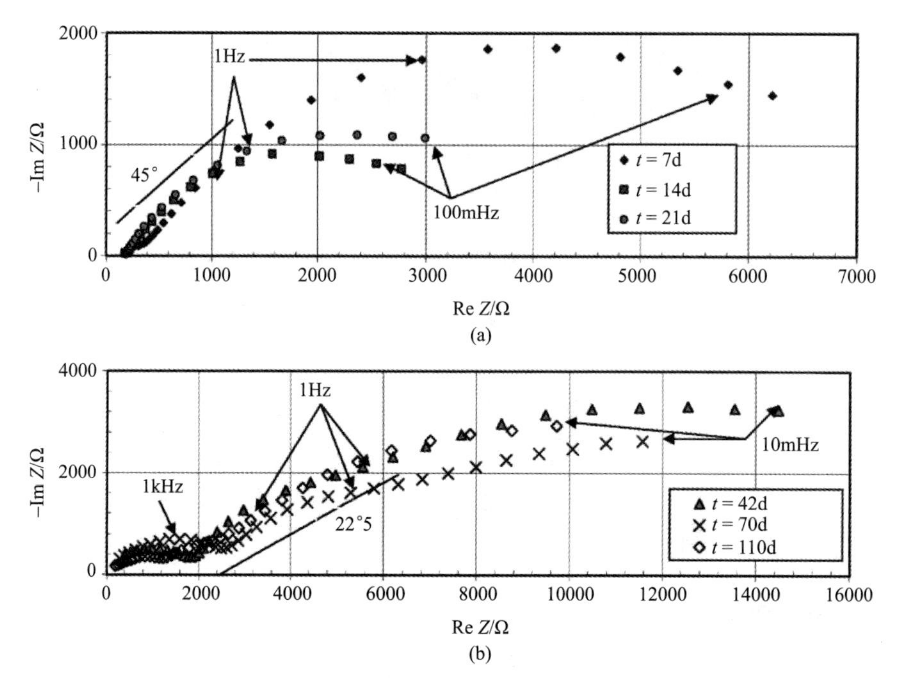

图 13.7　ZnAl/环氧涂层在 6g/L NaCl 溶液中阻抗谱的 Nyquist 图。
(a) 浸泡时间从 7 天到 21 天的阻抗谱变化；(b) 浸泡时间从 42 天到 110 天的阻抗谱变化（摘自 Gourbeyre 等[240]）

电容 C_{dl} 并联，即

$$Z_0=\frac{R_t}{1+j\omega R_t C_{dl}} \tag{13.33}$$

如果 Zn-Al 电极上有 n 个微孔，则总阻抗为

$$Z=R_{HF}+\frac{1}{n}\sqrt{\frac{R_0 R_t}{1+j\omega R_t C_{dl}}} \tag{13.34}$$

其中，R_{HF} 为频率外推至无穷大时的阻抗值。方程（13.34）包含 R_{HF}、R_0R_t/n^2 和 $C_{dl}R_t$ 等三个未知参数。单个参数是不能通过回归单独确定的。

如果浸泡时间较长时，那么低频容抗弧比相应的短时浸泡容抗弧更为平滑［见图 13.7(b)］。在阻抗谱 Nyquist 图上，出现了 22.5°的斜率。当浸泡时间更长时，可以在更高的频率范围内观察到另一个容抗弧。对应于高频弧的出现，腐蚀产物的出现在微孔内部。此时，微孔电容为 C_p、电阻为 R_{cp}。此外，可以假设：如果进行长时间的浸泡，腐蚀将发生在较小的微孔中。这类微孔称为次级孔或介孔。根据 de Levie 理论，阻抗的表达式变化为

$$Z_{sp}=\sqrt{\frac{R_1 R_t}{1+j\omega C_{dl} R_t}} \tag{13.35}$$

其中，Z_{sp} 是次级微孔的阻抗；R_1 是次级孔内单位长度的电解质电阻。总阻抗为

$$Z=R_{HF}+\frac{1}{n}\sqrt{\frac{R_0(R_{cp}+Z_{sp}/n_1)}{1+j\omega C_{cp}(R_{cp}+Z_{sp}/n_1)}} \tag{13.36}$$

在方程（13.36）中，有六个未知参数，分别为：R_{HF}、R_0R_{cp}/n^2、$R_0^2R_1R_t/n^4n_1^2$、$C_{dl}R_t$、C_pR_{cp} 和 $C_p^2R_1R_t$ 。

在图 13.8 中，根据式（13.35）和式（13.36）表征的物理模型，进行了拟合回归。同时，与浸泡 110 天后的实验结果进行了比较。两者结果无论在 Nyquist 图还是虚部与频率的对数坐标中，在整个频率范围内都有很好的一致性。该一致性是通过一个物理模型得到的，该物理模型涉及六个调整后的参数。

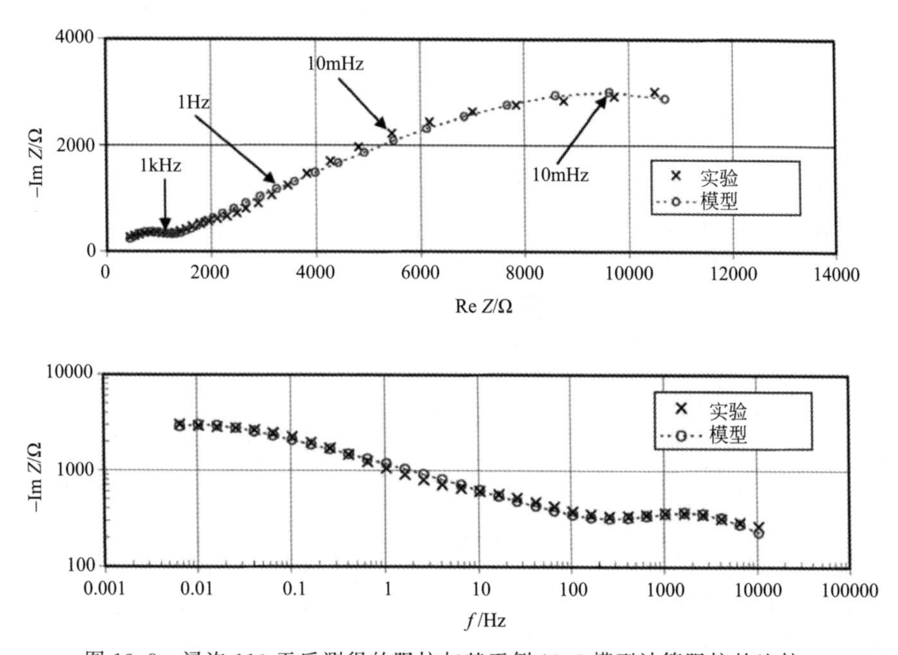

图 13.8　浸泡 110 天后测得的阻抗与基于例 13.3 模型计算阻抗的比较

13.1.4　薄膜层电池

薄膜层电池是用于模拟某些特定条件的实验装置，例如缝隙腐蚀。通常，薄膜层电池是通过在工作电极表面和平行绝缘面之间用机械方法固定、构成一定厚度的薄电解质层（厚度小于几百微米）实现的。最经典的薄膜层电池为圆柱状，也包括大圆盘电极。一般地，其几何精度受电极表面和固定面之间的平行度限制。Remita 等人[242] 曾基于电解质电阻测量法，使用定位控制程序量化和最小化薄膜层电池中的平行度误差。另一种方法是使用超微电极（UME）作为工作电极，以减小薄膜层电池的尺寸。这种薄膜层电池配置在反馈模式中的扫描电化学显微镜（SECM）中也经常使用[243]。

为合理地模拟圆柱形薄膜层电池中大圆盘电极的阻抗响应，应考虑径向电位分布的影响。传输线模型可以用于圆柱形薄膜层电池。在这种情况下，可以假设在工作电极表面附近的整个液膜中电解质电阻率是均匀的，并且还可假设电极 Z_{int} 的界面阻抗在电极表面上也是均匀的（即在电极表面没有反应或电容分布）。

在图 13.9 中，所示模型与 de Levie 模型非常类似。该模型用于描述圆柱形薄膜层电池中电极的阻抗响应。在考虑薄膜层电池的圆柱形几何形状时，可以参考使用环形电极表面元件 $dS_{elec}(r)$ 在径向坐标的表达式和在电池 $dS_{lat}(r)$ 中圆柱形电解质膜的侧面关系式，即

$$dS_{elec}(r)=2\pi r\,dr \tag{13.37}$$

和

$$dS_{lat}(r)=2\pi r\delta \tag{13.38}$$

其中，r 是径向坐标；δ 为膜厚。

电阻和导纳可以分别表示为

$$dR=R_e dr \tag{13.39}$$

和

$$dY=\frac{dr}{Z_0} \tag{13.40}$$

其中，dR 是液膜微分长度的电阻；R_e 是电解质电阻；dY 是环形表面元件 $dS_{elec}(r)$ 的导纳；Z_0 是电极径向单位长度的界面阻抗。这样，方程（13.39）和方程（13.40）可以进一步表示为

$$dR=\frac{\rho}{2\pi r\delta}dr \tag{13.41}$$

和

$$dY=\frac{2\pi r\,dr}{Z_{int}} \tag{13.42}$$

其中，ρ 是电解质的电阻率。

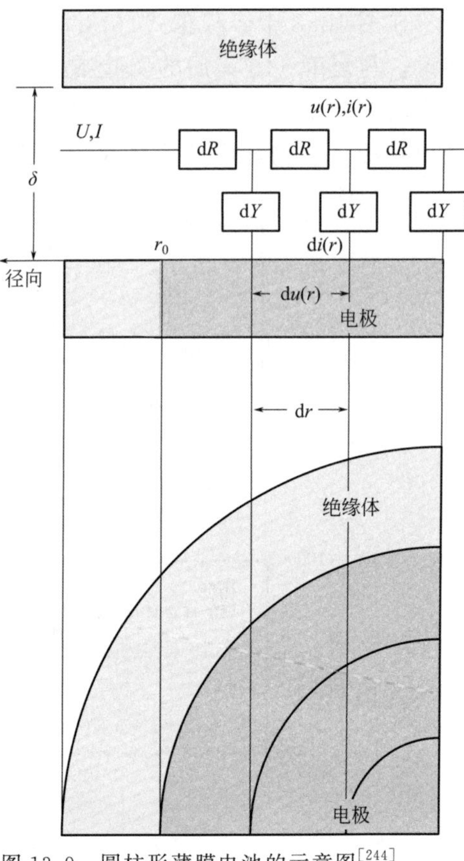

图 13.9　圆柱形薄膜电池的示意图[244]

局部电流 i 和 di 通过电解质膜层在电极表面的径向和法线方向上流动时，在频域中表示，由电荷守恒可得

$$d\tilde{i}(r)=\tilde{i}(r+dr)-\tilde{i}(r) \tag{13.43}$$

该电流同样可以通过欧姆定律表示，即

$$\tilde{i}=-\frac{d\tilde{u}}{dR} \tag{13.44}$$

和

$$d\tilde{i}=-\tilde{u}\,dY \tag{13.45}$$

其中，$\tilde{u}$ 和 $d\tilde{u}$ 分别是薄膜层电池内的局部电位和液膜层中长度 dr 中的局部欧姆降。

根据式（13.41）和式（13.42）可知，式（13.43）和式（13.45）可分别写为

$$\frac{d\tilde{u}}{dr}=-\frac{\rho}{2\pi r\delta}\tilde{i} \tag{13.46}$$

$$\frac{d\tilde{i}}{dr}=-\frac{2\pi r}{Z_{int}}\tilde{u} \tag{13.47}$$

由式（13.44）和式（13.47），方程（13.46）可变为

$$\frac{d^2\tilde{u}}{dr^2}+\frac{1}{r}\frac{d\tilde{u}}{dr}-\frac{\rho}{\delta Z_{int}}\tilde{u}=0 \tag{13.48}$$

方程（13.48）与电报员方程式［式（13.7）］类似。

对于薄膜层电池来说，$(1/r)d\tilde{u}/dr$ 项可忽略，由此方程（13.48）的一般解为

$$\tilde{u}=A\exp(r\alpha_{\text{cell}})+B\exp(-r\alpha_{\text{cell}}) \tag{13.49}$$

其中，A 和 B 是合理边界条件下确定的常数，且有

$$\alpha_{\text{cell}}=\sqrt{\rho/\delta Z_{\text{int}}} \tag{13.50}$$

考虑到圆柱形电池的对称性，有

$$\frac{\mathrm{d}\tilde{u}}{\mathrm{d}r}\Big|_{r=0}=0 \tag{13.51}$$

这样，就有 $A=B$，且

$$\tilde{u}=2A\cosh(r\alpha_{\text{cell}}) \tag{13.52}$$

对于传输线的整体阻抗，可以用电极周边的电位 $\tilde{U}=\tilde{u}(r_0)$ 和流过界面的总电流 $\tilde{I}=\tilde{i}(r_0)$ 表示为

$$Z=\frac{\tilde{U}}{\tilde{I}}\pi r_0^2 \tag{13.53}$$

总电流表示为

$$\tilde{I}=\int_0^{r_0}\mathrm{d}\tilde{i}=-\int_0^{r_0}\frac{2\pi r}{Z_{\text{int}}}\tilde{u}\,\mathrm{d}r \tag{13.54}$$

根据式（13.52）和式（13.54），可以得

$$\tilde{I}=\frac{4\pi A}{Z_{\text{int}}}\left\{\frac{r_0}{\alpha_{\text{cell}}}\sinh(r_0\alpha_{\text{cell}})+\frac{1}{\alpha_{\text{cell}}^2}[1-\cosh(r_0\alpha_{\text{cell}})]\right\} \tag{13.55}$$

所以，电极的阻抗为

$$Z=\frac{r_0^2 Z_{\text{int}}}{2\left\{\frac{r_0}{\alpha_{\text{cell}}}\tanh(r_0\alpha_{\text{cell}})+\frac{1}{\alpha_{\text{cell}}^2}\left[\frac{1}{\cosh(r_0\alpha_{\text{cell}})}-1\right]\right\}} \tag{13.56}$$

当 $\alpha_{\text{cell}}\to 0$ 时，即当 $\delta\to\infty$，或 $\rho\to 0$ 时，$Z\to Z_{\text{int}}$。当 $\alpha_{\text{cell}}\to\infty$ 时，即当 $\delta\to 0$ 或 $\rho\to\infty$ 时，电池可视为一维体系，Z 与 $\sqrt{Z_{\text{int}}}$ 成正比，这与根据式（13.17）得到的 de Levie 一维多孔电极的阻抗结果相似。

13.2　几何效应引起的电流和电位分布

在电解质中，电极附近的电流密度和电位分布经常受到电极几何形状的影响，使得两者不能同时均匀分布。例如，将圆形电极嵌入绝缘平面中构成的圆盘电极，通常用于电化学测量。圆盘的几何形状与旋转或固定电极相关。在第 11.3 节中，已讨论了旋转圆盘电极对流扩散阻抗，第 11.4 节中也对喷射流电极进行了讨论。

Newman 在 1966 年指出，电极-绝缘体界面将导致电流的不均匀分布和低于传质极限电流的不均匀电位分布[123,124]。几何效应引起的不均匀电流和电位分布将影响圆盘电极的瞬态响应。Nisancioglu 和 Newman 提出了[245,246] 一种在非极化圆盘电极上法拉第反应对电流阶跃变化的瞬态响应解决方案。利用旋转椭圆形坐标变换和 Lengendre 多项式级数展开的方法，可以求解拉普拉斯方程。Antohi 和 Scherson 通过增加级数展开式中的项数，改进了瞬态问题的求解[247]。

Newman 还对圆盘电极的阻抗响应进行了处理。结果表明，当频率高于临界频率时，电容和欧姆电阻是频率的函数。近年来，采用数值和实验相结合的方法，对圆盘电极阻抗响应进行了的综合研究，包括理想极化电极的响应[147]、具有局部 CPE 行为的电极响应[248]、具有法拉第反应的电极响应[125] 和涉及吸附中间体反应的电极的响应[249,250]。

13.2.1 数学推导

在假设质量传递可忽略的条件下，电解质的电位可由拉普拉斯方程表示

$$\nabla^2 \Phi = 0 \tag{13.57}$$

假定电极系统具有圆柱体的对称性，在溶液中的电位则仅与沿电极表面的径向位置 r 和法向位置 y 有关。根据例 1.9 可得，电位可表示为稳态值和瞬时态值两部分，即

$$\Phi = \overline{\Phi} + \mathrm{Re}\{\widetilde{\Phi}\exp(\mathrm{j}\omega t)\} \tag{13.58}$$

其中，$\overline{\Phi}$ 是电位的稳态解；$\widetilde{\Phi}$ 是只与位置有关的复变瞬时分量。在合理的边界条件下，要求解的拉普拉斯方程为

$$\frac{1}{r}\frac{\partial}{\partial r}\left(r\frac{\partial \widetilde{\Phi}}{\partial r}\right) + \frac{\partial^2 \widetilde{\Phi}}{\partial y^2} = 0 \tag{13.59}$$

方程（13.59）可用数值法进行求解。

电位的边界条件为当 $r \to \infty$ 时，$\widetilde{\Phi} \to 0$，在绝缘表面上，则为 $\frac{\partial \widetilde{\Phi}}{\partial y} = 0$。从电极表面的边界条件，可以看出不同模拟条件下的区别。

（1）固体电极

对于固态电极[147]，电极表面的边界条件为

$$\mathrm{j}\omega C_0(\widetilde{V} - \widetilde{\Phi}_0) = -\kappa \left.\frac{\partial \widetilde{\Phi}}{\partial y}\right|_{y=0} \tag{13.60}$$

其中 Φ_0 为电极附近溶液的电位；κ 为电解质的电导率；C_0 为圆盘电极的电容。采用无量纲形式表示为

$$\mathrm{j}K(\widetilde{V} - \widetilde{\Phi}_0) = -r_0 \left.\frac{\partial \widetilde{\Phi}}{\partial \zeta}\right|_{\zeta=0} \tag{13.61}$$

其中，K 为无量纲频率，且有

$$K = \frac{\omega C_0 r_0}{\kappa} \tag{13.62}$$

和 $\xi = y/r_0$。电流仅为电极充放电所需的电流。圆盘电极的特征尺寸可表示为

$$l_{\mathrm{c,disk}} = r_0 \tag{13.63}$$

对于其他几何形状的特征尺寸，可按第 13.4 节中方法进行计算。

（2）具有 CPE 行为的固体电极

对于具有 CPE 行为的固体电极（见第 14 章）[248]，其界面阻抗为

$$Z_{\mathrm{CPE}} = \frac{\widetilde{V} - \widetilde{\Phi}_0}{\widetilde{i}} = \frac{1}{(\mathrm{j}\omega)^{\alpha}}Q \tag{13.64}$$

应用欧拉恒等式方程（1.57），式（13.64）可以写成

$$Z_{\mathrm{CPE}}=\frac{1}{\omega^{\alpha}Q}\left[\cos\left(\frac{\alpha\pi}{2}\right)-\mathrm{j}\sin\left(\frac{\alpha\pi}{2}\right)\right] \tag{13.65}$$

故有

$$K(\widetilde{V}-\widetilde{\Phi}_0)\left[\cos\left(\frac{\alpha\pi}{2}\right)+\mathrm{j}\sin\left(\frac{\alpha\pi}{2}\right)\right]=-r_0\left.\frac{\partial\widetilde{\Phi}}{\partial\zeta}\right|_{\zeta=0} \tag{13.66}$$

其中，K 定义为具有 CPE 行为的体系的无量纲频率，表示为

$$K=\frac{Q\omega^{\alpha}r_0}{\kappa} \tag{13.67}$$

在这里，需要指出的是，Q 的单位是 $\mathrm{s}^{\alpha}/\Omega\cdot\mathrm{cm}^2$ 或 $\mathrm{F}/\mathrm{s}^{1-\alpha}\cdot\mathrm{cm}^2$。

（3）法拉第反应电极

对于发生在电极上的法拉第反应（见第 10.2.1 节），在频域内，电极上的边界条件可表示为[125]

$$\mathrm{j}K(\widetilde{V}-\widetilde{\Phi}_0)+J(\widetilde{V}-\widetilde{\Phi}_0)=-r_0\left.\frac{\partial\widetilde{\Phi}}{\partial\zeta}\right|_{\zeta=0} \tag{13.68}$$

式中，$\widetilde{V}$ 表示相对参考电极的电极电位施加的电位扰动。假设在双电层电容为纯电容的条件下，K 由式（13.62）定义。如果动力学过程是线性的，那么 $\bar{i}\ll i_0$。参数 J 定义为

$$J=\frac{(\alpha_{\mathrm{a}}+\alpha_{\mathrm{c}})Fi_0r_0}{RT\kappa} \tag{13.69}$$

对于满足 Tafel 动力学的过程，$\bar{i}\gg i_0$ 仍然有效。在这种情况下，参数 J 定义为

$$J(\overline{V}-\overline{\Phi}_0)=\frac{\alpha_{\mathrm{c}}F\,|\bar{i}(\overline{V}-\overline{\Phi}_0)|\,r_0}{RT\kappa} \tag{13.70}$$

由于 $\overline{\Phi}_0$ 与径向位置有关，故式（5.118）中表示的 J 值是径向位置的函数。

对于线性动力学过程，电荷转移电阻可以参照式（5.115）中的参数表示为

$$R_{\mathrm{t}}=\frac{RT}{i_0F(\alpha_{\mathrm{a}}+\alpha_{\mathrm{c}})} \tag{13.71}$$

如果参照式（5.118）中的参数，可表示为

$$R_{\mathrm{t}}=\frac{RT}{|\bar{i}(\overline{V}-\overline{\Phi}_0)|\,\alpha_{\mathrm{c}}F} \tag{13.72}$$

在线性动力学过程中，R_{t} 与径向位置无关。但是在 Tafel 动力学条件下，如式（13.72）所示，R_{t} 与径向位置有关。从数学的角度看，线性动力学和 Tafel 动力学两种情况的主要区别在于，对于线性极化，J 和 R_{t} 保持不变。然而，对于 Tafel 动力学过程，J 和 R_{t} 是由非线性稳态问题的解确定的，并且是径向位置的函数。

对于嵌在绝缘平面内的圆盘固体电极，其欧姆电阻（单位为 $\Omega\cdot\mathrm{cm}^2$）为

$$R_{\mathrm{e}}=\frac{1}{4\kappa r_0}\pi r_0^2=\frac{\pi r_0}{4\kappa} \tag{13.73}$$

Huang 等人[125] 建立了参数 J、电荷转移以及欧姆电阻三者之间的关系，即

$$J=\frac{4}{\pi}\frac{R_{\mathrm{e}}}{R_{\mathrm{t}}} \tag{13.74}$$

从式（13.74）可见，当欧姆电阻远大于电荷转移电阻时，J 的值将最大。如果电荷转移电阻占主导地位时，J 的值将变小。在式（13.74）中，参数 J 定义为 Wagner 准数的倒数，Wagner 准数是表示电解槽中电流分布均匀性的无量纲量。

（4）吸附中间体与法拉第反应耦合的电极

随着反应历程的复杂化，很难用一般的方式表达阻抗模型。吴等人[249] 分析了两个连续电荷转移步骤相关的阻抗响应。在这两个步骤中，涉及在电极表面吸附的中间体，具体为

$$\mathrm{M} \longrightarrow \mathrm{X}^{+}_{\mathrm{ads}} + \mathrm{e}^{-} \tag{13.75}$$

及

$$\mathrm{X}^{+}_{\mathrm{ads}} \longrightarrow \mathrm{P}^{2+} + \mathrm{e}^{-} \tag{13.76}$$

反应物是一种金属 M，它将溶解形成吸附中间体 X^{+}_{ads} 。然后，进一步反应形成最终产物 P^{2+} 。假设反应是不可逆的，扩散过程可以忽略不计。根据在第 10.4.1 节中的模型推导，在给定电位条件下，其法拉第阻抗 Z_F 的表达式为

$$\frac{1}{Z_{\mathrm{F}}} = \frac{1}{R_{\mathrm{t}}} + \frac{A}{\mathrm{j}\omega + B} \tag{13.77}$$

其中，电荷转移电阻 R_t 由下式定义为

$$\frac{1}{R_{\mathrm{t}}} = \frac{1}{R_{\mathrm{t,M}}} + \frac{1}{R_{\mathrm{t,X}}} = b_{\mathrm{M}} |\bar{i}_{\mathrm{M}}| + b_{\mathrm{X}} |\bar{i}_{\mathrm{X}}| \tag{13.78}$$

作为电位的因变量，参数 A 和 B 表示如下：

$$A = \frac{\partial \bar{i}_{\mathrm{F}}}{\partial \bar{\gamma}} \frac{\partial \dot{\gamma}}{\partial \bar{V}} = \frac{(R^{-1}_{\mathrm{t,M}} - R^{-1}_{\mathrm{t,X}})\{K_{\mathrm{X}} \exp[b_{\mathrm{X}}(\bar{V} - \bar{\Phi}_0)] - K_{\mathrm{M}} \exp[b_{\mathrm{M}}(\bar{V} - \bar{\Phi}_0)]\}}{\Gamma F} \tag{13.79}$$

$$B = -\frac{\partial \dot{\gamma}}{\partial \bar{\gamma}} = \frac{K_{\mathrm{X}} \exp[b_{\mathrm{X}}(\bar{V} - \bar{\Phi}_0)] + K_{\mathrm{M}} \exp[b_{\mathrm{M}}(\bar{V} - \bar{\Phi}_0)]}{\Gamma F} \tag{13.80}$$

由此可见，B 的符号总是正的，A 的符号可以是正的也可以是负的。

阻抗的特性随 A 的正负取值而变化。当 A 为正时，在 Z_F 与双电层电容（C_0）并联电路的 Nyquist 图中，高频容抗弧对应于 R_t 和 C_0 并联电路，即 $R_t \parallel C_0$；低频感抗弧，则对应于式（13.77）中的第二项。当 A 为负时，在阻抗谱图中，将出现高频容抗弧（$R_t \parallel C_0$）和低频容抗弧［也对应于式（13.77）的第二项］。当 A 等于 0 时，在式（13.79）中，分子的两项相当，即 $\partial \bar{i}_F / \partial \bar{\gamma} = 0$。在这种情况下，反应电流密度与表面覆盖率无关。因此，阻抗谱图仅为一个容抗弧（对应于 $R_t \parallel C_0$），而没有低频弧出现。

13.2.2 数值计算法

在本节中，将提出方程的数值求解方法。求解方程组时，可采用两种方法：一种方法是，基于 Newman 提出的方法[51]，将拉普拉斯方程转换成旋转椭圆坐标，并假设电容 C_0 是均匀的。这样，就可以利用 Sewell 开发的软件包 PDE2D®，求解方程组。在计算过程中，针对不同的定义域进行求解。最后，通过外推到无限域中，得到结果。

这些方程也可以用有限元软件包 COMSOL® 在柱坐标系中进行求解。计算域的大小是圆盘电极尺寸的 2000 倍，以满足辅助电极距离工作电极表面无限远的假设条件。采用这两

个软件包计算得到的结果，在无量纲频率 $K<100$ 的范围内，非常一致。由此，频域范围覆盖了系统的整个电化学响应。

13.2.3　高频下的复欧姆阻抗

基于拉普拉斯方程，数值计算模拟可以得到电解质电位。其结果表明，欧姆阻抗具有复变的特征。在高频下，可以发现体系不涉及吸附反应的中间产物。如果体系涉及吸附反应的中间产物，那么在高频和低频下都存在频率弥散效应。

图 13.10 所示为假设在 Tafel 动力学机制条件下，计算得到的体系阻抗随着无量纲频率的变化关系，其中，J 为影响因素。当 $J=0$ 时，对应于理想的电容固体电极。在低频区，如果假设体系为线性和 Tafel 动力学机制，那么计算得到的阻抗实部值是不同的。然而，对于虚阻抗值的计算，其结果在所有频率条件下都是一致的。如图 13.10(b) 所示，其直线斜率在低频区等于+1，但是在高频区却不等于−1。这是因为在高频范围内这些直线的斜率与 CPE 模型中使用的指数 α 有关（见第 14 章）。

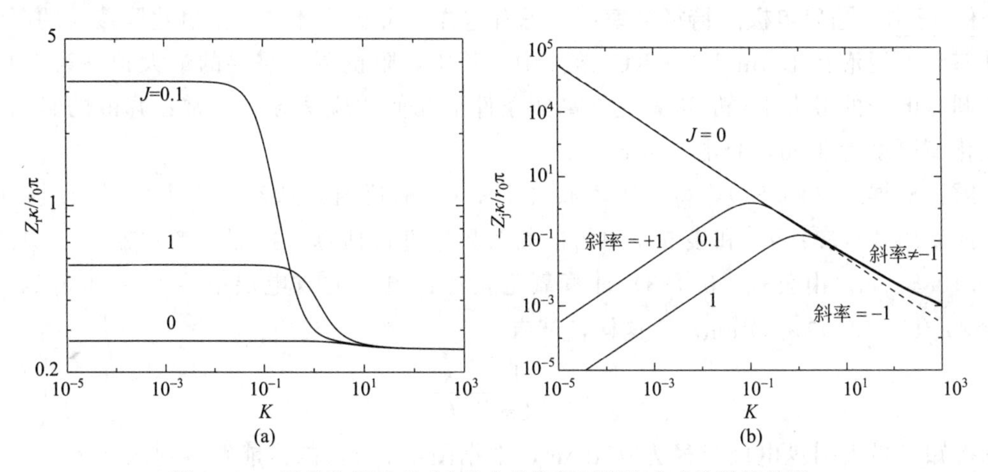

图 13.10　圆盘电极受 Tafel 动力学控制时阻抗响应的计算结果。
(a) 实部；(b) 虚部。$J=0$ 时对应理想的电容固体电极

从图 13.10 可观察到两个特征频率。如果特征频率 $K=1$，则与电流和电位分布的影响有关。如果特征频率 $K/J=1$，则与法拉第反应的 R_tC_0 时间常数有关。

当 $K=1$ 时，电流和电位分布开始影响阻抗响应，即存在下列关系：

$$f_{c,\mathrm{disk}}=\frac{1}{2\pi}\frac{\kappa}{C_0r_0} \tag{13.81}$$

图 13.11 所示为电流分布对阻抗响应的影响。其中，κ/C_0 为影响因素。如例 13.4 所示，如果在低于式 (13.81) 确定的特征频率下进行实验，那么反应过程就不会涉及吸附中间产物。这样，就可以避免在高频区因几何效应引起的时间常数弥散。特征频率在实验测量范围内是已知的。例如，当电容 $C_0=10\mu F/cm^2$（金属电极上双电层的预期值），电导率 $\kappa=0.01S/cm$（大致相当于 0.1mol/L 的 NaCl 溶液）时，$\kappa/C_0=10^3cm/s$。根据式 (13.81)，当频率大于 630Hz 时，对于半径 $r_0=0.25cm$ 的圆盘电极，可以预知是否会出现时间常数的弥散效应。从图 13.11 所示可知，如果使用的电极足够小，那么在实验时可以采取措施避开某一频率区间，这样就可以免受到电流和电位分布的影响。

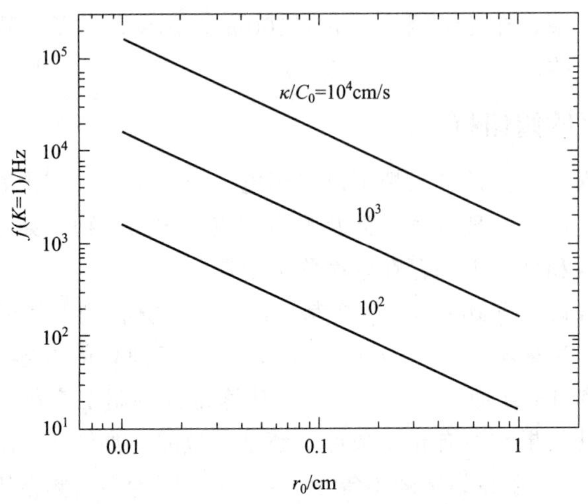

图 13.11　当 $K=1$ 时，电流分布对阻抗响应的影响。其中，κ/C_0 为影响因素

例 13.4　圆盘电极的特征频率：考虑有这样一个实验体系，由氧化膜覆盖的圆盘电极在室温下浸泡在 1.0mol/L·KCl 溶液中。其中，阻抗测量需要的最大频率为 10kHz。估算圆盘电极的最大半径，以避免在高频条件下几何效应诱导时间常数弥散的影响。假定氧化膜厚度为 3nm，介电常数 $\varepsilon=12$。

解：根据式（13.81），特征频率取决于 κ/C_0 的比值。从参考书中可以查阅到电导率，或使用式（5.109）和表 5.4 中的扩散系数值进行估算。按照参考文献[213]，电导率 $\kappa=0.108\mathrm{S/cm}$。由公式（5.138）计算氧化膜覆盖电极的双电层电容 $C_0=3.5\mu\mathrm{F/cm^2}$。因此，$\kappa/C_0=3.05\times10^4\mathrm{cm/s}$。这样，就有

$$r_0=\frac{1}{2\pi}\frac{\kappa}{C_0 f_{\mathrm{c,disk}}} \tag{13.82}$$

计算得知，最大圆盘电极半径为 0.49cm，根据图 13.11，同样能够得到该结果。

对于受线性动力学控制的体系，根据式（7.61）定义，体系整体界面阻抗与径向位置无关，并可表示为

$$Z_0=\frac{R_{\mathrm{t}}}{1+\mathrm{j}\omega C_0 R_{\mathrm{t}}} \tag{13.83}$$

整体欧姆阻抗 Z_{e} 由整体阻抗 Z 得出，即

$$Z_{\mathrm{e}}=Z-Z_0 \tag{13.84}$$

如图 13.12(a) 和图 13.12(b) 所示，当以 J 为影响因素时，对于受线性动力学控制的体系，其欧姆阻抗 Z_{e} 的实部和虚部分别是无量纲频率 K 的函数。在低频范围内，$Z_{\mathrm{e}}\kappa/r_0\pi$ 是一个纯电阻，其数值与 J 基本无关。在高频范围内，所有曲线是收敛的，并且 $Z_{\mathrm{e}}\kappa/r_0\pi$ 趋于 1/4。欧姆阻抗的虚部在频率范围内的值不会等于零，且同时受到电流和电位分布的影响。当欧姆阻抗在 Nyquist 图中表示时，如图 13.13 所示。从图 13.12(a) 所示可见，当 $K<0.1$ 时，欧姆阻抗是一个实数。当频率 $K>0.1$ 时，欧姆阻抗是一个复数。根据式（13.81）确定特征频率，如果在低于特征频率下进行实验，如果不涉及吸附中间产物的反应，就可以避免在高频条件下因几何效应引起的时间常数弥散效应的影响。

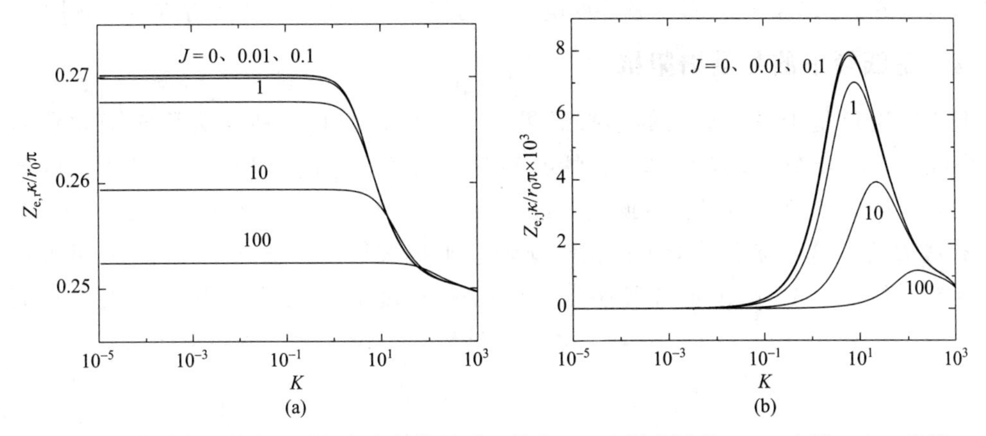

图 13.12　计算欧姆阻抗与无量纲频率间的关系。其中，J 为影响因素。(a) 实部；(b) 虚部。

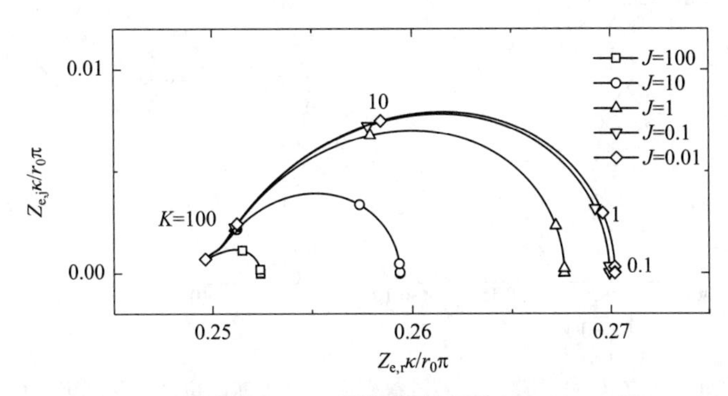

图 13.13　根据图 13.12 计算欧姆阻抗的 Nyquist 图

将复欧姆阻抗的概念与 Newman 提出的频率弥散处理进行比较是十分有用的[51]。固体界面的电容 C_0 与频率无关，其界面阻抗为 $Z_0=1/\mathrm{j}\omega C_0$，并且与电极几何形状无关。测得的总阻抗包含欧姆阻抗部分，可以表示为 $Z=Z_e+1/\mathrm{j}\omega C_0$。其中，电容 C_0 与频率无关，Z_e 为欧姆阻抗。与此相反，Newman 将总阻抗表示为阻抗 R_{eff} 和电容 C_{eff} 串联之和。其中，阻抗 R_{eff} 和电容 C_{eff} 都与频率无关。同一总阻抗的两种表示分别为

$$Z_e+\frac{1}{\mathrm{j}\omega C_0}=R_{eff}+\frac{1}{\mathrm{j}\omega C_{eff}} \tag{13.85}$$

或

$$Z_e=R_{eff}-\frac{\mathrm{j}}{\omega}\left(\frac{C_0-C_{eff}}{C_0C_{eff}}\right) \tag{13.86}$$

由此可见，欧姆阻抗 Z_e 随频率变化的规律与 Newman 的结果完全一致。当频率趋于无穷大时，电流分布对应于一次电流分布，并且有

$$\lim_{\omega\to\infty}Z_e=\frac{1}{4\kappa r_0} \tag{13.87}$$

这与 Newman 的公式一致。欧姆阻抗的复变性是由电极几何形状、界面阻抗和电解质的电

导率 κ 决定的。例如，电流密度和界面电位都均匀的凹形电极，则不存在复欧姆阻抗。

13.2.4 高低频下的复欧姆阻抗

上述结论是基于 Wu 等人的模拟结果[249]。图 13.14(a) 所示为稳态极化曲线。其中，虚线框表示与图 13.15 所示三种情况相对应的稳态电流密度和电位范围。随着电位值增大，电流分布越不均匀。根据式（13.74），当 $\langle A\rangle=-0.83\ \Omega^{-1}\cdot cm^{-2}\cdot s^{-1}$ 时，参数 J 有最大值，这意味着欧姆阻抗比电荷转移阻抗大得多。从图 13.14(b) 可见，相应的吸附等温线在 $\langle A\rangle=0$ 处出现拐点，说明表面覆盖率与界面电位有关。然而，在 $\langle A\rangle=-0.83\ \Omega^{-1}\cdot cm^{-2}\cdot s^{-1}$ 处，等温线穿过最大电位区间，表明电极表面电位分布极其不均匀。

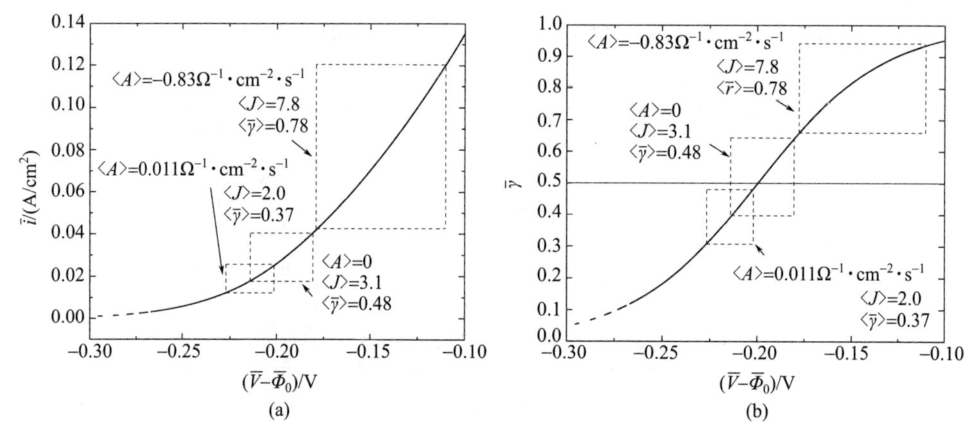

图 13.14 (a) 稳态电流密度及 (b) 稳态表面覆盖密度随着界面电位的变化。虚线框表示不同模拟状态下电流和表面覆盖区域：$\overline{V}=-0.15V(\langle A\rangle=0.011\Omega^{-1}\cdot cm^{-2}\cdot s^{-1})$；$\overline{V}=-0.1V(\langle A\rangle=0\Omega^{-1}\cdot cm^{-2}\cdot s^{-1})$；$\overline{V}=0.1V(\langle A\rangle=-0.83\Omega^{-1}\cdot cm^{-2}\cdot s^{-1})$。当 $r=0$ 时，对应于虚框左下角（摘自 Wu 等人[249]）

整体阻抗表示电极的平均响应。在 $\langle A\rangle>0$、$\langle A\rangle=0$、$\langle A\rangle<0$ 三种情况下，整体阻抗的计算结果以 Nyquist 图表示，分别如图 13.15(a)、13.15 (b)、13.15 (c) 所示。在图 13.15 中，实线表示通过求解拉普拉斯方程得到的模拟结果，其边界条件考虑了与电极几何形状相关的时间常数的弥散。虚曲线表示计算出的整体阻抗，即为

$$Z=R_e+\frac{1}{1/Z_F+j\omega C_0} \tag{13.88}$$

其中，法拉第阻抗 Z_F 根据式（13.78）～式（13.80）计算的表面平均参数，并利用式(13.77)，计算得到。因此，没有考虑电极几何形状的影响。事实证明，圆盘电极的几何形状干扰了整体阻抗响应。在图 13.15(c) 中，当 $\langle A\rangle<0$ 时，几何效应引起的阻抗谱畸变和相应半圆弧的变形，在高频段和低频段下都更为明显。

图 13.16 所示为对应图 13.15 中计算结果的界面阻抗。没有发现明显的频率弥散效应。采用减法，可以得到欧姆阻抗，如图 13.17 所示。与图 13.13 所示结果相反，无论在高频区还是低频区，均存在频率弥散的影响。在一定的频率范围内，如果欧姆阻抗表示为实数，那么容抗弧将在该频率范围内在实轴上出现重叠现象。

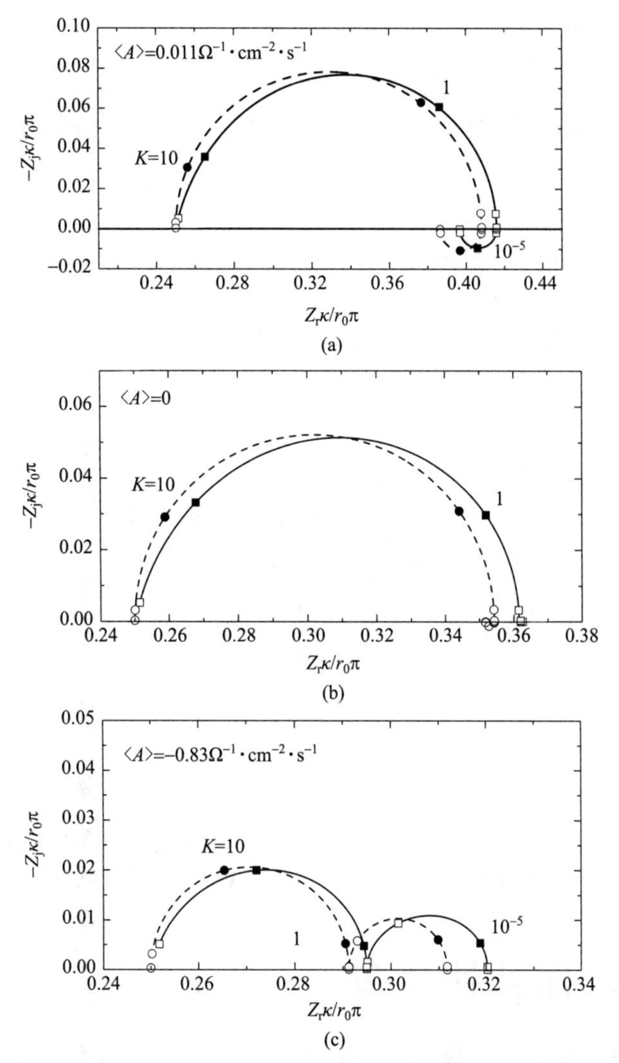

图 13.15 圆盘电极阻抗的 Nyquist 图。其中，实线考虑了电极几何效应的影响，虚线没有考虑电极几何效应影响。(a) $\langle A\rangle > 0$；(b) $\langle A\rangle = 0$；(c) $\langle A\rangle < 0$（摘自 Wu 等人[249]）

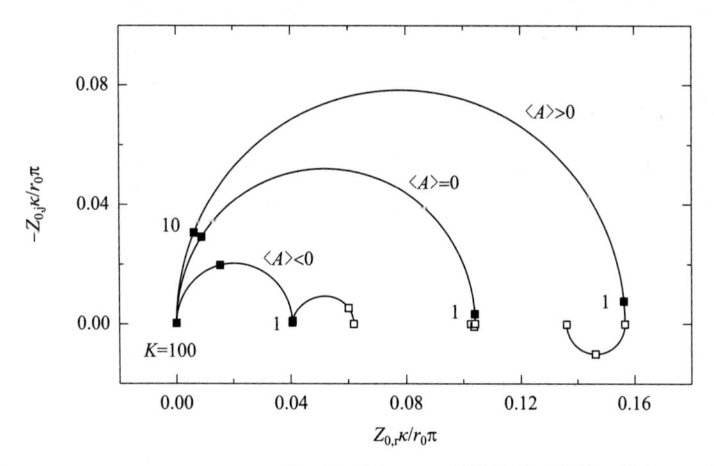

图 13.16 当$\langle A\rangle > 0$，$\langle A\rangle = 0$，$\langle A\rangle < 0$ 时，基于图 13.15 结果的界面阻抗（摘自 Wu 等人[253]）

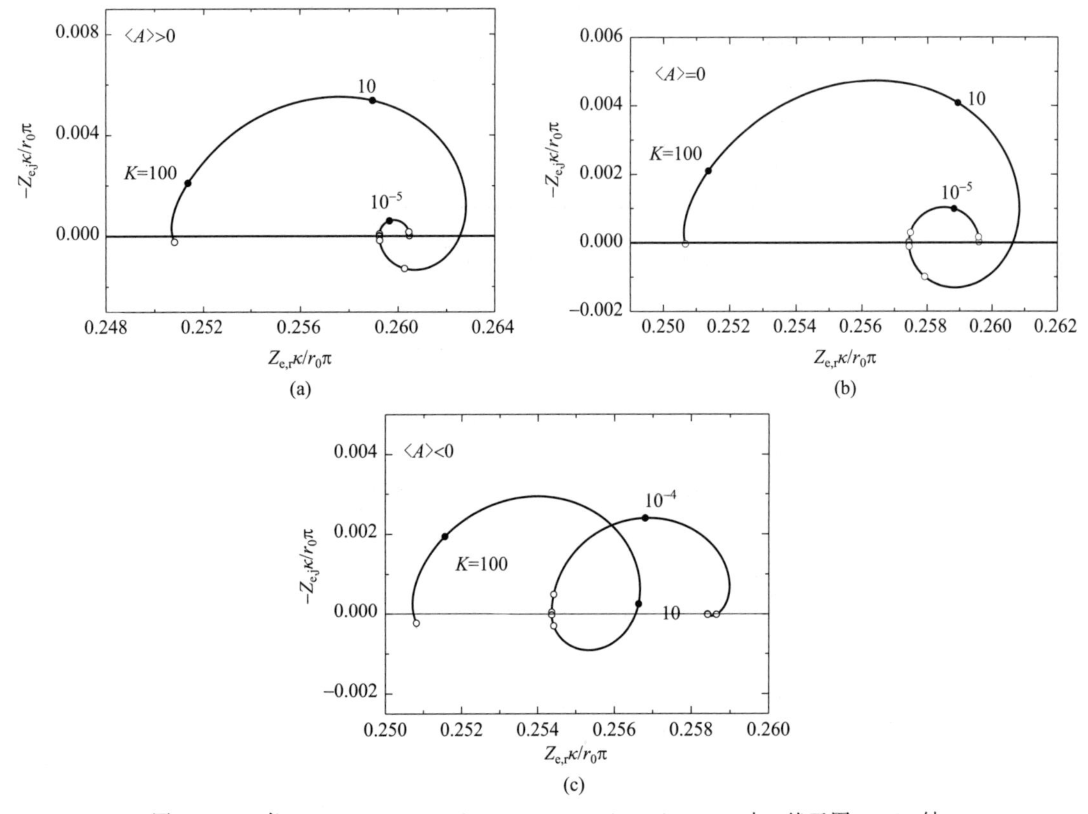

图 13.17　当（a）$\langle A \rangle > 0$，（b）$\langle A \rangle = 0$，（c）$\langle A \rangle < 0$ 时，基于图 13.15 结果的欧姆阻抗 Nyquist 图（摘自 Wu 等人[253]）

13.3　电极表面特性分布

在第 13.2 节中，介绍了电极几何形状引起的频率弥散效应。实际上，频率弥散也可能与沿电极表面的特性的空间分布有关。本节将讨论电极表面非均匀性对阻抗响应的影响。表面非均匀性涉及粗糙度、电容在表面上的分布和电化学反应速率常数的表面分布等因素。

13.3.1　电极表面粗糙度

在早期的固体电极实验中，认为微观尺度的表面粗糙是电化学测量不理想的原因之一[50]。Borisova 和 Ershler 最先观察到粗糙度对电化学测量的影响[254]。他们发现，将金属电极熔化、并使其冷却成液滴状，可以降低频率弥散的程度，表明表面越光滑，对电化学测量的影响越小。

随着分形理论（fractal theory）❶ 的发展[255]，人们试图将表面的分形维数与 CPE 指数 α 联系起来[256,257]。分形几何效应可以引起频率弥散，但是没有发现分形维数与理想

❶ 分形理论：分形概念是数学家 B. B. Mandelbort 提出的。部分与整体以某种方式相似的形体称为分形。研究分形性质及其应用的科学，称为分形理论。——译者注。

方差之间存在的关系。Pajkossy 通过实验发现[258~260]，退火处理可以减少频率弥散的程度，即使表面的粗糙度保持不变，由此得出，频率弥散并不完全仅由几何效应引起，也可能与原子尺度的异构性、溶液电阻分布和表面性质分布之间存在的差异性有关。Emmanuel 采用解析延拓法❶[261]，计算了二维壳体电池的阻抗，并在均匀电容假设条件下，模拟计算了溶液电阻线性分布对二维壳体电池阻抗的影响。实验结果表明，频率弥散发生在高频区，而计算结果是在低频区的理想行为。Alexander 等人在粗糙圆盘电极的实验中也得到了类似的结果[262]。

固体电极阻抗数学模型的建立，详见第 13.2.1 节中的内容和在第 13.2.1 节中对固体电极边界条件的确定。电极表面的粗糙程度可以用粗糙度因子 f_r 进行量化表征。其中，f_r 为真实极化面积与几何面积的比值[263]。对于光滑电极，其粗糙度因子等于 1。比较起来，多孔电极的粗糙度因子应该比 1 大得多。对于同心 V 形槽，如果表面粗糙度均匀，那么粗糙度因子可表示为 $f_r=1/\cos\theta$。其中，θ 为粗糙表面和光滑平面之间的夹角。

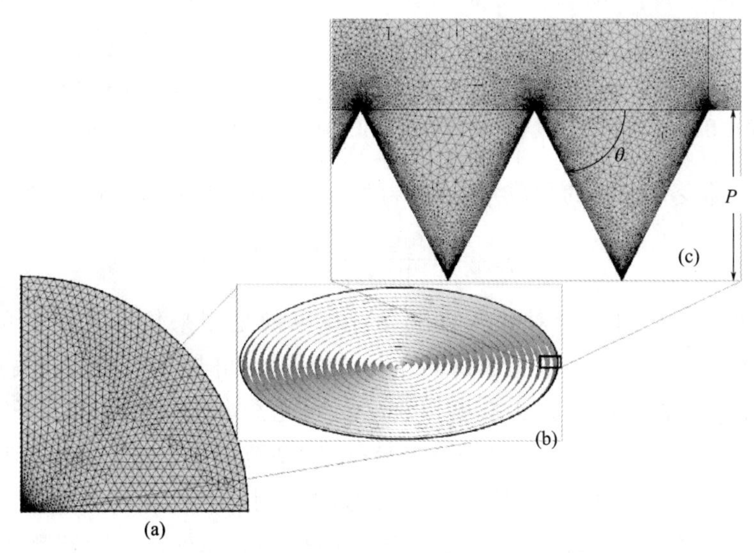

图 13.18 用于圆盘电极模拟的有限网格示意图

（a）整个区域；（b）电极表面刻痕；（c）电极刻痕放大图（摘自 Alexander 等人[262]）

（1）粗糙度对圆盘电极的影响

为了探究电极表面粗糙度的影响，Alexander 等人[262] 模拟研究了光滑圆盘电极、粗糙圆盘电极和凹陷粗糙圆盘电极。在轴对称圆柱坐标中，针对 1/4 圆形区域内的电解质进行计算，如图 13.18(a) 所示。辅助电极的位置在 $\sqrt{r^2+y^2}=500\text{cm}$ 处。这样，整个区域的尺寸比半径为 0.24cm 的圆盘大 1000 倍还多。在工作电极附近，使用一个三角形密织网状辅助电极。图 13.18(b) 所示为圆盘表面的凹槽示意图。凹槽的放大图如图 13.18(c) 所示。计算粗糙度因子的角度 θ 也见图 13.18 (c)。

图 13.19(a) 所示为计算欧姆电阻的校正 Bode 图（见第 18.2 节），表达了欧姆电阻

❶ 解析延拓法：即按照解析函数的要求，把定义在较小区域上的函数延拓到更大区域上的方法。——译者注。

与频率之间的关系。其中，以粗糙度因子作为影响因素。图 13.19(b) 为欧姆电阻校正的相位角图，强调了电极的相响应。在极限低频条件下，相位角等于$-90°$，对应的是一个电容电极的行为。在较高频率范围内，欧姆电阻校正相位角图显示出两个偏离理想电容的响应。

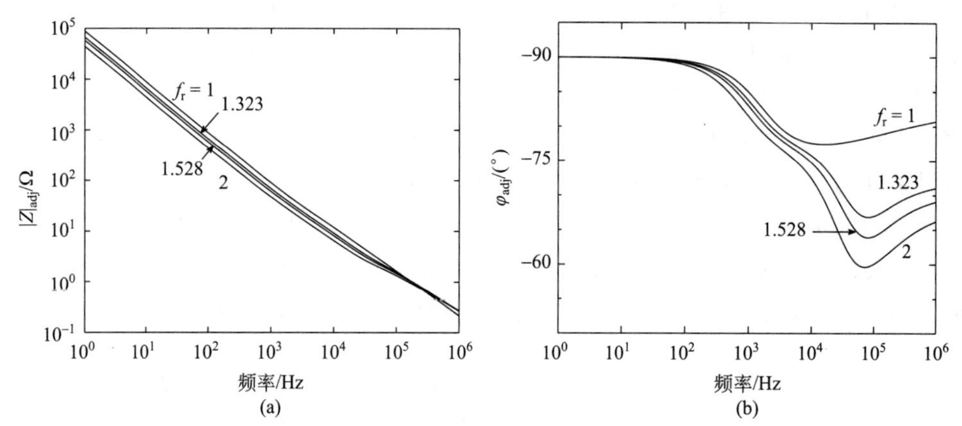

图 13.19 粗糙圆盘电极计算阻抗与频率之间的关系。其中，粗糙度作为影响因素。
（a）欧姆电阻校正的模值图；（b）欧姆电阻校正的相位角图（摘自 Alexander 等人[262]）

基于阻抗虚部变化引起的相位角改变，可见相位角变化特征之间的差别，并且有

$$\varphi_{dZ_j} = \frac{d\log|Z_j|}{d\log f} \times 90° \tag{13.89}$$

相对于频率对数对虚部阻抗的对数变化求导，在以前是用来估计常相位角的指数[252]。然而，在这里可表示相位角。根据虚部阻抗导出的相位角与频率之间的关系如图 13.20(a) 所示。其中，粗糙度因子作为影响因素。对于光滑电极，粗糙度因子 $f_r=1$，由电极构型引起的电流分布不均匀，在大于 800Hz 的频率范围内，将表现出非理想行为。对于粗糙电极，可以观察到两种有别于理想行为的差别。对于粗糙度因子为 2，半径为 0.24cm 的电极，其低频偏差发生在大于等于 300Hz 的频率处，小于光滑电极的 500Hz。粗糙电极的低频偏差相对于光滑电极，其频率差的大小与粗糙度因子成正比。高频偏差发生在 20kHz 左右。

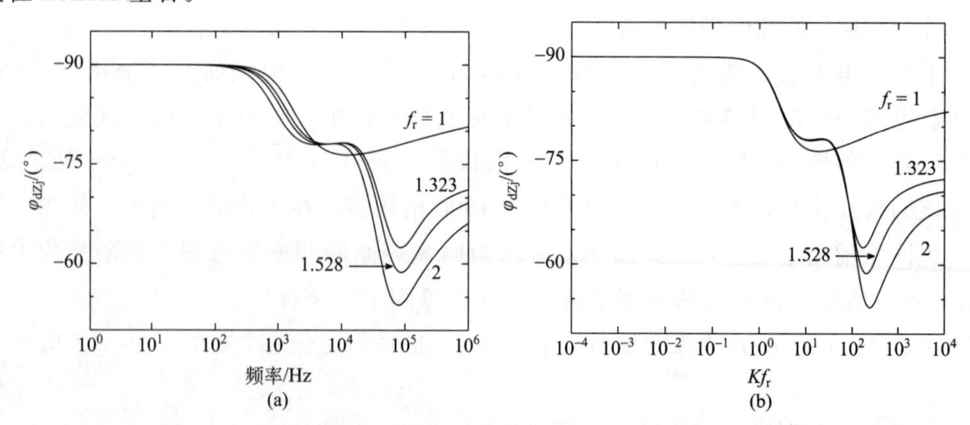

图 13.20 基于图 13.19 数据计算的粗糙圆盘电极相位角变化图。
（a）计算相位角与频率间的关系；（b）计算相位角与无量纲频率 kf_r 之间的关系（摘自 Alexander 等人[262]）

电流和电位分布将影响绝缘平面内光滑圆盘电极的阻抗响应，其特征频率为

$$f_c = \frac{\kappa}{2\pi C_0 r_0} \tag{13.90}$$

对于粗糙电极，必须对式（13.90）进行修正，即为

$$f_c = \frac{\kappa}{2\pi C_0 f_r r_0} \tag{13.91}$$

其中，粗糙圆盘的特征尺寸为

$$l_{c,\mathrm{disk}} = f_r r_0 \tag{13.92}$$

根据式（13.91）计算的特征频率略小于光滑盘电极在非均匀电流分布影响下的特征频率。

图 13.20(b) 所示为根据虚部阻抗导出的相位角与无量纲频率之间的关系图。其中，特征长度由式（13.92）计算。曲线叠加表明，当 $Kf_r=1$ 时，出现相位角的低频下降现象是由于圆盘几何效应和表面粗糙度耦合作用的结果。高频偏差的大小随粗糙度因子的增大而增大，但是特征频率不变，表明了高频偏差也可能与粗糙度因子有关。

通过一系列的模拟计算发现，当粗糙度因子 $f_r=2$ 时，粗糙度的深度和时间增加，如图 13.21 所示。在图 13.22(a) 中，给出由虚部阻抗导出的相位角与无量纲频率 Kf_r 之间的关系。结果表明，随着粗糙度深度的增加，粗糙度的特征频率减小。但是，偏离理想值的幅度却保持不变。此外，图中曲线叠加部分代表了由圆盘几何形状和表面粗糙度耦合效应引起的非均匀电流分布所导致的低频偏差。

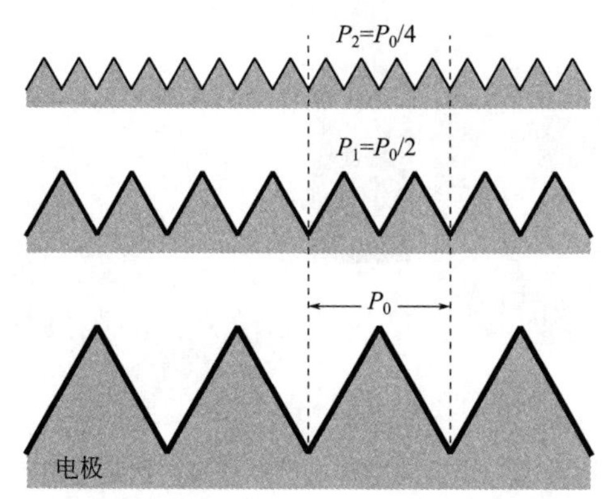

图 13.21　当粗糙度因子等于 2 时，粗糙度周期变化的示意图。
注意：三种轮廓的表面积是一样的（摘自 Alexander 等人[262]）

与粗糙度对应的无量纲频率为[262]

$$Kf_r^2 P/r_0 = \frac{\omega C_0 f_r^2 P}{\kappa} \tag{13.93}$$

根据虚部阻抗导出的相位角与无量纲频率之间的函数关系如图 13.22(b) 所示。其中，无量纲频率由式（13.93）计算。经过对光滑表面上凹槽和矩形压痕的模拟也都观察到类似的叠加现象。结果表明，与粗糙度有关的特征尺寸为

$$l_{c,\mathrm{roughness}} = f_r^2 P \tag{13.94}$$

这一结果在凹陷圆盘电极上表现得更为明显。

(2) 粗糙度对凹陷电极的影响

采用模拟方法，可以研究表面粗糙度对凹陷圆盘的影响。所述凹陷电极是指绝缘平面垂

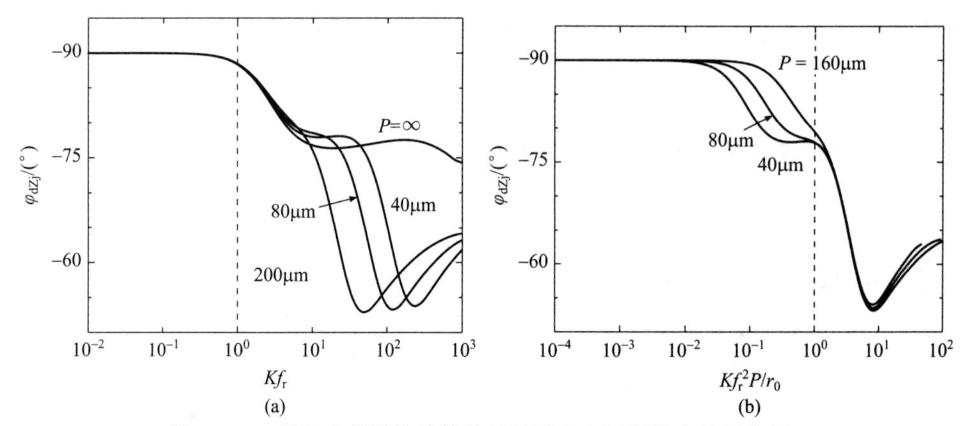

图 13.22　基于虚部阻抗计算的粗糙圆盘电极相位角的变化图。

其中，粗糙度因子恒定，粗糙刻痕宽度作为影响因素。(a) 相位角校正频率间的关系。其中，频率经过粗糙度因子校正；(b) 相位角与无量纲频率之间的关系。其中，无量纲频率由近似欧姆电阻计算（摘自 Alexander 等人[262]）

直于电极表面，且高出电极表面，如图 13.23 所示。凹陷深度是圆盘电极直径的三倍。这样，才能确保电极表面的初始电流分布是均匀的。通过在电极表面添加同心 V 形沟槽，可以模拟粗糙表面，如图 13.23(c) 所示。

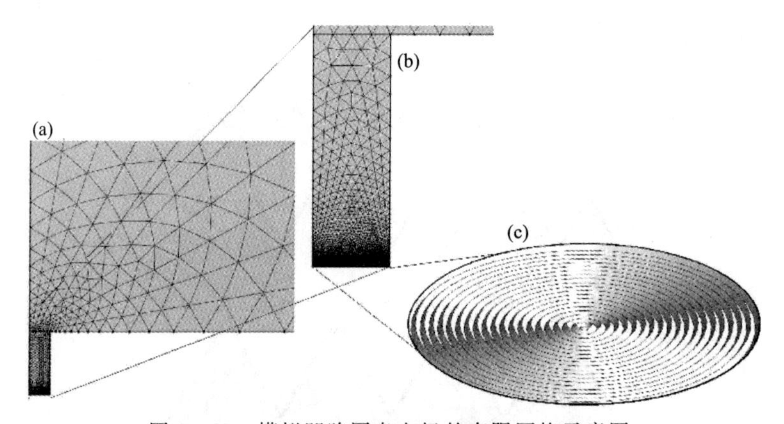

图 13.23　模拟凹陷圆盘电极的有限网格示意图。

(a) 凹陷圆盘电极模拟区域的局部图；(b) 凹陷电极；(c) 刻痕电极表面图（摘自 Alexander 等人[262]）

图 13.24(a) 所示，为由虚部阻抗计算的相位角随着无量纲频率的变化关系。其中，粗糙刻痕宽度为影响因素。随着粗糙刻痕深度增加，偏离理想响应的频率减小，见图 13.24(a)。粗糙度因子和圆盘半径的乘积决定着无量纲频率的大小。

图 13.24(b) 所示，为由虚部阻抗导出的相位角随着无量纲频率的变化图。其中，无量纲频率是按照式 (13.94)、基于特征维度 f_r^2P 确定的。将三个不同粗糙刻痕宽度的结果绘制成随 Kf_r^2P/r_0 变化的关系图时，在低频区出现图形重合，如图 13.24(a) 所示。粗糙度因子与圆盘几何半径的乘积是粗糙圆盘电极的特征尺寸。粗糙刻痕宽度乘以粗糙度因子的平方是与粗糙度本身相关的、对应的特征长度。

如图 13.25 所示，可以利用沿电极表面电流和电位的非均匀分布特性解释在高频条件下粗糙凹陷电极偏离理想响应的原因。图 13.25(a)所示为 $K=10^{-5}$ 时的结果，图 13.25(b) 所示为 $K=10^3$ 时的结果。电力线表示电流分布，而电位分布则用灰度梯度表征。在低频

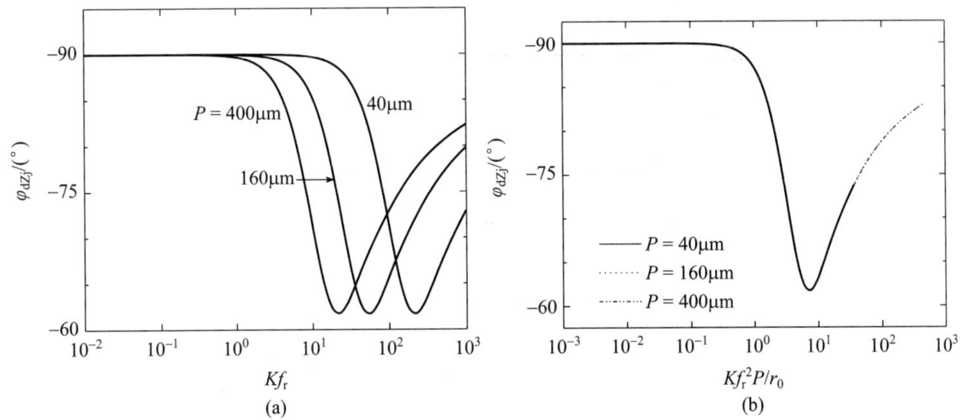

图 13.24 粗糙凹陷圆盘电极计算相位角变化图。其中，粗糙刻痕宽度为影响因素。

（a）相位角与无量纲频率 Kf_r 之间的关系；

（b）相位角与无量纲频率 Kf_r^2P/r_0 之间的关系（摘自 Alexander 等人[262]）

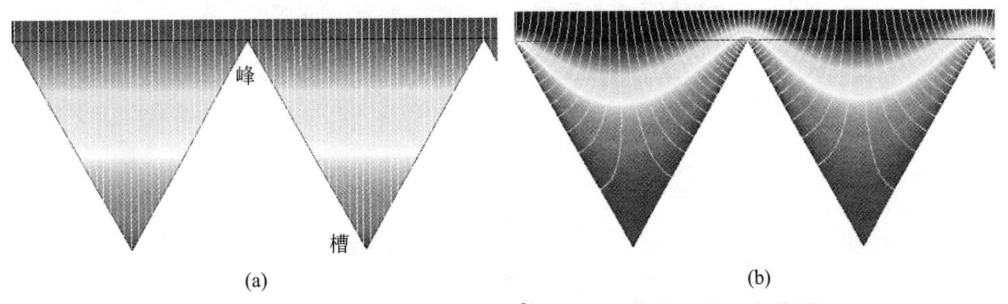

图 13.25 某一时间(按照式$\mathrm{R_e}\{\tilde{i}\exp(\mathrm{j}\omega t)\}$)的电流电力线图。

（a）$K=10^{-5}$；（b）$K=10^{3}$。粗糙表面附近电解质中电位分布采用灰度梯度表示（摘自 Alexander 等人[262]）

段，电位随粗糙度的增加而均匀变化，以至于电流线与 y 轴平行。在高频区域，电位分布随表面形貌变化，且电流未能够到达粗糙表面最深处。电流分布随频率的变化致使明显的频率弥散。

电极/电解质界面的有效电容可由阻抗的虚部决定，即

$$C_{\text{eff}}=\frac{-1}{\omega Z_{\text{j}}} \tag{13.95}$$

如图 13.26 所示，为凹陷电极有效电容与固有电容的比值随着无量纲频率 Kf_r 的函数变化关系。其中，粗糙度因子为影响因素。在低频区域，电流到达电极粗糙表面的各个部分，使得电容比等于粗糙系数。在高频条件下，电流的穿透深度小于粗糙表面的深度。因圆盘的几何效应和表面粗糙度联合作用而引起的不均匀电流分布，使得电容比值降低。在所有模拟频率范围内，当 $f_r=1$ 时，光滑圆盘电极的有效电容等于其固有电容 C_0。

确定与粗糙度有关的特征频率是较为困难的事，因为电极表面的粗糙形状对欧姆电阻有很大的影响[258]。尽管如此，粗糙度开始影响阻抗时的特征频率还是可以表示为

$$f_{\text{c}}=\frac{\kappa}{2\pi C_0 f_r^2 P} \tag{13.96}$$

这可以与式（13.91）中粗糙圆盘电极的特征频率进行比较。从图 13.27 可见，时间常数弥散时的频率是粗糙度为 f_r^2P 时的特征尺寸与粗糙圆盘 $f_r r_0$ 时的特征尺寸的函数。

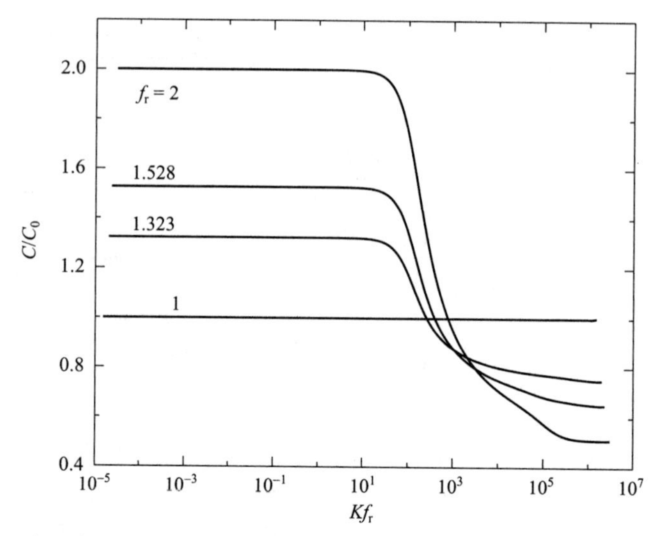

图 13.26　凹陷圆盘电极的有效电容与固有电容之比随着无量纲频率 Kf_r 的变化关系。其中，粗糙度因子作为影响因素（摘自 Alexander 等人[262]）

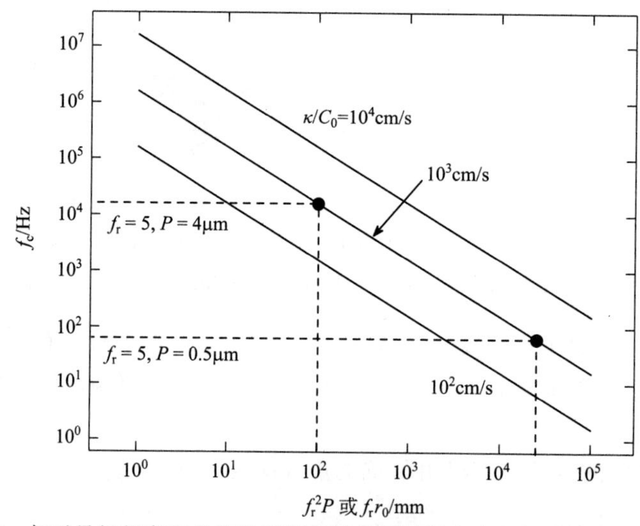

图 13.27　与无量纲频率有关的特征频率随着粗糙深度或者粗糙度因子与圆盘电极半径乘积变化的关系。

其中，无量纲频率 $K(f_\mathrm{r}^2P/r_0)=1$，或者 $K(f_\mathrm{r})=1$ 时，表面粗糙度将影响阻抗。κ/C_0 作为影响因素（摘自 Alexander 等人[262]）

例 13.5　粗糙度的特征频率：思考例 13.4 中描述的实验，在实验中，阻抗测量要求最大频率为 10kHz。估算一个圆盘电极的最大半径，使得圆盘电极在阻抗测量时可以避免高频下几何效应引起的时间常数的弥散。其中，电极粗糙度因子为 5，平均宽度或粗糙刻痕宽度等于 4μm（大约为 1000 目砂纸平均粒径的一半）。估算粗糙度引起频率弥散时的频率大小。

解：对于粗糙圆盘电极，与特征频率对应的圆盘半径为

$$r_0=\frac{1}{2\pi}\frac{\kappa}{C_0 f_\mathrm{r} f_\mathrm{c,disk}} \tag{13.97}$$

最大圆盘半径为 0.09 cm，远远小于例 13.4 中所预测的光滑圆盘电极半径 0.49cm。从图 13.27 也可以得到这个结果。根据式（13.96），可以估计粗糙度引起频率弥散时的频率为 490kHz，这个值远远大于问题中设定的最大频率 10kHz。

结果表明，固体电极表面粗糙度与电极几何形状联合作用引起的电流不均匀分布，将会影响其阻抗响应。当粗糙度因子较小时，粗糙度只会在大于圆盘电极几何效应的频率条件下，才会导致产生频率弥散效应。

然而，由于粗糙度因子作为一个影响因素，包括在圆盘几何特征尺寸和表面粗糙度之中。因此，在频率影响低于圆盘几何效应时，也会存在圆盘粗糙度导致频率弥散的情况。多孔电极就是这样一个例子。其中，粗糙度因子可以达到 1000 的数量级，而不受圆盘电极几何形状的影响。具体来说，当 $f_r P$ 大于 r_0 时，由表面粗糙度引起的频率弥散将是可控的。

如图 13.28 所示，为光滑圆盘电极、粗糙圆盘电极（$f_r=2$ 和 $P=40\mu m$）和粗糙凹陷圆盘电极（$f_r=2$ 和 $P=40\mu m$）由虚部阻抗导出相位角的变化规律。由于电流分布不均匀，在 $Kf_r=1$ 时，光滑圆盘电极的几何形状导致了其偏离理想状态。从粗糙凹陷电极相位角的变化曲线可见，当 $Kf_r=20$ 时，即出现频率弥散，且模拟数值为 $\dfrac{Kf_r^2 P}{r_0}=1$。粗糙电极则同时受几何形状和粗糙度的影响。当 $Kf_r=20$ 时，发生粗糙度效应。在 $Kf_r=K=1$ 时，则显现圆盘几何效应。

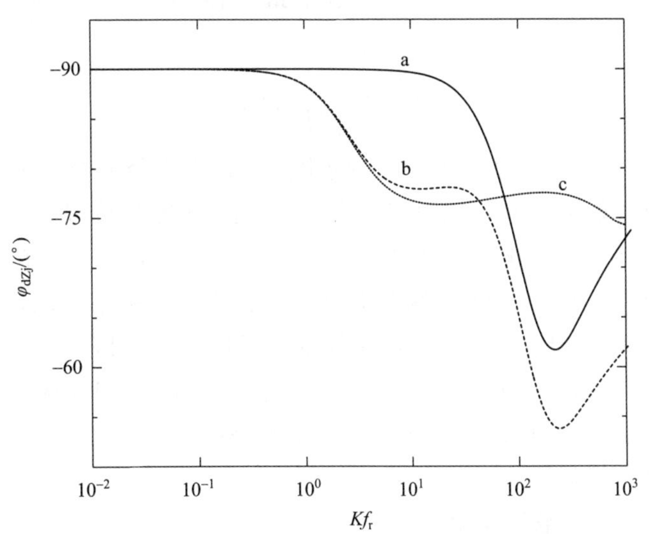

图 13.28　由阻抗虚部得出的相位角变化规律。
其中，a 为粗糙凹陷电极（$f_r=2$，$P=40\mu m$）；
b 为粗糙圆盘电极（$f_r=2$，$P=40\mu m$）；c 为光滑圆盘电极（摘自 Alexander 等人[262]）

Alexander 等人研究表明[262]，可以用 $f_r f_p$ 替换 f_r^2 来调节沟槽间距。其中，f_p 为沟槽表面积除以沟槽口面积。所以，粗糙度开始影响阻抗时的特征频率为

$$f_c=\kappa/2\pi C_0 f_r f_p P \tag{13.98}$$

式（13.98）是通用式，可以应用于不同粗糙形状。

13.3.2 电容

Alexander 等人[264] 模拟了圆盘电极（见图 13.18）和凹陷圆盘电极（见图 13.23）的阻抗行为。研究了电容分布随径向位置的变化关系，如图 13.29 所示。其中，采用傅里叶级数[90] 表示如下：

$$C_0(r)=\langle C\rangle+\sum_{n=1}^{\infty}(C_{\max}-C_{\min})\cos(2n\pi r/P) \tag{13.99}$$

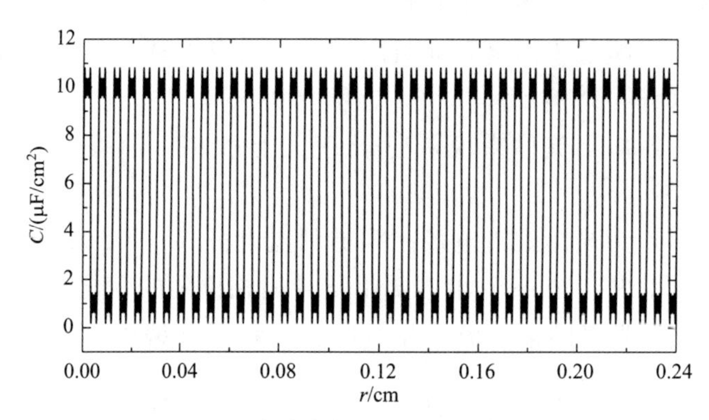

图 13.29 电容分布与半径之间的变化关系。
其中，采用周期 60μm 的傅里叶级数表示方波（摘自 Alexander 等人[264]）

其中，常数 $C_{\max}$ 和 $C_{\min}$ 分别表示电容的最大值和最小值。电极表面的平均电容 $\langle C\rangle$ 为

$$\langle C_0\rangle=\frac{2}{r_0^2}\int_0^{r_0}C_0 r\,\mathrm{d}r \tag{13.100}$$

其中，r_0 为圆盘半径；C_0 由式（13.99）给出。电容作为径向位置的函数，首先对电极表面进行积分计算，然后，再除以电极面积。方波的周期 P 可以代表基本晶粒大小。在这种情况下，假定在晶粒上电容分布相对均匀，然后跳跃到相邻晶粒上的另一个值。在傅里叶级数取前第 5、10、20 和 40 项的条件下进行模拟。结果发现，当级数取前 5 和前 10 项时，在高频区域出现反常数值。随着级数中所取的项数越来越多，反常数值即在更高的频率段出现。当级数取前 20 项时，出现的这种反常数值即从模拟频率范围中消失。因此，傅里叶级数取前 20 项即可。所以，数学模型的建立应遵循第 13.2.1 节中关于固体电极对应的边界条件规则。

（1）表面凹陷电极的电容分布

凹陷圆盘电极具有方波电容分布特征（如图 13.29 所示）的模拟阻抗响应，如图 13.30 所示，其中，分布周期为影响因素。如果根据式（13.99）确定的最小电容值和最大电容值分别设置为 $1\mu F/cm^2$ 和 $10\mu F/cm^2$，并分别表示有氧化膜的电极表面和裸露的金属表面。当溶液电导率为 10^{-5} S/cm 时，那么当频率低于 100kHz 时，阻抗响应代表理想的电容器，阻抗谱是一条垂直于实轴的垂线。放大图为高频下的阻抗谱。随着电容分布周期的增加，开始弥散的频率减小。

可以用电极表面的电流和电位分布，解释阻抗响应存在的偏差，如图 13.31 所示。对于固体电极，电流分布在高频下由溶液电阻控制，而在低频下则受界面阻抗控制。低

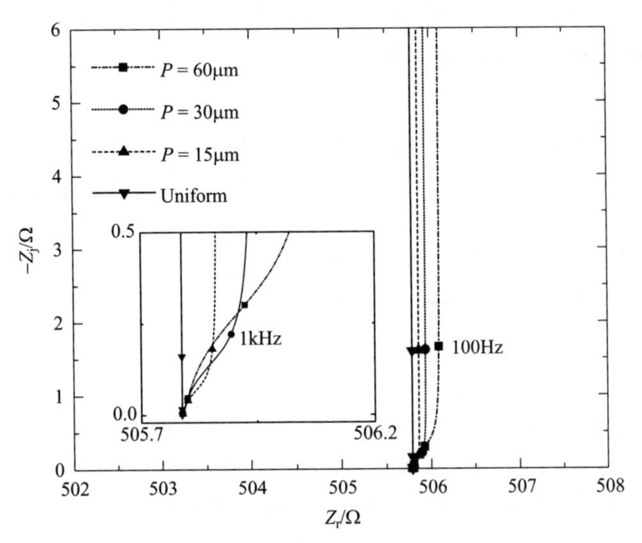

图 13.30　凹陷圆盘电极具有方波电容分布特征的阻抗谱图。
其中，分布周期为影响因素（摘自 Alexander 等人[264]）

频下电位分布由图 13.31(a) 中的颜色梯度表示。在一定频率条件下，使用流线表示瞬时电流模量，即有

$$|\tilde{i}|=\sqrt{\tilde{i}_r^2+\tilde{i}_j^2} \tag{13.101}$$

其中，$\tilde{i}_r$ 和 $\tilde{i}_j$ 分别表示瞬时电流的实部和虚部。对表示电位分布的灰度进行了调整，以突出电极表面附近的变化。电容越高的电极表面区域阻抗越低，电流越容易通过这些点。尽管电流分布不均匀，但是低频阻抗响应却表示的是一个具有平均表面电容值的纯电容器。如图 13.31(b) 所示，在 100kHz 条件下，电极表面的电位分布更为均匀。

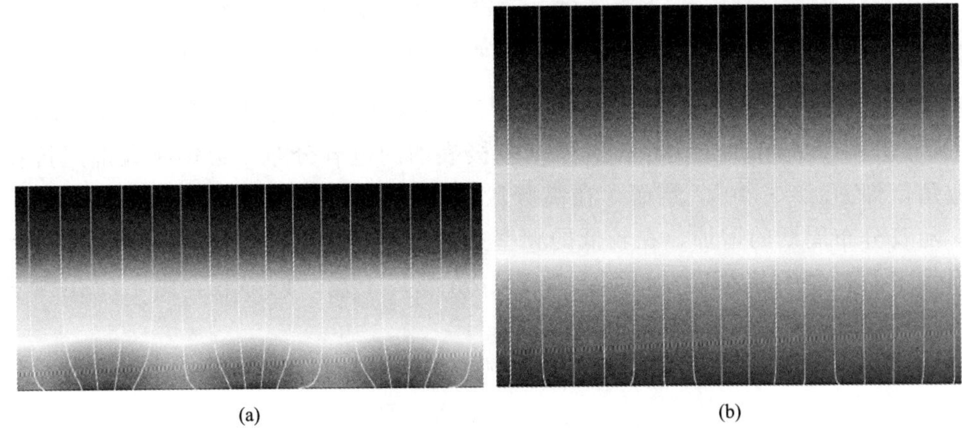

图 13.31　具有方波形电容分布的凹陷电极表面的电流分布图。
其中，$|\tilde{i}|=\sqrt{\tilde{i}_r^2+\tilde{i}_j^2}$ 。(a) 10mHz；(b) 100kHz。
粗糙电极表面附近电解质中的电位分布使用色差表示（摘自 Alexander 等人[264]）

电极表面瞬时电流密度模量随径向位置的变化关系如图 13.32 所示。低频电流响应如图 13.32(a) 所示，电流的变化与表面电容和小电流值的变化成正比。高频响应如图

13.32(b) 所示，可见电流值要高得多，但分布更加均匀。电容从一个值到另一个值微小变化与所取傅里叶级数中的项数有关。

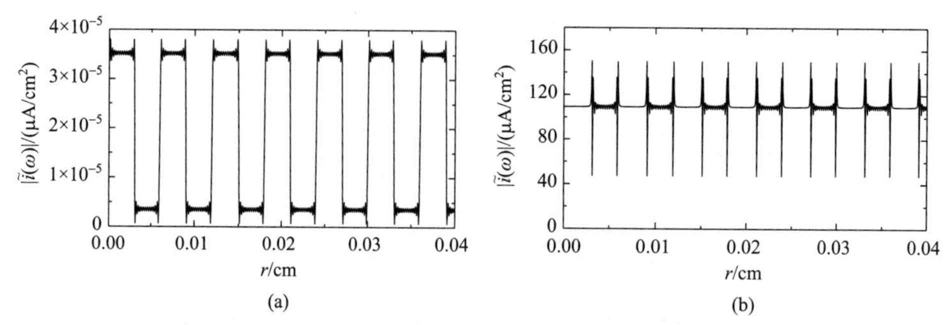

图 13.32　电极表面因电容的非均匀分布引起的法向电流分布与径向距离之间的关系图。
其中，电容分布变化周期为 60μm。(a) 电流在 10mHz 时的分布；
(b) 电流在 100kHz 时的分布（摘自 Alexander 等人[264]）

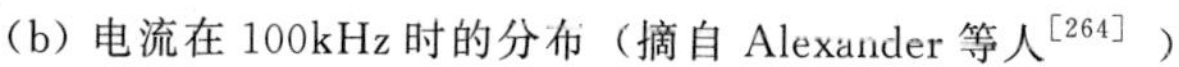

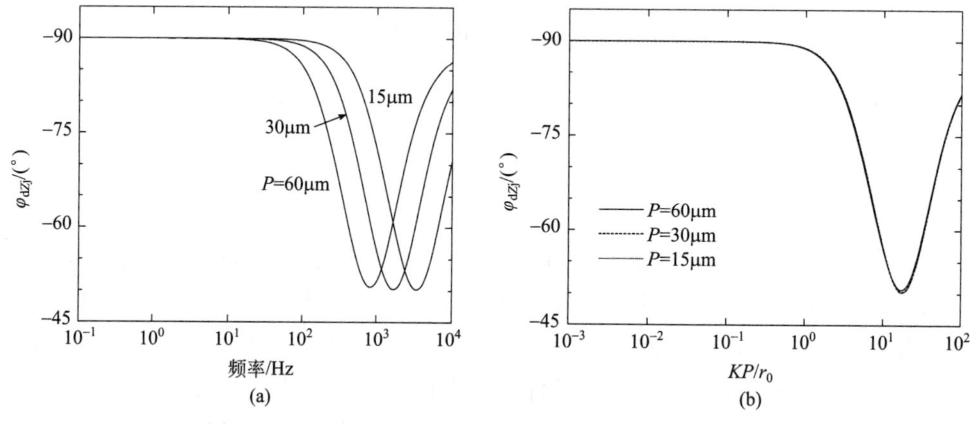

图 13.33　根据图 13.30 虚部阻抗导出相位角的变化图。
(a) 相位角与频率之间的关系；(b) 相位角与无量纲频率之间的关系（摘自 Alexander 等人[264]）

基于式 (13.89) 的定义，由虚部阻抗导出的相位角与频率之间的关系如图 13.33 (a) 所示，其中，分布周期为影响因素。电极表面的电容分布不会影响虚部阻抗在低频的相位角，即 $\varphi_{dZj}=-90°$。然而，在高频段确实发生了频率弥散，且相位角达到 $-50°$ 左右。随着分布周期的增加，在较低的频率条件下出现了电容行为的偏差。如果将分布周期当作多晶表面的晶粒尺寸，那么对于 1μm 及以下尺寸的晶粒，则不应在频率小于 1kHz 时导致频率弥散。

对应周期为 P 的电容分布，其无量纲频率可以表示为

$$KP/r_0=\frac{\omega\langle C_0\rangle P}{\kappa} \tag{13.102}$$

图 13.33(b) 所示为由虚部阻抗导出的相位角与无量纲频率之间的关系。结果表明，周期适合用来描述电容表面非均匀性的特征长度。非均匀电容开始影响阻抗时的特征频率确定为 $KP/r_0=1$。

阻抗常用于测量界面电容。因此，十分重要的是确保界面电容分布不会使该技术的使用复杂化。电极/电解质界面的有效电容可根据式 (13.95)，由阻抗的虚部确定。图

13.34 所示为计算的有效电容值与表面平均电容值之比随着无量纲频率变化的关系。其中，分布周期为影响因素。在所有情况下，电极的模拟电容值在低频下都与表面平均电容值非常接近。

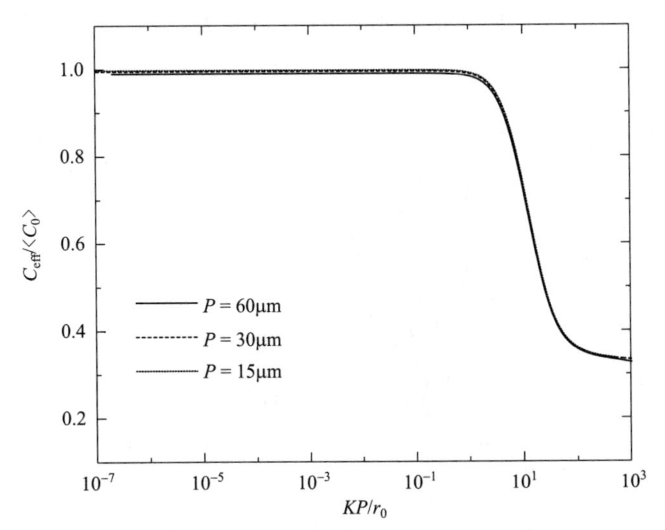

图 13.34　凹陷圆盘电极有效电容与表面平均电容的比值随无量纲频率 $K4P/\pi r_0$ 的变化关系。其中，分布周期为影响因素（摘自 Alexander 等人[264]）

(2) 圆盘电极的电容分布

在高频下，电流分布不均匀，这使得嵌入在绝缘平面内的圆盘电极的几何形状在高频时引起频率弥散。当频率增加到无穷大时，圆盘外围电流的瞬时分量将趋于无穷大；而圆盘中心的电流仍然保持有限值。在图 13.29 中，电极表面的模拟电流分布包含了电容分布，说明在 10mHz［图 13.35（a）］和 100kHz［图 13.35（b）］的条件下，电极表面电流均是径向位置的函数。低频区域的电流分布与方波分布特征相似；在高频区域，由于外围电流接近无穷大，在这种情况下，圆盘几何形状的影响却掩盖了电容分布的影响。

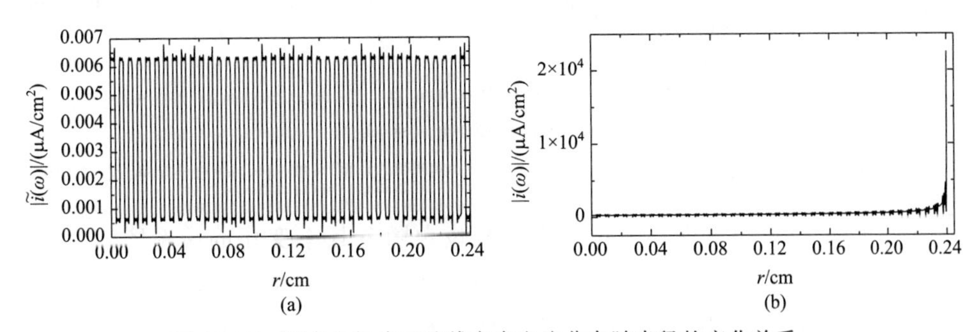

图 13.35　圆盘电极表面法线方向电流分布随半径的变化关系。

（a）频率 10mHz 时的电流分布；（b）频率 100kHz 时的电流分布（摘自 Alexander 等人[264]）

图 13.36(a) 为由虚部阻抗导出的相位角与频率之间的关系图。在低频区域，相位角为常数，其值等于－90°。由于圆盘的几何效应，在电容分布的周期内，频率弥散在大约 1Hz 时变得明显。在较高频率区域，电容分布不均匀而产生的弥散效应会随着分布

周期的增加而增大，并最终导致这种弥散偏差向较低的频率区域偏移。从图 13.36(b) 可知，相位角随着无量纲频率的变化关系与图 13.36(a) 的结果类似。其中，无量纲频率中的分布周期 P 为特征长度。表面非均匀性引起的频率弥散效应叠加表明，电容分布周期是一个合理的特征长度。图 13.33 所示的内陷电极，其结果只显示了因表面电容分布而产生的频率弥散。

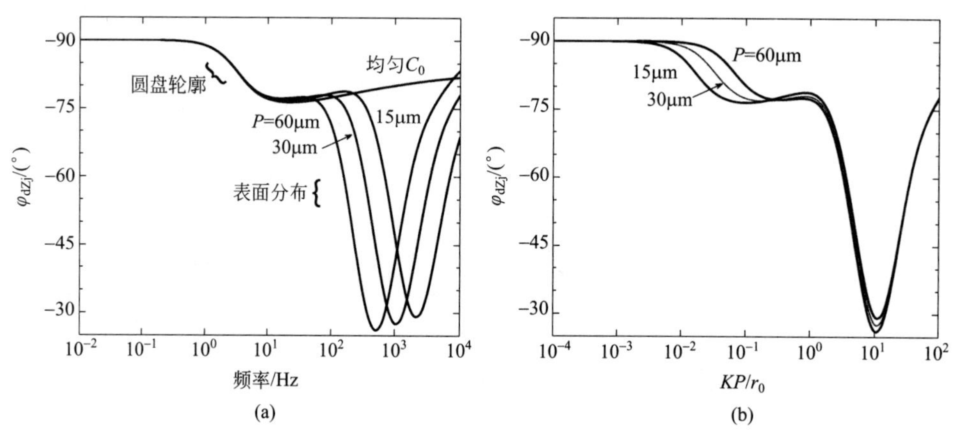

图 13.36　由虚部阻抗导出的圆盘电极相位角变化图。
（a）相位角随着频率的变化关系；（b）相位角随着无量纲频率的变化关系（摘自 Alexander 等人[264]）

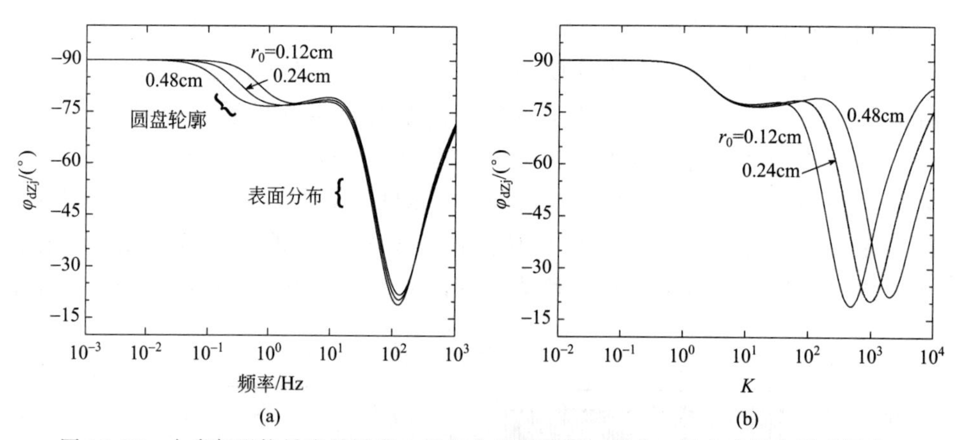

图 13.37　由虚部阻抗导出的圆盘电极相位角变化图。其中，圆盘半径为影响因素。
（a）相位角随着频率的变化关系；
（b）相位角随着无量纲频率 $K=\omega\langle C_0\rangle\pi r_0/4\kappa$ 的变化关系（摘自 Alexander 等人[264]）

图 13.37(a) 所示为由虚部阻抗导出的相位角随着频率变化的关系图。其中，圆盘半径为影响因素。当分布周期固定在 60μm 时，随着电极半径的变化，仅影响与圆盘几何形状有关的频率弥散。图 13.37(b) 为相位角与无量纲频率之间的函数关系图，其无量纲频率由式（13.102）确定。与圆盘几何形状有关的频率弥散效应相互重叠，而与电容分布有关的频率弥散效应则不相互重叠。

对于具有电容分布的平面盘式电极，发生频率弥散的特征频率为

$$f_{c,r_0}=\frac{\kappa}{2\pi\langle C_0\rangle r_0} \tag{13.103}$$

式中，$\langle C_0\rangle$ 表示表面平均电容。因电容分布引起的频率弥散效应开始出现时的特征频率表示为

$$f_{c,p}=\frac{\kappa}{2\pi\langle C_0\rangle P} \tag{13.104}$$

其中，分布周期是与分布相关的特征长度。如图 13.38 所示，弥散开始时的频率是圆盘半径和电容分布周期的函数。其中，$\kappa/\langle C_0\rangle$ 为影响因素。分布周期可能与非晶面内晶粒尺寸的平均宽度有关。对于半径为 0.5cm 的电极，在 $\kappa/\langle C_0\rangle=1\text{cm/s}$（对应于 $\langle C_0\rangle=20\mu\text{F/cm}^2$ 和 0.16mmol/L 氯化钠浓度），平均晶粒尺寸为 1μm 的系统中，因圆盘几何形状导致的弥散频率为 0.3Hz；而由电容不均匀引起的弥散频率为 1.6 kHz。对于电容分布引起的频率弥散效应，总是发生在比圆盘几何形状引起频率弥散效应更大的频率上。

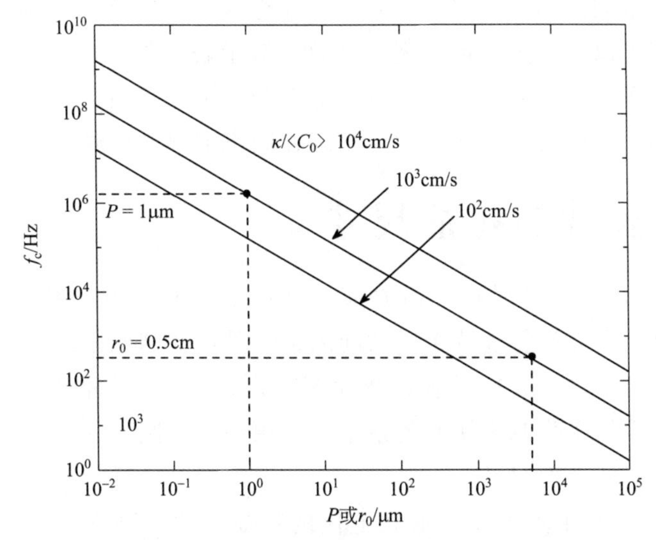

图 13.38　表面均匀性影响阻抗响应的频率（$K4P/(\pi r_0)=1$）。随着分布周期和圆盘半径的变化关系。其中，$\kappa/\langle C_0\rangle$ 为影响因素（摘自 Alexander 等人[264]）

例 13.6　电容分布：对于圆盘电极，证明与电容分布相关的特征频率大于电极几何形状确定的特征频率。

解：当圆盘电极在频率弥散时，与电容分布相关的特征频率为

$$f_{c,r_0}=\frac{\kappa}{2\pi\langle C_0\rangle r_0} \tag{13.105}$$

式中，$\langle C_0\rangle$ 为表面平均电容。由电容分布引起频率弥散效应开始时的特征频率为

$$f_{c,p}=\frac{\kappa}{2\pi\langle C_0\rangle P} \tag{13.106}$$

其中，分布周期是与分布相关的特征长度。两个特征频率的比值为

$$\frac{f_{c,p}}{f_{c,r_0}}=\frac{r_0}{P} \tag{13.107}$$

电容变化的周期必须小于圆盘的半径。因此，$f_{c,p}>f_{c,r_0}$。

13.3.3 反应性能

在某些条件下，电化学反应速率常数的分布将导致在某一频率区域内发生频率弥散效应。频率弥散效应发生的频率区域低于与圆盘几何形状相关的频率。Alexander 等人研究表明[265]，对于单一电化学反应，其非均匀的电荷转移电阻与频率弥散效应相关。然而，对于存在着吸附中间物的电化学反应，速率常数的分布将导致在低频下发生频率弥散，这是由于在低频条件下吸附中间物的弛豫现象有关。该结果与 Wu 等人的结果一致[249,250]。他们发现，圆盘电极几何形状引起的电流和电位的非均匀分布会引起具有吸附中间物电化学反应的低频弥散（即类似 CPE 行为）。

对于导致粗糙度和电容分布的每一种非均匀表面，都存在着导致弥散效应的特征频率。特征频率与特征长度成反比，且特征长度与表面非均匀性的类型相关。随着特征长度的减小，频率弥散向高频区域移动。对于圆盘电极，特征长度是圆盘的半径，环形电极的近似特征长度可以表示为环形宽度的函数。对于表面粗糙度，特征长度是表面不规则周期与粗糙度因子平方的乘积。描述电容分布的特征长度就是分布周期。在任何情况中，特征长度很小，却导致频率弥散效应出现在频率上限或可测量频率范围之外。

13.4 频率弥散的特征尺寸

在第 13.2 节中，介绍了材料几何效应引起的电流和电位分布情况。在第 13.3 节中，介绍了电极材料表面的特性分布。共同的结论是：欧姆电阻或电容分布引起的频率弥散都发生在特征频率之上。反过来，特征频率是特征尺寸的倒数。进行实验设计时，理解系统尺度与发生频率弥散之间的关系是很有用的。否则，就会混淆阻抗测量的意义及其对阻抗测试数据的合理解释。

在表 13.1 中，列举了不同几何形状电极的特征尺寸和频率，两者都与欧姆电阻或电容的非均匀性引起的频率弥散效应相关。对于长方形电极，若 $d_2 \gg d_1$，则特征尺寸接近于较短的尺寸，即 $l_{c,rect} \rightarrow d_1$。对于圆盘电极，几何效应引起的时间常数发生弥散现象的相关频率随着特征尺寸 $l_{c,rect}$ 的增加而减小。Cleveland 等[267] 提出，环形电极的特征尺寸与前者近似。同时，提供了一个乘法校正因子，即 $l_{c,ring}$ 由 0 变化到 1 时，其校正值为 1 增大为 1.2。

表 13.1 由欧姆电阻或电容分布引起的频率弥散的特征尺寸与特征频率

实验体系	l_c /cm	f_c /Hz
矩形电极($d_1 \times d_2$)[266]	$\dfrac{d_1 d_2}{d_1+d_2}$	$\dfrac{1}{2\pi}\dfrac{\kappa(d_1+d_2)}{C_0 d_1 d_2}$
圆盘电极[125,147]	r_0	$\dfrac{1}{2\pi}\dfrac{\kappa}{C_0 r_0}$
圆盘电极(局部 CPE)[248]	r_0	$\dfrac{1}{2\pi}\left(\dfrac{\kappa}{Q r_0}\right)^{1/\alpha}$
粗糙圆盘电极[262,265]	$f_r r_0$	$\dfrac{1}{2\pi}\dfrac{\kappa}{C_0 f_r r_0}$

续表

实验体系	l_c /cm	f_c /Hz
环形电极[267]	$\dfrac{r_2-r_1}{1+(r_1/r_2)^2}$	$\dfrac{\kappa[1+(r_1/r_2)^2]}{2\pi C_0(r_2-r_1)}$
粗糙度[262,265]	f_r^2P	$\dfrac{\kappa}{2\pi C_0 f_r^2 P}$
间断粗糙[265]	$f_r f_p P$	$\dfrac{\kappa}{2\pi C_0 f_r f_p P}$
电容分布[264]	P	$\dfrac{\kappa}{2\pi\langle C_0\rangle P}$

13.5　微电极的对流扩散阻抗

目前，微电极广泛地用于研究快速电化学动力学，或化学工程中的流量测量装置。对于后者，其实验和理论研究始于 20 世纪 50 年代初。这些研究的目的是利用探针的敏感性，测量局部管壁速度梯度，即

$$\beta_y=\frac{\partial v_x}{\partial y} \tag{13.108}$$

在稳态条件下，极限扩散电流正比于 $\beta_y^{1/3}$，这是公认的探针特性[268]。在电化学工程应用中，人们越来越感兴趣的是微电极在脉动速度梯度 $\beta_y(t)$ 条件下的不稳定行为。

在光谱分析方面，无论是在 $I(t)\propto\beta_y^{1/3}$ 的准稳态条件下，还是在较高的频率范围内，都可以根据测量的极限电流，推导出流体动力学信息。后来，根据传质谱得到了速度谱。其中，传质速率和速度扰动之间的传递函数是已经知晓的。然而，在大多数情况下，电荷转移不是无限地快，还需要了解对流扩散阻抗方面的知识，以便解析研究。这就是界面浓度变化与稳态对流条件下质量通量之间的传递函数。

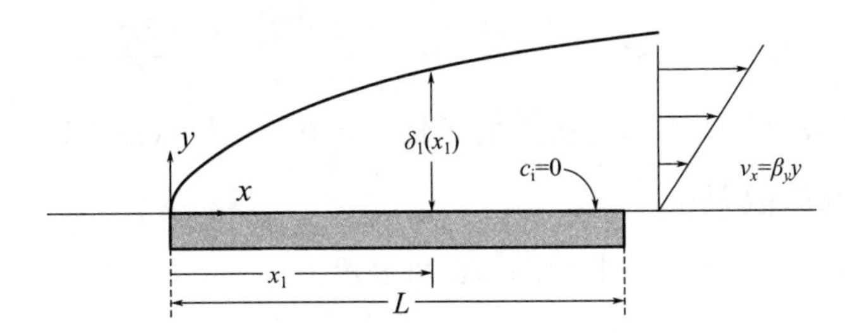

图 13.39　介质流经微小电极的示意图。其中，y 轴垂直于电极平面（x，y）

13.5.1　解析

图 13.39 所示为微小电极嵌在绝缘壁上的示意图。其中，在质量传递极限控制条件下，即，$c_i(0)=0$，电极上发生快速的电化学反应。在流动方向上，电极的长度足够小，使得扩散层厚度 δ_i 也非常小。这样，就可以使得法向速度分量的影响最小化。法向速度正比于 y^2，而水平速度分量正比于 y。其中，y 坐标垂直于绝缘壁。在这种条件下，可以利用边界层的近似值。如果以电极附近的局部区域作为参照系（x，y），某一物料通过对流扩散传递的浓度分布 c_i 就可用质量守恒方程表示，即

$$\frac{\partial c_i}{\partial t}+\beta_y y\frac{\partial c_i}{\partial x}=D_i\frac{\partial^2 c_i}{\partial y^2} \tag{13.109}$$

其中，$v_x=\beta_y y$。为简便起见，可以认为电极足够小。这样，在扩散层内的流动就是均匀的，且 β_y 与空间坐标无关。Lévêque 给出了溶液浓度分布的时均解[268]。如例 2.2 所示，在扩散层中，其浓度可以表示为

$$\bar{c}_i=\frac{c_i(\infty)-c_i(0)}{3^{2/3}\Gamma(4/3)}\int_0^{y/\delta_i}\exp\left(-\frac{\eta^3}{9}\right)\mathrm{d}\eta+c_i(0) \tag{13.110}$$

式中，$3^{2/3}\Gamma(4/3)\delta_i$ 表示局部扩散层厚度，且 $\delta_i=(D_i x/\beta_y)^{1/3}$，$0\leqslant x\leqslant L$。$c_i(\infty)$ 是溶液本体浓度。在宽度为 W 的小长方形电极上，稳定流量为

$$\overline{N}_i=W\int_0^L D_i\frac{\partial \bar{c}_i}{\partial y}\mathrm{d}x=\frac{3^{1/3}[c_i(\infty)-c_i(0)]D_i^{2/3}\beta_y^{1/3}L^{2/3}W}{2\Gamma(4/3)} \tag{13.111}$$

或

$$\overline{N}_i=0.80755[c_i(\infty)-c_i(0)]D_i^{2/3}\beta_y^{1/3}L^{2/3}W \tag{13.112}$$

从式（13.15）可见，当传质控制达到稳定状态时，反应物通量与速度梯度的立方根成正比，即 $\overline{N}_i\propto\beta_y^{1/3}$。

例 13.7　微圆形电极上的通量：推导半径为 R 的微圆形电极的稳定通量表达式。

解：由于矩形的影响，利用式（13.110）可以沿 z 求和，计算微圆形电极上的通量。在这种情况下，δ_i 定义中的 x 必须由（$x-x_1$）替换。其中，（$x-x_1$）为直角坐标中，从基准点到矩形片前沿处的距离。前缘距离 $x_1(z)$ 是 R、z 的函数，可以表示为

$$x_1(z)=R-\sqrt{R^2-z^2} \tag{13.113}$$

因此，通量表达式为

$$\overline{N}_{\mathrm{circ}}=\int_{-R}^{R}\mathrm{d}z\int_{R-\sqrt{R^2-z^2}}^{R+\sqrt{R^2-z^2}}D_i\frac{\partial\bar{c}_i}{\partial y}\mathrm{d}x \tag{13.114}$$

或者为

$$\overline{N}_{\mathrm{circ}}=0.84\frac{3^{1/3}[c_i(\infty)-c_i(0)]D_i^{2/3}\beta_y^{1/3}(2R)^{5/3}}{2\Gamma(4/3)} \tag{13.115}$$

与式（13.111）比较可知，圆形电极上的通量比起方形电极（$L=W=2R$）的小 84%。

13.5.2　局部对流扩散阻抗

质量守恒方程（13.109）的非稳态部分可表示为

$$\mathrm{j}\omega\tilde{c}_i-\frac{\partial^2\tilde{c}_i}{\partial y^2}+y\beta_y\frac{\partial\tilde{c}_i}{\partial x}=0 \tag{13.116}$$

非稳态方程的边界条件是

$$\text{当 } y=0 \text{ 且 } x\geqslant x_1 \text{ 时，} \tilde{c}_i=\tilde{c}_i(0)$$

$$\text{当 } y=0 \text{ 且 } x\geqslant x_1 \text{ 时，} \frac{\partial\tilde{c}_i}{\partial y}=0$$

$$\text{当 } y\rightarrow\infty \text{ 时，对于所有 } x\text{，} \tilde{c}_i=0 \tag{13.117}$$

无量纲浓度 θ_i 可定义为

$$\theta_i=\frac{\tilde{c}_i}{\tilde{c}_i(0)} \tag{13.118}$$

到表面的无量纲法向距离可定义为

$$\eta = y/\delta_{\mathrm{i}} = y\left[\frac{\beta_y}{D_{\mathrm{i}}(x - x_1)}\right]^{1/3} \tag{13.119}$$

式中，x_1 为电极前端的坐标，如图 13.39 所示。式（13.119）为相似变量（见第 2.5 节）。将 η 代入式（13.116），即可得到无量纲频率的定义，即

$$K_{x,\mathrm{i}} = \omega\left[\frac{(x - x_1)^2}{\beta_y^2 D_{\mathrm{i}}}\right]^{1/3} \tag{13.120}$$

由式（13.118）～式（13.120），可将方程（13.116）转化为

$$\mathrm{j}K_{x,\mathrm{i}}\theta_{\mathrm{i}} + \frac{2}{3}K_{x,\mathrm{i}}\eta\frac{\partial\theta_{\mathrm{i}}}{\partial K_{x,\mathrm{i}}} - \frac{\eta^2}{3}\frac{\partial\theta_{\mathrm{i}}}{\partial\eta} - \frac{\partial^2\theta_{\mathrm{i}}}{\partial\eta^2} = 0 \tag{13.121}$$

由 $K_{x,\mathrm{i}}$ 的定义可知正弦扰动与空间的相关性。

由于 $K_{x,\mathrm{i}}$ 与空间坐标相关，有必要先求出局部的解。通过级数形式表示为

$$\theta_{\mathrm{i}} = \sum_{m=0}^{\infty}(\mathrm{j}K_{x,\mathrm{i}})^m\theta_{\mathrm{i},m}(\eta) \tag{13.122}$$

对于此局部解，级数的项数在级数中起着非常重要的作用，并且随着频率的增加而增加。求解方程（13.122）得到的是低频解，高频解则需要另一种方法求得。

（1）低频解

基本函数 $\theta_{\mathrm{i},m}(\eta)$ 是实数，并遵循下列公式，即

$$\frac{\partial^2\theta_{\mathrm{i},0}}{\partial\eta^2} + \frac{\eta^2}{3}\frac{\partial\theta_{\mathrm{i},0}}{\partial\eta} = 0 \tag{13.123}$$

且

$$\frac{\partial^2\theta_{\mathrm{i},m}}{\partial\eta^2} + \frac{\eta^2}{3}\frac{\partial\theta_{\mathrm{i},m}}{\partial\eta} - \frac{2m\eta}{3}\theta_{\mathrm{i},m} = \theta_{\mathrm{i},m-1} \tag{13.124}$$

其边界条件为：当 $\eta=0$ 时，$\theta_{\mathrm{i}}(0)=1$，$\theta_{\mathrm{i},0}(0)=1$，当 $m>0$ 时，$\theta_{\mathrm{i},m}(0)=0$。当 $\eta\to\infty$时，$h(\infty)=0$。事实上，由于仅有界面通量是可以观察到的，所以我们只需要界面通量的表达式，即

$$\left.\frac{\mathrm{d}\theta_{\mathrm{i}}}{\mathrm{d}\eta}\right|_0 = \sum_{m=0}^{\infty}(\mathrm{j}K_{x,\mathrm{i}})^m\left.\frac{\mathrm{d}\theta_{\mathrm{i},m}}{\mathrm{d}\eta}\right|_0 \tag{13.125}$$

当 $0\leqslant \Updownarrow \leqslant 79$ 时，Deslouis 等给出了 $\mathrm{d}\theta_{\mathrm{i},m}/\mathrm{d}\eta|_0$ 相对应的值[269]。

（2）高频解

在高频区，浓度在靠近壁面处迅速减小，则对流项可以忽略不计，方程（13.121）可简化为

$$\mathrm{j}K_{x,\mathrm{i}}\theta_{\mathrm{i}} - \frac{\partial^2\theta_{\mathrm{i}}}{\partial\eta^2} = 0 \tag{13.126}$$

采用在第 2.2 节中所描述的方法，可以得到方程（13.126）的解。

根据边界条件，当 $\eta\to\infty$时，$\theta_{\mathrm{i}}=0$；当 $\eta=0$ 时，$\theta_{\mathrm{i}}=1$。类比方程（2.38）的求解，可以得到方程（13.126）的解析解，即

$$\theta_{\mathrm{i}} = \exp\left[-(\mathrm{j}K_{x,\mathrm{i}})^{1/2}\eta\right] \tag{13.127}$$

其局部无量纲阻抗为

$$\frac{z_D}{z_D(0)}=\left[\frac{d\theta_i}{d\eta}\bigg|_0\right]^{-1}=-(jK_{x,i})^{-1/2} \tag{13.128}$$

式（13.128）为归一化 Warburg 阻抗，就像在例 11.1 中描述的那样。如图 13.40 所示，在 $6\leqslant K_{x,i}\leqslant 13$ 范围内，高频解和低频解几乎重合。

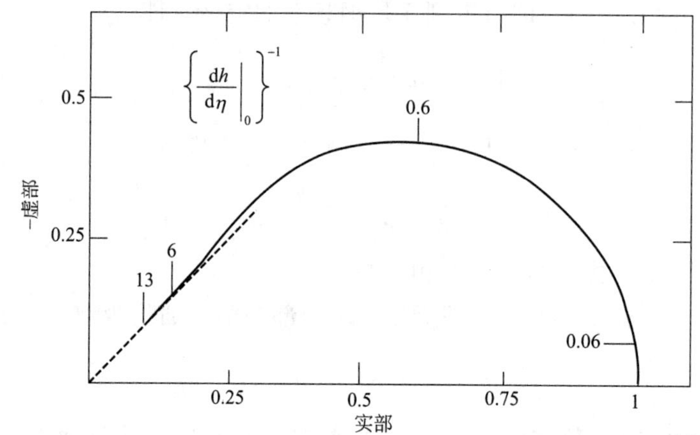

图 13.40　图 13.39 所示微小电极的局部扩散阻抗。其中，实线代表低频解（方程 13.125），虚线为高频解（方程 13.128）。在 6≤无量纲频率 $K_{x,i}$（式 13.120）≤13 范围内，高、低频解几乎重合（摘自 Delouis 等人[269]）

13.5.3　总对流扩散阻抗

通过局部对流阻抗求和的方法，可以得到微小电极的无量纲总阻抗，即

$$\frac{Z_D(0)}{Z_D}=\iint z_D^{-1}\mathrm{d}x\,\mathrm{d}z=-\iint\frac{1}{\tilde{c}_i(0)}\frac{\partial\tilde{c}_i}{\partial y}\bigg|_0\mathrm{d}x\,\mathrm{d}z=-\iint\frac{dh}{d\eta}\bigg|_0\frac{\mathrm{d}x\,\mathrm{d}z}{\delta_i(x)} \tag{13.129}$$

对于宽度为 W，长度为 L 的矩形电极，阻抗的表达式为

$$\frac{Z_D(0)}{Z_D}=-W\int_0^L\left(\sum_{m=0}^{\infty}(jK_{x,i})^m\frac{d\theta_{i,m}}{d\eta}\bigg|_0\right)\frac{\mathrm{d}x}{\delta_i(x)} \tag{13.130}$$

利用无量纲频率，即

$$K_i=\omega(L^2/D_i\beta_y^2)^{1/3} \tag{13.131}$$

式（13.130）可以进一步表示为

$$\frac{Z_D(0)}{Z_D}=\left(\frac{\beta_yL^2}{D_i}\right)^{1/3}WD_iH(K_i) \tag{13.132}$$

其中

$$H(K_i)=\frac{3}{2K_i}\int_0^{K_i}\frac{d\theta_i}{d\eta}\bigg|_0\mathrm{d}K_{x,i} \tag{13.133}$$

在低频范围内，将式（13.125）进行级数展开，可得到 $H(K_i)$的表达式为

$$H(K_i)=\frac{3}{2}\sum_{m=0}^{\infty}\frac{(jK_i)^m}{m+1}\frac{d\theta_{i,m}}{d\eta}\bigg|_0 \tag{13.134}$$

在高频范围内，积分必须分成两部分，这是因为电极的前缘总是处在低频控制之下。事实上，扩散层的局部厚度等于 $3^{2/3}\Gamma\left(\frac{4}{3}\right)\delta_i(x)$，正比于 $x^{1/3}$，并且在前缘区域是非常小

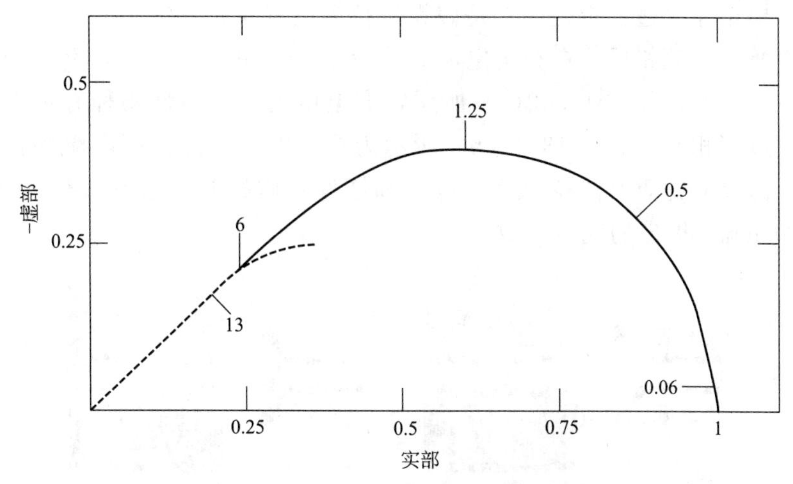

图 13.41　微矩形电极的总扩散阻抗图。

其中，实线代表低频解（方程 13.134），虚线为高频解（方程 13.137）。在 6≤无量纲频率 $K_{x,\mathrm{i}}$（式 13.131）≤13 范围内，高、低频解几乎重合（摘自 Delouis 等人[269]）

的，甚至即使在 $\omega/2\pi$ 较高时，$K_{x,\mathrm{i}}$ 也能始终保持较小的值。因此，有

$$H(K_{\mathrm{i}})=\frac{3}{2K_{\mathrm{i}}}\left(\int_{0}^{\sigma_1}\frac{\mathrm{d}\theta_{\mathrm{i}}}{\mathrm{d}\eta}\bigg|_{0}\mathrm{d}K_{x,\mathrm{i}}+\int_{\sigma_1}^{K_{\mathrm{i}}}\frac{\mathrm{d}\theta_{\mathrm{i}}}{\mathrm{d}\eta}\bigg|_{0}\mathrm{d}K_{x,\mathrm{i}}\right) \tag{13.135}$$

第一个积分项对应于低频区，第二个积分项对应于高频区。其中，必须分别使用式（13.125）和式（13.128）。于是式（13.135）可进一步改写为

$$H(K_{\mathrm{i}})=-\frac{B(\sigma_1)}{K_{\mathrm{i}}}+(\mathrm{j}K_{\mathrm{i}})^{1/2} \tag{13.136}$$

当 $\sigma_1\leqslant 13$ 时，$B(\sigma_1)$项可计算出，并且在 $6\leqslant\sigma_1\leqslant 13$ 的频率范围内，$\mathrm{B}(\sigma_1)$是常数，且等于 0.25j。这个结果表明，当 $K_{\mathrm{i}}\geqslant 6$ 时，式（13.136）可用。因此，式（13.136）可以写为

$$H(K_{\mathrm{i}})=-\frac{0.25\mathrm{j}}{K_{\mathrm{i}}}+(\mathrm{j}K_{\mathrm{i}})^{1/2} \tag{13.137}$$

因此，在 $6\leqslant K_{\mathrm{i}}\leqslant 13$ 范围内，如图 13.41 所示，同样可以得到方程（13.134）和方程（13.137）的重合结果。

13.6　充电电流与法拉第电流的耦合

从 20 世纪 60 年代末开始，在电化学学界就忽视了基于阻抗谱响应确定模型正确方法的争论，直到 2012 年，Nisancioglu 和 Newman 才提出了这一问题[270]。在电化学体系中，电流通过电极流动，可以归因于法拉第反应和双电层的充电。正如 Sluyters 提出的那样[271]，在模拟阻抗响应时，常常将这两个过程分开考虑。后来，有人在法拉第电流的基础上，加上双电层充电电流得到总电流。这种方法受到了 Delahay 和他的同事的批评[272~274]，因为从理论上讲，部分反应物的通量应该有助于界面的充电以及法拉第反

提示 13.2： 并非所有的时间常数分布都会产生 CPE。

应。然而，在模型建立过程中，仍然是假设法拉第电流和充电电流是相互独立的。

图 13.42 所示与此相反。在充电电流和法拉第电流单独作用下，反应物质的通量只对法拉第反应有贡献，如图 13.42(a) 所示，充电电流只对惰性物种有贡献。这与当前阻抗模型建立过程相对应。图 13.42(b) 所示为充电电流与法拉第电流耦合作用的示意图。此观点认为反应物质对法拉第反应电流和惰性物质的充电电流都有贡献。图 13.42 (b) 所示与 Delahay 提出的观点一致[272~274]。

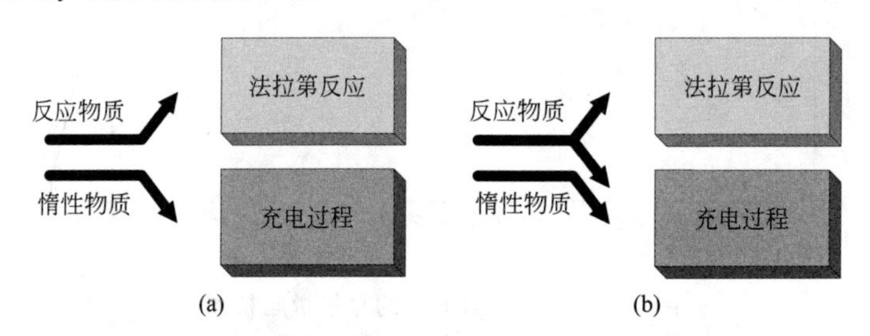

图 13.42 反应物对电极/电解质界面充电的作用示意图。
(a) 充电电流与法拉第电流单独作用；(b) 充电电流与法拉第电流耦合作用

放弃法拉第电流和充电电流独立作用的假设，需要考虑每一种离子物质对双电层模型与对流扩散方程的联合作用。Wu 等人[275] 利用 Nisancioglu 和 Newman[270] 提供的思路研究了充电电流和法拉第电流耦合作用对圆盘电极阻抗响应的影响。

13.6.1 理论进展

Wu 等人[275] 建立了二维阻抗模型，采用旋转圆盘电极，研究了非均匀传质的影响以及充电电流和法拉第电流耦合作用对其阻抗响应的影响。

(1) 稀溶液中的传质过程

在稀溶液中，质量传递的物质守恒方程表示为

$$\frac{\partial c_i}{\partial t} = -\nabla \cdot \boldsymbol{N}_\mathrm{i} + R_\mathrm{i} \tag{13.138}$$

在这里，通量由 Nernst-Planck 方程确定，即

$$\boldsymbol{N}_\mathrm{i} = -D_\mathrm{i}\left(z_\mathrm{i} c_\mathrm{i} \frac{F}{RT} \nabla \Phi + \nabla c_\mathrm{i}\right) + c_\mathrm{i} \boldsymbol{v} \tag{13.139}$$

其中，c_i 为组分 i 的浓度；z_i 为电荷数；D_i 为扩散系数；$\boldsymbol{v}$ 是与旋转圆盘相关的质量平均速度；R_i 为均相反应中组分 i 的生成量。在无均相反应的情况下，$R_\mathrm{i}=0$。当假设扩散系数是均匀的，那么有

$$\frac{\partial c_\mathrm{i}}{\partial t} + \boldsymbol{v} \cdot \nabla c_\mathrm{i} = z_\mathrm{i} D_\mathrm{i} \frac{F}{RT} \nabla \cdot (c_\mathrm{i} \nabla \Phi) + D_\mathrm{i} \nabla^2 c_\mathrm{i} \tag{13.140}$$

对于含 n 种组分的系统，需要 n 个方程 (13.140) 形式的表达式。对于电荷守恒，可以表示为

$$\nabla \cdot \mathbf{i} = -\nabla \cdot \left[F \sum_\mathrm{i} D_\mathrm{i} z_\mathrm{i} \left(z_\mathrm{i} c_\mathrm{i} \frac{F}{RT} \nabla \Phi + \nabla c_\mathrm{i}\right)\right] = 0 \tag{13.141}$$

方程 (13.140) 和方程 (13.141) 构成一个非线性微分方程组。

在频域中，每个变量，包括电位和每一种物质的浓度，如式 (13.58) 所示。那么，质量和电荷守恒方程分别变为

$$j\omega\tilde{c}_i+\boldsymbol{v}\cdot\nabla\tilde{c}_i=D_i\nabla\cdot\left[\nabla\tilde{c}_i+\frac{z_iF}{RT}(\bar{c}_i\nabla\tilde{\Phi}+\tilde{c}_i\nabla\bar{\Phi})\right] \tag{13.142}$$

和

$$\nabla\cdot\left\{\sum_i z_iD_i\left[\nabla\tilde{c}_i+\frac{z_iF}{RT}(\bar{c}_i\nabla\tilde{\Phi}+\tilde{c}_i\nabla\bar{\Phi})\right]\right\}=0 \tag{13.143}$$

其中，忽略了高阶项，如 $\tilde{c}_i\nabla\tilde{\Phi}$。在电极表面，每一种物质的通量可以表示为

$$\tilde{N}_{i,y}(0)=-D_i\left(\frac{d\tilde{c}_i}{dy}\right)_{y=0}+\frac{z_iF}{RT}\left(\bar{c}_i\frac{d\tilde{\Phi}}{dy}\bigg|_{y=0}+\tilde{c}_i\frac{d\bar{\Phi}}{dy}\bigg|_{y=0}\right) \tag{13.144}$$

在假设法拉第电流和充电电流独立作用或者耦合作用的两种情况下，讨论了电极边界通量和电流振荡之间的关系。

（2）法拉第电流与充电电流的耦合

假设金属表面电荷密度 q_m 与界面电位 V 和电荷扩散区域外每一种物质 i 的浓度 $c_i(0)$ 有关，由此表面电荷密度的变化为

$$dq_m=\left(\frac{\partial q_m}{\partial V}\right)_{c_i(0)}dV+\sum_i\left[\frac{\partial q_m}{\partial c_i(0)}\right]_{V,c_{j\neq(i)(0)}}dc_i(0) \tag{13.145}$$

式（13.145）可以由 $n+1$ 个参数组成，并且这些参数表征的都是界面性质。这些界面性质参数可以表示为

$$C_0=\left(\frac{\partial q_m}{\partial V}\right)_{c_i(0)} \tag{13.146}$$

其中，C_0 是常微分电容，对任一物质 $i=1$，…，n，有

$$C_i=\left[\frac{\partial q_m}{\partial c_i(0)}\right]_{V,c_{j\neq(i)(0)}} \tag{13.147}$$

这两项都可以从双电层扩散模型得到。

电极表面的电流可表示为

$$\tilde{i}=j\omega\tilde{q}_m+\tilde{i}_F \tag{13.148}$$

其中，表面电荷密度和法拉第电流密度的瞬时量可以近似地用基于其稳定值的泰勒级数展开式，即分别为

$$\tilde{q}_m=\left(\frac{\partial\bar{q}_m}{\partial V}\right)_{c_i(0)}\tilde{V}+\sum_i\left[\frac{\partial\bar{q}_m}{\partial c_i(0)}\right]_{V,c_{j\neq(i)(0)}}\tilde{c}_i(0) \tag{13.149}$$

和

$$\tilde{i}_F=\left(\frac{\partial\bar{i}_F}{\partial V}\right)_{c_i(0)}\tilde{V}+\sum_i\left(\frac{\partial\bar{i}_F}{\partial c_i(0)}\right)_{V,c_{j\neq(i)(0)}}\tilde{c}_i(0) \tag{13.150}$$

表面通量表示为

$$\tilde{N}_{i,y}(0)=-\frac{\partial\Gamma_i}{\partial c_i(0)}\frac{\partial c_i(0)}{\partial q_m}j\omega\tilde{q}_m-\frac{s_i}{nF}\tilde{i}_F \tag{13.151}$$

其中 s_i 是反应的化学计量系数；Γ_i 是物质 i 的表面浓度。在不预先假设法拉第和充电电流独立作用的情况下，将式（13.148）和式（13.151）作为边界条件，可以对阻抗响应进行估算。

（3）双电层模型

Wu 等人用 Stern-Gouy-Chapman 模型描述了扩散双电层的电学行为[275]。在假设离子

特异性吸附可以忽略的条件下，式（13.146）和式（13.147）中 C_0 和 C_i 的值，可以分别通过电位和双电层扩散区域外部极限处单个离子浓度的函数得到。双电层的结构如图 13.43 所示，其中，金属层（M）与金属表面的过剩电荷有关，外亥姆霍兹（Helmholtz）平面（OHP）是溶剂化离子最接近的平面，内亥姆霍兹平面（IHP）与吸附在电极上的离子有关。

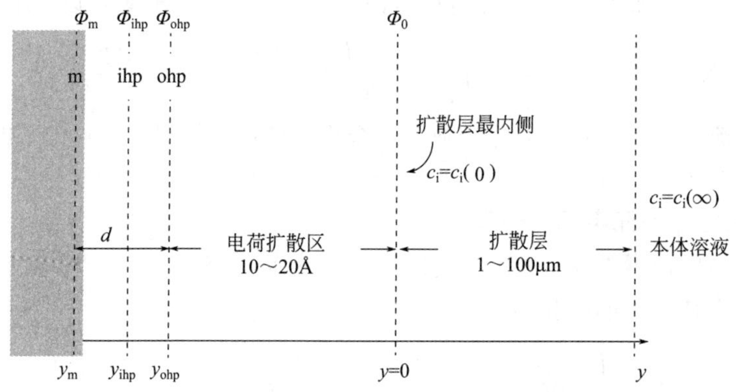

图 13.43 基于 SternGouy-Chapman 模型的双电层示意图。
摘自 Wu 等人论文[275]。注意：示意图没有按照比例绘制

由于双电层结构非常薄，常认为是电极/电解质界面的一部分。界面区域作为一个整体呈电中性，这使得电极上的过量表面电荷密度必须通过内亥姆霍兹平面和双电层扩散部分的表面电荷平衡。即有

$$q_m+q_{ihp}+q_d=0 \tag{13.152}$$

表面电荷密度与带电物质的表面过量浓度有关，因此存在下列关系

$$q_m=-(q_{ihp}+q_d)=-F\sum_i z_i\Gamma_i \tag{13.153}$$

金属表面、IHP 和 OHP 上的平均静电势，分别用 Φ_m、Φ_{ihp} 和 Φ_{ohp} 表示。在速率表达式中，包括了表面浓度 $c_i(0)$ 和电位 Φ_0。通常，需要研究扩散层的外极限边界或内极限边界处的表面浓度 $c_i(0)$ 和电位 Φ_0。

假设双电层扩散部分的离子浓度满足玻尔兹曼分布，即

$$c_i=c_i(\infty)\exp\left(-\frac{z_iF\Phi}{RT}\right) \tag{13.154}$$

泊松方程给出了浓度和电位之间的关系，即

$$\frac{d^2\Phi}{dy^2}=-\frac{F}{\varepsilon_d\varepsilon_0}\sum_i z_ic_i=-\frac{F}{\varepsilon_d\varepsilon_0}\sum_i z_ic_i(\infty)\exp\left(-\frac{z_iF\Phi}{RT}\right) \tag{13.155}$$

其中，y 为到电极的距离；ε_d 为扩散层中的介电常数；ε_0 为真空介电常数（$\varepsilon_0=8.8542\times10^{-14}$F/cm）。对泊松方程进行积分，可以得到扩散层中电位梯度和表面电荷密度的关系，即

$$\left.\frac{d\Phi}{dy}\right|_{y_{ohp}}=\frac{q_d}{\varepsilon_d\varepsilon_0} \tag{13.156}$$

其中，y_{ohp} 位于双电层扩散部分的内极限处，如图 13.43 所示。在平衡状态下，远离电极表面的电位接近于零。因此，利用边界条件求解泊松方程，可以得到扩散层中的电荷密度，即

$$q_{\mathrm{d}}=\mp\left\{2RT\varepsilon_{\mathrm{d}}\varepsilon_{0}\sum_{\mathrm{i}}c_{\mathrm{i}}(\infty)\left[\exp\left(\frac{-z_{\mathrm{i}}F\Phi_{\mathrm{ohp}}}{RT}\right)-1\right]\right\}^{1/2} \tag{13.157}$$

如果电位为正，则使用“—”号；反之，如果电位为负，则使用“+”号。

如果在内亥姆霍兹平面上没有离子特异性吸附，即 $q_{\mathrm{ihp}}=0$，则表面浓度与双电层扩散部分的单个电荷密度有关，即

$$\Gamma_{\mathrm{i}}=\frac{q_{\mathrm{d,i}}}{z_{\mathrm{i}}F} \tag{13.158}$$

根据吉布斯公式（见参考文献[116] 中的第 7 章），与双电层扩散部分中给定组分 i 相关的表面电荷可以表示为

$$q_{\mathrm{d,i}}=z_{\mathrm{i}}F\int_{y_{\mathrm{ohp}}}^{\infty}[c_{\mathrm{i}}-c_{\mathrm{i}}(\infty)]\mathrm{d}y \tag{13.159}$$

其中，c_{i} 由方程（13.154）给出。根据电场的定义，在 y 上积分求解，即得

$$E=-\frac{\mathrm{d}\Phi}{\mathrm{d}y} \tag{13.160}$$

式中，E 是根据方程（13.156）和方程（13.157）得到的 Φ 函数。因此，通过对扩散区的电位降进行积分，可以得到与单组分相关的电荷密度，即

$$q_{\mathrm{d,i}}=\mp\int_{0}^{\Phi_{\mathrm{ohp}}}\frac{z_{\mathrm{i}}Fc_{\mathrm{i}}(\infty)\left[\exp\left(\frac{-z_{\mathrm{i}}F\Phi}{RT}\right)-1\right]}{\left\{\frac{2RT}{\varepsilon_{\mathrm{d}}\varepsilon_{0}}\sum_{\mathrm{k}}c_{\mathrm{k}}(\infty)\left[\exp\left(\frac{-z_{\mathrm{k}}F\Phi}{RT}\right)-1\right]\right\}^{1/2}}\mathrm{d}\Phi \tag{13.161}$$

上述电荷密度表达式假设扩散层外极限处的离子浓度与本体值相同，系统达到真实平衡，即 $c_{\mathrm{i}}(0)=c_{\mathrm{i}}(\infty)$，并且扩散层外极限处的电位等于无限远处参比电极的电势。因此，对于与工作电极相同类型的参比电极，$\Phi_{0}=0$。

当流入电极的净电流不等于零时，系统不处于平衡状态，即 $\Phi_{0}\neq0$。方程（13.157）和方程（13.161）分别变为

$$q_{\mathrm{d}}=\mp\left\{2RT\varepsilon_{\mathrm{d}}\varepsilon_{0}\sum_{\mathrm{i}}c_{\mathrm{i}}(0)\left[\exp\left(\frac{-z_{\mathrm{i}}F(\Phi_{\mathrm{ohp}}-\Phi_{0})}{RT}\right)\right]-1\right\}^{1/2} \tag{13.162}$$

和

$$q_{\mathrm{d,i}}=\mp\int_{0}^{\Phi_{\mathrm{ohp}}}\frac{z_{\mathrm{i}}Fc_{\mathrm{i}}(0)\left[\exp\left(\frac{-z_{\mathrm{i}}F\Phi}{RT}\right)-1\right]}{\left\{\frac{2RT}{\varepsilon_{\mathrm{d}}\varepsilon_{0}}\sum_{\mathrm{k}}c_{\mathrm{k}}(0)\left[\exp\left(\frac{-z_{\mathrm{k}}F\Phi}{RT}\right)-1\right]\right\}^{1/2}}\mathrm{d}\Phi \tag{13.163}$$

在这种情况下，扩散层中的电荷密度与扩散层外极限处的浓度和电势有关，并且可以通过求解电荷扩散区外的质量和电荷守恒方程得到。

对于式（13.157）或式（13.162）中表面电荷密度的计算，需要双电层的其他信息。高斯定律将表面电荷密度与外亥姆霍兹平面内的电场联系起来，即

$$q_{\mathrm{m}}=-q_{\mathrm{d}}=\frac{\varepsilon\varepsilon_{0}}{\delta}(\Phi_{\mathrm{m}}-\Phi_{\mathrm{ohp}}) \tag{13.164}$$

式中，ε 是金属表面和外亥姆霍兹平面之间的介电常数；δ 是金属表面和外亥姆霍兹平面之间的距离，如图 13.43 所示。方程（13.164）可作为双电层中求解 q_{m} 和 Φ_{ohp} 的第二个方程。

（4）法拉第电流与充电电流单独作用

正如大多数已发表的著作中所述的那样（见参考文献[13]），传统方法是将双电层充电电流和法拉第电流视为可分离量。总电流密度表示如下

$$i = i_C + i_F = C_0 \frac{dV}{dt} + i_F \tag{13.165}$$

或者，在频域中

$$\tilde{i} = j\omega C_0 \tilde{V} + \tilde{i}_F = j\omega \left(\frac{\partial q_m}{\partial V}\right)_{c_i(0)} \tilde{V} + \tilde{i}_F \tag{13.166}$$

当分别考虑法拉第电流和充电电流的作用时，可以忽略质量通量对双电层充电的贡献。从而有

$$\tilde{N}_{i,y}(0) = -\frac{s_i}{nF}\tilde{i}_F \tag{13.167}$$

对比方程（13.167）与方程（13.151）发现，方程（13.151）中的第一项被忽略了。在法拉第电流和充电电流预先分离的假设条件下，可以使用式（13.166）和式（13.167）作为边界条件，评估电位和浓度的瞬态响应。

13.6.2 数值计算法

数值计算法常用于求解稳态浓度分布方程组和扩散双电层模型。通过数值计算法求解浓度分布方程组和扩散双电层模型，可以获得方程（13.146）和方程（13.147）中的参数。利用这些参数，可以进一步求解在频域中的耦合对流扩散方程。

（1）稳态计算

在二维对称坐标系中，利用有限元 COMSOL® Multiphysics® 软件包中的 Nernst-Planck 模块，在假设稳态的条件下，可以求解方程（13.140）和方程（13.141）。数值计算域的大小与第 13.6.2 节中阻抗计算域的大小相同。在扩散层内极限区的浓度值可以作为第 13.6.2 节中双电层模型的输入量。由于对迁移项的直接处理，双电层模型是非线性的，因此电位和浓度的稳态值可用于第 13.6.2 节中的阻抗计算。

（2）双电层特性

采用牛顿-拉弗森法（Newton-Raphson Method），可求解双电层中电荷和电位分布的非线性方程。对于非平衡系统，一般假设局部是平衡的。这样，就可以通过求解稳态条件下对流扩散方程的解，得到扩散层外极限处的浓度和电势。通过建立表面浓度和电位与半径之间的函数关系，就能够获得电极表面电荷在径向的分布。根据表面平均浓度和电位的值，可得到表面电荷的平均值。利用 Matlab® 积分函数中的 Gauss-Kronrod 积分法，对方程（13.161）或方程（13.163）进行数值积分，可得到扩散层电荷。扩散层电荷与每一种组分相关。如果金属表面和外亥姆霍兹平面之间的致密层厚度为 3Å，根据 Bockris 的研究[276]，已知电极表面附近为完全定向水层，那么外亥姆霍兹平面内致密区的介电常数约为 6。在这里，扩散层的介电常数为 78，即水在室温下的介电常数。

（3）阻抗计算

在二维对称坐标系下，利用有限元 COMSOL® Multiphysics® 软件包中的 Nernst-Planck 模块，可以求解旋转圆盘电极的相关方程。为了满足辅助电极离工作电极表面无限远的假设要求，将计算域设置为圆盘半径的 2000 倍。联合求解计算电位和浓度方程的网格

域如图 13.44 所示。为了减少物理内存和缩短计算时间，对离电极较远的区域使用粗网格。较细的网格主要用在比圆盘半径大 20 倍的区域，以研究电极附近电位的变化规律。由于离子的浓度只在距电极表面一小段距离内变化，因此在比扩散层特征厚度大 10 倍的区域内，构建了更为精细的网格。扩散层的特征厚度为

$$\delta_{\mathrm{N}}=\left(\frac{3D_{\mathrm{i}}}{a\nu}\right)^{1/3}\left(\frac{\nu}{\Omega}\right)^{1/2} \tag{13.168}$$

其中，$a=0.51023$，是旋转圆盘速度级数展开项中第一项的系数；ν 是运动黏度；Ω 为圆盘转速[116]。这种方法可以研究电极表面浓度的变化。

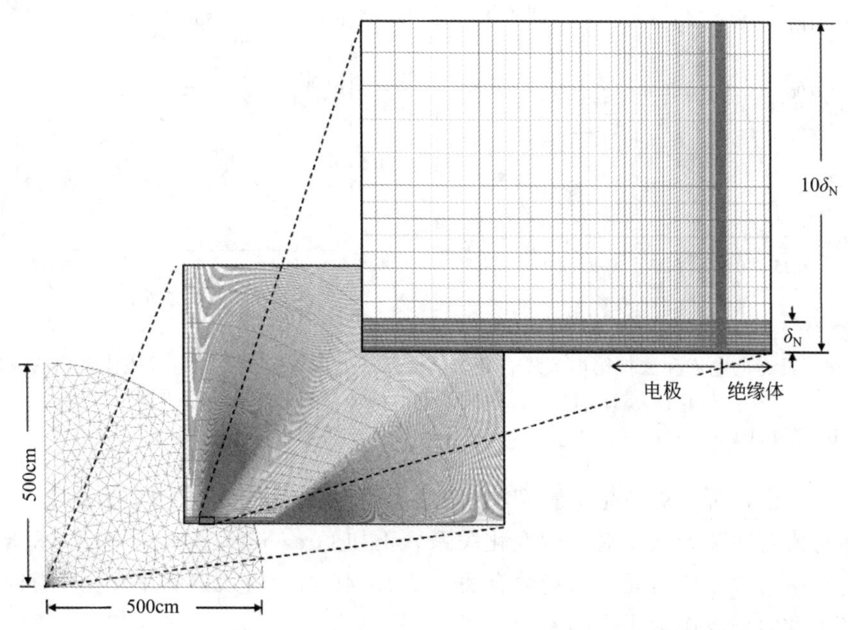

图 13.44　有限元计算的不同网格示意图（摘自 Delouis 等人[275]）

对阻抗模型求稳态解，一般采用查表的形式，通过插值得到合适的值。在求解稳态解和阻抗模型计算过程中，使用的网格域是相同的。这样，可以减小节点间插值的误差。在阻抗模型计算中，采用电极双电层电容和热力学参数的分布，可以评估、研究法拉第电流和充电电流耦合情况下的阻抗响应。对于法拉第电流和充电电流非耦合的情况，表面平均双电层电容为

$$\langle C_0\rangle=\frac{1}{\pi r_0^2}\int_0^{r_0}C_0(r)r\,\mathrm{d}r \tag{13.169}$$

表面平均双层电容可以用于确定充电电流，但是该充电电流不包括电荷扩散区传质在内。

在对流扩散表达式中，其速度由插值公式组成。根据式（11.53）和式（11.51），基于圆盘表面附近区域的边界条件，速度插值公式为径向和轴向速度分量级数展开式中前三项之和，以及远离圆盘区域的边界条件下径向和轴向速度分量级数展开式中前两项之和（见例 11.5）[181]。求解电极表面附近的参数值，插值公式精度极好，并且与整个区域内 Navier-Stokes 方程的数值解一致。

13.6.3　法拉第电流与充电电流的耦合作用

在假设充电电流和法拉第电流耦合和非耦合条件下，电极在两种电解质体系中的整体阻

抗分别如图 13.45(a) 和图 13.45(b) 所示。其中，图 13.45(a) 对应电解质为 0.1mol/L 的 $AgNO_3$ 和 1mol/L 的 KNO_3 溶液，图 13.45(b) 对应 0.01mol/L 的 $AgNO_3$ 和 1mol/L 的 KNO_3 溶液。根据式 (13.62) 计算无量纲频率 K。两种情况的假设结果差异在于中频和高频段：法拉第电流和充电电流在中高频段都很重要。在高频区域，无论哪种情况下，都只能看到一个下凹的半圆。然而，当假定法拉第电流和充电电流是耦合的时候，凹陷的程度更大。

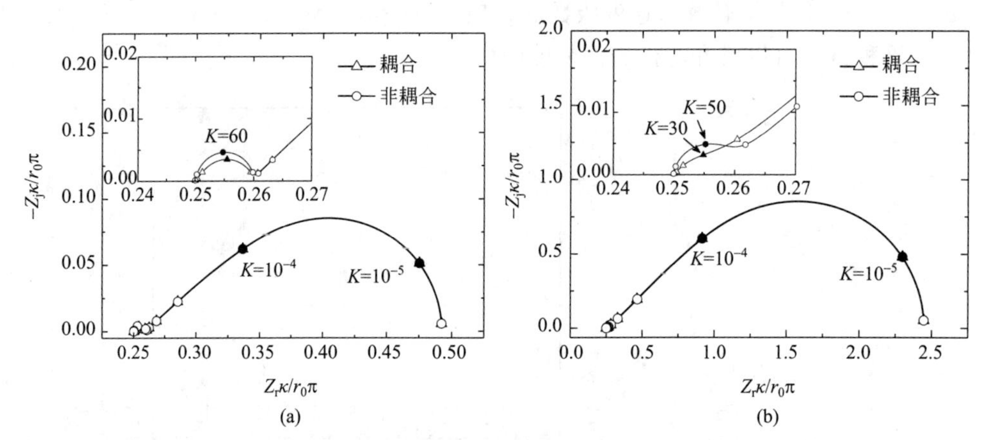

图 13.45 在假设充电电流和法拉第电流耦合和非耦合条件下，电极在两种电解质体系中的整体阻抗谱。
(a) 在 0.1mol/L 的 $AgNO_3$ 和 1mol/L 的 KNO_3 溶液中；
(b) 在 0.01mol/L 的 $AgNO_3$ 和 1mol/L 的 KNO_3 溶液中（摘自 Delouis 等人[275]）

在图 13.46 中，可以更清楚地看到在两种假设条件下阻抗模型之间的区别。可见，整体阻抗虚部绝对值对数随着频率对数的变化关系。正如 Orazem 等人[252] 和第 18.3 节所讨论的，曲线的斜率与常相位角元件的指数有关。图 13.46 所示直线的斜率在图 13.47 中是以传质极限电流密度的分数作为影响因素的。

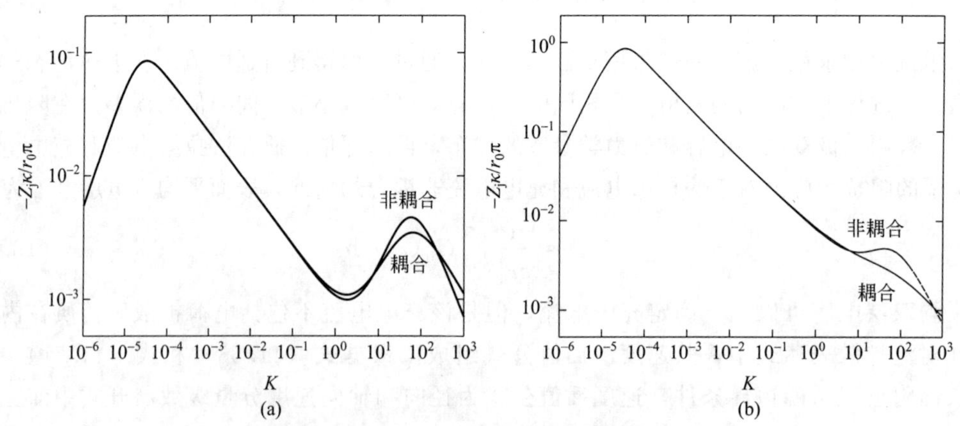

图 13.46 在假设充电电流和法拉第电流耦合和非耦合条件下，
电极在两种电解质体系中虚部阻抗随着频率的变化图。
(a) 在 0.1mol/L 的 $AgNO_3$ 和 1mol/L 的 KNO_3 溶液中；
(b) 在 0.01mol/L 的 $AgNO_3$ 和 1mol/L 的 KNO_3 溶液中（摘自 Delouis 等人[275]）

在假设充电电流和法拉第电流非耦合条件下所得到的凹陷半圆弧，与 Huang 等人的结果非常相似[125]。其中，忽略了质量传递引起的二次电流分布。从图 13.47(a) 和(b) 可知，在充电电流和法拉第电流非耦合条件下，高频段直线的斜率与频率不是很相关，其值为 $\alpha=0.9$。Huang 等人得到了类似的结果[125]，由于电流和电位分布的非均匀性，导致出现假的 CPE 行为。在假设充电电流和法拉第电流耦合条件下，得到的凹陷半圆弧对应于指数 α 在 0.5 和 0.6 之间的高频伪 CPE 行为，这远小于电流和电位非均匀分布影响时的值。这表明，当假设充电电流和法拉第电流耦合时，一定有其他因素导致了频率弥散效应。

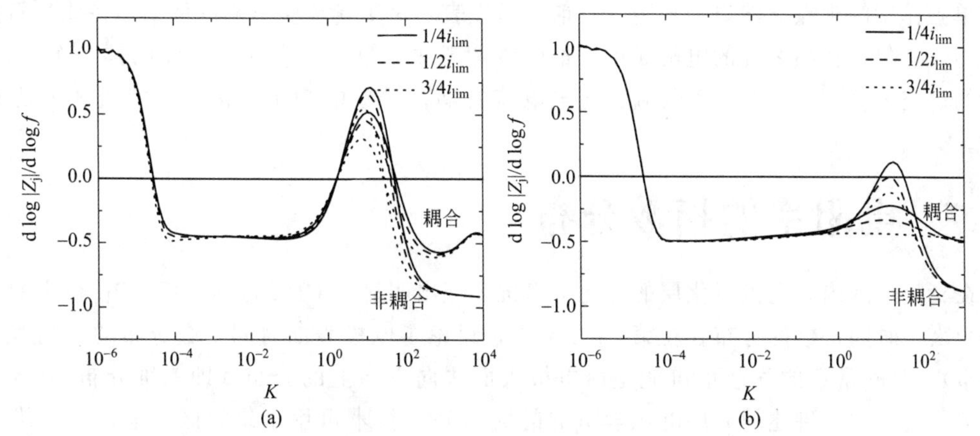

图 13.47　在假设充电电流和法拉第电流耦合和非耦合条件下，电极在两种电解质体系中虚部阻抗对数随着频率对数的变化关系。

（a）在 0.1mol/L 的 $AgNO_3$ 和 1mol/L 的 KNO_3 溶液中；

（b）在 0.01mol/L 的 $AgNO_3$ 和 1mol/L 的 KNO_3 溶液中（摘自 Delouis 等人[275]）

如图 13.48 所示，通过对非耦合和耦合情况下整体界面阻抗的检验，可以发现充电电流和法拉第电流耦合作用导致的频率弥散效应。在假设充电电流和法拉第电流单独作用时，整体界面阻抗虚部对数在高频段随着频率对数的变化直线斜率导数接近－1，这与理想的法拉第反应是一样的。与之形成鲜明对比的是，充电电流与法拉第电流耦合时对应得到的值在－0.7～－0.5 之间。

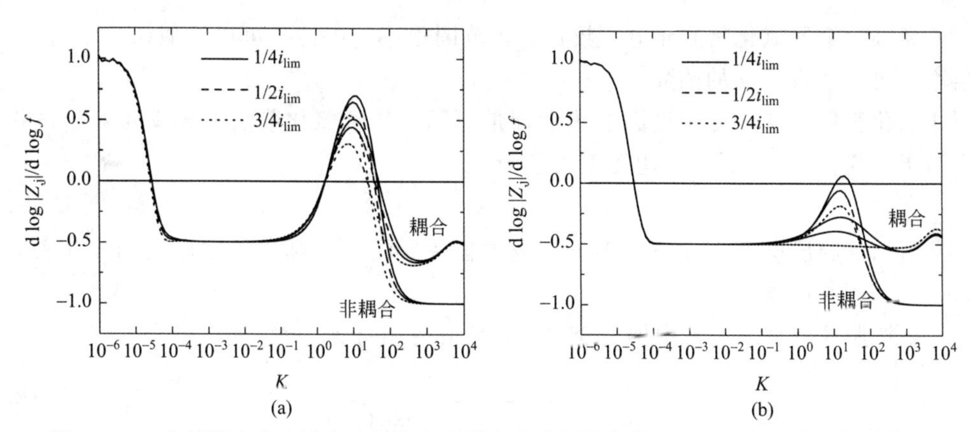

图 13.48　在假设充电电流和法拉第电流耦合和非耦合条件下，电极在两种电解质体系中整体界面阻抗虚部对数在高频段随着频率对数的变化关系。

（a）在 0.1mol/L 的 $AgNO_3$ 和 1mol/L 的 KNO_3 溶液中；（b）在 0.01mol/L 的 $AgNO_3$ 和 1mol/L 的 KNO_3 溶液中

在充电电流和法拉第电流耦合作用的条件下，数值模拟需要界面的热力学性质。然而，这些热力学性质是不容易得到的。Wu 等人[275] 假设在没有离子特异性吸附的情况下，采用扩散双电层Stern-Gouy-Chapman模型得到了相关结果。无疑，使用精细改进的模型肯定会改善计算结果。但是，他们的工作表明，在充电电流和法拉第电流耦合作用下，频率弥散在高浓度电解质中仍然存在失。这一结果与Nisancioglu和Newman的结论相矛盾[270]。尽管低浓度的银离子对充电电流的贡献一定很小，但是对充电电流的贡献会影响对法拉第电流的贡献。因此，最终会影响阻抗响应。如果体系不受传质影响，那么认为法拉第电流和充电电流单独作用的观点显然更为合适。目前，研究表明对于受传质影响的体系，在建立阻抗响应模型时，包括在高浓度的电解质中，都应该考虑法拉第电流和充电电流的耦合作用。Wu等人的研究表明[275]，法拉第电流和充电电流的耦合导致的频率弥散，可能表现为伪CPE行为。

13.7 电阻率的指数分布

在高频范围内，电极氧化层的电化学阻抗表现出明显的CPE行为，而CPE行为的起源一般归因于时间常数的分布。在第13.2节中，讨论了电极表面时间常数分布的影响（即二维分布），时间常数的弥散也可能是由电极表面法向方向上的分布（即三维分布）引起的。在第7.5.2节中，讲述的局部电化学阻抗谱（LEIS）技术可用于研究区分电极的二维和三维分布[277]。采用LEIS技术，发现在高频条件下，二维分布特征是纯电容行为，三维分布则有明显的CPE行为特征。当然，如第13.2节所述[248]，电流和电位的二维分布也可以影响三维分布的局部CPE行为特征。对于电极氧化层，时间常数在电极表面的法向分布可能是由于氧化物成分变化导致的。

如图12.5所示，可以认为膜层阻抗与Voigt元件数目相对应。电容$C(y)$是厚度为dy的电介质电容。电阻率为$\rho(y)$，厚度为dy的膜层电阻为$R(y)$，沿y方向从0到δ（涂层厚度）进行积分，可以得到局部阻抗，即

$$Z_{Y}=\int_{0}^{\delta}\frac{\rho(y)}{1+j\omega\varepsilon\varepsilon_{0}\rho(y)}dy \tag{13.170}$$

如表5.6所列，金属氧化物的介电常数ε变化范围很小。因此，可以近似认为ε与y无关，而电阻率ρ可以假设为y的函数。

对于氧化膜层，Young假设因非化学计量原因，导致氧化膜层电导率相对于电极的法向距离呈指数变化[278]。这样，电阻率表示为

$$\rho(y)=\rho_{0}\exp(-y/\lambda) \tag{13.171}$$

图13.49所示为膜层厚度8nm时，其归一化电阻率$\rho(y)/\rho_{0}$随着膜层厚度的变化关系。其中，以δ/λ为影响因素。

电阻率按照式（13.171）中梯度变化时，Young阻抗为[279,280,135]

$$Z_{Y}=\frac{\lambda}{j\omega\varepsilon\varepsilon_{0}}\ln\left[\frac{1+j\omega\rho_{0}\varepsilon\varepsilon_{0}}{1+j\omega\rho_{0}\varepsilon\varepsilon_{0}\exp(-\delta/\lambda)}\right] \tag{13.172}$$

在低频极限条件下，基于洛必达法则（L′HôPital′s Rule），可得

$$\lim_{\omega\to 0}Z_{Y}=\lambda\rho_{0}[1-\exp(-\delta/\lambda)] \tag{13.173}$$

提示13.3：并非所有的下凹半圆弧都对应于CPE行为。

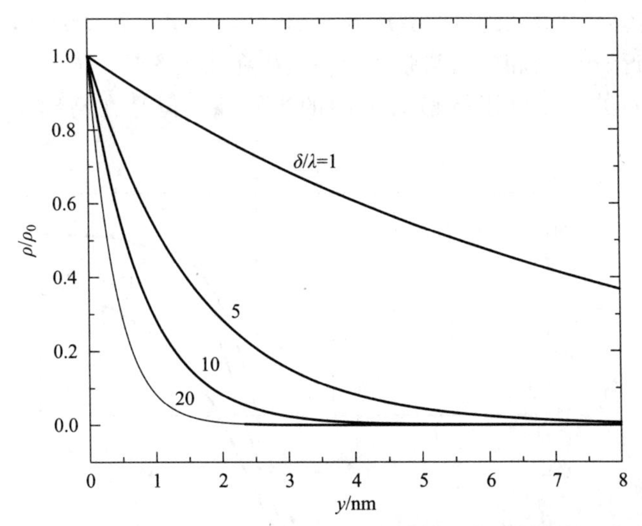

图 13.49　电阻率 $\rho(y)/\rho_0$ [式(13.171)]随着膜层厚度在 y 方向上的变化关系。其中，膜层厚度 8nm，且 δ/λ 为影响因素

其值对应体系的电阻值。这一结果与电阻率的直接积分结果一致。在高频极限下，有

$$\lim_{\omega\to 0} Z_Y = -\mathrm{j}\,\frac{\delta}{\omega\varepsilon\varepsilon_0} \tag{13.174}$$

其值对应于电容的阻抗

$$C_Y = \frac{\varepsilon\varepsilon_0}{\delta} \tag{13.175}$$

与式（12.11）一致。

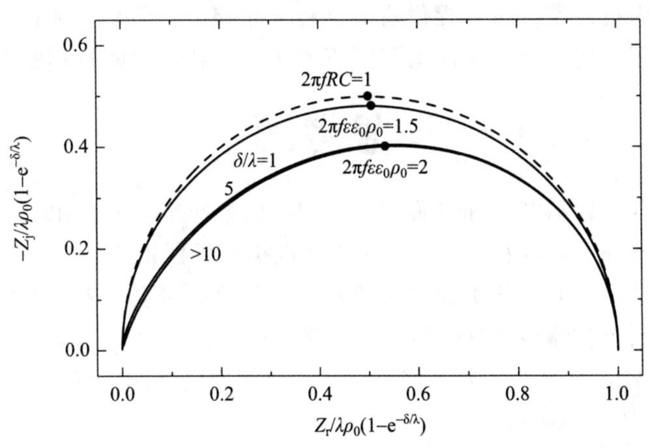

图 13.50　Young 阻抗（式（13.172））的 Nyquist 图。其中，δ/λ 为影响因素。阻抗模型中参数 $\varepsilon=12$，$\rho_0=1\times10^9\,\Omega\cdot\mathrm{cm}$。虚线为基于 RC 电路的阻抗

图 13.50 为 Young 阻抗的 Nyquist 图。其中，δ/λ 为影响因素。在阻抗模型中，参数 $\varepsilon=12$，$\rho_0=1\times10^9\,\Omega\cdot\mathrm{cm}$。虚线表示基于 RC 电路的阻抗响应。与虚线相比，Young 阻抗弧为一个下凹的半圆弧，类似于 CPE 与电阻并联所得到的结果（见第 14 章）。Nyquist 曲线不是对称的，特别是当 $\delta/\lambda>5$ 时。相角可以更为清晰地表示阻抗响应，图 13.51 所示为相位角与归一化频率的关系图。对于 RC 电路（虚线），归一化频率由 $f/f_c=2\pi RC$ 计算。对

于 Young 模型（实线），归一化频率由 $f/f_c=2\pi\varepsilon\varepsilon_0\rho_0$ 计算。在低频下，相位角等于零；在高频下，相位角接近－90°。相位角与频率无关发生在无频率时。显然，没有发现常相位角。但是，从图 13.50 可知，尽管阻抗谱为下凹的半圆弧，但是在高频率下相位角还是接近－90°。

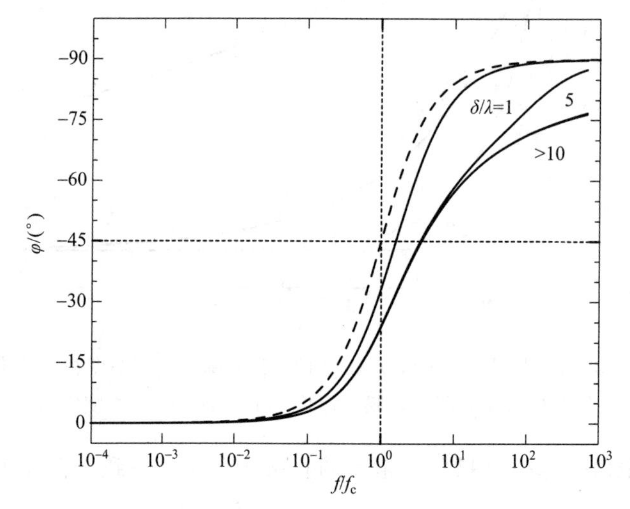

图 13.51 与 Young 阻抗模型［式（13.172）］相关的相位角与归一化频率的关系图。其中，δ/λ 为影响因素。阻抗模型中参数 $\varepsilon=12$，$\rho_0=1\times10^9\Omega\cdot\mathrm{cm}$。虚线为基于 RC 电路的阻抗

在这种情况下，CPE 可以用来描述在有限频率范围内获得的实验数据。但是，当假设一个物理模型时，例如 Young 阻抗模型，并没有发现真正的 CPE 行为。应该指出的是，CPE 模型对应于特定的时间常数分布，这些时间常数可能与给定的物理情况对应，也可能不对应。通过局部阻抗测量，可以提供有关这种分布特征的信息，无论是二维、三维，还是二者兼有。这个例子表明，并不是所有具有下凹半圆弧特征的阻抗谱都对应 CPE 行为。

思考题

13.1 求出方程（13.123）和方程（13.124）的解析解，并写出 $m=1$ 时对应的方程。

13.2 在室温条件下，半径为 0.25cm 的圆盘铂电极浸泡在 0.1mol/L 的 NaCl 溶液中。计算频率高于多少时，几何形状引起的时间常数弥散效应将会对阻抗响应产生影响。

13.3 对于表面自然氧化的钢质圆盘电极，其半径为 0.25cm。在室温下，电解质为 0.1mol/L 的 NaCl 溶液。计算当频率高于多少时，几何形状引起的时间常数弥散将会对阻抗响应产生影响。

13.4 对于一个半径为 0.25cm 的钢质圆盘电极，表面覆盖着厚度为 100μm 的聚合物涂层。在室温下，电解质为 0.1mol/L 的 NaCl 溶液。计算当频率高于多少时，几何形状引起的时间常数弥散将会影响阻抗响应。

13.5 式（13.61）的无量纲形式常用于证明无量纲频率的使用合理性。其中，无量纲频率由式（13.62）确定，特征尺寸为圆盘的半径 r_0。根据下列公式

$$K=\omega C_0 R_e \tag{13.176}$$

和式（13.73），确定一个可选的特征尺寸。

13.6 建立在旋转条件下，微小电极阻抗响应所需的方程。

13.7　一薄膜层电池由一个单独平板和一个工作电极组成。其中，平板与工作电极之间的距离 ε 很小。如果考虑的体系是柱形对称的，计算这种结构的圆盘电极阻抗。

13.8　当 $l\sqrt{2\rho/rZ_{eq}}$ 非常小时，考察式（13.19）的极限情况。同时，使用该模型回归实验数据，可以得到哪些独立的参数或参数组？这些限制条件与哪些几何构型一致？

13.9　当 $l\sqrt{2\rho/rZ_{eq}}$ 既不是很小也不是很大时，对式（13.19）进行讨论。使用该模型回归实验数据时，可以得到哪些独立的参数或参数组？

13.10　按照第 13.2.1 节所述，采用数值方法，可得到表 13.2 所列的不同尺寸矩形电极的特征频率。其中，辅助电极位于无穷远处。电容值为 $20\mu F/cm^2$，电阻率为 $1000\Omega \cdot cm$。证明与特征频率相关的特征尺寸，可以表示为 $d=d_1d_2/(d_1+d_2)$。

表 13.2　矩形电极（$d_1 \times d_2$）的特征频率

f_c /kHz	d_1 /mm	d_2 /mm
21.59	0.04055	0.00405
9.81	0.04055	0.01014
5.89	0.04055	0.02028
3.92	0.04055	0.04055
3.11	0.02819	0.28190
2.94	0.04055	0.08110
2.35	0.04055	0.20275
2.22	0.04055	0.30413
2.16	0.04055	0.40550
2.11	0.04055	0.52715
1.41	0.07048	0.28190
0.85	0.14095	0.28190
0.56	0.28190	0.28190
0.42	0.56380	0.28190
0.34	1.40950	0.28190
0.32	2.11425	0.28190
0.31	2.81900	0.28190
0.30	4.22850	0.28190

13.11　根据表 13.2，确定矩形电极与时间常数弥散相关的特性频率的表达式。其中，时间常数弥散与 CPE 相关。

13.12　三个不同尺寸的电极并联时，求出几何效应引起时间常数弥散效应出现时的最小频率：

（a）半径为 $r_0=0.25cm$ 的圆盘电极，尺寸为 0.2 cm×0.6cm 的矩形电极，半径为 $r_0=0.25cm$ 的半球电极；

（b）半径为 $r_0=0.25cm$ 的圆盘电极，半径为 $r_0=0.5cm$ 的圆盘电极，半径为 $r_0=0.75cm$ 的圆盘电极；

(c) 尺寸为0.2×0.2cm，0.2×0.6cm，0.2×1.2cm的三个矩形电极。

13.13 求在下列情况中几何效应引起的时间常数弥散效应出现的最小频率：

(a) 由半径为$r_0=10\mu m$的20个圆盘组成的电极；

(b) 一个面积等于半径为$r_0=10\mu m$的20个圆盘面积之和的电极。

13.14 对于薄膜的阻抗响应，电阻率随着垂直于薄膜平面的法线方向位置的变化为

$$\rho(y)=\rho_0\exp(-y/\lambda) \tag{13.177}$$

其中，λ是随电阻率变化的特征尺寸。

(a) 将得到的电阻率绘制成随着厚度位置变化的关系图（膜厚度$\delta=8nm$），可以假设$\lambda=4nm$，$\rho_0=1\times10^9\Omega\cdot cm$。

(b) 推导出薄膜的阻抗响应表达式，可以参考书中Young阻抗的讨论。

(c) 将所得阻抗绘制成Nyquist图。其中，$\varepsilon=12$，$\lambda=4nm$，$\delta=8nm$，$\rho_0=1\times10^9\Omega\cdot cm$。该阻抗谱是一个凹陷的半圆弧吗？该阻抗代表CPE吗？你可以用阻抗虚部的绝对值对频率在对数坐标轴上作图证明你的答案。

13.15 系统的阻抗模型为

$$Z=R_e+\frac{1}{(j\omega)^\alpha Q} \tag{13.178}$$

其中，$\alpha=0.5$。方程（13.178）与薄膜表面的时间常数分布相关。但是，当$\alpha=0.5$时，可有其他解释？提出另外两种可能说明该结果的物理解释。

第14章 常相位角元件

在电子电路中，一般利用常相位角元件（CPE）拟合某一实验系统的阻抗数据。CPE仅用来提高拟合精度，并由此模糊断言所研究的系统存在时间常数的分布。本章将阐述CPE参数是具有一定物理意义的。CPE可视为一种特例，如在第13章中所讲述的那样，时间常数是一种特别的分布现象。其中时间常数遵循特定的分布规律。从物理意义讲，CPE具有电容特性。然而，如果要真正地理解CPE参数的含义，还需要了解时间常数分布的性质。

14.1 CPE的数学公式

对于膜电极，如果表现出CPE行为，并且阻抗可以用欧姆电阻R_e、并联电阻$R_{\|}$及CPE参数α和Q表示为

$$Z=R_e+\frac{R_{\|}}{1+(j\omega)^{\alpha}R_{\|}Q} \tag{14.1}$$

当$\alpha=1$时，电极系统由一个时间常数描述。参数Q为电容单位。当$\alpha\neq1$时，Q的单位为$s^{\alpha}/(\Omega\cdot cm^2)$或$F/(s^{1-\alpha}\cdot cm^2)$。电极系统表现出CPE行为，归因于表面的非均匀性[281,282]，或连续分布的时间常数行为[283~287]。

当$(\omega)^{\alpha}R_{\|}Q\gg1$时，就有

$$Z=R_e+\frac{1}{(j\omega)^{\alpha}Q} \tag{14.2}$$

式（14.2）展现的为固体电极特征。在式（14.1）中，$R_{\|}$为电阻，表示对应薄膜介电响应的不同电流路径并联后的并联电阻。这些电流路径包括固体基体内互连的导电相，或在底部电解质/金属界面处发生反应的微孔。

14.2 CPE的时间常数分布

通常基于电气元件构成的模型，进行电化学系统的分析。电气元件一般包括电阻、电容、电感、扩散阻抗、de Levie阻抗或Young阻抗元件。当数据回归不够充分满意时，就可以引入一个或多个时间常数分布，以满足对数据更准确拟合的要求。据以往经验，很难知道时间常数分布是否与CPE或另一种形式相对应。但是采用图形分析法，对实验数据进行分析可以得到这个问题的答案。

如果假设时间常数分布在高频范围内起作用，那么就可以建立一个更好的阻抗表达式。如果是一个很简单的系统，根据式（14.1），就可以将总阻抗表达如下

$$Z_{\mathrm{T}}(\omega)=R_{\mathrm{e}}+\frac{R_{\parallel}}{1+(\mathrm{j}\omega)^{\alpha}R_{\parallel}Q} \tag{14.3}$$

在 $\omega^{\alpha}R_{\parallel}Q\gg1$ 的条件下，式（14.3）对应于式（4.2）。在一般情况下，式（14.3）可以表示为

$$Z_{\mathrm{T}}(\omega)=R_{\mathrm{e}}+\frac{Z(\omega)}{1+(\mathrm{j}\omega)^{\alpha}Z(\omega)Q} \tag{14.4}$$

其中，在高频率条件下，阻抗对应于式（14.2）。

根据 18.2.1 节中的图形分析法，可以利用欧姆阻抗对阻抗的相位角进行校正。在高频条件下，如果相位角等于$-90\alpha°$，那么与频率无关，则不需要 CPE 参数描述该电化学系统。如果在高频条件下，相位角趋近于一个恒定值$-90\alpha°$，那么 CPE 的假设就是有效的。

例 14.1　CPE 行为的图形识别：图 14.1(a) 所示，为钝化不锈钢电极阻抗的 Bode 图（摘自 Frateur 等人[288]）。氧化铌膜电极阻抗的 Bode 图如图 14.1(b) 所示（摘自 Cattarin 等人[289]）。在图 14.1 中，数据经过了欧姆电阻校正。请讨论使用 CPE 描述数据和利用不同图形获取有关数据信息的必要性。

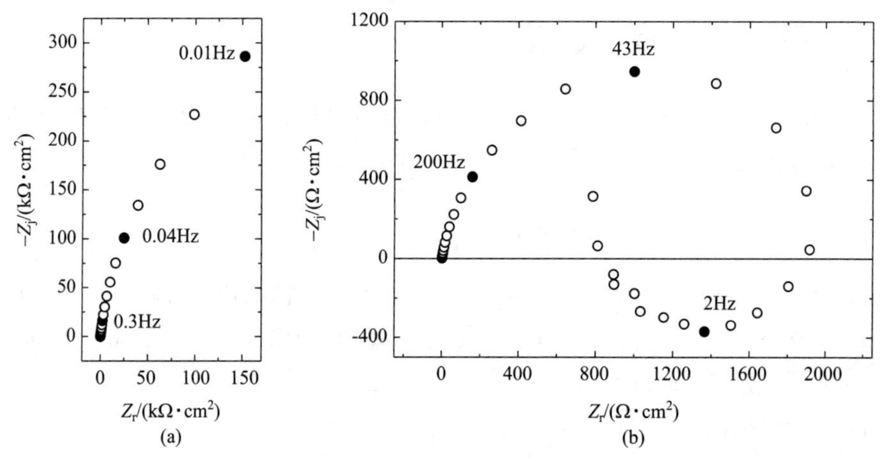

图 14.1　阻抗 Nyquist 图。(a) 钝化不锈钢电极的阻抗图（摘自 Frateur 等人[288]）；(b) 氧化铌电极的阻抗图（摘自 Cattarin 等人[289]）

解：图 14.2 和图 14.3 分别为钝化不锈钢电极、氧化铌电极的 Bode 图。不可能根据图 14.2 和图 14.3 推断频率分散是否可归因于常相位角元件或另一种类型的分布。在图 14.2 和图 14.3 中，电解质电阻往往会掩盖高频范围内的电极行为。

对于钝化的不锈钢电极，经过欧姆电阻校正的 Bode 图见图 14.4。在图 14.4(a) 中，经欧姆电阻校正的模值为一条斜率为-0.89的直线。但是，在图中垂直虚线与模值直线相交的 2400Hz 频率处，出现了直线的偏离。该偏差对应于与盘电极几何形状相关的频率弥散效应，具体见第 13.2 节。由图 14.4(b) 可知，校正的相位角在 1Hz 至 1kHz 的频率范围

提示 14.1：我们在本章介绍了常相位角“象”。请记住，正如并非所有时间常数分布都是常相位角分布，所有“象”也不都是常相位角“象”。

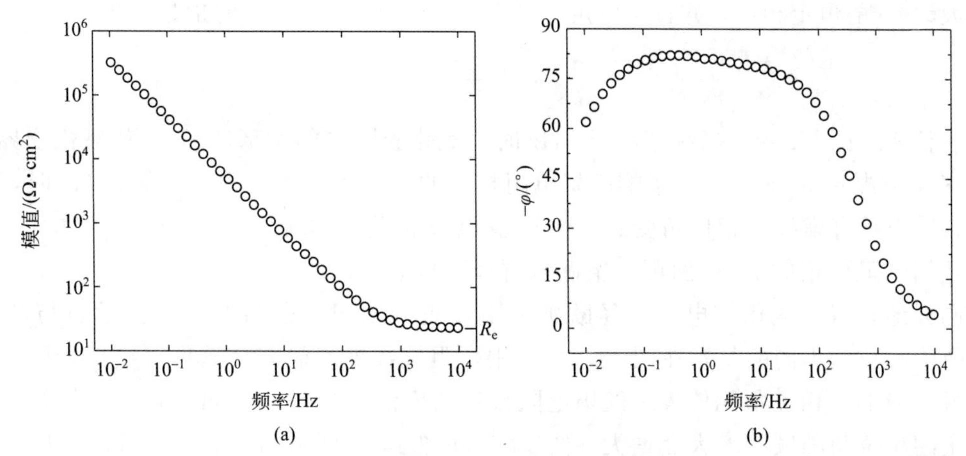

图 14.2　图 14.1(a) 所示钝化不锈钢电极阻抗在高频部分的 Bode 图[288]。
(a) 模值图；(b) 相位角图

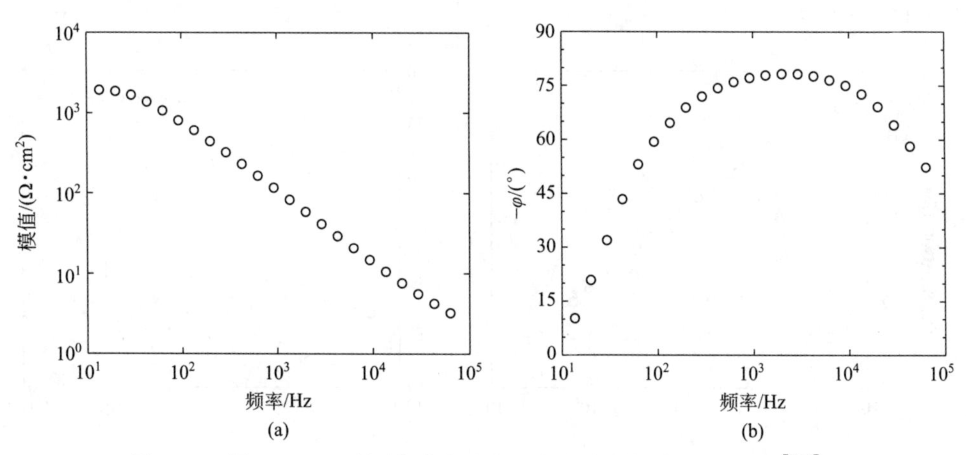

图 14.3　图 14.1(b) 所示氧化铌电极阻抗在高频部分的 Bode 图[289]。
(a) 模值图；(b) 相位角图

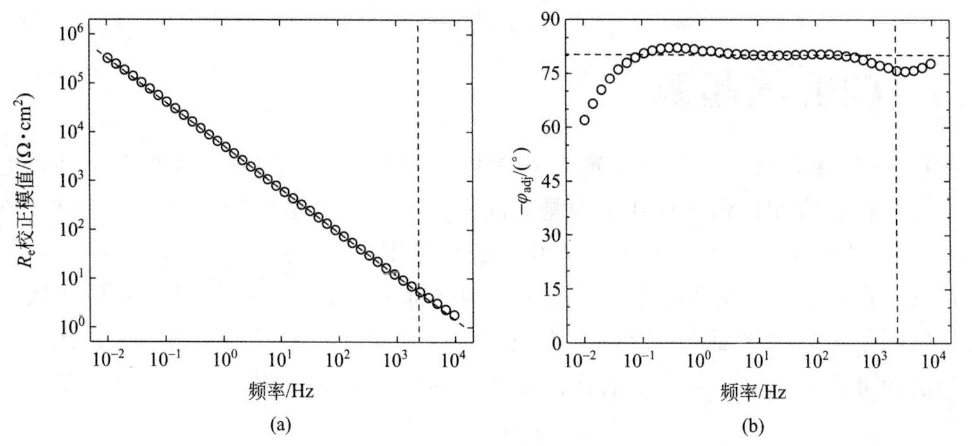

图 14.4　图 14.1(a) 所示钝化不锈钢电极阻抗在高频部分的欧姆电阻校正 Bode 图[288]。
(a) 模值图；(b) 相位角图

内为大约80°的恒定相位，并且相位角与式（14.1）和（14.2）中的指数α相关，即

$$\alpha=\frac{-\varphi_{adj}}{90°} \tag{14.5}$$

对于该体系，$\alpha=0.89$。当频率小于1Hz时，氧化膜阻抗的实部值和金属/氧化物界面的电阻率［见式（14.30）］会影响欧姆电阻校正的相位角。当频率大于2400Hz时，如图14.4(a）中垂直虚线，相位角受到了与圆盘电极相关的电流、电位分布的影响。可见，利用欧姆电阻校正的Bode图可以精确地解释阻抗响应。

同样地，对于氧化铌电极，经欧姆电阻校正的Bode图如图14.5所示。与图14.4(a）中所示数据不同的是，在图14.5(a）中，阻抗数据不能完全满足直线拟合要求。因此，就不能由常相位角元件表示欧姆电阻校正的模值。由图14.5(b）所示可知，欧姆电阻校正的相位角随频率增大而增大。图14.4和图14.5所示结果表明，可以利用电阻率分布的幂律模型描述钝化不锈钢电极的膜阻抗（详见第14.4.4节）。这就是钝化膜对应的CPE行为。也可以考虑将电阻率指数分布的Young模型用于氧化铌电极的阻抗模型（参见第13.7节）。

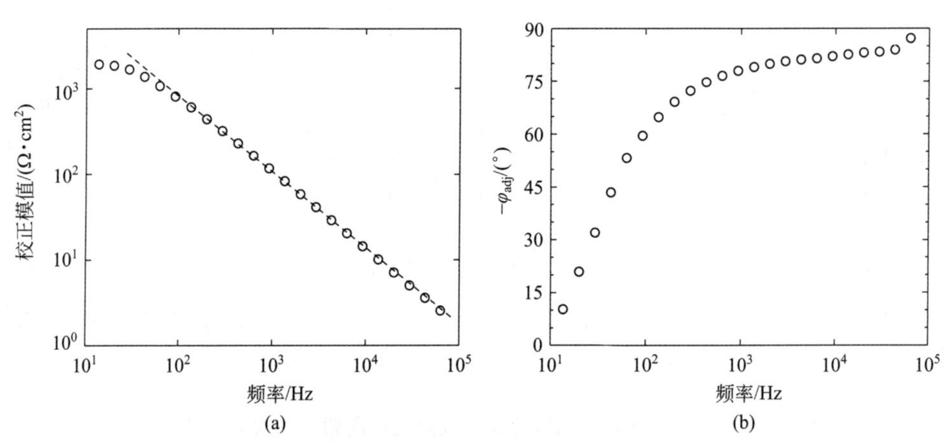

图14.5　图14.1(b）所示氧化铌电极阻抗在高频部分的欧姆电阻校正Bode图[289]。
（a）模值图；（b）相位角图

14.3　CPE的起源

在第13章中，介绍了几种出现时间常数弥散的系统。然而，这些系统并没有产生常相位角元件。常相位角元件代表的是时间常数或频率弥散的特殊情况。因此，在讨论CPE行为的起源时，仅考虑在第13章中所述的情况。

Jorcin等人[277]对比全面电化学阻抗谱与局部电化学阻抗谱（LEIS）后，认为CPE行为应归因于沿电极表面或垂直电极表面的法线方向分布的时间常数。可以想到，时间常数的法向分布，例如氧化膜、有机涂层和人体皮肤，这些都与材料的介电常数和电阻

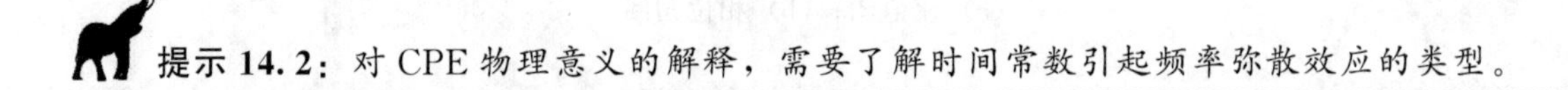
提示14.2： 对CPE物理意义的解释，需要了解时间常数引起频率弥散效应的类型。

性质有关。薄膜特性在表面上的分布也是可以想到的。在没有其它额外信息的情况下，我们可以从局部阻抗测量获得诸如此类的结果。但是，人们不能事先就断定与膜覆盖电极或与膜相关的 CPE 行为就一定是法向或者表面分布。

Brug 等人[149] 提出根据 CPE 模型参数计算有效电容的观点，他们假设电容沿电极表面分布。如第 1.23 节所述，Huang 等人[147] 研究表明，局部欧姆阻抗在表面上的分布与 Brug 等人的结果一致。但是，这种效应只能在频率大于某一特定值的情况下发生。除此之外，很难解释在全频率范围内出现的与时间常数在表面上分布相关的频率弥散效应。

通常认为，电极表面粗糙度也会引起 CPE 行为。但是，如第 13.3.1 节所述，粗糙度引起频率弥散效应的频率高于圆盘电极几何形状引起的频率[262]。即使对于凹陷电极，如果使用 1000 号砂纸打磨，形成一定的粗糙度，那么估计频率弥散效应也只能在高于 100kHz 的频率下才能出现。同样地，如第 13.3 节所述，如果电容在表面上的分布，其所导致频率弥散效应的频率高于圆盘电极几何形状引起的频率[264]。

通常假设反应的局部表面分布会引起 CPE 行为。亚历山大等人的研究表明[265]，电荷转移电阻的表面变化仅导致表面平均反应变化。该结论仅限于电化学反应中单一的电荷转移电阻反应。Wu 等人[249,250] 讨论了与吸附中间物耦合反应的频率弥散效应。他们发现，如果圆盘电极上的反应与吸附中间物耦合，那么圆盘电极几何结构引起的非均匀电流和电位分布则可能会产生低频弥散效应，即类似 CPE 行为。同样地，对于凹陷电极，耦合反应的速率常数在表面上的分布，也会导致耦合反应速率常数的低频弥散效应[290]。

Hirschorn 等[219] 已经证明，电阻率的幂律分布会产生 CPE 行为。通过不同性质薄膜的测试比较，发现其结果与按照幂律模型计算的氧化物和人体皮肤结果一致[292,134]。幂律模型也已经用于研究涂层的吸收水过程[293,294,137]。

除了时间常数的表面和法向分布之外，其他现象也可能引起频率弥散效应。Orazem[5] 提出，充电电流和法拉第电流的耦合可能会产生类似 CPE 行为的频率效应。

14.4　物理特性的导出方法

CPE 参数 α 和 Q 代表一个物理系统，但与物理特性，如薄膜厚度和介电常数，没有直接的联系。如第 5.7.2 节所述，介电常数或薄膜厚度可由下式得出

$$C_{\mathrm{eff}}=\frac{\varepsilon\varepsilon_0}{\delta} \tag{14.6}$$

式中，δ 是膜厚度；ε 是介电常数；ε_0 是真空介电常数，其值为 $\varepsilon_0=8.8542\times10^{-14}$ F/cm。

困难在于如何找到根据 CPE 参数计算有效电容的正确方法。在本节中，将讨论四种方法。这些方法包括：

① 将 C_{eff} 等同于 Q，并忽略单位差异；

② 根据阻抗的特征频率，利用 Hsu 和 Mansfeld[296] 提出的公式进行计算；

③ 假设时间常数属于表面分布，由 Brug 等人[149] 提出的公式进行计算；

④ 基于电阻率的幂律分布模型，按照 Hirshorn 等人[291,292] 提出的模型进行计算。

在本节中，将重点介绍 Orazem 等人[134] 的观点。

其他方法可直接由阻抗数据计算电容值，无需根据 CPE 进行初步评估。Oh 等人[297] 提出了一种仅适用于电容系统的图形方法求算有效电容。Oh 和 Guy 提出了下列公式[298,299]

$$C_{\mathrm{eff,OG}}=\frac{\tan\theta_{\mathrm{c,norm}}}{2\pi R_{\parallel} f_{\mathrm{c,norm}}} \tag{14.7}$$

其中，$\theta_{\mathrm{c,norm}}$ 是阻抗特征频率 $f_{\mathrm{c,norm}}$ 对应的相位角。式（14.7）可表示为

$$C_{\mathrm{eff,OG}}=\frac{\tan(\alpha\pi/4)}{2\pi R_{\parallel} f_{\mathrm{c,norm}}} \tag{14.8}$$

在数学上式（14.8）等效于式（14.14）乘以 $\tan(\alpha\pi/4)$。由于参考文献[298，299] 中的方法没有使用 CPE 参数，因此不再进一步讨论它们。

14.4.1 简单替换法

在这种方法中，C_{eff} 赋予 Q 数值，单位为 $\mathrm{F/cm^2}$。注意，Q 的单位为 $\mathrm{F/(s^{1-\alpha}\cdot cm^2)}$。这样，忽略单位的差异。因此，就有

$$C_{\mathrm{eff,Q}}=Q \tag{14.9}$$

当 $0.9<\alpha<1$ 时，通常使用这种方法。但是，Orazem 等人[134] 表示这种方法是不准确的，因此应该避免使用。在例 14.4 和例 14.5 中，将讨论采用式（14.9）近似得到 C_{eff} 的误差。

14.4.2 特征频率：法向分布

时间常数的法向分布如图 14.6 所示。设想时间常数的适当分布导致了 CPE 与电阻并联。该电阻假定为膜电阻。

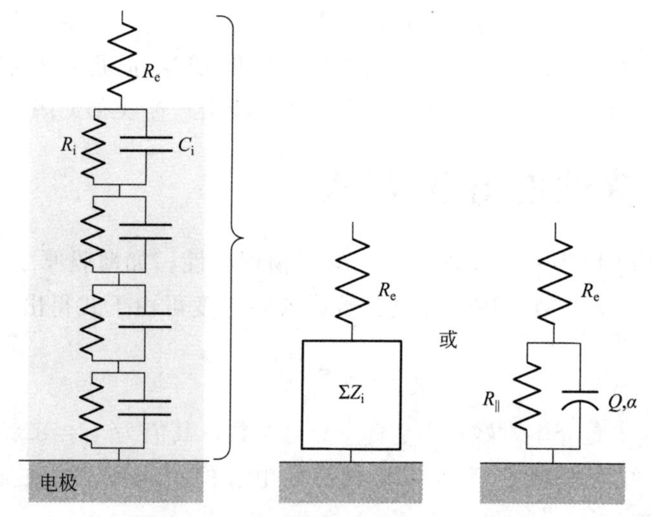

图 14.6　时间常数法向分布的示意图。
其中，时间常数导致常相位角行为。设想时间常数的适当分布导致了 CPE 与电阻并联。
与时间常数法向分布相关的 CPE 正确表示法见图 14.9

如 Hirschorn 等人所提出的[135]，对于时间常数的法向分布，CPE 参数与有效电容之间的关系需要评估与薄膜阻抗相对应的特征时间常数。薄膜阻抗可用式（14.1）中的 CPE 表达为

$$Z = R_e + \frac{R_{\parallel}}{1 + (jK_{norm})^{\alpha}} \tag{14.10}$$

其中，$R_{\parallel}$ 为并联电阻。K_{norm}是无量纲频率，可以表示为

$$K_{norm} = (R_{\parallel} Q)^{1/\alpha} \omega \tag{14.11}$$

当 $K_{norm} = 1$ 时，其特征频率为

$$f_{c,norm} = \frac{1}{2\pi (R_{\parallel} Q)^{1/\alpha}} \tag{14.12}$$

在本节中，所述方法的基本假设是特征频率也可以用有效电容表示为

$$f_{c,norm} = \frac{1}{2\pi R_{\parallel} C_{eff,norm}} \tag{14.13}$$

通过式（14.12）和式（14.13），可以求解 $C_{eff,norm}$，并且与 CPE 相关的有效电容表达式为

$$C_{eff,norm} = Q^{1/\alpha} R_{\parallel}^{(1-\alpha)/\alpha} \tag{14.14}$$

式（14.14）与 Hsu 和 Mansfeld 提出以特征角频率 ω_{max} 表示的式（3）一致[296]。

Orazem 等人研究表明[134]，由阻抗特征频率得到的有效电容不能很好地估算物理特性，因为与特征频率相关的电阻与薄膜的介电特性无关。事实上，并联电阻不能够是膜电阻，这是由于在图 14.6 中电阻项总和为膜电阻。图 14.9 所示为 CPE 的正确表示法。其中，CPE 与时间常数法向分布相关。

14.4.3　特征频率：表面分布

时间常数的表面分布示意图如图 14.7 所示。如第 13.3 节所述，时间常数的分布，不论是 $R_{e,i}C_i$ 还是 R_iC_i，都可能导致频率弥散效应。设想时间常数的合理分布导致了 CPE 与电阻并联，那么对于固体电极，可以进行类似的表示。然而，在类似的表示中没有出现 R_i 和并联电阻 $R_{\parallel}$ 。

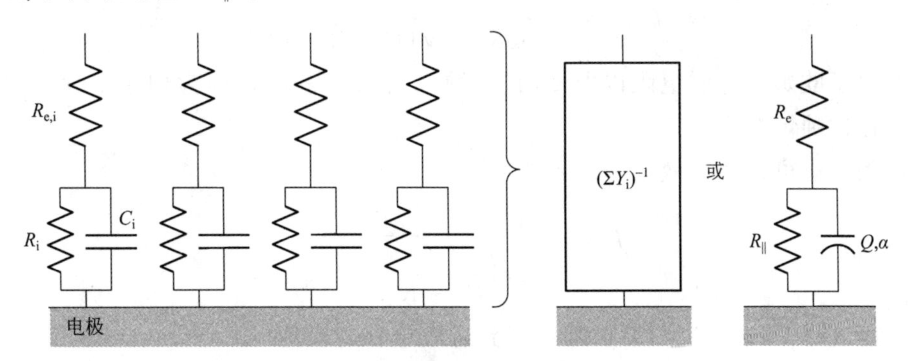

图 14.7　时间常数法向分布的示意图。
其中，时间常数导致常相位角行为。设想时间常数的适当分布导致了 CPE 与电阻并联

在表面时间常数分布的情况下，电极的总导纳响应包括来自电极表面的每个部分的附加贡献。Hirschorn 等人[135] 研究了当时间参数表面分布时，电容和 CPE 参数之间的关系。Chassaing 等人[300] 和 Bidóia 等人[301] 都一致认为，如果 CPE 行为与时间常数表面分布相关，那么 CPE 的出现离不开欧姆电阻的作用。欧姆电阻对 CPE 行为的影响是很明显的，如图 14.8 所示。其中，在没有欧姆电阻作用的情况下，时间常数的分布仅

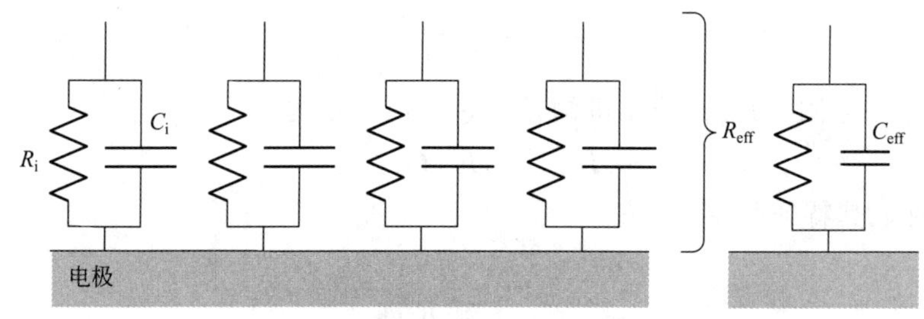

图 14.8 当没有欧姆电阻作用时时间常数法向分布的示意图。这样的体系既不出现频率弥散效应也不会存在CPE行为

产生有效电阻和有效电容。

Brug 等人[149] 进一步研究了电荷转移电阻 R_t 的表面分布。在目前的工作中，采用相同的方法，研究了薄膜性质的表面分布，比如并联电阻 $R_{\parallel}$ 或电容。可以从与电极导纳相关的特征时间常数，建立 CPE 参数与有效电容之间的关系。电极的导纳可以用 CPE 表示为

$$Y=\frac{1}{R_e}\left\{1-\frac{R_{\parallel}}{R_e+R_{\parallel}}\left[1+\frac{R_eR_{\parallel}}{R_e+R_{\parallel}}Q(\mathrm{j}\omega)^{\alpha}\right]^{-1}\right\} \tag{14.15}$$

式（14.15）进一步可表示为

$$Y=\frac{1}{R_e}\left\{1-\frac{R_{\parallel}}{R_e+R_{\parallel}}[1+(\mathrm{j}K_{surf})^{\alpha}]^{-1}\right\} \tag{14.16}$$

其中，K_{surf} 是一个无量纲频率，表示为

$$K_{surf}=\left(\frac{R_eR_{\parallel}}{R_e+R_{\parallel}}Q\right)^{1/\alpha}\omega \tag{14.17}$$

当 $K_{surf}=1$ 时，特征频率为

$$f_{c,surf}=\frac{1}{2\pi[QR_eR_{\parallel}/(R_e+R_{\parallel})]^{1/\alpha}} \tag{14.18}$$

该频率取决于欧姆、并联电阻以及 CPE 参数。当 $R_e=0$ 时，即为理想电容与电阻并联的响应。在这种情况下，$f_{c,surf}\to\infty$。

特征频率也可以用有效电容表示为

$$f_{c,surf}=\frac{1}{2\pi\left(\frac{R_eR_{\parallel}}{R_e+R_{\parallel}}C_{eff,surf}\right)} \tag{14.19}$$

根据式（14.18）和式（14.19），即可得到有效电容的表达式

$$C_{eff,surf}=Q^{1/\alpha}\left(\frac{R_eR_{\parallel}}{R_e+R_{\parallel}}\right)^{(1-\alpha)/\alpha} \tag{14.20}$$

对于不同定义 CPE 参数的表面分布，式（14.20）与 Brug 等人[149] 提出的式（20）一致。在极限条件下，$R_{\parallel}$ 远大于 R_e。式（14.20）可以简化为

$$C_{eff,surf}=Q^{1/\alpha}R_e^{(1-\alpha)/\alpha} \tag{14.21}$$

这相当于 Brug 等人[149] 针对固体电极提出的式（5）。

式（14.20）、式（14.21）和式（14.14）具有相同的形式。但是，在 C_{eff} 的计算过

程中，其电阻在三种情况下是不同的。具体是$R_{\parallel}$和R_e应用于式（14.20），R_e为式（14.21），$R_{\parallel}$为式（14.14）。

14.4.4　幂律分布

时间常数的法向分布如图 14.9 所示。设想时间常数的适当分布导致 CPE 行为。对 Voigt 元件求和，由于薄膜电阻取决于低频外推渐近线，因此不需要并联电阻。

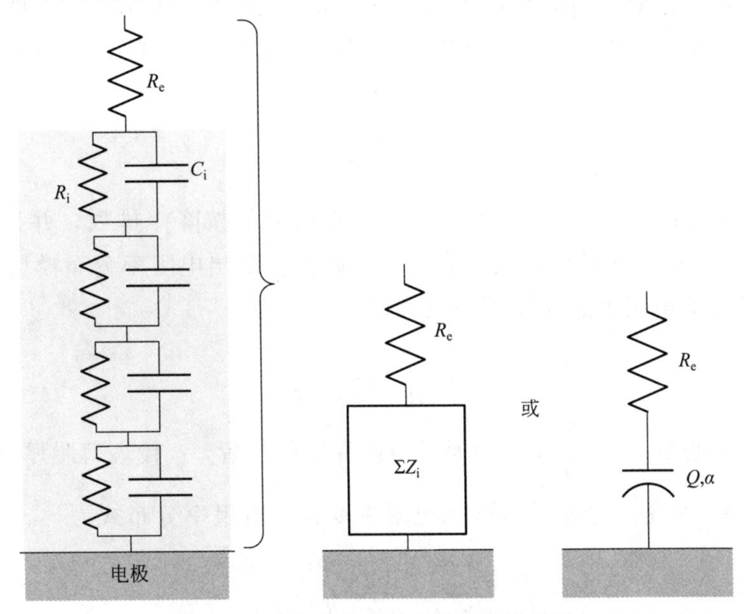

图 14.9　时间常数的法向分布的示意图。
其中，时间常数导致常相位角行为。设想时间常数的适当分布导致 CPE

Hirschorn 等人[291,292] 通过将测量模型[69,100] 回归成 CPE 数据，确定了 CPE 参数与物理性质之间的关系。按照 Agarwal 等人[69,100] 提出的方法，将多个连续的 Voigt 元件嵌入到模型中，直到即使再嵌入更多的元件，对拟合精度也没有作用，并且一个或多个模型参数在其 95.45%（2σ）置信区间内都为零。

这个概念应用于确定电阻率的分布，在假设介电常数与位置无关的情况下，电阻率分布将导致 CPE 行为。具体详见参考文献[291]。均匀介电常数的假设对于下面的概述并不重要。Musiani 等人研究表明[302]，Hirschorn 等人[291,292] 研究的结果可以使用，当允许介电常数在低电阻率区域中变化时，就不一定非要假设介电常数是均匀的。

例 14.2　电阻率分布的确定：在假设电阻率从金属膜界面到膜/电解质界面的变化是均匀的情况下，如何通过 Voigt 元件的拟合获得电阻率分布。

解：如图 14.9 所示，局部电容与局部介电常数 ε_i 有关，即为

$$C_i=\frac{\varepsilon_i\varepsilon_0}{d_i} \tag{14.22}$$

提示 14.3：对于时间常数的表面分布，应使用 Brug 公式（14.20）或式（14.21）求解双层电容。

其中，ε_0 是真空的介电常数；d_i 是与元件 i 相关的厚度。局部电阻可以用局部电阻率 ρ_i 表示为

$$R_i=\rho_i d_i \tag{14.23}$$

时间常数为

$$\tau_i=\rho_i\varepsilon_i\varepsilon_0 \tag{14.24}$$

与元件厚度无关。对于均匀的介电常数，电容的可变性可以解释为元件厚度变化的结果。这种解释是基于局部电阻率的结果。根据式（14.23）和式（14.24），电阻率可以表示为

$$\rho_i=\frac{R_i}{d_i}=\frac{\tau_i}{\varepsilon\varepsilon_0} \tag{14.25}$$

假设电阻率从薄膜的一端到另一端均匀变化，电阻率值按降序排列，并且相应的元件厚度即为所处位置。那么就可以从 τ_i 和 C_i 的回归值推断出电阻率分布模型。

与 CPE 相关的电阻率遵循幂律曲线，即

$$\frac{\rho}{\rho_\delta}=\xi^{-\gamma} \tag{14.26}$$

其中，ξ 是无量纲位置，$\xi=\frac{y}{\delta}$，y 为通过薄膜深度的位置，δ 代表薄膜厚度；参数 ρ_δ 是 $\xi=1$ 时的电阻率；γ 是一个常数，表示电阻率变化。电阻率分布式为

$$\frac{\rho}{\rho_\delta}=\left[\frac{\rho_\delta}{\rho_0}+\left(1-\frac{\rho_\delta}{\rho_0}\right)\xi^{\gamma}\right]^{-1} \tag{14.27}$$

其中，ρ_0 和 ρ_δ 分别是各自界面处的电阻率值。

对任意电阻率分布 $\rho(y)$，膜的阻抗可以表示为

$$Z_f(f)=\int_0^\delta \frac{\rho(y)}{1+j\omega\varepsilon\varepsilon_0\rho(y)}dy \tag{14.28}$$

式（14.28）类似于式（12.9），只是 ε 在式（14.28）中为一个常数。在 $\rho_0\gg\rho_\delta$ 和 $f<(2\pi\rho_0\varepsilon\varepsilon_0)^{-1}$ 的条件下，根据式（14.27），求出电阻率分布。这样，就可以求出方程（14.28）的半解析解，具体为

$$Z_f(f)=g\,\frac{\delta\rho_\delta^{1/\gamma}}{(\rho_0^{-1}+j\omega\varepsilon\varepsilon_0)^{(\gamma-1)/\gamma}} \tag{14.29}$$

其中，g 是 γ 的函数。

当 $f>(2\pi\rho_\delta\varepsilon\varepsilon_0)^{-1}$ 时，式（14.29）可用 CPE 表示为

$$Z_f(f)=g\,\frac{\delta\rho_\delta^{1/\gamma}}{(j\omega\varepsilon\varepsilon_0)^{(\gamma-1)/\gamma}}=\frac{1}{(j\omega)^{\alpha}Q} \tag{14.30}$$

因此，如果 $(\rho_0\varepsilon\varepsilon_0)^{-1}<\omega<(\rho_\delta\varepsilon\varepsilon_0)^{-1}$，那么利用式（14.2）的欧姆阻抗补偿形式，就可以得到式（14.29）表示的阻抗。对于式（14.30），有

$$\alpha=\frac{\gamma-1}{\gamma} \tag{14.31}$$

或者，将式（14.31）表示为 $1/\gamma=1-\alpha$。其中，当 $0.5\leqslant\alpha\leqslant1$ 时，$\gamma\geqslant2$。利用数值积

分，得到插值公式

$$g=1+2.88(1-\alpha)^{2.375} \tag{14.32}$$

由此，CPE 参数 Q 和 α、介电常数 ε、电阻率 ρ_δ 和膜厚度 δ 之间的关系为

$$Q=\frac{(\varepsilon\varepsilon_0)^\alpha}{g\delta\rho_\delta^{1-\alpha}} \tag{14.33}$$

根据式（14.6）、式（14.33），可以得到有效电容的表达式

$$C_{\mathrm{eff,PL}}=gQ(\rho_\delta\varepsilon\varepsilon_0)^{1-\alpha} \tag{14.34}$$

除了 CPE 参数 Q 和 α，$C_{\mathrm{eff,PL}}$ 还与介电常数 ε、电阻率 ρ_δ 有关。在推导 $C_{\mathrm{eff,PL}}$ 的过程中，没有使用特征频率。与 $C_{\mathrm{eff,norm}}$ 相反，其结果仅取决于高频数据。

式（14.34）也可表示为

$$C_{\mathrm{eff,PL}}=(gQ)^{1/\alpha}(\delta\rho_\delta)^{(1-\alpha)/\alpha} \tag{14.35}$$

由此可见，式（14.35）的结构与式（14.14）、式（14.20）和式（14.21）的结构类似。基于幂律和阻抗特征频率，这两种方法之间的差异在于，电阻 $\delta\rho_\delta$ 与阻抗谱高频部分有关，而式（14.14）中的电阻 $R_\parallel$ 与阻抗谱的低频部分有关。

在这里，幂律模型表明，根据阻抗的特征频率不能计算出正确的电容值。根据图 14.10，基于幂律模型，建立阻抗模型的结构层次，就可以很好的解释这个问题[291,292]。从图 14.10(a) 所示的电路图可见，电阻与式（14.29）中薄膜的介电响应并联，代表了薄膜响应的一般模型。如果并联电阻大于式（14.29）中零频率极限电阻，那么其模型如图 14.10(b) 所示，其阻抗响应将是不对称的 Nyquist 图，见图 14.10(c)。如果并联电阻小于式（14.29）中零频率极限电阻，那么其模型见图 14.10（d)，图 14.10（e）即为其阻抗响应的对称的 Nyquist 图。

图 14.10 为基于材料介电响应的幂律模型说明图。幂律模型的适用性得到了人体皮肤、氧化物覆盖金属电极实验数据的支持[292,134,303]，包括有关涂层吸水研究结果[293]。

如果阻抗谱图是对称的，说明图 14.10（d）中的电阻 $R_\parallel$ 与薄膜的介电响应并联。在这种情况下，介电材料的有效电容与并联电阻无关。如果阻抗谱图如图 14.10(c) 所示，是不对称的，那么 $Z_\mathrm{f}(0)$ 则可能与介电性质紧密相关。然而，进一步对幂律模型分析发现，电容与 $Z_\mathrm{f}(0)$ 无关。将式（14.31）代入式（14.29），即可以得到[292]

$$Z_\mathrm{f}(f)=g\frac{\delta\rho_\delta^{1-\alpha}}{(\rho_0^{-1}+\mathrm{j}\omega\varepsilon\varepsilon_0)^\alpha} \tag{14.36}$$

当 $f\rightarrow 0$ 时，式（14.36）的渐近值为

$$Z_\mathrm{f}(0)=g\delta\rho_\delta^{1-\alpha}\rho_0^\alpha \tag{14.37}$$

利用式（14.37），可以计算 ρ_0 的值。由于式（14.34）中的电容与 ρ_0 无关，因此电容也与 $Z_\mathrm{f}(0)$无关。表 14.1 总结了上一节中介绍的公式。

提示 14.4：对于时间常数的法向分布，应使用幂律模型，即式（14.34）计算双层电容。

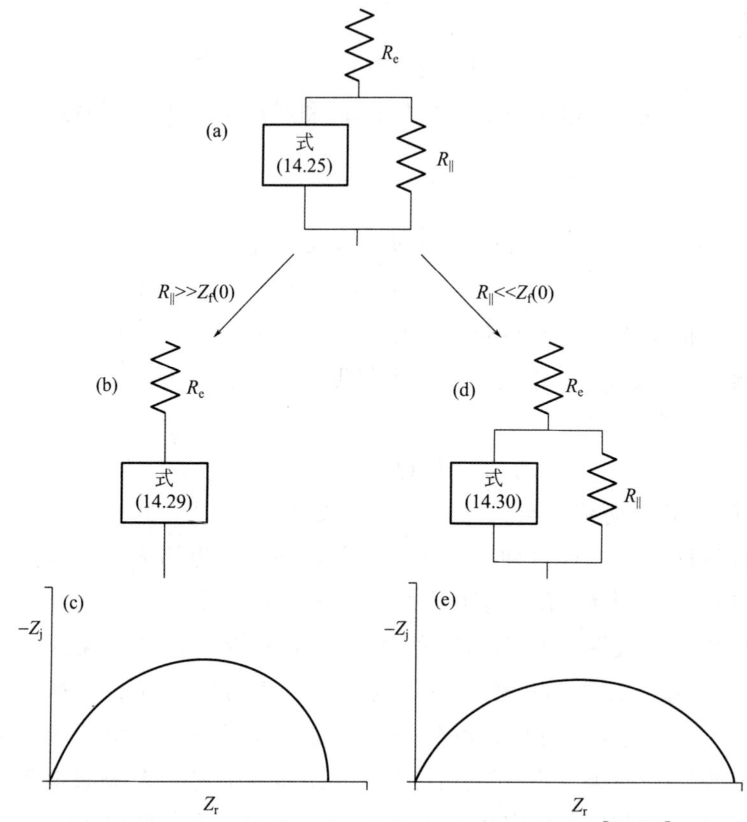

图 14.10　基于幂律模型的阻抗模型层次结构示意图[291,292]。

（a）电路与通用幂律模型并联的电阻图。其中，幂律模型为式（14.29）；（b）当 $R_{\parallel}$ 远大于式（14.29）中零频率极限电阻时的电路图；（c）基于电路图（b），其阻抗的非对称 Nyquist 图；（d）当 $R_{\parallel}$ 远小于式（14.29）中零频率极限电阻时的电路图。在这种情况下，允许式（14.29）由式（14.30）替代；（e）基于电路图（d），其阻抗的对称 Nyquist 图（摘自 Orazem 等人[134]）

表 14.1　与时间参数法向或分表面布相关的 CPE 阻抗响应的解释方法

方法	表达式	公式
简单替代法	$C_{\text{eff,Q}}=Q$	(14.9)
阻抗特征旁路法	$C_{\text{eff,norm}}=Q^{1/\alpha}R_{\parallel}^{(1-\alpha)/\alpha}$	(14.14)
导纳特征频率法	$C_{\text{eff,norm}}=Q^{1/\alpha}\left(\dfrac{R_eR_{\parallel}}{R_e+R_{\parallel}}\right)^{(1-\alpha)/\alpha}$	(14.20)
幂律指数法向分布法	$C_{\text{eff,PL}}=gQ(\rho\delta\varepsilon\varepsilon_0)^{1-\alpha}$	(14.34)
	$C_{\text{eff,PL}}=(gQ)^{1/\alpha}(\delta\rho\delta)^{(1-\alpha)/\alpha}$	(14.35)

表 14.2　在含 22g/L 硼酸的电解液中 18/8 不锈钢阻抗数据的回归结果[134]

	实验前	专门处理之后
欧姆电阻 $R_e/(\Omega\cdot cm^2)$	15.3	13.3
并联电阻 $R_{\parallel}$ $/(M\Omega\cdot cm^2)$	2.33	16.8
α	0.91	0.91
$Q/[\mu F/(s^{1-\alpha}\cdot cm^2)]$	11	30.5
δ(XPS 测试)/nm	6.3	2.5

注：电解液的 pH 值通过加入 NaOH 调节至 7.2。

表 14.3　在含 22g/L 硼酸的电解液中 18/8 不锈钢表面氧化物厚度估算

	实验前		处理之后	
方法	$C_{eff}/(\mu F/cm^2)$	δ/nm(误差)	$C_{eff}/(\mu F/cm^2)$	δ/nm(误差)
式(14.9)	11	0.97(−85%)	30.5	0.35(−86%)
式(14.14)	15	0.72(−89%)	59.0	0.18(−93%)
式(14.20)	4.9	2.2(−65%)	13.3	0.80(−68%)
式(14.34)	1.8	5.9(−6%)	4.0	2.7(+8%)

注：电解液的 pH 值通过加入 NaOH 调节至 7.2，氧化物厚度（见表 14.2）采用 XPS 测试。

例 14.3　膜厚度的估算：Orazem 等人[134] 报道了（见表 14.2）不锈钢电极在 22g/L 硼酸（添加氢氧化钠调节 pH 值为 7.2）电解质中的阻抗结果。假设介电常数为 $\varepsilon=12$，使用第 14.4 节中所述方法估算薄膜厚度。

解：(a) 简单替换法：按照式（14.9）进行计算，结果列于表 14.3 中。根据式（14.6）估算的厚度明显小于通过 XPS 测试得到的厚度。

(b) 特征频率：法向分布。式（14.14）需要的参数 Q、a 和 R 见表 14.2。计算的电容列于表 14.3，得到的薄膜厚度显著小于 XPS 测试的薄膜厚度。

(c) 特征频率：表面分布。从式（14.20）可知，计算有效电容需要欧姆电阻值。按照表 14.2 中的数据，$R_{\parallel} \gg R_e$。所以，计算电容时仅需要 CPE 参数和欧姆电阻。计算的电容值列于表 14.3。虽然根据电容计算的薄膜厚度仍然明显小于采用 XPS 测试的薄膜厚度，但是比起根据式（14.9）或式（14.14）计算的值更合理。

(d) 幂律分布。根据式（14.34）计算电容，除了 CPE 参数 Q 和 x 之外，还需要薄膜/电解质界面处的电阻率值 ρ_δ。最佳方法是校准给定薄膜的电阻率值。例如，Hirshorn 等人[292] 研究了对富铬钢电极阻抗测量的校准。其中，氧化膜厚度采用 XPS 测得，CPE 参数通过查阅得到[288]。在这项工作中，$\rho_\delta \approx 500\Omega \cdot cm$。相应的电容值列于表 14.3。可见，由电容计算的膜厚度与 XPS 测定值非常一致。

基于薄膜性质，虽然幂律模型极好地解释了 CPE 参数，表明了时间常数为法向分布。但是，根据式（14.34）计算电容时，需要一个通常不知道的 ρ_δ 值。Orazem 等人[303] 讨论了限定参数值、校准数据以及比较分析的方法。其中，在比较分析过程中，可以消除一些未知参数。

(1) 电阻率限定

幂律模型阻抗响应在高于某一特征频率时，表现出电容行为，其特征频率为

$$f_\delta = \frac{1}{2\pi\rho_\delta\varepsilon\varepsilon_0} \tag{14.38}$$

如果阻抗数据在高频区出现 CPE 行为时，ρ_δ 值未知，那么可以定义 ρ_δ 值的上限，因为特征频率 f_δ 必须大于最大的测量频率 f_{max}。因此，ρ_δ 的最大值为

$$\rho_{\delta,max} = \frac{1}{2\pi\varepsilon\varepsilon_0 f_{max}} \tag{14.39}$$

基于物理性质，也可以估计 ρ_δ 的较低限定值。

(2) 比较分析

当无法得到 ρ_δ 的可靠值时，仍然可以通过计算厚度比获得有用的信息。例如，根

据式（14.33），可以得出膜1和膜2的厚度比为

$$\frac{\delta_1}{\delta_2}=\frac{(\varepsilon_1\varepsilon_0)^{\alpha_1}}{(\varepsilon_2\varepsilon_0)^{\alpha_2}}\frac{g_2Q_2\rho_{\delta,2}^{1-\alpha_2}}{g_1Q_1\rho_{\delta,1}^{1-\alpha_1}} \tag{14.40}$$

如果这两种膜的 ε 和 ρ_δ 值分别相等，则有

$$\frac{\delta_1}{\delta_2}=\frac{g_2Q_2}{g_1Q_1}(\varepsilon\varepsilon_0\rho_\delta)^{\alpha_1-\alpha_2} \tag{14.41}$$

如果 $\alpha_1=\alpha_2$，那么 $g_1=g_2$，并且不需要 ε 和 ρ_δ 的值。因此，就有

$$\frac{\delta_1}{\delta_2}=\frac{Q_2}{Q_1} \tag{14.42}$$

对于表14.2所列的结果，$\alpha_1=\alpha_2$。与例14.3中的分析一致。通过XPS测试，得知膜厚度比 $\frac{\delta_1}{\delta_2}=2.52$，近似等于CPE系数的反比，即 $\frac{Q_2}{Q_1}=2.77$。

当介电常数是所需的量时，可以使用类似的方法。假设两种膜 α、ε 和 ρ_δ 都相同，那么就有

$$\frac{\varepsilon_1}{\varepsilon_2}=\left(\frac{Q_1}{Q_2}\right)^{1/\alpha} \tag{14.43}$$

式（14.43）对 α 的差异非常敏感，因为 α 和 Q 在回归分析中高度相关。因此，当 $\alpha_1\neq\alpha_2$ 时，不应使用式（14.43）。

例14.4　假设膜的 $C=Q$ 时的误差：当CPE行为可归因于介电膜的性质时，假设 $C=Q$，那么相关的误差多大？

解：这里的结果表明，对于法向分布，幂律模型在物理性质方面最准确地评估了CPE参数。因此，对于法向分布，存在下列关系，即

$$\frac{C_{\text{eff, PL}}}{C_{\text{eff, }Q}}=g(\rho_\delta\varepsilon\varepsilon_0)^{1-\alpha} \tag{14.44}$$

式（14.44）表明，当假设 $C=Q$ 时，相关的精度不仅仅是 α 的函数，还取决于所研究系统的其他物理特性。

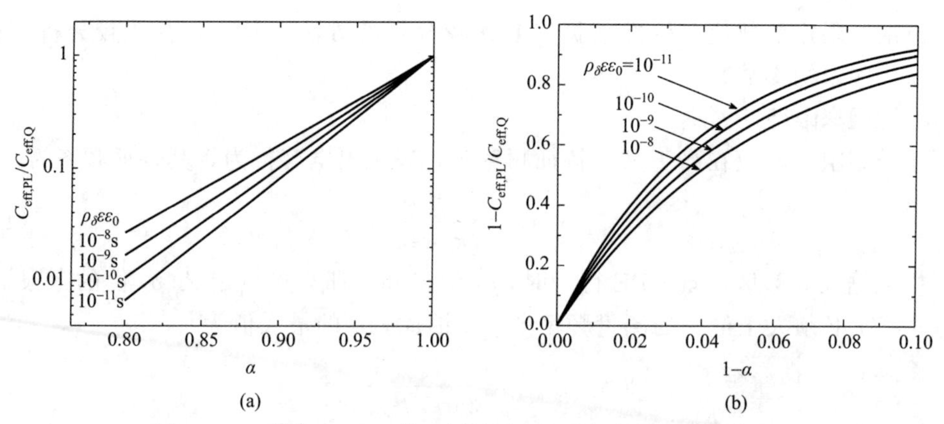

图14.11　假设 $C=Q$，校正因子适用于时间常数的法向分布。

(a) $\frac{C_{\text{eff,PL}}}{C_{\text{eff,Q}}}$ 是 α 的函数，其中 $\rho_\delta\varepsilon\varepsilon_0$ 为影响因素；(b) $1-\frac{C_{\text{eff,PL}}}{C_{\text{eff,Q}}}$ 为 $1-\alpha$ 的函数，其中 $\rho_\delta\varepsilon\varepsilon_0$ 作为影响因素

如图 14.11(a) 所示，$\frac{C_{\mathrm{eff,PL}}}{C_{\mathrm{eff,Q}}}$ 的比值是 α 的函数，其中，特征值（$\rho_\delta\varepsilon\varepsilon_0$）为影响因素。从图 14.11 所示（b）可知，$1-\frac{C_{\mathrm{eff,PL}}}{C_{\mathrm{eff,Q}}}$是 $1-\alpha$ 的函数，更为关注的是 $\alpha=1$ 附近的行为。对于氧化物膜，$\rho_\delta\varepsilon\varepsilon_0$ 值为 5×10^{-10}s。这样，当 $\alpha=0.99$ 时，使用 $C_{\mathrm{eff,Q}}$ 的误差为 23%；在 $\alpha=0.97$ 时，误差为 100%。因此，$C=Q$ 的假设不应用于法向分布。

例 14.5 假设表面的 C=Q 时的误差：当 CPE 行为归因于电极表面上的分布特性时，假设 $C=Q$，其误差多大？

解：在之前的工作中，Hirschorn 等人研究表明[135]，由 Brug 等人提出的模型[149]很好地解释了表面时间常数分布引起的 CPE 行为。因此，对于表面分布，存在下列关系，即

$$\frac{C_{\mathrm{eff,surf}}}{C_{\mathrm{eff},Q}}=\left(Q\frac{R_{\mathrm{e}}R_{\parallel}}{R_{\mathrm{e}}+R_{\parallel}}\right)^{(1-\alpha)/\alpha} \tag{14.45}$$

同样，当假设 $C=Q$ 时，相关的准确度不仅仅是 α 的函数，而且还取决于所研究系统的其他物理特性。

如图 14.12(a) 所示，$\frac{C_{\mathrm{eff,surf}}}{C_{\mathrm{eff,Q}}}$ 为 α 的函数，其中，$QR_{\mathrm{e}}R_{\parallel}/(R_{\mathrm{e}}+R_{\parallel})$ 为影响因素。为了进一步了解 $\alpha=1$ 附近的行为，从图 14.12(b) 可见，$1-\frac{C_{\mathrm{eff,surf}}}{C_{\mathrm{eff,Q}}}$为 $1-\alpha$ 的函数。当 $R_{\mathrm{e}}=10\Omega\cdot\mathrm{cm}^2$，$Q=10^{-5}\mathrm{F}\cdot\mathrm{s}^{\alpha-1}/\mathrm{cm}^2$ 时，$R_{\parallel}\gg R_{\mathrm{e}}$，参数 $QR_{\mathrm{e}}R_{\parallel}/(R_{\mathrm{e}}+R_{\parallel})$ 接近 $10^{-4}\mathrm{s}^\alpha$。如果 $QR_{\mathrm{e}}R_{\parallel}/(R_{\mathrm{e}}+R_{\parallel})=10^{-4}\mathrm{s}^\alpha$，且 $\alpha=0.93$，那么 $C_{\mathrm{eff},Q}$ 将比 $C_{\mathrm{eff,surf}}$ 大 2 倍。所以，在 $\alpha=0.99$ 时，误差接近 10%。对比图 14.11(b) 和图 14.12(b) 发现，对于表面分布，当假定 $C=Q$ 时，其误差在给定 α 值的范围内小于法向分布时的误差。但是，因误差足够大，因此不推荐 $C=Q$ 的假设用于表面分布。

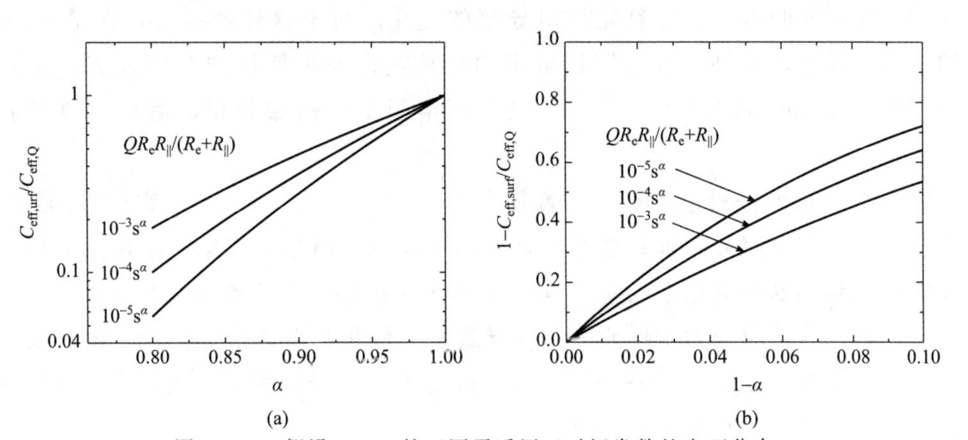

图 14.12 假设 $C=Q$ 校正因子适用于时间常数的表面分布。

(a) $\frac{C_{\mathrm{eff,surf}}}{C_{\mathrm{eff,Q}}}$ 为 α 的函数。其中，以 $QR_{\mathrm{e}}R_{\parallel}/(R_{\mathrm{e}}+R_{\parallel})$ 为影响因素；

(b) $1-\frac{C_{\mathrm{eff,surf}}}{C_{\mathrm{eff,Q}}}$ 为 $1-\alpha$ 的函数。其中，$QR_{\mathrm{e}}R_{\parallel}/(R_{\mathrm{e}}+R_{\parallel})$ 作为影响因素

14.5 CPE 应用的限制性

与电阻和电容的并联组合相比，应用 CPE 通常能够提高大多数阻抗数据的拟合度。仅利用三个参数，就可以利用 CPE 提高拟合精度，这仅比典型的 RC 耦合多一个参数。一些研究者允许 α 从 -1 到 1 取值，这样 CPE 就能被视为一个非常灵活的拟合元素。对于 $\alpha=1$，CPE 表现为电容；对于 $\alpha=0$，CPE 表现为电阻；对于 $\alpha=-1$，CPE 表现为电感（参见第 4.1.1 节）。

必须强调的是，式（14.1）和式（14.2）的数学简化形式是特定时间常数分布的结果。如第 13 章所述，时间常数分布可能来自非均匀传质过程，几何因素诱导的非均匀电流和电位分布，电极孔隙率和薄膜的分布特性。乍一看，相关的阻抗响应可能看起来具有 CPE 行为。但是，如例 14.1 所示，经过欧姆电阻校正之后，其相位角与频率之间的关系表明时间常数分布不同于 CPE 行为。

因此，使用 CPE 对阻抗数据建模需要注意两个主要问题：

① 假设时间常数分布比假设时间常数具有单个值更好，物理系统可能不遵循式（14.1）和式（14.2）隐含的特定分布。在第 13 章和第 14.2 节中，例题说明了发生时间常数弥散效应的系统类似于 CPE 的系统，但是具有不同的时间常数分布。

② 对于物理过程控制的体系，利用 CPE 提高实验数据的拟合度可能并不是必需的。如第 4.4 节所述，阻抗模型不是唯一的。因此，非常好的数据拟合度本身并不能保证模型能够正确地描述给定系统的物理特性。在第 18 章中，图形方法可用于确定系统在给定频率范围内是否遵循 CPE 行为。

一旦确定了 CPE 行为，就系统属性进行进一步解释，则需要评估相关时间常数分布的性质。如 14.4.4 节所述，CPE 行为可能是由于电极表面垂直方向的性质变化引起的。这种变化可能归因于例如氧化层电导率的变化。对于这样的系统，在第 14.4.4 节中介绍的幂律模型，就是一种从阻抗数据中计算获得薄膜特性的有用方法。在第 13.7 节中，阐述了 Young 模型[278,304,305]，主要描述电阻率的指数分布，但是不会产生 CPE 行为。

CPE 行为也可能是沿电极表面的性质分布引起的（见第 14.4.3 节）。如第 13.3 节中所述，粗糙度和电容分布都将会产生频率弥散效应。但是，频率高于由圆盘电极几何形状确定的频率。单个电化学反应的电荷转移电阻分布不会导致频率弥散效应，但是与吸附中间物耦合的反应动力学性质分布将导致发生低频弥散效应。因此，耦合反应动力学性质的表面分布可以解释 CPE 行为。Jorcin 等人[279] 研究表明，局部阻抗测量可用于区分法向和表面性质分布引起的 CPE 行为。

提示 14.5：虽然使用 CPE 能提高拟合精度，但意义可能不明确。物理系统可能无法遵循 CPE 模型中隐含的特定分布。

思考题

14.1　为什么以下代表常相位角的“象”？

14.2　如表 4.1 所列，假设 Q 的单位为 $F/(s^{1-\alpha}\cdot cm^2)$，且电阻单位为 $\Omega\cdot cm^2$，请确定下面公式中电容单位：

（a）式（14.9）；

（b）式（14.14）；

（c）式（14.20）；

（d）式（14.34）；

（e）式（14.35）。

14.3　在第 14.3 节中，阐述了导致 CPE 行为的时间常数分布为垂直于电极表面或沿电极表面方向。

（a）在什么条件下系统表现为仅在垂直于电极表面方向上分布的 CPE 行为？

（b）在什么条件下，系统表现为沿电极表面分布的 CPE 行为？

14.4　根据式（14.10），验证式（14.14）。

14.5　根据式（14.15），验证式（14.20）。

14.6　根据式（14.29），验证式（14.34）和式（14.35）。

14.7　根据第 14.4.4 节的幂律模型，依据表 14.2 中数据计算薄膜厚度。

（a）假设 $\varepsilon=12$ 且 $\rho_\delta=500\Omega\cdot cm$。

（b）假设 $\varepsilon=20$ 且 $\rho_\delta=500\Omega\cdot cm$。

（c）假设 $\varepsilon=12$ 且 $\rho_\delta=10000\Omega\cdot cm$。

14.8　利用表 14.2 中的数据，使用第 14.4.3 节中的 Brug 公式，估算薄膜厚度。

14.9　利用表 14.2 中的数据，假如按第 14.4.1 中所述为膜电容设定 Q 的数值，那么估算电容误差。

14.10　对去离子水中的 0.25mm 直径金和铂盘电极，进行开路电位下的电化学阻抗测量。其测量频率范围 54.5Hz～46.5mHz。阻抗拟合参数如表 14.4 所列。

表 14.4　金和铂电极在去离子水中阻抗数据的拟合结果[306]

参数	Au	Pt
$R_e/(k\Omega\cdot cm^2)$	5.85±0.07	4.93±0.05
$Q/[\mu F/(s^{1-\alpha}\cdot cm^2)]$	27.6±0.3	27.6±0.3
α	0.66±0.01	0.69±0.01
$R_{\parallel}/(k\Omega\cdot cm^2)$	790±210	750±170

（a）使用第 14.4.3 节中的 Brug 公式来估算电容。

（b）按照第 13.2 节所述，确定可以预期的时间常数弥散效应的特征频率。讨论特征频率值的相关性。

第15章 广义传递函数

通常，电化学测试的目的是分析界面动力学机制，或者是评价一些过程参数的特征，比如腐蚀速率、沉积速率和电池的荷电状态。其中，界面机制是通过分析动力学特征和对反应中间产物的化学识别的方法进行研究分析的；而过程参数的特征则是通过测试有明确定义的物理量完成的。

在研究、解决传质过程与化学、电化学反应耦合问题，或者实验实施问题时，电子技术十分有效。因为电子技术可以对电化学体系进行原位研究。在将信号处理技术应用到电化学的过程中，电子技术就已经受到了电化学家的青睐。当施加小振幅的正弦波扰动信号时，可以认为电化学体系的变化是线性的。这样，可以通过分析传递函数的频率，研究电化学体系变化。其中，传递函数至少涉及一个与电相关的物理量，比如电流或电压。到目前为止，大部分重要的成果都是通过测定电化学阻抗获得的。因为电化学阻抗技术可以根据过程速率，比如传质、电化学和化学反应的速率，对一些现象的动力学特征进行研究。近年来，在阻抗谱技术中，又引入了一些与电气无关的物理量。显然，这些都是对电化学阻抗测试结果的有益补充。

本章简明扼要地阐述了已经出现的与电相关或不相关的阻抗技术。同时，提出一套固定的符号，描述这些测试结果。下面的内容参考了 Gabrielli 和 Tribollet 的研究成果[65]。

15.1 多路输入/输出系统

在过去 40 年中，电极阻抗测试技术广泛地应用于研究各种界面过程。基于传质和动力学耦合过程建立模型，并以此对这个物理量进行解析。其中，动力学过程有可能涉及异相和（或）均相反应步骤。尽管这些模型可以解释很多复杂的现象，但是如果没有附加的实验证据作为支撑，那么就可以质疑这些模型的正确性。

不幸的是，对反应中间产物或表面层的原位分析依然十分困难。因此，最方便的办法就是弥补阻抗仅可对电气变量测试不足，比如测试其他不同性质变量所构成的复变传递函数。实际上，这些新变量模型也正在按照电化学阻抗原理控制相关应用。例如，当金属阳极溶解达到扩散稳态时，期望通过对其进行交流阻抗的测试，却因动力学过程与传质过程紧密耦合，无法区分，开展分析变得十分困难。然而，如果通过扰动电极转速和测定电流的方法，就可以获得电流体动力学（EHD）阻抗，见第 16 章。EHD 阻抗直接地揭示了传质过程对表面现象的影响，从而获得了与过程有关的额外信息。可以通过 EHD 阻抗和电化学阻抗测试，检验表面动力学和传质过程耦合的模型。

对任何电化学体系，电化学界面的状态都是通过三个不同类型的物理量确定的，如图 15.1 所示。

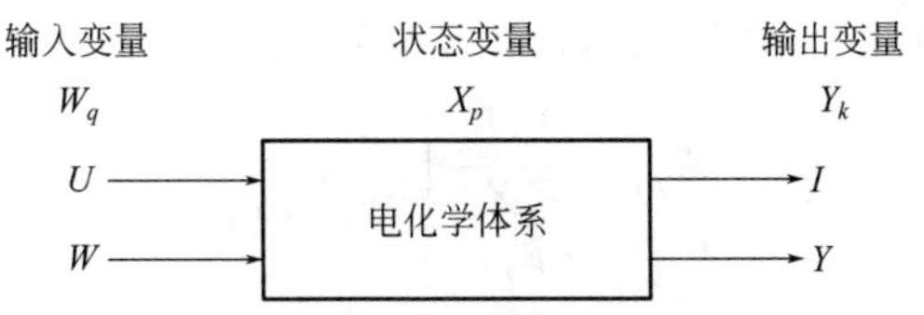

图 15.1 具有输入变量、输出变量和状态变量的电化学体系示意图
（摘自 Gabrielli 和 Tribollet 的研究成果[65]）

① 输入变量或限制条件 W_q 最终决定了实验条件。这些物理量包括：电极电位 U（或总电流 I），温度 T，压强 p，电极旋转速度 Ω 以及磁场强度 B。

② 状态变量 X_p 的值决定了体系的状态。这些状态变量包括：反应物的浓度 c_i，中间产物覆盖电极表面的程度 γ_i，局部界面电位 $V(x, y)$。

③ 可以通过输出变量 Y_k 观察体系的状态。输出变量一般包括：电流 I（或电压 U），电极表面的反射能，电极增加或减小的质量 M，以及流经第二个电极（通常是与盘电极同轴的环电极）的电流 I_{ring}。

通常，每一个输出变量 Y_k 都很复杂。可以认为每一个输出变量 Y_k 都是一个关于限制条件或输入变量的函数

$$Y_k = G(W_q) \quad (q, k = 1, 2\cdots) \tag{15.1}$$

方程（15.1）为输入-输出的关系式。为了写出方程（15.1），通常需要考虑涉及状态变量演变方程的不同步骤，即

$$\frac{dX_p}{dt} = H_p(X_1, W_q)(p, l, q = 1, 2\cdots) \tag{15.2}$$

$$Y_k = F_k(X_p, W_q) \quad (k, p, q = 1, 2\cdots) \tag{15.3}$$

方程组（15.2）反映了状态变量随时间的变化关系。通过方程组（15.3）可以得到输出变量。方程组（15.3）称作观察方程。

一般而言，函数 H_p 和 F_k 是非线性的。其非线性通常是由于电位为电化学速率常数的活化能指数的缘故，见第 5.4 节。此外，即使是对不随时间变化的电化学体系，方程（15.2）也可以由微分方程或者偏微分方程组成。当认为在界面上仅涉及动力学方程时，方程（15.2）可以表达为微分方程的形式；而当分配过程发生在本体溶液中时，例如，由于溶液中反应物的传递或温度梯度所导致的分配过程，方程（15.2）一般表示为偏微分方程的形式。

通过方程组（15.2）和方程组（15.3），不可能得到微分方程组的通解，或者说很难计算得到。例如，通解与循环伏安或阶跃响应特征一致。当 $dX_p/dt = 0$ 时，很容易推导出方程组的稳态解。如果对稳态值 $\overline{W}_q$ 施加一个小的扰动信号输入量 $dW_q(t)$，我们就会观察到输出量 Y_k 的微小变化 $dY_k(t)$。例如，如果忽略展开式中高于一阶的项，那么方程（15.2）和方程（15.3）的线性化表达式就可以近似地反映时域内的真实体系，即

$$\frac{dX}{dt} = \boldsymbol{A}\,dX + \boldsymbol{B}\,dW \tag{15.4}$$

$$dY = \boldsymbol{C}\,dX + \boldsymbol{D}\,dW \tag{15.5}$$

提示 15.1： 通过不同传递函数的测试，可以方便地对电化学体系开展原位研究。

其中，$\boldsymbol{A}$、$\boldsymbol{B}$、$\boldsymbol{C}$ 和 $\boldsymbol{D}$ 是矩阵，它们中的元素可分别表示为

$$A_{pq}=\left.\frac{\partial H_p}{\partial X_q}\right|_{X_{k,k\neq q},\ W_m} \tag{15.6}$$

$$B_{pq}=\left.\frac{\partial H_p}{\partial W_q}\right|_{X_k,W_{m,m\neq q}} \tag{15.7}$$

$$C_{kq}=\left.\frac{\partial F_k}{\partial X_q}\right|_{X_{k,k\neq q},W_m} \tag{15.8}$$

$$D_{kq}=\left.\frac{\partial F_k}{\partial W_q}\right|_{X_k,W_{m,m\neq q}} \tag{15.9}$$

同时，$\mathrm{d}X$、$\mathrm{d}Y$ 和 $\mathrm{d}W$ 是列向量，它们的元素分别是 $\mathrm{d}X_p$、$\mathrm{d}Y_k$ 和 $\mathrm{d}W_m$。

当将一个小振幅正弦波扰动信号施加到一个输入量上时，在线性条件下，对于目标量 χ，每一个状态量和输出量都可以表示为

$$\chi=\overline{\chi}+\mathrm{Re}\{\widetilde{\chi}(\omega)\exp(\mathrm{j}\omega t)\} \tag{15.10}$$

式中，$\mathrm{Re}\{\chi\}$表示量 χ 的实部；$\widetilde{\chi}(\omega)$ 通常是一个复变量，虽然与时间无关，但是却与频率相关，即

$$\widetilde{\chi}(\omega)=|\widetilde{\chi}(\omega)|\exp(\mathrm{j}\varphi) \tag{15.11}$$

式中，φ 是相位移。依据前面的符号，在时域内，物理量 χ 的扰动 $\mathrm{d}\chi(t)$ 与此物理量在频域内的扰动 $\widetilde{\chi}(\omega)$ 有关。于是就有

$$\mathrm{d}\chi(t)=\mathrm{Re}\{\widetilde{\chi}(\omega)\exp(\mathrm{j}\omega t)\} \tag{15.12}$$

在时域内，对于描述体系的方程（14.6）～方程（14.9），在频域内就变成为

$$\mathrm{j}\omega\widetilde{X}=\boldsymbol{A}\widetilde{X}+\boldsymbol{B}\widetilde{W} \tag{15.13}$$

$$\widetilde{Y}=\boldsymbol{C}\widetilde{X}+\boldsymbol{D}\widetilde{W} \tag{15.14}$$

式中，$\widetilde{X}$、$\widetilde{Y}$ 和 $\widetilde{W}$ 是列向量，其组成元素分别为 $\widetilde{X}_p$、$\widetilde{Y}_k$ 和 $\widetilde{W}_m$。

消除公式中的 $\widetilde{X}$ 项，就可以得到输出量 $\widetilde{Y}$ 与输入量 $\widetilde{W}$ 之间的函数关系式，即有

$$\widetilde{Y}=[\boldsymbol{C}(\mathrm{j}\omega\boldsymbol{J}-\boldsymbol{A})^{-1}\boldsymbol{B}+\boldsymbol{D}]\widetilde{W} \tag{15.15}$$

如果将电化学界面理解成多路输入 W_q/多路输出 Y_k 的体系，那么矩阵 $[\boldsymbol{C}(\mathrm{j}\omega\boldsymbol{J}-\boldsymbol{A})^{-1}\boldsymbol{B}+\boldsymbol{D}]$ 就是电化学界面的广义传递函数。矩阵中的每一项都是一个基本的传递函数，$\boldsymbol{J}$ 是单位矩阵。我们可以将传递函数视为静态属性空间的函数，它反映了系统的线性特征。当我们分析整个非线性电化学系统时，也可以得到同样的信息，只是此时的信息会更复杂一些。举个例子，通过稳态极化曲线上每一个极化点处的阻抗测试，就可以详尽地分析电化学界面信息。与大振幅的扰动测试技术相比，如循环伏安法，采用电化学阻抗测试技术得到的信息更加全面。虽然通过不同扫速下测得的极化曲线或循环伏安曲线的极化点，进行若干个阻抗测试所反映的信息都是相同的，但是对阻抗测试的数学分析更加简单，这是因为阻抗方程满足

提示 15.2： 小信号传递函数可以在不同数值的静态属性空间中进行分析，它体现了体系的线性特征。当使用大振幅扰动技术，如循环伏安法，分析整个非线性电化学系统时，也可以得到相同的信息。比较起来，只不过这种分析相对简单些。

线性关系的缘故。

如果矩阵第 k 行的传递函数（15.15）可以表示为

$$\widetilde{Y}_k=\sum_p Z_{q,k}\widetilde{W}_q \tag{15.16}$$

其中，$Z_{q,k}$ 是反映 Y_k 和 W_q 之间关系的基本传递函数。一般来说，每一个基本传递函数都是一个复变量。但是，当频率趋近于零时，$Z_{q,k}$ 趋近于 $\partial Y_k/\partial W_q\mid W_p$，它是稳态解 $\overline{Y}_k$ 对于 $\overline{W}_q$ 的偏导数。例如，对于电气量来讲，$\partial U/\partial I\mid_{W_p}$ 表示极化电阻。

对于不同的阻抗测试技术，都会使用一些不同的且矛盾的符号。因此，十分必要提出一种统一的、标准的方法，以描述阻抗测试中的传递函数。在后面的章节中，将提出统一的、标准的符号。在这些情况下，电气性质，如电流或电压，就是测得的输出量，而强制输入函数则与电气无关。在后面的章节中，将阐述强制输入函数与电气相关的情况。

15.1.1　电流或电位为输出变量

考虑到 I 和 U 在电化学体系中所起到的特定作用，二者均可作为输入量或输出量。根据极化控制类型，比如是恒电位还是恒电流极化，$\widetilde{I}$ 和 $\widetilde{U}$ 可能出现在输入或输出列的向量中。根据式（15.16），就有

$$\widetilde{I}=Z^{-1}\widetilde{U}+\sum_m Z_{I,m}\widetilde{W}_m \tag{15.17}$$

其中，$Z^{-1}\widetilde{U}$ 是式（15.16）加和中的一个分量。同样地，有

$$\widetilde{U}=Z\widetilde{I}+\sum_m Z_{U,m}\widetilde{W}_m \tag{15.18}$$

在式（15.17）和式（15.18）中，Z 是常见的电化学阻抗；$Z_{I,m}$ 是对第 m 个输入变量扰动引起的电流响应的基本传递函数；$Z_{U,m}$ 是对第 m 个输入变量扰动引起的过电位响应的基本传递函数。

人们对式（15.17）和式（15.18）都很满意。因此，将方程（15.18）的 $\widetilde{U}$ 值代入方程（15.17）后，就可得

$$\widetilde{I}=Z^{-1}(Z\widetilde{I}+\sum_m Z_{U,m}\widetilde{W}_m)+\sum_m Z_{I,m}\widetilde{W}_m \tag{15.19}$$

也就是

$$\sum_m (Z_{U,m}Z^{-1}+Z_{I,m})\widetilde{W}_m=0 \tag{15.20}$$

因此，对于任何输入变量 m 而言，都有

$$Z_{U,m}Z^{-1}+Z_{I,m}=0 \tag{15.21}$$

所以说，由第 m 个输入变量扰动引起的电流和电压响应的最初传递函数是与电化学阻抗有关的。对于给定的实验，仅有一个输入量在某一平均值附近按照正弦方式调控变化的，其他量则通过不同的控制模式维持为常数。

符号，如比值 $\widetilde{Y}_k/\widetilde{W}_m$，表示所有输入量 $W_p(p\neq m)$ 是恒定值。因此，式（15.21）可以写成

$$\frac{\widetilde{U}}{\widetilde{W}_m}=-\frac{\widetilde{U}}{\widetilde{I}}\frac{\widetilde{I}}{\widetilde{W}_m} \tag{15.22}$$

据此，$(\widetilde{U}/\widetilde{W}_m)$ 为恒电流（$\widetilde{I}=0$）控制方式下获得的值；$\widetilde{U}/\widetilde{I}$ 是在 $\widetilde{W}_m=0$ 时得到的电化

学阻抗 Z；而（$\widetilde{I}/\widetilde{W}_m$）则是在恒电位（$\widetilde{U}=0$）控制下获得的。在以前的文献中，已经给出过满足特定情况的公式（15.22），比如旋转圆盘电极在速度调控的情况[307]，磁场调控的情况[166]，以及温度调控的情况[308]。

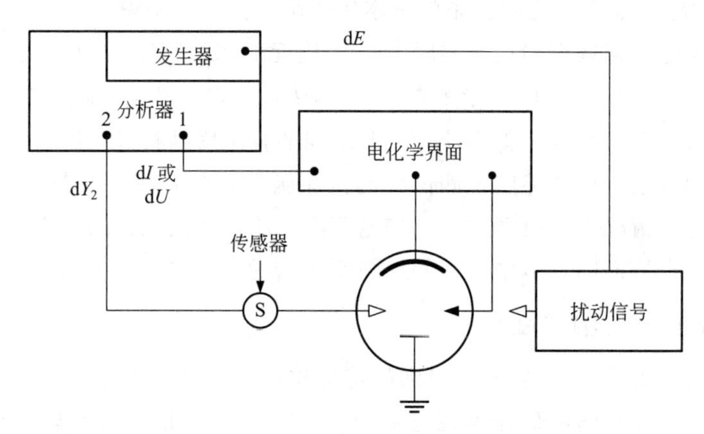

图 15.2　传递函数测量的实验仪器原理图。其中，测量包括非电气输入量与电气输出量

为测试传递函数而进行的实验设计，包括与电气相关的输入量和输出量，如图 15.2 所示。传递函数分析器生成扰动信号 $dE(t)$，电气量控制装置将其电流或电压响应信号 $dI(t)$ 或 $dU(t)$ 传递至分析器的通道 1 中。如图 15.2 所示，一个检测输出量 Y_2 的传感器就可以测得此输出量的响应信号 $dY_2(t)$。分析器可以测量 Y_2 和 U 之间（$\widetilde{Y}_2/\widetilde{U}$），或者 Y_2 和 I 之间（$\widetilde{Y}_2/\widetilde{I}$）的传递函数。

15.1.2　电流或电位为输入变量

对任何一个输出变量 k，在恒电流控制条件下，式（15.16）可以写成

$$\widetilde{Y}_k = Z_{k,p}\widetilde{I} + \sum_m Z_{k,m}\widetilde{W}_m \tag{15.23}$$

其中，$Z_{k,p}$ 是第 k 个输出变量响应与电流扰动之间的基本传递函数；$Z_{k,m}$ 是第 k 个输出变量响应与第 m 行输入变量扰动之间的基本传递函数。

如果输入变量 I 是可调的，那么输出变量 Y_k 和 U 之间的关系可以写成

$$\widetilde{Y}_k = Z_{k,I}\widetilde{I} \tag{15.24}$$

$$\widetilde{U} = Z\widetilde{I} \tag{15.25}$$

由此可得

$$\frac{\widetilde{Y}_k}{\widetilde{U}} = \frac{Z_{k,I}}{Z} = \frac{\widetilde{Y}_k}{\widetilde{I}}\,\frac{\widetilde{I}}{\widetilde{U}} \tag{15.26}$$

式中，$\widetilde{U}/\widetilde{I}$ 是常见的电化学阻抗 Z；$\widetilde{Y}_k/\widetilde{I}$ 是 Y_k 和 I 之间的传递函数；$\widetilde{Y}_k/\widetilde{U}$ 是 Y_k 和 U 之间的传递函数。应该注意到，在推导式（15.22）的过程中，电流、电位都认为是输出变量。然而，在推导式（15.26）时，电位被当作输入变量，由此导致信号改变。式（15.22）与式（15.26）之间的唯一差别就是等号右边的负号，它是由隐函数求导而产生的。

为了测试传递函数，需要进行实验仪器的设计，图 15.3 所示为传递函数实验仪器原理

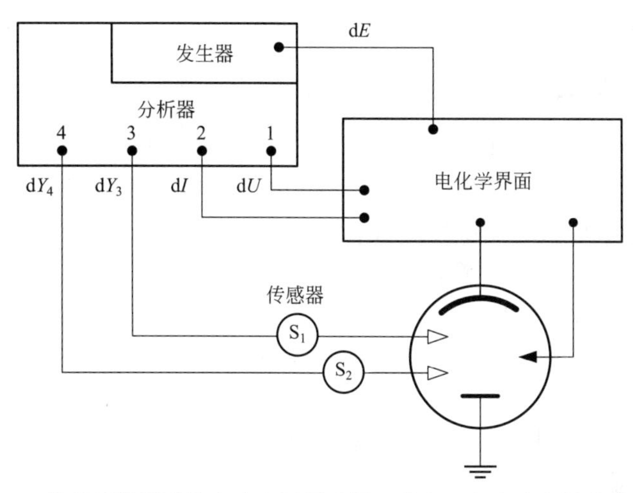

图 15.3 传递函数测试的实验布置原理图。其中，电流或电压为输入量

图。其中，输出变量与电气无关，电流或电压为输入变量。传递函数分析器产生扰动信号 $dE(t)$，电气变量控制器件将电流和电压的响应信号 $dI(t)$和 $dU(t)$发送至传递函数分析器的通道 1 和通道 2 中。检测输出变量 Y_3 的传感器就可以测试此输出变量的响应信号 $dY_3(t)$，见图 15.3。传递函数分析器可以同时测得电化学阻抗 $\tilde{U}/\tilde{I}$，Y_3 和 U 之间的传递函数 $\tilde{Y}_3/\tilde{U}$，以及 Y_3 和 I 之间的传递函数 $\tilde{Y}_3/\tilde{I}$。如果需要，可以利用第二个传感器 S_2，如图 15.3 所示，测试另外一个输出变量的响应信号 $dY_4(t)$。这一特点使得多重传递函数测试技术十分灵活。如要想同时测出电化学阻抗 $\tilde{U}/\tilde{I}$ 和传递函数 $\tilde{Y}_3/\tilde{I}$，则需要使用一个四通道的传递函数分析器。

15.1.3 实验变量

有必要注意的是，界面电位 V 和法拉第电流 I_F 是状态量，并且与可观测到的实验量 U 和 I 相关，即

$$U = V + R_e I \tag{15.27}$$

$$I = I_F + C_{dl}\frac{dV}{dt} \tag{15.28}$$

式中，R_e 是溶液电阻；C_{dl} 是双层电容。

从建立模型的角度考虑，动力学方程和公式推导一般都与 I_F 和 V 直接相关。因此，第一步先写出以 I_F 和 V 为观测变量（输入或输出）的方程更为方便。然后，再通过方程（15.27）和方程（15.28）写出最终与 I 和 U 相关的方程。

15.2 仅有电气变量的传递函数

这里，在所有传递函数例子中，唯一的变量是电气变量。但是，这与本书中其他部分描

提示 15.3： 式（15.22）给出了当电流或电位为输出量时，普通电化学阻抗响应与传递函数之间的关系。方程（15.26）则给出了当电流或电位为输入量时，二者之间的对应关系。可以通过由于隐函数求导而产生的负号来区分方程（15.22）与方程（15.26）。

述的阻抗测试有所不同。

15.2.1 环-盘阻抗测试

在20世纪60年代后期，Albery等[309]对旋转环-盘电极进行了大量研究。从原理上讲，作为体系流动状态的扩展装置，通过研究环电极上捕获到的物质，就可以获得在电极反应过程中，圆盘表面所捕获物质随时间和电位的变化信息。这种技术还可用于研究对圆盘电极电位施加正弦波扰动信号后的聚集效率[310]。

旋转环-盘电极的工作原理如下：

① 在圆盘电极上，物质A发生电化学反应后生成B，即

$$A \longrightarrow B + n_{\text{disk}} e^- \tag{15.29}$$

其中，物质A和B的荷电状态使得反应方程式（15.29）的电荷保持平衡。

② 物质B离开圆盘电极，通过对流扩散传递到环电极上。

③ 在环电极上，物质B发生反应生成P，即

$$B \longrightarrow P + n_{\text{ring}} e^- \tag{15.30}$$

产物P也许与初始的反应物A相同，因为这是一个氧化还原反应体系。当然，也可以是不同的。

对于反应方程式（15.29）和（15.30）中的电子数，也就是n_{disk}或n_{ring}，如果发生阳极反应就是正值。相反，如果是阴极反应则为负值。由此可见，在旋转环-盘电极上，发生了三个明显不同的过程：圆盘电极上的电化学反应；通过对流扩散过程，实现圆盘电极与环电极的连接；环电极上的聚集过程。

在稳态情况下，聚集效率定义为

$$\overline{N} = \frac{\overline{i}_{\text{ring}}}{\overline{i}_{\text{disk}}} \tag{15.31}$$

按照相似的方式，在交流信号下，当角频率为ω时，聚集效率可以表示为

$$N(\omega) = \frac{\widetilde{i}_{\text{ring}}}{\widetilde{i}_{\text{disk}}} \tag{15.32}$$

由于圆盘电极和环电极上的电流是通过三个不同的过程联系到一起的。因此，可以将$N(\omega)$分解成三个传递函数乘积的形式，也就是

$$N(\omega) = \frac{\widetilde{i}_{\text{ring}}}{\widetilde{i}_{\text{disk}}} = \frac{\widetilde{N}_{\text{B,disk}}}{\widetilde{i}_{\text{disk}}} \frac{\widetilde{N}_{\text{B,ring}}}{\widetilde{N}_{\text{B,disk}}} \frac{\widetilde{i}_{\text{ring}}}{\widetilde{N}_{\text{B,ring}}} = N_{\text{disk}}(\omega) N_{\text{t}}(\omega) / N_{\text{ring}}(\omega) \tag{15.33}$$

其中，$N_{\text{B,disk}}$是物质B在圆盘电极界面上的流量；$N_{\text{B,ring}}$是物质B在环电极界面上的流量。在式（15.33）中，$N_{\text{ring}}(\omega) = \widetilde{N}_{\text{B,ring}} / \widetilde{I}_{\text{ring}}$是环电极过程的动力学效率。如果这个过程进行的足够快，那么整个过程完全受对流扩散控制。由此，有$N_{\text{ring}}(\omega) = 1/n_{\text{ring}}F$。其中，$F$是法拉第常数。事实上，旋转环-盘电极的适用性很大程度上取决于能否寻找到合适的环电极材料和电化学系统，使得$N_{\text{ring}}(\omega)$为常量。

由于$N_{\text{t}}(\omega) = \widetilde{N}_{\text{B,ring}} / \widetilde{N}_{\text{B,disk}}$项的大小完全取决于传质过程，因此$N_{\text{t}}(\omega)$可以通过无量纲频率$pSc_{\text{i}}^{1/3}$进行简化处理，见第11章。在此过程中，虽然不能获得解析表达式。但是，对于不同结构的旋转环-盘电极来说，不可避免地需要求解其数值解。

$N_{\text{disk}}(\omega) = \widetilde{N}_{\text{B,disk}} / \widetilde{i}_{\text{disk}}$项是动力输出效率，只取决于圆盘电极上的动力学参数。在稳

态情况下，就有

$$\lim_{\omega \to 0} N_{\text{disk}}(\omega) = \frac{1}{n_{\text{disk}} F} \tag{15.34}$$

在暂态条件下，圆盘电流 $\tilde{i}_{\text{disk}}$ 中的部分电流可能以电荷 $\tilde{q}$ 的形式存储在圆盘电极表面上。这意味着法拉第过程是通过形成吸附中间产物（二维）或膜层（三维）实现的。根据存储的电荷，可以得到

$$\tilde{i}_{\text{disk}} = n_{\text{disk}} F \tilde{N}_{\text{B,disk}} + \text{j}\omega \tilde{q} \tag{15.35}$$

式（15.35）可以变为

$$\frac{\tilde{N}_{\text{B,disk}}}{\tilde{i}_{\text{disk}}} = \frac{1}{n_{\text{disk}} F} - \frac{\text{j}\omega}{n_{\text{disk}} F} \frac{\tilde{q}}{\tilde{i}_{\text{disk}}} \tag{15.36}$$

通过引入圆盘电极的法拉第阻抗 Z_{disk}，可以将传递函数写成

$$N(\omega) = N_0(\omega) - \text{j}\omega \frac{\tilde{q}}{\tilde{V}} Z_{\text{disk}} N_{\text{t}}(\omega) n_{\text{ring}} F \tag{15.37}$$

其中

$$N_0(\omega) = \frac{n_{\text{ring}}}{n_{\text{disk}}} N_{\text{t}}(\omega) \tag{15.38}$$

通过法拉第阻抗 Z_{disk} 和传递函数 $N(\omega)$，可以确定传递函数 $\tilde{q}/\tilde{V}$。这是一个重要的动力学参数，可以评价存储在电极表面的电量，并且与频率相关。

15.2.2　双电层的多频测试

法拉第阻抗与双层电容 C_{dl} 并联，然后再与溶液电阻 R_{e} 串联，如图 9.1 所示。一般认为双层电容是恒定不变的。然而，当使用直流电信号进行阻抗测试时，可以观察到 C_{dl} 的频繁改变。此外，已经发现，双层电容 C_{dl} 会随着电流密度的增加而增大。

假设双层电容 C_{dl} 的大小与表面覆盖率 γ_{i} 相关，由于 γ_{i} 与频率有关，所以 C_{dl} 是频率的函数。Epelboin 等人的研究揭示了电化学阻抗的动力学机制[311]，包括中间产物对电极表面覆盖的影响作用。Epelboin 等人认为，对于一些反应的机理，一些反应中间产物在电极表面的吸附遵循 Langmuir 等温吸附规律，并且可以用表面覆盖率 γ_{i} 对其进行表征。在这种机理作用下，除了扩散阻抗弧外，所有的阻抗弧均表现为圆心落在实轴上的半圆。这些半圆可以是容抗弧，也可以是感抗弧。为了研究电极表面覆盖率对双层电容的作用，人们提出了一种新技术，测试表面覆盖率与频率之间的关系。同时，利用这种方法也直接证明了早前提出的理论[92]。

如图 15.4 所示，分别用 $C_{\text{dl,b}}$ 和 $C_{\text{dl},\gamma}$ 表示在裸露电极表面上的双层电容和有反应中间物覆盖表面上的双层电容。如果假设这两种双层电容是不同的，那么有效电容可以表示为

$$C_{\text{dl}} = C_{\text{dl,b}}(1-\gamma) + C_{\text{dl},\gamma}\gamma \tag{15.39}$$

对于总的双层电容，电容传递函数可以表示为表面覆盖率 γ 的线性函数，即有

$$\frac{\tilde{C}_{\text{dl}}}{\tilde{V}} = (C_{\text{dl},\gamma} - C_{\text{dl,b}}) \frac{\tilde{\gamma}}{\tilde{V}} \tag{15.40}$$

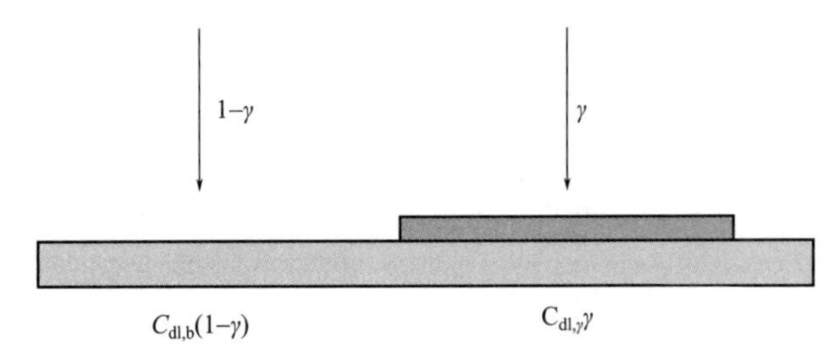

图 15.4　当电极表面有覆盖层时，双层电容具有不同数值的示意图

正如第 10.4.1 节中所描述的那样，这种理论方法可以用于有中间产物吸附的简单体系研究。

对于与传质无关的体系，$i_F=f(V,\gamma)$，根据式（10.5），体系的导纳为

$$\frac{\tilde{i}_F}{\tilde{V}}=\frac{1}{Z_F}=\frac{1}{R_t}+\left(\frac{\partial f}{\partial \gamma}\right)_V\frac{\tilde{\gamma}}{\tilde{V}} \tag{15.41}$$

体系的总阻抗为

$$Z(\omega)=R_e+\frac{1}{j\omega C_{dl}+1/Z_F(\omega)} \tag{15.42}$$

这里，由式（15.39）可知，C_{dl} 是 γ_i 的函数。在足够高的频率 ω_{HF} 下，法拉第阻抗对于整体阻抗的贡献可以忽略不计。由此，电位扰动信号 $\tilde{U}(\omega_{HF})$ 引起的电流响应 $\tilde{i}(\omega_{HF})$ 可以表示为

$$\tilde{i}(\omega_{HF})=\frac{\tilde{U}(\omega_{HF})}{R_e+1/(j\omega_{HF}C_{dl})} \tag{15.43}$$

在此频率下，传递函数$\tilde{\gamma}_i/\tilde{V}$ 和 $\tilde{C}_{dl}/\tilde{V}$ 可以忽略不计。因此，可以认为电容 C_{dl} 达到了稳态值。对于 $1/(j\omega_{HF}C_{dl})$，R_e 可以忽略，那么可以通过下式求得电容，即

$$C_{dl}=\frac{1}{j\omega_{HF}}\frac{\tilde{i}(\omega_{HF})}{\tilde{U}(\omega_{HF})} \tag{15.44}$$

式中，$\tilde{U}(\omega_{HF})$是扰动量，因此它有实数值。由于 C_{dl} 也具有实数值，所以 $\tilde{i}(\omega_{HF})$中一定含有虚数值。在高频值 ω_{HF} 条件下，C_{dl} 正比于 $|\tilde{i}(\omega_{HF})|$。如果两个附加扰动信号 $\tilde{U}(\omega_{HF})$ 和 $\tilde{U}(\omega)$同时叠加在一起，我们就可以得到电流 $\tilde{i}$ 的线性（一级）响应信号。那么在频率 ω_{HF} 和 ω 下，两个基本电流之和可以表示为

$$\tilde{i}=\tilde{i}(\omega_{HF})+\tilde{i}(\omega)=\tilde{U}(\omega_{HF})j\omega_{HF}C_{dl}+\frac{\tilde{U}(\omega)}{Z(\omega)} \tag{15.45}$$

如果根据式(15.44)，在高频 ω_{HF} 下测量的电容值在低频 ω 时却发生了改变，那么 $\tilde{i}(\omega_{HF})$ 在低频率 ω 下也会发生变化。使用这种方法可以同时测得 $Z(\omega)$和$\tilde{C}_{dl}(\omega)/\tilde{U}(\omega)$。

为了同时确定传递函数 $Z(\omega)$和 $\tilde{C}_{dl}(\omega)/\tilde{U}(\omega)$，AntaÑo-Lopez 等人设计了实验设置图[92,312,313]。利用此实验装置，可同时测得 $\tilde{U}(\omega)$、$\tilde{i}(\omega)$和 $\tilde{C}_{dl}(\omega)$。如图 15.5 所示，锁相放大器决定了最终参考频率 ω_{HF} 的信号强度。锁相放大器的正弦波发生器将扰动信号 $\Delta E(\omega_{HF})$输入至恒电位仪的电压加法器。频响分析仪上的发生器将扰动信号 $\Delta E(\omega)$也输入至恒电位仪的电压加法器。恒电位仪将这两个电压扰动信号处理合成为复合扰动信号 $[\Delta E(\omega)+\Delta E(\omega_{HF})]$。按照惯例，电解槽连接在恒电位仪上。恒电位仪输出两个交流信号，

ΔU 和 ΔI，它们均包括一个由频率 ω_{HF} 和 ω 叠加而产生的复合交流信号。低通滤波器将消除频率为 ω_{HF} 的高频信号，两种信号都要返回到频响分析仪：$\Delta E(\omega_{HF})$信号输入通道 ch2，$\Delta I(\omega)$信号输入通道 ch1。电流输出信号也被发送到锁相放大器的输入端。在频率 ω_{HF} 下，电流响应的异相信号通过低通滤波器连接至频响分析仪的输入通道 ch3。根据在频率 ω 下的相关性，频响分析仪计算出两个传递函数，由通道 1 和 2 获得 $Z(\omega)$，由通道 2 和 3 得到 $\widetilde{C}_{dl}(\omega)/\widetilde{U}(\omega)$。事实上，为了与锁相放大器里内置过滤器的仪器频率响应对应，必须使用传递函数$F(\omega)$ 对传递函数 $\widetilde{C}_{dl}(\omega)/\widetilde{U}(\omega)$进行修正。这种方法已经用于铁的阳极溶解过程研究[92]。作者通过实验也证实了界面电容弛豫过程与法拉第电流弛豫过程之间的密切关系。

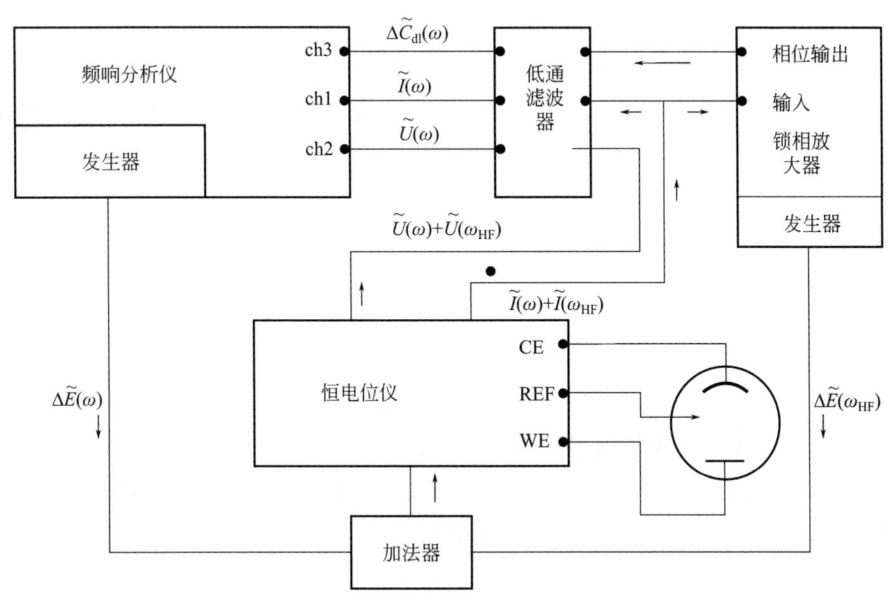

图 15.5　利用低频扰动信号测试界面电容的实验设置图

15.3　非电气变量的传递函数

图 15.2 和图 15.3 描述了实验设置的原理图。其目的在于测试传递函数，包括与电气无关的变量。在这一节中，将列举一些例子。对于旋转圆盘电极，其转速扰动引起的电化学系统响应信号对应的传递函数将在第 16 章中讲述。

15.3.1　热电化学（TEC）传递函数

Citti 等人[314] 首先提出了热电化学（TEC）技术。之后，Rotenberg[315] 在他的研究中使用了垂直电极。此垂直电极通过激光束或红外二极管进行加热。在这种情况下，自然对流和热对流处于相同的数量级水平。因此，实验可以在很高的精确度下进行。考虑在加热的

提示 15.4： 传递函数可用来分离特定自变量的影响，而这些影响对体系的电化学阻抗响应有贡献。

垂直电极上进行一个快速的氧化还原反应。溶液的运动是自发的，驱动力源于非均相反应。具体来说，是电极附近的热梯度和浓度梯度导致了溶液中的密度差异，从而产生了这样的驱动力。

电极温度扰动产生了速度场的扰动。然后，因速度场的扰动，又引起了电极附近浓度场的扰动。根据菲克定律，就有

$$i_F = -nFD_i \left.\frac{dc_i}{dy}\right|_{y=0} \tag{15.46}$$

与法拉第电流对应的热电化学传递函数可以分解成两项，即

$$\frac{\tilde{i}_F}{\tilde{T}} = \bar{i}_F \frac{1}{D_i}\frac{\tilde{D}_i}{\tilde{T}} - nFD_i \frac{\left.\frac{d\tilde{c}_i}{dy}\right|_{y=0}}{\tilde{T}} \tag{15.47}$$

这与 Aaboubi 等人[308] 和 Rotenberg[315] 提出的理论是一致的。当考虑到扩散系数与温度的相互关系时，即 $D_i \propto \exp(A_i i_F/RT^2)$，那么在式（15.47）中，第一项就变成 $A_i i_F/RT^2$。其中，A_i 是扩散活化能，第二项与频率有关，受传质过程的控制。Rotenberg 根据充电电流对温度扰动的响应，引入了一个相对应的项，即 $\tilde{i}_C = j\omega(\tilde{q}/\tilde{T})$。与总电流对应的传递函数应该是这三项的和，也就是

$$\frac{\tilde{i}}{\tilde{T}} = \frac{\tilde{i}_F}{\tilde{T}} + \frac{\tilde{i}_C}{\tilde{T}} = \frac{A_i \bar{i}_F}{RT^2} - nFD_i \frac{\left.\frac{d\tilde{c}_i}{dy}\right|_{y=0}}{\tilde{T}} + j\omega\frac{\tilde{q}}{\tilde{T}} \tag{15.48}$$

溶液在热层流层中的自由对流运动是自发的，其驱动力源于非均相反应和电极释放的热量。在这种情况下，两个现象导致了溶液密度的改变。在非均相反应过程中，反应表面附近处的浓度是不断变化的，由此导致了溶液密度的变化。除此之外，热量的释放诱发了溶液密度的变化，这一结果是由溶液温度的非均匀变化所导致的。溶液的密度是浓度和温度的函数，可以表示为

$$\rho = \rho(\infty) + \left(\frac{\partial \rho}{\partial c_i}\right)[c_i - c_i(\infty)] + \left(\frac{\partial \rho}{\partial T}\right)[T - T(\infty)] \tag{15.49}$$

式中，$c_i(\infty)$、$T(\infty)$ 和 $\rho(\infty)$ 分别是在本体溶液中测出的反应物浓度、温度和密度。

作用在单位流体体积上的力等于 ρg，并且在溶液中的每一处都有不同的数值。人们很自然地认为，大部分浓度的改变发生在一个很薄的液体层内，而大部分温度的改变则发生在一个相对较厚的液体层中，当然，其厚度仍然是很薄的。温度和浓度的改变是引起流体运动的原因。所以，我们可以放心的假设流体运动也发生在这个薄的液体层中。这样一来，流体动力学边界层理论也就可以应用于由热对流引起的流体运动。在这种情况下，流体动力学边界层与热扩散层一致。

根据对流扩散方程，可以确定电活性物质的浓度分布，即

$$\frac{\partial c_i}{\partial t} = -\nabla \cdot [D_i(y)\nabla c_i + Vc_i] \tag{15.50}$$

或

$$\frac{\partial c_i}{\partial t} + v_x\frac{\partial c_i}{\partial x} + v_y\frac{\partial c_i}{\partial y} = D_i(y)\frac{\partial^2 c_i}{\partial y^2} + \frac{\partial D_i}{\partial y}\frac{\partial c_i}{\partial y} \tag{15.51}$$

其边界条件为：当 $y=0$ 时，$c_i=0$；当 $y \to \infty$时，$c_i=c_i(\infty)$。

扩散系数 $D_i(y)$ 是温度的函数，并且与电极附近不同位置处的局部温度变化有关。然而，由于热流体层的厚度大约是扩散层厚度的 5 倍，由此可以假定，在式（15.51）的积分域中，即在对应的传质扩散层中，扩散系数的实际变化是可以忽略的。因此，在下面的讨论中，$D_i(y)=D_i$，$\partial D_i/\partial y=0$。

分别用 v_x 和 v_y 表示切向速度和法向速度的分量。根据 Marchiano 和 Arvia 的研究结果[316]，速度分量可以表示为无量纲坐标距离的函数

$$v_x=4\nu\left(\frac{g}{4\nu^2}\right)^{1/2}x^{1/2}f'(\mu) \tag{15.52}$$

和

$$v_y=\nu\left(\frac{g}{4\nu^2}\right)^{1/4}\frac{\mu f'(\mu)-3f(\mu)}{x^{1/4}} \tag{15.53}$$

式中，$\mu=(g/4\nu^2)^{1/4}$；ν 是运动黏度；g 是重力加速度。$f(\mu)$为关于 μ 的级数展开式，并且只取级数展开式的第一项 $f(\mu)=(T)\mu^2$，以便将其限定在电极附近范围内。

在浓度梯度和热梯度同时作用下，垂直电极上的稳态局部通量可以表示为

$$N_i=-D_i\frac{\mathrm{d}\bar{c}_i}{\mathrm{d}y}\bigg|_{y=0}=D_ic_i(\infty)\frac{(Sc_i)^{1/3}}{\Gamma(4/3)}\left(\frac{g}{4\nu^2}\right)^{1/4}x^{-1/4} \tag{15.54}$$

由于电极温度远高于溶液中的平均温度，因此电化学界面的温度变化会引发溶液中热梯度的改变。在这种情况下，平均温度却保持恒定不变。这样，与温度有关的参数，比如浮力，在邻近电极表面的热扩散层内将会发生改变，结果导致电极附近速度的变化。所以，瞬态物质平衡方程可以表示为

$$\mathrm{j}\omega\tilde{c}_i+\bar{v}_x\frac{\partial\tilde{c}_i}{\partial x}+\bar{v}_y\frac{\partial\tilde{c}_i}{\partial y}-D_i\frac{\partial^2\tilde{c}_i}{\partial y^2}=-\tilde{v}_x\frac{\mathrm{d}\bar{c}_i}{\mathrm{d}x}-\tilde{v}_y\frac{\mathrm{d}\bar{c}_i}{\mathrm{d}y} \tag{15.55}$$

其边界条件为：当 $y=0$ 时，$\tilde{c}_i(0)=0$；当 $y\to\infty$时，$\tilde{c}_i=0$。

方程（15.55）是一个二维偏微分方程，可以采用第 13.5.2 节中描述的方法进行求解。第一步是利用一组无量纲变量，具体可以定义为距电极表面的无量纲法向距离 $\xi=y/\delta(x)$ 和与 x 相关的无量纲频率 $K_x=\omega\delta^2(x)/D_i$。为此，方程（15.55）可以写作为

$$\mathrm{j}K_x\tilde{c}_i+\frac{4\xi K_x}{9}\frac{\partial\tilde{c}_i}{\partial K_x}-\frac{\xi^2}{3}\frac{\partial\tilde{c}_i}{\partial\xi^2}-\frac{\partial^2\tilde{c}_i}{\partial\xi^2}=\frac{\xi^2}{3}\frac{\mathrm{d}\bar{c}_i}{\mathrm{d}\xi^2}\frac{\tilde{}}{-} \tag{15.56}$$

物质平衡方程也可表示为两个变量 ξ 和 K_x 的偏微分方程。在低频区，方程的解为级数形式，即

$$\tilde{c}_i=\sum_{m=0}^{\infty}(\mathrm{j}K_x)^m h_m(\xi) \tag{15.57}$$

同样可以通过与第 13.5.2 节中类似的方法，去求得 $h_m(\xi)$的解。

在高频区，温度扰动急剧减弱至壁面。因此，对流项可以被忽略，方程（15.55）可以简化为

$$\mathrm{j}K_x\tilde{c}_i-\frac{\partial^2\tilde{c}_i}{\partial\xi^2}=\frac{\xi^2}{3}\frac{\mathrm{d}\bar{c}_i}{\mathrm{d}\xi}\frac{\tilde{}}{-} \tag{15.58}$$

由于频率高，所以温度扰动传递的距离很小。一些简化处理有利于获得方程的分析解。

在低频解的级数展开式中，包含的项数随着频率的增加而逐渐增加。因此，选择的项数

一定要使低频解和高频解充分重叠。在当前的例子中，如果满足 $8 \leqslant K_x \leqslant 11$ 条件，必须选择 80 项，才能保证低频与高频解的重叠。这 80 项是由 Aaboubi 等提出的[308]。

根据前面的方程，可以确定局部通量。为了获得电极自身的响应信号，十分有必要对整个电极表面的局部通量进行积分。对矩形电极，就有

$$\widetilde{i}_{\text{rect}} = L\int_0^l nFD_i \frac{\partial \widetilde{c}_i}{\partial y}\bigg|_0 \mathrm{d}x \tag{15.59}$$

而对于圆盘电极，也有

$$\widetilde{i}_{\text{circ}} = \int_{-R}^{+R}\mathrm{d}z\int_{R-\sqrt{R^2-Z^2}}^{R+\sqrt{R^2-Z^2}} nFD_i \frac{\partial \widetilde{c}_i}{\partial y}\bigg|_0 \mathrm{d}x \tag{15.60}$$

在图 15.6 中，将实验得到的与模型得到的热电化学传递函数进行了对比。式（15.48）中的三项清晰地出现在该图中。

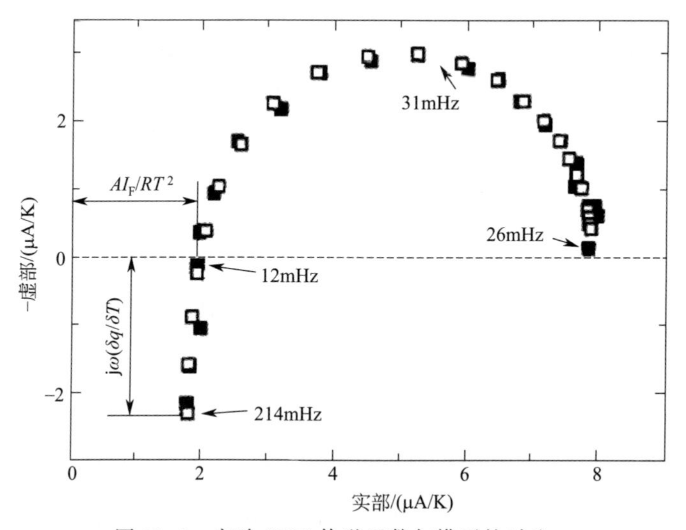

图 15.6 实验 TEC 传递函数与模型的对比。

□代表理论值；■代表实验值（摘自 Aaboubi 等[308]）

15.3.2 光电化学阻抗测试

光强度的可调性为探测光敏材料和系统的响应提供了一个很有吸引力的方法。入射光强度的正弦调制可以通过图 15.7 所示的装置实现。此技术称为强度调制光电流光谱技术(IMPS)[317]。入射激光束的强度可以通过声-光调制器进行控制。其中，声光调制器是由频响分析仪的直流偏置输出驱动的。到目前为止，所有的测试都是在恒电位控制条件下完成的。光电流中的交流组分与入射调制光通量的复合比例是通过快速光电二极管对激光束进行取样后产生的参考信号确定的。进入表面少数载流子的通量与时间有关，允许激发谱时间延迟小于 1ns。这样，可以认为少数载流子通量和光照之间的传递函数是一个实数。由此，可以推导出净光电流响应。光电流响应由瞬时的少数载流子通量和耦合的多数载流子通量组成。通过考虑到电解池的传递函数，可以最终确定输出电流响应。其中，电解池的传递函数是由空间电荷电容 C_{sc} 和溶液电阻 R_e 共同决定的。

广义传递函数可以表示为三个传递函数乘积的形式，也就是

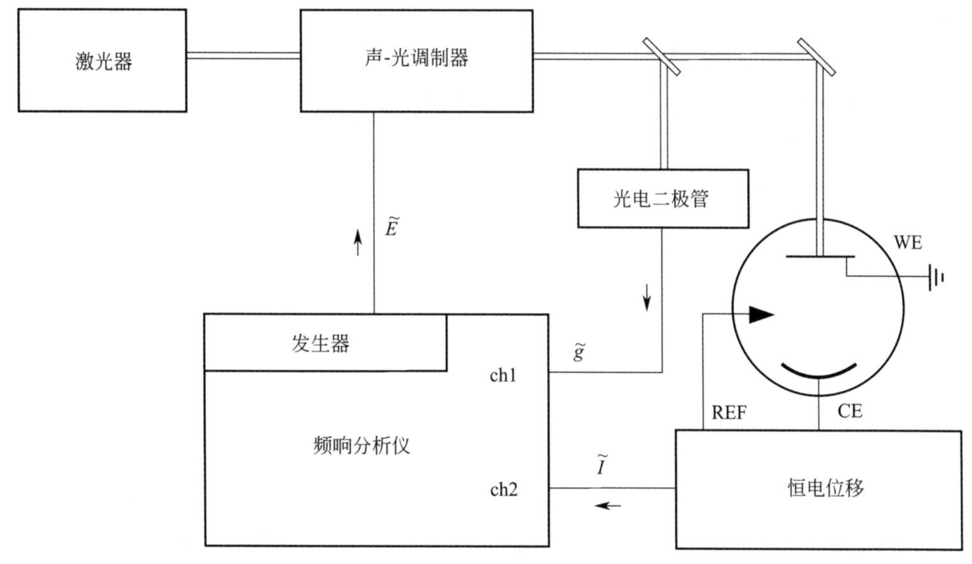

图 15.7　基于 IMPS 的阻抗测试实验装置

$$\frac{\widetilde{I}}{h\widetilde{\nu}}=\frac{\widetilde{F}_{\text{minority}}}{h\widetilde{\nu}}\times\frac{\widetilde{F}_{\text{majority}}}{\widetilde{F}_{\text{minority}}}\times\frac{\widetilde{I}}{\widetilde{F}_{\text{majority}}} \tag{15.61}$$

其中，第一个传递函数是一个实数，$h\widetilde{\nu}$ 是输入变量；$\widetilde{F}_{\text{minority}}$ 和 $\widetilde{F}_{\text{majority}}$ 是状态变量；$\widetilde{I}$ 是输出变量。

这种频率响应分析为研究复杂的光电极过程提供了独特的信息。对表面复合和光电流增殖的分析表明，少数载流子、多数载流子和注入载流子对光电流的贡献都可以通过叠加法进行计算。现在，可以详细地研究表面过程的反应速率与电位、溶液组成、表面取向和处理的关系。研究体系包括 p 气体（90%氩气和 10%甲烷混合物）中氧的还原，Si 在 NH_4F 中的光致氧化作用[317]，包括 InP 的阳极溶解过程[318]。

15.3.3　电重量阻抗测试

在 20 世纪 80 年代初，开始利用石英微天平，通过测试电解液中石英晶体谐振频率（通常为 6MHz 左右）的改变，获得石英晶体某个晶面上质量载荷的大小。如果测试电极在恒电位电路中进行极化，那么利用微天平可以测试电极上反应物的质量改变。微天平的测试灵敏度很高，能达到约 $10^{-9}\ \text{g}\cdot\text{cm}^{-2}$，可以确定因吸附反应中间产物或离子嵌入膜层引起的电极质量变化。

在稳态或准稳态条件下，通过频率计数器，可以直接测试石英晶体振荡器的频率 f_{w}，最后得到质量变化与时间的函数关系。在正弦波扰动信号下，利用石英天平，就可以测量空气中工作石英振荡器频率 f_{w} 和参比石英振荡器频率 f_0 之差。差值 $\text{d}f=f_{\text{w}}-f_0$，与质量变化和正弦扰动信号呈线性关系。由此，可以通过转换器将其转变为电压信号。利用传递函数分析器上的电流响应信号 $\widetilde{I}$ 与电压扰动 $\widetilde{E}$，就可以对电压信号进行分析。同时测试 $\widetilde{U}$ 和 $\widetilde{I}$ 之间的电化学响应，可以获得电解液与石英晶体电极之间的界面质量弛豫信息[11,12,319]。

图 15.8 为测试系统的原理示意图。在这种情况下，输出变量是电流 $Y_1=I$ 和质量 $Y_2=M$。除了电荷和质量平衡外，决定质量变化的方程可以表示为

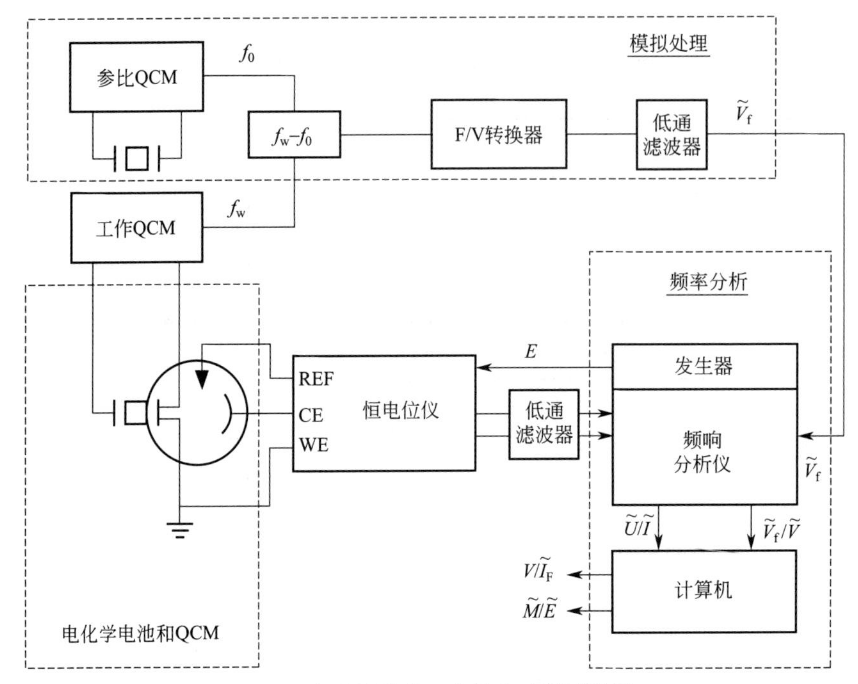

图 15.8　电重量传递函数的实验测试装置

$$\frac{\mathrm{d}M}{\mathrm{d}t}=H(\theta_{\mathrm{i}},c_{\mathrm{k}},U) \tag{15.62}$$

基于线性化过程，通过普通求导就可以对电化学阻抗和$\widetilde{M}/\widetilde{U}$传递函数进行计算。由于电极的平均质量随时间的变化不知是否连续，因此可以出现两种类型的结果。

① 在恒电流情况下，当电极质量增加或减小时，例如，金属的沉积或溶解，在低频极限处，$\widetilde{M}/\widetilde{U}$的趋于无穷。

② 当电极质量无变化时，例如，一个高分子膜层在零电流下，在低频极限处，$\widetilde{M}/\widetilde{U}$趋于一个有限值。

同时测试阻抗和质量/电压传递函数，都可以获得动力学过程的新信息。除此之外，利用这种技术，还有可能实现对反应中间产物的化学鉴定。具体来说，是通过估算在多步反应机制过程中吸附中间产物的原子质量，实现反应中间产物的化学鉴定。

思考题

15.1　按照式（15.55），推导稳态浓度梯度。

15.2　根据式（15.59）求高频解，并证明相移是常数且等于$-135°$。

15.3　推导出在恒电位、恒电流条件下测试的热电化学传递函数与电化学阻抗之间的关系式。

15.4　推导出与在恒电位、恒电流条件下测试的热电化学传递函数、电化学阻抗相关的等式。

第16章 电流体动力学阻抗

电流体动力学阻抗测试涉及非电气变量的广义传递函数。在本章中，将讨论旋转圆盘电极。电流是圆盘电极转速的函数，也就是说，电流完全或部分受传质过程控制。这种测试技术是基于电流对转速扰动的响应，是由 Bruckenstein 等人在 70 年代初期提出的[320]。在这之前，这些作者曾建议通过正弦流体动力学进行控制。Bruckenstein 等人针对传质速度对旋转圆盘电极角速度的响应，推导出了第一个理论分析公式[321]，即

$$\Omega^{1/2}=\bar{\Omega}^{1/2}\left[1+\left(\frac{\Delta\Omega}{\bar{\Omega}}\right)^{1/2}\cos\omega t\right] \tag{16.1}$$

式中，ω 是调制频率。

对转速 Ω 的调制响应应该看成是对 Ω 平方根的调制响应。此观点与 Levich 理论在稳态条件下的结果是一致的[176]。然而，由于 $i=f(\Omega)=k\Omega^{1/2}$ 的事实，有

$$\frac{\partial f}{\partial \Omega}=\left(\frac{1}{2}\Omega^{-1/2}\right)\frac{\partial f}{\partial \Omega^{1/2}} \tag{16.2}$$

由方程（16.2）可以看出，与角速度调制对应的传递函数正比于与角速度平方根调制对应的传递函数，其比例系数为 $\Omega^{-1/2}/2$。因此，在 Bruckenstein 等人报道相关工作之后[320,321]，人们开始考虑直接调制角速度。随着阻抗技术的不断发展以及仪表设备的不断精密化[63]，Deslouis 和 Tribollet 针对这类扰动，提出了阻抗概念的应用。同时，他们还引入了电流体动力学（EHD）阻抗的概念[322]。

在分析部分或全部受传质过程控制的电化学体系时，电流体动力学阻抗具有明显的优势。对旋转圆盘电极，输入变量至少有一个电气变量和一个非电气变量。其中，电气变量为总电流或电极电位，而非电气变量则是旋转圆盘电极的转速 Ω。对 EHD 阻抗来说，输入变量是转速。在恒流控制条件下，输出变量为电极电位；在恒压条件控制下，输出变量为总电流。

为了对此问题进行解析，在考虑质量平衡方程时，还必须要把电极附近的法向速度和相关物质的浓度 $c_i(0)$ 作为状态参量进行分析研究。

旋转转速 Ω 的扰动将引起法向速度的扰动，从而导致对电活性物质浓度场的扰动，特别是对 $c_i(0)$ 和 $\left.\frac{dc_i}{dy}\right|_0$ 的影响。这些最新的界面状态参量与表面平均法拉第电流密度 i_F 以及界面电位 V 有关，并且可以通过动力学方程进行关联。最后，考虑到双层电容和溶液电阻的作用，这些最新的电气变量就与平均电流密度 i 和电极电位 U 两个输出量之间建立了

提示 16.1： 应用 EHD 方法，可以将传质过程对体系电化学阻抗响应的影响分离开来，单独进行传质过程研究。

$$\Omega \rightarrow v_y \rightarrow \begin{matrix} c_i(0) \\ \left.\frac{dc_i}{dy}\right|_0 \end{matrix} \rightarrow \begin{matrix} i_F \\ V \end{matrix} \rightarrow \begin{matrix} i \\ U \end{matrix}$$

输入变量　　　　状态变量　　　　输出变量

图 16.1　输入变量与输出变量之间存在的不同传递函数关系示意图

联系。输入量、状态量以及输出量之间的关系见图 16.1。有关电流体动力学阻抗的应用实例将在接下来的章节中进行详细介绍。

16.1　流体动力学传递函数

通过 von Karman 变形，在稳态条件下，旋转圆盘的 N-S 方程可以表示为耦合方程、非线性方程和常微分方程三个方程[116]，即

$$2F + H' = 0 \tag{16.3}$$

$$F^2 - G^2 + HF' - F'' = 0 \tag{16.4}$$

$$2FG + HG' - G'' = 0 \tag{16.5}$$

式中，F、H 和 G 分别代表无量纲径向速度分量、角速度分量和轴向速度分量。方程（16.3）、方程（16.4）和方程（16.5）都是仅关于轴向无量纲距离 $\zeta = y\sqrt{\overline{\Omega}/\nu}$ 的函数，在特定的边界条件下，可以求解，即

$$F(0) = H(0) = 0 \tag{16.6}$$

$$G(0) = 1 \tag{16.7}$$

$$F(\infty) = G(\infty) = 0 \tag{16.8}$$

在第 11 章中，已经介绍了稳态流动场。所谓稳态流动场，是由一个无限大的圆盘在流体中以恒定的角速度转动形成的。其中，流体的物理性质保持不变。

在非稳态条件下，转速 Ω 的瞬时值可以定义为

$$\Omega = \overline{\Omega} + \mathrm{Re}\{\widetilde{\Omega}\exp j\omega t\} \tag{16.9}$$

其中，$\omega/2\pi$ 是调制频率。$\widetilde{\Omega} = \Delta\Omega$ 是一个实数。大振幅调制信号会导致非线性流动响应[323,324]。这种非线性响应问题已经超出了阻抗研究的范围。所以，在这里，仅局限于线性体系响应的情况。对流动体系的小弧扰动，将产生周期性流动响应。其中，包括传质过程或二次流动等非线性响应。因此，也不在本节的讨论范围之内。这里所描述的 EHD 阻抗的概念，是基于 Tribollet 和 Newman[184] 关于小振幅调制，即 $\Delta\Omega \ll \overline{\Omega}$ 的研究成果提出的。在这样的情况下，体系的响应是线性的。

根据第 10 章和第 11 章中关于电流或电位对扰动信号响应的研究成果，径向速度、角速度和轴向速度的分量可分别表示为

$$v_r = r\overline{\Omega}\left[F(\zeta) + \frac{\Delta\Omega}{\overline{\Omega}}\mathrm{Re}\{\widetilde{f}\exp j\omega t\}\right] \tag{16.10}$$

$$v_\theta = r\overline{\Omega}\left[G(\zeta) + \frac{\Delta\Omega}{\overline{\Omega}}\mathrm{Re}\{\widetilde{g}\exp j\omega t\}\right] \tag{16.11}$$

$$v_y = r\overline{\Omega}\left[H(\zeta) + \frac{\Delta\Omega}{\overline{\Omega}}\mathrm{Re}\{\widetilde{h}\exp j\omega t\}\right] \tag{16.12}$$

式中，$\tilde{f}$ 、$\tilde{g}$ 和 $\tilde{h}$ 都是复变函数。连续方程和非稳态 N-S 方程都是可以线性化的，也就是说，可以忽略与 $(\Delta\Omega/\overline{\Omega})^2$ 成比例的二次项。

方程（16.3）、方程（16.4）和方程（16.5）都与时间有关，可以进一步表示为

$$2\tilde{f}+\tilde{h}'=0 \tag{16.13}$$

$$\mathrm{j}\tilde{f}p+2F\tilde{f}-2G\tilde{g}+H\tilde{f}'+F'\tilde{h}=f'' \tag{16.14}$$

$$\mathrm{j}\tilde{g}p+2G\tilde{f}+2F\tilde{g}+\tilde{h}G'+H\tilde{g}'=g'' \tag{16.15}$$

其中，$p=\omega/\overline{\Omega}$，是无量纲调制频率。在特定的边界条件下，可以对方程（16.13）、方程（16.14）和方程（16.15）进行求解。即

$$\tilde{f}(0)=\tilde{h}(0)=0 \tag{16.16}$$

$$\tilde{g}(0)=1 \tag{16.17}$$

$$\tilde{f}(\infty)=0 \tag{16.18}$$

正如在第 1.2.2 节中讨论的那样，每一个复变函数都可以表示为一个实函数和一个虚函数之和的形式。因此，上面三个关联方程（16.13）、方程（16.14）和方程（16.15）就变成了六个关联的线性常微分方程。利用 Newman 提出的方法[208]，在无量纲频率条件下，可以获得这六个方程的数值解。

与第 11 章中求稳态解的方法类似，采用这种方法，可以将复变函数$\tilde{f}$、$\tilde{g}$ 和 $\tilde{h}$ 表示成为关于 ζ 的小数值级数展开式。特别重要的是，由方程（16.13）、方程（16.14）和方程（16.15）可以得到导数 $\tilde{f}'(0)$。在表 16.1 中，列举了不同无量纲频率 p 对应的 $\tilde{f}'(0)$ 的值。图 16.2 为导数$\tilde{f}'(0)$ 的实部和虚部与 $p=\omega/\Omega$ 之间的函数关系图。这些导数值对确定级数展开式的第一个系数十分必要。其他系数可以利用方程组［方程（16.13）、方程（16.14）和方程（16.15）］，由第一个系数推导得出。在特殊情况下，就有

$$\tilde{h}=-\tilde{f}'(p)\zeta^2+\frac{2}{3}\zeta^3 \tag{16.19}$$

式中，$\tilde{h}$ 为与轴向速度相关的复变函数。

表 16.1　无量纲频率 p 对应的 $\tilde{f}'(0)$ 实部与虚部的计算值（摘自 Deslouis 和 Tribollet[325]）

$p=\omega/\Omega$	$\mathrm{Re}\{\tilde{f}'(0)\}$	$\mathrm{Im}\{\tilde{f}'(0)\}$
0.0631	0.7652	−0.0130
0.1000	0.7650	−0.0206
0.1585	0.7645	−0.0329
0.2512	0.7630	−0.0527
0.3981	0.7579	−0.0849

提示 16.2： 采用本章节中所描述的方法，可以对广义函数进行数值计算。同时，通过列表，可以模拟任何 EHD 响应。

续表

$p=\omega/\Omega$	$Re\{\tilde{f}'(0)\}$	$Im\{\tilde{f}'(0)\}$
0.6310	0.7410	−0.1356
1.0000	0.6943	−0.2035
1.5849	0.6020	−0.2642
2.5119	0.4832	−0.2842
3.9811	0.3748	−0.2652
6.3095	0.2906	−0.2297
10.000	0.2272	−0.1922

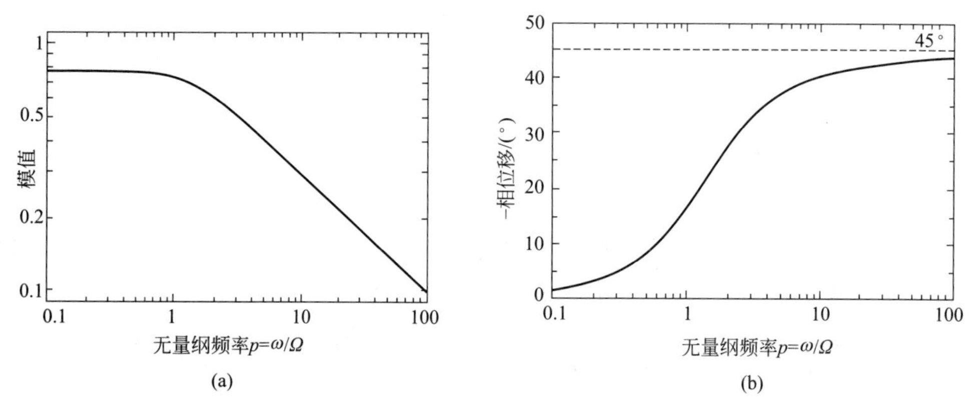

图 16.2 无量纲函数 $\tilde{f}'(0)$ 的 Bode 图。
(a) 模值与无量纲频率 p 间的关系曲线；(b) 相位移与无量纲频率 p 间的关系曲线

Sparrow 和 Gregg 解决了非稳态流动问题[326]。借助他们的研究结果，再根据现在的符号规定，可以得到 $\tilde{f}'$ 在低频条件下的表达式

$$\tilde{f}'=(0.765345-0.023112p^2)-0.204835p\mathrm{j} \tag{16.20}$$

当频率调制趋近于0时，$r\tilde{f}_1$ 趋近于 $\bar{v}_r$ 对 $\bar{\Omega}$ 的导数值，见式（16.10）。同时，$\tilde{f}_2$ 趋近于0。所以 $\tilde{f}'(0)=\frac{3}{2}\frac{\mathrm{d}F}{\mathrm{d}\zeta}\Big|_0=0.765345$。Sharma[327] 得到了 $\tilde{f}'$ 在高频条件下的渐近解，即

$$\tilde{f}'=\frac{1}{\sqrt{2p}}-\mathrm{j}\left(\frac{1}{\sqrt{2p}}-\frac{0.313}{p}\right) \tag{16.21}$$

由式（16.21）和图 16.2(b) 可以看出，当 p 趋近于无穷大时，f' 的相位移趋近于−45°。

提示 16.3：当无量纲频率 $p=\omega/\Omega$ 趋于无穷大时，流体动力学传递函数 f' 的相位移趋于−45°。

当 $p<0.1$ 时，利用式（16.20）可以使得方程解的精确度大于 1%。当 $p>7$ 时，使用式（16.21）可以使得精确度大于 1%。当 p 值介于二者之间时，就应该使用表 16.1 中数据。

流体动力学传递函数可以表示为

$$\frac{\widetilde{v}_y}{\Delta\Omega}=r\widetilde{h}(\zeta)=r\left[\widetilde{f}'(p)\zeta^2+\frac{2}{3}\zeta^3\right] \tag{16.22}$$

式（16.22）不适合于后面研究的与反应物浓度有关的传递函数。

16.2　传质过程的传递函数

在恒定转速下，旋转圆盘电极的传质问题已经在第 11.3.2 节中进行了介绍。在调制电极转速的情况下，方程（11.65）就变成

$$\mathrm{j}\omega\widetilde{c}_\mathrm{i}\mathrm{e}^{\mathrm{j}\omega t}+\overline{v}_y\frac{\mathrm{d}\overline{c}_\mathrm{i}}{\mathrm{d}y}+\overline{v}_y\frac{\mathrm{d}\widetilde{c}_\mathrm{i}}{\mathrm{d}y}\mathrm{e}^{\mathrm{j}\omega t}+\widetilde{v}_y\frac{\mathrm{d}\overline{c}_\mathrm{i}}{\mathrm{d}y}\mathrm{e}^{\mathrm{j}\omega t}-D_\mathrm{i}\frac{\mathrm{d}^2\overline{c}_\mathrm{i}}{\mathrm{d}y^2}-D_\mathrm{i}\frac{\mathrm{d}^2\widetilde{c}_\mathrm{i}}{\mathrm{d}y^2}\mathrm{e}^{\mathrm{j}\omega t}=0 \tag{16.23}$$

其中，二阶项 $\widetilde{v}_y\dfrac{\mathrm{d}\widetilde{c}_\mathrm{i}}{\mathrm{d}y}\mathrm{e}^{2\mathrm{j}\omega t}$ 可以被忽略，这与线性假设是一致的。式（11.58）为稳态方程（11.55）的解。当删除稳态项后，每项再除以 $\mathrm{e}^{\mathrm{j}\omega t}$，方程（16.23）就变成了

$$\mathrm{j}\omega\widetilde{c}_\mathrm{i}+\overline{v}_y\frac{\mathrm{d}\widetilde{c}_\mathrm{i}}{\mathrm{d}y}-D_\mathrm{i}\frac{\mathrm{d}^2\widetilde{c}_\mathrm{i}}{\mathrm{d}y^2}=-\widetilde{v}_y\frac{\mathrm{d}\overline{c}_\mathrm{i}}{\mathrm{d}y} \tag{16.24}$$

使用求解方程（11.66）时相同的无量纲距离 ξ 和无量纲频率 K_i，方程（16.24）可以写成如下形式，即

$$\begin{aligned}&\frac{\mathrm{d}^2\widetilde{c}_\mathrm{i}}{\mathrm{d}\xi^2}+\left[3\xi^2-\left(\frac{3}{a^4}\right)^{1/3}\frac{\xi^3}{Sc_\mathrm{i}^{1/3}}\right]\frac{\mathrm{d}\widetilde{c}_\mathrm{i}}{\mathrm{d}\xi}-\mathrm{j}K_\mathrm{i}\widetilde{c}_\mathrm{i}\\&=-\frac{\Delta\Omega}{\overline{\Omega}}\left[\frac{3\widetilde{f}'(p)\xi^2}{a}-2\left(\frac{3}{a^4}\right)^{1/3}\frac{\xi^3}{Sc_\mathrm{i}^{1/3}}\right]\frac{\mathrm{d}\overline{c}_\mathrm{i}}{\mathrm{d}\xi}\end{aligned} \tag{16.25}$$

其中，只考虑速度展开式的前两项。

设 $\widetilde{c}_\mathrm{i}=\lambda(\xi)\theta_\mathrm{i}(\xi)$，通过降阶的方法，可以求得方程（16.25）的解。其中，$\theta_\mathrm{i}(\xi)$ 是在满足边界条件［式(11.69)］下，齐次方程的一个解，详见第 11.3 节。λ 满足下式，即

$$\begin{aligned}&\frac{\mathrm{d}^2\lambda}{\mathrm{d}\xi^2}+\left[3\xi^2-\left(\frac{3}{a^4}\right)^{1/3}\frac{\xi^3}{Sc_\mathrm{i}^{1/3}}+\frac{2\theta'_\mathrm{i}}{\theta_\mathrm{i}}\right]\frac{\mathrm{d}\lambda}{\mathrm{d}\xi}\\&=-\frac{\Delta\Omega}{\overline{\Omega}}\left[\frac{3\widetilde{f}'(p)\xi^2}{a}-2\left(\frac{3}{a^4}\right)^{1/3}\frac{\xi^3}{Sc_\mathrm{i}^{1/3}}\right]\frac{1}{\theta_\mathrm{i}}\frac{\mathrm{d}\overline{c}_\mathrm{i}}{\mathrm{d}\xi}\end{aligned} \tag{16.26}$$

对其积分，可得

$$\begin{aligned}\widetilde{c}_\mathrm{i}=&K_2\theta_\mathrm{i}+K_1\theta_\mathrm{i}\int_0^\xi\frac{\exp\left[-\chi^3+\left(\frac{3}{a^4}\right)^{1/3}\frac{\chi^4}{4Sc_\mathrm{i}^{1/3}}\right]}{\theta_\mathrm{i}^2(\chi)}\mathrm{d}\chi\\&-\frac{\Delta\Omega}{\overline{\Omega}}\frac{\mathrm{d}\overline{c}_\mathrm{i}}{\mathrm{d}\xi}\bigg|_0\int_0^\xi\frac{\exp\left[-\chi^3+\left(\frac{3}{a^4}\right)^{1/3}\frac{\chi^4}{4Sc_\mathrm{i}^{1/3}}\right]}{\theta_\mathrm{i}^2(\chi)}\end{aligned}$$

$$\times \int_0^{\chi} \left[3\frac{\widetilde{f}'(p)}{\alpha}\chi_1^2 - \left(\frac{3}{\alpha^4}\right)^{1/3} \frac{2\chi_1^3}{Sc_i^{1/3}} \right] \theta_i(\chi_1) d\chi_1 d\chi \tag{16.27}$$

其中，K_1 和 K_2 是积分常数。在 $\xi=0$ 时，由边界条件 $\theta_i(0)=1$，可得 $K_2=\widetilde{c}_i(0)$。对于 K_1 的值，可以由 ξ 趋于无穷大时，$\widetilde{c}_i$ 趋于 0 的边界条件求出，结果为

$$K_1 = \frac{\Delta\Omega}{\overline{\Omega}} \frac{d\overline{c}_i}{d\xi}\bigg|_0 W_i \tag{16.28}$$

其中

$$W_i = \int_0^{\infty} \left[3\frac{\widetilde{f}'(p)}{a}\xi^2 - \left(\frac{3}{a^4}\right)^{1/3} \frac{2\xi_1^3}{Sc_i^{1/3}} \right] \theta_i d\xi \tag{16.29}$$

是一个无量纲量，其数值有必要记录下来。

根据式（11.75），可以得出 θ_i 的以 $pSc_i^{1/3}$ 的幂的展开式。W_i 的展开式更加复杂，因为 θ_i 的展开式与 $pSc_i^{1/3}$ 相关，而 $\widetilde{f}'(p)$ 与 $Sc_i^{1/3}$ 无关而只与 p 相关。W_i 的展开式可以写成如下形式，即

$$W_i = \widetilde{f}'(p)(t_1 + jt_2) + \frac{1}{Sc_i^{1/3}} [\widetilde{f}'(p)(t_3 + jt_4) + t_5 + jt_6] \tag{16.30}$$

式中，t_k 是 $pSc_i^{1/3}$ 的函数，如表 16.2 所列。按照下列定义式，计算其数值

$$t_1 = \frac{3}{a}\int_0^{\infty} \xi^2 \mathrm{Re}\{\theta_{i,0}\} d\xi \tag{16.31}$$

$$t_2 = \frac{3}{a}\int_0^{\infty} \xi^2 \mathrm{Im}\{\theta_{i,0}\} d\xi \tag{16.32}$$

$$t_3 = \frac{3}{a}\int_0^{\infty} \xi^2 \mathrm{Re}\{\theta_{i,1}\} d\xi \tag{16.33}$$

$$t_4 = \frac{3}{a}\int_0^{\infty} \xi^2 \mathrm{Im}\{\theta_{i,1}\} d\xi \tag{16.34}$$

$$t_5 = -2\left(\frac{3}{a^4}\right)^{1/3} \int_0^{\infty} \xi^3 \mathrm{Re}\{\theta_{i,0}\} d\xi \tag{16.35}$$

$$t_6 = -2\left(\frac{3}{a^4}\right)^{1/3} \int_0^{\infty} \xi^3 \mathrm{Im}\{\theta_{i,0}\} d\xi \tag{16.36}$$

表 16.2 使用施密特数修正计算 W_i 时的系数[325]

$pSc_i^{1/3}$	t_1	t_2	t_3	t_4	t_5	t_6
0	0.6533	0	0.7788	0	−0.5961	0
0.1000	0.6513	−0.0397	0.7729	−0.0830	−0.5939	0.0408
0.1585	0.6484	−0.0626	0.7639	−0.1307	−0.5907	0.0644
0.2512	0.6410	−0.0983	0.7418	−0.2037	−0.5828	0.1010
0.3981	0.6230	−0.1525	0.6888	−0.3098	−0.5634	0.1564
0.6310	0.5807	−0.2291	0.5696	−0.4437	−0.5181	0.2341
1.0000	0.4905	−0.3204	0.3404	−0.5541	−0.4218	0.3245
1.5849	0.3325	−0.3873	0.0251	−0.5181	−0.2556	0.3834

续表

$pSc_i^{1/3}$	t_1	t_2	t_3	t_4	t_5	t_6
2.5119	0.1380	−0.3680	−0.1905	−0.2833	−0.0586	0.3442
3.9811	−0.0036	−0.2576	−0.1686	−0.0415	0.0664	0.2101
6.3095	−0.0483	−0.1352	−0.0562	0.0334	0.0787	0.0807
10.0000	−0.0385	−0.0600	−0.0054	0.0169	0.0435	0.0195
15.8488	−0.0218	−0.0263	0.0008	0.0035	0.0178	0.0035
25.1187	−0.0112	−0.0122	0.0003	0.0006	0.0068	0.0006
39.8104	−0.0056	−0.0059	0.0001	0.0001	0.0026	0.0001
63.0952	−0.0028	−0.0029	0	0	0.0010	0
100.000	−0.0014	−0.0014	0	0	0.0004	0

根据式（16.28），可以得出壁面上的浓度梯度，其中 $K_2=\tilde{c}_i(0)$，$\theta_i'(0)=1$，K_1 由式（16.28）给出。所以，在这部分，主要就是讨论浓度与浓度导数之间的关系，二者在电极表面上的数学表达式均是推导出来的。对于无量纲距离参量 y，二者之间的关系可以表示为

$$\left.\frac{\mathrm{d}\tilde{c}_i}{\mathrm{d}y}\right|_{y=0}=\frac{\tilde{c}_i(0)}{\delta_i}\theta_i'(0)+\frac{\Delta\Omega}{\overline{\Omega}}\left.\frac{\mathrm{d}\bar{c}_i}{\mathrm{d}y}\right|_{y=0}W_i \tag{16.37}$$

其中，$-1/\theta'_i(0)$ 是无量纲对流扩散阻抗，具体由式（11.86）确定。

16.2.1 施密特数较大时的近似解

当施密特数无限大时，W_i 简化成 $\tilde{f}'(p)(t_1+jt_2)$，为一个流体动力学传递函数 $\tilde{f}'(p)$ 和一个传质传递函数 $Z_c=(t_1+jt_2)$ 乘积的形式。图 16.3 为传质传递函数。很容易证明，当频率趋于 0 时，W_i 值为 0.5。此结果与 Levich 方程中转速的指数一致。当使用 W_i 的完整表达式时，也可以证明其数值接近于 0.5。图 16.4 为复函数 $2W_i$ 的 Bode 图，表明了复函数 $2W_i$ 与无量纲频率 $pSc_i^{1/3}$ 之间的函数关系。

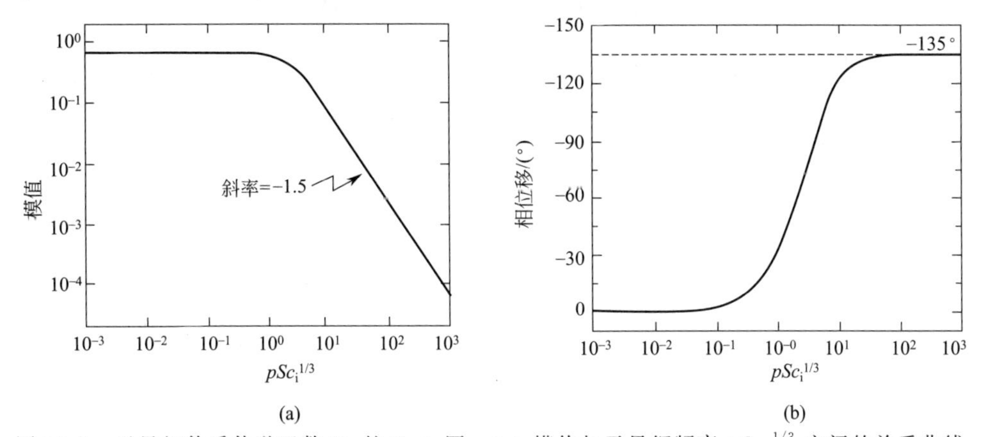

图 16.3 无量纲传质传递函数 Z_c 的 Bode 图。(a) 模值与无量纲频率 $pSc_i^{1/3}$ 之间的关系曲线；(b) 相位移与无量纲频率 $pSc_i^{1/3}$ 之间的关系曲线

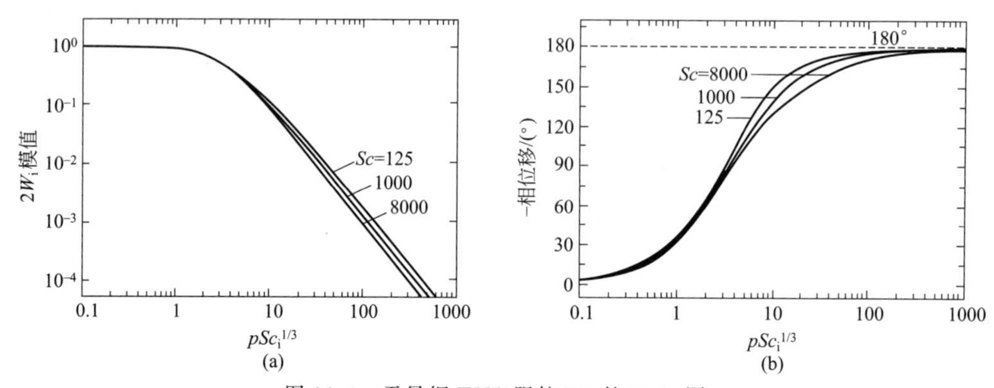

图 16.4　无量纲 EHD 阻抗 W_i 的 Bode 图。
其中，施密特数为影响因素。(a) 模值与无量纲频率 $pSc_i^{1/3}$ 之间的关系曲线；
(b) 相位移与无量纲频率 $pSc_i^{1/3}$ 之间的关系曲线

16.2.2　高频区的近似解

当扰动频率较大时，浓度波传递的距离就会很小。因此，可以认为 $\exp(-\xi^3)$ 等于 1，并且速度越靠近壁面衰减越快。在方程（16.25）的齐次项中，对流项可以忽略。因此，方程就变为

$$\frac{d^2\widetilde{c}_i}{d\xi^2}-jK_i\theta_i=-\frac{\Delta\Omega}{\overline{\Omega}}\frac{3\widetilde{f}'(p)\xi^2}{a}\frac{d\overline{c}_i}{d\xi}\bigg|_0 \tag{16.38}$$

方程（16.38）的齐次方程解为 $\theta=\exp[-(jk_i)^{1/2}\xi]$。由此，方程（16.38）的解可表示为

$$\widetilde{c}_i=\theta(\xi)\left[\int_0^{\xi}\theta^{-2}(\xi')\left(-\int_0^{\xi'}\frac{\Delta\Omega}{\overline{\Omega}}\frac{3\widetilde{f}'(p)}{a}\xi''^2\theta(\xi'')\frac{d\overline{c}_i}{d\xi}\bigg|_0 d\xi''+K_1\right)d\xi'+\widetilde{c}_i(0)\right] \tag{16.39}$$

其中

$$K_1=\frac{\Delta\Omega}{\overline{\Omega}}\frac{3\widetilde{f}'(p)}{a}\frac{d\overline{c}_i}{d\xi}\bigg|_0\int_0^{\infty}\xi^2\theta(\xi)d\xi \tag{16.40}$$

$$\frac{d\widetilde{c}_i}{dy}\bigg|_0=\frac{\Delta\Omega}{\overline{\Omega}}\frac{\widetilde{f}'(p)}{a}\frac{d\overline{c}}{dy}\bigg|_0\frac{6}{(jK_i)^{3/2}} \tag{16.41}$$

在高频区，导数 $\frac{d\widetilde{c}_i}{dy}\Big|_0$ 与两个复变量 $\widetilde{f}'(p)$ 和 $(jK_i)^{-1.5}$ 成比例，相位移是每个复变量的相位移之和。当无量纲频率 p 趋于无穷大时，$\widetilde{f}'(p)$ 的相位移接近$-45°$，见方程（16.21），$(jK_i)^{-1.5}$ 的相位移为$-135°$。这样，当无量纲频率趋于无穷大时，$\frac{d\widetilde{c}_i}{dy}\Big|_0$ 的相位移趋于$-180°$。按照相同的方法，在对数坐标系中，如图 16.2(a) 所示，$\widetilde{f}'(p)$ 的模值随频率增加而减小的斜率为-0.5，而 $(jK_i)^{-1.5}$ 的模值随频率增加而减小斜率为-1.5。因此，$\frac{d\widetilde{c}_i}{dy}\Big|_0$ 的模值随频率增加而减小的频率为-2，如图 16.4(a) 所示。

16.3 简单电化学反应动力学的传递函数

如果界面具有均匀的反应活性，那么 $c_i(0)$ 与径向坐标无关。对于一个简单的电极反应，可以表达为如同式（10.1）的形式。利用在第 10.2.2 节中描述的处理方法，可以将法拉第电流表示为

$$i_F = f[V, c_i(0)] \tag{16.42}$$

对少数组分而言，在有支持电解质存在时，同时又忽略少数组分的双层吸附影响时，其浓度梯度与法拉第电流之间的关系为

$$D_i \frac{\partial c_i}{\partial y}\bigg|_0 = \frac{s_i}{nF} i_F \tag{16.43}$$

根据式（10.5），稳态电流的泰勒级数展开式可以表示为

$$\widetilde{i}_F = \left(\frac{\partial f}{\partial V}\right)_{c_i(0)} \widetilde{V} + \sum_i \left[\frac{\partial f}{\partial c_i(0)}\right]_{V, c_j(0),\ j \neq i} \widetilde{c}_i(0) \tag{16.44}$$

正如在第 10 章讨论的那样，常规电荷传递电阻 R_t 可以看做是 $(\partial f / \partial V)_{c_i(0)}$ 的倒数。根据式（16.37）、式（16.43）和式（16.44），可以得到

$$\widetilde{V} = R_t \widetilde{i}_F - \sum_i R_t \left[\frac{\partial f}{\partial c_i(0)}\right]_{V, c_j(0), j \neq i} \left[\frac{\delta_i}{\theta'_i(0)} \frac{s_i}{nFD_i} \widetilde{i}_F - \frac{\Delta\Omega}{\overline{\Omega}} \frac{W_i \delta_i}{\theta'_i(0)} \frac{s_i \overline{i}_F}{nFD_i}\right] \tag{16.45}$$

或

$$\widetilde{V} = R_t \widetilde{i}_F + Z_D \widetilde{i}_F + \frac{\Delta\Omega}{\overline{\Omega}} \frac{\overline{i}_F R_t}{nF} \sum_i \left[\frac{\partial f}{\partial c_i(0)}\right]_{V,\ c_j(0),\ i \neq j} \frac{W_i \delta_i}{\theta_i'(0)} \frac{s_i}{D_i} \tag{16.46}$$

其中

$$Z_D = -R_t \sum_i \left[\frac{\partial f}{\partial c_i(0)}\right]_{V, c_j(0),\ j \neq i} \frac{\delta_i s_i}{nFD_i \theta'_i(0)} \tag{16.47}$$

Z_D 项含有无量纲形式 $-1/\theta'_i(0)$ 的对流扩散阻抗，见第 11 章。根据式（15.27）、式（15.28）和式（16.46），人们可以得到与方程（15.22）一般形式相对应的可观察量之间的关系，即

$$\widetilde{U} = Z\widetilde{I} + \frac{\Delta\Omega}{\overline{\Omega}} \frac{1}{1 + j\omega C_D (R_t + Z_D)} \frac{\overline{I} R_t}{nF} \sum_i \frac{\partial f}{\partial c_i(0)}\bigg|_{E, c_j(0),\ j \neq i} \frac{W_i \delta_i}{\theta'_i(0)} \frac{s_i}{D_i} \tag{16.48}$$

其中

$$Z = R_e + \frac{R_t + Z_D}{1 + j\omega C_D (R_t + Z_D)} \tag{16.49}$$

Z 为一般 Randles 等效电路的阻抗，如图 10.5 所示。

16.4 二维或三维绝缘相界面

建立 EHD 阻抗理论的主要假设是：电极界面均匀，电极表面具有均匀的反应活性。然而，在很多情况下，真实的界面状态往往会偏离理想的状态，究其原因，一方面是不完整的单层吸附导致了吸附物的部分堆积，即二维吸附；另一方面，是形成了有限厚度的吸附层，即三维吸附现象。这些吸附作用不会对金属裸露部分的界面动力学行为产生影响，简单来

说，金属的裸露部分依然保持着固有的快速反应行为。对于吸附作用，主要影响向反应部位进行的局部传质过程。在阐述实际应用之前，首先针对局部表面覆盖电极和多孔膜覆盖电极，分析讨论理论上的电流体动力学阻抗。

16.4.1 局部覆盖电极

如果要对非稳态的物质平衡方程进行积分处理，就需要知道稳态下的浓度分布。因此，可以通过求解如下方程的稳态部分，得到稳态条件下的浓度分布。

$$\frac{\partial c_{\mathrm{i}}}{\partial t}+v_x\frac{\partial c_{\mathrm{i}}}{\partial x}+v_y\frac{\partial c_{\mathrm{i}}}{\partial y}=D_{\mathrm{i}}\left(\frac{\partial^2 c_{\mathrm{i}}}{\partial x^2}+\frac{\partial^2 c_{\mathrm{i}}}{\partial y^2}\right) \tag{16.50}$$

式中，$v_x=\sqrt{v_r^2+v_\theta^2}$ 为纵向速度；$v_y=\beta_y(t)y^2$ 为法向速度。图 16.5 为根据数值解推导出来的稳态等浓度曲线图。其边界条件为：在活性表面上，当 $y=0$ 时，$c_{\mathrm{i}}=0$，如图 16.5 中的灰色部分；在绝缘表面上，$\partial c_{\mathrm{i}}/\partial y=0$。图 16.5 所示的浓度曲线图反映了两个相邻微电极之间的作用效果。这样的实验结果表明，局部活性点和钝化点的周期性分布。从图 16.5 可以看出，两个主要边界的浓度曲线图十分一致。所以，我们可以假设，有一个或几个活性点丧失了记忆效应对浓度分布的影响。当 y 值较大，即远离电极时，等浓度线与电极表面平行。这种情况同样发生在均匀圆盘电极上。靠近电极的等浓度线与单独微电极的等浓度线类似，见第 13.5 节。

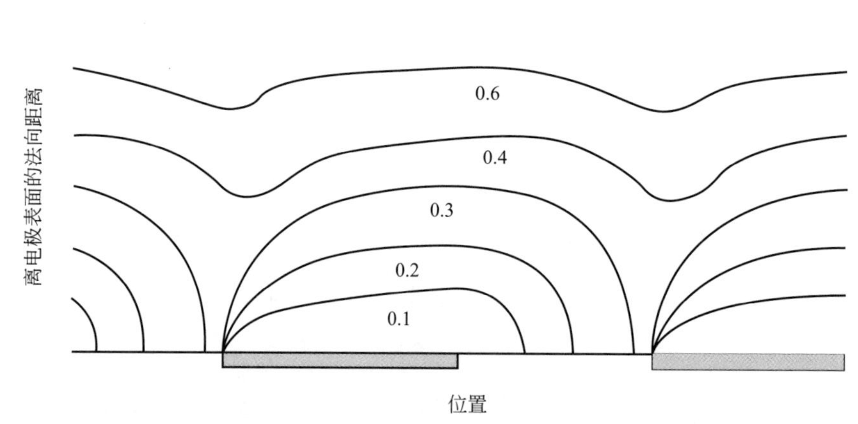

图 16.5　局部覆盖电极表面上的浓度场。

电极表面的活性部分用灰色表示，浓度用无量纲量 $\theta=c/c(\infty)$ 表示（摘自 Caprani 等[328]）

对局部覆盖电极，其阻抗谱图上呈现两个特征频率，而且不管平均转速 Ω 大与小，当对无量纲频率 $P=\omega/\Omega$ 作图时，谱图都是一单曲线。其中，$\omega/2\pi$ 是调制频率。当活性点处的扩散层不影响活性点的相互耦合时，高频区反映的就是活性点总体的响应特征。

此结果是基于 Deslouis 等人针对小电极在流动调制条件下的频率响应，所进行的理论分析[329]。通过数值计算，可以得到局部覆盖电极的表面响应[328]。采用这种方法，得到的主要结果是，对于均匀活性的圆盘电极，电极表面由活性点与钝化点共同组成。因此，其阻抗谱有两个特征频率，一个出现在低频区，对应均匀、活性圆盘响应；另一个出现在高频

提示 16.4： 利用 EHD 方法，可以揭示并量化局部覆盖电极和多孔层覆盖电极的影响。

区，对应单个活性点的响应。一般认为，这些活性点之间没有相互作用。

通过高频行为和低频行为对应的两个特征频率 p_{HF} 和 p_{LF}，可以计算出局部覆盖电极活性点的平均尺寸 d_{act}，也就是

$$d_{\mathrm{act}}=2.1^{3/2}\ R(p_{\mathrm{HF}}/p_{\mathrm{LF}})^{-3/2} \tag{16.51}$$

式中，R 是电极的半径；p_{HF} 和 p_{LF} 则是根据 EHD 阻抗的 Bode 图，分别由圆盘电极和微电极在低频处的水平平台截距和在高频处的两条行为特征线得到。

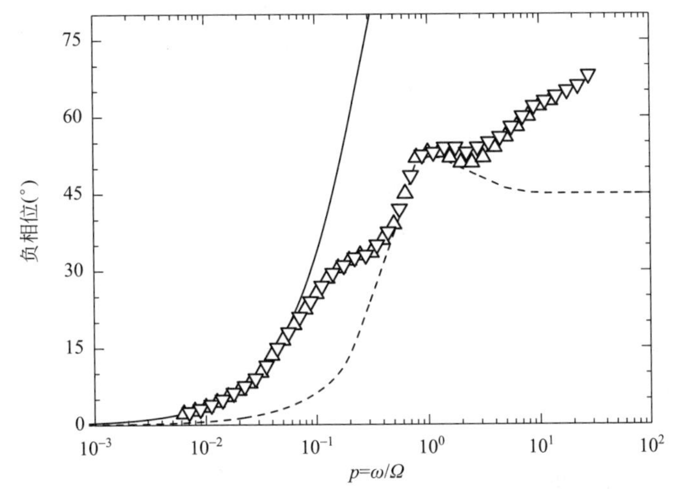

图 16.6　在铁氰化物还原过程中，EHD 阻抗的相位移图。

其中，工作电极为涂覆了光刻胶的铂电极，在光刻胶上有直径为 $d_{\mathrm{act}}=649\mu\mathrm{m}$ 的圆点阵列图案。$\Omega=96\mathrm{r/min}$（▽）；$\Omega=375\mathrm{r/min}$（△）。用虚线表示单个微电极上的理论曲线，用实线表示活性圆盘电极上的理论曲线（摘自 Deslouis 和 Tribollet[331]）

Silva 等人利用光刻法制备的阵列微电极，实验验证了计算结果[330]。结果表明，由扫描电子显微镜测得的普通微电极尺寸与使用式（16.51）计算的结果一致。图 16.6 所示为阵列微电极的相位移响应，明显地表明了存在两个时间常数：一个出现在低频区，接近活性圆盘电极的响应；另一个出现在高频区，几乎与微电极响应重合。通过现象类比，这种方法可以进一步扩展应用到活性粗糙电极表面上。在粗糙电极表面上，相同特征尺寸的单个凸起点与二维平面结构上活性点的影响作用相同[332]。

16.4.2　多孔膜覆盖的旋转圆盘电极

如果活性金属表面被无反应活性的多孔层覆盖，那么多孔层就能够减缓金属界面的扩散传质过程。究其原因，主要为扩散系数 $D_{\mathrm{f,i}}$ 和多孔层厚度 δ_{f} 的共同作用结果。关于这个问题，已经在第 11.6 节中进行了讨论。

图 11.18 所示为研究体系的示意图。从图 11.18 可见，在流体和多孔层之间，存在着浓度梯度分布。此外，假设介于金属与多孔层之间的界面具有均匀的反应活性。

两种物质的平衡方程可以表示为：

提示 16.5： 对于局部覆盖电极，采用振幅的归一化和无量纲频率 p 可以将不同转速下得到的谱图合并成到一张谱图上。但是，对有涂层电极来说，这是不可能的。

① 在多孔层中，如果浓度分布 $c_i^{(1)}$ 仅由分子扩散决定，那么满足下列公式

$$\frac{\partial c_i^{(1)}}{\partial t}=D_{i,f}\frac{\partial^2 c_i^{(1)}}{\partial y^2} \tag{16.52}$$

② 在流体中，如果浓度分布 $c_i^{(2)}$ 受对流扩散控制，即有

$$\frac{\partial c_i^{(2)}}{\partial t}=D_i\frac{\partial^2 c_i^{(2)}}{\partial y_e^2}-v_y\frac{\partial c_i^{(2)}}{\partial y_e} \tag{16.53}$$

为了简单起见，将金属与多孔层形成的界面作为坐标 y 的圆点；同时，将多孔层与电解液形成的界面作为 y_e 的圆点。这样，就有 $y_e=y-\delta_f$。

将式（16.52）和式（16.53）关联起来组成体系的边界条件。这样，边界条件就反映了浓度场、稳态通量以及与时间有关的物理量的连续性。当 $y=\delta_f$ 或者 $y_e=0$ 时，就有

$$c_i^{(1)}(\delta_f)=c_i^{(2)}(0) \tag{16.54}$$

$$D_{f,i}\frac{\partial c_i^{(1)}}{\partial y}=D_i\frac{\partial c_i^{(2)}}{\partial y_e} \tag{16.55}$$

当 $y_e=0$ 时

$$v_y=0 \tag{16.56}$$

当 $y_e\to\infty$时，$c_i^{(2)}\to c_i(\infty)$。然后，就有 $\overline{c}_i^{(2)}\to c_i(\infty)$，$\tilde{c}_i^{(2)}\to 0$。

（1）稳态解

方程（16.52）可以简化成如下形式

$$\frac{d^2\overline{c}_i^{(1)}}{dy^2}=0 \tag{16.57}$$

由此可得

$$J_i=D_{f,i}\frac{\overline{c}_i^{(1)}(\delta_f)-\overline{c}_i^{(1)}(0)}{\delta_f} \tag{16.58}$$

如果反应是一级反应，就有

$$J_i=K\overline{c}_i^{(1)}(0) \tag{16.59}$$

那么，在电解液中的通量可以表示为

$$J_i=D_i\frac{c_i(\infty)-\overline{c}_i^{(2)}(0)}{\delta_{N,i}} \tag{16.60}$$

消除前面三个方程式中的 $\overline{c}_i^{(1)}$（0）和 $\overline{c}_i^{(2)}$（0）项，就可以得到

$$J_i=\frac{c_i(\infty)}{\frac{1}{k}+\frac{\delta_{N,i}}{D_i}+\frac{\delta_f}{D_{f,i}}} \tag{16.61}$$

也可以写成如下形式

$$J_i^{-1}=J_{i,k}^{-1}+J_{i,\lim}^{-1}+J_{i,\Omega\to\infty}^{-1} \tag{16.62}$$

其中，反应通量为

$$J_{i,k}=Kc_i(\infty) \tag{16.63}$$

金属表面上的极限扩散通量为

$$J_{i,\lim}=D_i\frac{c_i(\infty)}{\delta_{N,i}} \tag{16.64}$$

当浓度梯度全部在多孔层中，即 $\Omega \to \infty$ 时，其极限通量为

$$J_{i,\Omega \to \infty} = D_{f,i} \frac{c_i(\infty)}{\delta_f} \tag{16.65}$$

有趣的是，如例 5.6 所述，使用倒数值表示结果：用 $1/J_i$ 对 $1/\sqrt{\Omega}$ 作图，其关系曲线是一条直线，且此直线平行于在传质极限控制条件下的 Levich 结果，即一条通过圆点的直线。当 $1/\Omega = 0$ 时，该直线截距纵坐标是 $J_{i,k}^{-1} + J_{i,\Omega \to \infty}^{-1}$。在特殊情况下，比如当反应速度很快时，$J_{i,k}^{-1} \to 0$，此时的截距值为 $D_{f,i}/\delta_f$。

(2) AC 和 EHD 阻抗

在多孔层中，式 (16.52) 中的脉动部分可以写成

$$\frac{d^2 \widetilde{c}_i^{(1)}}{dy^2} - \frac{j\omega}{D_{f,i}} \widetilde{c}_i^{(1)} = 0 \tag{16.66}$$

它的解为

$$\widetilde{c}_i^{(1)} = M \exp \sqrt{\frac{j\omega}{D_{f,i}}} y^2 + N \exp \sqrt{-\frac{j\omega}{D_{f,i}}} y^2 \tag{16.67}$$

其中，M 和 N 是根据边界条件计算得到的积分常数。

在流体与膜层之间的界面上，有 $y_e = 0$。由于流体中没有其他过程，因此可以使用关系式 (16.37)，首先得到

$$\frac{d\widetilde{c}_i^{(2)}}{dy_e}\bigg|_{y_e=0} = \frac{\widetilde{c}_i^{(2)}(0)}{\delta_{N,i}} \theta'_i(0) + \frac{\Delta\Omega}{\bar{\Omega}} \frac{d\bar{c}_i^{(2)}}{dy_e}\bigg|_{y_e=0} W_i \tag{16.68}$$

然后，根据 $y = \delta_e$ 时的边界条件，可以消除常数 M 和 N，从而得到一般表达式为

$$\frac{d\widetilde{c}_i^{(1)}}{dy}\bigg|_0 = \frac{-\widetilde{c}_i^{(1)}}{\delta_f} \frac{\left(\frac{j\omega\delta_f^2}{D_{f,i}}\right) Z_D Z_{D,f} + \frac{D_i}{D_{f,i}} \frac{\delta_f}{\delta_{N,i}}}{Z_D + \frac{D_i}{D_{f,i}} \frac{\delta_f}{\delta_{N,i}} Z_{D,f}} + \Delta\Omega \frac{\frac{1}{\cosh(j\omega\delta_f^2/D_{f,i})} \frac{d\bar{c}_i^{(1)}}{dy}\bigg|_0 \frac{W_i}{\bar{\Omega}}}{1 + \frac{D_i}{D_{f,i}} \frac{\delta_f}{\delta_{N,i}} \frac{Z_{D,f}}{Z_D}} \tag{16.69}$$

其中，$Z_D = -1/\theta'_i(0)$，是溶液中无量纲对流扩散，并且有

$$Z_{D,f} = \frac{\tanh \sqrt{j\omega\delta_f^2/D_{f,i}}}{\sqrt{j\omega\delta^{2_f}/D_{f,i}}} \tag{16.70}$$

$Z_{D,f}$ 是有限滞流扩散层中的无量纲扩散阻抗，见式 (11.20)。当 $\Delta\Omega = 0$ 时，式 (16.69) 就变成类似于在旋转圆盘电极上得到的结果，见式 (11.128)。

很容易证明，当多孔层的影响逐渐减弱时，也就是 $\delta_f \to 0$ 和 $D_{f,i} \to D_i$ 时，关系式 (16.37) 也是成立的。在另一个极端条件下，当 $\Omega \to \infty$ 时，$\delta_{N,i} \to 0$，关系式就变为

提示 16.6： 与提示 16.5 相反，对于多孔层覆盖电极，即使采用振幅的归一化和无量纲频率 p，也不能将在不同转速下得到的谱图合并成到一张谱图上。

$$\left.\frac{\mathrm{d}\widetilde{c}_{\mathrm{i}}^{(1)}}{\mathrm{d}y}\right|_{0}=-\frac{\widetilde{c}_{\mathrm{i}}^{(1)}(0)}{\delta_{\mathrm{f}}}\frac{1}{Z_{\mathrm{D,f}}} \tag{16.71}$$

在图 16.7(a) 和（b）中，在不同角速度下，从式（16.69）对应的幅值和相位移结果可以看出，数据不能再通过无量纲频率 p 进行简化。这一点与裸露电极相反。实际上，在 $\left.\frac{\mathrm{d}\widetilde{c}_{\mathrm{i}}^{(1)}}{\mathrm{d}y}\right|_{0}/\Delta\Omega$ 中，包含了 W_{i} 和 $-1/\theta'_{\mathrm{i}}(0)$。当施密特数一定时，$W_{\mathrm{i}}$ 和 $-1/\theta'_{\mathrm{i}}(0)$ 与 p 有关，并且还是 $\mathrm{j}\omega\delta_{\mathrm{f}}^{2}/D_{\mathrm{f,i}}$ 的函数。因此，随着 Ω 的增加，会导致 Bode 图向 p 值较小的方向移动，而其他参数保持不变。通过频率分析，可以得到扩散时间常数 $\delta_{\mathrm{f}}^{2}/D_{\mathrm{f,i}}$ 和扩散速度 $D_{\mathrm{f,i}}/\delta_{\mathrm{f}}$。这样，通过独立估算，就可以得到 δ_{f} 和 $D_{\mathrm{f,i}}$。

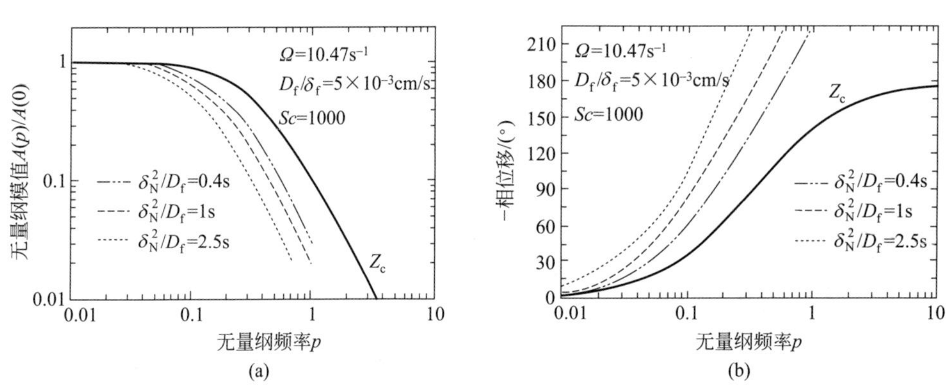

图 16.7　EHD 阻抗与无量纲频率 p 之间的函数关系曲线。
其中，电极转速为影响因素（摘自 Deslouis 等[202]）。
Z_{c} 为在裸电极上测得的 EHD 阻抗曲线。(a) 无量纲模值；(b) 相位移

例 16.1　二维和三维覆盖电极：应用电流体动力学阻抗的概念，测量海水中的沉积层。系统表现出的行为既与局部表面覆盖有关，又与通过多孔层的扩散过程相关。

解：阴极保护方法广泛应用于浸泡金属结构的防腐。当使用阴极保护技术时，在 −0.8～−1.2V（SCE）的电位范围内，海水中的溶解氧在金属表面上逐渐减小。这是因为

$$O_2+2H_2O+2e^- \longrightarrow H_2O_2+2OH^- \tag{16.72}$$

$$H_2O_2+2e^- \longrightarrow 2OH^- \tag{16.73}$$

此外，也会发生析氢反应，即

$$H_2O+2e^- \longrightarrow H_2+2OH^- \tag{16.74}$$

由于反应（16.72）、反应（16.73）和反应（16.74）的发生，会生成 OH^-。由此，导致了氢氧化镁沉积，即

$$Mg^{2+}+2OH^- \rightleftharpoons Mg(OH)_2\downarrow \tag{16.75}$$

此外，这些反应还引起了金属表面上无机碳平衡的改变，即

$$2OH^-+HCO_3^- \rightleftharpoons H_2O+CO_3^{2-} \tag{16.76}$$

同时，还使得 $CaCO_3$ 的析出，也就是

$$Ca^{2+}+CO_3^{2-} \longrightarrow CaCO_3\downarrow \tag{16.77}$$

钙质沉积［$CaCO_3$ 和 $Mg(OH)_2$］在金属表面上形成了扩散阻挡层，可以减缓氧气向金属表面的扩散，从而降低阴极保护所需的能量。掌握这种阻挡层的形成时间和特征，对改善阴极保护的监管系统十分重要。

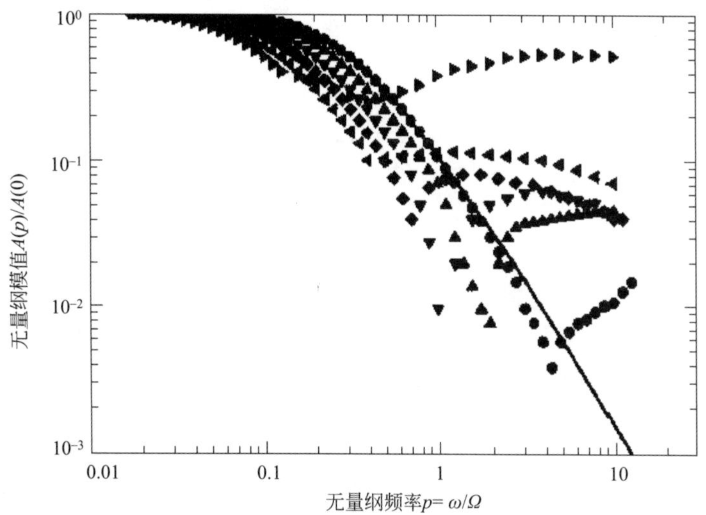

图 16.8 钙质沉积层在形成过程中的 EHD 阻抗模值。
其中，电位为－1.2V（SCE），转速为 360r/min。
实线代表 $I=I_0$ 的情况。I/I_0＝0.95（●），0.87（▲），0.72（▼），0.55（◆），0.31（◀），0.13（▶）（摘自 Deslouis 和 Tribollet[331]）

一般地，使用旋转圆盘金电极，对在海水中的腐蚀进行研究。在钙质沉积过程中，记录不同电位和平均转速下的 EHD 阻抗。例如，在电位为－1.2V（SCE），转速为 360r/min 条件下，测得的 EHD 阻抗谱如图 16.8 所示。从图 16.8 可见，模值的对数与无量纲频率 p 之间存在着对数函数关系。相应的直流电流用 I_0 的分数表示。其中，I_0 是在裸露电极表面上测出的电流。

由测试结果发现，当发生钙质沉积时，其电极的时间常数与裸电极在低频区的时间常数是一样的。随着沉积时间的增加，在有钙质沉积的电极上得到的谱图会向更低频的方向轻微移动。在高频区，即频率 $p>1$ 之后，出现了第二个时间常数。所有这些特征都表明，电极上存在局部表面覆盖。同时，也存一定比例的活性区域。由图 16.8 可知，随着沉积时间的增加，低频区的 EHD 谱图之间存在微小间隔。这种现象表明，电极表面上存在着通过多孔层的扩散过程。并且这种扩散过程与被 $Mg(OH)_2$ 层覆盖的电极面积有关。

根据钙质沉积层形成过程中得到的 EHD 谱图，可以计算出不同外加电位下的平均晶体尺寸 d 的大小，如图 16.9(a) 所示。其中，电极的转速为 360r/min。如图 16.9(b) 所示，同样可以得到不同电极转速下电极电位为－1.2V(SCE) 时，平均晶体尺寸 d 的大小。分析这些结果，可以发现电极电位几乎不影响 d 值的大小。晶体尺寸在钙质沉积层形成的初期大约为 15μm。然后，当 $I/I_0\approx0.5$ 时，晶体尺寸增加至 30～40μm。在钙质沉积层形成的末期，晶体尺寸增加至 200μm。由图 16.9(b) 可以清楚看到，搅拌对晶体尺寸的影响显著。此结果与先前仅含有 $CaCO_3$ 的钙质层中得到

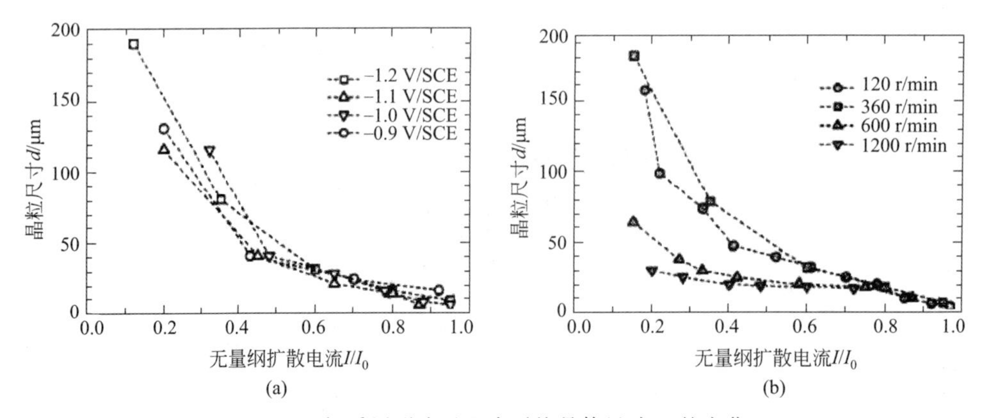

图 16.9 钙质层形成过程中平均晶体尺寸 d 的变化。

(a) 电极转速为 360r/min，施加到电极上的电位是变化的；

(b) 电极电位为−1.2V（SCE），电极转速是变化的（摘自 Deslouis 和 Tribollet[331]）

的结果一致[333]。

一般来说，根据 EHD 谱图计算得到的晶体尺寸与 SEM 照片中显示的晶体尺寸是一致的，见图 16.10。在钙质层形成初期，晶体尺寸接近 15μm，在钙质层形成末期，晶体尺寸稳定在 30μm 左右。在这个例子中，当晶体随机分布在电极表面上且相互之间不发生合并时，尺寸 d 决定了钙质层形成初期的晶体尺寸。直到接近 $I=0.5I_0$ 时，才可以观察到晶体的生长。

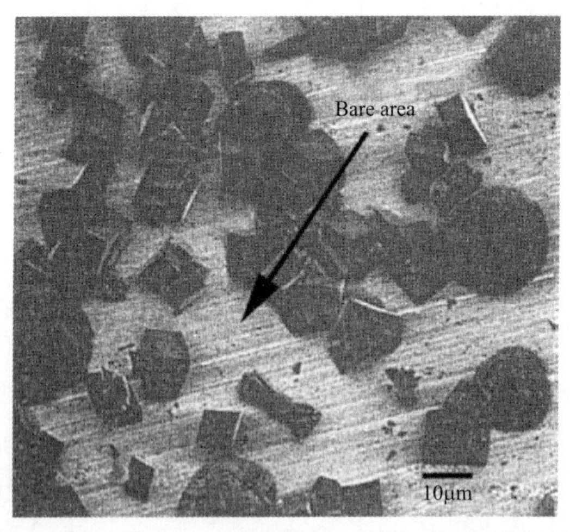

图 16.10 在−1.2V（SCE）和 1200r/min 下形成的钙质沉淀

（摘自 Deslouis 和 Tribollet[331]）。其中，$I/I_0=0.7$

对于较小的 I/I_0 值，也就是说，当钙质沉积层的形成速度较大时，d 值会快速增加。直观上，我们可以认为是碳酸钙的相互交叠导致了上述结果。尺寸 d 将决定活性区域与沉积区域之间的平均距离，也就决定了 $CaCO_3$ 聚积物的尺寸。然而，目前还没有提出相对应的理论。虽然前面对在 $0<I/I_0<0.5$ 的范围内 d 值发生的变化做出了解释，但是这些解释都是推测性的。

钙质沉积的电流体动力学阻抗表明，钙质在沉积过程中主要表现出阻塞电极的行为。此外，通过电流体动力学阻抗可以对界面上特征点的平均尺寸进行估算。这些结果已经被非原位 SEM 照片所证实。

思考题

16.1　由式（16.37）推导表达式（15.21）和表达式（15.22）。

16.2　推导铜在氯化物介质中发生阳极溶解过程的 EHD 阻抗。反应方程为

$$Cu+Cl^{-} \rightleftharpoons CuCl_{ads}+e^{-} \tag{16.78}$$

其中，$CuCl_{ads}$ 是吸附中间产物，可以反应生成 $CuCl_2^-$，即

$$CuCl_{ads}+Cl^{-} \rightleftharpoons CuCl_2^{-} \tag{16.79}$$

传质过程仅受 $CuCl_2^-$ 控制。

16.3　根据公式（16.48），写出下列条件下电动流体阻抗 Z_{EHD}：

（a）在恒电位调制下的 $Z_{EHD,p}$；

（b）在恒电流调制下的 $Z_{EHD,g}$。

最后，建立 $Z_{EHD,p}$、$Z_{EHD,g}$ 和电化学阻抗之间的关系。

Electrochemical
Impedance
Spectroscopy

第四部分

解析方略

第17章 阻抗表示方法

阻抗数据有着不同的表示形式，其目的在于强调阻抗响应的特定类别。对于受传质和反应动力学影响的电化学系统，在低频区的阻抗值具有非常重要的意义。通常，利用固态系统阻抗响应的导纳形式，区分高频率区内的电容行为。而复电容形式则一般用于电介质系统，因为电容是电介质系统的最显著特征。阻抗数据的表示方法对利用图形表达阻抗数据和解析阻抗数据都有很大的影响。

第 1 章和第 4 章是本章内容的基础。表 1.1、表 1.2 和表 1.3，分别对复数性质、复数计算和复数在直角坐标、极坐标系中换算关系进行了归纳总结。

表 17.1，针对两个简单 RC 电子电路，对阻抗数据的表示方法进行了说明。第 17 章内容是第 18 章阻抗图形表示法的基础，因为利用阻抗图形表示法，可以获得典型电化学阻抗数据一些定量信息。

表 17.1 简单阻塞和反应电极电路的复阻抗、导纳和电容

电路类型		(a)	(b)
		阻塞电极	反应电极
电路		R_e C	C R_e R
复阻抗	Z_r	R_e	$R_e+\dfrac{R}{1+(\omega RC)^2}$
	Z_j	$-\dfrac{1}{\omega C}$	$-\dfrac{\omega CR^2}{1+(\omega RC)^2}$
	时间常数	无	RC
复导纳	Y_r	$\dfrac{R_e(\omega C)^2}{1+(\omega ReC)^2}$	$\dfrac{R_eR(\omega C)^2+1+\dfrac{R_e}{R}}{R\left[\left(1+\dfrac{R_e}{R}\right)^2+(\omega R_eC)^2\right]}$
	Y_j	$\dfrac{\omega C}{1+(\omega R_eC)^2}$	$\dfrac{\omega C}{\left(1+\dfrac{R_e}{R}\right)^2+(\omega R_eC)^2}$
	时间常数	R_eC	$\dfrac{R_eC}{(1+R_e/R)}$

续表

电路类型		(a)	(b)
		阻塞电极	反应电极
复容抗①	C_r	C	C
	C_j	0	$-\frac{1}{R\omega}$
	时间常数	无	无
有效电容	$C_{eff}=\frac{-1}{\omega Z_j}$	C	$C+\frac{1}{\omega^2 R^2 C}$
	时间常数	无	RC

① 复容抗为 $Z-R_e$。

17.1 阻抗谱图

阻抗可以表示为电位和电流的复数比，即

$$Z=\frac{\widetilde{U}}{\widetilde{I}} \tag{17.1}$$

正如在 4.1.2 节所讨论的，无源元件组成的串联电路阻抗是相加的，阻抗 Z_1 和 Z_2 并联后的阻抗值按照式（4.24）进行计算。

如表 17.1(a) 中所列，一个电阻 R_e 和电容 C 串联的阻抗表达式为

$$Z=R_e-\mathrm{j}\frac{1}{\omega C} \tag{17.2}$$

阻抗的实部与频率无关。根据 $1/\omega$，当频率趋向于零时，阻抗的虚部趋于$-\infty$。事实上，对于所有频率 ω，都有

$$-\omega Z_j=\frac{1}{C} \tag{17.3}$$

对于由电阻 R_e 和电容 C 的串联组成的系统，就是一种系统类别，即在频率为零或直流时，电流是无法通过的。这样的系统认为具有阻塞作用或者是理想极化电极。电池、液体汞电极、半导体器件、无源电极、电活性聚合物都与特定的条件有关，都表现出系统具有阻滞行为。

当 R 和电容 C 并联后，再与 R_e 串联，如表 17.1(b) 所列，其电路的阻抗为

$$Z=R_e+\frac{R}{1+\mathrm{j}\omega RC} \tag{17.4}$$

或者

$$Z=R_e+\frac{R}{1+(\omega RC)^2}-\mathrm{j}\frac{\omega CR^2}{1+(\omega RC)^2} \tag{17.5}$$

提示 17.1： 阻抗表征意在确定低频率阻抗值，经常用于研究电化学系统的传质和反应动力学过程。

当频率趋于零时，阻抗的实数部分趋向 R_e+R。当频率趋于零时，阻抗的虚部也趋于零。这样，就有

$$-\lim_{\omega\to 0}\frac{Z_j}{\omega}=CR^2 \tag{17.6}$$

可以确定特征角频率为 $\omega_{RC}=1/(RC)$，其中阻抗虚部的最大值为

$$-Z_j(\omega_{RC})=\frac{R}{2} \tag{17.7}$$

当频率趋于∞时，阻抗的实数部分趋于 R_e 和阻抗的虚部趋于零，使得

$$-\lim_{\omega\to\infty}\omega Z_j=\frac{1}{C} \tag{17.8}$$

在式（17.8）中，阻抗虚部有高频限制，如同于所有频率条件下给定的串联阻抗一样，见式（17.3）。

在表 17.1(b) 中，其反应系统可以认为是另一类系统。当频率为零或者为直流时，通过电阻的电流是有限的。许多电化学和电子系统都表现出这种无阻塞作用或者反应行为。尽管在本章中所提到系统的阻抗响应与典型的电化学和电子系统相比极其简单，但是阻塞和非阻塞系统都是由一个广泛的电化学和电子系统的横截面构成。因此，上述描述的概念，可以很容易应用在实验数据中。

对不同的电化学系统，表 17.1 所示的电阻 R 和电容 C 可以有不同的含义 。例如，电阻可以是电化学反应的电荷转移电阻，也可以是氧化物电阻或者多孔层电阻，甚至还可以是半导体的电子电阻。电容器 C 可以是电解液中电极表面的双电层电容，也可以是薄膜的表面电容，或半导体的空间电荷区。电阻器 R_e 可以是电解液的欧姆电阻，也可以是与频率无关的固体电阻。

17.1.1 复平面阻抗图

一般地，在复平面上表示阻抗数据，即 Nyquist 图，如图 17.1 所示，所有数据点构成一个轨迹。其中，每个数据点对应于不同的测量频率。对于阻抗的复平面图，其缺点是忽略了与频率的相关性。但是，可以通过标注特征频率，克服这个缺点。事实上，对特征频率的标注是必要的，这样可以更好地理解相关现象的时间常数。此外，实轴和虚轴必须一致，具有相同的标度。这样，可使得阻抗图形具有半圆形。同时，遵守正交轴惯例，也有助于解释阻抗谱。

如图 17.1 所示，Nyquist 表示法使用了正交轴。可见，表 17.1(b) 的无功电路的阻抗谱具有半圆的特征。在高频率区，阻抗实部趋于 R_e；在低频率区，则趋近于 R_e+R。这些特征值都可以在阻抗复平面内标注，系统特征频率在阻抗弧最高峰所在位置，表明阻抗虚部达到最大值。在这里，所选择系统 $f_{RC}=79.6$Hz。对于单个 RC 电路，其阻抗虚部的最大值等于 $R/2$。

表 17.1(a) 所示的阻塞电路，对于所有频率，阻抗的实部都等于 R_e。当频率趋于 0 时，阻抗的虚部趋向－∞。这样，在阻抗复平面中，阻抗谱显示为一条垂直的直线。

阻抗复平面图的应用广泛，因为通过观察点的轨迹形状，就可以判断出可能的机理或关

提示 17.2：阻抗复平面图应该具有正交轴，并且在图上标注特征频率。

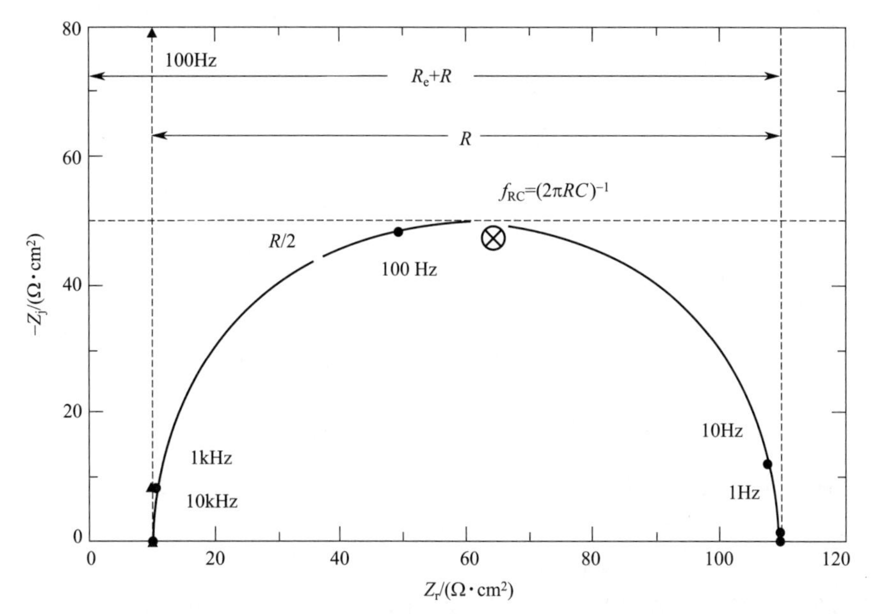

图 17.1 复平面图（Nyquist）表示的阻抗数据。
$R_e=10\Omega\cdot cm^2$，$R=100\Omega\cdot cm^2$，$C=20\mu F/cm^2$，▲和虚线为表 17.1(a) 中阻塞体系，
●和实线为表 17.1(b) 中反应体系

键的现象。例如，如果点的轨迹是一个理想的半圆弧，那么阻抗响应对应的是一个活化控制过程。如果是一个收缩的半圆弧，则说明需要更详细的模型才能解析。如果在阻抗复平面上出现多个峰，则清楚地表明，需要多个时间常数描述过程。然而，阻抗复平面图的显著缺点是忽略了频率相关性，并且低阻抗值也被忽略。除此之外，还有可能因模型和实验数据在阻抗复平面图上的一致性而忽略在频率和低阻抗值方面的巨大差异。

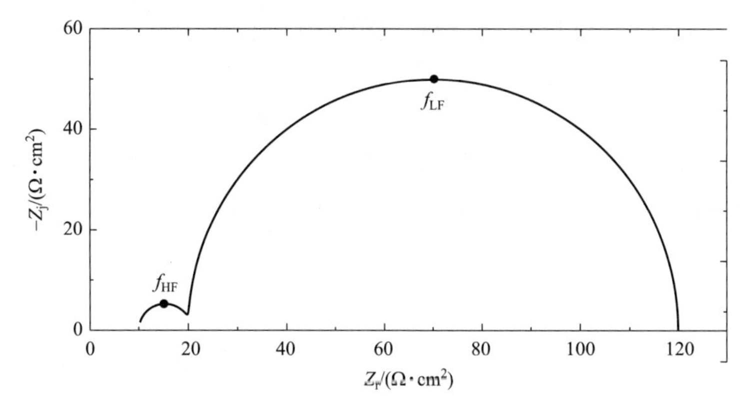

图 17.2 例 17.1 对应的 Nyquist 图。
其中，欧姆电阻 $10\Omega\cdot cm^2$，高频容抗弧直径为 $10\Omega\cdot cm^2$，低频容抗弧直径为 $200\Omega\cdot cm^2$

例 17.1 分析 Nyquist 图：考虑两个系统的 Nyquist 图。如图 17.2 所示，每个 Nyquist 图包含两个容抗弧，高频容抗弧直径为 $10\Omega\cdot cm^2$，低频容抗弧直径为 $200\Omega\cdot cm^2$。第一个系统的特征频率为 $f_{HF}=16kHz$，$f_{LF}=20Hz$；第二个系统的 $f_{HF}=400Hz$，$f_{LF}=0.8Hz$。针对阻抗谱提出物理模型。

解：特征频率 f_c 等于 $1/2\pi RC$。因此，电容值为 $C=1/2\pi Rf_c$。

（a）系统 1：对于第一个容抗弧，电容值为

$$C_{\mathrm{HF}}=\frac{1}{2\pi\times10\times16000}=0.99(\mu\mathrm{F/cm^2}) \tag{17.9}$$

对于第二个容抗弧，电容为

$$C_{\mathrm{LF}}=\frac{1}{2\pi\times200\times20}=39.8(\mu\mathrm{F/cm^2}) \tag{17.10}$$

根据两个电容的值，高频容抗弧可以归因于膜层，低频容抗弧可以归因于双电层电容与电荷转移电阻的并联。

（b）系统 2：对于第二个 Nyquist 图，第一个容抗弧的电容为

$$C_{\mathrm{HF}}=\frac{1}{2\pi\times10\times400}=39.8(\mu\mathrm{F/cm^2}) \tag{17.11}$$

对于第二个容抗弧，电容值为

$$C_{\mathrm{LF}}=\frac{1}{2\pi\times200\times0.8}=0.995(\mathrm{mF/cm^2}) \tag{17.12}$$

高频条件下的电容对应于双电层与电荷转移电阻的并联。低频电容值太大而不能成为实际电容。该容抗弧对应的电容效应可归因于电活性物质的传质过程或吸附过程。

17.1.2 Bode 图

图 17.3(a) 和（b）所示为 Bode 图。在 Bode 图中，更清楚地表示了阻抗模值、相位角与频率的函数关系。通常，频率轴以对数形式表示，这样就可以清晰地展示在低频下的重要行为。需要注意的是，在实际应用中，图 17.3 所示频率 f 的单位为 Hz，即圈/秒。而在数学模型建立过程中，角频率 ω 使用的单位是 $\mathrm{s^{-1}}$，即 rad/s，相互之间的转换公式为 $\omega=2\pi f$。

对于表 17.1(a) 中阻塞电路，其阻抗模值的计算公式为

$$|Z|=\sqrt{R_{\mathrm{e}}^2+\left(\frac{1}{\omega C}\right)^2} \tag{17.13}$$

当频率趋于∞时，$1/\omega$ 趋于 0，阻抗模值趋于 R_{e}。通常模值和频率分别取对数后作函数关系图，如图 17.3(a) 所示。因此，对于阻塞电极，低频率段的斜率是-1。模值小于 1，表明了阻塞电极具有一个特征时间常数。这样的体系将在第 18 章描述。

对于表 17.1(b) 中的反应体系，其阻抗的模值可以表示为

$$|Z|=\sqrt{\left[R_{\mathrm{e}}+\frac{R}{1+(\omega RC)^2}\right]^2+\left[\frac{\omega CR^2}{1+(\omega RC)^2}\right]^2} \tag{17.14}$$

当频率趋于∞时，阻抗大小趋于 R_{e}。当频率趋于 0 时，阻抗趋于 $R_{\mathrm{e}}+R$。在低频和高频之间的转化过程中，在双对数坐标图上有一斜率为-1 的渐近趋势线。

根据式（4.32），对于阻塞电极的相位角，可以表示为

$$\varphi=\tan^{-1}\left(\frac{1}{\omega R_{\mathrm{e}}C}\right) \tag{17.15}$$

在低频率区，相位角趋于$-90°$，而在高频率区，则接近于零。在特征角频率 $\omega_{\mathrm{c}}=(R_{\mathrm{e}}C)^{-1}$ 下，其相位角等于$-45°$，详见式（17.15）。

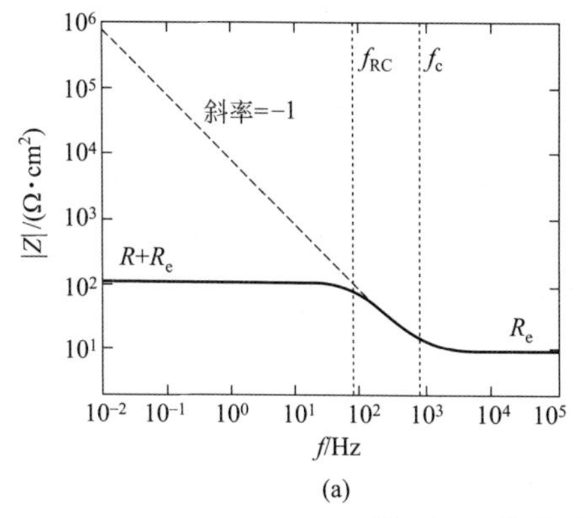

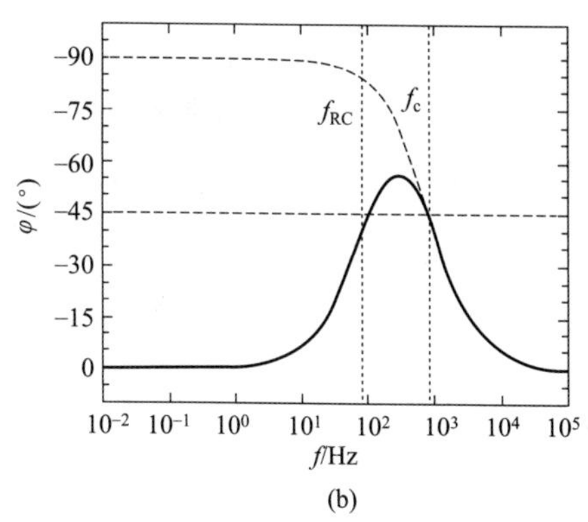

图 17.3　Bode 图表示的阻抗数据。
其中，$R_e=10\Omega\cdot cm^2$，$R=100\Omega\cdot cm^2$，$C=20\mu F/cm^2$。
虚线为表 17.1(a) 中阻塞体系，实线为表 17.1(b) 中反应体系。
特征频率为 $f_{RC}=(2\pi RC)^{-1}$，$f_c=(2\pi R_e C)^{-1}$。(a) 模值图；(b) 相位角图

对于反应电极，其相位角可以表示为

$$\varphi=\tan^{-1}\left\{\frac{-\omega R^2 C}{R+R_e[1+(\omega RC)^2]}\right\} \tag{17.16}$$

在低频率区，相位角趋向于零，表明电流和电位是同相。同样，在高频率区，相位角也趋于零。这是由于式（17.16）中电阻 R_e 影响的缘故。值得注意的是，这个电路特征角频率为 $\omega_{RC}=(RC)^{-1}$。在特征角频率 ω_{RC} 下，其相位角为

$$\varphi=\tan^{-1}\left(\frac{-1}{1+2R_e/R}\right) \tag{17.17}$$

只有 $R_e/R=0$ 时，相位角为 $-45°$。当相位角等于 $-45°$时，特征角频率就可以表示为

$$\omega_c=\frac{1}{2R_eC}\left[1\pm\sqrt{1-4\frac{R_e}{R}\left(1+\frac{R_e}{R}\right)}\right] \tag{17.18}$$

但是，式（17.18）的限制条件是

$$\frac{R_e}{R}\leqslant\frac{\sqrt{2}-1}{2} \tag{17.19}$$

在这种情况下，当频率为 100Hz 和 696Hz 时，相位角为 $-45°$。在特征频率 $f_{RC}=79.6$Hz 时，没有直接对应的 R 值；同样，在特征频率 $f_c=796$Hz 时，也没有对应的 R_e 值。对应相位角峰的特征频率表示为

$$f_c=\frac{1}{4\pi RC}\sqrt{1+\frac{R}{R_e}} \tag{17.20}$$

其值为 264Hz。

从电路分析上讲，Bode 图的应用很普及。相角图对体系参数很敏感，是一个将模型与试验结果相比较的很好工具。尽管阻抗模值对体系参数不太敏感，但是在高频和低频区，渐近线的值分别表示了直流条件下的电阻值和电解质的电阻值。

尽管如此，对于电化学系统，Bode 图也有其缺点。由于电解质电阻的影响，使相

位角图混淆。比如利用图 17.3(b) 估计特征频率。此外，从图 17.3(b) 可见，在高频率区电流和电位是同相。但是，在高频率区，电流和表面电位实际上却不是同相的。之所以得出这样的结论，是因为在高频区，表面的阻抗趋向于零，欧姆电阻占主导阻抗响应。由此，电解质溶液的电阻，在相位角图中掩盖了电极表面的行为特征。

17.1.3 欧姆电阻校正图

如果能够准确地估计电解质电阻 $R_{e,est}$，那么就可能对 Bode 图进行校正。对于阻塞电极，就有

$$|Z|_{adj}=\sqrt{(R_e-R_{e,est})^2+\left(\frac{1}{\omega C}\right)^2} \tag{17.21}$$

$$\varphi_{adj}=\tan^{-1}\left[\frac{1}{(R_e-R_{e,est})\omega C}\right] \tag{17.22}$$

对于反应电极，有

$$|Z|_{adj}=\sqrt{\left((R_e-R_{e,est})+\frac{R}{1+(\omega RC)^2}\right)^2+\left(\frac{\omega CR^2}{1+(\omega RC)^2}\right)^2} \tag{17.23}$$

和

$$\varphi_{adj}=\tan^{-1}\left[\frac{\omega R^2C}{R+(R_e-R_{e,est})(1+(\omega RC)^2)}\right] \tag{17.24}$$

图 17.4(a) 和 (b) 为校正的 Bode 图。从图 17.4(b) 可见，阻塞电极的电流和电位在所有频率条件下都是不同相的。对于反应电极，其电流和电位在低频区是同相的而在高频区却是不同相的。在特征角频率 ω_{RC} 下，其相位角为 $-45°$。这种方法适用于第 18.2.1 节和例 18.2 中的复杂体系研究。

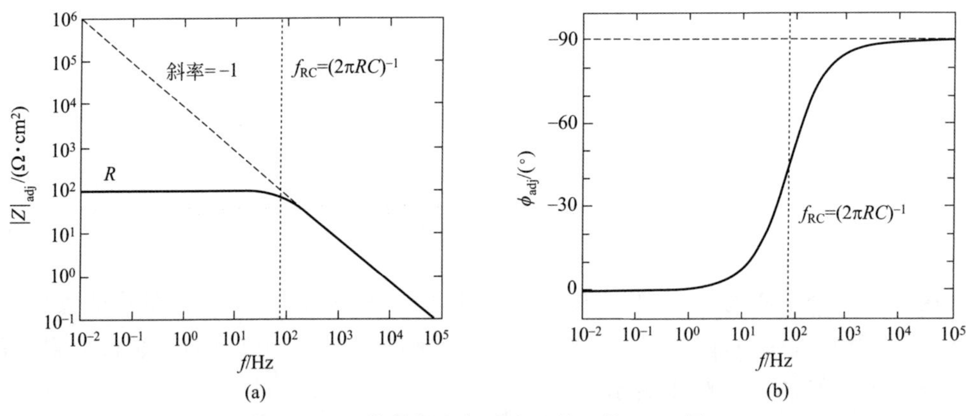

图 17.4　阻抗数据电解质电阻校正的 Bode 图。
其中，$R_e=10\Omega\cdot cm^2$，$R=100\Omega\cdot cm^2$，$C=20\mu F/cm^2$。虚线为表 17.1(a) 中阻塞系统，实线为表 17.1(b) 中反应系统。特征频率 $f_{RC}=(2\pi RC)^{-1}$。(a) 模值图；(b) 相位角图

在解释电解质电阻校正 Bode 图时，应当谨慎。就像式 (17.24) 那样，$R_e-R_{e,est}$ 的值不为零，说明存在额外高频弛豫过程的表象。如果可能的话，应对 $R_{e,est}$ 重新进行独立回归分析评估。

17.1.4　阻抗谱图

阻抗谱也可以用阻抗的实部和虚部对频率作图，如图 17.5(a) 和 (b) 所示。阻抗图的显著优点就是易于识别特征频率。根据公式 (17.5)，反应电极的阻抗实部在 ω_{RC} 时的值为 $R_e+R/2$。虚部的模值在 ω_{RC} 具有最大值，且等于 $R/2$。对于阻塞电路，其阻抗的虚部显示无特征时间常数，并且阻抗的实部与频率无关。

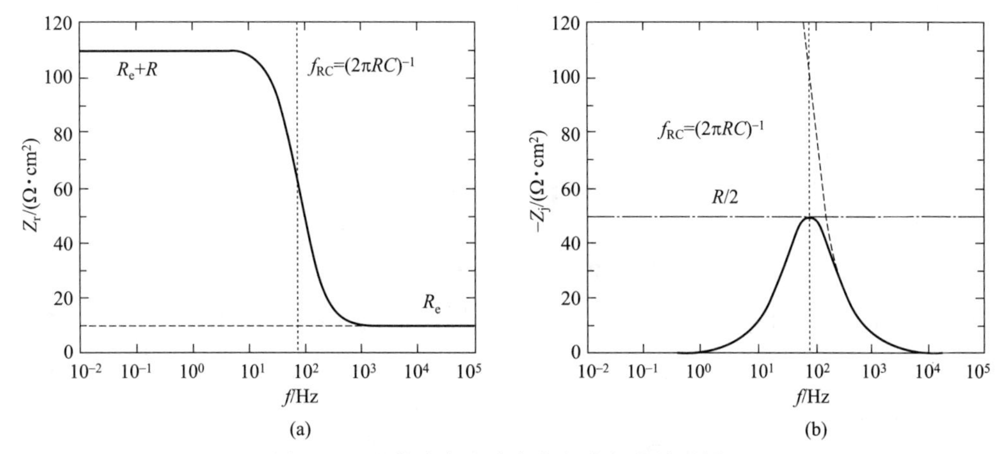

图 17.5　阻抗实部和虚部与频率间的关系图。

其中，$R_e=10\Omega\cdot cm^2$，$R=100\Omega\cdot cm^2$，$C=20\mu F/cm^2$。虚线表示表 17.1(a) 中阻塞系统，实线表示表 17.1(b) 中反应系统。特征频率 $f_{RC}=(2\pi RC)^{-1}$。(a) 阻抗实部图；(b) 阻抗虚部图

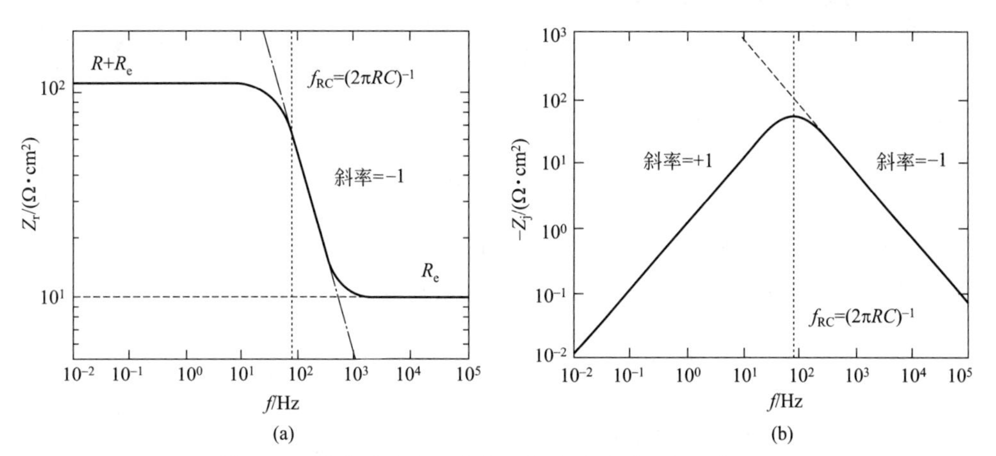

图 17.6　阻抗的实部和虚部对频率在对数坐标系作图。

其中，$R_e=10\Omega\cdot cm^2$，$R=100\Omega\cdot cm^2$，$C=20\mu F/cm^2$。虚线表示表 17.1(a) 中阻塞系统，实线表示表 17.1(b) 中反应系统。特征频率 $f_{RC}=(2\pi RC)^{-1}$。(a) 阻抗实部图；(b) 阻抗虚部图

以阻抗的实部、虚部对频率在对数坐标系中作图，如图 17.6(a) 和 (b) 所示。那么，从图 17.5(b) 中，就可以获得大量实验系统的信息。如图 17.4(b) 所示，最大值在特征频率处获得。对于表 17.1(b) 中列出的简单反应体系，在高频率区和低频率斜率分别为＋1 和－1。偏离±1 说明了过程受到扰动。多个极大值的出现，表明了实验数据描述的是多个过程。利用特征频率，解释图 17.5(b) 和图 17.6(b) 所示结果时，千万不要像 Bode 图表示的相位角与频率关系图那样，被电解质电阻所混淆。

正如第21章中所讨论的，对于阻抗的实部和虚部，随机误差的方差都是相等的。因此，以阻抗实部和虚部对频率作图的另一个优点是，可以很容易地进行数据和随机噪声水平之间的对比研究。

17.2 导纳谱图

导纳可表示为电流和电位的复数比，即为

$$Y=\frac{1}{Z}=\frac{\tilde{I}}{\tilde{U}} \tag{17.25}$$

如第4.1.2节中所述，无源元件并联电路的导纳是采用相加的方法计算的。
根据式（1.24），导纳可用阻抗的实部和虚部表示为

$$Y=\frac{1}{Z}=\frac{Z_r}{Z_r^2+Z_j^2}-j\frac{Z_j}{Z_r^2+Z_j^2} \tag{17.26}$$

对于表17.1(a)中所示的阻塞体系，根据阻抗公式（4.26），其导纳表示为

$$Y=\frac{R_e(\omega C)^2}{1+(\omega R_e C)^2}+j\frac{\omega C}{1+(\omega R_e C)^2} \tag{17.27}$$

当角频率ω趋于零，根据ω^2，导纳的实部趋向于零，那么

$$\lim_{\omega\to 0}\frac{Y_r}{\omega^2}=R_e C^2 \tag{17.28}$$

根据ω，导纳的虚部趋向于零，那么

$$\lim_{\omega\to 0}\frac{Y_j}{\omega}=C \tag{17.29}$$

当角频率ω趋于∞时，导纳实部趋于$1/R_e$，而根据$1/\omega$，导纳虚部趋于零，就有

$$\lim_{\omega\to\infty}\omega Y_j=\frac{1}{R_e^2 C} \tag{17.30}$$

当特征角频率$\omega_c=(R_e C)^{-1}$时，导纳的虚部最大值为$Y_j(\omega_c)=(2R_e)^{-1}$。

对于表17.1(b)中反应体系，其导纳表示较为复杂，可表示为

$$Y=\frac{R_e R(\omega C)^2+1+\dfrac{R_e}{R}}{R\left[\left(1+\dfrac{R_e}{R}\right)+(\omega R_e C)^2\right]}+j\frac{\omega C}{\left(1+\dfrac{R_e}{R}\right)^2+(\omega R_e C)^2} \tag{17.31}$$

当角频率ω趋于零时，导纳的实部趋于$1/(R_e+R)$，导纳的虚部趋于零；根据ω，那么

$$\lim_{\omega\to 0}\frac{Y_j}{\omega}=\frac{R^2 C}{(R_e+R)^2} \tag{17.32}$$

当角频率ω趋向∞时，导纳实部趋于$1/R_e$，导纳虚部趋于零；根据$1/\omega$，就有

提示17.3： 导纳表示法意在表征高频率下的值，并且通常用于固态体系，主要为求解体系电容。采用导纳形式的优点在于在所有频率范围内都有限定值，即使是阻塞电极。

$$\lim_{\omega \to \infty} \omega Y_j = \frac{1}{R_e^2 C} \tag{17.33}$$

同样存在高频极限，与电阻 R_e 和电容 C 串联表达式（17.30）一样。然而，并联电阻 R 则会影响在特征角频率下的导纳虚部值，即

$$Y_j\left(\frac{1}{R_e C}\right) = \frac{1}{R_e[(1+R_e/R)^2+1]} \tag{17.34}$$

此外，该特征角频率的值会稍微偏大，即

$$\omega_c = \frac{1}{R_e C}\left(1+\frac{R_e}{R}\right) \tag{17.35}$$

虚部导纳的最大值可以由下式给出，即

$$Y_j(\omega_c) = \frac{R}{2R_e(R+R_e)} \tag{17.36}$$

因此，在导纳平面上，对于阻塞电极和单 RC 反应电极体系，其点的轨迹为一半圆弧。

17.2.1 导纳平面图

图 17.7 为图 4.3(a) 中串联和并联电路的导纳平面图。数据以点作图，每个数据点对应于不同的测量频率。前面所讨论的阻抗复平面图，见图 17.1 所示 Nyquist 图，导纳平面图表示方法同样也会忽略对频率的相关性。这个缺点可以通过标注某些特征频率方法解决。

对于阻塞和反应体系，导纳实部在高频区趋于 $1/R_e$。对于阻塞体系，导纳实部在零频时趋于零，而对于反应体系，在零频时则趋于 $1/(R_e+R)$。值得注意的是，对于阻塞和反应体系，在低频率区存在着有限值。与此相反，当频率趋于零时，对于阻塞体系电路，其阻抗的虚部趋于 $-\infty$，如图 17.1 所示的阻抗复平面图。对于阻抗的实部和虚部，在高频时趋于零，这就意味着在图 17.7 中所示为阻塞电极行为。

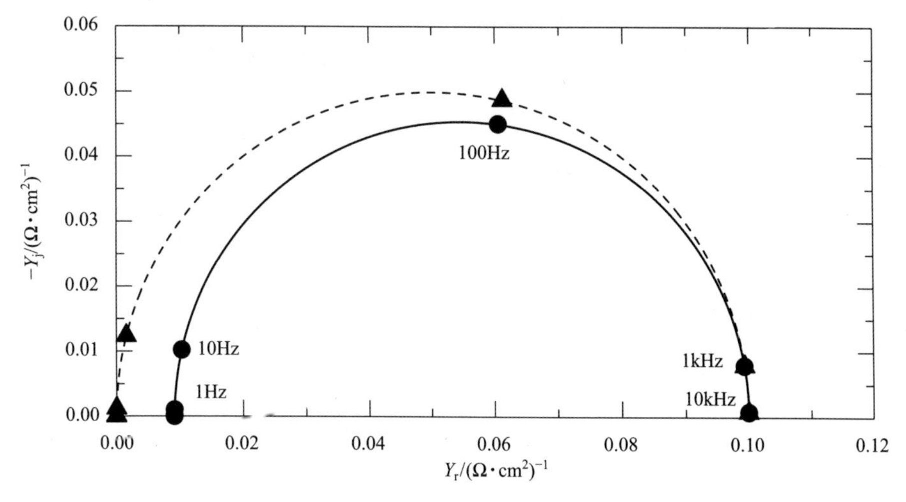

图 17.7 导纳平面图。
其中，$R_e=10\Omega\cdot cm^2$，$R=100\Omega\cdot cm^2$，$C=20\mu F/cm^2$，
▲和虚线为表 17.1(a) 中阻塞体系，●和实线为表 17.1(b) 中反应体系

对于阻塞系统，导纳虚部的最大值等于 $1/2R_e$。当导纳虚部达到最大值时，其特征

角频率 $\omega_c = 1/R_eC$。

17.2.2 导纳图

如图 17.8(a) 和 (b) 所示，导纳实部和虚部分别为频率的函数图。通过各自电路阻抗和导纳之间的关系，可以解释低频极限值和高频极限值。在对数坐标系中，相应的表示见图 17.9(a) 和 (b)。无论在直角坐标还是在对数坐标系中，都表明了导纳与频率存在函数关系。与阻抗复平面图相比，导纳平面图的优点是，对于阻塞电路，导纳的虚部在低频率区存在着有限值。在对数坐标系中，如图 17.9(b) 所示，其斜率相当于预期值±1 发生了偏离。对于阻塞电路，图 17.9(a) 所示斜率为+2，这些偏离都说明了过程受到干扰，或者过程具有多个时间常数。

如图 17.8(b) 和图 17.9(b) 所示，对于阻塞系统，导纳的虚部峰值所对应的特征频率 $f_c = (2\pi R_eC)^{-1}$。如式 (16.31) 所示，由于法拉第过程的存在，采用图形法估计特征频率存在歧义。

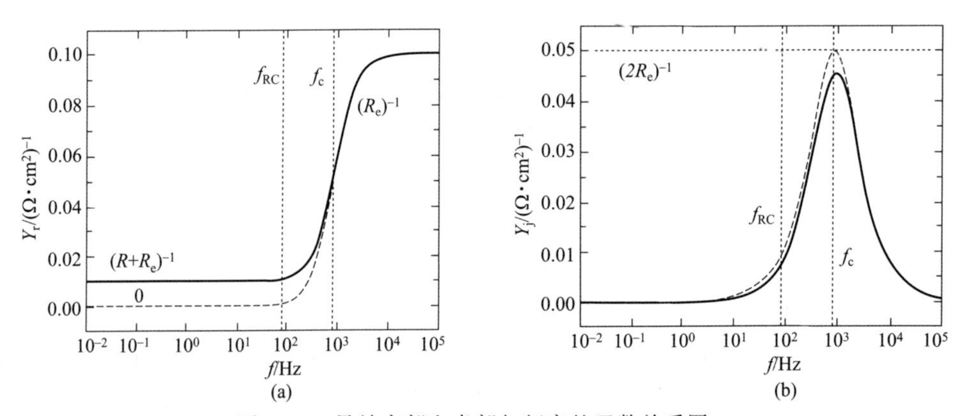

图 17.8 导纳实部和虚部与频率的函数关系图。
其中，$R_e = 10\Omega \cdot cm^2$，$R = 100\Omega \cdot cm^2$，$C = 20\mu F/cm^2$，
虚线为表 17.1(a) 中阻塞体系，实线为表 17.1(b) 中反应体系。特征频率 $f_{RC} = (2\pi RC)^{-1}$，
$f_c = (2\pi R_eC)^{-1}$。(a) 导纳实部图；(b) 导纳虚部图

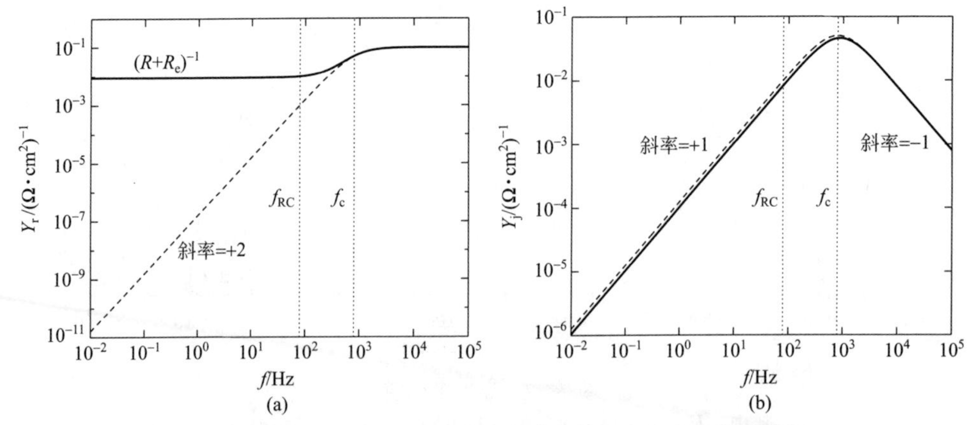

图 17.9 在对数坐标系中，导纳实部和虚部与频率的函数关系图。
其中，$R_e = 10\Omega \cdot cm^2$，$R = 100\Omega \cdot cm^2$，$C = 20\mu F/cm^2$，虚线为表 17.1(a) 中阻塞体系，实线为表 17.1(b) 中反应体系。特征频率 $f_{RC} = (2\pi RC)^{-1}$，$f_c = (2\pi R_eC)^{-1}$。(a) 导纳实部图；(b) 导纳虚部图

导纳形式不是特别适合电化学体系的分析，包括把区分法拉第过程是否与电容并联作为阻抗实验目的的体系。当绘制阻抗图时，特征时间常数对应于法拉第反应。当绘制导纳图时，特征时间常数却对应于电解质的电阻，并且当法拉第反应存在时，特征时间常数却只能得到近似值。

如例 17.2 所讨论的那样，导纳形式非常适合于分析接线电阻可以完全忽略不计的电介质系统。

例 17.2 电介质的导纳：求解图 17.10 所示电路的导纳表达式，并求特征频率。

解：电路对应的是半导体元件的介电响应。C_{sc} 表示空间电荷电容，$R_{t,1}$、$C_{t,1}$、$R_{t,2}$ 和 $C_{t,2}$ 指的是与电位有关的深层电子态位。电子态通常用一个小的浓度表示。R_L 为漏电流。对于理想电介质，漏电流等于零。

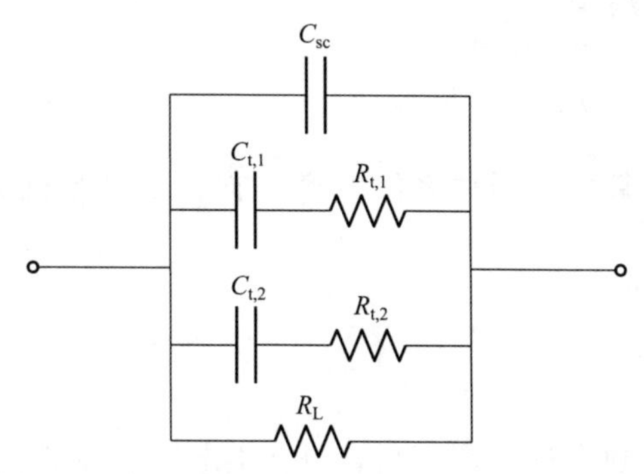

图 17.10 电子电路图，用于解释通过深层态两个 Shockley-Read-Hall 电子跃迁的影响

导纳可表示为

$$Y(\omega)=\frac{1}{R_L}+\frac{\omega^2 R_{t,1}C_{t,1}^2}{1+(\omega R_{t,1}C_{t,1})^2}+\frac{\omega^2 R_{t,2}C_{t,2}^2}{1+(\omega R_{t,2}C_{t,2})^2}$$
$$+j\omega\left[C_{sc}+\frac{\omega R_{t,1}C_{t,1}^2}{1+(\omega R_{t,1}C_{t,1})^2}+\frac{\omega R_{t,2}C_{t,2}^2}{1+(\omega R_{t,2}C_{t,2})^2}\right] \tag{17.37}$$

当 $\omega\to 0$ 时，$Y_r\to 1/R_L$，$Y_j\to\infty$；当 $\omega\to\infty$时，$Y_r\to 1/R_L+1/R_{t,1}+1/R_{t,2}$，$Y_j\to 0$。特征角频率 $\omega_{t,1}=(R_{t,1}C_{t,1})^{-1}$，$\omega_{t,2}=(R_{t,2}C_{t,2})^{-1}$。根据导纳实部和虚部与频率的关系图，就可以很容易地识别特征角频率。

这类系统的复电容很有趣，具体参见第 17.3 节中讨论和例 17.5。

17.2.3 欧姆电阻校正图

如果从导纳表达式扣除电解质溶液电阻 R_e，对于串联电路只有 C，导纳表达式就可以简化为

$$Y=0+j\omega C \tag{17.38}$$

对于 R 和 C 的并联即反应体系电路，就有

$$Y=\frac{1}{R}+j\omega C \tag{17.39}$$

所得到的导纳实部和虚部分别如图 17.11(a) 和 (b) 所示。在串联和并联电路中，根据式 (17.38) 和式 (17.39)，导纳的虚部是相同的，可用于任何给定的频率条件下

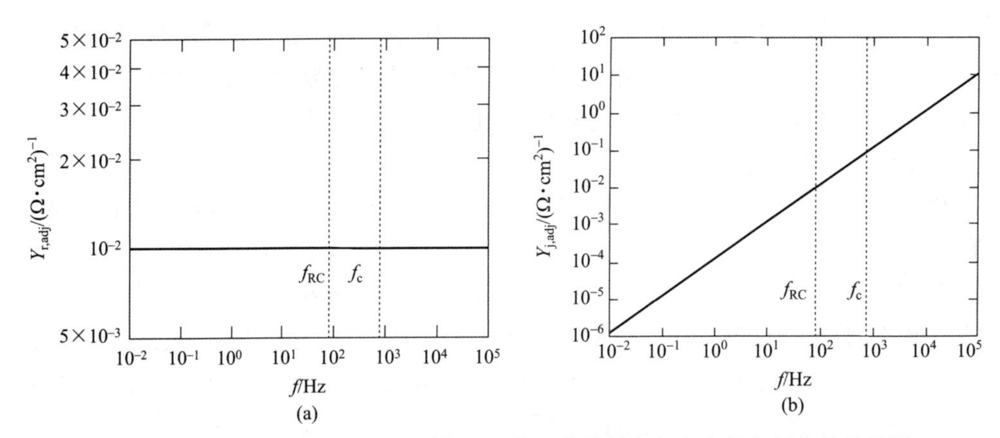

图 17.11　在对数坐标系中，经过欧姆电阻校正的导纳实部和虚部与频率的关系图。
其中，$R_e=10\Omega\cdot cm^2$，$R=100\Omega\cdot cm^2$，$C=20\mu F/cm^2$，虚线为表 17.1(a) 中阻塞体系，实线为表 17.1(b) 中反应体系。特征频率 $f_{RC}=(2\pi RC)^{-1}$，$f_c=(2\pi R_e C)^{-1}$。(a) 导纳实部图；(b) 导纳虚部图

计算容抗。利用导纳，计算电介质体系的电容，有利于复容抗分析。这些将在随后的章节中介绍。

17.3　复容抗图

利用欧姆电阻对阻抗数据进行修正后，其复容抗的定义为

$$C(\omega)=C_r+jC_j=\frac{1}{j\omega(Z-R_e)} \tag{17.40}$$

对于表 17.1(a) 阻塞体系，从复容抗可以直接得到电容。对于表 17.1(b) 反应体系，其复容抗为

$$C(\omega)=C-j\frac{1}{\omega R} \tag{17.41}$$

在式 (17.41) 中，复容抗的实部与频率无关，且等于电容。

图 17.12 为式 (17.41) 对应的复容抗平面图。每个数据作为一个轨迹点，并且每一个数据点对应不同的测量频率。正如所讨论的阻抗和导纳平面图一样，如图 17.1 和图 17.7 所示，复容抗平面图也会忽略容抗与频率的相关性。但是，这个缺点可以通过标注一些特征频率进行解决。在高频条件下，复容抗实部趋于 $C=20\mu F/cm^2$。复容抗行为在图 17.12(b) 中展示更为清楚。从图 17.12(b) 可见，复容抗实部值对应于输入电容，虚部的斜率为−1。

如式 (17.40)，在复容抗的应用过程中，需要利用欧姆电阻进行阻抗数据的校正。在一些条件下，对阻抗数据进行校正是必须的，包括对与材料介电响应没有关系的并联电阻体系，即

提示 17.4：如同导纳表示法，复容抗表征的也是高频下的值，常用于固态和电介质系统，所获得的信息为系统的电容。

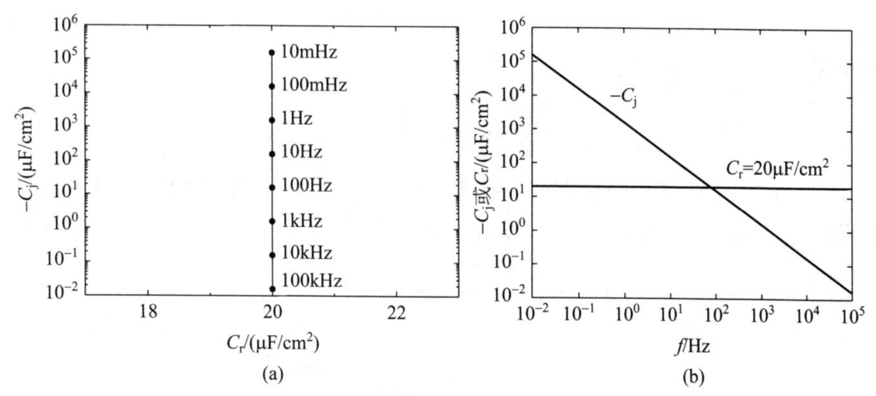

图 17.12 表 17.1（b）中反应体系复容抗图。
其中，$R_e=10\Omega \cdot cm^2$，$R=100\Omega \cdot cm^2$，$C=20\mu F/cm^2$。
（a）复容抗平面图；（b）复容抗实部、虚部与频率的关系图

$$Z_\varepsilon=\frac{R_p(Z-R_e)}{R_p-(Z-R_e)} \tag{17.42}$$

这里，存在下列关系式

$$C_\varepsilon(\omega)=\frac{1}{j\omega Z_\varepsilon} \tag{17.43}$$

可以根据式（17.42）和式（17.43），分析、研究人体皮肤的阻抗响应[16,334]。

基于复容抗实部在高频条件下的极限值，求解氧化膜的电容，并由此确定氧化膜厚度及其介电常数。下面的示例将介绍求解氧化膜中电阻率分布的方法。

例 17.3 Young 模型的复容抗：对于式（13.172）所示的 Young 模型，复容抗的实部趋于高频下极限值，该值为薄膜电容。假设 $\varepsilon=12$，$\rho_0=10^{10}\Omega \cdot cm$，$\lambda=2nm$，并且 $\delta=4nm$。

解：薄膜电容可表示如下：

$$C=\frac{\varepsilon\varepsilon_0}{\delta} \tag{17.44}$$

将式（13.172）代入式（17.40）得到的结果，如图 17.13 所示。复容抗的实部趋于薄膜电容值，如式（17.44）所示。

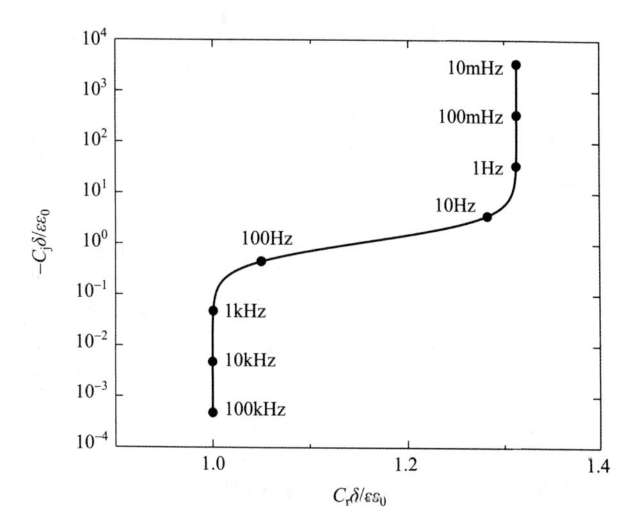

图 17.13 式（13.172）所示 Young 模型的复容抗平面图。
其中，模型参数 $\varepsilon=12$，$\rho_0=10^{10}\ \Omega \cdot cm$，$\lambda=2nm$，
$\delta=4nm$。复容抗的实部、虚部值都
是除以了式（17.44）所示的电容值

例 17.4 幂律模型的复容抗：对于第 14.4.4 节中描述的幂律模型，复容抗的实部趋于高频下极限值，该值为薄膜电容。假设 $\rho_0=10^{20}\ \Omega \cdot cm$，$\rho_\delta=5\times10^8\Omega \cdot cm$，$\gamma=6.67$（对应于 $\alpha=0.85$），$\varepsilon=10$，并且 $\delta=10nm$。

解：与幂律模型相关的阻抗由式（14.28）表示。其中，电阻率为式（14.27）的形

式。将式（14.28）代入式（17.40），得到的结果如图 17.14 所示。从 CPE 行为到纯电容的转变频率为

$$f_{\delta}=\frac{1}{2\pi\rho_{\delta}\varepsilon\varepsilon_{0}} \tag{17.45}$$

由式（17.45）计算得到 $f_{\delta}=360\mathrm{Hz}$。如图 17.14 所示，在小于 f_{δ} 的频率条件下，CPE 行为出现明显的偏离，如图 17.14 中虚线所示。

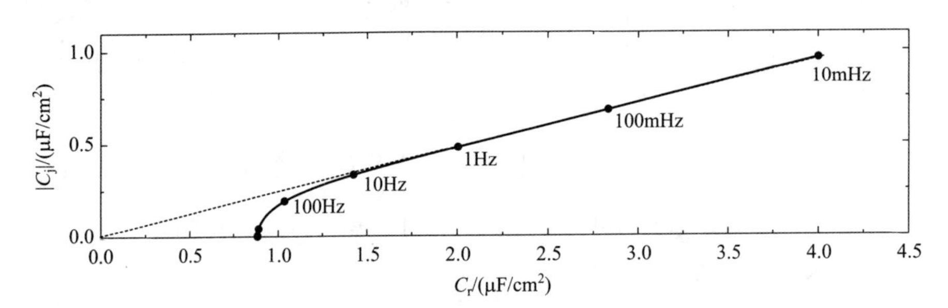

图 17.14　式（14.28）所示幂律模型的复容抗平面图。
其中，模型参数 $\rho_0=10^{20}\ \Omega\cdot\mathrm{cm}$，$\rho_{\delta}=5\times10^{8}\Omega\cdot\mathrm{cm}$，$\gamma=6.67$
（对应于 $\alpha=0.85$），$\varepsilon=10$，$\delta=10\mathrm{nm}$。虚线是 CPE 阻抗的外推部分

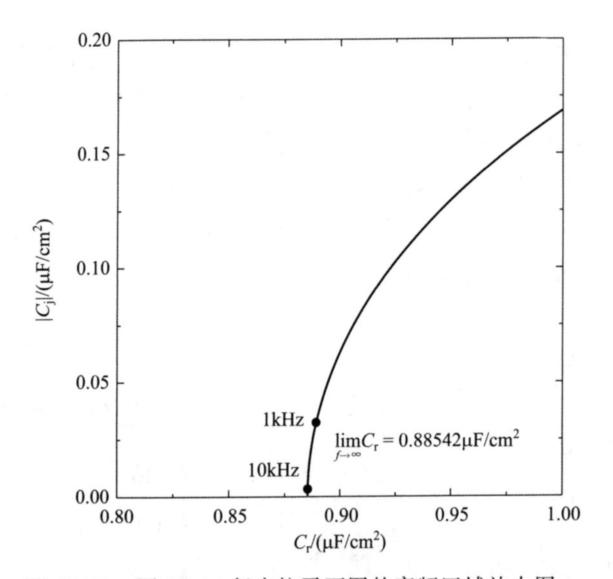

图 17.15　图 17.14 复容抗平面图的高频区域放大图

根据式（17.44），计算的薄膜电容 $C=0.885\mu\mathrm{F/cm^2}$。如图 17.15 所示，复容抗在高频部分的放大图表明，复电容的实部趋于薄膜的电容值。

应该注意的是，如果阻抗表现为 CPE，在频域内外推与原点相交，如图 17.14 中的虚线所示，那么，CPE 复容抗的高频极限值不是电容值。在例 17.4 中，根据有关参数计算的频率 f_{δ} 完全在实验频率范围内。如 Hirschorn 等人[292] 所报道的，对于氧化 Fe17Cr 不锈钢电极，当 $\rho_{\delta}=450\Omega\cdot\mathrm{cm}$ 时，频率 $f_{\delta}=400\mathrm{MHz}$，远远超出了通常的实验频率范围。对于此类系统，阻抗可由式（14.30）表示。但是，如图 17.14 中的虚线所示，基于复容抗图外推，所得到的值为零。可见，对于薄膜电容，没有任何物

理意义。

例 17.5　**介电质的复容抗**：图 17.10 所示，为例 17.2 讨论的电子电路复容抗图，讨论频率极限情况和特征频率。

解：把式（17.38）作为复容抗的定义式，即

$$C(\omega)=\frac{Y}{\mathrm{j}\omega} \tag{17.46}$$

就得到

$$C(\omega)=C_{\mathrm{sc}}+\frac{C_{\mathrm{t},1}}{1+(\omega R_{\mathrm{t},1}C_{\mathrm{t},1})^2}+\frac{C_{\mathrm{t},2}}{1+(\omega R_{\mathrm{t},2}C_{\mathrm{t},2})^2}-\mathrm{j}\omega\left[\frac{1}{\omega R_{\mathrm{L}}}+\frac{\omega R_{\mathrm{t},1}C_{\mathrm{t},1}^2}{1+(\omega R_{\mathrm{t},1}C_{\mathrm{t},1})^2}+\frac{\omega R_{\mathrm{t},2}C_{\mathrm{t},2}^2}{1+(\omega R_{\mathrm{t},2}C_{\mathrm{t},2})^2}\right] \tag{17.47}$$

当 $\omega\rightarrow 0$ 时，$C_{\mathrm{r}}\rightarrow C_{\mathrm{sc}}+C_{\mathrm{t1}}+C_{\mathrm{t},2}$；当 $\omega\rightarrow\infty$ 时，$C_{\mathrm{r}}\rightarrow C_{\mathrm{sc}}$。特征角频率 $\omega_{\mathrm{t},1}=(R_{\mathrm{t},1}C_{\mathrm{t},1})^{-1}$，$\omega_{\mathrm{t},2}=(R_{\mathrm{t},2}C_{\mathrm{t},2})^{-1}$。根据复容抗图，就可以容易地确定其特征频率。

17.4　有效电容

可以根据阻抗的虚部，直接得到电化学系统的有效电容，即

$$C_{\mathrm{eff}}=-\frac{1}{\omega Z_{\mathrm{j}}} \tag{17.48}$$

与在第 17.3 节中讲述的复容抗相反，式（17.48）描述的有效电容为一个实数。在第 17.3 节中，介绍了通过复容抗图实部的高频极值，即可得到电容值。从式（17.48）可知，其高频极值也可得到电容值。比较起来，利用式（17.48）求解电容值的优点在于不需要对阻抗数据进行欧姆电阻校正，并且高频极值表达式为

$$Q_{\mathrm{eff}}=\sin\left(\frac{\alpha\pi}{2}\right)\frac{-1}{Z_{\mathrm{j}}(f)(\omega)^{\alpha}} \tag{17.49}$$

利用式（17.49），可以求解系统 CPE 参数 Q 值。从示例 17.4 可知，复容抗外推法是无法得到具有 CPE 行为系统的电容值。

对于串联电路

$$C_{\mathrm{eff}}=C \tag{17.50}$$

对于反应电路，则有

$$C_{\mathrm{eff}}=C+\frac{1}{\omega^2R^2C} \tag{17.51}$$

在直角坐标和对数坐标系中，有效电容与频率的函数关系如图 17.16(a) 和（b）所示。对于阻塞体系和反应体系电路，其双电层电容值可以通过高频极限值求得。由式（17.51）可见，反应体系的特征角频率 $\omega_{\mathrm{c}}=(R_{\mathrm{e}}C)^{-1}$。根据特征频率计算双电层电容时，存在 2%、甚至 100% 误差。如图 17.17 所示，当频率大于特征频率 $f_{\mathrm{RC}}=(2\pi RC)^{-1}$ 时，可以减少误差。在所有频率范围内，只要控制频率大于 f_{RC} 一个数量级，计算双电层电容值的误差就仅为 1%。通过在不同频率条件下进行测量，就可以保证电容的计算是在比最大特征松弛频率还大的频率范围内获得的。

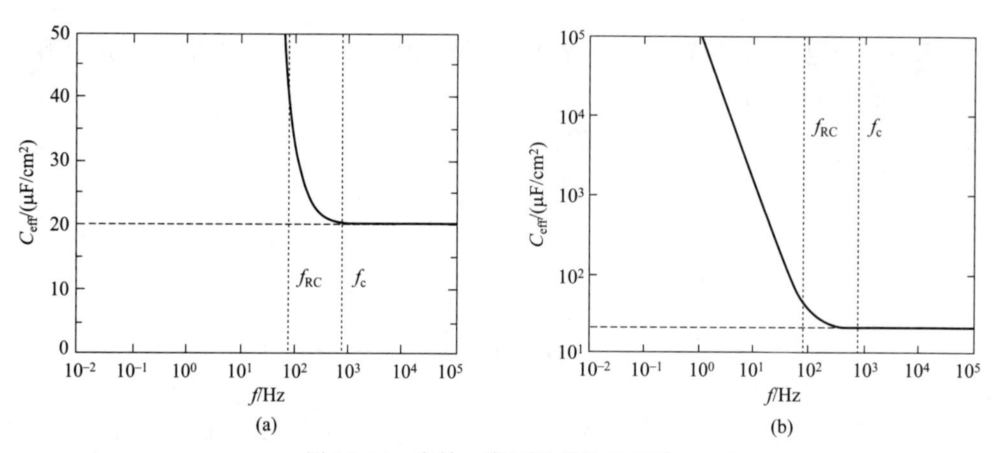

图 17.16　有效电容与频率的关系图。
其中，$R_e=10\Omega\cdot cm^2$，$R=100\Omega\cdot cm^2$，$C=20\mu F/cm^2$，
虚线为表 17.1(a) 中阻塞体系，实线为表 17.1(b) 中反应体系。
特征频率 $f_{RC}=(2\pi RC)^{-1}$ 和 $f_c=(2\pi R_e C)^{-1}$。(a) 直角坐标系；(b) 对数坐标系

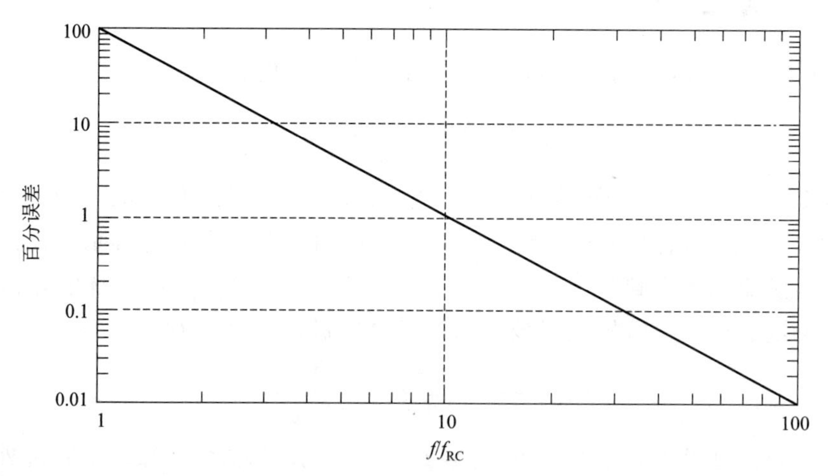

图 17.17　在特征频率 $f_{RC}=(2\pi RC)^{-1}$ 下，表 17.1(b) 中反应体系双层电容计算误差与频率之间的关系

例 17.6　双电层电容的确定：利用式（17.48），求解对流扩散阻抗有效电容的名义值。其中，对流扩散阻抗表达为式（10.77），即

$$Z(\omega)=R_e+\frac{R_t+Z_D(\omega)}{1+j\omega C_{dl}\left[R_t+Z_D(\omega)\right]} \tag{17.52}$$

$Z_D(\omega)$是频率的一个复函数，当频率趋于∞时，其值趋向于零。

解：在高频率区，对于旋转圆盘，所有对流扩散模型都为式（11.28）所示的 Warburg 阻抗。因此，对流扩散阻抗可以表示为 $Z_D(\omega)=Z_D(0)/\sqrt{j\omega\tau}$。参照例 1.5，根据复数平方根的计算方法，对流扩散阻抗可以进一步表示为

提示 17.5：有效电容提供了定量确定系统界面电容的方法。

$$Z_{\mathrm{D}}(\omega)=Z_{\mathrm{D}}(0)\frac{0.7071}{\sqrt{\omega\tau_{\mathrm{D}}}}(1-\mathrm{j})=A(\omega)(1-\mathrm{j}) \tag{17.53}$$

其阻抗可以表示为

$$Z=R_{\mathrm{e}}+\frac{R_{\mathrm{t}}+A(\omega)(1-\mathrm{j})}{1+\mathrm{j}\omega C_{\mathrm{dl}}[R_{\mathrm{t}}+A(\omega)(1-\mathrm{j})]} \tag{17.54}$$

或者

$$Z=R_{\mathrm{e}}+\frac{R_{\mathrm{t}}+A(\omega)-\mathrm{j}A(\omega)}{1+\omega C_{\mathrm{dl}}A(\omega)+\mathrm{j}\omega C_{\mathrm{dl}}[R_{\mathrm{t}}+A(\omega)]} \tag{17.55}$$

采用共轭复数相乘后，就可以得到实部和虚部为

$$Z_{\mathrm{r}}=R_{\mathrm{e}}+\frac{R_{\mathrm{t}}+A(\omega)}{[1+\omega C_{\mathrm{dl}}A(\omega)]^2+\omega^2C_{\mathrm{dl}}^2[R_{\mathrm{t}}+A(\omega)]^2} \tag{17.56}$$

$$Z_{\mathrm{j}}=-\frac{A(\omega)+\omega C_{\mathrm{dl}}\{A^2(\omega)+[R_{\mathrm{t}}+A(\omega)]^2\}}{[1+\omega C_{\mathrm{dl}}A(\omega)]^2+\omega^2C_{\mathrm{dl}}^2[R_{\mathrm{t}}+A(\omega)]^2} \tag{17.57}$$

根据式 (17.48)，在极限高频条件下，就可以得到有效电容限，即

$$C_{\mathrm{eff}}=\lim_{\omega\to\infty}-\frac{1}{\omega Z_{\mathrm{j}}}=C_{\mathrm{dl}} \tag{17.58}$$

因此，对于即使相当复杂的体系，都可以利用极限高频的有效电容，求得双层电容。这是因为在高频率条件下，法拉第电流被阻断，并且所有的电流都是通过双层电容器。

思考题

17.1　根据图 4.6(a) 所示电路，当 $R_0=10\Omega$，$R_1=50\Omega$，$C_1=20\mu\mathrm{F}$，$R_2=500\Omega$，$C_2=10\mu\mathrm{F}$ 时，使用电子表格程序绘制下列相关结果：

(a) Nyquist、Bode 和欧姆电阻校正的 Bode 图中的阻抗；

(b) Nyquist 图实部和虚部的导纳；

(c) Cole-Cole 图中的复容抗；

(d) 有效电容随着频率的变化关系。

17.2　使用电子表格程序，绘制思考题 10.7 的结果：

(a) Nyquist、Bode 和欧姆电阻校正的 Bode 图中的阻抗；

(b) Nyquist 图实部和虚部的导纳；

(c) Cole-Cole 图中的复容抗。

17.3　当考虑使用常相位角元件时，有表达式

$$Z(\omega)=R_{\mathrm{e}}+\frac{R_{\mathrm{t}}}{1+(\mathrm{j}\omega)^{\alpha}R_{\mathrm{t}}Q} \tag{17.59}$$

使用本章介绍的方法，绘制上述模型的结果图。其中，$R_{\mathrm{e}}=10\Omega\cdot\mathrm{cm}^2$，$R_{\mathrm{t}}=100\Omega\cdot\mathrm{cm}^2$，$Q=20\mu\mathrm{F}\cdot\mathrm{s}^{\alpha-1}/\mathrm{cm}^2$。参数 α 的取值范围为 $0.5<\alpha<1$。

17.4　用例 17.6 验证式 (17.58)。

17.5　电化学阻抗谱已成为评估人体皮肤对外界刺激反应的有力工具。采用两种方

法分析了皮肤阻抗数据。假设皮肤特性与空间位置无关，但与频率有关，或者假设皮肤特性与频率无关，但与空间位置有关。

（a）假设可以描述人体皮肤的阻抗响应为

$$Z_{\varepsilon} = \frac{R}{1 + \mathrm{j}\omega RC} \tag{17.60}$$

推导出与频率相关的复介电常数的表达式，即

$$\varepsilon(\omega) = \delta \frac{C(\omega)}{\varepsilon_0} \tag{17.61}$$

（b）用实际频率表示相对介电常数和电阻率实部的结果。

第18章 图解法

图解法为解释和评估阻抗数据的第一步。在第 17 章中，通过简单的反应电路和阻塞电路，使得大家对图解法有了一定的了解。在这里，相同的概念将应用于更典型的实际体系之中。在本章中，所介绍的图形技术不再与特定的模型有关。因此，这些方法都为定性的解释。更为惊奇的是，诸如物理意义上的参数值，比如双层电容，即使没有特定的模型，也可以通过极限高频或极限低频求解。

在这里，将针对多孔膜电极的阻抗数据（如图 9.8 所示），介绍图解法，包括对阻抗数据进行解析。如图 18.1 所示，在电路图中，电容用 CPE 代替，同时，用 R_t 代替 Z_F。

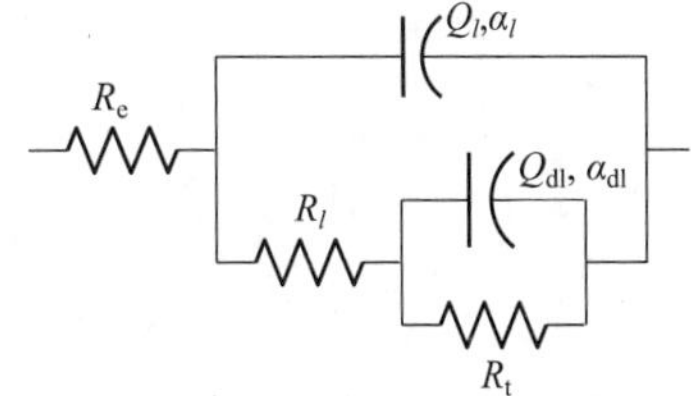

图 18.1 图 9.8 所示多孔膜电极的电路图。其中，电容用 CPE 代替，用 R_t 代替 Z_F

在第 14 章中，已经讨论了常相位元件（CPE）的两个参数 α 和 Q。当 $\alpha=1$ 时，Q 的单位与电容相同，都为 $\mu F/cm^2$。在这种情况下，Q 代表电容。当 $\alpha\neq1$ 时，系统所表现的行为与表面均匀性，或者介电膜层中时间常数分布有关。与 CPE 相关的相位角与频率无关。

在表 18.1 中，列出了模拟参数值。通过参数选择，可以得到高频特征频率 18kHz，低频特征频率 40Hz。

表 18.1 图 9.8 所示多孔膜电极的电路图模拟的参数值

$R_e/(\Omega\cdot cm^2)$	$R_{l,\gamma}/(\Omega\cdot cm^2)$	$R_{t,\gamma}/(\Omega\cdot cm^2)$	$Q_{dl,\gamma}/[\mu F/(s^{1-\alpha}\cdot cm^2)]$	α_{dl}	$Q_{l,\gamma}/[\mu F/(s^{1-\alpha}\cdot cm^2)]$	α_l
100	100	10^5	4	1.0	0.0885	1
100	100	10^5	15.8	0.8	0.656	0.8

18.1 Nyquist 图法

如在第 17.1.1 节中所讨论的那样，可以在复阻抗平面上采用 Nyquist 图表示阻抗数据。

传统的阻抗谱图见图 18.2。其中，相关的电路图见图 18.1。从图 18.2 可见，阻抗数据采用点的轨迹表示，并且每一个数据圆点对应着一个测试频率。对于图 18.2 所示电路的阻抗谱，在高频极限处，其阻抗实部为 R_e；在低频处，阻抗实部为 $R_e+R_{l,\gamma}+R_{t,\gamma}$。

复阻抗平面图之所以应用广泛，这是因为从阻抗数据点的轨迹形状就能够了解可能的反应机制或现象。例如，如果阻抗数据点的轨迹为理想的半圆弧，那么阻抗响应就对应着一个活化能控制的过程。对于偏低的半圆弧则说明需要更详细的模型才能够给予解释。图 18.2 所示的多个圆弧，则清楚地表明需要多个时间常数才能够对过程进行解释。复阻抗平面图也存在明显

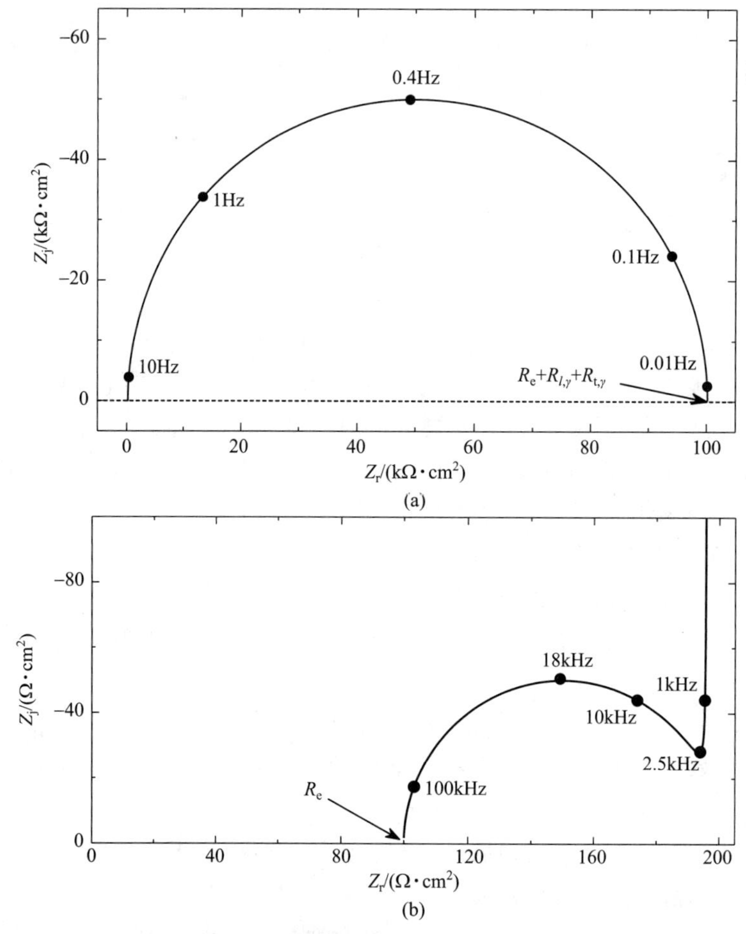

图 18.2　多孔膜电极的 Nyquist 图。
其中，对应电路如图 18.1 所示。参数值来源于表 18.1 数据第一行。
(a) 低频阻抗图；(b) 高频区放大图

的缺点，比如不能够表述阻抗与频率的关系，忽略了低阻抗值。除此之外，对于复阻抗平面图，往往会因为模型和实验数据之间的一致性而掩盖在频率和低阻抗值方面存在的较大差异。

18.1.1　特征频率

如图 18.2 所示，当两个阻抗弧可以很好分开时，就可以按照第 17 章中特征频率的定义，求解特征频率值。高频区段阻抗弧对应的特征频率为 18kHz，低频阻抗弧的特征频率为 0.4Hz。由此，可以计算这两个特征频率对应的电容，即

$$C_{l,\gamma}=\frac{1}{2\pi f_c R_{l,\gamma}}=0.0885\mu F/cm^2 \tag{18.1}$$

和

$$C_{dl,\gamma}=\frac{1}{2\pi f_c R_{t,\gamma}}=4\mu F/cm^2 \tag{18.2}$$

这里，电容 $C_{l,\gamma}$ 对应着介电质膜层。如果电极 100％被覆盖，当介电常数 ε=10 时，那么膜层厚度为

$$\delta=\frac{\varepsilon\varepsilon_0}{C_{l,\gamma}}=10^{-5}cm \tag{18.3}$$

如果需要求解电极表面的活性区域面积，那么就必须测定裸露电极的电容值。在假设裸露电极电容值 $C_{dl}=40\mu F/cm^2$ 的条件下，电极表面活性面积比值为

$$1-\gamma=\frac{C_{dl,\gamma}}{C_{dl}}=0.1 \tag{18.4}$$

当电极表面积为 1cm^2，孔电阻值则对应着 0.1cm^2 的裸露电极表面。对于孔中的电解质电阻率，可以根据下式计算，即

$$\rho_l=\frac{R_{l,\gamma}(1-\gamma)}{\gamma}=10^4(\Omega\cdot cm) \tag{18.5}$$

对于圆盘电极，电解质电阻可以根据式（5.112）计算。由此，其电阻率可以表示为

$$\rho=\frac{4R_e}{\pi r_0} \tag{18.6}$$

其中，ρ 是电解质的电阻率。当电极表面积为 1cm^2，其半径为 $r_0=0.56$cm。这样，电解质的电阻率大约为 $\rho=226\Omega\cdot cm$。

式（5.109）为电解质导电率与离子组分之间的关系式。如果孔中的电阻率比电解质的电阻率大得多，那么孔中电解质组分的离子强度一定会比电解质溶液组分离子强度小得多。

图 18.3 所示为一个偏低变形的容抗弧，并且可以很好地分为两个容抗弧。每一个容抗弧

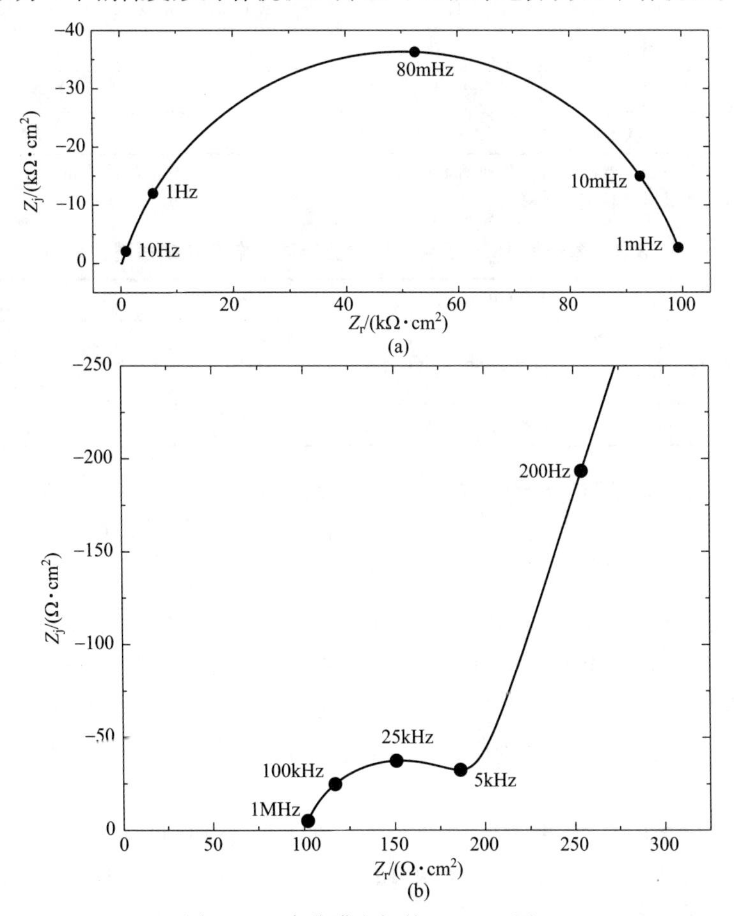

图 18.3　多孔膜电极的 Nyquist 图。
其中，对应电路如图 18.1 所示。参数值来源于表 18.1 中数据第一行。(a) 低频阻抗图；(b) 高频区放大图

都对应一个特征频率。根据特征频率可以求解对应的电容。对于低频容抗弧，如图18.3(a)所示，其特征频率为80mHz，对应电阻$R_{l,\gamma}=10^5\Omega\cdot cm^2$。由此，可以计算对应的电容，即有

$$C_{l,\gamma}=\frac{1}{2\pi f_c R_{l,\gamma}}=0.06(\mu F/cm^2) \tag{18.7}$$

这里，$C_{l,\gamma}$为介电质膜层电容。

对于高频容抗弧，见图18.3(b)所示，其特征频率为25kHz，对应电阻$R_{t,\gamma}=100\Omega\cdot cm^2$。由此，可以计算对应的电容，即有

$$C_{dl,\gamma}=\frac{1}{2\pi f_c R_{t,\gamma}}=20(\mu F/cm^2) \tag{18.8}$$

这里，$C_{t,\gamma}$为双电层电容。注意：根据式（18.7）、式（18.8）求解的电容值，实际上反映了物理特征。对于具有CPE行为的阻抗数据，在求解电容时，则需要对时间常数分布的物理意义给予假设，才能求解。详见14.3节。

例18.1 特征频率的含义：Frateur等人[288]研究了牛血清蛋白（BSA）对铁铬合金在硫酸溶液中腐蚀和钝化的影响。实验结果如表18.2所列。求电极表面的覆盖率。

表18.2 Frateur等人研究的容抗弧的特征值

$c_{BSA}/(mg/L)$	f_c/Hz	$R_e/(\Omega\cdot cm^2)$	$R_t/(\Omega\cdot cm^2)$	$Q/[\mu F/(cm^2\cdot s^{1-\alpha})]$	α
0	6.2	11.8	168	147	0.88
10	6.2	3.1	367	219	0.82
20	6.2	3.1	475	207	0.82

注：其中，阻抗谱是铁铬合金电极在含有牛血清蛋白（BSA）硫酸溶液中浸泡30min后测得的。R_e、Q值在Frateur等人的报告是没有的。这里是根据实验结果计算的。

表18.3 基于表18.2所列阻抗数据计算的电容和表面覆盖率值

$c_{BSA}/(mg/L)$	$C_{f_c}/(\mu F/cm^2)$	$C_{dl,B}/(\mu F/cm^2)$	γ
0	80.3	56.5	—
10	140	51.3	0.092
20	108	47.9	0.15

解：根据特征频率，可以按照下式计算电容，即

$$C_{f_c}=\frac{1}{2\pi f_c R_t} \tag{18.9}$$

计算结果如表18.3所列。可见，电容值在80～140$\mu F/cm^2$之间，比双电层电容稍微大些（据Grahame报道[42]，双电层电容值在10～90$\mu F/cm^2$之间）。对于3nm厚氧化膜的铬钢电极，其电容大约3.5$\mu F/cm^2$（见5.7.2节）。按照式（18.9）计算的电容，即认为是电极表面的双电层电容。由于表18.2所列阻抗数据表明容抗弧对应一个时间常数，为此，需要更加仔细分析。

如14.4节所述，如果容抗表现为CPE行为，则需要假设时间常数分布的特性。根据电容计算结果，可知时间常数分布不应该是膜本身，但是一定是膜在表面上的分布有关。对于表面

提示18.1：阻抗特征频率对阻抗模型的解释非常有用。

分布，根据 Brug 公式［式（14.20）］，就可以计算电容值 $C_{dl,B}$，如表 18.3 所列。电容值 $C_{dl,B}$ 正好在允许范围内。根据式（18.4），硫酸溶液中添加牛血清蛋白（BSA）条件下的电容与未添加条件下电容之比，即为牛血清蛋白（BSA）的覆盖率。当牛血清蛋白（BSA）浓度 10 mg/L 时，其覆盖率 0.092。如果牛血清蛋白（BSA）浓度增大至 20mg/L 时，其覆盖率 0.15。

18.1.2 叠加法

针对单个参数，可以利用 Nyquist 图的重叠现象，获取一些阻抗的信息。例如，一些参数会影响阻抗响应。对于传质过程控制的圆盘电极，电位、时间、圆盘转速都将影响圆盘电极的阻抗响应。

（1）传质过程

如果阻抗测试是在准确控制流体力学条件下完成的，那么采用图形方法，就可以获得一些有关传质过程的信息。如在第 11 章中所述，一般希望系统的对流扩散是均匀的。由此，采用分析方法，可以研究圆盘电极阻抗与圆盘转速之间的关系，或者研究喷射电极阻抗与喷射速率之间的关系。

图 18.4 所示数据为铁氰化物在旋转铂电极上的还原反应[99,335]。电解质为含有 0.01mol/L $K_3Fe(CN)_6$ 和 $K_4Fe(CN)_6$ 的 1mol/L KCl 溶液，温度为（25±0.1)℃。电极直径 5mm，其表面积 0.1963cm^2。采用打磨技术，对电极进行打磨，以获得稳态的传质极限电流。电极使用砂纸打磨至 1200 目，然后去离子水清洗。最后，使用 1∶1 乙醇/去离子水

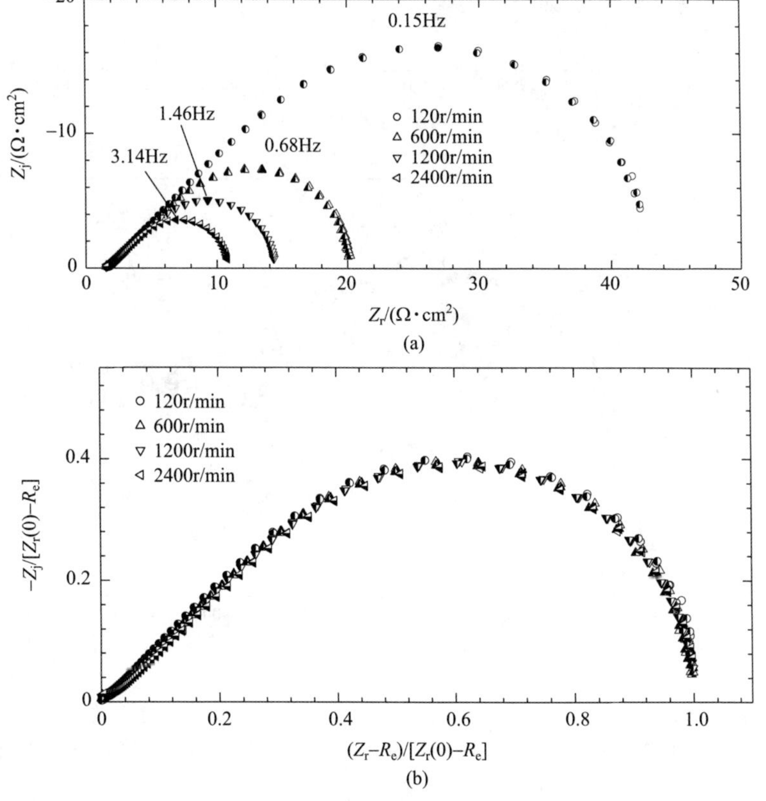

图 18.4 铁氰化物在旋转铂电极上还原反应的阻抗谱。

其中，转速作为影响因素。(a) 原始阻抗谱；(b) 欧姆电阻校正的阻抗谱

超声清洗电极。实验在 1/2 传质极限电流条件下进行。

采用电解质电阻校正方法，可以把受传质过程影响的阻抗谱部分区分开来。如图 18.4(b) 所示，通过零频率条件下的阻抗值即欧姆电阻，对图 18.4(a) 中的阻抗数据进行校正后阻抗谱。阻抗谱的重叠现象很明显，没有展示出阻抗谱受传质过程的影响。但是，如图 18.4(b) 所示校正阻抗谱表明，阻抗谱校正是一种非常有用的方法，这种方法能够明显地区分图 18.4(b) 所示阻抗谱数据的变化，而不改变涉及的物理现象。

(2) 活性面积评估

图 18.5(a) 所示为铸镁合金 AZ91 在 0.1mol/L NaCl 溶液中的阻抗谱[158,336]。从图 18.5(a) 可见，随着浸泡时间，阻抗谱的容抗弧增大。通过 Nyquist 图重叠现象分析，研究氧化镁 MgO 膜的生成是否减小电极表面的活性面积，最终导致阻抗增大。校正的阻抗谱如

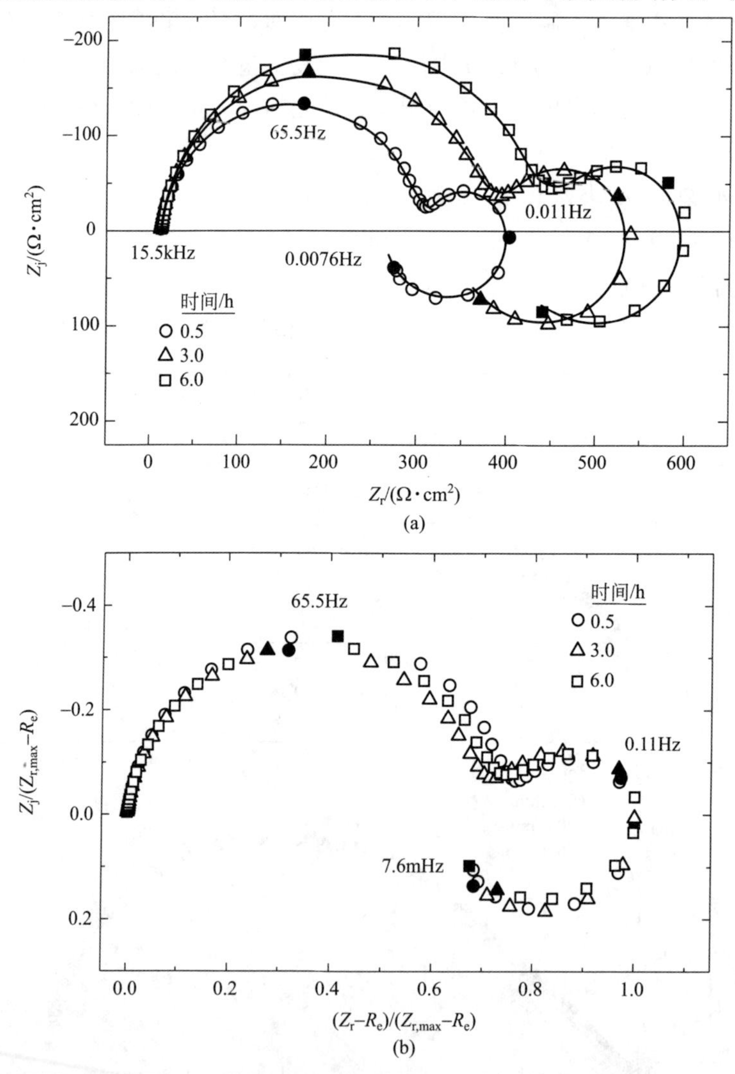

图 18.5 AZ91 镁合金在 0.1mol/L NaCl 溶液中自腐蚀电位条件下的 Nyquist 图。
(a) 实测数据的 Nyquist 图（线表示模型拟合结果）；(b) 溶液阻抗修正后的 Nyquist 图

提示 18.2：阻抗谱校正是一种有用的方法，能区分阻抗谱数据的变化，而不改变涉及的物理现象。

图 18.5(b) 所示。由此可见，虽然阻抗随着时间增大，但是相关的物理机制没有改变。所以，氧化镁膜的生成减小电极表面活性面积的假设成立。Baril 等人[158]的研究结果也表明，在硫化钠溶液中，纯镁表面的活性面积也会随着时间减少。具体详见 9.2.2 节。

18.2　Bode 图法

阻抗数据经常用 Bode 图表示。在 Bode 图中，模值、相位角都是频率的函数。按照传统的方法，一般对阻抗谱不进行欧姆阻抗校正，如图 18.6 所示。其中，电路图见图 18.1，参数值见表 18.1 第一行数据。图 18.7 对应的为表 18.1 第二行数据。Bode 图清楚地展示了模值、相位角与频率之间的关系，见图 18.6(a) 和图 18.7(a)。采用对数坐标表示频率，有利于展示低频区的阻抗行为。当频率趋于∞时，阻抗模值趋于 R_e；当频率趋于零时，阻抗模值趋于 $R_e+R_t+R_l$。

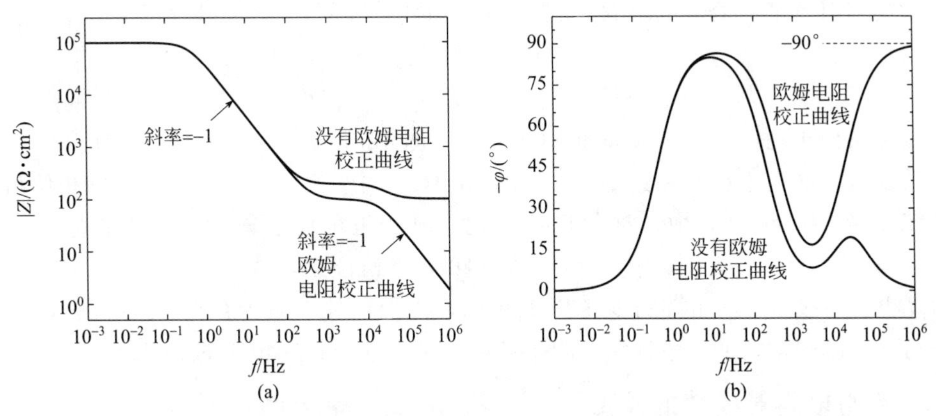

图 18.6　多孔电极阻抗经过欧姆阻抗校正和没有校正的 Bode 图。
其中，多孔电极的等效电路图如图 18.1 所示，数据来自表 18.1 中的第一行。(a) 模值图；(b) 相位角图

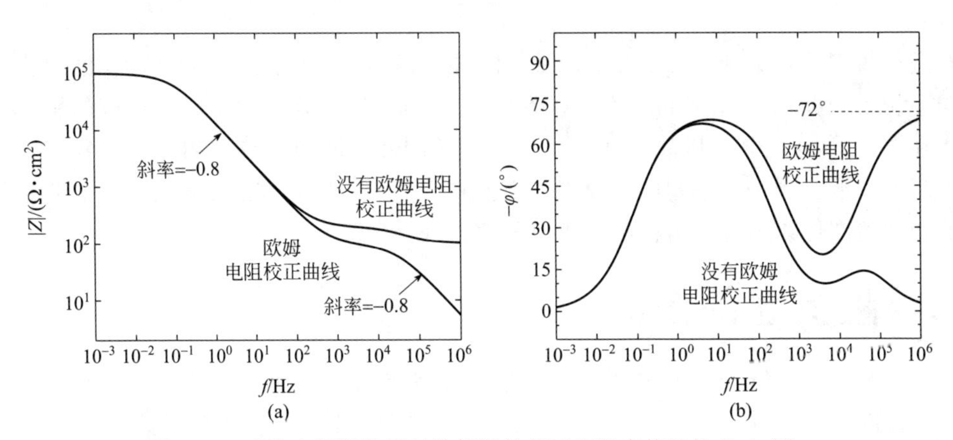

图 18.7　多孔电极阻抗经过欧姆阻抗校正和没有校正的 Bode 图。
其中，多孔电极的等效电路图如图 18.1 所示，数据来自表 18.1 中的第 2 行。(a) 模值图；(b) 相位角图

相位角可以表示为

$$\varphi=\tan^{-1}\left(\frac{Z_j}{Z_r}\right) \tag{18.10}$$

可见，在低频区，相位角趋于零，表明电位、电流同步。在高频区，相位角也趋于零，表明

这是由于式（18.10）Z_r 中欧姆电阻 R_e 的影响。由此可见，Bode 图和阻抗谱的时间常数之间没有明确的对应关系。

基于电路图分析，阻抗谱的 Bode 图得到了普遍的应用。相位角图对系统参数很敏感，所以是一个很好地将模型与实验进行比较的工具。比较起来，阻抗模值图对系统参数敏感性较差。但是，通过采用低频、高频极值方法，可以求解直流电阻和欧姆电阻。

对于存在欧姆电阻的电化学体系，阻抗谱的 Bode 图有许多缺点。由于电解质电阻的影响，相位角图的应用受到限制。如图 18.6(b) 所示，如果不进行欧姆电阻的校正，就难以计算特征频率。此外，从图 18.6(b) 可知，在高频区，电流、过电位是同步的。然而，当 $\alpha=1$ 时，在高频区，电流、电位则不是同步的。即使 $\alpha\neq1$，在高频区，电流、电位也是不同步的。所以，电解质电阻会对电极表面行为在相位角图中产生遮蔽作用。

18.2.1　欧姆电阻对相位角的校正

如果能够对电解质溶液电阻 $R_{e,est}$ 进行精确的估算，那么就可以对相位角进行修正，即

$$\varphi_{adj}=\tan^{-1}\left(\frac{Z_j}{Z_r-R_{e,est}}\right) \tag{18.11}$$

对相位角校正之后，其结果如图 18.6(b) 和图 18.7(b) 所示。可见，在高频区，阻抗模值与欧姆电阻的大小在同一数量级。在图 18.6(b) 中，当 $\alpha=1$ 时，对应的相位角趋于 $-90°$；然而，在图 18.7(b) 中，对应于 $\alpha\neq1$ 时，其相位角趋于 $-90\alpha°$。在高频区，可以看到相位角与频率无关，表明阻抗谱存在着高频恒定相位角，或者具有 CPE 特征。在示例 14.1 中，讲述了如何通过欧姆电阻校正相位角，以探明体系是否存在 CPE 行为，或者是否存在着另一个时间常数的弥散现象。阻抗谱的这种特性往往在传统的 Bode 图看不到。

18.2.2　欧姆电阻对模值的校正

利用欧姆电阻校正模值，可以表示为

$$|Z|_{adj}=\sqrt{(Z_r-R_{e,est})^2+(Z_j)^2} \tag{18.12}$$

模值在进行校正后，其结果如图 18.6（a）和图 18.7（a）所示。基于校正模值斜率获得的信息与系统是否存在着 CPE 行为有关。在图 18.6(a) 中，当 $\alpha=1$ 时，对应的斜率 $=-1$。然而，在图 18.7(a) 中，其斜率为 $-\alpha$。在传统的 Bode 图中，在高频区，其斜率完全受到欧姆电阻的影响。当采用欧姆电阻校正的模值斜率值为 α 时，在这种情况下，根据欧姆电阻校正的相位角图可以获得更为精确的相位角值。

18.3　阻抗虚部图法

在前一节中，介绍了使用欧姆电阻校正 Bode 图存在的困难。这就是需要对电解质溶液的电阻进行准确的估算，并且在高频区，$Z_r-R_{e,est}$ 之差是通过随机噪声确定的。如图 18.8 所示，阻抗虚部图的显著优点在于，在图的峰值处，可以很容易地求解出特征频率。阻抗虚部与欧姆电阻无关，因此，就不需要利用欧姆电阻对阻抗虚部图进行校正。

提示 18.3： 由于欧姆电阻的影响，在利用相位角解释界面性质时，往往容易混淆。按照式（18.11）进行相位角校正，可以很好地揭示界面行为。

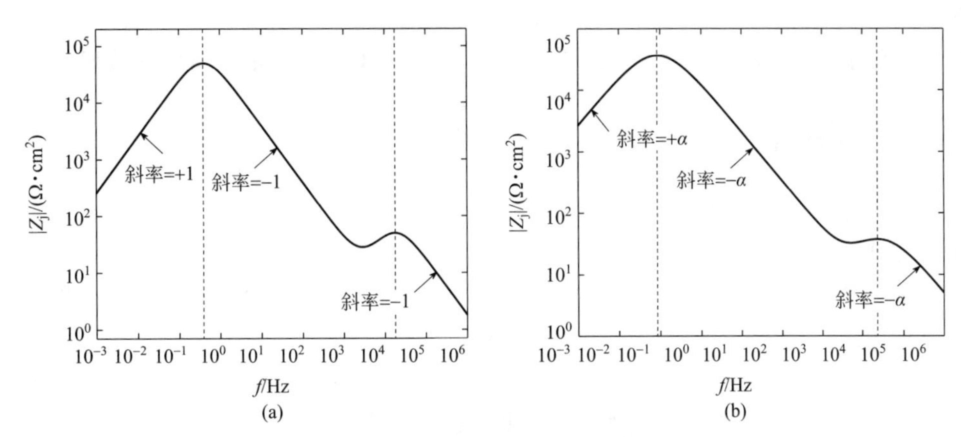

图 18.8　多孔膜电极阻抗虚部图。
其中，电路图见图 18.1 所示。(a) 参数值取自表 18.1 中第一行数据；(b) 参数值取自表 18.1 中第二行数据

18.3.1　斜率的计算

从如图 18.8 所示，可以从多个角度分析实验体系。如图 18.8(a) 所示，在低频区和高频区的斜率分别为 +1 和 −1；从图 18.8(b) 可见，在低频区和高频区的斜率分别为 $+\alpha$ 和 $-\alpha$。多个极值峰则表明，阻抗数据来自多个过程。在利用特征频率对图 17.5 所示阻抗谱解析时，不会因为电解质溶液阻降而受到影响。这一点与 Bode 图不一样。如果不同时间常数难以较好分离，那么在对数坐标系中，阻抗虚部绝对值的斜率是频率的函数。这表明，在高频条件下阻抗谱具有 CPE 行为，或者是一个电容。

18.3.2　导数的计算

采用高频斜率，确定曲线是否是直线往往是不够的。更为准确的做法是用 $\log(|Z_j|)/\log(f)$ 的导数作图，求解 α 指数，如图 18.9 所示。如果低频、高频条件下的斜率

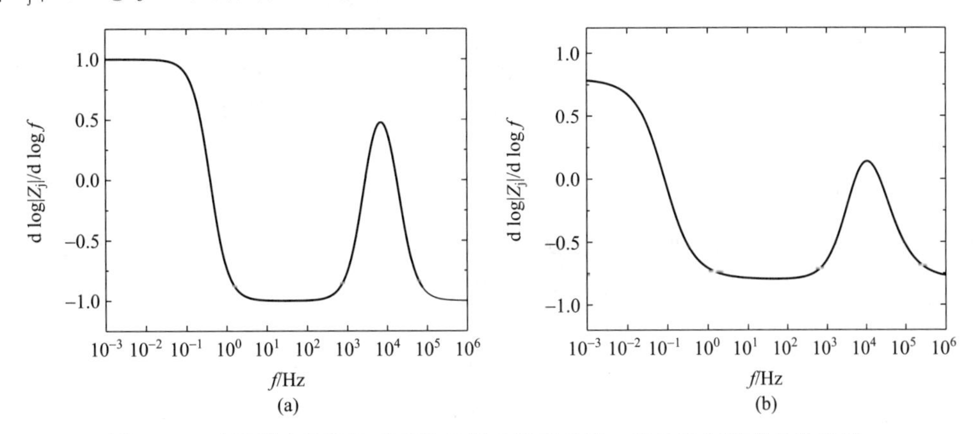

图 18.9　多孔膜电极阻抗虚部绝对值对频率求导，其导数与频率的关系图。
其中，电路图见图 18.1 所示。(a) 参数值取自表 18.1 中第一行数据；(b) 参数值取自表 18.1 中第二行数据

提示 18.4： 在对数坐标系中，可利用阻抗虚部绝对值与频率的关系求解 CPE 的指数。

分别为+1、−1，则表明为纯电容，如图18.9(a)所示。在图18.9(b)中，低频、高频条件下对应的斜率分别为+0.8、−0.8，则代表了CPE行为。这些值与表18.1中的数据一致。

18.4 无量纲频率图法

将阻抗数据进行归一化处理后表示，或者建立阻抗数据与无量纲频率之间的关系，是非常有用的方法。与传质过程相对应的无量纲频率可以表示为 $K=\omega\delta^2/D_i$［见式(11.16)］。对于旋转圆盘电极，采用Nernst扩散层厚度代替扩散层厚度，其中Nernst扩散层厚度与转速的平方根成反比［见式(11.72)］。这样，旋转圆盘电极的无量纲频率为 $p=\omega/\Omega$。对于圆盘电极轮廓的影响，也可以用无量纲频率表示为 $K=\omega C_0 r_0/\kappa$，或者 $K=Q\omega^{\alpha} r_0/\kappa$［见式(13.62)、式(13.67)］。通过无量纲频率，可以获得一些有用信息。

18.4.1 传质过程

利用阻抗与无量纲频率（$p=\omega/\Omega$）图，可以研究传质过程的作用。阻抗的实部、虚部数据在低频区容易重叠，如图18.10所示。这样，对于圆盘电极而言，低频阻抗值与对流传质过程有关。高频区的差异缘于电极动力学过程。

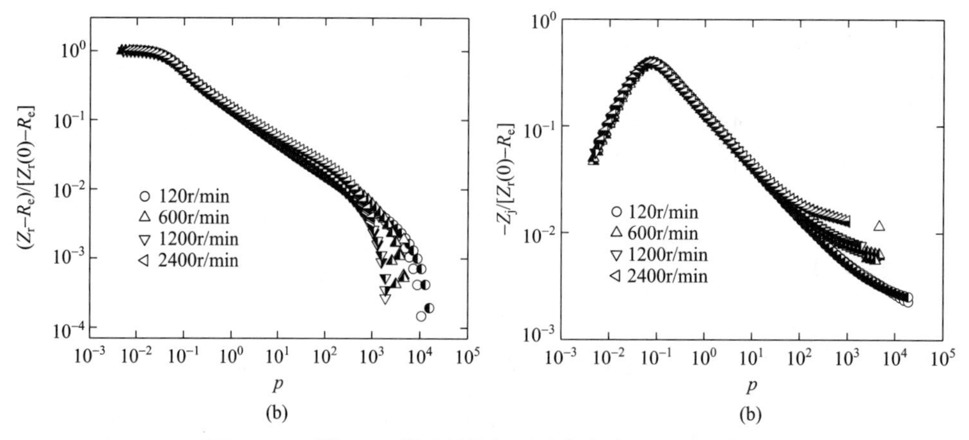

图18.10 图18.4所示阻抗与无量纲频率间的关系图。
其中，阻抗数据来源于铁氰化钾在旋转圆盘铂电极上的还原反应。(a)阻抗实部图；(b)阻抗虚部图

18.4.2 几何效应

Huang等人[248]曾研究了玻璃碳电极在KCl溶液中的阻抗，以此说明利用无量纲频率评估外形轮廓对电极阻抗的作用。在实验过程中，测试了三种不同浓度KCl溶液中的阻抗，结果如图18.11所示。

基于本章的目的，在这里，将采用图形分析法，从实验数据获取参数。根据图18.12，可以通过获取阻抗实部在高频条件下的极值，得到欧姆电阻。根据欧姆电阻，可以计算电解质的电导率，即

$$\kappa=\frac{1}{4r_0R_e} \tag{18.13}$$

阻抗实部对应于式(18.13)中的 R_e 值，在图18.12中采用虚线表示。电导率列于表18.4中。

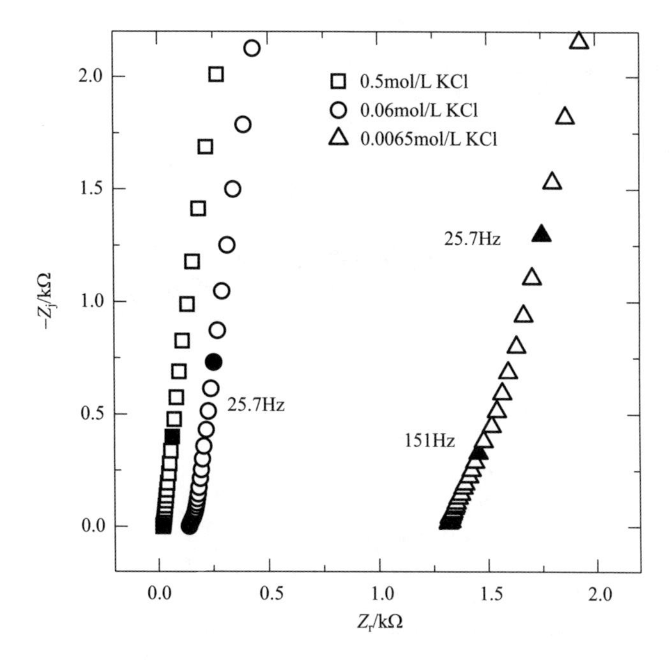

图 18.11　玻璃碳电极在 KCl 溶液中的阻抗响应。
其中，KCl 溶液为影响因素。高频部分阻抗表明了不同测试条件下的差异。数据摘自 Huang 等人[248]

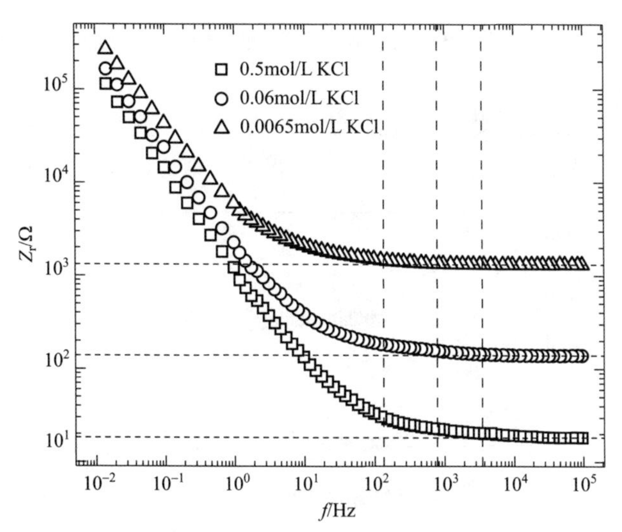

图 18.12　玻璃碳电极阻抗实部与频率的关系图。
其中，KCl 溶液浓度为影响因素。平行虚线代表电导率，垂直代表特征频率，并对应于圆盘外形轮廓对阻抗的影响。数据摘自 Huang 等人[248]

表 18.4　根据图 18.12、图 18.13 和图 18.14 获得的实验结果参数值

KCl 浓度/(mol/L)	α	Q/[μF/(cm^2·s$^{1-\alpha}$)]	κ / (S/cm)	$f(K=1)$/Hz
0.5	0.93	22.5	0.0546	3470
0.06	0.92	13.2	0.00717	782
0.0065	0.88	9.2	0.000757	134

注：$K=1$ 时的频率值由式(13.81)得到[248]。

如图 18.13 所示，玻璃碳圆盘电极在 KCl 溶液中阻抗相位角是频率的函数。其中，相位角经过了欧姆电阻校正。根据图 18.13，可以利用下式得到 α 值，即

$$\alpha=-\frac{\max(\varphi_{\mathrm{adj}})}{90} \tag{18.14}$$

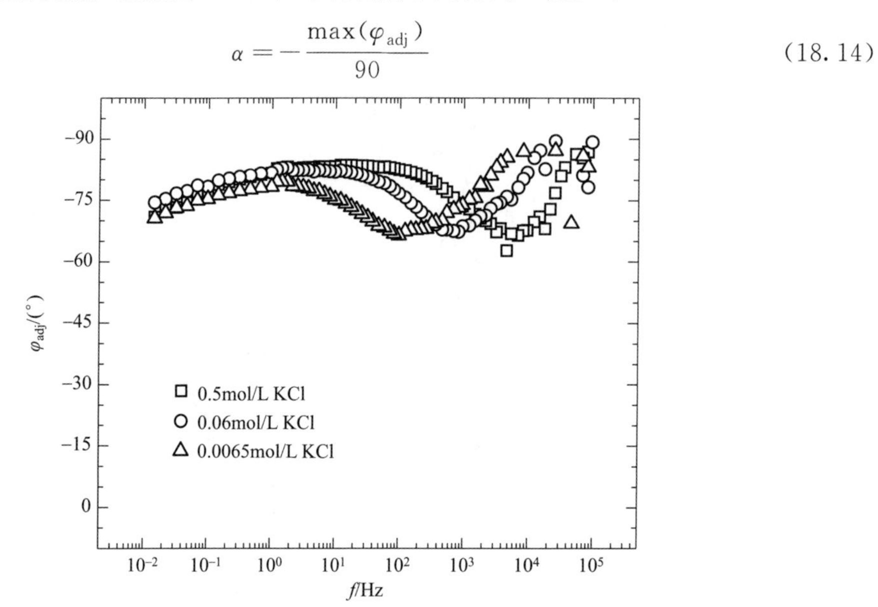

图 18.13　玻璃碳圆盘电极校正相位角与频率的关系图。其中，KCl 溶液为影响因素。数据摘自 Huang 等人[248]

表 18.4 中的 α 值与基于阻抗虚部与频率关系曲线斜率得到的 α 值相近。根据图 18.12 得到的 α 值列于表 18.4 中。

对于给定 α 值，可以根据式（18.15）计算有效电容，具体在下一节中介绍。Q 值与频率的关系见图 18.14。虚线就是根据图 18.14 获得的数值。Q 值列于表 18.4 中。

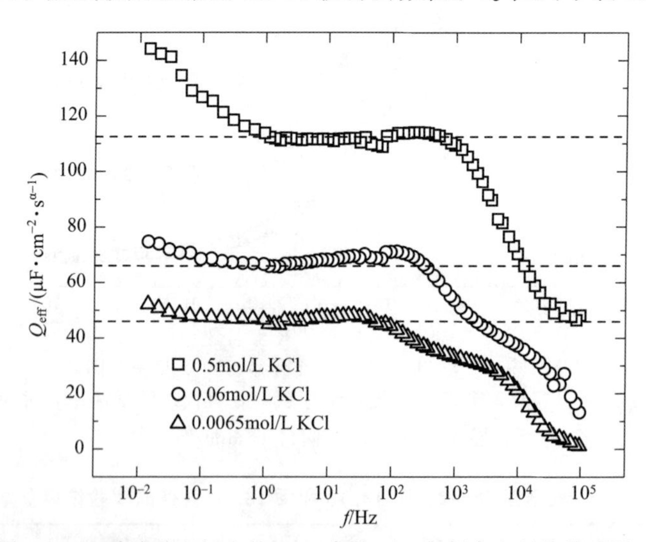

图 18.14　玻璃碳电极有效 CPE 参数 Q_{eff} 与频率之间的关系图。其中，KCl 溶液为影响因素。平行虚线对应根据图获得的数值。数据摘自 Huang 等人[248]

当 $K=1$ 时，可以依据表 18.4 中所列 α、κ 和 Q 值，利用式（13.67）计算频率。无量纲阻抗虚部与无量纲频率之间的关系如图 18.15 所示。在低频区，斜率为 −1，见图 18.15

(a)。然而，根据无量纲阻抗与频率的关系图，在低频区的斜率为$-\alpha$。如图 18.15 所示，在三种不同浓度条件下测定的阻抗值重现性很好。当 $K>1$ 时，在其频率范围内，斜率-1 出现改变。在高于表 18.4 中所列的临界频率条件下，其阻抗特性的改变源于圆盘电极的外形轮廓。

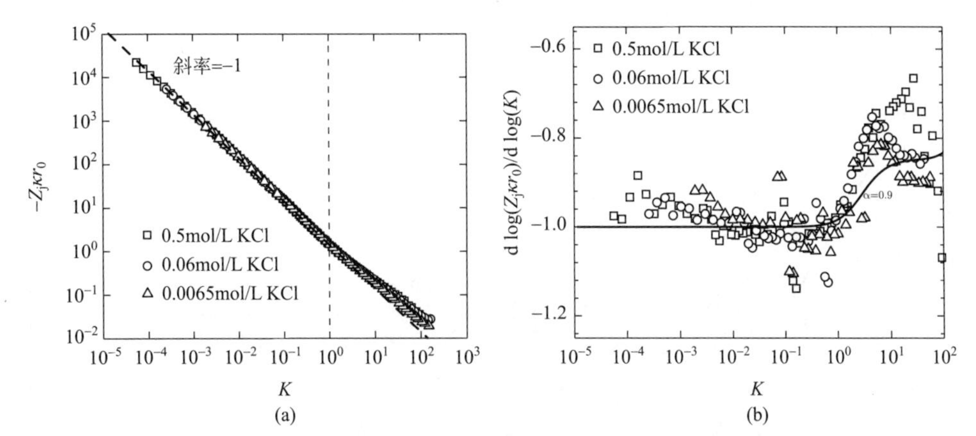

图 18.15 玻璃碳圆盘电极阻抗响应的无量纲分析。
其中，KCl 溶液为影响因素。(a) 阻抗无量纲虚部与无量纲频率之间的关系图；
(b) 阻抗虚部对无量纲频率的导数与 K 的关系图。实线对应于当 $\alpha=0.9$ 时圆盘电极 CPE 行为的计算值。
数据摘自 Huang 等人[248]

图 18.15(b) 所示为阻抗无量纲虚部对无量纲频率的导数与 K 的关系图。图中数据出现分散现象是由于求导计算引起的，因为每一个数量级仅为 12 个测试点。在三种不同浓度下的结果与图中实线基本一致。其中实线为 $\alpha=0.9$ 时对应的圆盘电极 CPE 行为[248]。从理论上讲，$K=1$ 时，低频向高频响应之间的转换频率具有很好的一致性。

通过本小节的分析可知，合适的频率范围对进一步解释阻抗谱数据很重要。如果超过表 18.4 所列临界频率测试阻抗数据，那么阻抗数据会受到圆盘电极外形轮廓的影响。相反，只有在低于临界频率的条件下，进行阻抗测试，才是有意义的。

18.5 特别应用

在本小节中，将重点介绍图形分析法的一些特别应用。主要内容包括具有明显时间常数体系的电容或者 CPE 参数计算，利用渐进法研究圆盘电极的传质过程，活化能控制体系无量纲阻抗和无量纲频率的应用，半导体 Mott-Schottky 图的应用和 Cole-Cole 图的应用等。

18.5.1 有效 CPE 系数

有效电容，或者当 $\alpha\neq1$ 时，有效 CPE 系数，都可以直接从阻抗的虚部图得到，即有

$$Q_{\text{eff}}=\sin\left(\frac{\alpha\pi}{2}\right)\frac{-1}{Z_{\text{j}}(f)(\omega)^{\alpha}} \tag{18.15}$$

当 $\alpha=1$ 时，CPE 系数 Q 变为一个电容，式 (18.15) 就可以写成

$$C_{\text{eff}}=\frac{-1}{Z_{\text{j}}(f)(\omega)} \tag{18.16}$$

与在第17.3节中所述的复容抗相反，在式（18.15）、式（18.16）中的有效CPE系数和有效电容定义为实数。

根据式（18.16）和表18.1第一行数据，可以计算有效电容，结果见图18.16(a)。从图18.1所示电路图可见，电路图的阻抗谱具有两个特征频率。从图18.16(a)得到的有效电容值与输入值有很好的一致性，见图18.16(a)。从图18.16(b)可知，根据式（18.15）计算的有效CPE系数也与输入值具有一致性。

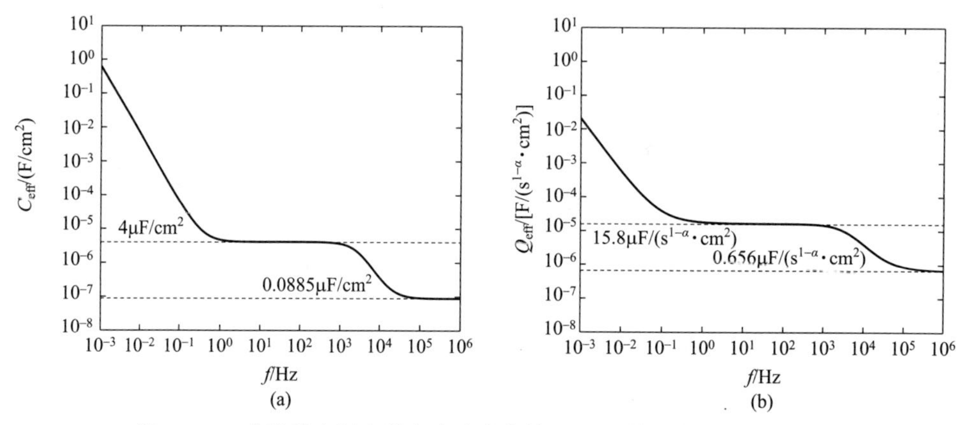

图18.16　多孔膜电极有效电容或者有效CPE系数与频率的关系图。
其中，对应电路图见图18.1，计算公式为式（18.15）。
（a）参数值取自于表18.1中第一行数据；（b）参数值取自于表18.1中第二行数据

即使难于区分特征频率的体系，采用图18.16也可以获得最高特征频率下的CPE系数。如图17.16所示，开展高频区的评估比在最高特征松弛频率下更有意义。只有在频率大于f_{RC}一个数量级的条件下，其CPE系数计算误差才为1%。在阻抗测试过程中，应该测试多个频率下的阻抗数据。这样，才能保证计算CPE系数是在比体系最大特征松弛频率还要足够大的频率范围内进行的。

例18.2　镁合金的阻抗谱图：图18.17所示，为铸态AZ91镁合金在0.1mol/L的NaCl溶液中浸泡不同时间后，在其腐蚀电位下的阻抗响应[158,336]。不考虑例10.6那样详细的过程模型，可以获得哪些定量信息？

解：图18.18为对数坐标系中的阻抗虚部图。当镁合金浸泡$t=0.5$h后，在高频区，曲线斜率为-0.856 ± 0.007。从前述可知，曲线斜率为$-\alpha$值，如果偏离-1，那么就意味着过程受到干扰。在高频容抗弧的低频部分，其斜率为0.661 ± 0.008，说明缺乏对称性，意味着高频电容是与其他反应过程并联的。图中多个极值表明，阻抗数据必须由多个过程才能进行解释。

虽然高频部分的斜率似乎与这三组数据吻合较好，但是通过更详细的分析发现了其他一些趋势。在表18.5中，列举的CPE指数值表明，随着浸泡时间的增加，α值很明显有了小幅度地增大。

提示18.5：按照式（18.15），根据研究体系性质，利用极限高频处的值就可计算有效电容或者CPE系数。

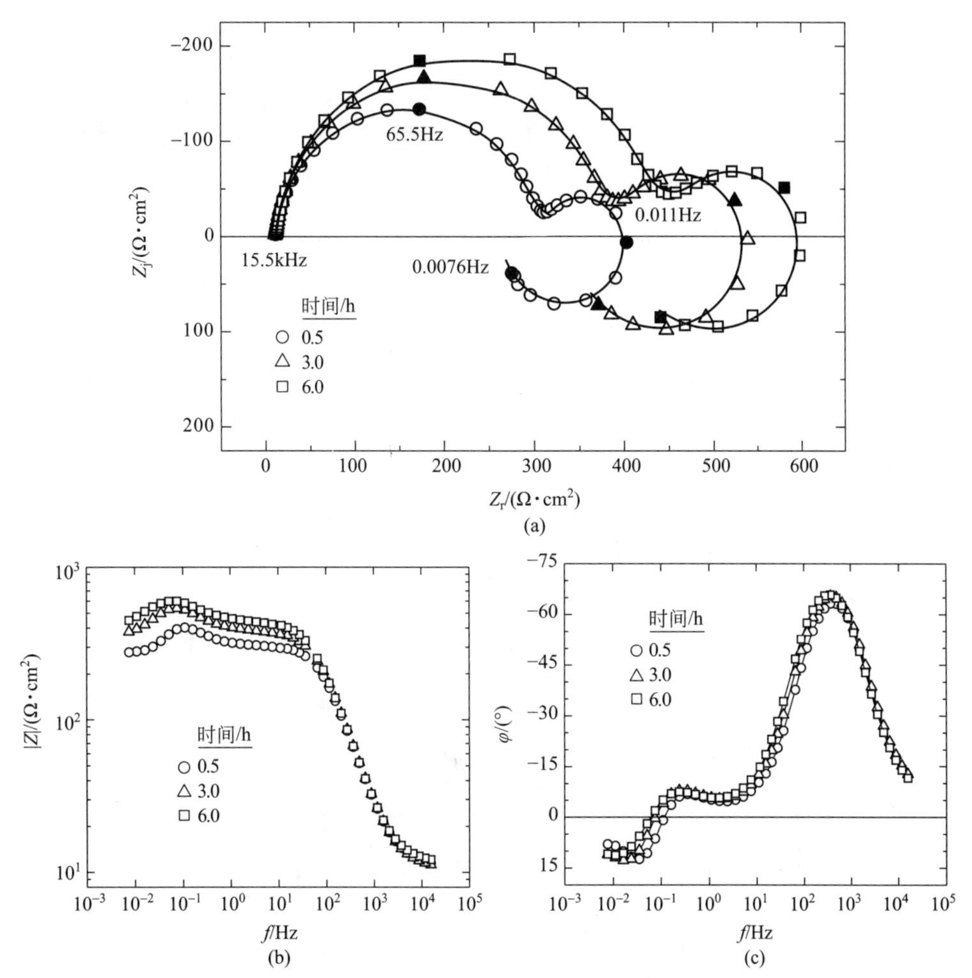

图 18.17　AZ91 镁合金在 0.1mol/L 的 NaCl 溶液中浸泡不同时间后，在其腐蚀电位下的阻抗谱。(a) 复阻抗平面上的 Nyquist 图（线为度量模型拟合数据）；(b) 阻抗模值的 Bode 图；(c) 相位角的 Bode 图（数据摘自 Orazem 等人报告[252]）

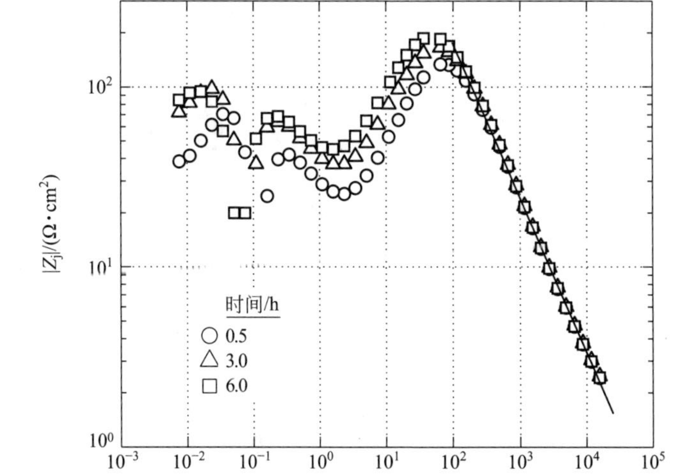

图 18.18　AZ91 镁合金在 0.1mol/L 的 NaCl 溶液中浸泡不同时间后，在其腐蚀电位下的阻抗虚部图。当镁合金浸泡 $t=0.5$h 后，对高频区数据进行拟合，得到的曲线斜率为 -0.857 ± 0.007（摘自 Orazem 等[206]）

表 18.5 从 AZ91 镁合金腐蚀阻抗谱的高频拟合得到的值[252]

浸泡时间/h	0.5	3.0	6.0
α	0.856	0.872	0.877
$Q_{eff}/[\mu F/(s^{1-\alpha}\cdot cm^2)]$	22.7	19.1	18.5
$R_e/(\Omega\cdot cm^2)$	10.65	10.45	11.4

根据式（18.15），利用α值，可以计算 CPE 系数Q_{eff}。Q_{eff}的值如图 18.19 所示。由于仪器的高频失真，无法得到一个清晰可辨的渐近线。在表 18.5 中，CPE 系数的值超过了 10 个最高频率条件下的平均值。随着浸泡时间的增加，Q_{eff}值很明显有了小幅度减小。

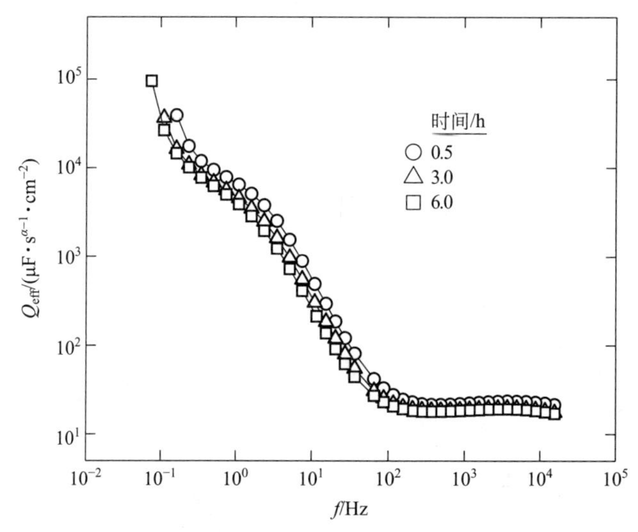

图 18.19 AZ91 镁合金在 0.1mol/L 的 NaCl 溶液中浸泡不同时间后，在其腐蚀电位下的有效 CPE 系数（数据摘自 Orazem 等人[252]）

根据图 18.18 计算的α值，可以用来依据式（18.11）求解溶液电阻R_e，并由此可以根据式（18.11）校正相位角，得到预期值。所得到的欧姆电阻校正相位角和模值示于图 18.20。阻抗模值在高频区的斜率为$-\alpha$。电解质溶液电阻见表 18.5。

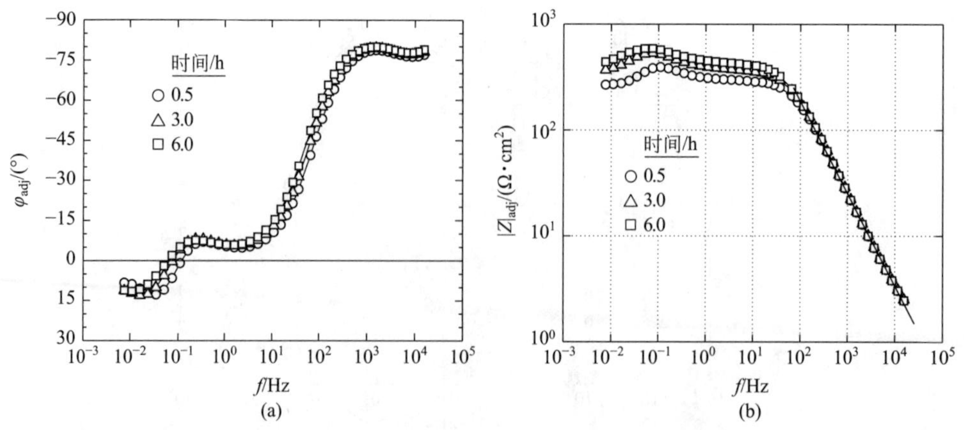

图 18.20 AZ91 镁合金在 0.1mol/L 的 NaCl 溶液中浸泡不同时间后，在其腐蚀电位下的 Bode 图。其中，数据按照式（18.11）进行了电解质溶液电阻校正。(a) 相位角图；(b) 阻抗模值图（摘自 Orazem 等人[206]）

18.5.2　低频传质过程的渐进特性

Tribollet 等人[175]报道了利用图解法从受对流扩散控制的阻抗实验数据，如何获取施密特数。图解法的最大贡献在于获得了施密特数的有限值。此概念是基于

$$\lim_{p\to 0}\left(\frac{\mathrm{dRe}\{Z\}}{\mathrm{d}p\,\mathrm{Im}\{Z\}}\right)=\lim_{p\to 0}\left[\frac{\mathrm{dRe}\left\{-\dfrac{1}{\widetilde{\theta}_i(0)}\right\}}{\mathrm{d}p\,\mathrm{Im}\left\{-\dfrac{1}{\widetilde{\theta}_i(0)}\right\}}\right]=\lambda Sc_{\mathrm{i}}^{\ 1/3}=s \tag{18.17}$$

这样，$\lambda Sc_{\mathrm{i}}^{\ 1/3}$ 可以由 $\mathrm{Re}\{Z\}$ 对 $p\mathrm{Im}\{Z\}$ 作图进行计算，且直线的斜率 $s=\lambda Sc_{\mathrm{i}}^{\ 1/3}$。这与低频数据吻合。综上所述，就可得到常数 λ。

$$\lambda=\lim_{p\to 0}\left[\frac{\mathrm{dRe}\left\{-\dfrac{1}{\widetilde{\theta}_i(0)}\right\}}{\mathrm{d}pSc_{\mathrm{i}}^{1/3}\mathrm{Im}\left\{-\dfrac{1}{\widetilde{\theta}_i(0)}\right\}}\right]=1.2261+0.84\ Sc_{\mathrm{i}}^{-1/3}+0.63Sc_{\mathrm{i}}^{-2/3} \tag{18.18}$$

那么，施密特数的值就可通过求解下列方程得出

$$1.2261\ Sc_{\mathrm{i}}^{\ 2/3}+(0.84-s)Sc_{\mathrm{i}}^{1/3}+0.63=0 \tag{18.19}$$

这种方法是有效的，因为 $\mathrm{dRe}\{Z\}/\mathrm{d}p\mathrm{Im}\{Z\}$ 在较大的频率范围内是一个常数。

关于渐进技术，如图 18.21 所示，图中数据来自图 18.4(a)。从图 18.21(a) 可以看到当频率趋于零时，作直线的方法。图 18.21(a) 为不同旋转速度下的数据。如图 18.21(b) 所示，通过线性回归计算，得到直线部分的斜率为－13.52。通过求解方程 (18.19)，得到的解为施密特数，其值等于 1091，与体系的预期值 1100 有着很好的吻合。

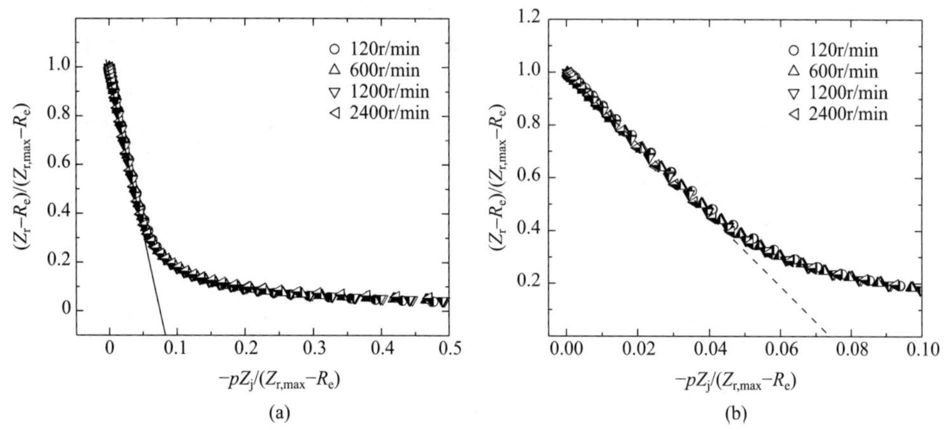

图 18.21　Tribollet 等人[175]的使用方法说明了如何利用低频部分数据得到施密特数。其中，数据取自图 18.4。(a) 当频率趋于零时，作直线的方法；(b) 回归处理图中的线性部分，其斜率为－13.52。由此，得到施密特数等于 1091

据 Orazem 等人[99]报道，通过对体系过程模型进行回归分析，得到了施密特数的值，并表明施密特数是转速的函数。当转速为 120r/min 时，施密特数为 1114。这与利用低频渐进关系得到的值一致。然而，在较高的旋转速度条件下，会得到比较大的施密特数值。例如，当转速为 2400r/min 时，回归分析得到的施密特数值就为 1222。如图 18.21(a) 所示，在不同的转速条件下，实验数据在低频区叠加，表明 Orazem 等提出的过程模不能很好地解

释在高频时的现象，并且当对施密特数的估算不正确时，在高频区的拟合数据误差会因此而传递到低频区。利用渐近方法可以弥补在建立完善过程模型过程中的不足。

18.5.3 Arrhenius 叠加

对于反应动力学控制的体系，将受到温度和电位的影响。如果体系受单一活化能过程控制，那么就可以利用图解方法，使得数据叠加。

对于半导体系统的电子激发过程，遵循与温度有关的 Arrhenius 关系，即

$$k=k_0\exp\left(\frac{-\Delta E}{RT}\right) \tag{18.20}$$

在这里，k_0 是一个常量，因为 $R_t \propto 1/k_0$，对于一个反应仅与电位有关的系统来说，反应的电荷传递电阻可表达为

$$R_t=R_t^{\circ}\exp\left(\frac{\Delta E}{RT}\right) \tag{18.21}$$

假设电容是不受温度影响的，系统的特征时间常数与温度有关，应遵循 Arrhenius 公式，即

$$\tau_{RC}=\tau_{RC}^{\circ}\exp\left(\frac{\Delta E}{RT}\right) \tag{18.22}$$

对于受单一活化能过程控制的体系，当采用直角坐标系时，有望使在不同温度下得到的阻抗数据叠加。

对于 n 型 GaAs 单晶二极管，一端为钛肖特基接触，另一端为金（Au）、锗（Ge），镍（Ni）共晶的肖特基接触，以 Arrhenius 关系的应用为基础，讲明了图解技术。这种材料已经在文献中进行了表征，特别是，它还具有众所周知的 EL2 深层态，该深层态处于导带边缘下面的 0.83～0.85eV[337]。Jansen 等人[338,339]进行了详细的实验。

图 18.22(a) 和 (b) 分别为温度从 320K 到 400K 的变化过程中，实验测得阻抗谱的实部和虚部图。使用对数坐标系，意在说明低频区阻抗虚部数据的分散性。阻抗响应是温度的函数。如图 18.23 所示，阻抗平面图表明在 320K 和 340K 条件下，阻抗数据为一个经典的半圆弧，说明与单一的弛豫过程有关。

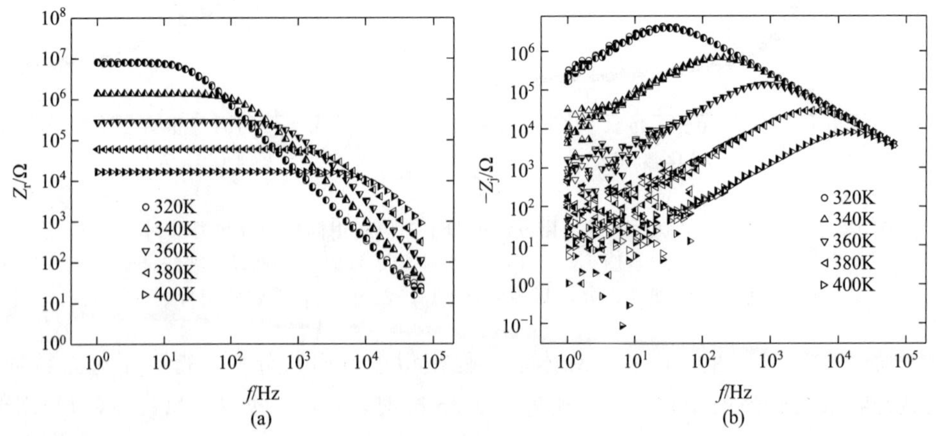

图 18.22　n 型 GaAs/Ti 肖特基二极管的阻抗谱。其中，温度为影响因素。
(a) 阻抗实部图；(b) 阻抗虚部图（数据摘自 Jansen 等人报告[338]）

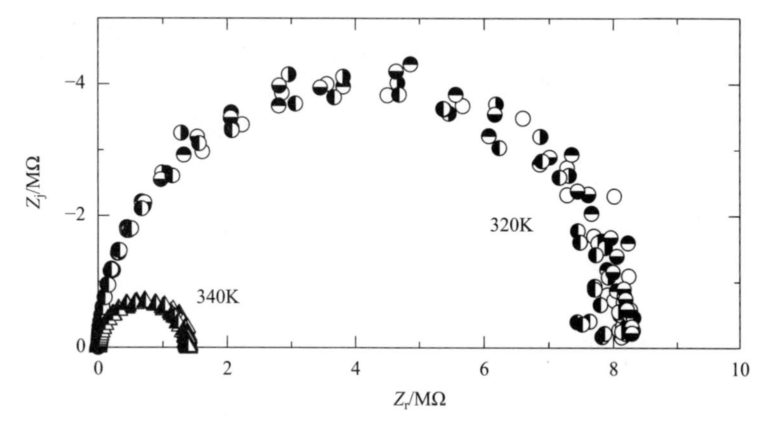

图 18.23 n 型 GaAs/Ti 肖特基二极管的阻抗谱。
其中，温度为影响因素（数据摘自 Jansen 等人报告[338]）

图 18.24 表明，阻抗响应受活化能近似 0.827eV 的单弛豫过程控制。利用阻抗实部的最大平均值，对不同温度下的阻抗数据进行归一化处理，并对归一化频率作图。归一化频率的定义为

$$f^{*}=\frac{f\exp\left(\dfrac{E}{kT}\right)}{f^{\circ}} \tag{18.23}$$

式中，E 为 0.827eV；特征频率 f°为 2.964×10^{14} Hz。这样，归一化阻抗虚部在归一化频率 f^{*} 约为 1 时，有一个峰值。不同温度下的数据减少到一个单一的线。从双对数坐标系图，可见数据叠加程度，如图 18.25 所示。

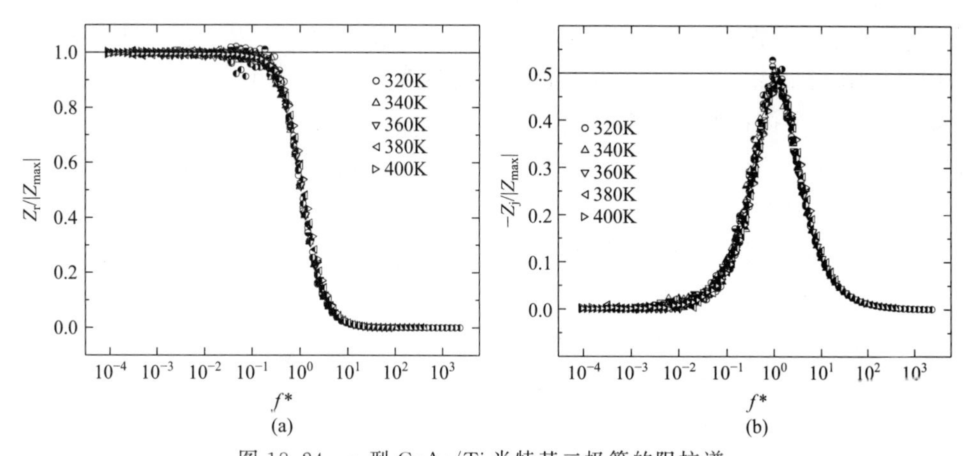

图 18.24 n 型 GaAs/Ti 肖特基二极管的阻抗谱。
其中，数据来自图 18.22，$f^{*}=\dfrac{f}{f^{\circ}}\exp(E/kT)$
（a）阻抗实部图；（b）阻抗虚部图（数据摘自 Orazem 和 Tribollet[340]）

值得注意的是，当数据重叠性很好时，如图 18.24 和图 18.25 所示，表明阻抗数据事实上包含了次级活化能量控制的电子跃迁信息[338,339]。基于测量误差结构，利用加权方法，通过回归分析过程模型就能够获得跃迁的信息。

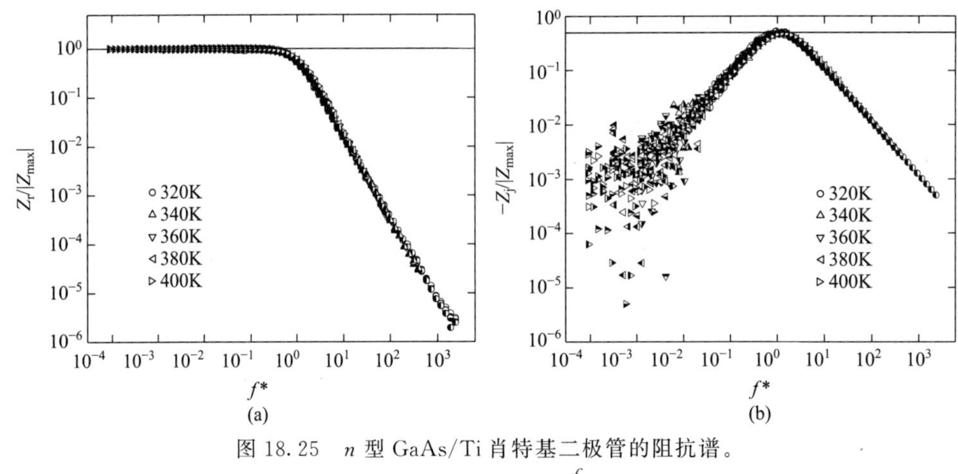

图 18.25　n 型 GaAs/Ti 肖特基二极管的阻抗谱。

其中，数据来自图 18.22，$f^* = \frac{f}{f^\circ}\exp(E/kT)$。

（a）阻抗实部图；（b）阻抗虚部图（数据摘自 Orazem 和 Tribollet 报告[340]）

18.5.4　Mott-Schottky 平面图

如果所选择的频率不至于影响对一些现象的判断，图解技术也可以应用于单频测量。例如，对于半导体二极管，如果频率足够高，那么就能够排除泄漏电流、深层态与带边缘态之间电子跃迁的影响，从而进行阻抗测量。因此，从阻抗的虚部就可以计算电容，即

$$C = \frac{1}{\omega Z_j} \tag{18.24}$$

这样，问题就简化为确定半导体特性和电容之间的关系。其中，电容与外加电位有关，是外加电位的函数。有关数学推导过程见第 12.6 节中内容。

将 $1/C^2$ 对电位作图，即为 Mott-Schottky 图。在较大的掺杂浓度下，Mott-Schottky 图特别有用。如图 12.7(a) 所示，在很大的电位范围内，$1/C^2$ 与电位呈线性关系。如果斜率为负，则为 n 型半导体；如果斜率为正，那么就为 p 型半导体。对于 n 型半导体，曲线的线性部分满足式（12.33）。如果是 p 型半导体，那么线性部分的斜率与式（12.34）一致。

图 18.26 所示为 Mott-Schottky 曲线的应用例子。电容的测量，是使用图 18.22 所示半导体在 1 MHz 的频率条件下施加反向偏压进行的。在测试过程中，运用了 DLTS 光谱仪[341]。出乎预料的是，在如此高的频率条件下，信号还受到了深层态的影响。因此，曲线斜率与掺杂浓度有关。

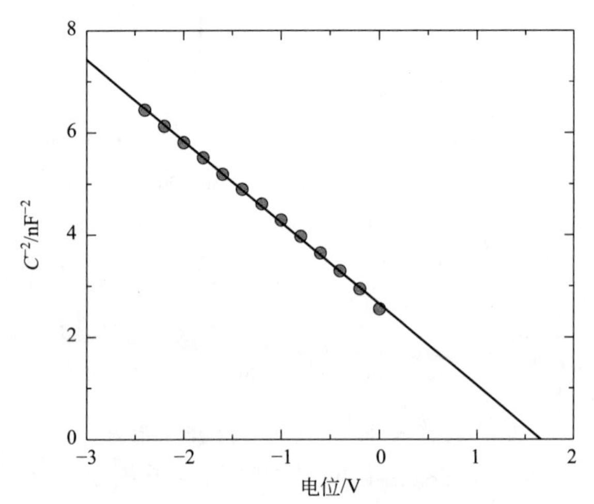

图 18.26　n 型 GaAs/Ti 肖特基二极管的 Mott-Schottky 曲线[341]

在 Mott-Schottky 图中，直线出现偏差常归因于电位的影响，因为电位与表面充电或块状态充电有关。当然，这种偏差也可能是由于掺杂浓度的不均匀性引起的。这种解释得到了缺陷对空间电荷影响的分析和数值计算所佐证。其中，空间电荷与

外加电位有关，详见 Dean 和 Stimming[226]、Bonham 和 Orazem[342]的相关报道。

18.5.5　高频 Cole-Cole 图

图 18.27 所示为多孔膜电极的复容抗图,其对应电路图见图 18.1。图 18.27（a）中，有关参数值来源于表 18.1 第一行数据。对于复容抗实部，在高频弧范围内，其高频极值为 0.0885μF/cm^2。在低频弧范围内，其低频极值为 4μF/cm^2。能否从低频范围内求解电容值，取决于图 18.1 所示电路图时间常数的分离程度。

从图 18.27(b）可见，不能够从复容抗图获得电容值。如第 17.3 节中所述，这里 CPE 是不能够用来从复容抗图求解电容值的。复容抗图非常有用，可以用于展示其他时间常数的分布，比如在 17.3 示例中的 Young 模型。

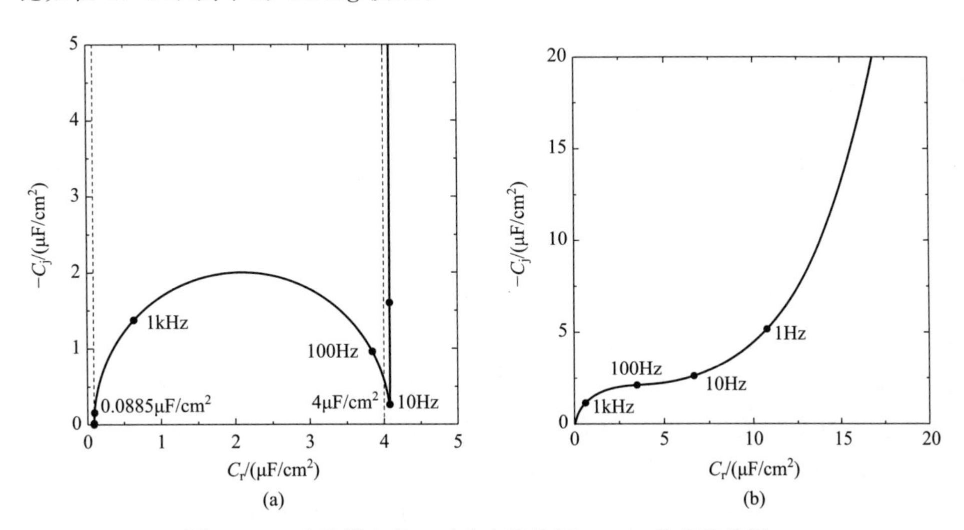

图 18.27　多孔膜电极（对应电路见图 18.1）的复容抗图。
（a）参数来源于表 18.1 第 1 行数据；（b）参数来源于表 18.1 第 2 行数据

18.6　综述

这里所介绍的图形表示法是为了强化分析，并为建立合理的物理模型提供指导。然而，仅凭数据的视觉观察是不能单独提供所有的细微差别和细节的。但是，从原则上讲，可以从阻抗数据中获取这些信息。在本章中，图解法为阻抗数据分析提供了定性和定量两种方式。

图 18.2～图 18.5 所示复阻抗平面上的 Nyquist 图，为过程类型分析提供了一些灵感，因为过程控制着体系的低频行为。在图 18.4 中，低频弧的形状就通常与传质过程有关。在图 18.17(a）中，可以很明显地看出，有二个时间常数。

除了获得阻抗实部的极值外，当欧姆电阻不可忽略时，就很难根据常规的 Bode 图获取有用的信息。与此相反，可以利用经过欧姆电阻校正的阻抗模值和相位角的 Bode 图，识别在高频区的 CPE 行为。按照式（14.5），利用相位角图的极限高频值，可以计算 CPE 系数 α 值，如图 18.6(b)、图 18.7(b）和图 18.20(a）所示。当然，也可以利用校正后的阻抗模值

提示 18.6：偏离理想行为对实验体系的物理现象是一个重要的提示。

斜率，计算 CPE 系数 α 值，如图 18.6(a)、图 18.7(a) 和图 18.20(a) 所示。

阻抗的虚部在对数坐标系中作图特别有用，如图 18.8 和图 18.18 所示。在图 18.8 中，直线在低频和高频区的斜率表明有两个时间常数存在。在这种情况下，如图 18.8(a) 所示，高频具有容抗的特性延伸到低频特性。如图 18.8(b) 所示，高频的 CPE 特性延伸到低频的 CPE 特性。这一结果表明，这两个时间常数是通过一个双层电容和常相位角元件耦合造成的。利用虚部阻抗的双对数图，可以区分复阻抗平面上变形阻抗弧之间的差别，一个是与 CPE 相关的时间常数连续干扰引起的变形阻抗弧，另一个是除了离散时间常数外因重复离散过程引起的变形阻抗弧。

对于 AZ91 镁合金的阻抗数据，图 18.18 所示的阻抗虚部对数图说明了存在 CPE 行为，这意味着高频率特性具有时间分布常数特征，而不是几个离散时间常数。对于高频特性，缺乏对称性就表明容抗行为与其他反应进程是平行进行的。随着浸泡时间延长，α 值降低。这表明随着腐蚀产物层的生长，表面变得更加均匀了。

对于图 18.16、图 18.19 所示有效 CPE 系数图，当 $\alpha=1$ 时，可见体系的高频容抗信息。在这种情况下，$\alpha<1$，图 18.16、图 18.19 所示有效 CPE 系数 Q_{eff} 与通过干扰时间常数模型中的膜电容有关，详见第 14.3 节。

在这里，所介绍的图都具有普遍的应用。在评估局部阻抗测量相关的高频行为时，也非常有用。其中，低频测量并不可靠。所以，如果频率范围不是足够大，是无法进行更详细的数学回归分析的[277]。图解法表明，在 AZ91 镁合金圆盘电极的阻抗测量过程中，存在着 CPE 行为。但是，在靠近盘中心测得的局部阻抗却表现出了理想的 RC 行为。CPE 行为应该归因于电荷转移电阻的二维径向分布。高频容抗可用来估计局部阻抗技术的采样区域。

如第 13.2 节所述，可以利用对数坐标系中阻抗虚部图，表明非均匀电流分布引起的高频伪 CPE 行为。图解分析方法类似于黄等人[248]在例 18.2 中使用的方法，其目的在于得到 R_{e}、α 和 Q 参数值。这些参数都与玻璃碳圆盘电极在 KCl 溶液的阻抗有关，包括氧化不锈钢电极在 0.05mol/L NaCl 和 0.005mol/L Na_2SO_4 的电解质溶液中的阻抗。

在本章中，讲述的图形分析法对于建模和一些参数值的估算很有用。如第 18.4.2 节所述，利用图形分析法，可以确定其频率范围，以便避免电极外形轮廓对电流、电位的影响。建模的下一步工作是应用非线性复变量进行回归分析，具体见第 19 章和第 20 章。

思考题

18.1 对于图 18.28 所示电路图，请选择合适的参数，绘出类似于图 18.2、图 18.6、图 18.8、图 18.9 和图 18.16 的图。其中，所选参数为可测频率范围内的时间常数。

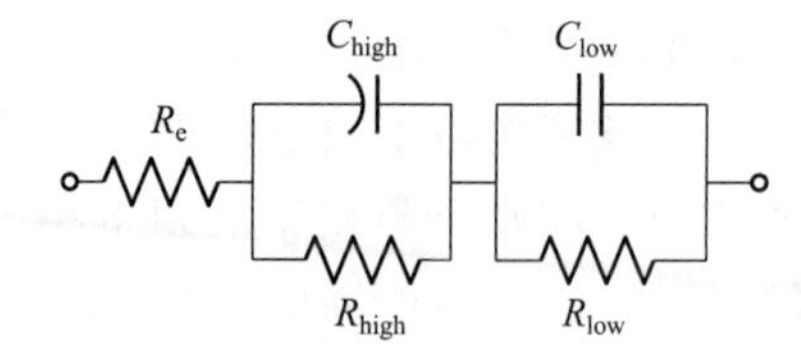

图 18.28 思考题 18.1 的等效电路图

18.2 请根据图 9.8 所示膜电极的电路图，请选择合适的参数，绘出类似于图 18.2、图 18.6、图 18.8、图 18.9 和图 18.16 的图。其中，所选参数为可测频率范围内的时间常数。

18.3　利用施密特数，确定哪些组分参与了电化学反应。同时，在 25℃条件下，对体系 0.01mol/L $K_3Fe(CN)_6$＋0.01mol/L $K_4Fe(CN)_6$＋1mol/L KCl 进行阻抗测量，以确定施密特数：

(a) 在开路电位下；

(b) 在阴极传质极限电流密度下；

(c) 在阳极传质极限电流密度下。

18.4　表 18.6 为旋转速度 600r/min 下实验得到的扩散阻抗数据。根据式 (18.19) 求解施密特数的数值解。

表 18.6　在旋转速度 600r/min 下实验得到的扩散阻抗数据

f/Hz	Z_r/(Ω·cm²)	Z_j/(Ω·cm²)	f/Hz	Z_r/(Ω·cm²)	Z_j/(Ω·cm²)
0.07942	997.9	−65.1	3.16	309	−273
0.1	992.2	−85.2	3.98	270.6	−253.7
0.1258	991	−87.8	5.02	239	−259.2
0.1584	973	−118	6.3	208.6	−197.9
0.1996	967	−149	7.94	188.8	−179.1
0.2512	940	−190	10	165.2	−159.1
0.316	920	−231	12.58	147.3	−141.6
0.398	882	−263	15.84	131.9	−126.4
0.502	831	−320	19.94	116.3	−112.8
0.63	764	−324.6	25.12	103.7	−100.4
0.794	692	−347	31.624	91.9	−89.04
1	613	−354	39.812	82.3	−79.43
1.258	544	−342	50.12	73.14	−70.85
1.584	470	−348	79.43	59.7	−57.6
1.994	409	−328	100	52.11	−50.11
2.52	356	−303			

18.5　对于简单反应，电荷传递电阻与电位呈函数关系，见式 (10.19)。体系阻抗响应如式 (10.21)，请对不同电位条件下的阻抗数据进行重叠处理。

18.6　电容与电位之间的关系如何影响思考题 18.5 中数据的重叠度？

第19章 复变非线性回归

在20世纪60年代末期，建立了用于阻抗测量的复变非线性最小二乘法（CNLS）回归技术[55~57]。复变非线性最小二乘法（CNLS）相对于一般的非线性最小二乘法（NLS）有着显著的提高，因为对于阻抗的实部和虚部，通过模型的同步回归，可以估算一些通用的参数[343]。既然K-K关系限制了复变量的实部和虚部，那么最好的回归方法就应该通过K-K关系，考虑到复变模型实部和虚部的关联性。在本章中，将对相关的回归问题进行概述。读者可以参考有关教科书，以便更详细地了解回归技术的原理[106,344~347]。Press等人的有关讨论也是很有用的[348]。

19.1 概念

Macdonald展望了回归技术在阻抗谱方面的应用前景[3,4]。对于阻抗数据的模型回归，一般采用复变非线性最小二乘法（CNLS）回归技术[349~351]。CNLS回归技术是在20世纪60年代末期，基于非线性最小二乘法（NLS）回归技术的拓展应用二发展起来的[55,56]。利用CNLS回归技术，其目的在于使阻抗数据的实部和虚部能够满足K-K关系的约束条件[66,67,352]。相对于NLS回归技术，CNLS回归技术有了一定的提高。因为对于测量阻抗谱实部、虚部，通过模型的同步回归分析，可以估算一些模型参数。Macdonald首次把加权CNLS回归技术应用于阻抗数据的分析[57,58]。权重的概念在阻抗谱中很重要，因为阻抗谱是频率的函数[339,353]。

对于复变数据 Z，如果采用复变函数 $\hat{Z}$ 进行回归分析，那么利用最小二乘法，平方和的最小值为

$$S=[Z-\hat{Z}(\omega \mid \boldsymbol{P})]^{T}\boldsymbol{V}^{-1}[Z-\hat{Z}(\omega \mid \boldsymbol{P})] \tag{19.1}$$

其中，$\boldsymbol{V}$ 是实验随机误差的一个对称正定方差-协方差矩阵。Z 为在频率 ω 条件下的复阻抗数据。$\hat{Z}(\omega \mid \boldsymbol{P})$ 表示复变模型，该模型是根据频率 ω 作为参数向量 $\boldsymbol{P}$ 的函数计算得到的[345,347]。假定 $\boldsymbol{V}$ 的协方差项可忽略不计，即 $\boldsymbol{V}$ 是一个对角矩阵，并且假定残余误差是不相关的，式（19.1）即可变为

$$S=\sum_{k=1}^{N_{\mathrm{dat}}}\left\{\frac{[Z_{\mathrm{r}}(\omega_k)-\hat{Z}_{\mathrm{r}}(\omega_k \mid \boldsymbol{P})]^2}{V_{\mathrm{r},k}}+\frac{[Z_{\mathrm{j}}(\omega_k)-\hat{Z}_{\mathrm{j}}(\omega_k \mid \boldsymbol{P})]^2}{V_{\mathrm{j},k}}\right\} \tag{19.2}$$

其中，N_{dat} 表示测量值个数；$V_{\mathrm{r},k}$ 和 $V_{\mathrm{j},k}$ 分别表示随机误差方差的实部和虚部。$Z_{\mathrm{r}}(\omega_k)$ 和 $Z_{\mathrm{j}}(\omega_k)$ 分别表示在频率 ω_k 时测量的阻抗实部和虚部。$\hat{Z}_{\mathrm{r}}(\omega_k \mid \boldsymbol{P})$ 和 $\hat{Z}_{\mathrm{j}}(\omega_k \mid \boldsymbol{P})$ 分别表示计算模型值的实部和虚部。其中，频率 ω_k 作为参数向量 $\boldsymbol{P}$ 的函数。

协方差项 $\boldsymbol{V}$ 忽略不计，意味着一个频率下的随机误差与另外一个频率下的误差无关，并且在给定频率下，阻抗实部和虚部误差不相关。所以，在假设阻抗实部和虚部误差不相关

的条件下，可以预测式（19.2）的应用情况。当误差的协方差项不能忽略不计时，如果利用式（19.2），不正确的误差结构将会在参数的估算中体现出来。Carson 等人的数值模拟计算表明[102]，当采用频响分析仪用于受干扰时域信号的阻抗响应测量时，阻抗的实部、虚部是不相关的。与此相反，如果使用相检测器，则会造成阻抗的实部、虚部存在相互关联的关系[354]。

19.2　目标函数

在回归过程中，必须使得方程（19.2）最小化。由此，可以表示为

$$S(\boldsymbol{P})=\sum_{k=1}^{N_{\text{dat}}}\frac{\left[Z_{\text{r}}(f_k)-\hat{Z}_{\text{r}}(f_k\mid\boldsymbol{P})\right]^2}{\sigma_{\text{r},k}^2}+\sum_{k=1}^{N_{\text{dat}}}\frac{\left[Z_{\text{j}}(f_k)-\hat{Z}_{\text{j}}(f_k\mid\boldsymbol{P})\right]^2}{\sigma_{\text{j},k}^2} \tag{19.3}$$

在这里，可以认为 $S(\boldsymbol{P})$ 的最小值就是 χ^2 统计量。这种类型的目标函数具有非常特别的优点，即强调可信度高的数据，降低可信度低的数据的作用。评估测量方差的方法将在第 21 章中讨论。

图 19.1(a) 为 RC 电路的目标函数［即方程（19.3）］随着并联电阻和 RC 时间常数值变化的关系图。其中，电路参数 $R=1\Omega\cdot\text{cm}^2$，$\tau_{\text{RC}}=1\text{s}$［详见图 4.3（b）和例 4.2］。在频率 $1\sim10^5$ Hz 的范围内，每个频率数量级取 10 个数据计算了阻抗数据，并且噪声由仪器的精度确定。

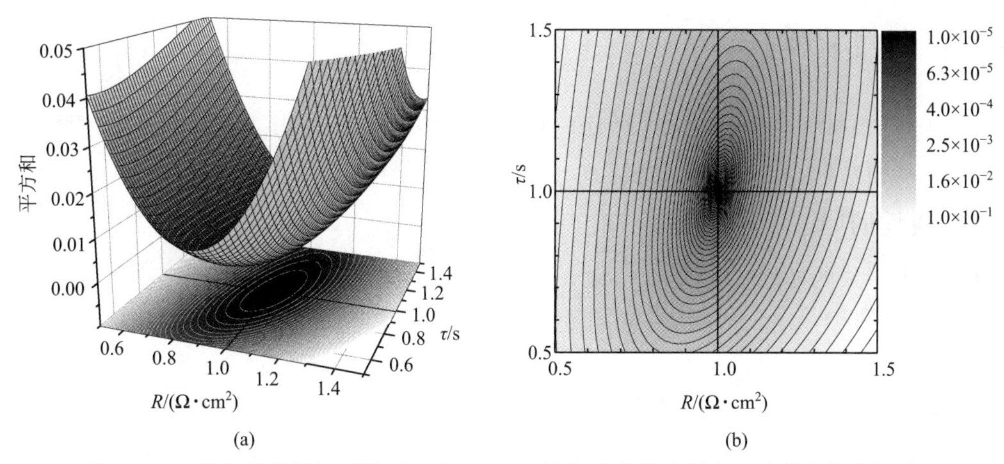

图 19.1　RC 电路的目标函数［方程（19.3）］随着并联电阻和电容值变化的关系。其中，电路参数 $R=1\Omega\cdot\text{cm}^2$，$\tau_{\text{RC}}=1\text{s}$。在频率 $1\sim10^5$ Hz 的范围内，每个频率数量级取 10 个数据计算了阻抗数据，噪声由仪器的精度确定。发现在设定的参数值下目标函数等于零。（a）等值面三维图；（b）等值面的二维图

回归过程的目标是确定最小化方程（19.3）的参数值。人们发现，图 19.1(a) 所示响应面的目标函数是一组等于零的参数值。等高线底部的实线表示最小化的函数值。

从图 19.1(a) 中可以看到，优化问题的一些特点是显而易见的。相对于参数来讲，模

提示 19.1： 用于非线性回归的加权可以用来估算数据的方差。由于阻抗数据的方差与频率有关，由此需要对误差结构进行单独估算。

型是非线性的。然而，目标函数在解的附近区域有良好的表现，因为其解可以近似为二次函数。虽然函数等高线在图底部的投影是椭圆形的，但是椭圆的长轴并不沿轴线延伸。

每一个函数的最小化过程都包括一些在参数空间中目标函数等高线的评价。如图 19.1（a）所示，尽管等高线很容易在三维空间进行可视化表征，但是由于回归分析需要大量参数，让可视化图形变得繁琐。因此，就需要一些数值计算方法，这将在本章中进行阐述。

例 19.1　非线性模型：证明 Voigt 元件的阻抗方程相对于参数是非线性的。

解：Voigt 元件的阻抗表示为

$$Z(\omega)=R_0+\sum_{k}^{K}\frac{R_k}{1+\mathrm{j}\omega\tau_k} \tag{19.4}$$

相对于参数求导数，其第一阶和第二阶导数如下

$$\frac{\partial Z}{\partial R_0}=1;\qquad \frac{\partial^2 Z}{\partial R_0^2}=0; \tag{19.5}$$

$$\frac{\partial Z}{\partial R_k}=\frac{1}{1+\mathrm{j}\omega\tau_k};\qquad \frac{\partial^2 Z}{\partial R_k^2}=0; \tag{19.6}$$

$$\frac{\partial Z}{\partial \tau_k}=-\frac{\mathrm{j}R_k\omega}{(1+\mathrm{j}\omega\tau_k)^2};\qquad \frac{\partial^2 Z}{\partial \tau_k^2}=-\frac{2R_k\omega^2}{(1+\mathrm{j}\omega\tau_k)^3} \tag{19.7}$$

Z 对 R_0 和 R_k 的二阶导数等于 0，因此 Z 对于电阻参数是线性的函数关系。然而，Z 对 τ_k 的二阶导数不等于 0，所以，Z 对于时间常数 τ_k 是非线性的函数关系。

19.3　回归方法

在第 19.3.2 节中，将讨论非线性回归技术。该技术实际上就是下面将要讲述的线性回归形式的扩展与延伸。

19.3.1　线性回归

对于一般形式的模型，有

$$y(x)=\sum_{k=1}^{N_\mathrm{p}}P_kX_{k(x)} \tag{19.8}$$

式中，$X_k(x)$ 为任意 x 的固定函数，称之为基本函数；N_p 为模型中可调参数 P_k 的个数。方程（19.8）是相对于参数 P_k 的线性函数，即使 $X_k(x)$ 相对于 x 是非线性函数。

所谓 NLS 回归，就是目标函数的最小化，即

$$X^2=S(\boldsymbol{P})=\sum_{i=1}^{N_\mathrm{dat}}\frac{\left[y_i-\sum_{k=1}^{N_\mathrm{p}}P_kX_k(x_i)\right]^2}{\sigma_\mathrm{i}^2} \tag{19.9}$$

式中，y_i 表示测量值；σ_i 表示测量值 i 的标准偏差。在最小值条件下，消去相对于参数 P_k 的导数，就有

$$\sum_{i=1}^{N_\mathrm{dat}}\frac{\left[y_i-\sum_{j=1}^{N_\mathrm{p}}P_jX_j(x_i)\right]}{\sigma_i^2}X_k(x_i)=0 \tag{19.10}$$

方程（19.10）表示一组如下形式的 N_p 个方程，即

$$\sum_{j}^{N_p} \alpha_{k,j} P_j = \beta_k \tag{19.11}$$

其中

$$\beta_k = \sum_{i=1}^{N_{dat}} \frac{[y_i X_k(x_i)]}{\sigma_i^2} \tag{19.12}$$

$$\alpha_{k,j} = \sum_{i=1}^{N_{dat}} \frac{[X_k(x_i) X_j(x_i)]}{\sigma_i^2} \tag{19.13}$$

采用矢量形式，方程（19.11）可以写成为

$$\boldsymbol{\alpha} \cdot \boldsymbol{P} = \boldsymbol{\beta} \tag{19.14}$$

或者

$$\begin{aligned} \boldsymbol{P} &= \boldsymbol{\alpha}^{-1} \cdot \boldsymbol{\beta} \\ &= \boldsymbol{C} \cdot \boldsymbol{\beta} \end{aligned} \tag{19.15}$$

逆矩阵 $\boldsymbol{C} = \boldsymbol{\alpha}^{-1}$，可以为估算参数估算一个置信区间。[$\boldsymbol{C}$] 的对角元素就是拟合参数的方差，即有

$$\sigma_{P_j}^2 = C_{j,j} \tag{19.16}$$

$\boldsymbol{C}$ 的非对角元素，$C_{j,k}$，是 P_j 和 P_k 参数间的协方差，表明了参数之间的相关程度。在回归处理时，这个相互关系是不需要的。如果需要利用回归方法，寻找太多参数时，这个相互关系就会出现。但是，基于模型结构，这种相互关系有时候可能也是不可避免的。

19.3.2　非线性回归

对于通用函数 $f(\boldsymbol{P}) = 0$，其参数为 P_k，是一个非线性函数。假定 $f(\boldsymbol{P})$ 可以连续两次求微分，那么其关于参数 P_0 的泰勒展开式为

$$f(\boldsymbol{P}) = f(\boldsymbol{P}_0) + \sum_{j}^{N_p} \left.\frac{\partial f}{\partial P_j}\right|_{\boldsymbol{P}_0} \Delta P_j + \frac{1}{2} \sum_{j}^{N_p} \sum_{k}^{N_p} \left.\frac{\partial^2 f}{\partial P_j \partial P_k}\right|_{\boldsymbol{P}_0} \Delta P_j \Delta P_k + \cdots \tag{19.17}$$

式（19.7）是相对于参数增量 ΔP_j 的二阶展开式。因此，可以描述一个抛物线的超曲面。如果假设在最小值附近，目标函数可以描述成抛物线超曲面，那么结果就为图 19.1 所示。

当 $f(\boldsymbol{P})$ 存在最小值时，可以找到 $\boldsymbol{P}$ 的最佳值。在最小值时，相对于增量参数 ΔP_i 的导数应该等于 0。因此，有

$$\frac{\partial f}{\partial \Delta P_j} = \left.\frac{\partial f}{\partial P_j}\right|_{\boldsymbol{P}_0} + \sum_{k}^{N_p} \left.\frac{\partial^2 f}{\partial P_j \partial P_k}\right|_{\boldsymbol{P}_0} \Delta P_k = 0 \tag{19.18}$$

方程（19.18）表示一组如下形式的 N_p 个方程，即

$$\beta_j = \sum_{k}^{N_p} \alpha_{j,k} \Delta P_k \tag{19.19}$$

其中

$$\beta_j = -\frac{1}{2} \left.\frac{\partial f}{\partial P_j}\right|_{\boldsymbol{P}_0} \tag{19.20}$$

$$\alpha_{j,k} = \frac{1}{2} \left.\frac{\partial^2 f}{\partial P_j \partial P_k}\right|_{\boldsymbol{P}_0} \tag{19.21}$$

在式中，$\boldsymbol{\alpha}$ 和 $\boldsymbol{\beta}$ 是参数 $\boldsymbol{P}$ 的函数，如果用矢量形式表示，方程（19.19）就可以表示为

$$\boldsymbol{\beta} = \boldsymbol{\alpha} \cdot \Delta \boldsymbol{P} \tag{19.22}$$

或者

$$\Delta \boldsymbol{P}=\boldsymbol{\alpha}^{-1} \cdot \boldsymbol{\beta} \\ =\boldsymbol{C} \cdot \boldsymbol{\beta} \tag{19.23}$$

上述为公式的一般形式，可用于求解非线性最小二乘法问题。

采用最小二乘法回归，使目标函数获得最小值，即

$$\chi^2 = \sum_{i=1}^{N_{\mathrm{dat}}} \frac{[Z_i - \hat{Z}(x_i|\boldsymbol{P})]^2}{\sigma_i^2} \tag{19.24}$$

式中，Z_i 表示测量值；$\hat{Z}(x_i|\boldsymbol{P})$ 表示模型值，相对于参数向量 $\boldsymbol{P}$ 是非线性函数。σ_i 表示测量值 i 的标准偏差。函数 f 的最小值可以由式（19.24）得出。相对于参数 $\boldsymbol{P}$，目标函数的梯度为

$$\frac{\partial \chi^2}{\partial P_k} = -2 \sum_{i}^{N_{\mathrm{dat}}} \frac{[Z_i - \hat{Z}(x_i|\boldsymbol{P})]}{\sigma_i^2} \frac{\partial \hat{Z}(x_i|\boldsymbol{P})}{\partial P_k} \tag{19.25}$$

或

$$\beta_k = \sum_{i}^{N_{\mathrm{dat}}} \frac{[Z_i - \hat{Z}(x_i|\boldsymbol{P})]}{\sigma_i^2} \frac{\partial \hat{Z}(x_i|\boldsymbol{P})}{\partial P_k} \tag{19.26}$$

方程（19.25）可以写成向量形式，即 $\nabla \chi^2(\boldsymbol{P}_0)$。

对于参数 $\boldsymbol{P}$，目标函数的二阶导数可以表示为

$$\left.\frac{\partial^2 \chi^2}{\partial P_j \partial P_k}\right|_{\boldsymbol{P}_0} = 2 \sum_{i=1}^{N_{\mathrm{dat}}} \frac{1}{\sigma_i^2} \left\{ \frac{\partial \hat{Z}(x_i|\boldsymbol{P})}{\partial P_j} \frac{\partial \hat{Z}(x_i|\boldsymbol{P})}{\partial P_k} - [Z_k - \hat{Z}(x_i|\boldsymbol{P})] \frac{\partial^2 \hat{Z}(x_i|\boldsymbol{P})}{\partial P_j \partial P_k} \right\} \tag{19.27}$$

或者 $\nabla^2 \chi^2(\boldsymbol{P}_0)$。式（19.27）称为 Hessian 矩阵，包括模型对于参数的一阶和二阶导数。矩阵 $\boldsymbol{\alpha}$ 等于 Hessian 矩阵的一半，即

$$\alpha_{j,k} = \sum_{i=1}^{N_{\mathrm{dat}}} \frac{1}{\sigma_i^2} \left\{ \frac{\partial \hat{Z}(x_i|\boldsymbol{P})}{\partial P_j} \frac{\partial \hat{Z}(x_i|\boldsymbol{P})}{\partial P_k} - [Z_k - \hat{Z}(x_i|\boldsymbol{P})] \frac{\partial^2 \hat{Z}(x_i|\boldsymbol{P})}{\partial P_j \partial P_k} \right\} \tag{19.28}$$

Hessian 矩阵的二阶导数在公式（19.8）计算时通常被忽略。这样做有两个方面的理由：第一个理由是二阶导数通常比一阶导数小，对于一个线性问题，二阶导数恒等于 0。第二个理由是该项与 $[y_k - y(x_i|\boldsymbol{P})]$ 相乘，对于一个成功的回归处理，这一项相对于 x_i 或者模型值 $y(x_i|\boldsymbol{P})$ 是无关的。因此，当合并所有的观察数据 i 时，二阶导数应该取消。由此

$$\alpha_{j,k} \approx \sum_{\mathrm{i}=1}^{N_{\mathrm{dat}}} \frac{1}{\sigma_i^2} \left[\frac{\partial \hat{Z}(x_i|\boldsymbol{P})}{\partial P_j} \frac{\partial \hat{Z}(x_i|\boldsymbol{P})}{\partial P_k} \right] \tag{19.29}$$

方程（19.29）应用于非线性回归方法，将在第 19.4 节中阐述。

通过采用合并方法，将阻抗数据 Z_i 的实部和虚部构成数据向量，其长度等于测量频率数量的两倍，把方程（19.24）和方程（19.29）用于复变非线性最小二乘法回归处理。采用这种方法，已经用于求解模型值 $\hat{Z}(x_i|\boldsymbol{P})$。Press 等人[255]对最小二乘法及其应用进行了详细的讨论。

19.4 非线性问题的回归方略

在本节中，总结了一些常见的回归方法。为了更加细致的讨论，读者可以参考有关教科书[106,344～347]。

19.4.1 Gauss-Newton 法

采用 Gauss-Newton 法，求解非线性方程组（19.18），可表示为

$$\boldsymbol{P}_{j,l+1}=\boldsymbol{P}_{j,l}+\boldsymbol{\alpha}^{-1}\cdot\boldsymbol{\beta} \tag{19.30}$$

式中，l 是迭代计数器；β 是根据式（19.26）的估算值；α 是根据式（19.29）的估算值。Gauss-Newton 法的特点是，在解的附近存在二次收敛。但是，在远离解处，收敛速率可能会很慢。二次收敛的特征是，在每一次迭代过程中，方程解中重要数值的个数都会加倍。在某些情况下，Gauss-Newton 法会发散，从而不能得到方程的解。由于在解的附近区域效率显著，Gauss-Newton 法仍然为大多数非线性优化法的基础。

19.4.2 Steepest Descent 法

极速下降（Steepest Descent）法是通过目标函数的梯度，寻求目标函数最小值的方法，即

$$\boldsymbol{P}_{j,l+1}=\boldsymbol{P}_{j,l}+\lambda\boldsymbol{\beta} \tag{19.31}$$

式中，β 是式（19.26）的估算值；λ 是一个常数，必须选得足够小，以免超过最小值。对比方程（19.30）、方程（19.31）发现，在 Gauss-Newton 法中，矩阵 α 通过计算目标函数表面曲率来修正极速下降法。出于这个原因，α 称作为曲率矩阵。

极速下降法虽然在远离解处很有效，但是在解的附近区域收敛却很慢，令人苦恼。收敛速率慢，很可能是由于模型轮廓逐渐变成了香蕉形所引起的。也就是说，此方法趋向于对目标函数改变转小的方向进行。

19.4.3 Levenburg-Marquardt 法

在本节中，讲述的列文堡-马夸特（Levenburg-Marquardt）法是在第 19.4.1 节中所述 Gauss-Newton 法和在第 19.4.2 节中所述极速下降法的一种折中方法。极速下降法在远离迭代值时使用，当接近解时，再渐渐过渡到使用 Gauss-Newton 法。

在 Levenburg-Marquardt 法中，其关键是为极速下降法选择的缩放因子和如何从一种方法顺畅地过渡到另外一种方法。在曲率矩阵中，可以使用 α' 替代 α。这样，就有

$$\begin{aligned}&\text{当 } j=k \text{ 时，} \alpha'_{j,k}=\alpha_{j,k}(1+\lambda)\\&\text{当 } j\neq k \text{ 时，} \alpha'_{j,k}=\alpha_{j,k}\end{aligned} \tag{19.32}$$

求解的方程为

$$\boldsymbol{P}_{j,l+1}=\boldsymbol{P}_{j,l}+(\alpha')^{-1}\cdot\boldsymbol{\beta} \tag{19.33}$$

当 λ 很大时，α' 是对角占优，这种方法适合于方程（19.31）的求解。当 λ 很小时，这种方法适合于方程（19.30）求解。

19.4.4 Downhill Simplex 法

所谓单纯形（Simplex）法，就是只需要计算目标函数的最小值，而不需要计算导数值和可能有 0 行列式的逆矩阵。因此，单纯形法比起在第 19.4.1 节、19.4.2 和 19.4.3 节中的方法更加有效。图 19.2 为下降单纯形（Downhill Simplex）算法示意图。

- 在参数空间中，计算 $N+1$ 个点的目标函数值。其中，N 是可调参数的个数，所形成的几何图形称作单纯形。
- 如图 19.2(a) 所示，为了在三个参数中进行优化，通过相对表面矢量均值计算函数

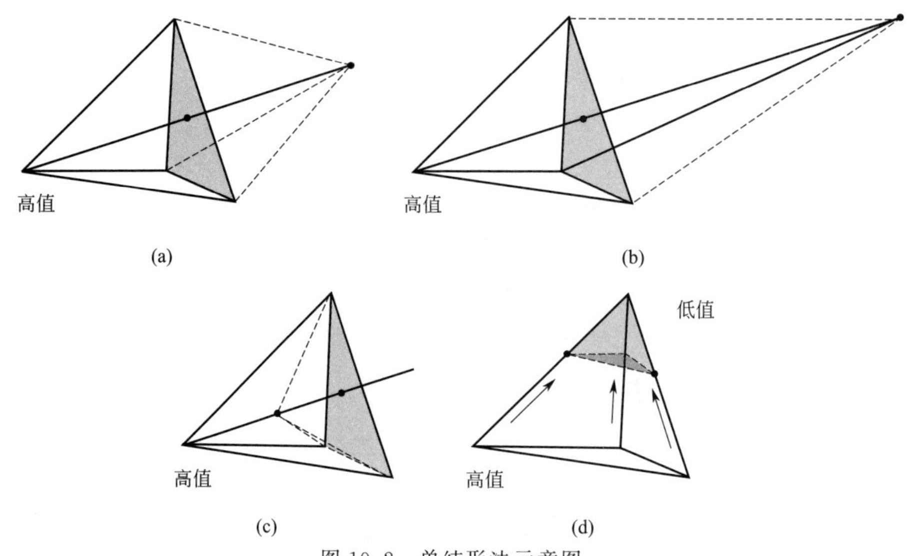

图 19.2 单纯形法示意图。
• 为新点。除最高值外，○ 为向量名义值。
（a）通过余下点的向量名义值，最高值点的映像；
（b）如果得到的点结果低于可见的其他点，在同一条直线上延展；
（c）如果得到的点结果差于可见的其他点，沿同一条直线的收缩；
（d）如果所有行动产生的结果优于最高值点，所有方向沿着最低点收缩

在最高值点处映像点的值。如果在新点得到了一个优于最高值的结果，但是又不优于最低值，那么就采用新点替代最高值点。这样，设计映像就会使得单纯形的体积是守恒的。

- 如果新点得到的结果比所有其他点都好，那么就沿着这条直线外推，如图 19.2(b) 所示。如此反复，如果新点得到的结果优于最高值，但是又不优于最低值，那么就用新的点替代最高值点。
- 如果新的点得到的结果比最高值点更差，那么就沿着这条直线收缩，如图 19.2(c) 所示。如果新的点得到的结果优于最高值，但是又不优于最低值，那么就用新的点替代最高值点。
- 如果没有一个点得到的结果优于最高值，那么所有方向朝最低点收缩，如图 19.2(d) 所示，阴影部分的体积就是新的单纯形。

收敛速度很慢，特别是如果最小值在参数空间内存在于一个狭长的“山谷”中。Press 等人对此提出了好几种更为有效的多维优化方法[348]。

19.5 数据质量对回归的影响

回归过程对奇异或接近奇异矩阵很敏感。在这样的情况下，常规的方程组不具有唯一解，但是存在共线性。如果数据中一个小的变化就会引起估算值的大变化，那么这个回归问题称为“病态”。在回归分析中，“病态”是不符合需要的，因为这会导致不可靠的参数估算，即估算参数的方差和协方差都偏大[347]。

在阻抗谱的回归过程中，回归问题可能会成为“病态”，这是由于测量频率选择不当的缘故，也可能是因为测量值的随机误差（噪声）过大，测量值大于偏移误差，还可能是由于

不完整的测量频率范围造成的。在本节中，将通过例子说明随机误差和频率范围对回归的影响。在第 22 章中，将讨论阻抗测量中的偏移误差问题。对于阻抗测量过程中的随机误差来源，将在第 21 章阐述。

19.5.1　数据随机误差的影响

在测量过程中，随机误差或噪声将严重地影响回归过程。对比图 19.1 和图 19.3 可以发现，当随机噪声的标准偏差等于模量的 1%时，对综合数据的影响。等高线图底部的实线表示函数值的最小化。当数据中随机误差存在时，并不会引起在抛物线超曲面上的变化，这里超曲面实际上就是参数的函数。噪声影响了最小值的增加。在这里，最小值是从 0 到一个比问题自由度大的数字。通过数据点的个数，可以对图 19.3 所示超曲面按照比例表示。可以发现，图 19.3 所示超曲面在 1 到 2 之间有最小值。表面抛物线形状更为明显，在最小化过程中，有一个陡峭的斜坡。可见，尺度的变化是显而易见的。具体如图 19.1(b) 和图 19.3(b) 所示。

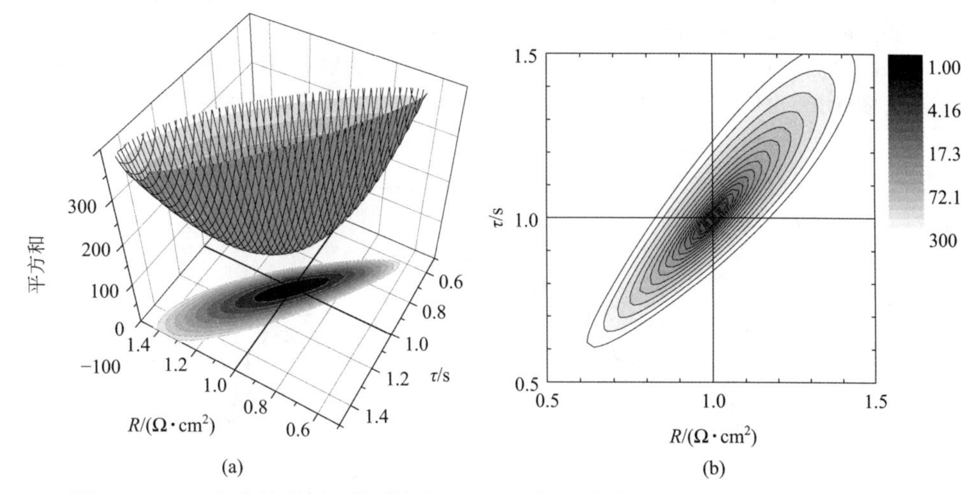

图 19.3　RC 电路的目标函数［方程（19.3）］随着并联电阻和电容值变化的关系。其中，电路与图 19.1 所示相同。同时，增添了随机噪声对标准偏差等于模量 1%的综合数据的影响。（a）三维等高面图；（b）二维等高面图

19.5.2　随机噪声引起的病态回归

随机误差的存在会阻碍对小参数的敏感性。对于 Voigt 电路，其中，$R_0=1\Omega\cdot cm^2$，$R_1=100\Omega\cdot cm^2$，$\tau_1=0.001s$，$R_2=200\Omega\cdot cm^2$，$\tau_2=0.01s$，$R_3=5\Omega\cdot cm^2$，$\tau_3=0.05s$，其响应面作为 $\lg(R_3)$ 和 $\lg(\tau_3)$ 的函数，如图 19.4(a) 所示。在频率 $1\sim10^5$ Hz 范围内，每个频率数量级取 10 次测量点，计算了综合阻抗数据。从图 19.4(a) 可见，响应面作为参数的对数函数，在整个参数范围内得到了扩大。

即使 R_3 和 τ_3 对应的线状从阻抗数据来看，是不可辨认的，如图 19.5 所示，但是，对于无噪声数据，其目标函数的最小值是清晰可辨的，见图 19.4(a)。因此，通过回归无噪声

提示 19.2： 数据中的噪声不仅影响对模型的修正，而且对回归参数的置信区间也有影响。模型的正确性不能够单方面地确定获得参数的个数。

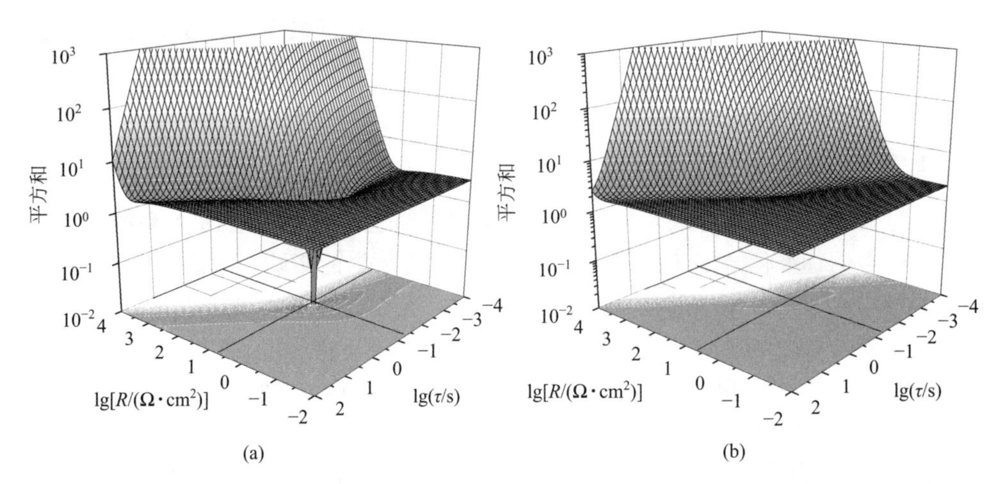

图 19.4 Voigt 电路的目标函数［方程（19.3）］随着 R_3 和 τ_3 变化的函数关系，其中，$R_0=1\Omega\cdot cm^2$，$R_1=100\Omega\cdot cm^2$，$\tau_1=0.001s$，$R_2=200\Omega\cdot cm^2$，$\tau_2=0.01s$，$R_3=5\Omega\cdot cm^2$，$\tau_3=0.05s$。在频率 $1\sim10^5$ Hz 范围内，每个频率数量级取 10 次测量点，计算了综合阻抗数据。（a）噪声水平由仪器精度确定；（b）合成数据标准偏差等于模量百分之一的随机噪声

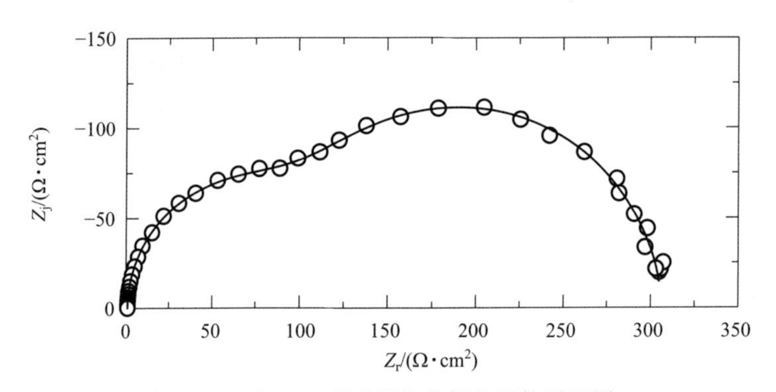

图 19.5 图 19.4 所示阻抗数据的阻抗平面图。
实线为无噪声数据，符号为合成数据标准偏差等于模量 1% 的随机噪声阻抗数据
注意，即使是无噪声实线，第三线状也是不容易看得到的。其中，参数 $R_3=5\Omega\cdot cm^2$，$\tau_1=0.05s$

数据，就可得到 R_3 和 τ_3 值。

如图 19.5 所示，标准偏差等于阻抗模值百分之一的随机噪声，就足以掩盖在阻抗数据中 R_3 和 τ_3 的影响作用。从图 19.4(b) 可知，广义最小值出现在图中。在图 19.4(a) 中，存在着参数 R_3 和有限置信区间。然而，图 19.4(b) 产生的置信区间却超过好几个数量级。所以，包括 0。R_3 和 τ_3 的统计值不能通过对噪声数据的回归得到。由此，即使参数 R_3 和 τ_3 用来产生综合阻抗数据，但是这些参数都不能通过对含有噪声数据的回归得到。

19.5.3 范围不足引起的病态回归

测量频率的范围对于通过回归确定的参数个数也有直接的影响。图 19.6 为两组阻抗数据。圆环表示频率 $10^{-2}\sim10^5$ Hz 范围内，每个频率数量级取 10 次测量点，计算的阻抗数据。三角形表示频率 $1\sim10^5$ Hz 范围内，每个频率数量级取 10 次测量点，计算的阻抗数据。其中，Voigt 电路参数 $R_0=1\Omega\cdot cm^2$，$R_1=100\Omega\cdot cm^2$，$\tau_1=0.01s$，$R_2=200\Omega\cdot cm^2$，$\tau_2=0.1s$，$R_3=100\Omega\cdot cm^2$，$\tau_3=10s$。在阻抗数据的计算过程中，添加了噪声的作用，并

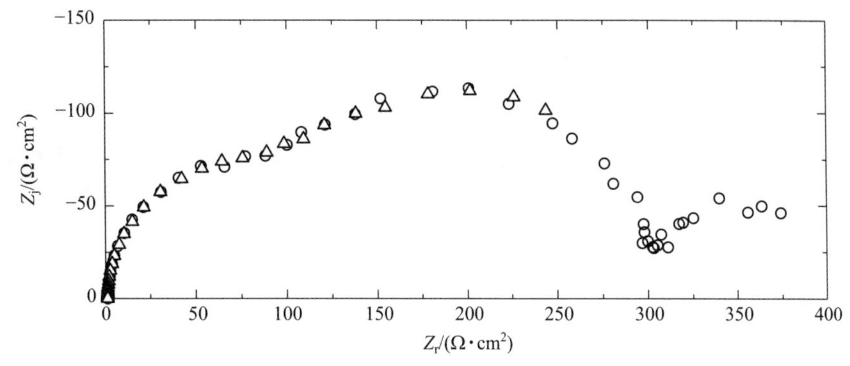

图 19.6 Voigt 电路阻抗数据图。其中，参数 $R_0=1\Omega\cdot cm^2$，$R_1=100\Omega\cdot cm^2$，$\tau_1=0.001s$，$R_2=200\Omega\cdot cm^2$，$\tau_2=0.1s$，$R_3=100\Omega\cdot cm^2$，$\tau_3=10s$。这些数据，其标准偏差等于模量的 1%，将用于构建图 19.7。○为频率 $10^{-2}\sim10^5$ Hz 范围内，每个频率数量级取 10 次测量点，计算的阻抗数据。△为频率 $1\sim10^5$ Hz 范围内，每个频率数量级取 10 次测量点，计算的阻抗数据

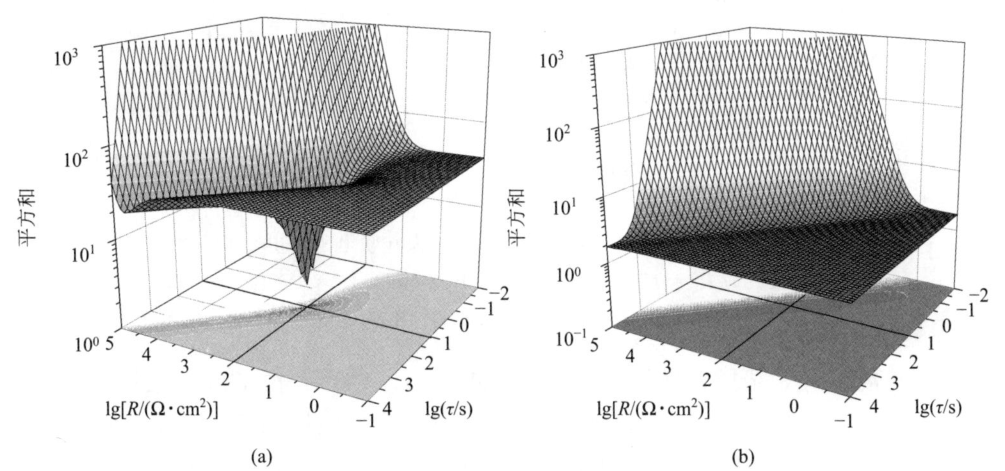

图 19.7 图 19.6 所示阻抗数据的目标函数［方程（19.3）］。
（a）频率 $10^{-2}\sim10^5$ Hz 范围内，每个频率数量级取 10 次测量点，计算的阻抗数据。
（b）频率 $1\sim10^5$ Hz 范围内，每个频率数量级取 10 次测量点，计算的阻抗数据

且噪声的标准偏差等于阻抗模值的 1%。

图 19.7(a) 所示为对应的响应面随着参数 $\lg R_3$ 和 τ_3 变化的关系图。其中，扩展阻抗数据对应的频率范围为（$10^{-2}\sim10^5$）Hz。图 19.7(b) 所示阻抗数据组对应的范围为 $1\sim10^5$ Hz。从图 19.7(a) 所示响应面，可以很容易地识别出参数 R_3 和 τ_3，但是在图 19.7(b) 中却不能确定。

在本章中，所提出的响应面均为电阻和 RC 时间常数的函数。这与作为 R 和 C 的函数图相似。RC 电路的目标函数［方程（19.3）］为并联电阻和电容的函数，如图 19.8 所示。其电路参数为 $R_0=1\Omega\cdot cm^2$，$R_1=100\Omega\cdot cm^2$，$C_1=1\times10^{-5}F/cm^2$，详见图 4.3(b) 和相应的例 4.2。回归处理的目标就是确定使目标函数最小化的参数值。等高线底部的实线表示目标函数最小化的参数值。

提示 19.3：数据的频率范围对阻抗模型有直接的影响作用。

19.6 回归初始的估计值

复变非线性最小二乘回归法需要参数的初始估计值。例如，图 19.4(a)、图 19.7(a) 和图 19.8 所示等高线图。当参数值远离正确的收敛值时，目标函数对参数是不敏感的。合理的初始值将有利于函数收敛，不合理的初始值，可能会导致函数收敛于局部最小值，但是这并不代表系统的物理性质。

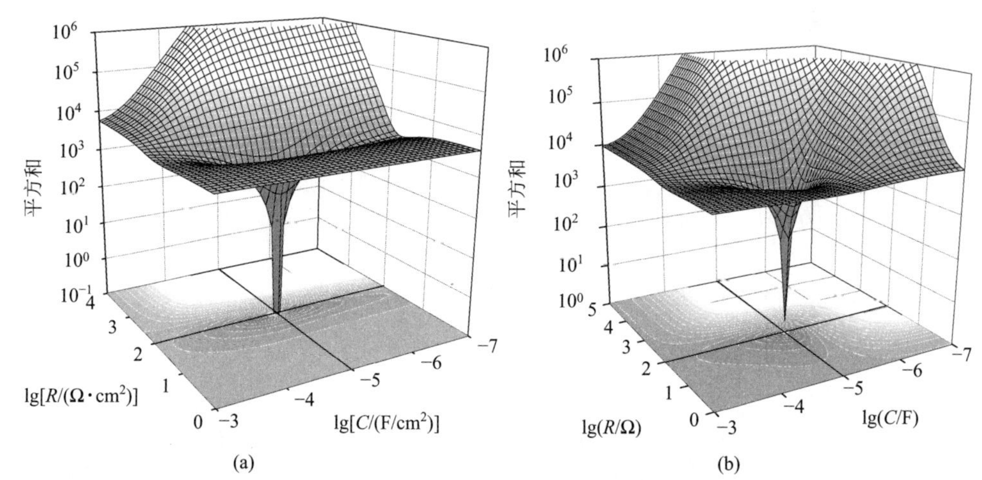

图 19.8 *RC* 电路的目标函数［方程（19.3）］为并联电阻和电容的函数关系图。其电路参数为 $R_0=1\Omega\cdot cm^2$，$R_1=100\Omega\cdot cm^2$，$C_1=1\times10^{-5}F/cm^2$。（a）噪声水平由仪器精度确定；（b）添加的标准偏差等于模量 1%的噪声

对于时间常数 τ_k，选择合理的初始值对于式（20.5）所示的 Voigt 模型回归得到阻抗数据是至关重要的。为了确保时间常数 τ_k 为正，可以允许电阻值 R_k 为负，利用 Voigt 模型模拟感抗弧。在这种情况下，很重要的是，负电阻元件的时间常数与表现出感应行为的频率范围是一致的。例如，时间常数 τ_k 应该比较大，才能捕捉小频率的特性。

从物理的视角，可能能够为参数初始估计值选择提供良好的指导。其中，在过程模型中，这些参数为扩散系数和界面电容。另一种方法，如 Draper 和 Smith 所述[347]，将与参数个数相当的数据子集带入到假定模型中进行回归，然后求解所得的参数方程。所选择的数据点应在频率上间隔开，以便捕捉每个参数之间的影响。探索渐进极限行为是非常有帮助的，其中可以忽略一些参数对阻抗响应的可能影响。虽然这种方法忽略了数据的分散性，但是对于这样的参数仍然可用作非线性回归的初始值。

19.7 回归统计

在拟合过程中，应该提供三条信息：

- 参数的估计
- 估计参数的置信区间

提示 19.4： 模型确定与误差识别一脉相通。数据分析需要对测量的误差结构进行分析。

• 回归质量的统计测量

可以采取回归质量的统计测量，确定模型是否能够提供一些有意义的数据表示法。只有当模型能够提供一个统计学上有充分代表性的数据时，参数估计才是可靠的。对于回归质量的评价，需要对数据和信息的随机误差进行独立的评估。然而，一些数据和信息有可能得不到。在这种情况下，对拟合结果的观察可能有用。有关回归质量评估，将在第 19.7.2 节中和第 20 章中进一步讨论。

19.7.1 参数估计的置信区间

对于线性回归，正如在第 19.3.1 节中所述，参数估计值 P_j 的标准偏差可以表示为

$$\sigma_j = \sqrt{C_{j,j}} \tag{19.34}$$

这一结果适用的假设条件是，拟合误差是正态分布的。如在第 21 章中所述，拟合误差包括随机测量误差、偏移误差和模型无法描述数据的误差。

假定回归在 χ^2 最小值区域内是线性关系，拟合误差是正态分布的，式（19.34）在非线性回归中可以提供参数估计的标准偏差。那么，大多数用于阻抗谱的商业回归程序都可以提供参数估计值和基于线性假设的置信区间。可以利用与参数估计相关的置信区间大小，确定一个参数估计的统计学意义。如在第 3.1.3 节中所述，参数 P_j 在 $P_j \pm \sigma_j$ 范围内的可能性是 67％，而在 $P_j \pm 2\sigma_j$ 范围内的可能性是 95.45％。一般地，如果参数的置信区间包括 0，那么对于参数的回归处理是没有统计意义的。

第二种也是更普遍确定参数置信区间的方法，是建立一个常数面 $\chi^2_{\min} + \Delta\chi^2$。对于两个参数而言，这些面类似图 19.1 所示的等高线的轮廓面。通过 Monte Carle 模拟，就可以得到给定 $\Delta\chi^2$ 的置信水平。对于一个特定参数的置信区间，可以通过在适当区域 $\Delta\chi^2$ 的投影得到。Press 等人对此有详细阐述[355]。

19.7.2 回归质量的统计方法

通常利用 χ^2 统计的最小值，为回归质量提供一个品质因数。如方程（19.9）所示，χ^2 统计可以解释实验数据的方差。原则上，对于一个能很好描述数据的模型，χ^2 统计的最小值有一个自由度 ν 的名义值。其中，自由度 ν 的标准偏差为 $\sqrt{2\nu}$。这样，对于一个好的拟合，即有

$$\frac{\chi^2_{\min}}{\nu} = 1 \pm \sqrt{\frac{2}{\nu}} \tag{19.35}$$

采用方程（19.35）评估一个回归的质量是有效的。但是，条件是只有对阻抗数据中随机误差的方差进行准确估计才可以。

确定阻抗数据随机误差的一个独立方法将在第 21 章中描述。已经使用的一种替代方法是最大似然估计法（maximum likehood）[96]。其中，利用回归程序获得参数向量 $\boldsymbol{P}$ 的联合估计和数据的误差结构[353,356]。在误差结构未知的情况下，我们推荐使用最大似然估计法[96]。但是，同时回归得到的误差结构会受到误差－方差模型假定形式的严格制约。除此之外，如第 21 章中所述，通过目标函数忽视造成残余误差的各个因素之间的差异性，并使之最小化，那么将得到误差方差模型的假设条件。

思考题

19.1 建立一个带有常相位元件系统的综合数据集。其中，常相位元件由式（14.1）给

出。系统参数 $R_e=10\Omega\cdot cm^2$，$R_\parallel=1000\Omega\cdot cm^2$，$Q=100s^\alpha/M\Omega\cdot cm^2$，$\alpha=0.7$，频率范围 $10^{-2}\sim10^4$ Hz。每个频率数量级取 10 个数，采用对数坐标系。使用商用回归软件或创建自己的程序，采用模量加权法，回归处理 Voigt 模型，详见式（4.28）。求在 2σ 即 95.4%置信区间内，Voigt 元件的最大数量。说明，可以增加元件个数，但是不包括 0。

19.2 建立思考题 19.1 所描述的综合数据，将独立正态分布的自由度数量 $N(0,\sigma)$ 添加到阻抗的实部和虚部。其中，$\sigma=a|Z|$，a 的值如下：

（a）建立 $a=0.01$ 的综合数据集。采用模量加权方法，进行回归分析。其中 $\sigma=0.01|Z|$。确定 χ^2 统计值，并计算在 2σ 即 95.45%置信区间内，可以得到的参数数量，不包括 0。

（b）建立 $a=0.05$ 的综合数据集。采用模量加权方法，进行回归分析。其中，$\sigma=0.01|Z|$。确定 χ^2 统计值，并计算在 2σ 即 95.45%置信区间内，可以得到的参数数量，不包括 0。

19.3 建立思考题 19.1 所描述的综合数据，将独立正态分布的自由度数量 $N(0,\sigma)$ 添加到阻抗的实部和虚部。其中，$\sigma=0.01|Z|$。

（a）通过去除 1Hz 以下的数据，裁切综合数据集。采用模量加权方法，进行回归分析。其中，$\sigma=0.01|Z|$。确定 χ^2 统计值，并计算在 2σ 即 95.45%置信区间内，可以得到的参数数量，不包括 0。

（b）通过去除 10Hz 以下的数据，裁切综合数据集。采用模量加权方法，进行回归分析。其中，$\sigma=0.01|Z|$。确定 χ^2 统计值，并计算在 2σ 即 95.45%置信区间内，可以得到的参数数量，不包括 0。

19.4 对思考题 19.2(a) 中数据进行回归分析，并基于 $\sigma=0.05|Z|$，进行加权。将 χ^2 统计结果值和在 2σ（即 95.45%置信区间）内得到的参数数量（不包括 0），与思考题 19.2(a) 所得数据进行比较。

第20章 回归质量的评估

在第三部分的章节中，介绍了用于解析阻抗测量的数学模型。采用在第 19 章中提出的方法，可以对这些模型进行回归分析。在本章中，将阐述一种系统的方法，确定这些数学模型是否能够在统计学上充分地对实验数据进行描述。

20.1 评估回归质量的方法

可以利用定量和定性两种方法，评估回归的质量。

20.1.1 定量法

如在第 19.7.2 节中所讲，根据式（19.24）定义的加权 χ^2 统计，为评估归回质量提供了一个有用的数值。随着观测值和模型值之间的差值减小，χ^2 统计值也变小。对于一个成功的回归分析，χ^2 统计值接近回归的自由度 ν，见式（3.57）。然而，这一评价方法要求对阻抗测量中随机误差进行单独评价。在第 20.2.1 节中，将阐述一个不准确误差分析的影响作用。在第 20.2.2 节和第 20.2.3 节中，将阐述精确误差结构的应用。

在某些情况下，阻抗模型是经过严格定义的。其他模型，例如 Voigt 模型，允许取任意的参数个数。通过增加 RC 元件，完善 Voigt 模型。并且，当 χ^2 统计值达到最小值时，即可获得最好的 Voigt 模型。

一个潜在的问题是，在识别是否对数据进行了过度拟合时，可能存在一个灵敏度不足的 χ^2/ν 统计量。其他的标准，例如 Akaike 信息准则[357～359]，则为模型增加参数提供了附加的准则。由式（20.1）

$$A_{PI}=\chi^2\frac{1+N_p/N_{dat}}{1-N_p/N_{dat}} \tag{20.1}$$

可得 Akaike 模型的性能指标。在这里，N_p 是参数个数，N_{dat} 为数据点的个数。相关的 Akaike 信息准则由式（20.2）可得出，即

$$A_{IC}=\log\left[\chi^2(1+2N_p/N_{dat})\right] \tag{20.2}$$

根据上述，χ^2统计数值，可以发现对于通过回归得到的参数的最大个数，对应的 Akaike 信息准则达到最小值。

另一种定量评估方法是针对回归参数，从预计的置信区间获得。这已经在第 19.7.1 节中进行了讨论。根据式（19.34），假设在 χ^2 最小值的区域内，按照线性关系进行回归分析，且拟合误差是正态分布的，估计的置信区间虽然并不表示回归的质量，但是却能够表明获得的特定参数值是否具有显著统计学意义。参量 P_j 在 $P_j\pm2\sigma_j$ 范围内的概率是 95.45%。通常，如果一个参数的置信区间包括零，那么参数的回归并不具有统计学意义。研究发现，如果 95.45%的置信区间包括零，那么可以确定模型有太多的参数。这就是第三

种方法。通常，这三种方法为统计意义显著的参数提供的数值都是相同的。

20.1.2 定性法

回归质量也可以通过目视检测对谱图进行评估。当然，比起其他谱图，一些谱图更能够表现出模型与实验结果的一致性。在本章中，将对谱图的类型进行分类，如表 20.1 所列。在后续的章节中，将介绍如果利用模型进行特殊阻抗数据集的回归，如何进行图形的对比。

表 20.1 阻抗谱图对模型与实验数据差异敏感性表征

敏感性很差	
模值	Bode 模值图无法区分阻抗模型，除非模型对实验数据的拟合效果很差
实部	阻抗实部图同样无法判断拟合质量
敏感性中等	
复阻抗平面图	复阻抗平面图仅对大的阻抗值敏感。容易在高频区出现阻抗数据的叠合现象
虚部	阻抗虚部图对拟合质量仅具有中等程度的敏感性
对数坐标系中的虚部图	这类图形强调的是低频阻抗值。直线斜率偏离±1 意味着需要新的模型
相位角图	这类图形往往因溶液电阻导致高频出现异常
修正的相位角图	通过溶液电阻修正的图可以确定 CPE 的存在
敏感性最好	
残余误差图	趋势图表明，需要完善模型或者删除与 K-K 关系不一致的阻抗数据

20.2 回归概念的应用

根据 Durbha 的数据[335] 进行分析。其中，电解质溶液由蒸馏水配置，含有 0.01mol/L 的铁氰化钾、0.01mol/L 亚铁氰化钾和 1mol/L 的 KCl。一个 5mm 直径的铂（Pt）旋转圆盘作为工作电极，铂（Pt）网用作辅助电极，饱和甘汞作为参比电极。圆盘装置为 CNRS[360] 研发，可以高速低惯性旋转。电解质溶液温度为（25.0±0.1）℃。试件表面抛光处理后，再用 1200 目金刚砂布进行湿研磨，用氧化铝膏抛光。最后，采用超声波清洗。正是这些处理步骤，使得传质极限电流达到最大值。由此，可假设表面阻塞最小，即表面基本上为活性。

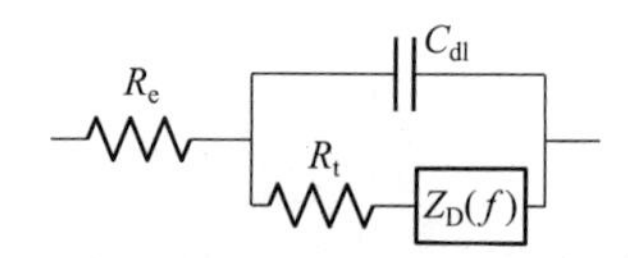

图 20.1 圆盘电极电流扩散的电子电路图

使用 Solatron1286 恒电位仪，测量和控制电位和电流。同时，利用 Solatron1250 频响仪施加正弦波扰动和计算传递函数。在本节中，阻抗分析数据为 12h 浸泡试样，有关实验方法在第 22 章中已经有详细的描述，并且满足 K-K 关系的要求。

为了进一步阐述回归质量评估方法的目的，采用三种模型对阻抗数据进行了分析：

① 利用能斯特滞流-扩散层模型解释扩散阻抗。这个模型通常用来解释对流传质，即使该模型不能准确的解释与旋转圆盘电极相关的对流扩散[211]。

② 仿照 Agarwal 等人的做法[69,100,101]，采用基于 Voigt 串联的模型，评估误差结构。

③ 在假设表面均匀的前提下，采用优化的过程模型，以正确地揭示旋转圆盘电极的对

流扩散过程。该模型还可以采用常相位角元件，以强调高频时阻抗的复杂性[99]。

20.2.1 有限扩散长度模型

采用图 20.1 所示等效电路对阻抗数据进行回归。模型的数学公式如下

$$Z(f)=R_e+\frac{R_t+Z_D(f)}{1+(j\omega C)[R_t+Z_D(f)]} \tag{20.3}$$

在这里，假设在能斯特滞流-扩散层［式（11.20）］中，则有

$$Z_D(f)=Z_D(0)\frac{\tanh\sqrt{j\omega\tau}}{\sqrt{j\omega\tau}} \tag{20.4}$$

通过阻抗测量的误差结构，对回归进行加权。其中，采用第 21 章中的度量模型方法，进行阻抗测量的判定。

表 20.2 模型回归分析的 χ^2/ν 估计值

估计的噪声水平	3%	1%	0.1%	测量值
σ 模型	$0.03\lvert Z\rvert$	$0.01\lvert Z\rvert$	$0.001\lvert Z\rvert$	$9\times10^{-6}\lvert Z\rvert^2$
χ^2/ν	0.97	8.7	870	1820

注：模型如图 20.1 所示。阻抗数据对应 Pt 旋转圆盘电极上铁氰化物的还原过程。

（1）定量评估

由于式（19.24）中方差的出现，只有当测量的方差为已知时，χ^2 统计才能为拟合质量提供一个有用的评判方法。可以采用第 21 章中的技术，评估相对频率测量阻抗的标准偏差。在缺失这样的评估情况下，研究人员可以利用假设的误差结构。但是这样的话，χ^2 统计数值就不能用来评估回归的质量。从表 20.2 可知，对于模型公式（20.3）和模型公式（20.4）的回归分析，χ^2/ν 为假设误差结构的函数。当假设测量的标准偏差为阻抗模值的 3%时，$\chi^2/\nu=0.97$。这表明，拟合误差与测量中的噪声为同一数量级，说明了模型对阻抗数据的拟合非常好。另一方面，假设测量的标准偏差为阻抗模值的 0.1%时，$\chi^2/\nu=870$，这表明拟合误差比在测量中的噪声大得多，说明模型不能完全代表阻抗数据。因此，由于与假设的错误结构有关，χ^2 统计可用来支持或反对所用拟合模型。实际上，对于这种回归和使用实验确定的随机误差结构，$\chi^2/\nu=1820$。拟合误差比在测量中的噪声要大得多。

（2）目视检测

通过对比计算和实验得到的复阻抗平面图或 Nyquist 图，如图 20.2 所示，就可以对拟合质量进行定性评估。在 Nyquist 图中，高频下的数据是看不见的。但是，在低频区却有着明显的差异。阻抗值越大，这种差异就越明显。

然而，在图 20.3(a) 所示阻抗模值的 Bode 图上，这种差异并不明显。事实上，阻抗模值 Bode 图是完全不可能区分阻抗模型的，除非这些模型对阻抗数据的拟合非常差。比较起来，图 20.3(b) 所示相位角的 Bode 图相对敏感些。从图 20.3(b) 可知，在低频和中频区，均明显可见其差异。

提示 20.1： 如果实验误差结构未知，那么 χ^2 的统计值就无法用于对回归质量进行评估。

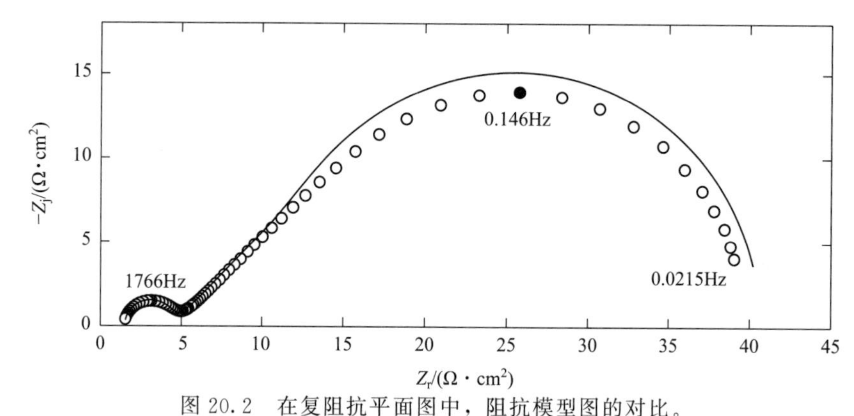

图 20.2 在复阻抗平面图中，阻抗模型图的对比。

其中，模型如图 20.1 所示。阻抗数据对应 Pt 旋转圆盘电极上铁氰化物的还原过程

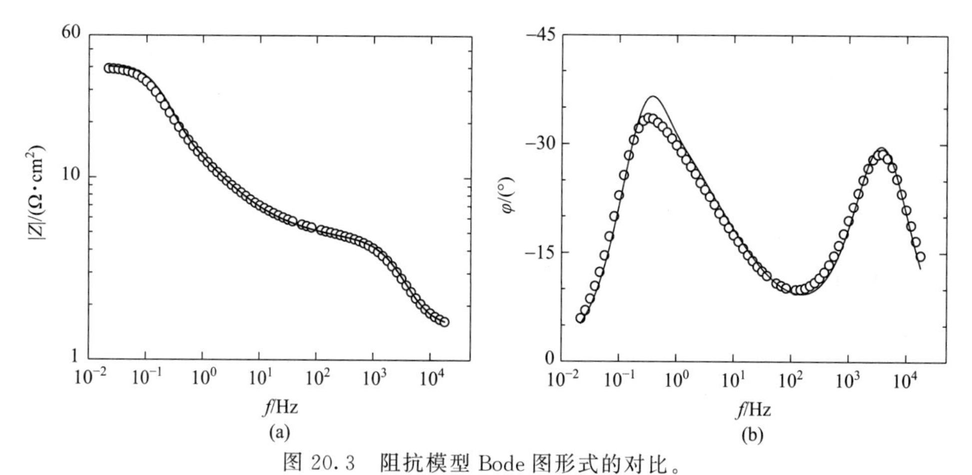

图 20.3 阻抗模型 Bode 图形式的对比。

其中，模型如图 20.1 所示。阻抗数据对应 Pt 旋转圆盘电极上铁氰化物的还原过程。

（a）阻抗模值图；（b）相位角图

图 20.4(a) 和（b）分别为阻抗的实部和虚部图。可见，这种阻抗图的表示法与 Bode 图表示法一样，都可以看出低频和中频区的差异。比较而言，阻抗的实部图与阻抗模值的 Bode 图一样，看不出差异的存在，不能区分对模型的好坏。而阻抗虚部图却能够展示出在中频区模型和实验结果的差异。

从残余误差图可以观察到最大的灵敏度。图 20.5(a) 和（b）分别为阻抗实部和虚部值经过归一处理后的残余误差图。在图 20.5 中，虚线表示测量随机部分的实验测量的标准偏差，虚线之间的间隔表示 95.45%的置信区间（$\pm 2\delta$）。由图 20.5 可见，阻抗实部和虚部的残余误差为频率的函数。

如图 20.6 所示，在对数坐标系中对频率作图，阻抗虚部的绝对值图表明，在小的阻抗值，特别是在高频率条件下，存在差异。如第 18.3 节中所述，在高频率条件下，阻抗的虚部在图 20.6 中应该为一直线。但是，这条直线的斜率偏离由模型约束的 −1。这一结果表明，高频容抗弧在模型中可作为 CPE 处理。

提示 20.2：阻抗模值的 Bode 图与阻抗实部图相对来讲对阻抗模型与阻抗数据之间的拟合质量不敏感。

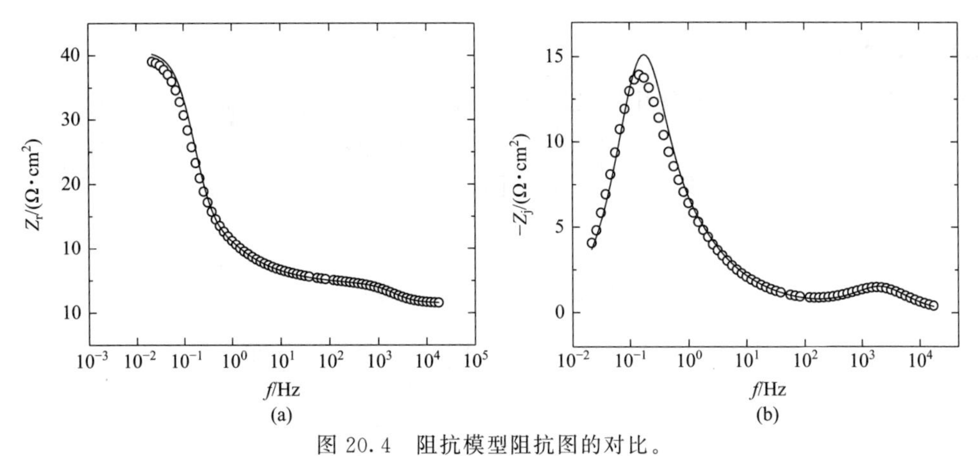

图 20.4　阻抗模型阻抗图的对比。

其中，模型如图 20.1 所示。阻抗数据对应 Pt 旋转圆盘电极上铁氰化物的还原过程。

（a）实部图；（b）虚部图

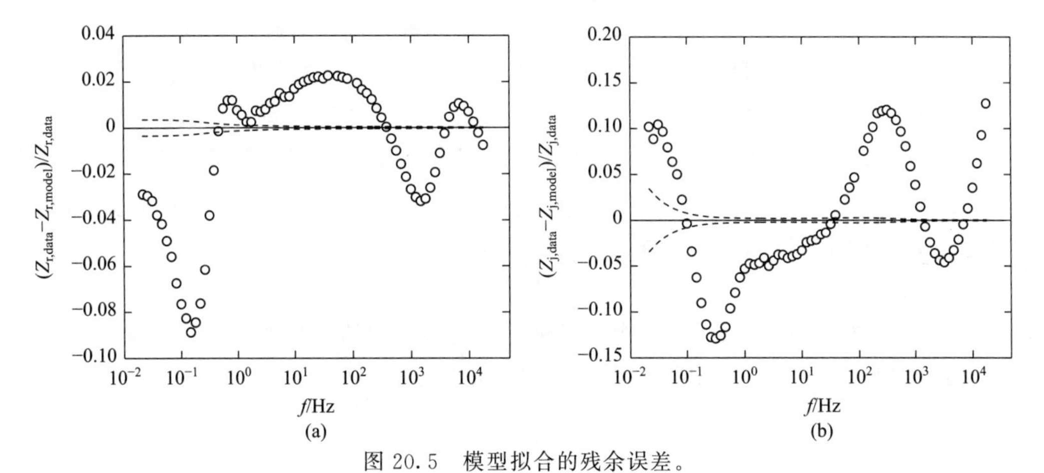

图 20.5　模型拟合的残余误差。

其中，模型如图 20.1 所示。阻抗数据对应 Pt 旋转圆盘电极上铁氰化物的还原过程。

（a）实部图；（b）虚部图

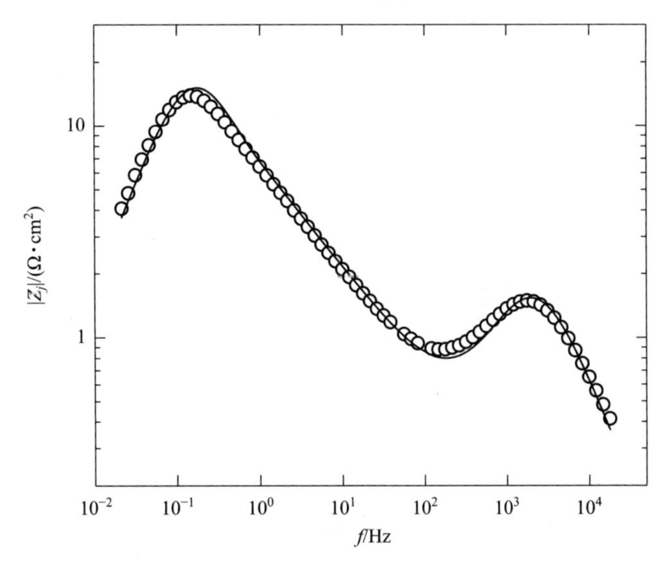

图 20.6　模型对数虚部阻抗图的对比。

其中，模型如图 20.1 所示。阻抗数据对应 Pt 旋转圆盘电极上铁氰化物的还原过程

20.2.2 度量模型

所谓度量模型方法，就是使用广义模型为基础对阻抗数据进行非复制性筛选，主要用于区分偏移误差和随机误差。度量模型由线状图形叠加而成，并且这些线状图形可以任意选择，以便使模型满足 K-K 关系的约束条件。图 21.8 所示模型，由溶液电阻与 Voigt 元件串联组成，即有

$$Z=R_0+\sum_{k=1}^{K}\frac{R_k}{1+\mathrm{j}\omega\tau_k} \tag{20.5}$$

式（20.5）已被证明，这是一个有用的度量模型。当参数个数充足时，Voigt 模型在统计学意义上适合各种各样的阻抗谱[69]。在本章内容中，Voigt 模型在建立模型的过程中起到了重要的作用。

（1）定量评估

阻抗测量包括 70 个频率条件下阻抗的实部和虚部。因此，对于复变回归分析，数据的矢量包括 140 个数据。利用 11 个 Voigt 元件（23 个参数）的度量模型，就可以得到最小的 χ^2 值、Akaike 信息准则的最小值和最多的参数数量，并且这些参数位于不包括 0 的 95.4% 的置信区间内。这个问题的自由度为 $\nu=140-23=117$。按照通过重复阻抗的测量得到的误差结构，利用第 21.5 节中的度量模型，通过对回归进行加权处理，就可以剔除不完美的重复的数据。对于这种回归分析的 χ^2 统计值，可以得到 $2/\nu=1.22$，其标准差 $\sqrt{2/\nu}=0.13$，这表明，残余误差与随机误差相接近，为同一数量级。

（2）目视检测

图 20.7 所示为复阻抗平面上 17 个 Voigt 元件度量模型的拟合结果。可以看出，对于第 20.2.1 节提出的模型，图 20.2 所示差异在图 20.7 中并不明显。

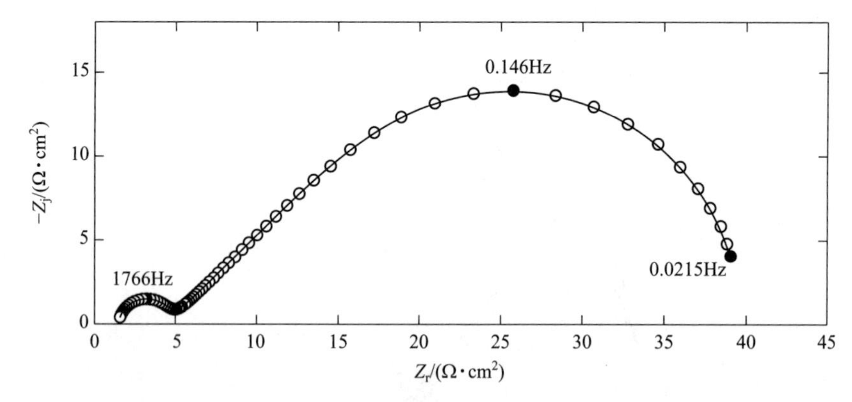

图 20.7 度量模型与实测阻抗谱在复阻抗平面图中的比较。
其中，阻抗数据对应 Pt 旋转圆盘电极上铁氰化物的还原过程

从图 20.8(a) 和 (b) 所示 Bode 图可见，也表现出了很好的一致性。然而，如第 20.2.1 节中所讨论，对于阻抗模值图，模型与实验结果的一致性并不能为拟合质量提供一个可靠的评估。如图 20.8 所示，模型与实验结果的一致性比图 20.3(b) 所示要好些。

在第 18.2.1 节中，讨论了利用欧姆电阻校正的相位角图。如图 20.6 所示，根据经过校正的相位角图，可以确定 CPE 在高频区的行为。如图 20.9 所示，常相位角在高频值时达到

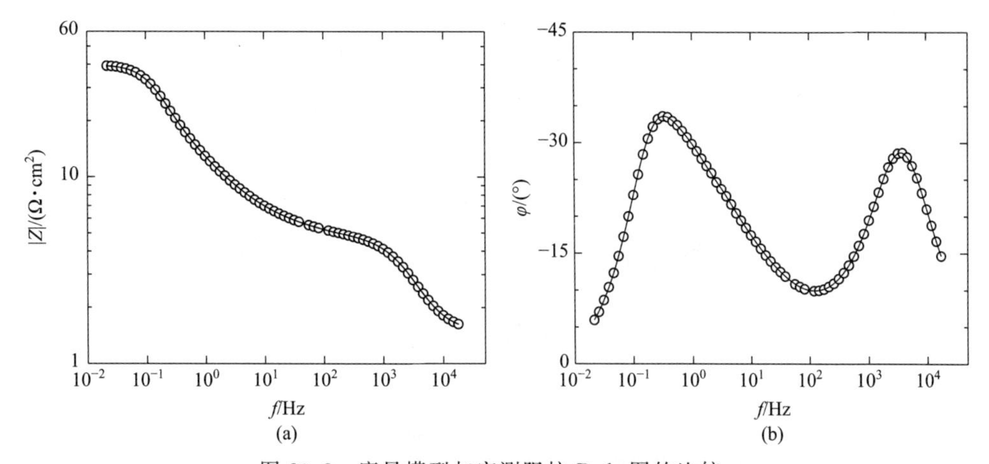

图 20.8　度量模型与实测阻抗 Bode 图的比较。
其中，阻抗数据对应 Pt 旋转圆盘电极上铁氰化物的还原过程。
（a）阻抗模值图；（b）相位角图

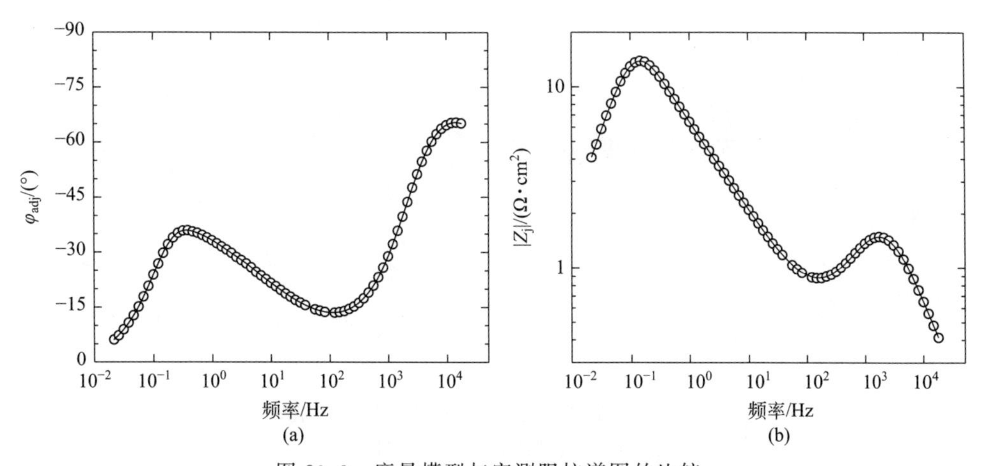

图 20.9　度量模型与实测阻抗谱图的比较。
其中，阻抗数据对应 Pt 旋转圆盘电极上铁氰化物还原的过程。
（a）经过溶液电阻校正的相位角图；（b）对数虚部阻抗图

67°，对应的 CPE 指数值 $\alpha=0.75$。在图 20.6 中，高频区数据直线的斜率值为 -0.75，也对应着 CPE 指数值 $\alpha=0.75$。可见，度量模型完全能够表达图 20.9(b) 所示的 CPE 行为。

图 20.10(a) 和（b）分别为阻抗的实部和虚部图。可以看出，模型和实验数据有很好的一致性。然而，如第 20.2.1 节中所讨论，模型和实验在实部阻抗图的一致性，并不能对拟合质量作出可靠的评估。

图 20.11(a) 和（b）分别为阻抗实部和虚部的残余误差。其中，虚线表示试验确定的测量噪声水平。从图 20.11 所示可见，用来表示结果的坐标轴比例明显与图 20.5 所示的比例不同。残差图显示，度量模型对阻抗数据的拟合质量比有限扩散长度模型要好得多。

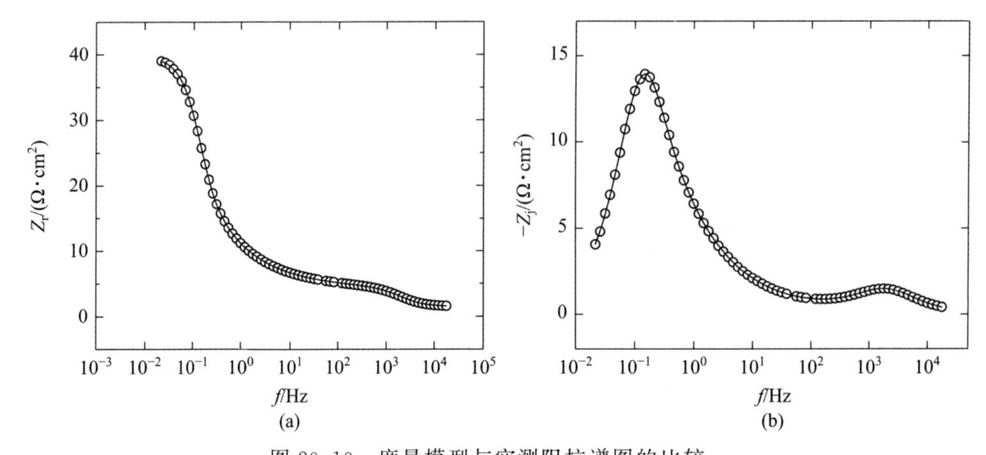

图 20.10　度量模型与实测阻抗谱图的比较。
其中，阻抗数据对应 Pt 旋转圆盘电极上铁氰化物还原的过程。
（a）实部图；（b）虚部图

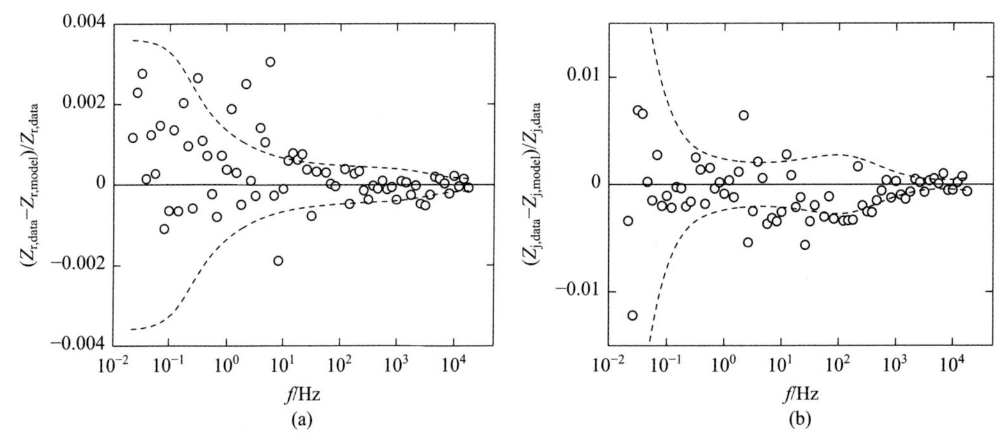

图 20.11　图 20.12 所示对流扩散模型拟合的残余误差。阻抗数据对应 Pt 旋转盘电极上铁氰化物的还原过程。
（a）实部图；（b）虚部图

20.2.3　对流扩散长度模型

在第 20.2.1 节中，讨论了定量和定性分析。这两种分析表明，对于旋转圆盘电极，有限扩散层模型不足以表达其阻抗响应。如在第 20.2.2 节中所述，一个通用的度量模型，虽然不能够为旋转系统提供物理解释，但是可以对阻抗数据给予充分的表达。因此，有必要对所建立的数学模型进行优化。

在第 11.3 节中，介绍了圆盘电极的质量传递模型。等效电路如图 20.12 所示，利用该等效电路对阻抗数据进行回归分析。模型的数学表达式为式（10.77）。对于对流扩散项 $Z_D(f)$，有四种模型：

① 有限扩散模型，见式（20.4）；

② 单项对流扩散模型，仅包括式（11.86）中第一项；

③ 双项对流扩散模型，包括式（11.86）中的第一项和第二项；

④ 三项对流扩散模型，包括式（11.86）中的所有项。

三项对流扩散模型为旋转圆盘电极的一维对流扩散方程提供了最精确的解。然而，一维

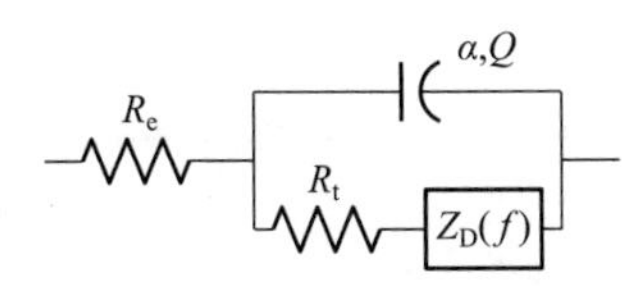

图 20.12　圆盘电极对流扩散的电子电路图。
其中，阻抗响应具有高频 CPE 行为

对流扩散方程可以严格地应用于传质控制区域。其中，受传质限制的物质表面浓度可假定为均匀的，并且等于零。据报道[123,361]，当电流低于传质极限电流时，反应物质的浓度在沿圆盘表面不是均匀的。由此导致圆盘的非均匀对流传递将影响阻抗响应[362,363]。

（1）定量评估

利用在第 21.5 节中描述的度量模型分析，从实验数据确定测量方差，据此对阻抗数据进行加权回归。由于权重是基于实验随机误差结构，因此表 20.3 中所列的 χ^2/ν 统计值为回归质量评估提供了一个有意义的定量标准。在理想情况下，如第 19.7.2 节所讨论的那样，对于完美的回归处理，χ^2/ν 应该有一个统一值。利用在第 20.2.1 节中描述的有限扩散模型进行回归处理，χ^2/ν 统计值为 1820。引入 CPE 描述高频容抗弧，使 χ^2/ν 的值得到提高，并且 $\chi^2/\nu=107$。较大的 χ^2/ν 值与我们的理解一致，即我们所了解的这些模型都是不准确的，因为这些模型描述的是通过流体滞流层的扩散过程，而并没有考虑在扩散层内轴向速度的分布。

表 20.3　图 20.1 所示模型回归处理的 χ^2/ν 值

模型	无 CPE	有 CPE				Voigt 模型
	有限	有限	第一项	第二项	第三项	
ν	135	134	134	134	134	117
χ^2/ν	1820	107	46.7	46.2	46.2	1.22

注：阻抗数据对应 Pt 旋转盘电极上铁氰化物的还原过程。

对于保留第一项的单项对流扩散模型，当把施密特数设置无穷大时，模型合理性就显著地提高，其 $\chi^2/\nu=46.7$。当添加第二项时，使得 χ^2/ν 变小，即 $\chi^2/\nu=46.2$。但是，添加一项之后，回归量并没有提高。可见，没有可能获得一个近似的统一 χ^2/ν 统计值。尽管 Voigt 度量模型没有特别的物理意义，但是对 Voigt 度量模型进行回归，其 $\chi^2/\nu=1.22$。要注意的是，对于四个模型，一旦包括 CPE，那么就都具有相同的参数个数。两个模型之间的差异是由于一维对流扩散方程解的精度不同的缘故。

通过 Voigt 度量模型得到的结果表明，利用描述数据的无源元件，有可能获得在测量噪声水平内的回归分析。人们发现，三项对流扩散模型并未提高回归质量。这说明，回归分析不能通过求解一维对流扩散方程的精确解而获得回归质量的提升。相反，必须放宽隐含在一维模型中的径向均匀性假设条件。

（2）目视检测

正如在第 20.2.1 节和第 20.2.2 节中所述，可以通过查看阻抗谱图，根据阻抗谱图的完

提示 20.3：通过回归统计误差和残余误差的仔细分析，将有利于指导模型的建立。

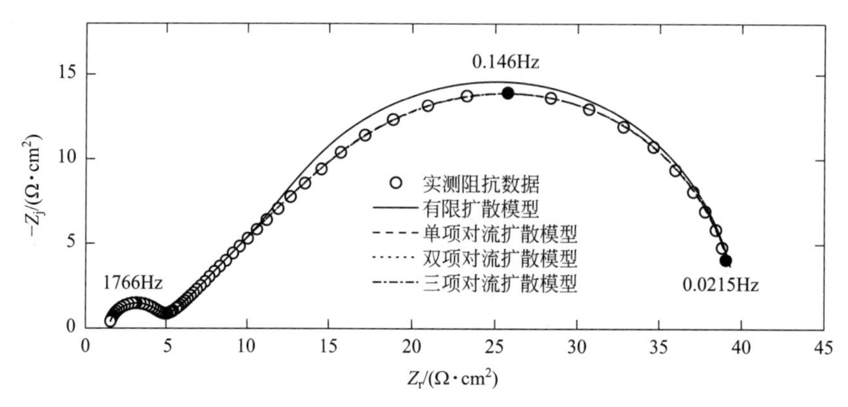

图 20.13　在复阻抗平面中，图 20.12 所述对流扩散模型阻抗谱的对比。
其中，阻抗数据对应 Pt 旋转盘电极上铁氰化物的还原过程

美程度，评估回归质量。图 20.13 所示为 Nyquist 图，或者称之为复阻抗平面图，表明了有限扩散长度模型与基于对流扩散方程数值解之间的差异。但是，图却不能用于区分基于单项、双项或者三项扩展的模型。

图 20.14 为在对数坐标系中的阻抗谱图。这种图不能用于区分基于有限滞流扩散层模型，或基于单项、两项和三项扩展模型之间的差异。尽管如此，图 20.14 所示的对数图却表明了每一个模型都考虑使用 CPE 解释说明高频的弥散现象。

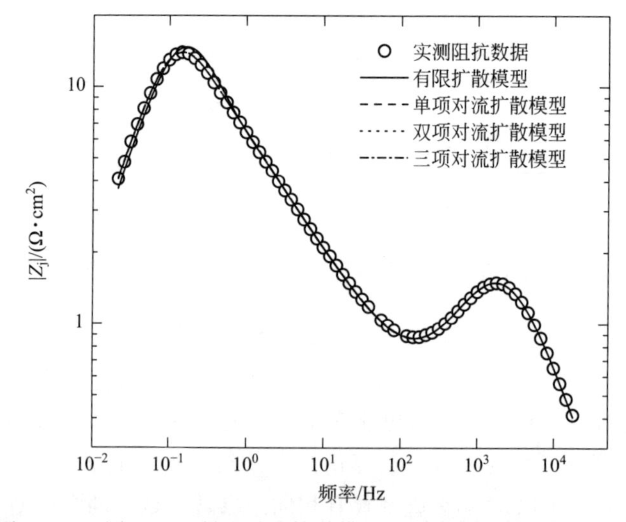

图 20.14　图 20.12 所述对流扩散模型对数虚部阻抗谱的对比。
其中，阻抗数据对应 Pt 旋转盘电极上铁氰化物的还原过程

如图 20.15(a) 所示，阻抗模值图不能用来区分本节中的任何模型。然而，在相位角图中，如图 20.15(b) 所示，却能很容易地分辨出有限扩散长度模型和基于扩散对流方程数值解模型之间的差异。然而，也不能利用图 20.15(b) 所示的图形区别基于单项、双项和三项扩展建立的模型。

从图 20.16(a) 可以看出，阻抗实部图不能用来区分本节中的任何模型。然而，在阻抗虚部图中 [图 20.16(b)]，却很容易地分辨出有限扩散长度模型和基于扩散对流方程数值解模型之间的差异。尽管如此，却不能利用图 20.16(b) 所示的图形区别基于单项、双项和三项扩展建立的模型。

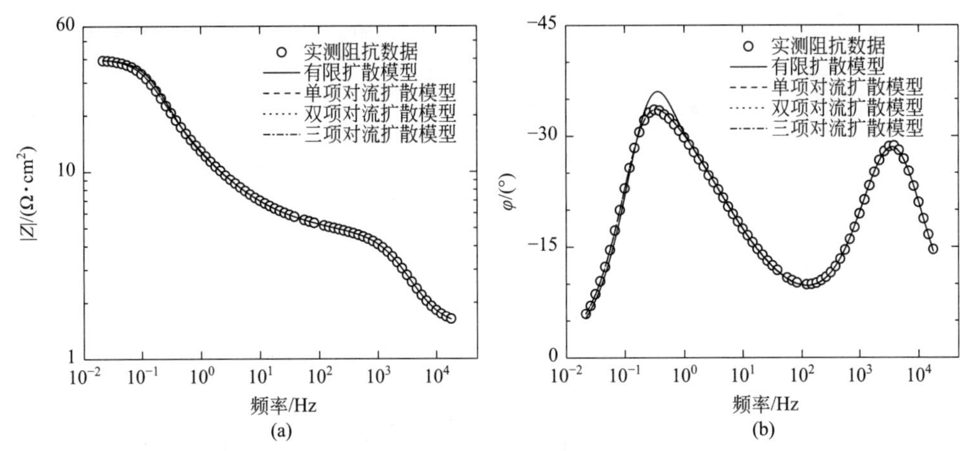

图 20.15　图 20.12 所述对流扩散模型 Bode 图的对比。
其中，阻抗数据对应 Pt 旋转盘电极上铁氰化物的还原过程。
（a）阻抗模值图；（b）相位角图

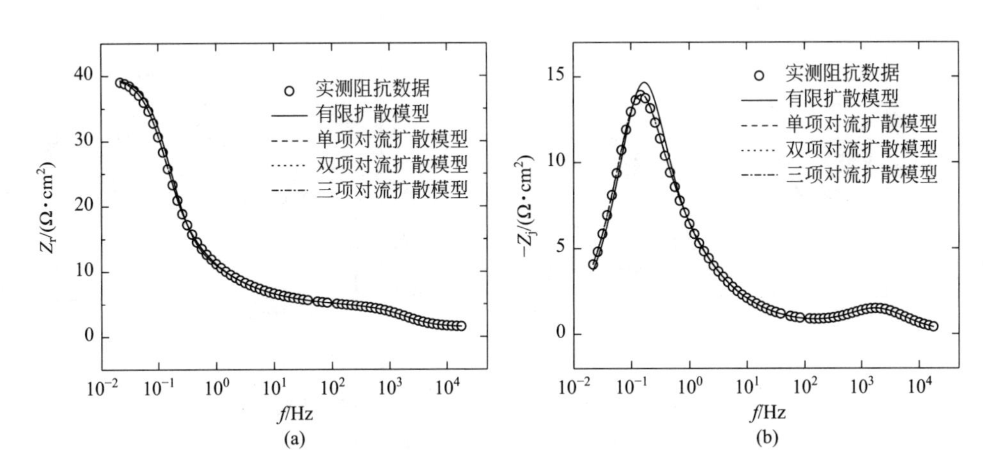

图 20.16　图 20.12 所示对流扩散模型的阻抗谱图对比。
其中，阻抗数据对应 Pt 旋转盘电极上铁氰化物的还原过程。
（a）阻抗实部图；（b）阻抗虚部图

如在第 20.2.1 和第 20.2.2 节中所述，残余误差可以对拟合质量进行最灵敏的评估。图 20.17(a) 和（b），分别为阻抗实部和虚部回归处理的归一化残余误差图。有限扩散长度模型和基于扩散对流方程数值解模型之间的差异是显而易见的。然而，在图 20.17(a) 和（b）中，基于扩散对流方程数值解模型之间的差异却不明显。

从图 20.18(a) 和（b）可见，对基于单项、双项和三项扩展所建立的模型，在其阻抗实部和虚部的归一化残余误差图上，没有明显地分辨出基于一维扩散对流方程数值解模型之间的差异。通过对比基于一维对流扩散方程解的残余误差（图 20.18）与基于 Voigt 度量模型回归的残余误差（图 20.11）之间的差异，可以明显地区分出模型拟合的好坏。从图 20.18 可知归一化残余误差的变化趋势，而图 20.11 中则没有表征出这种趋势。这项评价基于归一化残余误差图的目视检查，也体现在通过表 20.3 中所列 χ^2/ν 统计值的定量评价中。

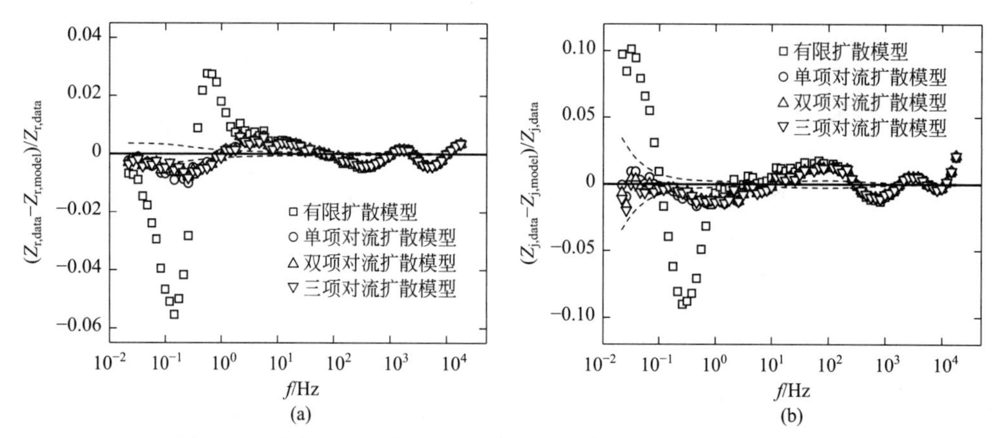

图 20.17　图 20.12 所示对流扩散模型拟合的归一化残余误差图。
其中，阻抗数据对应 Pt 旋转盘电极上铁氰化物的还原过程。
(a) 阻抗实部图；(b) 阻抗虚部图

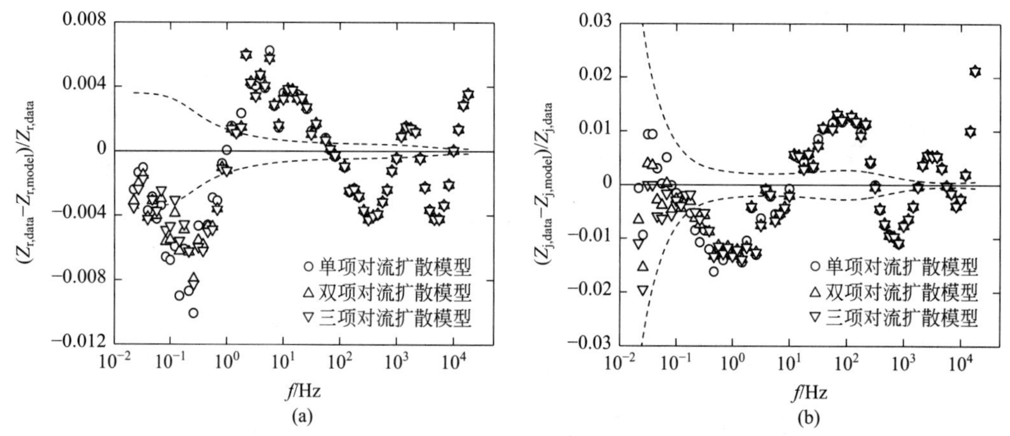

图 20.18　图 20.12 所示对流扩散模型拟合的归一化残余误差图。
其中，阻抗数据对应 Pt 旋转盘电极上铁氰化物的还原过程。
(a) 阻抗实部图；(b) 阻抗虚部图

思考题

20.1　针对思考题 19.2 中提到的回归，比较表 20.1 中所描述的图形。

20.2　针对思考题 19.2 中提到的回归，将 χ^2/ν 对 Voigt 元件数量作图。

20.3　统计教科书表明，可以采用不同的方法使残余误差可视化。一个有用的替代方法是通过标准偏差按比例缩小残余误差。请为思考题 19.2 中提到的回归，创建这样的图。

20.4　可以用 Monte Carlo 模拟，探索随机噪声对参数估计的影响。考虑以下事项：

(a) 使用度量模型，确定误差结构。

(b) 使用满足 K-K 关系数据集的度量模型，以获得相关数据的模型。

(c) 将正态分布的随机误差加到先前获得的模型值中。其中，正态分布随机误差的标准偏差由实验确定。

(d) 利用每一个合成数据集，拟合模型，以获得参数值的分布。

将这种方法与例 3.3 和例 3.4 中的方法进行对比。

Electrochemical
Impedance
Spectroscopy

第五部分

统计分析

第21章 阻抗测量的误差结构

对于第19章中阐述的回归方法，除了需要有确定的合适模型外，还需要对测量特性进行定量评估。加权方法通常用来处理随机误差的大小。此外，回归数据应该仅包括那些没有因偏移误差导致无效的数据，或者采用另一种方法，将偏移误差合并到加权处理中。

在研究电化学阻抗谱的过程中，通常忽略或者低估测量过程中误差结构的特性，但是最近的研究进展却有可能通过实验来判定误差结构。通过对随机误差和实验偏移误差的定量评估，可以对一些数据进行筛选，设计实验，以及检验回归假设的有效性。

21.1 误差的影响

在阻抗测量的过程中，误差的影响可以表示为观测值 $Z_{ob}(\omega)$ 和模型预测值 $Z_{mod}(\omega)$ 之间的差，即

$$Z_{ob}(\omega)-Z_{mod}(\omega)=\varepsilon_{res}(\omega)=\varepsilon_{fit}(\omega)+\varepsilon_{stoch}(\omega)+\varepsilon_{bias}(\omega) \tag{21.1}$$

这里，ε_{res} 代表残余误差；$\varepsilon_{fit}(\omega)$ 代表由模型不合理引起的系统误差；$\varepsilon_{stoch}(\omega)$ 代表随机误差，其期望值 $E\{\varepsilon_{stoch}(\omega)\}=0$；$\varepsilon_{bias}(\omega)$ 代表与模型无关的系统实验偏移误差。一般来讲，阻抗是频率的函数。在实验频率的范围内，阻抗可以变化好几个数量级。在阻抗测量的过程中，随机误差具有很强的异方差性。在这种情况下，也就意味着随机误差的方差也是频率的函数。因此，选择合理的加权方法解析数据至关重要。

在式(21.1)中，把随机误差和实验偏移误差进行了区分。前者是平均值为零时的随机误差，也是缺少模型拟合造成的误差。后者是通过模型传递的实验误差。因此，对阻抗数据的解析包含两个方面：一方面是确定实验误差，包括对K-K关系的验证（详见第22章）；另一方面就是拟合（见第19章），包括确定模型、选择加权方法和检验残余误差。误差分析结果可用于过程模型的回归。此处提及的实验偏移误差一般是非稳态过程或仪器失真引起的。

21.2 阻抗测量的随机误差

值得注意的是，尽管式(21.1)中的误差项是频率的函数，但是产生阻抗的信号则是时间的函数，而不是频率的函数。图21.1为这一过程的说明示意图。因时间域信号积分引起的误差 $\varepsilon_{stoch}(\omega)$ 包含了仪器噪声、电阻的热涨落、组分浓度和电化学反应速率的热涨落，甚至包括诸如点蚀、气泡形核等宏观事件。

21.2.1 时域信号的随机误差

按照Gabrielli等人的研究[364]，工作电极和参比电极之间的电压可以表示为

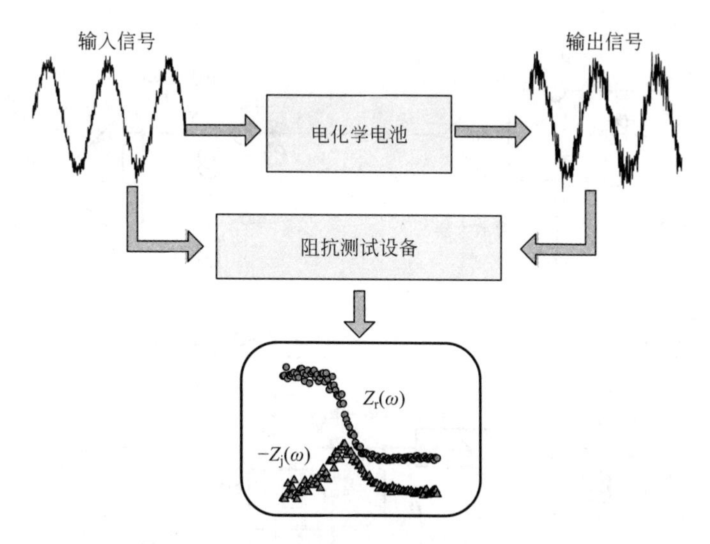

图 21.1　时域误差通过电化学电池、阻抗仪器向频域传递的示意图

$$U_{reg}=\overline{U}_{reg}+u_{reg} \tag{21.2}$$

在式（21.2）中，包括了随机噪声 u_{reg}。调控信号中的噪声，则来自如图 21.2 所示的电压噪声源和电流噪声源。在频率域中，这些噪声的影响可以表示为

$$u_{reg}=\frac{Z_{WE}}{Z_{WE}A_{\nu}+Z_{WE}+R_m+Z_{CE}}[A_{\nu}(\nu_e+\nu_p+R_s i_{n5}+\nu_{REF})-\nu_{R_m}-\nu_{CE}-(R_m+Z_{CE})(i-i_{n6})+R_m i_{n2}] \tag{21.3}$$

式中，Z_{WE} 是工作电极的阻抗；Z_{CE} 是辅助电极的阻抗；Z_{REF} 是参比电极的阻抗；A_{ν} 是运算放大器的增益系数；R_m 是电流测量电路的电阻；R_s 是电压控制电路的电阻；ν_e、ν_p、ν_{REF}、ν_{R_m} 和 ν_{CE} 是图 21.2 中阴影圆圈所代表的电压噪声成分；i、i_{n1}、i_{n2}、i_{n5} 和 i_{n6} 是图 21.2 中阴影双圆圈所代表的电流噪声部分。电化学噪声 i 来源于分子尺度的起伏影响[365,366]。电流噪声的影响则是由于电阻 R_m 和 R_s 产生电压噪声产生的。

如果运算放大器的增益系数 A_{ν} 很大，而参比电极的阻抗 Z_{ref} 很小，那么调控信号中主要的随机噪声则来自参比电极和运算放大器的累加影响，即

$$u_{reg}=\nu_e+\nu_p+R_s i_{n5}+\nu_{REF} \tag{21.4}$$

由于式（21.4）不是频率的函数，因此它既适用于时间域也适用于频率域。

调控误差则通过电化学电池的阻抗引起电流起伏 $i_{reg}(t)$。它可以根据下式进行计算，即

$$i_{reg}(t)=\mathrm{IFFT}\{\mathrm{FFT}\{u_{reg}(t)\}/Z(\omega)\} \tag{21.5}$$

式中，符号 $\mathrm{IFFT}\{x\}$ 表示函数 x 的反傅里叶变换，$\mathrm{FFT}\{x\}$ 表示函数 x 的傅里叶变换。输入端与电流跟随器之间的电位差可以表示为

提示 21.1：在阻抗测量中，其随机误差是时域信号积分引起的，包含电化学电池和仪器噪声。

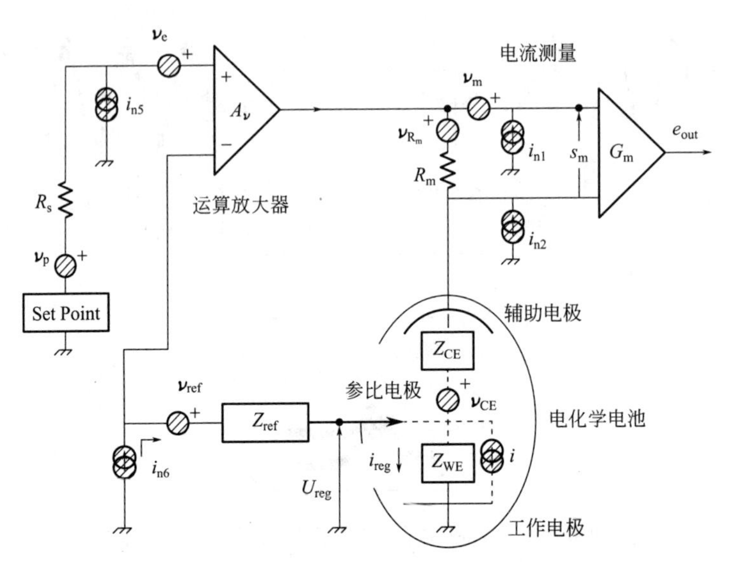

图 21.2 恒电压控制条件下的电化学电池示意图。
电压噪声源用阴影单圆圈表示，电流噪声源则用阴影双圆圈表示（见 Gabrielli 等人论文[364]）

$$S_{\mathrm{m}}=\overline{S}_{\mathrm{m}}+s_{\mathrm{m}} \tag{21.6}$$

其中

$$s_{\mathrm{m}}=\nu_{\mathrm{m}}+\nu_{R_{\mathrm{m}}}+R_{\mathrm{m}}(i+i_{\mathrm{reg}}-i_{\mathrm{n2}}-i_{\mathrm{n6}}) \tag{21.7}$$

电流测量通道的响应（电流跟随器的输出电位值）为 $E_{\mathrm{out}}=G_{\mathrm{m}}S_{\mathrm{m}}$，而电流测量通道的噪声则为

$$e_{\mathrm{out}}=G_{\mathrm{m}}\left[\nu_m+\nu_{R_{\mathrm{m}}}+R_{\mathrm{m}}(i+i_{\mathrm{reg}}-i_{\mathrm{n2}}-i_{\mathrm{n6}})\right] \tag{21.8}$$

这样，电流测量通道和电压测量通道的噪声都是各种噪声成分的总和。类似的推导也曾用到零阻安培计上[367]。

对噪声源的研究表明，仪器和电化学噪声可以表示为随机信号加上测量和控制信号的时间平均值。可以假设仪器噪声源具有很高频率，在任意两个不同时间，t 和$t+\tau$，仪器噪声都是无关的。除了 $i_{\mathrm{reg}}(t)$ 项与 $e_{\mathrm{reg}}(t)$ 和 $i_{\mathrm{reg}}(t+\tau)$ 相关以外，其他附加信号之间在统计意义上应该是无关的。

对大多数恒电位仪来说，$A_\nu \gg 1$ 的假设在频率高于 1～10kHz 时不成立。在这种情况下，噪声成分仍然可以加和。但是运算放大器的增益与电解池阻抗之间的相互作用将导致输入和输出通道之间额外的相关性。

21.2.2 时域到频域的转换

噪声对阻抗响应的影响可以通过对第 7.3 节中所述内容的进一步分析进行说明。图 21.3 为第 7.3 节所示系统中电流密度对幅度为 10mV（$b_{\mathrm{a}}\Delta V=0.19$）的正弦波电压输入的响应，系统参数为 $C_{\mathrm{dl}}=31\mu\mathrm{F/cm^2}$，$nFk_{\mathrm{a}}=nFk_{\mathrm{c}}=0.14\ \mathrm{mA/cm^2}$，$b_{\mathrm{a}}=19.5\mathrm{V^{-1}}$，$b_{\mathrm{c}}=19.5\mathrm{V^{-1}}$，$\overline{V}=0.1\mathrm{V}$。由这些参数产生的电荷传递电阻值 $R_t=51.08\ \Omega\cdot\mathrm{cm^2}$，特征频率为 100Hz。图中电压和电流信号都是按信号最大值成比例缩放。图 21.3 所示结果可以和图 7.4 所示结果比较。其中，图 7.4 所示结果是对 1mV 电位扰动信号的线性响应，包括图 8.2 中对 40mV 电位扰动信号的非线性响应。如图 8.2(b) 所示，在 10Hz 条件下，输入信号产生

的微弱相移在图 21.3(b) 中几乎完全被噪声所覆盖。与高频相伴随的更大相移，例如图 8.2(c) 和 (d) 中所示的在 100Hz 和 10kHz 下的相移，在图 21.3(c) 和 (d) 中都可以辨认出来。

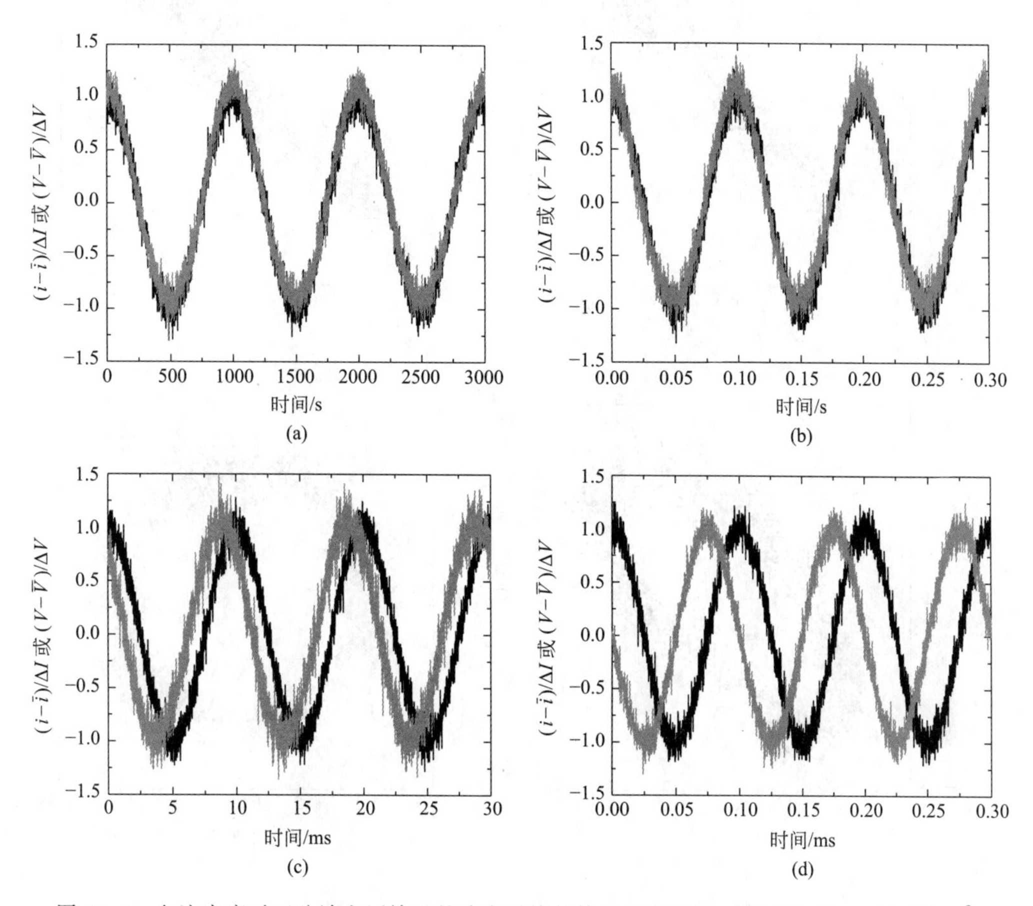

图 21.3　电流密度对正弦波电压输入的响应系统如第 7.3 节所示，参数为 $C_{dl}=31\mu F/cm^2$，$nFk_a=nFk_c=0.14mA/cm^2$，$b_a=19.5V^{-1}$，$b_c=19.5V^{-1}$，$\overline{V}=0.1V$。(a) 1 mHz；(b) 10Hz；(c) 100Hz；(d) 10kHz。这些信号中包含了正态分布的可加性误差，其模值是其相关信号模值的 10%。黑实线代表电压输入，灰色线代表由此产生的电流密度

尽管图 21.3 所示信号的相差被可加性误差所遮蔽，但是在某一给定频率下重复取样可以识别传递函数的响应，见图 21.4 中的 Lissajous 图。如图 21.4(a) 所示，在 1 mHz 条件下，其线性响应可以与图 21.4(b) 中在 10 Hz 条件下略宽的 Lissajous 图相比较。在图 21.4(c) 中，可以看出特征频率为 100 Hz 的响应为椭圆形状，而在图 21.4(d) 中，当频率为 10 kHz 时则是一个完整的圆形响应。在这些频率下，理想 Lissajous 图则由图 8.3 所示 1mV 曲线给出。

图 21.3 和图 21.4 都表明了时域随机误差向频域的转换。阻抗可以利用第 7.3.2 节所述的相敏检测法，或者第 7.3.3 节所述的傅里叶分析方法进行计算。频域中误差的性质将会受到从时域到频域信号转换方法特性的影响。

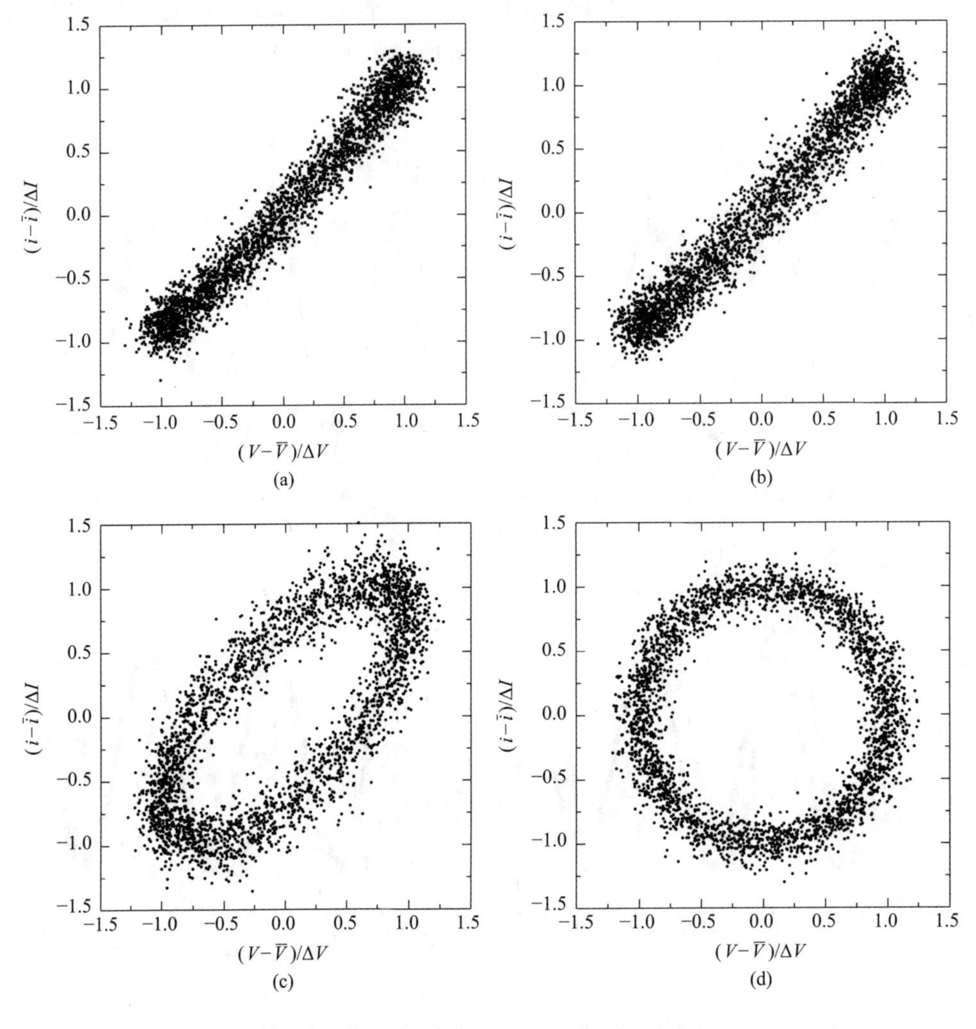

图 21.4　图 21.3 所示系统的 Lissajous 图。
（a）1mHz；（b）10Hz；（c）100Hz；（d）10kHz

21.2.3　频域的随机误差

在第 8 章中，详细说明了阻抗测量中随机误差的大小与采用的实验参数之间的关系。特别是 Carson 等[102,145,354]的模拟计算结果，将有助于进一步认识通用阻抗仪器之间差异，包括那些建立在傅里叶分析[102]和相敏探测法[354]基础上的方法。

通过实验观察和模拟，已经建立起阻抗测量中随机误差的某些普遍性质。这里所述内容对应可加性时域误差。通过对比模拟与傅里叶分析得到的实验结果[364]，说明了时域中的实验误差更可能是加和的而不是成比例的[102]：

- 一般来讲，阻抗测量中的随机误差具有异方差性，也就是随机误差的方差是频率的函数。所以有必要采用加权方法处理频率对随机误差的影响。
- 测量技术可能会引入阻抗结果之间的不必要相关性。Carson 等人[354]证明，对于相敏探测法，采用单一参考信号会导致阻抗误差结构的实部与虚部明显相关。在相关文章中，Carson 等人指出[145]，由相敏探测法（锁定放大器）模拟得到的不同统计性质，部分可能是由于矩形波参考信号与测量信号同相位时引起的偏移误差造成的。新一代相敏探测仪器采用一个以上的参考信号，这样就有可能避免这一不必要的相关性。

- 如果时域误差是可相加的，由傅里叶分析技术得到的统计性质就自然符合传递函数的测量。
- 如果没有仪器引起的相关性，随机误差在频率域中将呈正态分布。在频率域中，随机误差的正态分布，可以认为是将中心极限理论应用到复变阻抗测量的结果[97]。该结果证实，在阻抗（及其他频率域）数据的回归分析中，普遍采用的基本假设都是成立的。
- 当偏移误差不存在时，阻抗实部和虚部误差之间是不相关的，而且复变阻抗实部和虚部的方差相等。表 21.1 列出了部分特定的性质。

表 21.1　由傅里叶分析技术得到的阻抗数值的统计性质[102]

公式	编号
$\sigma_{Z_r}^2=\sigma_{Z_j}^2$	(21.9)
$\sigma_{Z_r Z_j}=0$	(21.10)
$\sigma_{\lvert Z\rvert_\varphi}=0$	(21.11)
$\sigma_{\lvert Z\rvert}^2=\lvert Z\rvert^2\sigma_\varphi^2$	(21.12)

通常，频域误差的结构取决于时域信号误差的性质和将时域数据转换至频域数据所采用的方法。虽然电解池的阻抗会影响测量方差与频率的关系，但是电解池的阻抗不会影响实部和虚部的方差是否相等，或者实部与虚部的误差是否无关。

上述关于频域随机误差的统计性质是建立在实际测量复变量仪器的公式上的。尽管这里阐述的统计性质是针对电化学阻抗谱的，但是它们也同样适用于其他复变量，只要对这些复变量的测量是基于类似的物理原理。

21.3　偏移误差

偏移误差就是系统误差，其平均值不为零并且不能归咎于描述系统模型的不足。偏移误差可能是由于仪器失真、测量系统中某些部分不属于研究的系统和系统的非稳定性所造成。某些类型的偏移误差会导致数据不满足 K-K 关系。在这种情况下，可以通过检验阻抗数据是否遵循 K-K 关系来判定偏移误差。而有些偏移误差本身满足 K-K 关系，所以 K-K 关系不可作为确定偏移误差的决定性手段。

21.3.1　仪器失真

阻抗响应的测量也会受到仪器（比如恒电位仪）局限性的影响。这些影响尤其容易呈现在阻抗极端处。例如，像燃料电池和电池这样的低阻抗系统，其阻抗响应会在高频端出现失真。高频失真也可以由参比电极造成。仪器失真通常会导致阻抗测试结果不满足 K-K 关系。但是也有例外，如在 8.3.2 节中所讨论的，实验者应该通过测量具有相同测量响应电子电路的阻抗和将高频响应与用其他实验方法得到的极限值相互比较，以确认电化学系统阻抗的高频性质。

21.3.2　研究系统的附属部分

低阻抗系统的阻抗响应可能会包含线路和接头的有限阻抗性质。从选用模型的角度来看，可以认为它们造成了测量响应的失真。这类失真可能是简单的电阻型，但也可能是电容型，甚至是电感型的频率响应。该类失真通常满足 K-K 关系。

21.3.3 非稳态行为

绝大多数电化学系统都会由于诸如表面膜生长，电解液中反应物或产物浓度变化，或者表面反应速率变化而多多少少地具有非稳态行为。如在 21.3.4 节中所讨论的，问题不在于一个系统是否完全稳定，而是这个系统在阻抗测量过程中是否变化很大。K-K 关系对于判定由非稳定性引起的失真尤其适用。这类失真通常在低频比较明显。但是，如果系统变化很快的话，那么也会在所有频率出现。

21.3.4 阻抗谱测试的时间控制

设想一组阻抗数据的测量，很显然有三种测量时间尺度。第一种是测量一组重复数据所需要的时间。图 21.5 所示为旋转铂电极上铁氰化合物还原的一组测量数据。三次测量所需的时间总共为 3581s，即 1h。

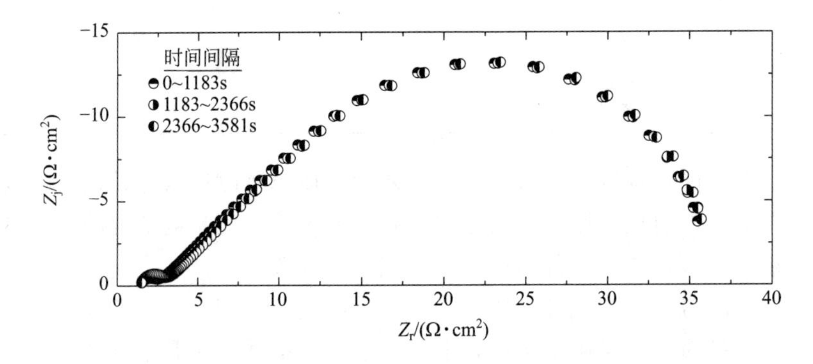

图 21.5 三次重复阻抗测量的数据。数据采自铁氰化合物在旋转铂电极上的还原实验

测量一组 N 次重复数据所需的时间可以表示为

$$\tau_{set}=\sum_{k=1}^{N_{set}}\tau_{scan,k} \tag{21.13}$$

式中，$\tau_{scan,k}$ 是每次扫描所需的时间。系列阻抗测试的特征频率为

$$f_{set}=\frac{1}{\tau_{set}} \tag{21.14}$$

当系统的随机误差频率远远小于 f_{set} 时，就可以认为系统在阻抗测量的时间范围内是稳定的。

从图 21.6 (a) 可看到每个频率扫描所需时间。每次扫描所需的平均时间为 1194s (0.33h)。在各个频率下测量所需的时间如图 21.6 (b) 所示。所需时间在低频时通常对应于三到四个周期。而在高频时，因为信噪比较小，所以需要更多的周期。

测量一个完整阻抗谱所需的时间为

提示 21.2： 阻抗测量中的偏移误差可能是由于仪器失真、测量系统中某些部分不属于需要研究的系统和系统的非稳态行为所造成。

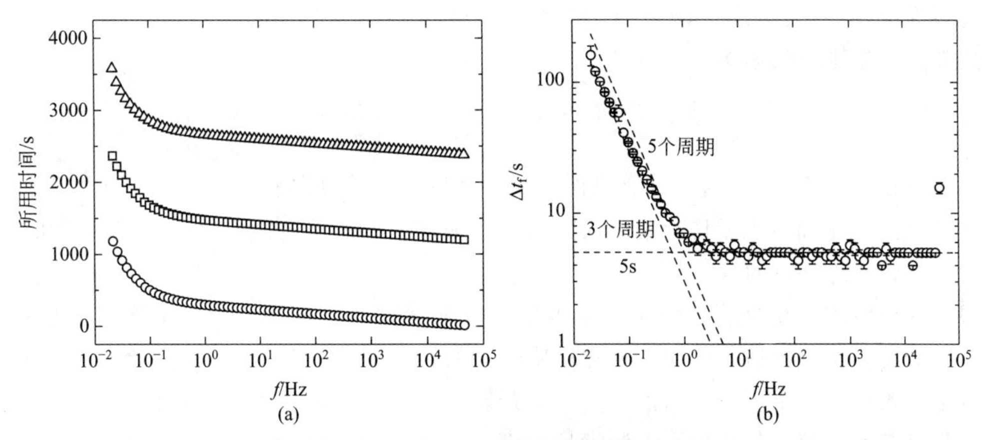

图 21.6　图 21.5 所示测量所用时间。

（a）扫描所用时间；（b）各个频率下测量所用时间。标准差反映了三次阻抗测量之间的差异

$$\tau_{scan}=\sum_{k=1}^{N_{scan}}\frac{N_k}{f_k} \tag{21.15}$$

其中，N_k 是在频率 f_k 测量所需的周期数。阻抗测试的特征频率可以表示为

$$f_{scan}=\frac{1}{\tau_{scan}} \tag{21.16}$$

当频率高于 f_{scan} 但低于 f_k/N_k 的随机误差将会在测量过程中产生偏移误差。由此，得到的阻抗谱将不能满足 K-K 关系，具体见第 22 章。当频率比 f_{scan} 很小时，其随机误差也有可能会导致数据不满足 K-K 关系。

各个频率测量所需的时间取决于测量方法和实验参数。例如，在电流体力学测量过程中(见第 16 章)，各个频率测量所需的时间如图 21.7 所示。在高频区可以观察到，严重的噪声水平极大地增加了达到给定闭合误差所需要的时间。

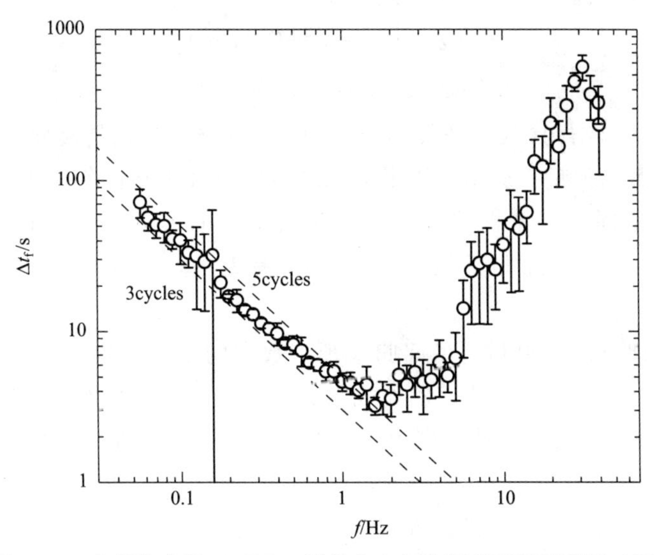

图 21.7　电流体力学（EHD）测量中在各个频率下测量所需时间。

标准差反映了两次测量之间的差异。数据来自铁氰化合物在旋转铂电极上的还原实验

如果在频率 f_k 条件下，测量所需的循环次数为 N_k，那么在这一给定频率条件下阻抗测量的特征频率则可表示为

$$f_{N_k}=\frac{f_k}{N_k} \tag{21.17}$$

当频率远远大于 f_{N_k} 时，其随机误差就是测量中的随机误差；而当频率远远小于 f_{N_k} 时，其随机误差在测量中就作为偏移误差出现。偏移误差的重要性取决于误差频率和整体测量谱的特征频率之间的对比。

如果一个系统变化得非常快，在采集单个数据的时间内也在变化，那么对于这样的系统，阻抗谱实验将不再适合。对于变化速率较慢的系统，阻抗在每一个频率条件下都可以测量。但是，如果在整个频率扫描范围内，从开始到结束，系统会产生显著变化，那么，这种类型的非稳态也会导致阻抗数据无法满足 K-K 关系。这个问题将在第 22 章中进行讨论。对于变化速率更慢的过程，在整体频率扫描过程中，系统的变化可能小到可以忽略不计，但是连续测定的阻抗谱之间却存在明显的不同。这种伪稳态阻抗扫描在即使是最稳定的电化学系统中也经常会观测到。

21.4 误差结构的合并

在文献中，列举了三种将阻抗数据的误差结构和解析相结合起来的方法。其中一种方法被认为是处理随机误差的标准形式。通常应用两种模型。Zoltowski[368] 和 Boukamp[59,369] 建议使用模量权重。应用模量权重法需要假设标准误差与阻抗模量 $|Z(\omega)|$ 成正比，也就是

$$\sigma_{Z_r}(\omega)=\sigma_{Z_j}(\omega)=\alpha_M|Z(\omega)| \tag{21.18}$$

式中，$\sigma_{Z_r}(\omega)$ 和 $\sigma_{Z_j}(\omega)$ 分别表示阻抗实部和虚部的标准误差。通常假设参数 α_M 与频率无关，并常根据假设测量的噪声水平而被赋予任意值。Macdonald 等人[343,353,356] 主张采用经过修正的比例权重法，即

$$\sigma_{Z_r}^2(\omega)=\alpha^2+\sigma^2|F'(\omega,\theta)|^{2\zeta} \tag{21.19}$$

$$\sigma_{Z_j}^2(\omega)=\alpha^2+\sigma^2|F''(\omega,\theta)|^{2\zeta} \tag{21.20}$$

其中，α、σ 和 ζ 是误差结构参数；$F'(\omega,\theta)$ 和 $F''(\omega,\theta)$ 分别是模型阻纳函数的实部和虚部，而 θ 是模型参数的矢量。通用术语阻纳可以用来表示一个电路的阻抗或者导纳。这两种常用的标准权重法之间存在着根本不同。根据式（21.18），$\sigma_{Z_r}=\sigma_{Z_j}$；而式（21.19）和式（21.20）表示，$\sigma_{Z_r}\neq\sigma_{Z_j}$，除非是假设误差与频率无关，即 $\sigma=0$，或者是 $F'(\omega,\theta)=F''(\omega,\theta)$。

对于第二种处理方法，则利用了回归来预测数据的误差结构[353,356]。在数据回归应用过程中，设定误差结构模型的参数，例如式（21.19）和式（21.20），可以直接通过对数据的连续回归来获取[353]。在近期的研究中，误差方差模型由下列等式所取代

$$\sigma_{Z_r}^2(\omega)=\alpha^2+|F'(\omega,\theta)|^{2\zeta} \tag{21.21}$$

$$\sigma_{Z_j}^2(\omega)=\alpha^2+|F''(\omega,\theta)|^{2\zeta} \tag{21.22}$$

其中，参数 α 和 ζ 由回归得到，而模量权重的外推值可以通过用 $|F(\omega,\theta)|$ 代替函数 $F'(\omega,\theta)$ 和 $F''(\omega,\theta)$ 来获得[370]。当与设定误差方差模型的形式无关时，可以通过将目标函数最小化得出误差方差模型。在这种假设中，忽略了式（21.1）所示的残余误差之间的

差异。由联立回归得到的误差结构也会显著地受到误差方差模型形式的影响。

第三种处理方法是用实验方法来评估误差结构。当然最好能够独立地确定误差结构。然而，即使是重复测量中微小的非稳定性也会造成在估算随机方差时存在显著的偏移误差。Dygas 和 Breiter 报道了利用频响分析仪的中间结果来估算阻抗实部和虚部的方差[371]。他们的方法可以评估随机成分的方差而不需要做重复实验。缺点是这种方法不能用来估算偏移误差，而只适用于特定的商业阻抗仪器。Van Gheem 等[372,373]提出不用重复测量方法，而是采用结构化多正弦波信号来估算随机和偏移误差。

Agarwal 等人[69,100,101]针对阻抗谱而建立的度量模型可以广泛应用，而且可以用来估算在不完全重复阻抗测量中的随机和偏移误差。Orazem 等[374]根据度量模型，提出误差结构的通用模型可以以下列形式表示

$$\sigma_{Z_r}=\sigma_{Z_j}=\alpha\mid Z_j\mid+\beta\mid Z_r-R_e\mid+\gamma\frac{\mid Z\mid^2}{R_m}+\delta \tag{21.23}$$

其中，α、β、γ 和 δ 是常数。这些常数由特定的恒电位仪、实验参数和电化学系统确定。有报道指出，实际系统的标准差是模量的 0.04%～0.2%[99]。度量模型处理的缺点是必须作重复测量。在 21.5 节中将介绍度量模型的处理方法。

21.5　度量模型对误差的识别

用于区分偏移误差和随机误差的度量模型是基于一个广义模型来筛选阻抗数据中的非重复部分。度量模型由任意选定的线形状叠加组成。已经证明，如图 21.8 所示的 Voigt 组元与溶液电阻串联的模型就是一个普遍适用的度量模型。

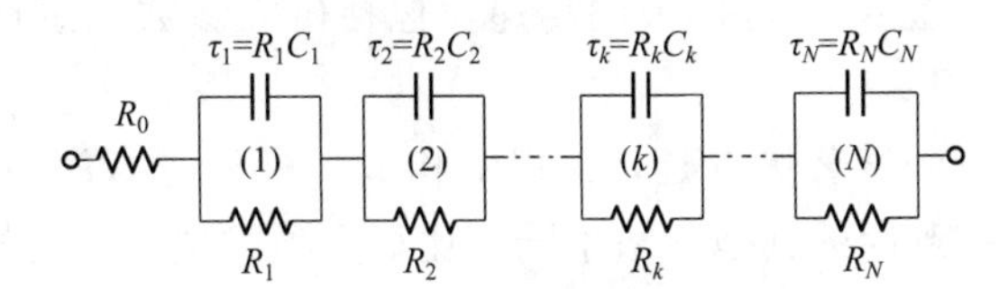

图 21.8　Agarwal 等[69,100,101]所用的作为度量模型的 Voigt 电路示意图

对于一个给定的系统来说，尽管线形状参数与确定性参数或者理论参数之间没有对应关系这一点很明确，但是，已经证明，度量模型方法可以用来恰当地表示大量电化学系统的阻抗谱[69]。从傅里叶意义上看，线形状模型表征了阻抗谱中低频稳态成分。不管对这些模型如何解析，度量模型都可以用来筛选和区分同一个阻抗谱中所含有的非稳态偏移和高频噪声成分。

初看起来，这种方法的可行性可能并不明显。例如，众所周知，一个受静止层扩散速率控制的电化学反应对应的阻抗谱，即 Warburg 阻抗，或者有限扩散阻抗，都可以近似地表示为无限个串联的 RC 电路，即 Voigt 模型。因此，在理论上，依据 Voigt 电路建立的度量模型应包含无数个参数才能完整地描述一个受物质传递过程影响的电化学系统的阻抗响应。

实际上，在测量过程中，随机误差（即噪声）限制了从实验数据中获取的 Voigt 参数的数目。即便是合成数据，由于在计算中舍入误差的限制，也无法获取无数个 Voigt 参数[69]。用 Voigt 模型拟合受传递过程影响的实验阻抗数据时，可以通过适当的权重处理使得产生的

残余误差与测量中的随机噪声具有等同的数量级。因此，Voigt 电路，或者其他等效电路，都可以作为电化学阻抗谱的度量模型。显然，对于某一特定谱来说，对于含有 Voigt 元素的度量模型，不一定是最简约或者最有效的模型。在利用度量模型的过程中，人们利用了测量中存在噪声的优势，这样事实上限制了求解参数的数量。同时，还利用了比有解参数数量大得多的测量频率。

因此，Voigt 电路可以用来有效地描述受物质传递过程影响，或者如第 14 章中所述存在分布时间常数现象那样的阻抗数据。除此之外，感抗弧也可以通过采用负电阻和电容组件构成的 Voigt 电路进行拟合。像这样的组元将具有正的 *RC* 时间常数。为此，Voigt 电路可以作为一个实用的广义度量模型。

Agarwal 等人[69,375]最先利用度量模型检验实验数据是否满足 K-K 关系。Boukamp 和 Macdonald 采用分布弛豫时间模型（DRT）作为度量模型验证数据是否与 K-K 关系一致[376]。他们的方法与 Agarwal 等人的方法类似，只不过是用假定的误差结构替代实验测量的误差结构来加权回归。Boukamp 提出了度量模型的线性化应用，其目的在于减少连续增加线形状参数的数量，也就没有必要用一种线形状处理每一个测量频率[377]。应用这样的线性化模型，可以满足对测量中的噪音水平进行独立评估的需要。

用度量模型检验是否满足 K-K 关系，相当于用 K-K 转换关系检验等效电路。度量模型方法的重要优点之一，在于这种方法可以通过少量的模型结构表征大量的观察结果或者响应。模型的区别性问题也因此显著减低。如果一个阻抗谱无法用度量模型进行拟合，那么多半是由于数据不符合 K-K 关系，而不是由于模型不对。然而，度量模型方法并不能消除在给定频率范围内模型的多重性或等同性问题。为度量模型确定的模型结构的简化使得研究误差结构，误差在模型中和在 K-K 转换中的传递，包括研究参数敏感性和相关性问题，成为可能。

度量模型方法的另一个显著优点是，可以对构成的模型进行解析（在 K-K 意义下）转换。也就是说，与检验一致性的其他方法不同，比如多项式拟合，阻抗的实部和虚部都将通过有限个通用参数相联系。因此，度量模型可以作为统计观察；即在一个给定的实验范围内，比如在虚域的频率范围内，对模型参数进行适当地鉴别和估计将会得到系统在另外一个区域内的行为，即实域中的行为。为这种评估在选择实验区域时，可以充分利用在实域和虚域中参数的相对敏感度。

需要注意的是，用度量模型作误差分析对异常数据很敏感。这些异常值有时可能是外部影响所造成的。在大多数情况下，这些异常点都会出现在线性频率附近和阻抗测量的初始阶段。所以，应该去掉在线性频率±5Hz 范围内所采集的数据，也包括它的一次谐波±5Hz 范围内所采集的数据。例如，在欧洲，一般为 50Hz 和 100Hz，而在美国，为 60Hz 和 120Hz。在开机的瞬间会造成某些系统在起始测量频率上出现可探测的失真，这一点也应该去除。

21.5.1 随机误差

如果用单一模型对所有非稳态谱进行回归，所得到的残余误差将包括不同扫描之间的漂

提示 21.3： 用度量模型作误差分析对异常数据很敏感。

移、模型拟合不足、仪器的偏离误差以及随机误差，即有

$$\varepsilon_{\mathrm{res}}(\omega)=\varepsilon_{\mathrm{fit}}(\omega)+\varepsilon_{\mathrm{inst}}(\omega)+\varepsilon_{\mathrm{drift}}(\omega)+\varepsilon_{\mathrm{stoch}}(\omega) \tag{21.24}$$

对所得残余误差的方差进行直接计算，将得到包含基准线变化影响的值。

为了消除基准线变化的影响，对每一次扫描，都采用尽可能多的参数回归度量模型。因为每一次实验时系统会有所变化，所以相对于不同数据组的度量模型参数也会略有不同。所以，如果用度量模型分别对各个数据组进行回归，那么每次实验时实验条件不同造成的影响就会被吸收在度量模型的参数之中。由此，可以得出残余误差实部和虚部的方差与频率之间的关系，并且可以对测量中随机误差的方差作一个很好的估计，即有

$$\sigma_Z^2(\omega)=\frac{1}{N-1}\sum_{k=1}^{N}\left[\varepsilon_{\mathrm{res,m},k}(\omega)-\bar{\varepsilon}_{\mathrm{res,m}}(\omega)\right]^2 \tag{21.25}$$

式中，$\varepsilon_{\mathrm{res,m},k}$ 代表由模型 m 获得的 k 次扫描的残余误差。Shukla 和 Orazem 曾经证明依据这种方法得出的随机误差的方差预测值与采用的度量模型无关[103]。

例 21.1　随机误差的识别：如图 21.9 所示，为在恒电流条件下测量的阻抗数据。求解随机误差对重复阻抗测试结构误差的作用。

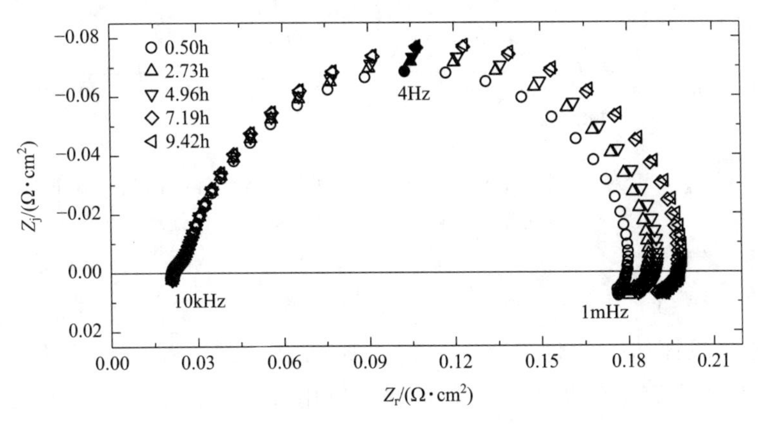

图 21.9　(PEM) 燃料电池的阻抗谱。

其中，膜面积 $5\mathrm{cm}^2$，电流密度 $0.2\mathrm{A/cm}^2$，图中为 5 次测试的结果[378]

解：根据 Roy 和 Orazem 对度量模型的详细分析[378]，图 21.8 所示度量模型的数学式可以表示为

$$Z_{\mathrm{r}}=R_{\mathrm{e}}+\sum_{\mathrm{k}}\frac{R_k}{1+\mathrm{j}\omega\tau_k} \tag{21.26}$$

其中 $\tau_k=R_kC_k$。按照 Agarwal 等人描述的步骤[100]，采用与频率无关的加权方法，对图 21.26 中所示的阻抗谱，利用如式 (21.26) 的度量模型进行拟合。在这里，所采用的与频率无关的加权方法适合于在固定振幅的恒电流控制条件下采集数据的初始加权。对于在固定振幅的恒电位调制下采集的数据，初始加权应方法应该基于阻抗模量。

对于每一个阻抗谱，必须具有相同数量的参数，同时没有参数在 $\pm 2\sigma$ (95.45%) 的置信度内包括零。这样，就限制了参数的数量。通常，可以将六个 Voigt 元件回归到一个阻抗谱。与式 (21.25) 一样，可以利用残余误差的标准偏差估计随机测量误差的标准偏差。

随机测量误差实部和虚部的标准偏差估计值如图 21.10(a) 所示。误差结构随机部

分的实部和虚部标准偏差在高频下为 $10^{-5}\ \Omega\cdot cm^2$，在低频下为 $10^{-3}\ \Omega\cdot cm^2$。图 21.10（b）为基于阻抗模值归一化后的影响。随机误差的标准偏差约为阻抗模值的 0.2%。在高频和低频处，较大的标准偏差可能是由于不满足 K-K 关系所致，如例 21.2，根据误差结构模型［见式（21.23）］，可以得出

$$\sigma_r = \sigma_j = 0.679\frac{|Z|^2}{R_m} \tag{21.27}$$

其中，$R_m = 100$。该表达式可以用于加权后续回归，以评估与 K-K 关系的一致性。

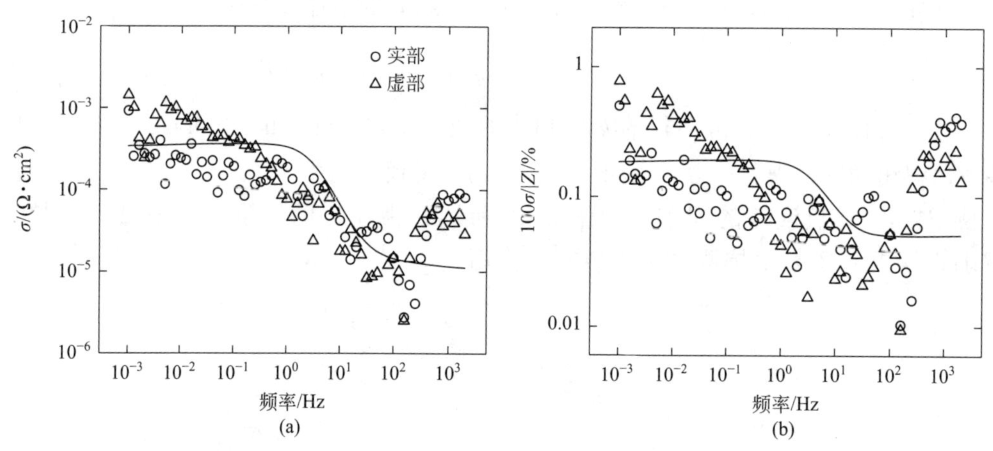

图 21.10　对应于图 21.9 随机测量误差实部和虚部标准偏差的估计值。
（a）以 $\Omega\cdot cm^2$ 为单位；（b）以%为单位，归一化处理阻抗模量

21.5.2　偏移误差

利用 K-K 关系评估一致性有多种方法。原则上，由于 Voigt 模型本身就满足 K-K 关系。因此，如果在测量噪声水平内，数据可以用 Voigt 模型拟合，就表明了数据遵循 K-K 关系。当数据不能完全符合时，则不好判断。这是因为造成模型拟合不佳也可能是由于除了 K-K 关系以外的其他原因。这些原因可能包括测量频率范围不足以提供足够数量的 Voigt 参数进行回归，或者非线性回归的初始值选择不佳造成的。

在原则上，尽管度量模型的复变拟合可以用来评估阻抗数据的一致性，但是无论对实部还是虚部进行接续地回归，都将对一致性的缺乏更加敏感。最佳方法是对含有最多信息的组元用模型来进行拟合。具体对哪个组元进行拟合，则取决于两个相互矛盾的因素：

① 阻抗实部和虚部的标准差相等。因此，噪声水平代表了阻抗虚部在趋近零时的渐近极限中的大部分。在某些情况下，阻抗虚部的值可以低于信噪比。

② 阻抗的虚部对来自最小线形状的影响比实部更加敏感。通常，对阻抗虚部进行拟合可以比对实部拟合获取更多的 Voigt 线形状。

利用度量模型，拟合阻抗的虚部无法得到溶液电阻值。在拟合阻抗虚部的过程中，溶液电阻是作为一个任意的可调节参数来处理的。

对一个组元回归后，接着对另一组元进行预测，将得到一种更敏感的评估一致性的方法。这种分析方法的步骤如下所述：

① 用误差结构作为加权拟合阻抗谱的虚部。逐渐增加所用线形状的数量直到在统计意义上达到最大数量的参数。在理想情况下，平方和与噪声水平之比应小于程序给定的 F-检验界限。

② 采用 Monte Carlo 模拟，判定模型预测的置信区间。该置信区间与频率有关。

③ 检查虚部的残余误差是否在误差结构之内。如果只有少数中间频率的点落在误差结构之外，则关系不大。通过检验实残差图所显示的置信度，评估对阻抗实部的预测。那些落在置信区间以外的实残差数据点则不满足 K-K 关系。因此，应该从数据中去掉。

④ 通常，在复变拟合中，确定的线形状数量会随着那些不满足 K-K 关系的数据点的消除而增加。删除受偏移误差影响强烈的数据，将提高从数据中获取的信息量。换句话说，由于整体数据集的偏移会导致模型参数之间的相互关联，从而减少了可确定的参数数量。删除偏移数据后得到的数据更加优良，对大量参数的确定也因此变得更为可靠。

所以，实际上并不需要对频率积分，以检验实验数据是否符合 K-K 关系。这样，就避免了随之产生的积分误差。的确，应用度量模型时，仍然隐含着对实验数据的外推。然而，这种外推过程的含义与文献中所述的外推截然不同。度量模型的外推是基于一个实部和虚部共用的参数集合，而且是建立在已证明能够恰当地描述观察结果的模型结构之上。所以，应用度量模型进行外推的置信度更高。在初始阶段筛选数据时，应用度量模型也比应用特定的等效电路更显优越性。因为它可以判定残余误差到底是由于模型不合适，还是数据不满足 K-K 关系，或者由于实验噪声所造成的。将 Agarwal 等人[69,100,101]提出的步骤与误差结构加权相结合，就成为了检验阻抗数据一致性的一种可靠方法。

例 21.2　高频偏移误差的识别：使用度量模型，评估如图 21.9 所示的重复阻抗测量的高频偏移误差。

解：可以将 Agarwal 等人[101]提出的测量模型方法，用于评估满足 K-K 关系的高频数据一致性[378]。基于在例 21.1 中对误差结构的确定，利用 Voigt 模型拟合了加权法测量的实部数据。然后，将如此获得的参数用于预测测量虚部数据。同时，基于回归参数的估计置信区间，计算了预测值的置信区间。由此，对于那些落在置信区间之外的数据就认为与 K-K 关系不一致。

图 21.11 所示对应图 21.9 中第二次阻抗测量结果。在图 21.11(a) 中，对阻抗实部进行了拟合。其中，细虚线表示回归的置信区间。测量阻抗虚部的预测值如图 21.11(b) 所示，可见在中频段，拟合效果非常好。但是，在高频和低频区域，却存在着明显的差异。通过对阻抗实部回归得到的参数要少于回归阻抗虚部所得到的参数。由于这个原因，一般认为，在低频处存在差异不是很重要[101]。然而，在高频处可以看出存在着明显不同，即阻抗实部逐渐地趋近于溶液电阻值。

从拟合误差结果，可以更清楚地看到差异的存在，如图 21.12(a)、(b) 所示。利用阻抗实验值，进行归一化数据处理后，就会导致图 21.12(b) 所示的置信区间线在虚部阻抗改变符号处趋向于 $\pm\infty$。分析表明，六个最高频率落在 95.45% 的置信区间之外。这些数据都已从回归集中删除。与 K-K 关系不一致的结论得到了一些参数结果的支持。这些参数是删除高频数据后，从复回归中获得的。换句话说，删除受到偏移误差强烈影响的数据后，会增加从数据中提取的信息量。完整数据集中的偏移会导致模型参数的相

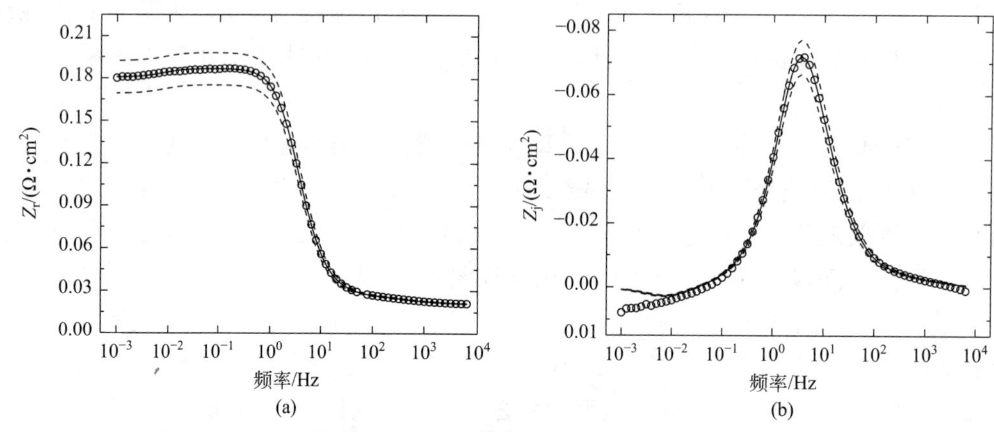

图 21.11　Voigt 模型对图 21.9 中第二次测量相对应阻抗实部的回归。

（a）对测量阻抗实部的拟合图；（b）阻抗虚部的预测图。

符号代表实验数据，实线代表度量模型拟合结果，细虚线代表置信区间。数据取自 Roy 和 Orazem 报道[378]

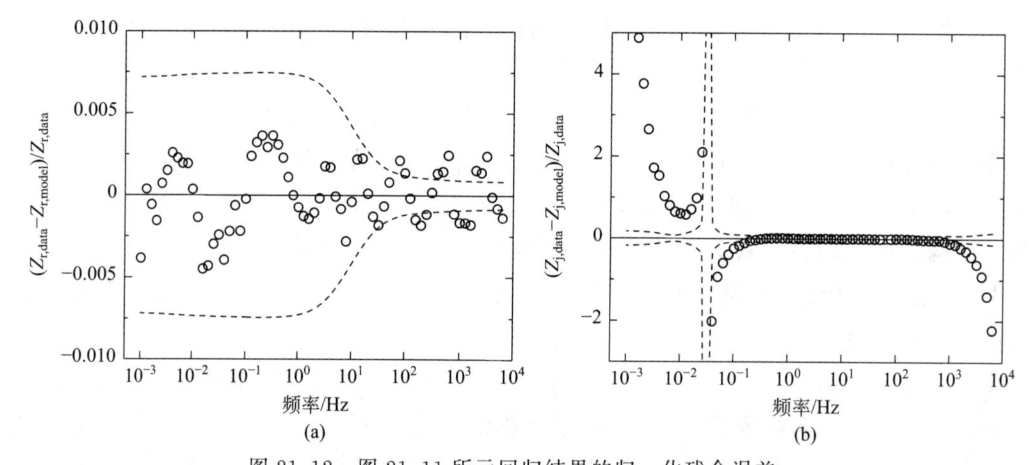

图 21.12　图 21.11 所示回归结果的归一化残余误差。

（a）对测量阻抗实部的拟合图；其中，虚线表示随机误差结构的 $\pm 2\sigma$ 界线；

（b）阻抗虚部的预测图。其中，虚线表示 95.4% 的置信区间。数据取自 Roy 和 Orazem 报道[378]

关性，从而减少了可以识别的参数数量。去除有偏移的数据会产生更好的条件数据集，从而能够可靠地对较大的参数集进行识别[101]。

对于所有阻抗测试，发现在高于 1kHz 频率下测得的数据不满足 K-K 关系。这些数据在后续回归分析中应该删除。需要特别注意的是，删除虚阻抗为正值的数据仍然不足满足 K-K 关系。如图 21.13 所示，仪器失真的影响往往也会影响到虚阻抗为负值的区域。在图 21.13 中，实心符号对应于不满足 K-K 关系的数据。

在例 21.2 中，高频偏移误差可归因于仪器和/或电线和电气连接造成的。通常，发现高频偏移误差的频率取决于阻抗模值的大小。在例 21.2 中，燃料电池的最大阻抗为 $0.2\Omega\cdot cm^2$ 的量级，或者对于 $5cm^2$ 的标称面积为 0.04Ω。对于阻抗较大的系统，可观察到的与仪器相关的偏移误差频率可能会更大。如前面所述，可以通过测量电路的阻抗响应来识别仪器的系统误差。当然，该电路的阻抗模值和特征频率应该与所测量系统的阻抗响应相同。

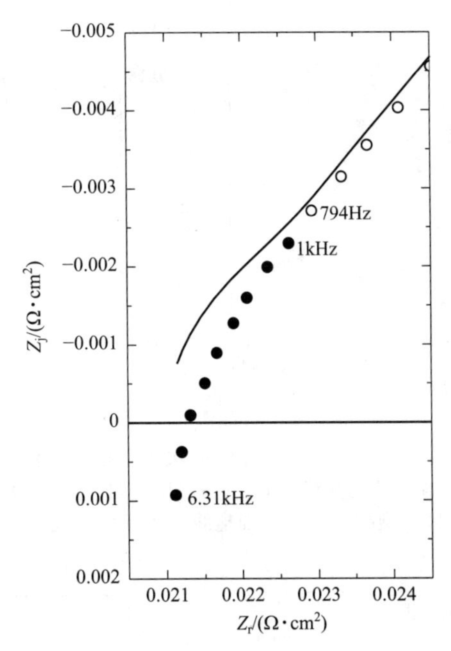

图 21.13　阻抗数据的 Nyquist 图，显示了在高频下阻抗数据的不一致性。实心符号对应于不满足 K-K 关系的数据

如第 8.2.1 节所述，实验的频率范围并不完全由仪器规格决定。例 21.2 中的分析表明，高频极限可以受到所研究的实验系统的阻抗特性限制。低频极限可能类似地受到非稳态行为的约束。

例 21.3　低频偏移误差的识别：使用度量模型，评估如图 21.9 所示阻抗测量的低频偏移误差。

解：为了检验低频阻抗数据的一致性，可以基于例 21.1 中误差结构经验模型，采用加权方法，利用度量模型拟合阻抗数据的虚部。

然后，将得到的系列参数，用于预测阻抗的实部。利用 Voigt 度量模型进行回归，得到阻抗数据的虚部。其结果对应于图 21.9 中所示的第一次阻抗数据。从图 21.14(a) 可见，即使在低频下会出现感应回路（以虚阻抗的正值为特征），测量模型也可以很好地拟合阻抗数据的虚部。如图 21.14(b) 所示，从回归得到的阻抗虚部参数值可以用于预测阻抗实部。如图 21.14(b) 所示，虚线为模型预测而获得的 95.45%($\pm 2\sigma$) 置信区间的上限和下限。因此，可以认为置信区间之外的低频数据不满足 K-K 关系。

在残余误差图中，可以更精确地看到回归质量以及与预测值一致性的水平。对回归方法得到的阻抗虚部，进行归一化处理后，其残余误差如图 21.15(a) 所示。其中，虚线表示测量的随机噪声水平的上限和下限。虚线值为 $\pm 2\sigma$，这里 σ 是从式 (21.27) 计算的。通过阻抗实验值进行归一化，将导致虚线在阻抗虚部改变符号处趋向于 $\pm\infty$。回归结果表明，残余误差落在实验的噪声水平内。对于预测的阻抗实部值，其归一化残余误差见图 21.15(b)。其中，虚线为模型预测得到的 95.45%($\pm 2\sigma$) 置信区间的上限和下限。当频率低于 0.05Hz 时，预测值和实验值之间缺乏一致性。其中，四个最低频率的数据超出了预测的置信区间。这些点不满足 K-K 关系。

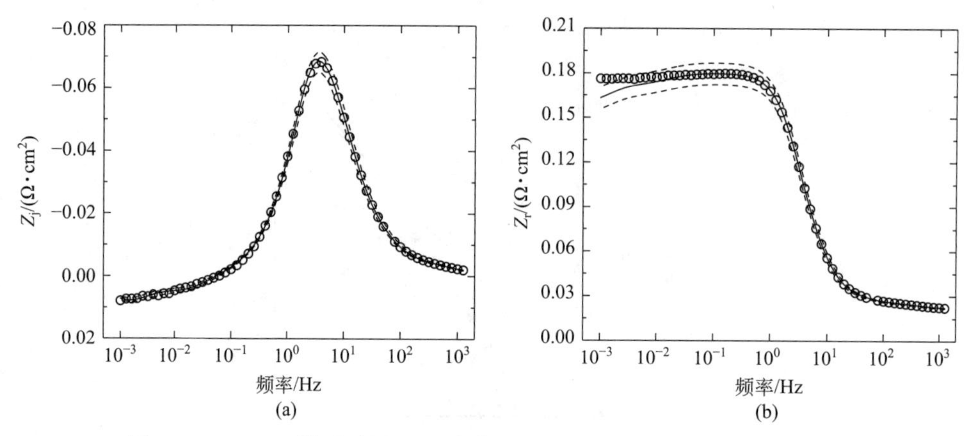

图 21.14 Voigt 模型对图 21.9 中第一次测量相对应阻抗虚部的回归。
（a）对测量阻抗实部的拟合图；（b）阻抗虚部的预测图。
符号代表实验数据，实线代表度量模型拟合结果，细虚线代表置信区间。数据取自 Roy 和 Orazem 报道[378]

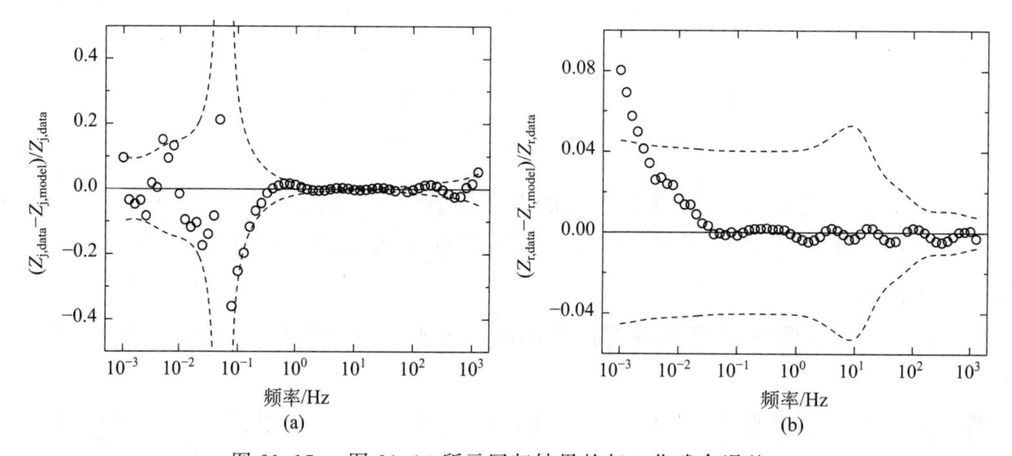

图 21.15 图 21.14 所示回归结果的归一化残余误差。
（a）对测量阻抗虚部的拟合图；其中，虚线表示随机误差结构的 $\pm 2\sigma$ 界线；
（b）阻抗实部的预测图。其中，虚线表示 95.45%的置信区间。数据取自 Roy 和 Orazem 报道[378]

对随后的阻抗测试，可以进行类似的偏移误差分析。第二次测试阻抗虚部的残余误差如图 21.16(a) 所示，实部的预测误差如图 21.16(b) 所示。从图 21.16(b) 可知，第二次阻抗测试的实验值与预测值之间的一致性好于图 21.15(b) 所示的第一次结果。如图 21.16(b) 所示，所有数据均位于 95.45%的预测置信区间内，并且第二次和后续测试数据都满足 K-K 关系。

应该强调的是，本节中所述方法是对测量误差进行全面评估中的一部分。度量模型用来筛选非重复性，从而得出作为频率函数的测量标准差的定量值。由于这种方法得出的平均误差为零，因此在测量标准误差中不包含偏移误差。与之相反，由于很难完全地重复对电化学系统的测量，所以在阻抗重复测量的标准差中，通常都会明显地包含偏移误差的影响。度量模型的线形状本身满足 K-K 关系。因此，可以用 K-K 关系作为统计观察，估量测量中的偏移误差。

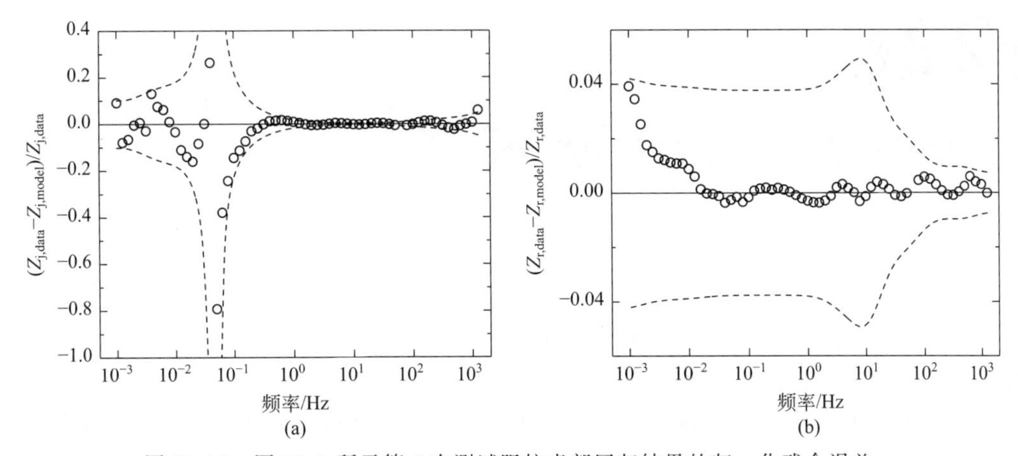

图 21.16　图 21.9 所示第 2 次测试阻抗虚部回归结果的归一化残余误差。

(a) 对测量阻抗虚部的拟合图；其中，虚线表示随机误差结构的 $\pm 2\sigma$ 界线；

(b) 阻抗实部的预测图。其中，虚线表示 95.45%的置信区间。数据取自 Roy 和 Orazem 报道[378]

思考题

21.1　对于单一电化学反应的系统，$R_e=10\Omega$，$R_t=100\Omega$，$R_tC_{dl}=1s$。假设测量噪声水平遵循式 (21.18)。其中，$\sigma=0.03\mid Z\mid$。

(a) 绘出测量阻抗实部和虚部的标准差与频率的关系。

(b) 依照相应阻抗组元的大小，对实部和虚部的标准差进行归一处理。然后，绘出测量阻抗实部和虚部的归一化标准差与频率的关系。

(c) 绘出测量阻抗实部和虚部的权重因子 $\omega=1/\sigma^2$ 与频率的关系。

21.2　根据图 21.6 所示，估计从 100kHz 到 0.1Hz，每个量级测量 8 点，阻抗测量所需要的时间。如果需要每个量级测量 10 点的话，所需的时间将会如何变化？

21.3　根据图 21.6 所示，估计从 100kHz 到 0.1Hz，每个量级测量 8 点，阻抗测量所需要的时间。如果每个量级只测量 3 点的话，所需的测量时间又将如何变化？

21.4　利用制表软件，例如 Microsoft Excel®，或者计算程序，例如 Matlab®，复制图 21.3 和图 21.4 所示的结果。

21.5　将例题 7.2 所描述系统的时间域电位和电流信号加上正态分布的随机误差。然后，用傅里叶分析计算在特征频率的阻抗响应。改变所用的随机数后，进行重复计算，进一步计算所得阻抗的标准差。讨论所得结果与积分所用的循环次数有何关系？

第22章 Kramers-Kronig 关系

当系统满足线性、因果性和稳定性条件时，就可以用 Kramers-Kronig 积分公式描述系统复变量实部与虚部之间的关系。这些关系由 Kronig[66,352] 和 Kramers[67,379] 各自独立推导得出，起初是为了描述物质内部电磁场，根据与麦克斯韦（Maxwell）公式有关的本构关系建立的[380]。

Kramers-Kronig（译者注：简称 K-K 关系）关系的前提是系统是稳定的，也就是说对系统的扰动不会引起系统变化，系统对扰动的响应是线性响应，而且仅对所给扰动作出响应。因此，响应不会超前扰动。当这些条件得到满足时，K-K 关系就适用于所有频率域的测量。Bode 将其概念应用到电阻抗，并且列表给出了 K-K 关系的实用形式[110]。

22.1 应用方法

K-K 关系非常普遍地应用于各种研究领域。在光学领域，K-K 的有效性毋庸置疑，并且实部和虚部之间的关系已经被用来构建光谱。在其他领域，如果不能假设数据满足 K-K 关系，那么表 22.1 中所列公式即可用于检查复变量实部和虚部是否存在着内部的一致性。如果 K-K 关系不存在，那么对应实验则可能不满足线性、稳定性或因果关系中的一个或多个条件。

从原理上讲，可以利用 K-K 关系判定某给定体系阻抗谱是否受到仪器失真或者与时间相关现象引起的偏移误差的影响。尽管这个信息对分析阻抗数据很有意义，但是由于 K-K 关系存在着一定的应用难度，因此 K-K 关系在电化学阻抗谱数据分析、解析方面并没有得到广泛的应用。如果对 K-K 关系进行积分，则需要从零到无穷大频率范围内的数据。然而，由于测试仪器本身的局限性，或者由于噪声影响，包括电极的非稳定性等原因，实验测试频率范围往往受到限制。

表 22.1　K-K 关系的不同形式汇总

$$Z_{j}(\omega)=\frac{1}{\pi}\int_{-\infty}^{\infty}\frac{Z_{r}(x)}{x-\omega}\mathrm{d}x \tag{22.1}$$

$$Z_{r}(\omega)=Z_{r}(\infty)-\frac{1}{\pi}\int_{-\infty}^{\infty}\frac{Z_{j}(x)}{x-\omega}\mathrm{d}x \tag{22.2}$$

$$Z_{j}(\omega)=\frac{2\omega}{\pi}\int_{0}^{\infty}\frac{Z_{r}(x)}{x^{2}-\omega^{2}}\mathrm{d}x \tag{22.3}$$

提示 22.1：K-K 关系适用于满足线性、因果性和稳定性条件的系统。稳定性条件包含在对因果性的要求中。

续表

$$Z_r(\omega)=Z_r(\infty)-\frac{2}{\pi}\int_0^{\infty}\frac{xZ_j(x)}{x^2-\omega^2}dx \tag{22.4}$$

$$Z_j(\omega)=\frac{2\omega}{\pi}\int_0^{\infty}\frac{Z_r(x)-Z_r(\omega)}{x^2-\omega^2}dx \tag{22.5}$$

$$Z_r(\omega)=Z_r(\infty)-\frac{2}{\pi}\int_0^{\infty}\frac{xZ_j(x)-\omega Z_j(\omega)}{x^2-\omega^2}dx \tag{22.6}$$

$$\varphi(\omega)=-\frac{2\omega}{\pi}\int_0^{\infty}\frac{\ln[|Z(x)|]}{x^2-\omega^2}dx \tag{22.7}$$

$$\varphi(\omega)=-\frac{2\omega}{\pi}\int_0^{\infty}\frac{\ln[|Z(x)|]-\ln[|Z(\omega)|]}{x^2-\omega^2}dx \tag{22.8}$$

$$\varphi(\omega)=-\frac{1}{2\pi}\int_0^{\infty}\ln\left|\frac{x-\omega}{x+\omega}\right|\frac{d\ln|Z(x)|}{dx}dx \tag{22.9}$$

$$\ln(|Z(\omega)|)=\frac{2}{\pi}\int_{-\infty}^{\infty}\frac{\varphi(x)}{x-\omega}dx \tag{22.10}$$

$$\mathrm{Re}\{\ln[Z(\omega)]\}=\mathrm{Re}\{\ln[Z(0)]\}+\frac{2\omega^2}{\pi}\int_0^{\infty}\frac{\mathrm{Im}\{\ln[Z(x)]\}}{x(x^2-\omega^2)}dx \tag{22.11}$$

$$\mathrm{Im}\{\ln[Z(\omega)]\}=-\frac{2\omega}{\pi}\int_0^{\infty}\frac{\mathrm{Re}\{\ln[Z(x)]\}}{x^2-\omega^2}dx \tag{22.12}$$

K-K 关系曾被应用到电化学系统中，应用的方法包括对公式直接积分，对稳定性和线性的实验观察，对特定电路模型的回归分析，包括对广义度量模型的回归分析。

22.1.1　K-K 关系的直接积分

对 K-K 关系直接积分，就是从阻抗的一个组元计算另一个组元，例如从测量的阻抗虚部计算阻抗实部。然后，再将计算结果与实验数据比较。积分公式，例如式（22.6），要求积分限从 0 到∞。正如图 22.2 所示的那样，应用这种方法的一个困难就在于实际测量的频率范围不足以保证频率从零到无穷大。因此，实验数据与根据 K-K 关系得出的阻抗组元之间差异可能是由于积分区域过窄造成的，也有可能是由于 K-K 公式的条件得不到满足造成的。所以，有必要利用插值函数，将积分函数外推至实验达不到的频率区间。

其次，插值函数必须满足式（22.76）或式（22.79）。很明显，非理想插值，例如图 22.3 所示的直线式插值，会造成应用 K-K 关系得出的值偏离实际阻抗值。

有两种方法用来确定插值函数。第一种是采用幂级数，例如 ω^n 的幂，来拟合阻抗数据。这种方法通常需要分段回归。尽管分段幂级数，尤其是样条函数，对平滑十分适用，但是对于外推和具有相对大量参数的结果就不一定可靠。第二种方法是根据典型电化学系统渐近性质，选择插值函数。

22.1.2　一致性的实验评估

可以用实验方法，检验阻抗数据是否遵循 K-K 假设。对于线性响应，可以通过观察谱在不同量级扰动函数的作用下是否相同，或者通过测量阻抗响应的高阶谐波进行判断，见第 8.2.2 节。在实验中，稳定性可以依据阻抗谱能否复制来确定。如果得到的谱在预期的误差之内，就是可以重复的。如果在实验中采用的频率区间足够宽，那么阻抗谱外推至零频率的值将与独立的稳态实验值相等。用实验验证 K-K 关系的局限与对 K-K 公式直接积分的局限性相同。因为都需要外推，只有对那些可以获得合理的完整谱的系统，才有可能将阻抗谱的直流极限与稳态测量的结果相比较。用实验结果能否重复验证 K-K 关系的另一局限是，如果对实验数据的可信度无法事先估算，那么比较就只能是定性的而不是定量的。所以，对于那些可能不具有非稳定性性质的数据，需要建立一种方法评估误差结构，或者建立一个与频率相关的置信区间。这些方法在 21 章中已经阐述过了。

22.1.3 过程模型的回归

可以证明，由无源元件和分布式元件组成的电子电路满足 K-K 关系。因此，如果实验数据可以用一个等效电路成功地进行回归，那么数据本身就一定满足 K-K 关系。这种处理的优点是，不需要在无限频率区间上进行积分。因此，不需要进行外推演算就可以判断一个非完全谱的局部部分是否与 K-K 关系的条件一致。

应用电子电路模型，判断一致性的主要困难是对拟合欠佳的解释具有不确定性。拟合不好可能是由于不满足 K-K 关系造成的，也有可能是由于模型不合理，或者是由于回归至局部最小值而不是总体最小值造成的，比如初始值的选择不对。另外一个就是回归自身还没有解决的问题，比如如何选择回归中的权重，如何判断一个好的拟合标准。尽管一个好的拟合可以定义为残留误差与测量误差的幅度相当，但是如果没有一个方法确定测量误差结构的话，那么这种定义最多只具有理论上的意义。

22.1.4 度量模型的回归

Agarwal 等[69,100,101]最先将度量模型的概念作为对误差结构进行评估的一种工具，应用到阻抗谱研究中。有关度量模型的详细讨论见第 21 章。

在本节中，提出应用度量模型判断 K-K 关系的一致性，与在 22.1.3 节中所述的应用 K-K 转换的等效电路在概念上是一致的。应用度量模型的一个重要好处是，可以利用少量的模型结构来代表大量观测到的不同的行为或者响应。模型的差异性问题也因此显著降低。一个阻抗谱无法用度量模型拟合的原因多半是由于数据不满足 K-K 关系，而不是模型不对。然而，应用度量模型并不能消除诸如模型多重性或者在某些频率区间模型等效的问题。根据度量模型确定的简化模型结构集合，可以用来研究误差结构，误差在模型和 K-K 转换中的传输，包括有关参数敏感性和相关性等问题。

应用度量模型比采用多项式拟合更佳，这是因为它可以用较少的参数模拟复杂行为，而且度量模型又自然满足 K-K 关系。所以，不需要对频率进行积分就可以检验实验数据是否与 K-K 关系相符。这样，就避免了随之而来的积分误差。应用度量模型仍然隐含了对实验数据的外推，但是其外推过程的含义与在 22.1.1 节中所述的外推截然不同。度量模型的外推是用一组对实部和虚部通用的参数来进行，并且是建立在恰当地描述观测结果的模型结构

提示 22.2：在实验中，频率区间不足会使得对 K-K 关系的直接积分难以进行。建议采用回归处理方法，例如采用度量模型。

上的。因此，应用度量模型的可信度更高。

应用度量模型比采用特定的等效电路更佳，这是因为前者可以判定残留误差是由于模型不合适，还是由于不满足 K-K 假设，或者是由于实验噪声引起的。

22.2　数学原理

对复变阻抗 $Z=Z_r+jZ_j$ 进行推导，具有普遍性，可以推广到诸如复变折射指数、复变黏度系数和复变渗透系数中。Nussenzveig [380] 给出了通用传递函数 G 的推导过程。下面依据 Bode[110] 的工作，对阻抗进行推导。

22.2.1　基础知识

在本节中，将讨论满足系统传递函数要求的基本条件：线性、因果性和稳定性。

定理 22.1（线性关系）　输出是输入的线性函数。一个通用输出函数 $x(t)$ 可以表述为输入函数 $f(t)$ 的线性函数，即

$$x(t)=\int_{-\infty}^{+\infty} g(t,t')f(t')\mathrm{d}t' \tag{22.13}$$

式中，$g(t, t')$ 建立了输入函数和输出函数之间的关系。

定理 22.2（时间-转化的无关性）　输出仅与输入有关。也就是说，若输入信号提前或者延后一段时间，输出也将提前或者延后相同时间。因此，$x(t+\tau)$ 和 $f(t+\tau)$ 之间的传递函数 $g(t, t')$ 就只与 t 和 t' 的时间差有关。因此，式（22.13）可以写成

$$x(t)=\int_{-\infty}^{+\infty} g(t-t')f(t')\mathrm{d}t' \tag{22.14}$$

式中，$g(t-t')$ 建立了输入函数和输出函数之间的关系。转化与时间无关的假设可以认为是简单因果性假设的一个结果。关于简单因果性将在定理 22.3 中阐述。

应用傅里叶积分变换，可以将函数 $g(t-t')$ 转换为频率的函数[93]，即有

$$G(\omega)=\int_{-\infty}^{+\infty} g(\tau)\exp(-\mathrm{j}\omega\tau)\mathrm{d}\tau \tag{22.15}$$

同样地，输入函数和输出函数也可分别表示为

$$F(\omega)=\int_{-\infty}^{+\infty} f(\tau)\exp(-\mathrm{j}\omega\tau)\mathrm{d}\tau \tag{22.16}$$

$$X(\omega)=\int_{-\infty}^{+\infty} x(\tau)\exp(-\mathrm{j}\omega\tau)\mathrm{d}\tau \tag{22.17}$$

在傅里叶变换中，指数参数可正可负。当指数参数为正值时，由电位扰动引起的电容响应阻抗为正的虚部阻抗，而当指数参数为负值时，由电位扰动引起的电容响应阻抗为负的虚部阻抗。其结果形式与电子工程规定一致。

在频率域中，输出可以表示为输入的函数，即

$$X(\omega)=G(\omega)F(\omega) \tag{22.18}$$

式中，$G(\omega)$ 为传递函数。式（22.15）则可表示为

$$G(\omega)=\int_{-\infty}^{+\infty} g(\tau)\ [\cos(\omega\tau)-\mathrm{j}\sin(\omega\tau)]\ \mathrm{d}\tau \tag{22.19}$$

对于时间域中的实数函数 $g(\tau)$，函数 G 具有共轭对称性，详见第 1.3 节，即

$$G(-\omega)=G_r+\mathrm{j}G_j=\overline{G}(\omega)=G_r-\mathrm{j}G_j \tag{22.20}$$

因此，有 $G_r(-\omega)=G_r(\omega)$ 和 $G_j(-\omega)=-G_j(\omega)$。也就是 G 的实部 G_r 是频率的偶函数，而其虚部 G_j 是频率的奇函数。

以上对通用的输入函数、输出函数以及传递函数的推导适用于阻抗 $Z(\omega)$。根据式（22.19），可以导出 $Z(\omega)$ 也是共轭对称的，并且可以按频率的幂级数展开，即

$$Z(\omega)=Z_{r,0}+jZ_{j,0}\omega+Z_{r,1}\omega^2+jZ_{j,1}\omega^3+\cdots \tag{22.21}$$

$$Z=Z_r(\infty)+\frac{jZ_{j,\infty}}{\omega}+\frac{Z^*_{r,1}}{\omega^2}+\frac{jZ^*_{j,1}}{\omega^3}+\cdots \tag{22.22}$$

式中，ω 是频率；$Z_{r,0}$，$Z_{j,0}$，$Z_r(\infty)$，$Z_{j,\infty}$，…是幂级数展开式中各项的系数。Agarwal 等人[69]将式（22.21）和式（22.22）作为度量模型应用到电路上，比如 Voigt 电路。

例 22.1　证明式（22.21）和（22.22）：若阻抗的实部是频率的偶函数，虚部是频率的奇函数，证明此假设适用于 Voigt 联电路（见图 21.8）。

解：Voigt 电路的阻抗响应可以用电阻 R_k 和电容 C_k 表示如下

$$Z=R_0+\sum_{k=1}^{n}\frac{R_k}{1+j\omega C_k R_k} \tag{22.23}$$

其实部和虚部分别为

$$Z_r=R_0+\sum_{k=1}^{n}\frac{R_k}{1+\omega^2 C_k^2 R_k^2} \tag{22.24}$$

$$Z_j=-\omega\sum_{k=1}^{n}\frac{C_k R_k^2}{1+\omega^2 C_k^2 R_k^2} \tag{22.25}$$

很显然，阻抗的实部是频率的偶函数，而虚部是频率的奇函数。在低频极限即 $\omega\to 0$ 时，有

$$Z_r=R_0+\sum_{k=1}^{n}R_k-\omega^2\sum_{k=1}^{n}R_k^3 C_k^2 \tag{22.26}$$

$$Z_j=-\omega\sum_{k=1}^{n}C_k R_k^2+\omega^3\sum_{k=1}^{n}C_k^3 R_k^4 \tag{22.27}$$

把式（22.14）和式（22.15）相加，就是式（22.21）的前四项。

在高频极限，即 $\omega\to\infty$ 时，则有

$$Z_r=R_0+\frac{1}{\omega^2}\sum_{k=1}^{n}\frac{1}{C_k^2 R_k} \tag{22.28}$$

$$Z_j=-\frac{1}{\omega}\sum_{k=1}^{n}\frac{1}{C_k} \tag{22.29}$$

把式（22.16）和式（22.17）相加，就是式（22.22）的前三项。

例 22.2　式（22.21）和式（22.22）的应用：利用 Voigt 模型，求式（22.21）的前四项系数和式（22.22）的前四项系数。

解：把式（22.26）和式（22.27）相加，得出式（22.21）的前四项

$$Z_{r,0}=R_0+\sum_{k=1}^{n}R_k \tag{22.30}$$

$$Z_{j,0}=-\sum_{k=1}^{n}C_k R_\mathrm{k}^2 \tag{22.31}$$

$$Z_{r,1} = -\sum_{k=1}^{n} R_k^3 C_k^2 \tag{22.32}$$

$$Z_{j,1} = \sum_{k=1}^{n} C_k^3 R_k^4 \tag{22.33}$$

把式（22.28）和式（22.29）相加，就得到式（22.22）的前三项，即

$$Z_r(\infty) = R_0 \tag{22.34}$$

$$Z_{j,\infty} = -\sum_{k=1}^{n} \frac{1}{C_k} \tag{22.35}$$

$$Z_{r,1}^* = \sum_{k=1}^{n} \frac{1}{C_k^2 R_k} \tag{22.36}$$

式（22.22）的第四项不能从式（22.28）和式（22.29）得出。但是，当假设 ω 的数值很大时，就可以从式（22.25）得出。在这种情况下，有

$$Z_j = -\omega \sum_{k=1}^{n} \frac{C_k R_k^2}{1+\omega^2 C_k^2 R_k^2} \tag{22.37}$$

对式（22.37）的分子、分母同时除以 $\omega^2 C_k^2 R_k^2$，即可得到

$$Z_j = -\sum_{k=1}^{n} \frac{1}{\omega C_k} \frac{1}{1+\dfrac{1}{\omega^2 C_k^2 R_k^2}}$$

$$= -\sum_{k=1}^{n} \frac{1}{\omega C_k}\left(1-\frac{1}{\omega^2 C_k^2 R_k^2}\right) \tag{22.38}$$

这样，就有

$$Z_j = -\sum_{k=1}^{n} \frac{1}{\omega C_k} + \sum_{k=1}^{n} \frac{1}{\omega^3 C_k^3 R_k^2} \tag{22.39}$$

所以，式（22.10）的第四项为

$$Z_{j,1}^* = \sum_{k=1}^{n} \frac{1}{C_k^3 R_k^2} \tag{22.40}$$

定理 22.3（简单的因果性） 输出对扰动的响应不会产生于输入扰动之前。如果当 $t<0$ 时，$f(t)=0$，则当 $t<0$ 时，$x(t)=0$。也就是当 $t<0$ 时，$g(\tau)=0$。因此公式（22.15）可以写成

$$G(\omega) = \int_0^{+\infty} g(\tau)\exp(-j\omega\tau)d\tau \tag{22.41}$$

这一重要结果表明，G 在频率复平面的负虚象限中是一个连续的解析函数。

上述所有假设，包括对式（22.41）的假设，并不足以推导离差关系。当 $\omega\to 0$ 时，函数 $G(\omega)$ 的值必须是有限的。如果 G 代表一个因果转换，它就必须满足[380]

$$\lim_{\omega\to\infty} G(\omega) \to 0 \tag{22.42}$$

利用 Cauchy 积分公式（定理 A.3），可以证明当函数 G 满足式（22.42）时，它就代表一个因果转换。当 G 具有定理 22.1～22.3 和式（22.42）所描述的性质时，就可以推导出离差关系，比如 K-K 关系。但是，式（22.42）不适用于阻抗，包括相关的电化学传递函数。在这种情况下，可以放宽限制，如定理 22.4 所述。

定理 22.4（稳定性） 输出对输入脉冲的响应不随时间而增加。也就是说，要求输出总

能量不超出输入总能量[380]。因此 $G(\omega)$ 是受限的，即

$$|G(\omega)|^2 \leqslant A \tag{22.43}$$

其中，A 是一个常数。

满足定理 22.4 的 G 函数并不是一个因果变换，因为它的虚部并不包含所有实部转换所需要的信息。附加常数也不能通过该变换得出。但是，可以通过扣除附加常数，对函数进行修正使其成为一个因果变换。

22.2.2 Cauchy 定理的应用

如式（22.22）所示，当频率趋近无限大时，阻抗的实部趋近某一定值。因此，当频率增加时，传递函数 $Z(x)-Z_r(\infty)$ 将逐渐趋近于零。由于 $Z(x)$ 是可解析的，因此可以利用附录 A 中定理 A.2，将 Cauchy 积分法表示为

$$\oint[Z(x)-Z_r(\infty)]\mathrm{d}x=0 \tag{22.44}$$

其中，独立连续变量 x 代表复变频率。

解析的第一步是将 Z 和某个函数组合，当 ω 趋近无限大时，$1/\omega^2$ 趋近于零。这样，沿着较大半圆路径的积分就可以忽略不计，参见图 22.1。

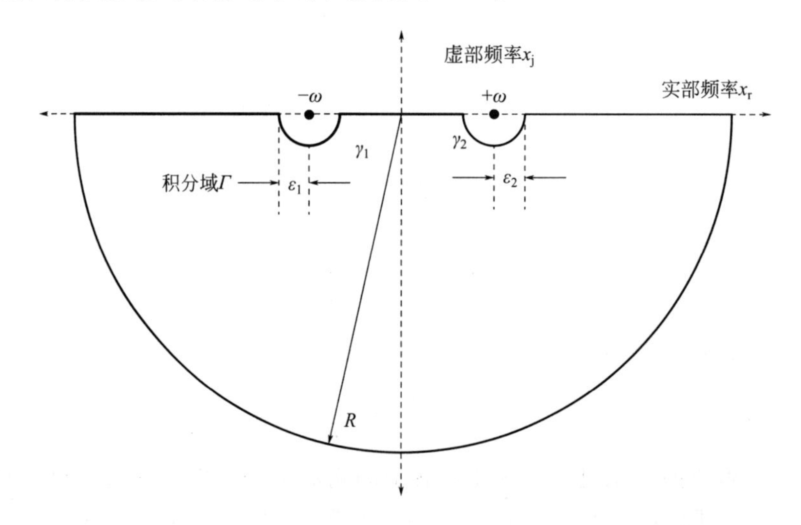

图 22.1 Cauchy 积分公式的积分域。极点位于频率实轴上频率为$\pm\omega$ 的点

22.2.3 实部转换虚部

为了计算阻抗实部和虚部在某一频率的数值，如图 22.1 所示，在 ω 设置极点。考虑到对称性，在$-\omega$ 设置另一相应极点。当 $Z_r(\omega)$ 为 Z_r 在 $x=\omega$ 点的值时，若从 Z 中减去 $Z_r(\omega)$，相应的积分为

$$\oint\left[\frac{Z(x)-Z_r(\omega)}{x-\omega}-\frac{Z(x)-Z_r(\omega)}{x+\omega}\right]\mathrm{d}x=0 \tag{22.45}$$

注意，式（22.44）的常数 $Z_r(\infty)$，在被积函数中消除了。这样，就有

$$\lim_{x\to\infty}\frac{[Z(x)-Z_r(\omega)]}{x}\to 0 \tag{22.46}$$

这是按照 $1/x^3$ 而不是 $1/x$ 趋近于零得到的结果，详见式（22.22）。依据因果性条件，式（22.45）等于零。被积函数在定义域中应该是可解析的，并且积分路径如图 22.1 所示是闭合的，见定理 A.2。在 γ_1 和 γ_2 处，$\varepsilon_1 \to 0$，$\varepsilon_2 \to 0$。将式（22.45）分解如下

$$\begin{aligned}\oint\left[\frac{Z(x)-Z_{\mathrm{r}}(\omega)}{x-\omega}-\frac{Z(x)-Z_{\mathrm{r}}(\omega)}{x+\omega}\right]\mathrm{d}x= &\\ &\int_{-\infty}^{+\infty}\left[\frac{Z(x)-Z_{\mathrm{r}}(\omega)}{x-\omega}-\frac{Z(x)-Z_{\mathrm{r}}(\omega)}{x+\omega}\right]\mathrm{d}x+\\ &\int_{\gamma_1}\left[\frac{Z(x)-Z_{\mathrm{r}}(\omega)}{x-\omega}-\frac{Z(x)-Z_{\mathrm{r}}(\omega)}{x+\omega}\right]\mathrm{d}x+\\ &\int_{\gamma_2}\left[\frac{Z(x)-Z_{\mathrm{r}}(\omega)}{x-\omega}-\frac{Z(x)-Z_{\mathrm{r}}(\omega)}{x+\omega}\right]\mathrm{d}x+\\ &\int_{\Gamma}\left[\frac{Z(x)-Z_{\mathrm{r}}(\omega)}{x-\omega}-\frac{Z(x)-Z_{\mathrm{r}}(\omega)}{x+\omega}\right]\mathrm{d}x=0\end{aligned} \tag{22.47}$$

在这里，$\int_{-\infty}^{\infty} f(x)\mathrm{d}x$ 表示 Cauchy 积分的主值。如图 22.1 所示，对 γ_1 和 γ_2 的积分分别是沿着以 $-\omega$ 和 $+\omega$ 为中心的两个半圆的积分。而对 Γ 的积分则是沿着半径为 R 的大半圆的积分。

根据在 A3.2 节中所述的概念，可以用来评估式（22.47）的影响。当 $x \to \infty$ 时，$Z(x) - Z(\omega)$ 趋近某一有限值，就有

$$\lim_{R\to\infty}\int_{\Gamma}\left[\frac{Z(x)-Z_{\mathrm{r}}(\omega)}{x-\omega}-\frac{Z(x)-Z_{\mathrm{r}}(\omega)}{x+\omega}\right]\mathrm{d}x=0 \tag{22.48}$$

式中，R 是图 22.1 中大半圆的半径。所以，对式（22.45）积分中的非零贡献，则来自沿实轴和沿两个小半圆缺口的积分。

如果两个小半圆路径 γ_1 和 γ_2 的半径 ε_1 和 ε_2 趋于零，那么路径 γ_1 由 $1/(x+\omega)$ 项主导，而路径 γ_2 则由 $1/(x-\omega)$ 项主导。将 Cauchy 积分公式应用到半圆上，就有

$$-\int_{\gamma_1}\frac{Z(x)-Z_{\mathrm{r}}(\omega)}{x+\omega}\mathrm{d}x=-\mathrm{j}\pi\left[Z(-\omega)-Z_{\mathrm{r}}(\omega)\right] \tag{22.49}$$

$$\int_{\gamma_2}\frac{Z(x)-Z_{\mathrm{r}}(\omega)}{x-\omega}\mathrm{d}x=\mathrm{j}\pi\left[Z(\omega)-Z_{\mathrm{r}}(\omega)\right] \tag{22.50}$$

由于 $Z_{\mathrm{j}}(\omega)$ 和 $Z_{\mathrm{r}}(\omega)$ 分别是频率的奇函数和偶函数，所以 $Z(x)$ 在 ω 的值为

$$\lim_{x\to\omega} Z(x)=Z_{\mathrm{r}}(\omega)+\mathrm{j}Z_{\mathrm{j}}(\omega) \tag{22.51}$$

在 $-\omega$ 的值为

$$\begin{aligned}\lim_{x\to-\omega} Z(x)&=Z_{\mathrm{r}}(-\omega)+\mathrm{j}Z_{\mathrm{j}}(-\omega)\\ &=Z_{\mathrm{r}}(\omega)-\mathrm{j}Z_{\mathrm{j}}(\omega)\end{aligned} \tag{22.52}$$

在式（22.47）右侧的前三项没有零的影响。

因此，式（22.47）可以进一步表示为

$$\int_{-\infty}^{\infty}\left\{\frac{[Z_{\mathrm{r}}(x)+\mathrm{j}Z_{\mathrm{j}}(x)]-Z_{\mathrm{r}}(\omega)}{x-\omega}-\frac{[Z_{\mathrm{r}}(x)+\mathrm{j}Z_{\mathrm{j}}(x)]-Z_{\mathrm{r}}(\omega)}{x+\omega}\right\}\mathrm{d}x=-2\pi Z_{\mathrm{j}}(\omega) \tag{22.53}$$

式（22.53）可以写成

$$2\omega\int_{-\infty}^{\infty}\left\{\frac{[Z_r(x)+jZ_j(x)]-Z_r(\omega)}{x^2-\omega^2}\right\}dx=-2\pi Z_j(\omega) \tag{22.54}$$

将$-\infty$至$+\infty$的积分分解为两部分，即

$$\int_{-\infty}^{0}\left\{\frac{[Z_r(x)+jZ_j(x)]-Z_r(\omega)}{x^2-\omega^2}\right\}dx+\int_{0}^{\infty}\left\{\frac{[Z_r(x)+jZ_j(x)]-Z_r(\omega)}{x^2-\omega^2}\right\}dx$$

$$=-\frac{\pi}{\omega}Z_j(\omega) \tag{22.55}$$

再利用$Z(x)$的虚部和实部的奇偶性，就得到

$$Z_j(\omega)=-\frac{2\omega}{\pi}\int_0^{\infty}\frac{Z_r(x)-Z_r(\omega)}{x^2-\omega^2}dx \tag{22.56}$$

在$x\to\omega$处的积分，可以简单地通过 I′Ĥopital 法则获得，即

$$\lim_{x\to\omega}\frac{Z_r(x)-Z_r(\omega)}{x^2-\omega^2}=\frac{1}{2x}\frac{dZ_r(x)}{dx}=\frac{1}{2}\frac{dZ_r(x)}{d\ln(x)} \tag{22.57}$$

类似地，可以得出，阻抗的实部是虚部的函数。

22.2.4 虚部转换实部

如式（22.22）所示，当频率趋近无限大时，阻抗的实部趋近某一有限值。为了使积分函数在频率增加时以$1/\omega^2$趋于零，令

$$Z^*(x)=Z(x)-Z_r(\infty) \tag{22.58}$$

因此，相应式（22.45）就可以表示为

$$\oint\left[\frac{xZ^*(x)-j\omega Z_j(\omega)}{x-\omega}-\frac{xZ^*(x)-j\omega Z_j(\omega)}{x+\omega}\right]dx=0 \tag{22.59}$$

如图 22.1 所示，极点位于$\pm\omega$。当$R\to\infty$时，沿半径R的路径的积分值没有贡献。沿半圆路径γ_1和γ_2的积分分别为

$$-\int_{\gamma_1}\frac{xZ^*(x)-j\omega Z_j(\omega)}{x+\omega}dx=-j\pi\ [(-\omega)Z^*(-\omega)-j\omega Z_j(\omega)] \tag{22.60}$$

$$\int_{\gamma_2}\frac{xZ^*(x)-j\omega Z_j(\omega)}{x-\omega}dx=j\pi\ [\omega Z^*(\omega)-j\omega Z_j(\omega)] \tag{22.61}$$

根据虚部和实部的奇偶性，可以得出$xZ^*(x)$在$\pm\omega$的值为

$$\lim_{x\to\omega}xZ^*(x)=\omega Z_r(\omega)-\omega Z_r(\infty)+j\omega Z_j(\omega) \tag{22.62}$$

$xZ^*(x)$在$-\omega$的值为

$$\lim_{x\to-\omega}xZ^*(x)=-\omega Z_r(-\omega)+\omega Z_r(\infty)-j\omega Z_j(-\omega)$$

$$=-\omega Z_r(\omega)+\omega Z_r(\infty)+j\omega Z_j(\omega) \tag{22.63}$$

因此，式（22.59）变成为

$$\int_{-\infty}^{+\infty}\left[\frac{xZ^*(x)-j\omega Z_j(\omega)}{x-\omega}-\frac{xZ^*(x)-j\omega Z_j(\omega)}{x+\omega}\right]dx$$

$$=-2j\pi\omega[Z_r(\omega)-Z_r(\infty)] \tag{22.64}$$

式（22.64）可以写成

$$2\omega\int_{-\infty}^{\infty}\left\{\frac{x[Z_r(x)-Z_r(\infty)+jZ_j(x)]-j\omega Z_j(\omega)}{x^2-\omega^2}\right\}dx$$
$$=-2j\pi[Z_r(\omega)-Z_r(\infty)] \tag{22.65}$$

从$-\infty$到$+\infty$的积分可以表示为从$-\infty$到 0 的积分和从 0 到$+\infty$的积分之和。再利用虚部和实部的奇偶性，则有

$$Z_r(\omega)=Z_r(\infty)-\frac{2}{\pi}\int_0^{\infty}\frac{xZ_j(x)-\omega Z_j(\omega)}{x^2-\omega^2}dx \tag{22.66}$$

在 $x\rightarrow\omega$ 处的积分，可以简单地通过 I′Ĥopital 法则获得

$$\lim_{x\rightarrow\omega}\frac{xZ_j(x)-\omega Z_j(\omega)}{x^2-\omega^2}=\frac{1}{2x}\frac{x\mathrm{d}Z_j(x)}{\mathrm{d}x}=\frac{1}{2}\frac{\mathrm{d}xZ_j(x)}{\mathrm{dln}(x)} \tag{22.67}$$

如果在高频的渐近值为已知，通过式（22.66），利用虚部就可以得到阻抗的实部。

22.2.5 K-K 关系的应用

在表 22.1 中，列出了 K-K 关系的不同表述形式。式（22.1）和式（22.2），称为 Plemelj 公式，可以由线性系统的因果性直接导出。式（22.3）和式（22.4）在数学上分别与式（22.5）和式（22.6）相当，这是因为

$$\int_0^{\infty}\frac{1}{x^2-\omega^2}dx=0 \tag{22.68}$$

一系列公式［式（22.7）～式（22.10）］建立了幅角与幅值之间的关系。式（22.11）和式（22.12）是 Ehm 等[381]提出的，为复变阻抗的自然对数形式。关于复变阻抗自然对数的实部、虚部和幅角之间的重要关系见表 1.7 中式（1.128）和式（1.129）。

将 K-K 关系直接应用到实验数据上存在着固有的困难。其中，部分困难可以通过图 22.2 来说明。对于单个 Voigt 元件，如图 22.2 所示。式（22.5）表示了积分函数随频率的变化关系。可以看出，主要的困难是实际测量的频率区间可能不足以完成频率从零至无限大的整个积分。无论是采用的频率区间太窄，还是 K-K 公式的条件得不到满足，都

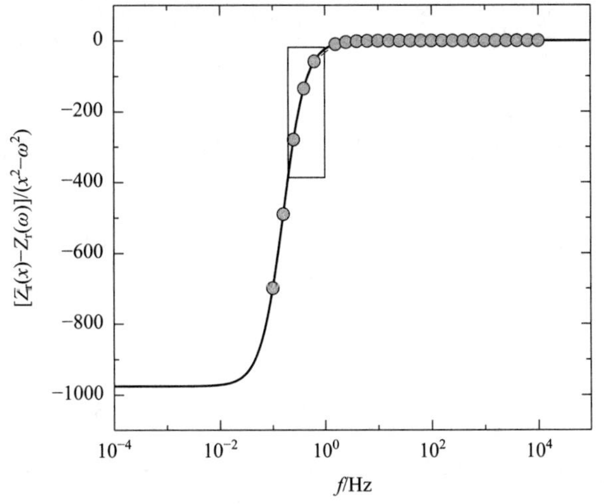

图 22.2 对于单个 Voigt 元件，$R_0=10\Omega$，$R_1=1000\Omega$，$C_1=10^{-3}$F；式（22.5）的积分是频率的函数。符号表示在 0.1～10000 Hz 的频率范围内，每个数量级以五个点合成的阻抗数据。公式以频率 1Hz 进行计算。方框中的放大图如图 22.3 所示

可能会造成实验数据与根据 K-K 关系计算的阻抗组元之间的差异。

另外，积分公式无法直接处理实验数据的随机性。这就要求在期望意义上，求解 K-K 关系，这一点将在下一节中讨论。关于解决测试频率区间窄小的方法见 22.1 节中的阐述。

22.3 期望意义上的 K-K 关系

在任一频率 ω 条件下，随机误差 $\varepsilon(\omega)$ 对阻抗观测值的影响可以表示为

$$Z_{ob}(\omega)=Z(\omega)+\varepsilon(\omega)=[Z_r(\omega)+\varepsilon_r(\omega)]+j[Z_j(\omega)+\varepsilon_j(\omega)] \tag{22.69}$$

在这里，$Z(\omega)$、$Z_r(\omega)$ 和 $Z_j(\omega)$ 代表没有误差的阻抗值，它们严格满足 K-K 关系。测量误差 $\varepsilon(\omega)$ 是一个复随机变量，即

$$\varepsilon(\omega)=\varepsilon_r(\omega)+j\varepsilon_j(\omega) \tag{22.70}$$

在任一频率 ω 条件下，由式（3.1）定义的阻抗观测值的期望值为 $E\{Z_{ob}(\omega)\}$ 与遵循 K-K 关系的值相等，即

$$E\{Z_{ob}(\omega)\}=Z(\omega) \tag{22.71}$$

仅且只有当

$$E\{\varepsilon_r(\omega)\}=0 \tag{22.72}$$

和

$$E\{\varepsilon_j(\omega)\}=0 \tag{22.73}$$

都成立时才成立。注意式（22.72）和式（22.73）只适用于随机误差，不适用于系统偏差。

22.3.1 实部转换虚部

只有在期望意义上，才可以应用式（22.56）从阻抗谱的实部得到虚部，也就是说

$$E\{Z_j(\omega)\}=\frac{2\omega}{\pi}E\left\{\int_0^{\infty}\frac{Z_r(x)-Z_r(\omega)+\varepsilon_r(x)-\varepsilon_r(\omega)}{x^2-\omega^2}\right\}dx \tag{22.74}$$

对于式（22.73），进一步计算有

$$Z_j^{kk}(\omega)+\varepsilon_j^{kk}(\omega)=\frac{2\omega}{\pi}\left[E\left\{\int_0^{\infty}\frac{Z_r(x)-Z_r(\omega)+\varepsilon_r(x)-\varepsilon_r(\omega)}{x^2-\omega^2}dx\right\}+\int_0^{\infty}\frac{\varepsilon_r(x)}{x^2-\omega^2}dx\right] \tag{22.75}$$

其中，$Z_j^{kk}(\omega)$ 是根据 K-K 积分公式计算的阻抗虚部值，而 $\varepsilon_j^{kk}(\omega)$ 是由右侧第二项积分带来的对 K-K 关系的偏差。

根据式（22.75），显然只有当 $E\{\varepsilon_j^{kk}(\omega)\}=0$ 时，观测的虚部期望值才会接近在 K-K 意义下的真实值。这就要求在满足式（22.72）的同时，还得满足

$$E\left\{\frac{2\omega}{\pi}\int_0^{\infty}\frac{\varepsilon_r(x)}{x^2-\omega^2}\right\}dx=0 \tag{22.76}$$

式（22.72）和式（22.76）确定了应用 K-K 积分公式进行计算的条件。

要想满足第一个条件，过程必须是稳定的，也就是说，在任一个测量频率下的结果都是

提示 22.3： 不满足 K-K 关系的阻抗数据一定不满足稳定性、线性和因果性中至少一项。满足 K-K 关系是满足稳定性、线性和因果性的必要条件，但不是充分条件。

可以重复的。要想满足第二个条件，有两种方法。从理论上讲，所有频率都能测量。因此，期望值可以在积分内计算。由式（22.72）可以直接得出式（22.76）。

实际上，阻抗测量只能在有限的频率下进行。令 $\varepsilon_r(x)$ 代表在频率 x 时插值函数与阻抗“真”值之间的偏差，如图 22.3 所示。在图 22.3 中，图 22.2 中的方框区域被放大了，以表示数据点之间的直线插值和与数据相吻合的插值模型之间的差异。这种误差包括了由积分和（或）插值引起的误差以及在测量频率 ω 条件下的随机噪声。实际上，式（22.76）代表了对积分步骤的限制与约束条件。在积分和插值误差都可以忽略的情况下，残余误差 $\varepsilon_r(x)$ 具有和随机噪声 $\varepsilon_r(\omega)$ 相同的数量级。

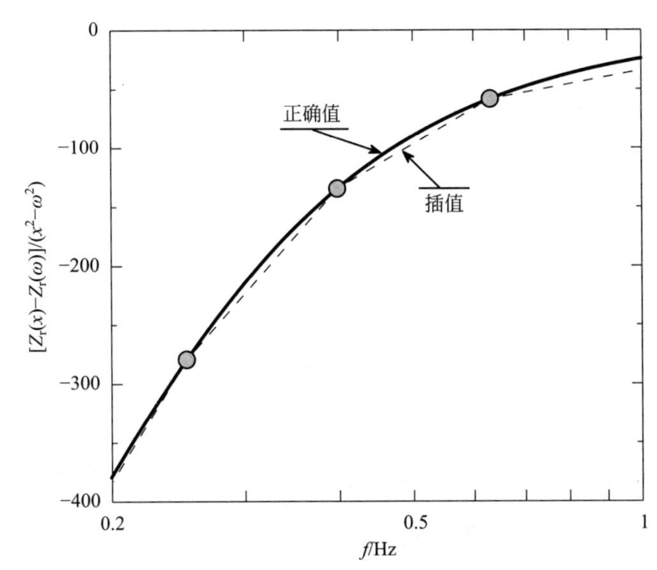

图 22.3　图 22.2 中放大的方框区域，表示数据点之间的直线插值与符合数据的插值模型之间的差异。系统参数同图 22.2

22.3.2　虚部转换实部

根据 K-K 关系，由频谱的虚部得到实部为式（22.66）。将其表示为期望值形式，即为

$$E\{Z_r(\omega)-Z_r(\infty)\}=-\frac{2}{\pi}E\left\{\int_0^{\infty}\frac{xZ_j(x)-\omega Z_j(\omega)+x\varepsilon_j(x)-\omega\varepsilon_j(\omega)}{x^2-\omega^2}\right\}dx \tag{22.77}$$

对于式（22.77），进一步计算，即有

$$Z_r^{kk}(\omega)-Z_r(\infty)+\varepsilon_r^{kk}(\omega)=$$
$$\varepsilon_{Z_r(\infty)}^{kk}-\frac{2\omega}{\pi}\left[E\left\{\int_0^{\infty}\frac{xZ_j(x)-\omega Z_j(\omega)+x\varepsilon_r(x)-\omega\varepsilon_r(\omega)}{x^2-\omega^2}dx\right\}+\int_0^{\infty}\frac{x\varepsilon_j(x)}{x^2-\omega^2}dx\right] \tag{22.78}$$

类似于对式（22.75）的讨论，应用 K-K 关系的必要条件是满足式（22.73），并且有

$$E\left\{\frac{2}{\pi}\int_0^{\infty}\frac{x\varepsilon_j(x)}{x^2-\omega^2}\right\}dx=0 \tag{22.79}$$

如果阻抗测量的频率点是有限的，那么 $\varepsilon_j(x)$ 就代表了在频率 x 时插值函数与阻抗“真”值之间的偏差，包括了由积分和（或）插值引起的误差以及在测量频率 ω 的随机噪声。如

同式（22.76）一样，式（22.79）明确规定了对积分步骤的限制与约束条件。

思考题

22.1 采用 $R_e = 10\Omega \cdot cm^2$，$R_t = 100\Omega \cdot cm^2$，$C_{dl} = 20\ \mu F/cm^2$ 的电路证明下列等式。解决这一问题需要应用电子表格程序，例如 Microsoft Excel©，或者计算程序，例如 Matlab©。

（a）式（22.1）

（b）式（22.2）

（c）式（22.3）

（d）式（22.4）

（e）式（22.5）

（f）式（22.6）

（g）式（22.7）

（h）式（22.8）

（i）式（22.9）

（j）式（22.10）

（k）式（22.11）

（l）式（22.12）

22.2 证明包含式（22.80）定义的 CPE 阻抗响应满足 K-K 关系。

$$Z = R_e + \frac{R_{\parallel}}{1 + (j\omega)^{\alpha} R_{\parallel} Q} \tag{22.80}$$

22.3 利用思考 8.6 的结果，研究可否应用 K-K 关系判断阻抗响应中的非线性。讨论你的结果对实验设计的含义。

22.4 为什么线性、因果性和稳定性的假定对于推导 K-K 关系是必要的？

22.5 什么是因果转换？为什么阻抗 Z 不是一个因果转换？

22.6 有时我们讲在电化学系统应用 K-K 关系时，要求阻抗是有限的。而阻塞电极的阻抗并不是有限的。那么 K-K 关系是否适用于阻塞电极？如果适用，又该如何应用呢？

Electrochemical
Impedance
Spectroscopy

第六部分

综　述

第23章
阻抗谱的综合分析方法

编写这本书的出发点就是将实验观察、模型建立与误差分析有机地结合在一起，从而达到对阻抗谱全面理解的目标。这种方法和通常的阻抗谱模型建立不一样[3,4]，它强调的是如何基于实验观察结果指导模型的选择，如何利用误差分析指导回归分析和实验设计，如何通过模型的应用指导新实验方法的选择。

23.1 回归分析的流程图

对于电化学和电子体系的分析，虽然阻抗谱是一种非常敏感的工具，但是仅对原始数据的检验，可能无法获得清楚的阻抗谱解析。相反，阻抗谱的解析需要建立模型，以便根据体系的物理特性解释阻抗响应。模型的建立既要考虑阻抗的测量，也要考虑研究体系的物理和化学特性。

可以想象，如果对实验结果（比如阻抗谱）的测试与解析建立一流程图，那将是很有意义的事。Barsoukov 和 Mcdonald 等提出了描述一般过程的流程图。这种流程图由阻抗测量的两个模块、物理（过程）模型的三个模块、一个等效电路图模块、标志曲线拟合模块和体系分析模块等组成[3,4]。他们建议，可以利用建立在一定物理理论上的数学模型或者相对经验的等效电路图，对阻抗数据进行分析。模型参数可以通过复变非线性最小二乘法进行估算。作者也注意到，理想的电子电路元件代表理想常数属性的集成，通常包括赋予电解质电池的物理特性。一般采用常相位角元件（CPE）作为阻抗谱元件表示电解池的特征。对于等效电路图的解析，可能存在的问题是，这样的等效电路图模型是含糊的，并且不同的等效电路图对同一个阻抗谱图的拟合都是一致的。作者认为，这不能够直接与理论模型进行对比。同时建议，只有根据物理特征，完成不同条件下的几组测量结果，才能得到合理的等效电路图。

Huang 等人[382]针对固体氧化物燃料电池（SOFC）体系，提出了类似阻抗谱解析的流程图。这个流程图解释了阻抗谱的测量、模型的建立、模型的拟合、结果的解释和燃料电池动力系统的优化。作者强调，阻抗谱的解析主要依赖于电化学研究者的经验，而不是针对 SOFC 的模型参数。

虽然 Barsoukov 与 Mcdonald[4] 和 Huang 等人[382] 提出的阻抗谱分析流程图是有用的，但是不完整。这是因为他们既没有解释试验误差结构评估的作用，也没有强调支持实验测量的重要性。另外，Orazem 等人[383]提出了包括三个要素的流程图：实验、度量模型和分析模型。度量模型主要用于评估数据的随机误差和偏移误差。这样，这个流程图就包括了对实验误差结构的单独评估。然而，他们的流程图却不能支持解释非阻抗测试的作用，包括不能够有效地表明回归分析的应用。本章的主要目标是建立一种复杂的用于测量和解析阻抗谱的方法。

23.2 测量、误差分析与模型的一体化

图 23.1 为阻抗谱分析的哲学方法。三角形代表运算放大器。对此运算放大器而言，其输入通道的电位必须相等。在单独获得随机误差结构的范围内，一定要不断采取措施，直到模型能够提供充分代表性的数据。在本节中，将阐述这种哲学思想的内涵内容。

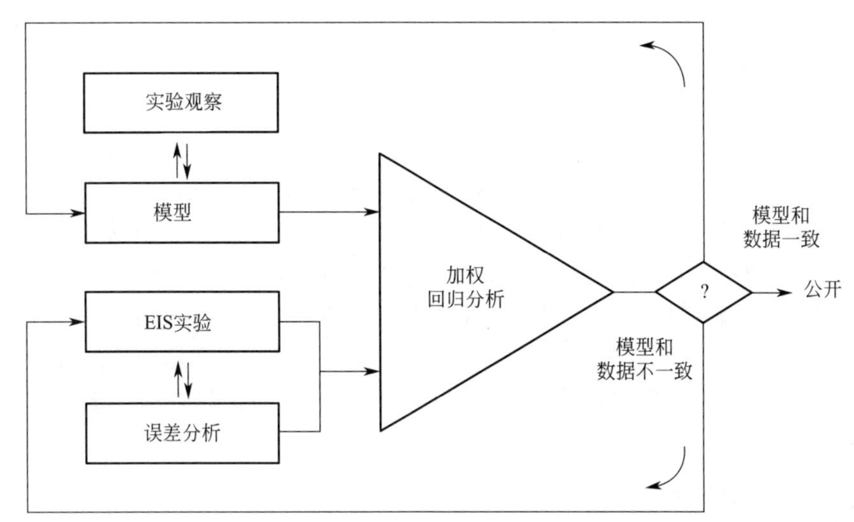

图 23.1　阻抗测量、误差分析、实验观察、模型建立和加权回归分析之间的关系流程示意图（摘自 Orazem 和 Tribollet 报道[340]）

23.2.1 结合误差分析的阻抗测试

首先，所有阻抗测试之前，应当进行稳态极化曲线的测试。通常，利用稳态极化曲线，选择用于阻抗测量的合理干扰信号振幅，提出模型建立的最初假定。其次，在极化曲线上选择不同的点进行阻抗测试，以探讨电位对反应速率常数的影响。阻抗的测量也可以在不同的状态变量条件下进行，比如不同温度、不同电极旋转速度和不同反应物浓度。也可以利用在不同时间点进行阻抗扫描测试，以探讨系统参数的瞬时变化。例如，氧化物膜或者腐蚀产物膜的生长、催化剂表面的中毒和反应物、产物浓度的变化等。

在阻抗测量的过程中，要考虑对误差的分析，尤其注意随机误差和系统偏移误差。所谓偏移误差，指的是那些和 K-K 关系不一致的数据。Agarwal 等人[69,100,101,384]建议，采用度量模型方法，进行经验误差分析。然而，有一点必须注意，这种方法不一定正确，因为电子导线或者电子元器件可能引起 K-K 关系一致性的失真。采用虚拟电解池，有助于识别满足 K-K 关系的失真数据。针对误差结构中随机误差的识别，Dygs 和 Breitier 等[385]提出，可以采用测量每一个频率条件下的阻抗，并对其标准偏差进行识别的方法。

在图 23.1 中，电化学阻抗谱（EIS）实验与误差分析的反馈图表明，从测量数据获得误差结构，并且基于对误差结构的了解，可以指导提高实验设计。例如，干扰信号振幅值的选

提示 23.1： 本书的总体思路是把实验观察、模型建立和误差分析集于一体。

择，应当使随机误差最小化。同时，还要避免导致非线性响应。频率范围的选择应当抽样检查体系时间常数。同时，避免与非稳态响应有关的偏移误差。总之，实验参数的选择应当减少随机误差，同时又要选择尽可能宽的频率范围，以避免偏移误差。

23.2.2　基于观察建立过程模型

如图 23.1 所示，利用这个模型，可以解释研究体系的物理化学特征。根据图 23.1 所示的观点，建立模型的目标不是以利用尽可能少的参数获得最好的拟合作为出发点，而是根据这种模型，研究体系的物理意义。这种模型应当能够解释，或者至少与实验观察结果一致。所以，应该以实验为重，以便更好地为建立模型提供的参考。在图 23.1 中，模型与其他观察的反馈回路表明，应该支持通过实验，引导模型的建立。这样，所提出的模型才能够指导如何进行实验验证模型假设。这些实验包括电化学和非电化学测量。

大量的扫描电化学方法，例如扫描参比电极、扫描隧道显微镜、扫描电化学显微镜，都可以用于研究表面的非均匀性。扫描震动电极和探针可以测量局部电流的分布。局部电化学阻抗谱可以用于研究表面反应活性。测量可以在固定频率条件下对整个电极表面进行扫描，或者在某一点完成一个完整的阻抗谱测试。其他的实验包括原位和非原位的表面分析、电解质的化学分析、原位和非原位的宏观/微观形貌分析等。传递函数方法，比如电流体力学阻抗谱，就可以用来研究影响阻抗谱响应的现象[65]。

23.2.3　误差结构的回归分析

在图 23.1 中，三角形代表运算放大器，其目标是建立一个模型，使其在一定的噪声水平条件下能够代表阻抗测量结果。测量的误差结构在回归分析中起着关键作用。对于复变非线性最小二乘法回归，其权重分析应当是建立在数据随机误差变化的基础上，用于回归分析的频率范围也应当免于偏移误差。另外，有必要了解随机测量的误差变化，这样才有助于定量确定回归分析的质量。

在单独获得的随机误差结构范围内，一定要不断采取措施，直到模型能够提供有充分代表性的数据。通过模型和实验结果的比较，有助于模型的完善和实验参数的修正。

23.3　应用

在下面两个例子中，将对两个体系进行阐述，以说明图 23.1 所示的方法。

例 23.1　模型的识别：有两种模型可以解析在不同温度条件下，n 型 GaAs 肖特基二极管的阻抗数据。第一种模型是采用 CPE 解释和理解可能的分布弛豫过程[287]。这个模型采用很少的参数就很好地完成了对阻抗数据的拟合。第二种模型解释了能级，并对每一个温度条件下阻抗数据进行了回归分析[338,339]。问题是哪一个模型更好地解释了实验测量结果？

解：Orazem 等人[339]和 Jansen 等人[338]都阐述了在不同温度条件下，n 型 GaAs 肖特基二极管的阻抗响应。这个研究体系为一个 n 型 GaAs 单晶，一端为 Ti 肖特基接触，

提示 23.2：阻抗谱不是一种独立的测试技术。要想正确地解析阻抗谱，还需要其他的观察结果给予支持。

另一端为 Au、Ge、Ni 共晶肖特基接触。这种材料已经有了很好的研究，其特别之处在于这种材料有很好的 EL2 深层态。大约在导带以下，其值为 0.83～0.85 eV[337]。有关实验细节可以从 Jansen 等人的研究中查阅[338]。

对于 n 型 GaAs 肖特基二极管，当温度从 320K 升高到 400K 的过程中，阻抗实部和虚部如图 18.22(a) 和（b）所示。在图 18.22 中，采用了对数坐标，以此强调虚部数据在低频区的发散性。很明显，阻抗响应是温度的函数。图 18.23 为温度 320K 和 340K 下的阻抗平面图。从图 18.23 可见，阻抗平面图为经典的半圆弧，表明了单一的松弛效应。

Jansen 和 Orazem 等指出[338]，阻抗谱也可以表示为图 18.24 中所示形式。对于不同温度条件下测量的阻抗数据，可以采用阻抗实部的最大名义值在直角坐标系进行表示，并且可以对根据式（18.23）定义的频率作图，其中 $E=0.827\text{eV}$，特征频率大约是 2.964×10^{14} Hz，虚部在临近 $f^*=1$ 时达到峰值。在不同温度条件下，采集的阻抗数据变成一条直线。很显然，在对数坐标系中，表征阻抗谱数据更为清楚，见图 18.25。图 18.24 和图 18.25 所示的数据仅表明了反应受活化能控制。

仔细观察图 18.24(b)，阻抗虚部的最大模值比 0.5 略小。而相应的仅受活化控制的过程，其值应当为 0.5。如果采用加权方法进行回归分析，那么假定实验测量值的标准偏差

正比于阻抗模值，即 $\sigma_r=\sigma_j=\alpha\,|Z|$，同时，正比于阻抗实部、虚部模值，即 $\sigma_r=\alpha_r\,|Z_r|$，$\sigma_j=\alpha_j\,|Z_j|$，并且与频率无关，即 $\sigma_r=\sigma_j=\alpha$。这样，其结果为一个 RC 时间常数，意味着由此可以解析相应的其他参数。Jansen 等人[338,339] 根据 Agarwal 等[69,100,101,384]提出的度量模型方法，进行了阻抗数据的随机误差结构分析。当采用误差结构分析代替加权方法进行回归分析时，得到了更多参数，表明存在额外的活化能。这样，数据不但在图 18.24 和图 18.25 中具有规律性，而且数据还含有一些信息，这就是较小活化能控制的电子能态跃迁[338,339]。基于测量数据的误差结构，利用加权分析方法对过程模型进行回归处理，就可以获得有关电子能态跃迁的信息。

根据上述实验结果，建立了两种阻抗模型。Macdonald 提出了分布时间常数模型，解释了松弛效应[287]。这种模型对实验数据进行了很好地拟合，并且具有参数数量最少的优势。第二种模型，如图 23.2 所示，解释了离散的能级状态，并且在每一个温度条件下得到了很好的回归分析[338,339]。在图 23.2 中，C_n 是空间电荷电容，R_n 是与有限小的漏电电流相关的电阻。参数 $R_1\cdots R_k$，$C_1\cdots C_k$ 与离散的深层能级状态有关。对应深层态参数可以持续地添加在模型里，对于回归分析的每一个参数，受自由度系数 2σ 即 95.4% 的限制，但不包括 0。根据在 300K、320K 和 340K 温度下测量的阻抗数据，可以获得空间电荷电容、漏电电阻和四个电阻一电容对。根据在 360K、380K 和 400K 温度下测量的阻抗数据，可以获得其中三个电阻-电容对。根据 420K 温度下测量的阻抗数据，可以获得另外两个电阻-电容对[338]。与扰动时间常数模型相比，这个模型的缺点是

提示 23.3： 建立模型的目标表示为了有一个好的拟合结果，而是根据模型了解研究体系的物理、化学意义。

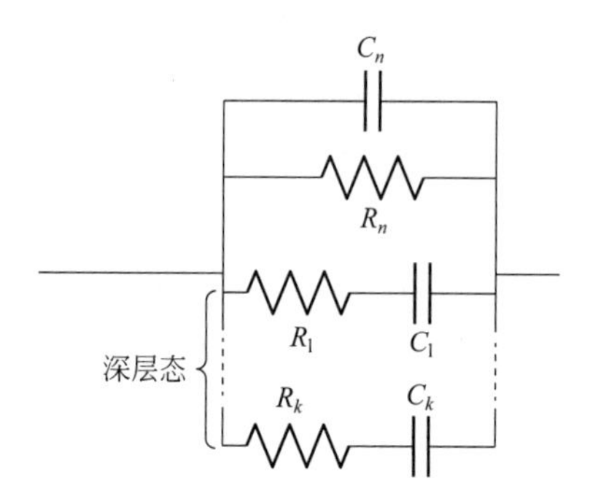

图 23.2　Jansen 等提出模型的电子电路图。其中，C_n 是空间电荷电容，R_n 是电阻，与有限小的漏电电流相关。参数 $R_1 \cdots R_k$，$C_1 \cdots C_k$ 与离散的深层能级状态有关。（数据摘自 Orazem 和 Tribollet[340]）

需要 8 个参数，并且与温度相关。那么，哪个模型是最佳的呢？

如果回归分析的目的是根据实验数据提供参数最少的模型，那么既能表述连续活化能级分布而且最少参数的模型则是最好的模型。如果回归分析的目的是定量阐述体系的物理性质，那么就很有必要进行额外实验，以确定活化能分布是连续的还是离散的。在这种情况下，深层瞬态谱（DLTS）的测量将表明，n 型 GaAs 二极管包括离散的深层态。另外，利用第二种模型进行数据回归分析，将获得能态及其密度。这与采用深层瞬态谱（DLTS）测量的结果一致[338]。这样一来，具备更多参数的第二种模型，就能够对 GaAs 二极管进行更为有效的描述。如果没有其他实验，很难对上述两种阻抗模型进行取舍。

通过例 23.1，说明了采用实验观察、模型建立和误差分析相结合的分析方法的重要性。通过测量不同温度条件下的阻抗，就可以甄别电子迁移的离散活化能。基于观察得到的随机误差结构，进行加权分析，就增加回归分析参数的数量。这样，虽然可以确定四个受活化能控制的过程，但是相应的阻抗模型需要 8 个参数。如果假定活化能是连续分布的，同样可以得到相同的回归分析结果，并且模型仅仅需要三个参数。对于两个模型的选取，还需要其他的实验观察结果进行佐证，例如采用深层瞬态谱技术，就可确定离散深层态的电子跃迁。

例 23.2　模型指导实验： PEM 燃料电池的阻抗谱在低频时经常出现感抗弧，这是由于存在的自催化反应造成的。在反应过程中，Pt 催化反应生成 PtO，然后生成铂离子 Pt^+[378]。请提出一些实验，以支持或者反对这个阻抗模型。

解：低频感抗弧特征经常出现在燃料电池的阻抗谱图中[386~388]。Makharia 等人[386]认为，感抗现象来自于副反应，或者燃料电池中的中间产物。然而，低频感抗也有可能为非稳态行为造成的。因为低频测量需要更长的时间，非稳态行为会影响低频阻抗谱的特征。

图 23.3 所示为面积为 5cm^2 PEM 燃料电池的阻抗谱[389]。其中，氢气和空气为反应物。阻抗测量采用恒电流方式，频率从 1kHz 到 1mHz，电流扰动为 10mA 的正弦波电流。Roy 和 Orazem 等人[378]采用 Agarwal 等[69,100,101,384]提出的度量模型，进行了稳态条件下燃料电池的阻抗测量。图 23.3 所示低频阻抗部分满足 K-K 转换关系。所以，低频感抗弧特征归于反应过程特征，不是非稳态失真。

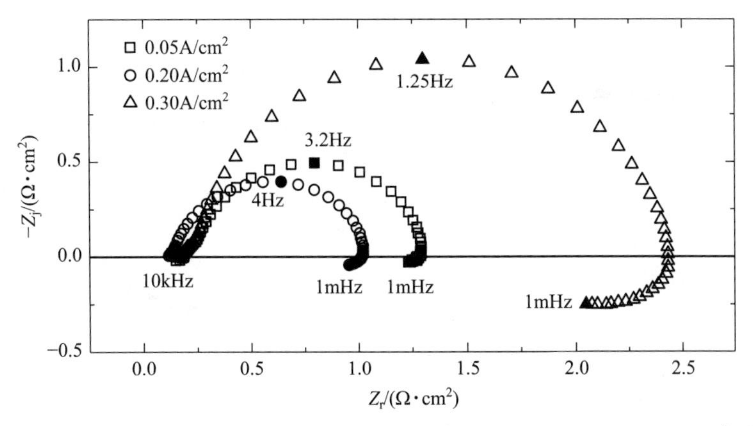

图 23.3　不同电流密度下单个燃料电池的阻抗谱（数据摘自 Roy 等人报道[389]）

Roy 等人[389]也认为，PEM 燃料电池低频感抗弧的特征应该 Pt 催化反应生成 PtO，然后生成 Pt^+。同时，Roy 等人[389]还认为，双氧水的生成反应也有可能产生类似的感抗特征。在图 23.4 中，对比给出了两种模型的预测和实验结果。阻抗实部和虚部与频率的关系如图 23.5(a) 和 (b) 所示。通过回归分析，是不能够得到模型的计算结果的。但是，通过合理的参数进行模拟计算是可以的。不采用回归分析的原因在于，回归分析模型是假设膜电极（MEA）组装是均匀的。实际上，蛇型流道会引起膜电极反应非常不均匀。首先，选择参数模拟电流一电位曲线。然后，采用相同的参数，计算不同电流密度条件下的阻抗相应。与模型参数相关的电位或者电流和相应电化学反应的 Tafel 行为存在着密切的关系。

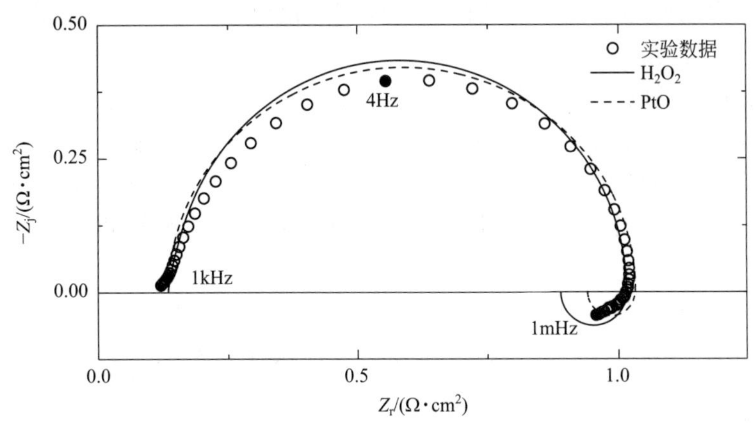

图 23.4　PEM 燃料电池在 0.2A/cm² 条件下阻抗谱与模型预测结果的对比。
其中，模型假设氧化氢的生成和反应过程中生成氧化铂（数据摘自 Roy 等人报道[389]）

尽管反应参数不能够通过阻抗数据的回归分析得到，但是 Roy 等[389]的模拟结果表明，文献中提及的副反应可以解释阻抗谱低频的感抗特征。实际上，图 23.4 和图 23.5 所示的两种模型都可以解释阻抗谱低频的感抗特征。对于其他模型，只要表明电位对中间产物吸附的影响，模型就可以解释感抗现象[311]。一般说来，人们都能够理解等效电子电路图并不是唯一的，并且也了解等效电子电路图在表述电化学反应电池的物理特征存在着不确定的关系。如 Roy 等人[389]指出的那样，即使建立在物理和化学反应过程上的模型也许也是

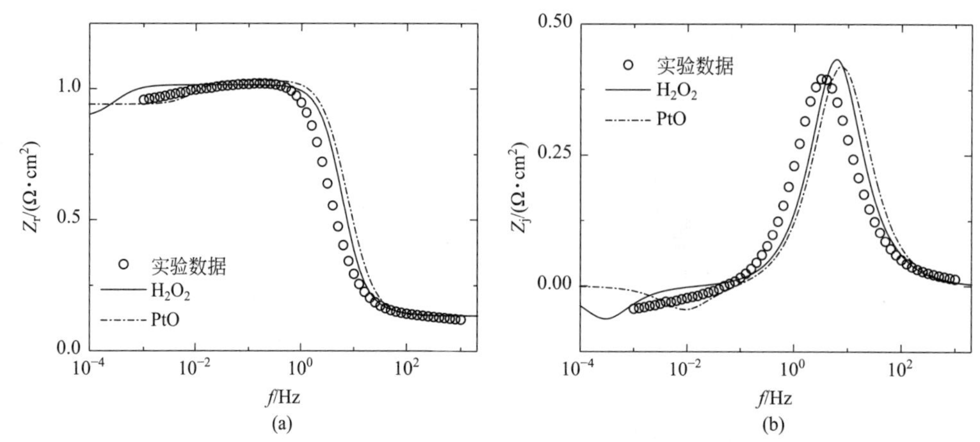

图 23.5 PEM 燃料电池在 0.2A/cm^2 条件下阻抗谱与模型预测结果的对比。其中，模型假设氧化氢的生成和反应过程中生成氧化铂。(a) 实部阻抗图；(b) 虚部阻抗图（数据摘自 Roy 等[389]）

模棱两可的。在这个例子中，不确定性主要是由低频感抗特征的不确定性造成的。

解决这种不确定性的方法是进行试验检验。对于给定模型，其假定过程和反应都需要相应的试验进行验证。例如，PtO 的形成将会导致表面活性面积降低，Pt^+ 降低。在不同时间对燃料电池进行循环伏安扫描，可以研究电化学活性面积的降低。可以利用等离子体质谱技术（ICPMS)，测量燃料电池中的剩余 Pt^+。其他非原位技术也可以检测催化层中 PtO 的形成。其他不同的实验也可以研究双氧水的形成是否是造成低频感抗现象的原因。在 PEM 燃料电池中，已经发现了 Pt 的溶解[390]。同时，双氧水的形成也有可能导致 PEM 膜的破坏[391～393]。这样，就很有可能这两个反应同时发生，从而导致阻抗谱在低频区的感抗弧。

例 23.2 说明了可以采用误差分析方法，确定与 K-K 转换关系一致性。在这个例子中，只要体系达到稳定状态，在频率 0.001Hz 低频区存在的感抗弧特征，也满足 K-K 转换关系。用于解释低频特征的数学模型，一般都是建立在可能的物理和化学反应假定上。然而，一般说来，当模型不确定时，就需要更多的实验测量和观察，为研究体系筛选最合理的模型。

这里所阐述的方法和图 23.1 所示的信息，也不一定总是奏效。假定的模型总是不充分的，并且不能重复实验结果。即使提出的反应次序是对的，表面的非均匀性也会导致问题的复杂化，并使得模型建立更加困难。对于低阻抗体系，测量频率范围的选择往往在高频受到限制。对于非稳态行为的体系，低频处的 EIS 测量则会受到限制。对于实验人员来讲，必须接受高阻抗体系的随机噪声。在这种情况下，模型是不能很好地解释实验结果的。但是，在第 18 章中所阐述的方法却能够提供一些定量信息。

思考题

23.1 设计实验，以支持或者反对下面例子中的阻抗模型：

(a) 例 10.4

(b) 例 10.5

（c）思考题 10.4

（d）思考题 10.5

（e）思考题 10.6

（f）例 23.1

23.2　阻抗研究领域一些有名的研究人员，根据不同特征的阻抗谱图，创建了解析不同阻抗谱形状目录。讨论这些解析目录的优缺点。

23.3　解释误差分析在下列工作中的作用。

（a）实验设计

（b）回归分析

（c）模型确定

23.4　为什么阻抗谱图不是一种独立的技术？其他的电化学技术，例如循环伏安技术是独立技术吗？给出答案并提出你的理由。

Electrochemical
Impedance
Spectroscopy

第七部分

参考资料

附录 A 复积分

在第一章中，简要地对复数变量进行了分析。本节在描述复积分之前，将详细地归纳一些重要的定义。这部分内容可为在第 22 章中讨论的 Kramers-Kronig，即 K-K 关系提供基础。读者如果想要更详细的分析，可参考有关教科书[88~90,93]。

A.1 术语定义

定义 A.1(极限) 函数 $f(z)$ 在 $z\to z_0$ 时的极限

$$\lim_{z\to z_0} f(z)=l \tag{A.1}$$

即意味着给定一个 $\varepsilon>0$，存在一个 δ，当 $0<|z-z_0|<\delta$ 时，就有 $|f(z)-l|<\varepsilon$。注意，z 可能在一个复杂平面上从任意方向趋近于 z_0，并且极限值与趋近方向无关。

定义 A.2(连续函数) 如果函数 $f(z)$ 在 z_0 处满足

$$\lim_{z\to z_0} f(z)=f(z_0) \tag{A.2}$$

那么称函数 $f(z)$ 在 z_0 处是连续的。如果函数 $f(z)$ 在其定义域内每个点都是连续的，那么这个函数也是连续的。

定义 A.3(函数的导数) 函数 $f(z)$ 在 z_0 处的导数是

$$f'(z_0)=\lim_{z\to z_0}\frac{f(z)-f(z_0)}{z-z_0} \tag{A.3}$$

如果 $f(z)$ 在 z_0 处存在导数，那么 $f(z)$ 在 z_0 处是可导的。

定义 A.4(点的邻域) 满足下面不等式的所有点 z

$$|z-z_0|<\delta \tag{A.4}$$

都被称作 z_0 的 δ 邻域。z_0 的 δ 邻域如图 A.1 所示。

定义 A.5(集合) 如果 z_0 的邻域内包含的点都存在于集合 S 内，那么 z_0 在集合 S 内部。如果 z_0 的邻域内包含的点都不存在于数集 S 内，那么 z_0 就不在集合 S 内部。如果 z_0 既不在集合 S 的内部也不在其外部，那么它一定在 S 的边界上。

定义 A.6(开集和闭集) 开集仅仅包含其内部的点。如果一个集合包含其边界上的点，那么这个集合就是闭集。

定义 A.7(曲线) 曲线 C 满足于函数

$$z=z_r(t)+jz_j(t) \tag{A.5}$$

这里，$z_r(t)$ 和 $z_j(t)$ 是关于参数 t 的连续性函数，此处定义 $a\leqslant t\leqslant b$。如果 $z(a)=z(b)$，曲线 C 是闭合的。如果曲线 C 不穿过自身，那么曲线 C 就属于简单曲线。

定义 A.8(连通集) 如果在一个开集内，每对点 z 和 w 都能连接成完全在集合 S 内部

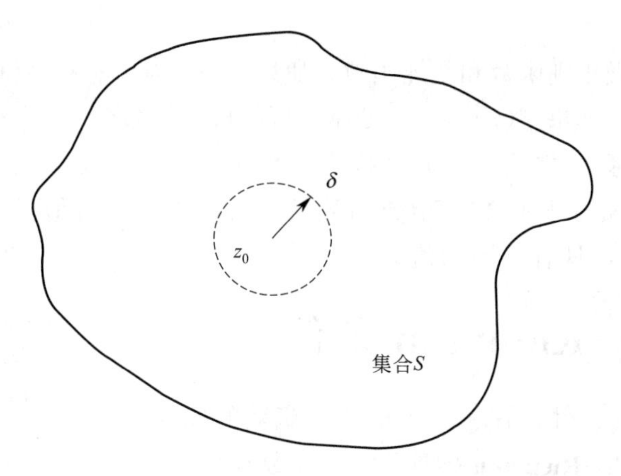

图 A.1　集合 S 内 z_0 的 δ 邻域示意图

的曲线，那么这个开集属于连通集。

两个开集如图 A.2 所示。由于在集合 A 内，任意两个点都可以画出一条连续的曲线，所以集合 A 是连通集。由于集合 B 由两个独立的区域组成，不能任意画出一条连续的曲线，所以集合 B 不是连通集。类似地，所有点都不位于闭合曲线 $|z|=1$ 上的数集属于开集但不属于连通集。

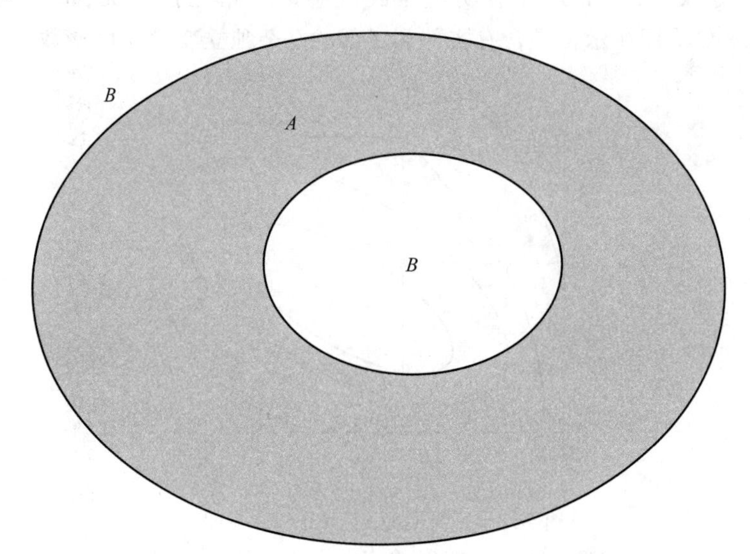

图 A.2　两个开集。因为在集合 A 内，
任意两个点都可以画出一条连续的曲线，所以集合 A 是连通集。
而集合 B 由两个独立的区域组成，不能任意画出一条连续的曲线，所以集合 B 不是连通集

定义 A.9(域)　连通集可以是域。

集合 A 可以是域，然而集合 B 不能是定义域，因为集合 B 不是连通集。

定义 A.10(区域)　一个域，不管是否包括其边界点，都是一个区域。如果一个区域包含所有定义域及其边界点，那么这个区域属于闭合区域。

集合 A 不管包不包括其边界点，都属于区域。然而，集合 B 不是，因为它不能是域。

定义 A.11(解析函数)　如果函数 $f(z)$ 在 z_0 的邻域内每个点都是可导的，那么 $f(z)$

在 z_0 处是可解析的。

解析函数也被叫做正则函数和全纯函数，如果 $f(z)$ 对所有有限值 z 都是可解析的，那么 $f(z)$ 属于整函数。如果 $f(z)$ 在 z_0 处是不可解析的，那么 z_0 叫做间断点。

例 A.1　解析函数： 举例说明何为解析函数和非解析函数。

解： 多项式函数是解析函数；指数函数是解析函数；绝对值函数不是解析函数，因为当绝对值不为零时，具有不同的值。

A.2　Cauchy-Riemann 条件

Cauchy-Riemann 条件描述了一个解析复函数的标准。

定理 A.1（Cauchy-Riemann 条件）　对于复函数

$$f(z)=u(x,y)+\mathrm{j}v(x,y) \tag{A.6}$$

当且仅当 $\partial u/\partial x$、$\partial u/\partial y$、$\partial v/\partial x$ 以及 $\partial v/\partial y$ 是连续，并且满足式

$$\frac{\partial u}{\partial x}=\frac{\partial v}{\partial y}\text{ 且 }\frac{\partial u}{\partial y}=-\frac{\partial v}{\partial x} \tag{A.7}$$

时，此函数在区域 G 内是可解析的。

根据定义 A.11，如果函数 $f(z)$ 在 z_0 的邻域内每个点都是可导的，那么 $f(z)$ 在 z_0 处是可解析的。定义 A.1 和 A.3 表明，导数值应该与路径选择无关，一般地，复函数 $f(z)$，如图 A.3 轮廓图所示，是含有实部和虚部的复杂独立变量 z 的函数。

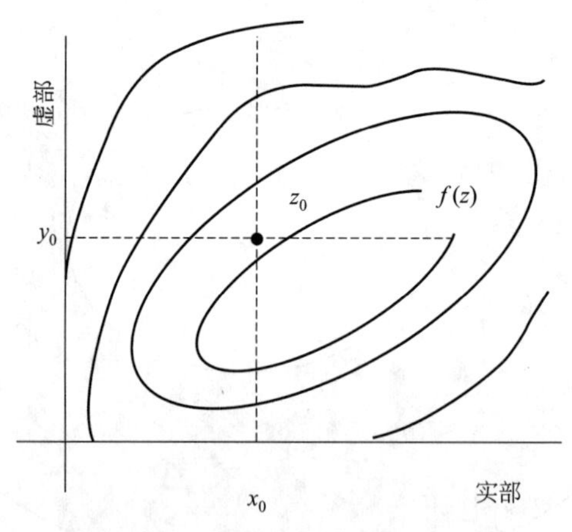

图 A.3　两种趋近 z_0 路径的示意图。

函数 $f(z)$ 如轮廓图表示，是一个含有实部和虚部的复杂独立变量 z 的函数

下式给出了沿实轴 $\mathrm{d}f/\mathrm{d}x$ 在常数 y 处的导数，即

$$f'(z_0)=\lim_{\Delta x\to 0}\frac{u(x_0+\Delta x,y_0)-u(x_0,y_0)}{\Delta x}+\mathrm{j}\lim_{\Delta x\to 0}\frac{v(x_0+\Delta x,y_0)-v(x_0,y_0)}{\Delta x} \tag{A.8}$$

这里，$\Delta z=\Delta x$。等式（A.8）可以改写为

提示 A.1： 解析函数的概念对第 22.2 节中 K-K 关系的推导至关重要。

$$f'(z_0)=\frac{\partial u}{\partial x}+\mathrm{j}\frac{\partial v}{\partial x} \tag{A.9}$$

沿虚轴在常数 x 处求导，$\Delta z=\mathrm{j}\Delta y$。就有

$$f'(z_0)=\lim_{\Delta y\to 0}\frac{u(x_0,y_0+\Delta y)-u(x_0,y_0)}{j\Delta y} \tag{A.10}$$
$$+\mathrm{j}\lim_{\Delta y\to 0}\frac{v(x_0,y_0+\Delta y)-v(x_0,y_0)}{\mathrm{j}\Delta y}$$

或

$$f'(z_0)=-\mathrm{j}\frac{\partial u}{\partial y}+\frac{\partial v}{\partial y} \tag{A.11}$$

要想 $f'(z_0)$ 的值与方向无关，那么必须满足公式（A.7）。另外，偏导数必须是连续的。

A.3 复积分

对K-K关系的运用，需要掌握复平面上的积分知识。这就是非常强大的共形映射工具。在这里，所讨论的结论仅局限于对K-K关系推导的理解方面。

A.3.1 Cauchy定理

定义A.12（单连通域） 如果在域内的每个简单闭合曲线 C 仅仅只围绕该域内的点，那么这个域是单连通的。

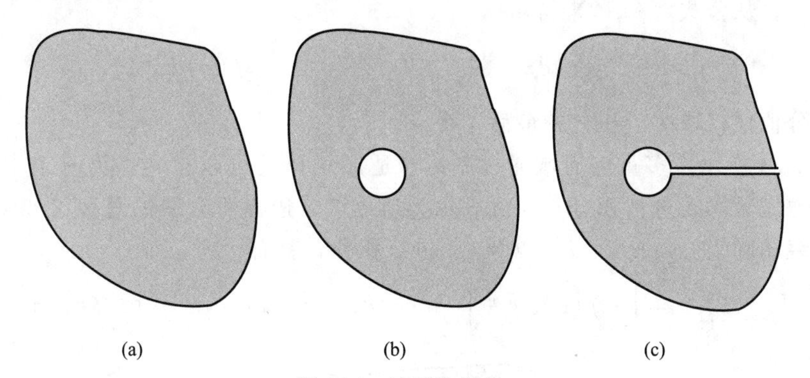

图A.4 连通性概念。
（a）单连通域；（b）双倍连通域；（c）通过引进一条切口将双倍连通域转换为单连通域

对于定义A.12的意思，借助图A.4就更容易理解。一个单连通域如图A.4(a)所示。在图A.4(a)中，单连通域通过在域内引进一个洞可以被转换为一个双倍的连通域，如图A.4(b)所示。在图A.4(b)中，双倍连通域通过引进一条切口，就可以被转换为一个单连通域，如图A.4(c)所示。

定理A.2(Cauchy定理) 如果 $f(z)$ 在一个单连通域 D 内是可解析的，并且 C 是位于 D 内的一个单闭合轮廓线，那么就有

$$\int_C f(z)\mathrm{d}z=0 \tag{A.12}$$

提示A.2：在第22.2节中，根据Cauchy定理推导了K-K关系。

围绕闭合轮廓线的积分也可被定义为$\oint f(z)\mathrm{d}z$。Cauchy 定理的主要推论是从一个点到另一个点的积分值与路径无关，在点 A 和点 B 之间的两条路径 C_1 和 C_2，如图 A.5 所示，其轮廓线方向是相同的。因此

$$\int_C f(z)\mathrm{d}z = \int_{C_1} f(z)\mathrm{d}z + \int_{C_2} f(z)\mathrm{d}z \tag{A.13}$$

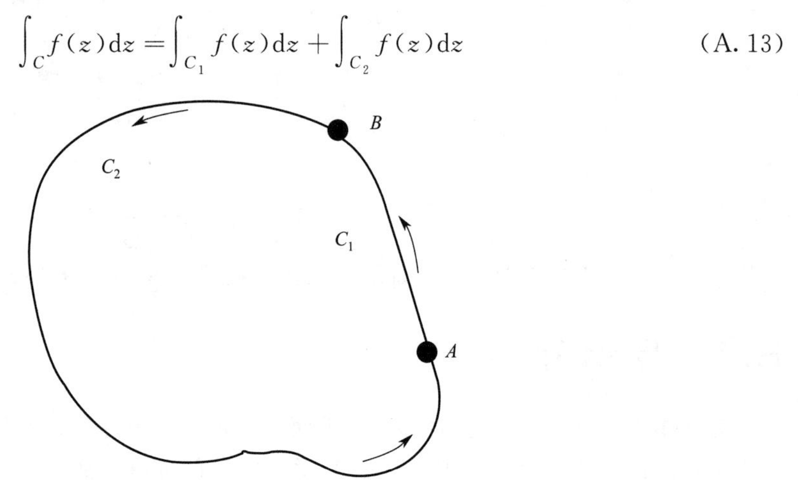

图 A.5　在单连通域中，解析函数在两点之间的积分值与路径无关

为了得到两条轮廓线从 A 到 B 的积分方向，绕轮廓线 C_2 的积分方向改变为绕 $-C_2$ 进行积分。这样，从公式（A.12）得出

$$\int_{C_1} f(z)\mathrm{d}z = \int_{-C_2} f(z)\mathrm{d}z = -\int_{C_2} f(z)\mathrm{d}z \tag{A.14}$$

可见，其积分值仅仅取决于积分的最后一个点。

正如图 A.4 所示，多重连通域通过制造合适的切口就可以被转换为一个单连通域。围绕新的单连通域轮廓线进行积分，就可表示为组成该域边界所有线的总和。如图 A.6 所示，沿着路径环绕轮廓线 C_1、L_1、L_2 以及 C_2 进行积分，就有

$$\int_C f(z)\mathrm{d}z = \int_{C_1} f(z)\mathrm{d}z + \int_{L_1} f(z)\mathrm{d}z + \int_{C_2} f(z)\mathrm{d}z + \int_{L_2} f(z)\mathrm{d}z \tag{A.15}$$

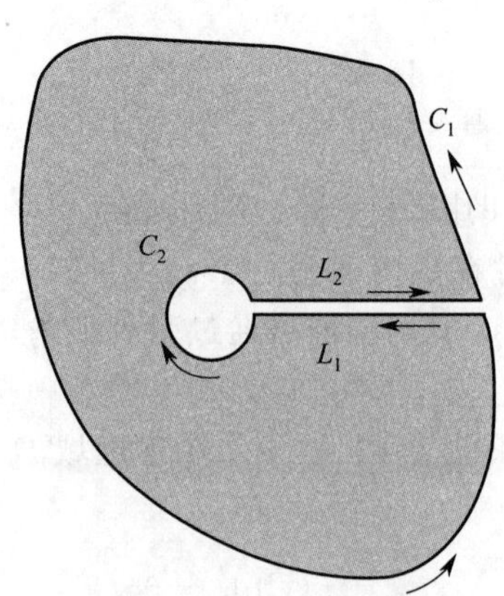

图 A.6　双倍连通域转换为单连通域的积分示意图

由于绕轮廓线 L_1 和 L_2 的积分方向是相反的，他们的作用将相互抵消，所以有

$$\int_{C_1} f(z)\mathrm{d}z = -\int_{C_2} f(z)\mathrm{d}z = \int_{-C_2} f(z)\mathrm{d}z \tag{A.16}$$

例 A.2 Cauchy 定理的应用：当 $z=a$ 在域外的情况下，求 $\oint (z-a)^{-1}\mathrm{d}z$ 积分的数值。

解：如果点 $z=a$ 位于域外，那么函数 $(z-a)^{-1}$ 在任意位置都是可解析的。因此，通过 Cauchy 定理（见定理 A.2），就有 $\oint (z-a)^{-1}\mathrm{d}z=0$。

例 A.3 Cauchy 积分公式的特例：当 $z=a$ 在域内的情况下，求 $\oint (z-a)^{-1}$ 的积分值。

解：如果 $z=a$ 位于域内，那么函数 $(z-a)^{-1}$ 在 $z=a$ 处是奇点。由于这个函数是围绕以 $z=a$ 为圆心，ε 为半径的圆。因此，函数在域的边界上是可解析的，见图 A.6。根据公式（A.16），可得

$$\int_{C_1} \frac{1}{z-a}\mathrm{d}z = \int_{-C_2} \frac{1}{z-a}\mathrm{d}z \tag{A.17}$$

为了给围绕奇点的积分赋值，设定

$$z = a + \varepsilon \mathrm{e}^{\mathrm{j}\theta};\quad 0 \leqslant \theta \leqslant 2\pi \tag{A.18}$$

和

$$\mathrm{d}z = \mathrm{j}\varepsilon \mathrm{e}^{\mathrm{j}\theta}\mathrm{d}\theta \tag{A.19}$$

围绕 C_2 的积分就变为

$$\int_{-C_2} \frac{1}{z-a}\mathrm{d}z = \int_0^{2\pi} \frac{\mathrm{j}\varepsilon \mathrm{e}^{\mathrm{j}\theta}}{\varepsilon \mathrm{e}^{\mathrm{j}\theta}}\mathrm{d}\theta = \mathrm{j}\int_0^{2\pi}\mathrm{d}\theta = 2\mathrm{j}\pi \tag{A.20}$$

因此，有

$$\int_{C_1} \frac{1}{z-a}\mathrm{d}z = 2\mathrm{j}\pi \tag{A.21}$$

这个结果就是 Cauchy 积分公式的特例。

定理 A.3（Cauchy 积分公式） 如果函数 $f(z)$ 在一个单连通域内是可解析的，并且曲线 C 是一个位于 D 内的单反时针闭合轮廓线。那么，对于任意位于 C 内的点 z_0，就有

$$\int_C \frac{f(z)}{z-z_0}\mathrm{d}z = 2\pi\mathrm{j}f(z_0) \tag{A.22}$$

定义 A.13（残值） 如果 z_0 是 $f(z)$ 的一个孤立奇点，那么就存在一个 Laurent 级数，即

$$f(z) = \sum_{n=-\infty}^{\infty} b_n (z-z_0)^n \tag{A.23}$$

对于 $0<|z-z_0|<R$ 以及 R 的一些正数值都是有效的。$(z-z_0)^{-1}$ 的系数 b_{-1} 是函数 $f(z)$ 在 z_0 处的残值，被定义为 $\mathrm{Res}[f(z), z_0]$。如果 C 是一条在 $0<|z-z_0|<R$ 内并且包含 z_0 的正指向单闭合曲线，那么就有

$$b_{-1} = \frac{1}{2\pi\mathrm{j}\int_C f(z)\mathrm{d}z} \tag{A.24}$$

定理 A.4（Cauchy 残值定理） 如果函数 $f(z)$ 在一个单连通域 D 内除了在有限个奇点 z_1，…，z_k 处外都是可解析的，并且 C 是位于 D 内的一个单正指向（逆时针方向）闭合曲线，那么就有

$$\int_C f(z)\mathrm{d}z = 2\pi \mathrm{j}\sum_{n=1}^{k}\mathrm{Res}[f(z), z_n] \tag{A.25}$$

A.3.2 有理函数的广义积分

定义 A.14（Cauchy 积分主值） 对于实数 x，如果在 $-\infty<x<\infty$ 上是连续的，那么 $f(x)$ 在 $[-\infty, \infty]$ 上的广义积分为

$$\int_{-\infty}^{\infty} f(x)\mathrm{d}x = \lim_{a\to-\infty}\int_0^a f(x)\mathrm{d}x + \lim_{a\to\infty}\int_0^a f(x)\mathrm{d}x \tag{A.26}$$

如果极限存在，那么在区间 $[-\infty, \infty]$ 上的 Cauchy 积分主值为

$$\int_{-\infty}^{+\infty} f(x)\mathrm{d}x = \lim_{a\to\infty}\int_{-a}^{a} f(x)\mathrm{d}x \tag{A.27}$$

定理 A.5（Cauchy 积分主值的赋值） 如果函数 $f(z)$ 在一个单连通域 D 内除了在有限个奇点 z_1，…，z_k 外都是可解析的，并且 $f(x)=P(x)/Q(x)$，其中 $P(x)$ 和 $Q(x)$ 是多项式，$Q(x)$ 没有零值，$P(x)$ 至少比 $Q(x)$ 低两阶，同时 C 是位于 D 内的一个单正指向（逆时针方向）闭合曲线，那么就有

$$\int_{-\infty}^{+\infty} f(x)\mathrm{d}z = 2\pi \mathrm{j}\sum_{n=1}^{k}\mathrm{Res}[f(z), z_n] \tag{A.28}$$

在这里，z_1，…，z_k 是 $f(z)$ 位于上半平面的极点。

例 A.4 **实轴上的极点**：当 a 是一个实数时，求 $\int_{-\infty}^{\infty}(z^2-a^2)^{-1}\mathrm{d}x$ 的积分值。

解：函数 $\dfrac{1}{z^2-a^2}$ 在实轴上 $x=a$ 和 $x=-a$ 处分别有两个极点，积分路径如图 A.7 中轮廓线所示。选择这条轮廓线是为了避免奇点 a 和 $-a$。在虚平面内的积分是定义域内包围所有极点足够大的 R 值。如果一个半圆半径 ε 被置于极点处，那么在整个轮廓线上的积分可以表示为

$$\begin{aligned}\int_C \frac{1}{z^2-a^2}\mathrm{d}z &= \int_{-R}^{-a-\varepsilon}\frac{1}{x^2-a^2}\mathrm{d}x + \int_{\gamma_1}\frac{1}{z^2-a^2}\mathrm{d}z + \int_{-a+\varepsilon}^{a-\varepsilon}\frac{1}{x^2-a^2}\mathrm{d}x + \\ &\quad \int_{\gamma_2}\frac{1}{z^2-a^2}\mathrm{d}z + \int_{-a-\varepsilon}^{R}\frac{1}{x^2-a^2}\mathrm{d}x + \int_{\Gamma}\frac{1}{z^2-a^2}\mathrm{d}z \\ &= 2\pi\mathrm{j}\sum_{n=1}^{2}\mathrm{Res}\left[\frac{1}{z^2-a^2},\ z_n\right] \\ &= 0\end{aligned} \tag{A.29}$$

对于足够大的 R，有

$$\int_\Gamma \frac{1}{z^2-a^2}\mathrm{d}z \to 0 \tag{A.30}$$

提示 A.3：在第 22.2 节中，K-K 关系的推导过程利用了 Cauchy 积分公式在函数奇点上的赋值，见例 A.3。

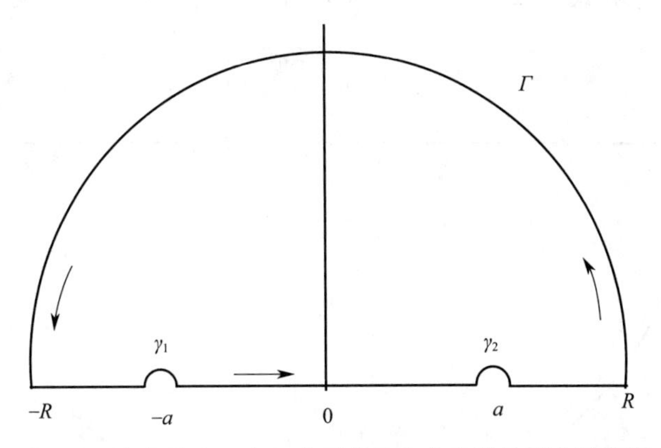

图 A.7 在实轴上一个包含两个极点定义域的积分示意图

因此，当 $R \to \infty$，$\varepsilon \to 0$ 时，公式（A.29）变为

$$\int_{-\infty}^{\infty} \frac{1}{x^2 - a^2} \mathrm{d}x = -\int_{\gamma_1} \frac{1}{z^2 - a^2} \mathrm{d}z + -\int_{\gamma_2} \frac{1}{z^2 - a^2} \mathrm{d}z \tag{A.31}$$

这样，可以通过赋值绕过极点的轮廓线进行积分，从而对沿着实轴的积分进行赋值。

为了给 γ_1 处的积分赋值，设定

$$z = -a + \varepsilon \mathrm{e}^{\mathrm{j}\theta} \tag{A.32}$$

然后

$$\int_{\gamma_1} \frac{1}{z^2 - a^2} \mathrm{d}z = \int_{\pi}^{0} \frac{1}{\varepsilon \mathrm{e}_{\mathrm{j}}^{\theta} (\varepsilon \mathrm{e}_{\mathrm{j}}^{\theta} - 2a)} \mathrm{j}\varepsilon \mathrm{e}^{\mathrm{j}\theta} \mathrm{d}\theta \tag{A.33}$$

当 $\varepsilon \to 0$ 时，就有

$$\mathrm{j}\int_{\pi}^{0} \frac{1}{(\varepsilon \mathrm{e}^{\mathrm{j}\theta} - 2a)} \mathrm{d}\theta \to \frac{\mathrm{j}\pi}{2a} \tag{A.34}$$

为了给 γ_2 处的积分赋值，令

$$z = a + \varepsilon \mathrm{e}^{\mathrm{j}\theta} \tag{A.35}$$

然后

$$\int_{\gamma_2} \frac{1}{z^2 - a^2} \mathrm{d}z = \mathrm{j}\int_{\pi}^{0} \frac{1}{(\varepsilon \mathrm{e}^{\mathrm{j}\theta} + 2a)} \mathrm{d}\theta \to -\frac{\mathrm{j}\pi}{2a} \tag{A.36}$$

公式（A.31）就可以表示为

$$\int_{-\infty}^{\infty} \frac{1}{x^2 - a^2} \mathrm{d}x = -\frac{\mathrm{j}\pi}{2a} + \frac{\mathrm{j}\pi}{2a} = 0 \tag{A.37}$$

思考题

A.1 证明 e^{z} 在任何定义域内都是一个解析函数。

A.2 证明 $\mathrm{e}^{\bar{z}}$ 的共轭函数在任何定义域内都不是一个解析函数。

A.3 已知

$$\oint_{\Gamma} \frac{G(x)}{x - \omega} \mathrm{d}x = 0 \tag{A.38}$$

推导出式（22.1）和式（22.2）。如图 A.8 所示为复频率 x 的定义域 Γ。

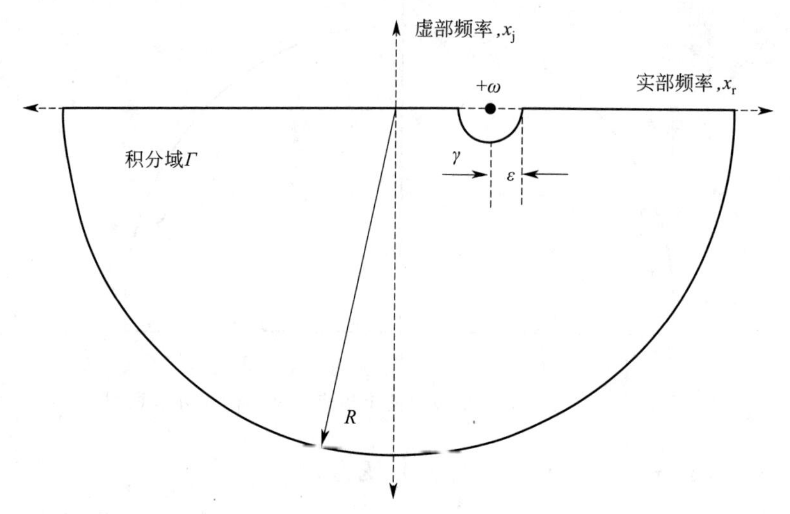

图 A.8　Cauchy 积分公式对于域积分的推广运用，一个极点在实频轴上被置于$+\omega$处

符号目录

罗马符号

符号	说明
$\mathcal{A}$	温度变化系数，运用在热电化学阻抗的研究中，参阅第 15.3.1 节
A	旋转圆盘流速展开式中的常数，$A=0.92486353$，参阅思考题 11.5
A	某一反应的阻抗响应表达式中的参数，该反应与电位和表面覆盖率有关，参阅式（10.135）
a	旋转圆盘速度展开式中的一个常数，$a=0.510232618867$，参阅第 11.3.1 节
A_{i}	扩散活化能，参阅第 15.3.1 节
A_{IC}	Akaike 信息准则，参阅式（20.2）
a_{IJ}	实验确定的喷射速度展开式中的流体力学常数，参阅第 11.4.1 节
A_{op}	运算放大器的开环增益系数，参阅第 6.1 节
A_{PI}	Akaike 模型的性能指标，参阅式（20.1）
A_{ν}	运算放大器的增益系数，参阅图 21.2 所示和式（21.4）
B	旋转圆盘速度展开式中的常数，$B=1.20221175$，参阅思考题 11.5
B	某一反应的阻抗响应表达式中的参数，该反应与电位和表面覆盖率有关，参阅式（10.135）
B	磁场强度，T，参阅第 15.1 节
b	旋转圆盘速度展开式中的一个常数，$b=-0.615922014399$，参阅第 11.3.1 节
b	式（5.16）中定义的动力学参数，V^{-1}
$\boldsymbol{C}$	回归分析的协方差矩阵，参阅式（19.16）
C	复容抗，参阅式（17.40），F 或 $\mathrm{F/cm^2}$
C	电容，$\mathrm{F/cm^2}$ 或 F（1F=1C/V）
C_0	界面电容，$\mathrm{F/cm^2}$
C_{dl}	双电层电容，$\mathrm{F/cm^2}$ 或 F（1F=1C/V）
CE	辅助电极，参阅图 6.6 所示
C_{eff}	有效电容，参阅式（17.48），F 或 $\mathrm{F/cm^2}$
c_{i}	组分 i 的体积浓度，$\mathrm{mol/cm^3}$
C_{Y}	与 Young 阻抗相关的氧化物电容，参阅式（13.172），$\mathrm{F/cm^2}$
d	用于局部阻抗谱测量传感器中测量电位探针之间的距离，参阅式（7.53），cm
d_{act}	局部覆盖电极活性点的平均尺寸，参阅式（16.51）
D_{i}	组分 i 的扩散系数，$\mathrm{cm^2/s}$
E	电子能，eV
E_{c}	导带能，eV
e_{out}	电流跟随器的输出噪声，参阅图 21.2 所示和式（21.8）

E_{out}　电流跟随器的输出电位值，V
E_v　价带能，eV
F　方差的 F 检验，参阅第 3.3.3 节
$\tilde{f}$　旋转圆盘电极径向速度表达式中的复变瞬时变量，参阅式（16.10）
F　法拉第常数，96487 C/mol
F　圆盘电极层流流速的无量纲径向速度分量，参阅式（11.48）
f　频率，$f=\omega/2\pi$，Hz
$F(\omega)$　与频率相关的通用输入函数，参阅式（22.16）
$f(t)$　与时间相关的通用输入函数，参阅式（22.13）
f_i　组分 i 的活度系数，无量纲参数
f_{scan}　系列扰动频率组成的阻抗测试特征频率，参阅式（21.16），Hz
f_{N_k}　在某一频率 f_k 条件下，循环 N 次测量阻抗的特征频率，参阅式（21.17），Hz
f_{set}　系列阻抗测试的特征频率，参阅式（21.14），Hz
f^*　归一化频率，参阅式（18.23）
$\tilde{g}$　旋转圆盘电极角速度表达式中的复变瞬时变量，参阅式（16.11）
G　圆盘电极层流流速的无量纲角速度分量，参阅式（11.49）
g　幂律模型中的无量纲参数，参阅式（14.32）
g　重力加速度，cm/s^2
$G(\omega)$　通用传递函数，参阅式（22.15）
$G(W)$　某一电化学系统中，与输入变量和输出变量相关的通用传递函数，参阅式（15.1）
$g(t,t')$　表达输入函数和输出函数之间线性关系的函数，参阅式（22.13）
H　假设，参阅第 3.3 节
$\tilde{h}$　用于旋转圆盘电极轴向速度表达式中的复变瞬时变量，参阅式（16.12）
H　圆盘电极层流流速的无量纲轴向分量，参阅式（11.50）
H_i　通用传递函数，表示电化学体系状态变量的时间导数与状态、输入变量之间的关系，参阅式（15.2）
F_k　通用传递函数，表示电化学体系输出变量与状态变量、输入变量之间的关系，参阅式（15.3）
I　电流，A
i　电流密度，mA/cm^2
i_0　交换电流密度，参阅式（5.15），mA/cm^2
i_0　运算放大器的输出电流，参阅图 6.1（a），A
i_a　阳极电流密度，mA/cm^2
i_C　充电电流密度，mA/cm^2
i_c　阴极电流密度，mA/cm^2
ΔI　正弦电流信号的幅值，参阅示例，式（4.7），A
i_F　法拉第电流密度，mA/cm^2

i_k　动力学控制电流密度，$i_k = -k_c nFc_i(\infty)\exp(-b_c\eta_s)$，参阅式（5.64），mA/cm²

i_{lim}　传质极限电流密度，$i_{lim} = -nFD_ic_i(\infty)/\delta_i$，参阅式（5.62），mA/cm²

i_{n1}　差分放大器的电流噪声部分，A，参阅图 21.2 和式（21.4）

i_{n2}　差分放大器的电流噪声部分，A，参阅图 21.2 和式（21.4）

i_{n5}　差分放大器的电流噪声部分，A，参阅图 21.2 和式（21.4）

i_{n6}　差分放大器的电流噪声部分，A，参阅图 21.2 和式（21.4）

i_{probe}　在电极附近局部阻抗谱微传感器测量的电流密度，参阅式（7.53），mA/cm²

iR_e　工作电极与参比电极之间的欧姆电位降，即，$iR_e = \Phi_0 - \Phi_{ref}$，参考表 5.3，V

i_{reg}　电压控制噪声引起的寄生电流噪声，A，参阅图 21.2 和式（21.5）

i_S　运算放大器的电源电流，参阅图 6.1（a），A

$\boldsymbol{J}$　单位矩阵

J　无量纲交换电流密度，参阅示例，式（5.114）

j　虚数，$\mathrm{j} = \sqrt{-1}$

K　具有 CPE 行为体系的无量纲频率，与圆盘电极几何形状相关，参阅式（13.67）

K　电化学反应的总速率常数，包括平衡电位差，参阅式（10.16），mA/cm²

K^*　电化学反应的总速率常数，参阅式（10.15），mA/cm²

k　电化学反应的速率常数，与电位呈指数关系的反应除外，参阅式（5.78）

K_i　无量纲频率，例如，与组分 i 的对流扩散有关，参阅式（11.66）和式（13.131）

k_M　传质系数，cm/s

$K_{x,i}$　与组分 i 扩散有关，与位置有关的无量纲频率，参阅式（13.120）

l　孔的深度，cm

L　电感，H（$1\mathrm{H} = 1\mathrm{V} \cdot \mathrm{s}^2/\mathrm{C}$）

L　电极长度，cm

l_c　电极轮廓引起的频率弥散效应的特征尺寸，参阅 13.4 节，cm

M　质量，g

M_i　物质 i 的化学式符号，参阅式（5.5）

N　正态分布函数，参阅 3.1.3 节

N　环-盘电极的聚集效率，参阅式（15.31）

n　电子浓度，cm^{-3}

n　电化学反应中转移的电子数量，无量纲，参阅式（5.15）

N_c　导带有效态密度，cm ³

N_{dat}　测量值个数，参阅式（19.2）

N_i　组分 i 的通量，mol/cm²

N_i　局部传质通量，mol/cm² · s，参阅示例 13.5

N_k　在频率 f_k 条件下，阻抗测试的循环次数，参阅式（21.17）

N_p　线性回归模型中，可调参数 P_k 的个数，参阅式（19.8）

n_t　深层态的电子浓度，cm^{-3}

N_v　价带有效态密度，cm^{-3}

n_x	样本数量，用于计算样本分布 x 的标准误差，参阅式（3.11）
$\boldsymbol{P}$	用于回归分析的参数向量，参阅式（19.1）
P	概率，参照第 3.1.4 节
p	在零假设正确的条件下，观察到所给给样本结果的概率，参照第 3.3.1 节
p	无量纲频率，$p=\omega/\Omega$
p	空穴浓度，cm^{-3}
p	压力，atm
$\Delta\boldsymbol{P}$	非线性回归分析的参数向量，参阅式（19.19）
$p_{i,k}$	反应 k 中阳极反应物 i 的反应级数，参阅式（5.78）
Q	当假设方差不相等被否定时的显著性水平，参阅式（3.49）
Q	CPE 参数，参阅式（14.1），$s^{\alpha}/(\Omega\cdot cm^2)$
q	电量，C/cm^2
$q_{i,k}$	反应 k 中阴极反应物 i 的反应级数，参阅式（5.78）
R	电阻，$\Omega\cdot cm^2$ 或 Ω（$1\Omega=1V\cdot s/C$）
R	摩尔气体常数，8.3143 J/(mol·K)
R	模值，参阅式（1.46）
r	径向坐标，cm
r	反应速率，$mol/(cm^2\cdot s)$
r_0	圆盘电极半径，cm
Re	雷诺数 $Re=\rho v 2R/\mu$，无量纲参数
R_e	电解质或欧姆电阻，Ω 或 $\Omega\cdot cm^2$
REF	参比电极，参阅图 6.6
R_m	电流测量电路的电阻，Ω，参阅图 21.2 和式（21.4）
R_s	电压控制电路的电阻，Ω，参阅图 21.2 和方程（21.4）
R_t	电荷转移电阻，$\Omega\cdot cm^2$
S	加权平方和，参阅式（19.1）
s	式（18.17）定义的斜率
s	样本标准差，参阅式（3.9）
s^2	样本方差，参阅式（3.7）
Sc_i	施密特数，$Sc_i=\nu/D_i$，无量纲参数
SE	标准误差，参阅式（3.11）
Sh	舍伍德数，$Sh=k_M d/D$，无量纲参数
$s_{i,k}$	反应 k 中组分 i 的化学计量系数，参阅式（5.5）
S_m	输入端与电流跟随器之间的电位差，V，参阅式（21.6）
s_m	电流跟随器的增益，参阅图 21.2
s_m	输入端与电流跟随器之间电位差的噪声，V，参阅图 21.2 和式（21.6）
s_x	样本分布 x 的标准差，参阅式（3.11）
t	均值质量检验的统计，参阅第 3.3.2 节
T	温度，K

T　对应一个整数循环次数的时间，s

t　时间，s

t_{cycle}　频率 f 的周期时间，s

t_k　由式（16.31）～式（16.36）定义的传递函数

U　相对于参比电极的电极电位，$U=\Phi_m-\Phi_{REF}$，参阅表 5.3，V

u_i　组分 i 的迁移率，与式（5.102）确定的扩散性有关

$\mathbf{V}$　实验随机误差的一个对称正定方差-协方差矩阵，参阅式（19.1）

V　工作电极的界面电位，参阅表 5.3，V

V　电位，V

v　速度，cm/s

V_+　运算放大器正极输入终端的电压，参阅图 6.1（a），V

V_-　运算放大器负极输入终端的电压，参阅图 6.1（a），V

V_0　运算放大器的输出电压，参阅图 6.1（a），V

$V_{0,k}$　平衡条件下给定反应 k 的界面电位，$V_{0,k}=(\Phi_m-\Phi_0)_{0,k}$，参阅表 5.3，V

ΔV　正弦电压信号的幅值，参阅式（4.6），V

V_S　运算放大器电源接线的电压，参阅图 6.1（a），V

W　电极的宽度，cm

WE　工作电极，参阅图 6.6

W_i　与组分 i 的电流体动力学阻抗有关的传递函数，参阅式（16.29）

W_k　电化学系统的通用输入变量，参阅图 15.1

$X(\omega)$　与频率相关的通用输出函数，参阅式（22.17）

$x(t)$　与时间有关的通用输出函数，参阅式（22.13）

X_k　电化学系统的状态变量，参阅图 15.1

Y　导纳 $Y=1/Z$，$1/(\Omega\cdot cm^2)$

y　直角坐标，cm

Y_k　电化学系统的通用输出变量，参阅图 15.1

Z　总阻抗，参阅表 7.2，$\Omega\cdot cm^2$

z　局部阻抗，参阅表 7.2，$\Omega\cdot cm^2$

Z_0　总界面阻抗，参阅表 7.2，$\Omega\cdot cm^2$

z_0　局部界面阻抗，参阅表 7.2，$\Omega\cdot cm^2$

Z_c　第 15.2.1 节中定义的传质传递函数

Z_D　扩散阻抗，$\Omega\cdot cm^2$

Z_e　总欧姆阻抗，参阅表 7.2，$\Omega\cdot cm^2$

z_e　局部欧姆阻抗，$\Omega\cdot cm^2$

Z_{eq}　式（13.118）定义的单位孔面积的界面阻抗

Z_F　法拉第阻抗，$\Omega\cdot cm^2$

z_i　组分 i 的电荷

Z_k　扩散阻抗的无量纲值，这里 $k=1$，2，3，见旋转圆盘电极公式［式（11.86）］和浸没喷射流公式［式（11.98）］

Z_Y　Young 阻抗，参阅式（13.172），$\Omega \cdot cm^2$

希腊字母

α　CPE 参数，参阅式（14.1），无量纲

α　旋转圆盘速度展开式中的常数，$\alpha=0.88447411$，参阅思考题 11.5

α　在假设正确的条件下，错误拒绝零假设的概率，参阅第 3.3.1 节

α　Butler-Volmer 方程使用的对称系数，参阅式（5.15），无量纲

$\boldsymbol{\alpha}$　目标函数相对于参数二阶导数所对应的张量，参阅式（19.21）

β　Tafel 斜率，参阅式（5.19），mV/decade

$\boldsymbol{\beta}$　目标函数相对于参数一阶导数所对应的矢量，参阅式（19.20）

β_y　局部管壁速度梯度，参阅式（13.108）

Γ　最大的表面覆盖率，mol/cm^2

γ　幂律模型中的指数，参阅式（14.26）

γ　表面覆盖率

δ　厚度，cm

ϵ　孔隙率

ε　介电常数

ε_{bias}　与模型无关的系统实验偏移误差，参阅式（21.1），Ω

ε_{drift}　与非稳态行为相关的偏移误差，参阅式（21.24），Ω

ε_0　真空介电常数 $\varepsilon_0 = 8.8542 \times 10^{-14}$ F/cm，参阅第 5.7 节

ε_{fit}　模型不合理引起的误差，参阅式（21.1），Ω

ε_{inst}　仪器失真引起的偏移误差，参阅式（21.24），Ω

ε_{stoch}　随机误差，参阅式（21.1），Ω

ζ　无量纲距离，$\zeta=y\sqrt{\Omega/\nu}$

η_c　式（5.125）定义的浓度过电位，参阅表 5.3，V

η　无量纲轴向距离，$\eta=y\sqrt{a/\nu}$

η_s　反应 k 的表面过电位，$\eta_s=V-V_{0,k}$，参阅表 5.3，V

Θ_i　无量纲浓度，参阅式（11.22）

θ_i　浓度的无量纲瞬时部分，$\theta_1(y)=\tilde{c}_i/\tilde{c}_i(0)$

κ　电导率，参阅式（5.109），S/cm

λ　Debye 长度，参阅式（5.133），cm

λ　低频阻抗分析使用的常数，参阅式（18.18）

λ　急速下降法和 Levenberg-Marquardt 法回归分析中的常数，参阅式（19.31）和式（19.32）

μ　流体黏度，$g/(cm \cdot s)$

μ_i　组分 i 的电化学位，J/mol

μ_x　式（3.1）定义的样本分布 x 的平均值

ν　自由度

ν　运动黏度，$\nu=\mu/\rho$，cm^2/s

ν　波数，参阅第 15.3.2 节

ν_{CE}　电压噪声部分，V，参阅图 21.2 和式（21.4）

ν_{e}　电压噪声部分，V，参阅图 21.2 和式（21.4）

ν_{p}　电压噪声部分，V，参阅图 21.2 和式（21.4）

ν_{REF}　电压噪声部分，V，参阅图 21.2 和式（21.4）

ν_{R_m}　电压噪声部分，V，参阅图 21.2 和式（21.4）

ξ　无量纲距离

π　$\pi=3.141592654$

ρ　流体密度，g/cm^3

ρ　电阻率，$\Omega \cdot cm$

ρ_0　$y=0$ 处的电阻率，$\Omega \cdot cm$，参阅式（14.27）

ρ_δ　$y=\delta$ 处的电阻率，$\Omega \cdot cm$，参阅式（14.27）

ρ_{sc}　半导体的电荷密度，参阅式（12.18），C/cm^3

σ_x　样本分布 x 的标准差，参阅式（3.9）

σ_{x_1,x_2}　样本分布 x_1、x_2 的协方差，参阅式（3.15）

σ_x^2　样本分布 x 的方差，参阅式（3.7）

τ　时间常数，$\tau=RC$，s

τ_{RC}　RC 电路特征时间常数，s

τ_{rz}　剪切应力，N/cm^2

τ_{scan}　测量一个完整阻抗谱的时间，参阅式（21.15），s

τ_{set}　测量一组 N 次重复数据的时间，参阅式（21.13），s

Φ　电位，V

ϕ　浸没喷射流体的无量纲流量函数，参阅式（11.87）和式（11.88）

ϕ　阻抗相位角，参阅式（4.32）

Φ_0　除常用参比电位外，相对于未知参比电位的工作电极附近的电解质电位，参阅表 5.3，V

Φ_m　除常用参比电位外，相对于未知参比电位的电极电位，参阅表 5.3，V

Φ_{REF}　除常用参比电位外，相对于未知参比电位的参比电极电位，参阅表 5.3，V

φ　滞后相位，参阅式（4.7）

χ^2　卡方检验，参阅第 3.3.4 节和第 19.2 节

ψ　式（11.115）定义的无量纲参数

Ω　转速，s^{-1}

ω　角频率，$\omega=2\pi f$，s^{-1}

ω_c　特征角频率 $\omega_c=1/RC$，s^{-1}

一般符号

$\mathrm{Im}\{X\}$　X 的虚部

$\mathrm{Re}\{X\}$　X 的实部

$\overline{X}$　$X(t)$ 的稳态或时均值，参阅式（10.2）

$\bar{z}$	复数 z 的共轭复数，$\bar{z}=z_r-z_j$
$\langle X\rangle$	X 的空间平均值
$\widetilde{X}$	$X(t)$ 的瞬时部分，参阅式（10.2）
$E\{X\}$	$X(t)$ 的期望值，参阅式（3.1）和表 3.1
$\hat{Z}$	Z 的模型值，参阅式（19.1）
X'	$X(t)$ 对距离的一阶导数
θ	角方向

下标

0	位于扩散双层的内限
adj	关于对欧姆电阻的修正项
a	关于阳极反应
c	关于阴极反应
CE	关于辅助电极，参阅图 6.6
cell	关于电化学电池，参阅第 8.11 节
d	相关的电荷扩散区，参阅图 5.18
dl	双层
HF	高频
i	关于化学组分 i
ihp	位于赫姆霍兹平面内，参阅图 5.18
IJ	喷射流体，参阅第 11.4 节
j	虚部
l	关于多孔层，参阅图 9.8
LF	低频
m	位于电极表面，参阅图 5.18
mod	模型值
ob	观测值
ohp	位于赫姆霍兹平面外，参阅图 5.18
r	关于径向方向
r	实部
REF	关于参比电极，参阅图 6.6
WE	关于工作电极，参阅图 6.6
y	关于轴向方向
Z_j	关于阻抗的虚部
Z_r	关于阻抗的实部

参考文献

[1] D. D. Macdonald, *Transient Techniques in Electrochemistry*(New York: Plenum Press, 1977).

[2] C. Gabrielli, *Identification of Electrochemical Processes by Frequency Response Analysis*, Solartran Instrumentation Group Monograph, The Solartran Electronic Group Ltd., Farnborough, England(1980).

[3] J. R. Macdonald, editor, *Impedance Spectroscopy: Emphasizing Solid Materials and Systems*(New York: John Wiley & Sons, 1987).

[4] E. Barsoukov and J. R. Macdonald, editors, *Impedance Spectroscopy: Theory, Experiment, and Applications*, 2nd edition (Hoboken: John Wiley & Sons, 2005).

[5] J. G. Saxe, *The PoeticalWorks of John Godfrey Saxe*(Boston: Houghton, Mifflin, 1892).

[6] J. O. M. Bockris, D. Drazic, and A. R. Despic, "The Electrode Kinetics of the Deposition and Dissolution of Iron,"*Electrochimica Acta*, 4(1961) 325-361.

[7] I. Epelboin and M. Keddam, "Faradaic Impedances: Diffusion Impedance and Reaction Impedance," *Journal of the Electrochemical Society*, 117(1970) 1052-1056.

[8] I. Frateur, C. Deslouis, M. E. Orazem, and B. Tribollet, "Modeling of the Cast Iron/Drinking Water System by Electrochemical Impedance Spectroscopy,"*Electrochimica Acta*, 44(1999) 4345-4356.

[9] O. E. Barcia, O. R. Mattos, and B. Tribollet, "Anodic Dissolution of Iron in Acid Sulfate under Mass Transport Control," Journal of the *Electrochemical Society*, 139(1992) 446-453.

[10] A. B. Geraldo, O. E. Barcia, O. R. Mattos, F. Huet, and B. Tribollet, "New Results Concerning the Oscillations Observed for the System Iron-Sulphuric Acid," *Electrochimica Acta*, 44(1998) 455-465.

[11] C. Gabrielli, J. J. Garcia-Jareño, and H. Perrot, "Charge Compensation Process in Polypyrrole Studied by AC Electrogravimetry," *Electrochimica Acta*, 46(2001)4095-4103.

[12] C. Gabrielli, J. J. Garcia-Jare ño, M. Keddam, H. Perrot, and F. Vicente, "ACElectrogravimetry Study of Electroactive Thin Films. II. Application to Polypyrrole,"*Journal of Physical Chemistry B*, 106(2002) 3192-3201.

[13] M. E. Orazem and B. Tribollet, *Electrochemical Impedance Spectroscopy*(Hoboken:JohnWiley & Sons, 2008).

[14] V. F. Lvovich, *Impedance Spectroscopy: Applications to Electrochemical and Dielectric Phenomena*(Hoboken: John Wiley & Sons, 2012).

[15] A. Lasia, *Electrochemical Impedance Spectroscopy and Its Applications*(New York:Springer, 2014).

[16] S. Grimnes and Ø. G. Martinsen, *Bioimpedance and Bioelectricity Basics*, 3rd edition(Amsterdam: Academic Press, 2015).

[17] M. Itagaki, *Electrochemical Impedance Method*(Tokyo: Maruzen Publishing Co.,Ltd., 2008).

[18] M. Itagaki, *Electrochemical Impedance Method*, 2nd edition(Tokyo: Maruzen Publishing Co., Ltd., 2011).

[19] O. Heaviside, *Electrical Papers*, volume 1(New York: MacMillan, 1894).

[20] O. Heaviside, *Electrical Papers*, volume 2(New York: MacMillan, 1894).

[21] W. Nernst, "Methode zur Bestimmung von Dielektrizitätskonstanten," *Zeitschrift für Elektrochemie*, 14(1894) 622 663.

[22] C. Wheatstone, "An Account of Several New Instruments and Processes for Determining the Constants of a Voltaic Circuit," *Philosophical Transactions of the Royal Society of London*, 133(1843) 303-327.

[23] C. Wheatstone, *The Scientific Papers of Sir Charles Wheatstone*(London: Taylor and Francis, 1879).

[24] J. Hopkinson and E. Wilson, "On the Capacity and Residual Charge of Dielectrics as Affected by Temperature and Time," *Philosophical Transactions of the Royal Society of London. Series A.*, 189(1897) 109-135.

[25] J. Dewar and J. A. Fleming, "A Note on Some Further Determinations of the Dielectric Constants of Organic Bodies and Electrolytes at Very Low Temperatures,"*Proceedings of the Royal Society of London*, 62(1898) 250-266.

[26] C. H. Ayres, "Measurement of the Internal Resistance of Galvanic Cells," *Physical Review(Series I)*, 14(1902) 17-37.

[27] A. Finkelstein, "Über Passives Eisen," *Zeitschrift für Physikalische Chemie*, 39(1902)91-110.

[28] E. Warburg, "Über das Verhalten sogenannter unpolarisirbarer Elektroden gegen Wechselstrom," *Annalen der Physik und Chemie*, 67(1899) 493-499.

[29] E. Warburg, "Über die Polarisationscapacität des Platins," *Annalen Der Physik*, 6(1901) 125-135.

[30] A. Fick, "Über Diffusion," *Annalen Der Physik*, 170(1855) 59-86.

[31] F. Kr üger, "Über Polarisationskapazität," *Zeitschrift f ür Physikalische Chemie*, 39(1902) 91-110.

[32] R. E. Remington, "The High-frequency Wheatstone Bridge As a Tool in Cytological Studies: With Some Observations on the Resistance and Capacity of the Cells of the Beet Root," *Protoplasma*, 5(1928) 338-399.

[33] H. Fricke and S. Morse, "The Electric Resistance and Capacity of Blood for Frequencies between 800 and 4 1/2 Million Cycles," *Journal of General Physiology*, 9(1925) 153-167.

[34] H. Fricke, "The Electric Capacity of Suspensions with Special Reference to Blood,"*Journal of General Physiology*, 9(1925) 137-152.

[35] J. F. McClendon, R. Rufe, J. Barton, and F. Fetter, "Colloidal Properties of the Surface of the Living Cell: 2 Electric Conductivity and Capacity of Blood to Alternating Currents of Long Duration and Varying in Frequency from 260 to 2,000,000 Cycles per Second," *Journal of Biological Chemistry*, 69(1926) 733-754.

[36] K. S. Cole, "Electric Phase Angle of CellMembranes," *Journal of General Physiology*,15(1932) 641-649.

[37] E. Bozler and K. S. Cole, "Electric Impedance and Phase Angle of Muscle in Rigor,"*Journal of Cellular and Comparative Physiology*, 6(1935) 229-241.

[38] K. S. Cole, "Electric Impedance of Suspensions of Spheres," *Journal of General Physiology*,12(1928) 29-36.

[39] H. Fricke, "The Theory of Electrolytic Polarization," *Philosophical Magazine*, 14(1932) 310-318.

[40] K. S. Cole and R. H. Cole, "Dispersion and Absorption in Dielectrics 1: Alternating Current Characteristics," *Journal of Chemical Physics*, 9(1941) 341-351.

[41] A. Frumkin, "The Study of the Double Layer at the Metal-Solution Interface by Electrokinetic and Electrochemical Methods," *Transactions of the Faraday Society*,33(1940) 117-127.

[42] D. C. Grahame, "The Electrical Double Layer and the Theory of Electrocapillarity,"*Chemical Reviews*, 41(1947) 441-501.

[43] D. C. Grahame, "Die Elektrische Doppelschicht," *Zeitschrift für Elektrochemie*, 59(1955) 773-778.

[44] P. I. Dolin and B. V. Ershler, "Kinetics of Processes on the Platinum Electrode: I. The Kinetics of the Ionization of Hydrogen Adsorbed on a Platinum Electrode,"*Acta Physicochimica Urss*, 13(1940) 747-778.

[45] J. E. B. Randles, "Kinetics of Rapid Electrode Reactions," *Discussions of the Faraday Society*, 1(1947) 11-19.

[46] I. Epelboin, "Etude des Phénomènes Electrolytiques à l'aide de Courants Alternatifs Faibles et de Fréquence Variable," *Comptes Rendus Hebdomadaires des Séances de l'Académie des Sciences*, 234(1952) 950-952.

[47] H. Gerischer and W. Mehl, "Zum Mechanismus der Kathodischen Wasserstoffabscheidung an Quecksilber, Silber, und Kupfer," *Zeitschrift für Elektrochemie*, 59(1955) 1049-1059.

[48] A. Frumkin, "Adsorptionserscheinungen und Elektrochemishe Kinetik,"*Zeitschrift füur Elektrochemie*, 59(1955) 807-822.

[49] I. Epelboin and G. Loric, "Sur un Phénomène de Résonance Observé en Basse Fréquence au Cours des Electrolyses Accompagnées d'une Forte Surtension Anodique,"*Journal de Physique et le Radium*, 21(1960) 74-76.

[50] R. de Levie, "Electrochemical Responses of Porous and Rough Electrodes," in *Advances in Electrochemistry and Electrochemical Engineering*, P. Delahay, editor, volume 6(New York: Interscience, 1967) 329-397.

[51] J. S. Newman, "Frequency Dispersion in Capacity Measurements at a Disk Electrode,"*Journal of the Electrochemical Society*, 117(1970) 198-203.

[52] E. Levart and D. Schuhmann, "Sur la Détermination Générale de L'impédance de Concentration (Diffusion Convective et Réaction Chimique) pour une Electrode à Disque Tournant," *Journal of Electroanalytical Chemistry*, 53(1974) 77-94.

[53] R. D. Armstrong, R. E. Firman, and H. R. Thirsk, "AC Impedance of Complex Electrochemical Reactions," *Faraday Discussions*, 56(1973) 244-263.

[54] I. Epelboin, M. Keddam, and J. C. Lestrade, "Faradaic Impedances and Intermediates in Electrochemical Reactions," *Faraday Discussions*, 56(1973) 264-275.

[55] R. J. Sheppard, B. P. Jordan, and E. H. Grant, "Least Squares Analysis of Complex Data with Applications to Permittivity Measurements," *Journal of PhysicsD—Applied Physics*, 3(1970) 1759-1764.

[56] R. J. Sheppard, "Least-Squares Analysis of Complex Weighted Data with Dielectric Applications," *Journal of Physics D—Applied Physics*, 6(1973) 790-794.

[57] J. R. Macdonald and J. A. Garber, "Analysis of Impedance and Admittance Data for Solids and Liquids," *Journal of the Electrochemical Society*, 124(1977) 1022-1030.

[58] J. R. Macdonald, J. Schoonman, and A. P. Lehnen, "The Applicability and Power of Complex Nonlinear Least Squares for the Analysis of Impedance and Immittance Data," *Journal of Electroanalytical Chemistry*, 131(1982) 77-95.

[59] B. A. Boukamp, "A Nonlinear Least Squares Fit Procedure for Analysis of Immittance Data of Electrochemical Systems," *Solid State Ionics, Diffusion & Reactions*, 20(1986) 31-44.

[60] A. A. Aksut, W. J. Lorenz, and F. Mansfeld, "The Determination of Corrosion Rates by Electrochemical DC and AC Methods: II. Systems with Discontinuous Steady State Polarization Behavior," *Corrosion Science*, 22(1982) 611-619.

[61] F. Mansfeld, M. W. Kendig, and S. Tsai, "Corrosion Kinetics in Low Conductivity Media: I. Iron in Natural Waters," *Corrosion Science*, 22(1982) 455-471.

[62] W. H. Smyrl and L. L. Stephenson, "Digital Impedance for Faradaic Analysis: 3 Copper Corrosion in Oxygenated 0.1N HCl," *Journal of the Electrochemical Society*, 132(1985) 1563-1567.

[63] C. Deslouis, I. Epelboin, C. Gabrielli, and B. Tribollet, "Impédance Electromécanique Obtenue au Courant Limite de Diffusionà Partir d' une Modulation Sinusoidale de la Vitesse de Rotation d' une Electrodeà Disque," *Journal of Electroanalytical Chemistry*, 82(1977) 251-269.

[64] C. Deslouis, I. Epelboin, C. Gabrielli, P. S.-R. Fanchine, and B. Tribollet, "Relationship between the Electrochemical Impedance and the Electrohydrodynamical Impedances Measured Using a Rotating Disc Electrode," *Journal of Electroanalytical Chemistry*, 107(1980) 193-195.

[65] C. Gabrielli and B. Tribollet, "A Transfer Function Approach for a Generalized Electrochemical Impedance Spectroscopy," *Journal of the Electrochemical Society*, 141(1994) 1147-1157.

[66] R. de L. Kronig, "On the Theory of Dispersion of X-Rays," *Journal of the Optical Society of America and Review of Scientific Instruments*, 12(1926) 547-557.

[67] H. A. Kramers, "Die Dispersion und Absorption von Röntgenstrahlen," *Physikalishce Zeitschrift*, 30(1929) 522-523.

[68] D. D. Macdonald and M. Urquidi-Macdonald, "Application of Kramers-Kronig Transforms in the Analysis of Electrochemical Systems: 1 Polarization Resistance," *Journal of the Electrochemical Society*, 132(1985) 2316-2319.

[69] P. Agarwal, M. E. Orazem, and L. H. García-Rubio, "Measurement Models for Electrochemical Impedance Spectroscopy: 1 Demonstration of Applicability," *Journal of the Electrochemical Society*, 139(1992) 1917-1927.

[70] F. Dion and A. Lasia, "The Use of Regularization Methods in the Deconvulation of Underlying Distributions in Electrochemical Processes," *Journal of Electroanalytical Chemistry*, 475(1999) 28-37.

[71] M. E. Orazem, P. K. Shukla, and M. A. Membrino, "Extension of the Measurement Model Approach for Deconvolution of Underlying Distributions for Impedance Measurements," *Electrochimica Acta*, 47(2002) 2027-2034.

[72] Z. Stoynov, "Differential Impedance Analysis—An Insight into the Experimental Data," *Polish Journal of Chemistry*, 71 (1997) 1204-1210.

[73] D. Vladikova, Z. Stoynov, and L. Ilkov, "Differential Impedance Analysis on Single Crystal and Polycrystalline Yttrium Iron Garnets," *Polish Journal of Chemistry*, 71(1997) 1196-1203.

[74] Z. Stoynov and B. S. Savova-Stoynov, "Impedance Study of Non-Stationary Systems: Four-Dimensional Analysis," *Journal of Electroanalytical Chemistry and Interfacial Electrochemistry*, 183(1985) 133-144.

[75] C. Gabrielli, editor, *Proceedings of the First International Symposium on Electrochemical Impedance Spectroscopy*, volume 35:10 of *Electrochimica Acta*(1990).

[76] D. D. MacDonald, editor, *Proceedings of the Second International Symposium on Electrochemical Impedance Spectroscopy*, volume 38:14 of *Electrochimica Acta*(1993).

[77] J. Vereecken, editor, *Proceedings of the Third International Symposium on Electrochemical Impedance Spectroscopy*, volume 41:7-8 of *Electrochimica Acta*(1996).

[78] O. R. Mattos, editor, *Proceedings of the Fourth International Symposium on Electrochemical Impedance Spectroscopy*, volume 44:24 of *Electrochimica Acta*(1999).

[79] F. Deflorian and P. L. Bonora, editors, *Proceedings of the Fifth International Symposium on Electrochemical Impedance Spectroscopy*, volume 47:13-14 of *Electrochimica Acta* (2002).

[80] M. E. Orazem, editor, *EIS-2004: Proceedings of the Sixth International Symposium on Electrochemical Impedance Spectroscopy*, volume 51:8-9 of *Electrochimica Acta* (2006).

[81] N. Pébère, editor, *EIS-2007: Proceedings of the Seventh International Symposium on Electrochemical Impedance Spectroscopy*, volume 53 of *Electrochimica Acta* (2008).

[82] J. S. Fernandes and F. Montemor, editors, *8th International Symposium on Electrochemical Impedance Spectroscopy* (*EIS* 2010), volume 56 of *Electrochimica Acta* (2011).

[83] M. Itagaki, editor, *9th International Symposium on Electrochemical Impedance Spectroscopy* (*EIS* 2013), volume 131 of *Electrochimica Acta* (2014).

[84] R. S. Lillard, P. J. Moran, and H. S. Isaacs, "A Novel Method for Generating Quantitative Local Electrochemical Impedance Spectroscopy," *Journal of the Electrochemical Society*, 139(1992) 1007-1012.

[85] D. D. Macdonald, "Reflections on the History of Electrochemical Impedance Spectroscopy," *Electrochimica Acta*, 51(2006) 1376-1388.

[86] M. Sluyters-Rehbach and J. H. Sluyters, "SineWave Methods in the Study of Electrode Processes," in *Electroanalytical Chemistry*, A. J. Bard, editor, volume 4(New York: Marcel Dekker, 1970) 1-128.

[87] A. Lasia, "Electrochemical Impedance Spectroscopy and Its Applications," in *Modern Aspects of Electrochemistry*, R. E. White, B. E. Conway, and J. O. M. Bockris, editors, volume 32(New York: Plenum Press, 1999) 143-248.

[88] R. Churchill and J. Brown, *Complex Variables and Applications*, 6th edition(New York: McGraw Hill, 1990).

[89] G. Cain, *Complex Analysis*(Atlanta: Georgia Institute of Technology, 1999).

[90] C. F. C. M. Fong, D. D. Kee, and P. N. Kalomi, *Advanced Mathematics for Applied and Pure Sciences*(Amsterdam: Gordon and Breach Science Publishers, 1997).

[91] M. Sluyters-Rehbach, "Impedances of Electrochemical Systems: Terminology, Nomenclature, and Representation: I. Cells with Metal Electrodes and Liquid Solutions," *Pure and Applied Chemistry*, 66(1994) 1831-1891.

[92] R. Antaño-López, M. Keddam, and H. Takenouti, "A New Experimental Approach to the Time-Constants of Electrochemical Impedance: Frequency Response of the Double Layer Capacitance," *Electrochimica Acta*, 46(2001) 3611-3617.

[93] C. R. Wylie, *Advanced Engineering Mathematics*, 3rd edition(New York: McGraw-Hill, 1966).

[94] M. R. Spiegel, *Applied Differential Equations*(Englewood Cliffs: Prentice Hall, 1967).

[95] J. Stewart, *Calculus*, 6th edition(Pacific Grove: Brooks Cole, 2007).

[96] G. W. Snedecor and W. G. Cochran, *Statistical Methods*, 6th edition(Ames: the Iowa State University Press, 1961).

[97] G. E. P. Box, J. S. Hunter, and W. G. Hunter, *Statistics for Experimenters: An Introduction to Design, Data Analysis and Model Building*, 2nd edition(New York: John Wiley & Sons, 2005).

[98] D. C. Montgomery, *Design and Analysis of Experiments*, 7th edition(Hoboken: John Wiley & Sons, 2009).

[99] M. E. Orazem, M. Durbha, C. Deslouis, H. Takenouti, and B. Tribollet, "Influence of Surface Phenomena on the Impedance Response of a Rotating Disk Electrode," *Electrochimica Acta*, 44(1999) 4403-4412.

[100] P. Agarwal, O. D. Crisalle, M. E. Orazem, and L. H. García-Rubio, "Measurement Models for Electrochemical Impedance Spectroscopy: 2 Determination of the Stochastic Contribution to the Error Structure," *Journal of the Electrochemical Society*, 142(1995) 4149-4158.

[101] P. Agarwal, M. E. Orazem, and L. H. García-Rubio, "Measurement Models for Electrochemical Impedance Spectroscopy: 3 Evaluation of Consistency with the Kramers-Kronig Relations," *Journal of the Electrochemical Society*, 142(1995) 4159-4168.

[102] S. L. Carson, M. E. Orazem, O. D. Crisalle, and L. H. García-Rubio, "On the Error Structure of Impedance Measurements: Simulation of Frequency Response Analysis(FRA) Instrumentation," *Journal of the Electrochemical Society*, 150(2003) E477-E490.

[103] P. K. Shukla, M. E. Orazem, and O. D. Crisalle, "Validation of the Measurement Model Concept for Error Structure Identification," *Electrochimica Acta*, 49(2004)2881-2889.

[104] C. M. Grinstead and J. L. Snell, *Introduction to Probability* (Providence: American Mathematical Society, 1999).

[105] M. Abramowitz and I. A. Stegun, *Handbook of Mathematical Functions*(New York: Dover Publications, 1972).

[106] G. E. P. Box and N. R. Draper, *Empirical Model-Building and Response Surfaces*(New York: John Wiley & Sons, 1987).

[107] C. Deslouis, O. Gil, B. Tribollet, G. Vlachos, and B. Robertson, "Oxygen as a Tracer for Measurements of Steady and Turbulent Flows," *Journal of Applied Electrochemistry*,22(1992) 835-842.

[108] Student, "The Probable Error of a Mean," *Biometrika*, 6(1908) 1-25.

[109] S. Erol and M. E. Orazem, "The Influence of Anomalous Diffusion on the Impedance Response of LiCoO2—C Batteries," *Journal of Power Sources*, 293(2015)57-64.

[110] H. W. Bode, *Network Analysis and Feedback Amplifier Design*(New York: D. Van Nostrand, 1945).

[111] E. Gileadi, *Electrode Kinetics for Chemists, Chemical Engineers, and Materials Scientists*(New York: VCH Publishers, 1993).

[112] Š. K. Lovric, "Working Electrodes," in *Electroanalytical Methods: Guide to Experiments and Applications*, F. Scholz, editor(New York: Springer, 2010) 273-290.

[113] S. R. Waldvogel, A. Kirste, and S. Mentizi, "Use of Diamond Films in Organic Electrosynthesis," in *Synthetic Diamond Films: Preparation, Electrochemistry, Characterization and Applications*, E. Brillas and C. Huitle, editors,Wiley Series on Electrocatalysis and Electrochemistry(John Wiley & Sons, 2011) 483-510.

[114] M. Panizza and G. Cerisola, "Application of Diamond Electrodes to Electrochemical Processes," *Electrochimica Acta*, 51 (2005) 191-199.

[115] J. S. Newman, *Electrochemical Systems*, 2nd edition(Englewood Cliffs: Prentice Hall, 1991).

[116] J. S. Newman and K. E. Thomas-Alyea, *Electrochemical Systems*, 3rd edition(Hoboken: John Wiley & Sons, 2004).

[117] E. McCafferty, *Introduction to Corrosion Science*(New York: Springer-Verlag, 2010).

[118] D. A. Jones, *Principles and Prevention of Corrosion* (Upper Saddle River: Prentice Hall, 1996).

[119] B. E. Conway, *Electrochemical Data* (Amsterdam: Elsevier, 1952).

[120] U. R. Evans, *The Corrosion of Metals* (London: Edward Arnold, 1924).

[121] A. J. Bard and L. R. Faulkner, *Electrochemical Methods: Fundamentals and Applications* (New York: John Wiley & Sons, 1980).

[122] V. Jovancicevic and J. O. M. Bockris, "The Mechanism of Oxygen Reduction on Iron in Neutral Solutions," *Journal of the Electrochemical Society*, 133(1986) 1797-1807.

[123] J. S. Newman, "Current Distribution on a Rotating Disk below the Limiting Current,"*Journal of the Electrochemical Society*, 113(1966) 1235-1241.

[124] J. S. Newman, "Resistance for Flow of Current to a Disk," *Journal of the Electrochemical Society*, 113(1966) 501-502.

[125] V. M.-W. Huang, V. Vivier, M. E. Orazem, N. Pébère, and B. Tribollet, "The Apparent CPE Behavior of a Disk Electrode with Faradaic Reactions," *Journal of the Electrochemical Society*, 154(2007) C99-C107.

[126] C. Wagner, "Theoretical Analysis of the Current Density Distribution in Electrolytic Cells," *Journal of the Electrochemical Society*, 98(1951) 116-128.

[127] C. B. Diem, B. Newman, and M. E. Orazem, "The Influence of Small Machining Errors on the Primary Current Distribution at a Recessed Electrode," *Journal of the Electrochemical Society*, 135(1988) 2524-2530.

[128] I. Frateur, V. M.-W. Huang, M. E. Orazem, N. Pébère, B. Tribollet, and V. Vivier, "Local Electrochemical Impedance Spectroscopy: Considerations about the Cell Geometry," *Electrochimica Acta*, 53(2008) 7386-7395.

[129] D.-T. Chin, "Convective Diffusion on a Rotating Spherical Electrode," *Journal of the Electrochemical Society*, 118(1971) 1434-1438.

[130] K. Nisancioglu and J. S. Newman, "Current Distribution on a Rotating Sphere below the Limiting Current," *Journal of the Electrochemical Society*, 121(1974) 241-246.

[131] O. E. Barcia, J. S. Godinez, L. R. S. Lamego, O. R. Mattos, and B. Tribollet, "Rotating Hemispherical Electrode: Accurate Expressions for the Limiting Current and the Convective Warburg Impedance," *Journal of the Electrochemical Society*, 145 (1998)4189-4195.

[132] P. K. Shukla andM. E. Orazem, "Hydrodynamics and Mass-Transfer-Limited Current Distribution for a Submerged Stationary Hemispherical Electrode under Jet Impingement," *Electrochimica Acta*, 49(2004) 2901-2908.

[133] P. K. Shukla, M. E. Orazem, and G. Nelissen, "Impedance Analysis for Reduction of Ferricyanide on a Submerged Hemispherical Ni270 Electrode," *ElectrochimicaActa*, 51(2006) 1514-1523.

[134] M. E. Orazem, B. Tribollet, V. Vivier, S. Marcelin, N. Pébère, A. L. Bunge, E. A. White, D. P. Riemer, I. Frateur, and M. Musiani, "Dielectric Properties of Materials Showing Constant-Phase-Element(CPE) Impedance Response," *Journal of the Electrochemical Society*, 160(2013) C215-C225.

[135] B. Hirschorn, M. E. Orazem, B. Tribollet, V. Vivier, I. Frateur, and M. Musiani, "Determination of Effective Capacitance and Film Thickness from CPE Parameters,"*Electrochimica Acta*, 55(2010) 6218-6227.

[136] E. A. White, M. E. Orazem, and A. L. Bunge, "Characterization of Damaged Skin by Impedance Spectroscopy: Mechanical Damage," *Pharmaceutical Research*, 30(2013) 2036-2049.

[137] A. S. Nguyen, M. Musiani, M. E. Orazem, N. Pébère, B. Tribollet, and V. Vivier, "Impedance Analysis of the Distributed Resistivity of Coatings in Dry and Wet Conditions," *Electrochimica Acta*, 179(2015) 452-459.

[138] A. C. West, *Electrochemistry and Electrochemical Engineering. An Introduction* (Charleston: CreateSpace Independent Publishing Platform, 2012).

[139] G. Prentice, *Electrochemical Engineering Principles*(Englewood Cliffs: Prentice Hall, 1991).

[140] J. O. M. Bockris and A. K. N. Reddy, *Modern Electrochemistry: Ionics*, volume 1, 2nd edition(New York: Plenum Press, 1998).

[141] J. O. M. Bockris and A. K. N. Reddy, *Modern Electrochemistry: Electrodics*, volume 2, 2nd edition(New York: Plenum Press, 2000).

[142] K. B. Oldham, J. C. Myland, and A. M. Bond, *Electrochemical Science and Technology* (Hoboken: John Wiley & Sons, 2012).

[143] C. M. A. Brett and A. M. O. Brett, *Electrochemistry: Principles, Methods, and Applications* (Cary: Oxford University Press, 1993).

[144] T. F. Fuller and J. N. Harb, *Electrochemical Engineering* (Hoboken: John Wiley & Sons, 2017).

[145] S. L. Carson, M. E. Orazem, O. D. Crisalle, and L. H. García-Rubio, "On the Error Structure of Impedance Measurements: Series Expansions," *Journal of the Electrochemical Society*, 150(2003) E501-E511.

[146] M. E. Van Valkenburg, *Network Analysis*, 3rd edition(Englewood Cliffs: Prentice-Hall, 1974).

[147] V. M.-W. Huang, V. Vivier, M. E. Orazem, N. Pébère, and B. Tribollet, "The Apparent CPE Behavior of an Ideally Polarized Blocking Electrode: A Global and Local Impedance Analysis," *Journal of the Electrochemical Society*, 154(2007) C81-C88.

[148] F. Zou, D. Thierry, and H. S. Isaacs, "High-Resolution Probe for Localized Electrochemical Impedance Spectroscopy Measurements," *Journal of the Electrochemical Society*, 144(1997) 1957-1965.

[149] G. J. Brug, A. L. G. van den Eeden, M. Sluyters-Rehbach, and J. H. Sluyters, "The Analysis of Electrode Impedances Complicated by the Presence of a Constant Phase Element," *Journal of Electroanalytical Chemistry*, 176(1984) 275-295.

[150] M. Eisenberg, C. W. Tobias, and C. R. Wilke, "Ionic Mass Transfer and Concentration Polarization at Rotating Electrodes," *Journal of the Electrochemical Society*, 101(1954) 306-319.

[151] P. K. Shukla, *Stationary Hemispherical Electrode under Submerged Jet Impingement and Validation of the Measurement Model Concept for Impedance Spectroscopy*, Ph. D. dissertation, University of Florida, Gainesville, FL(2004).

[152] J. Diard, B. LeGorrec, and C. Montella, "Deviation from the Polarization Resistance Due to Non-Linearity: 1 Theoretical Formulation," *Journal of Electroanalytical Chemistry*, 432(1997) 27-39.

[153] J. Diard, B. L. Gorrec, and C. Montella, "Deviation from the Polarization Resistance Due to Non-Linearity: 2 Application to Electrochemical Reactions," *Journal of Electroanalytical Chemistry*, 432(1997) 41-52.

[154] J. Diard, B. LeGorrec, and C. Montella, "Deviation from the Polarization Resistance Due to Non-Linearity: 3 Polarization Resistance Determination from Non-Linear Impedance Measurements," *Journal of Electroanalytical Chemistry*, 432(1997) 53-62.

[155] P. T. Wojcik, P. Agarwal, and M. E. Orazem, "A Method for Maintaining a Constant Potential Variation during Galvanostatic Regulation of Electrochemical Impedance Measurements," *Electrochimica Acta*, 41(1996) 977-983.

[156] P. T. Wojcik and M. E. Orazem, "Variable-Amplitude Galvanostatically Modulated Impedance Spectroscopy as a Tool for

Assessing Reactivity at the Corrosion Potential without Distorting the Temporal Evolution of the System," *Corrosion*, 54 (1998) 289-298.

[157] R. Pollard and T. Comte, "Determination of Transport Properties for Solid Electrolytes from the Impedance of Thin Layer Cells," *Journal of the Electrochemical Society*, 136(1989) 3734-3748.

[158] G. Baril, G. Galicia, C. Deslouis, N. Pèbére, B. Tribollet, and V. Vivier, "An Impedance Investigation of the Mechanism of Pure Magnesium Corrosion in Sodium Sulfate Solutions," *Journal of the Electrochemical Society*, 154(2007) C108-C113.

[159] O. Devos, C. Gabrielli, and B. Tribollet, "Nucleation-Growth Process of Scale Electrodeposition: Influence of the Mass Transport," *Electrochimica Acta*, 52(2006) 285-291.

[160] O. Devos, C. Gabrielli, and B. Tribollet, "Simultaneous EIS and In Situ Microscope Observation on a Partially Blocked Electrode: Application to Scale Electrodeposition,"*Electrochimica Acta*, 51(2006) 1413-1422.

[161] L. Beaunier, I. Epelboin, J. C. Lestrade, and H. Takenouti, "Etude Electrochimique, et par Microscopie Electronique à Balayage, du Fer Recouvert de Peinture,"*Surface Technology*, 4(1976) 237-254.

[162] L. Bousselmi, C. Fiaud, B. Tribollet, and E. Triki, "Impedance Spectroscopic Study of a Steel Electrode in Condition of Scaling and Corrosion: Interphase Model,"*Electrochimica Acta*, 44(1999) 4357-4363.

[163] M. T. T. Tran, B. Tribollet, V. Vivier, and M. E. Orazem, "On the Impedance Response of Reactions Influenced by Mass Transfer,"*Russian Journal of Electrochemistry*,(2017) in press.

[164] M. Stern and A. L. Geary, "Electrochemical Polarization: I. A Theoretical Analysis of the Shape of Polarization Curves," *Journal of the Electrochemical Society*, 104(1957) 56-63.

[165] L. Péter, J. Arai, and H. Akahoshi, "Impedance of a Reaction Involving Two Adsorbed Intermediates: Aluminum Dissolution in Non-Aqueous Lithium Imide Solutions,"*Journal of Electroanalytical Chemistry*, 482(2000) 125 - 138.

[166] O. Devos, O. Aaboubi, J. P. Chopart, E. Merienne, A. Olivier, C. Gabrielli, and B. Tribollet, "EIS Investigation of Zinc Electrodeposition in Basic Media at Low Mass Transfer Rates Induced by a Magnetic Field," Journal of Physical Chemistry B, 103(1999) 496-501.

[167] R. S. Cooper and J. H. Bartlett, "Convection and Film Instability: Copper Anodes in Hydrochloric Acid," *Journal of the Electrochemical Society*, 105(1958) 109-116.

[168] A. L. Bacarella and J. C. Griess, Jr., "The Anodic Dissolution of Copper in Flowing Sodium Chloride Solutions between 25 and 175C," *Journal of the Electrochemical Society*, 120(1973) 459-465.

[169] A. Moreau, "Etude du Mecanisme d'Oxydo-Reduction du Cuivre dans les Solutions Chlorurees Acides: II. Systemes Cu; CuCl; $CuCl^{-2}$ et Cu; $Cu_2(OH)_3$; Cl^-; CuCl; Cu^{2+}," *Electrochimica Acta*, 26(1981) 1609-1616.

[170] H. P. Lee and K. Nobe, "Kinetics and Mechanisms of Cu Electrodissolution in Chloride Media," *Journal of the Electrochecmical Society*, 133(1986) 2035-2043.

[171] C. Deslouis, B. Tribollet, G. Mengoli, and M. M. Musiani, "Electrochemical Behaviour of Copper in Neutral Aerated Chloride Solution. I. Steady-State Investigation,"*Journal of Applied Electrochemistry*, 18(1988) 374-383.

[172] C. Deslouis, B. Tribollet, G. Mengoli, and M. M. Musiani, "Electrochemical Behaviour of Copper in Neutral Aerated Chloride Solution: II. Impedance Investigation,"*Journal of Applied Electrochemistry*, 18(1988) 384-393.

[173] A. K. Hauser and J. S. Newman, "Singular Perturbation Analysis of the Faradaic Impedance of Copper Dissolution Accounting for the Effects of Finite Rates of a Homogeneous Reaction," *Journal of the Electrochecmical Society*, 136(1989) 2820-2831.

[174] O. E. Barcia, O. R. Mattos, N. Pébère, and B. Tribollet, "Mass-Transport Study for the Electrodissolution of Copper in 1M Hydrochloric Acid Solution by Impedance,"*Journal of the Electrochemical Society*, 140(1993) 2825-2832.

[175] B. Tribollet, J. S. Newman, and W. H. Smyrl, "Determination of the Diffusion Coefficient from Impedance Data in the Low Frequency Range," *Journal of the Electrochemical Society*, 135(1988) 134-138.

[176] V. G. Levich, *Physicochemical Hydrodynamics*(Englewood Cliffs: Prentice Hall,1962).

[177] R. B. Bird, W. E. Stewart, and E. N. Lightfoot, *Transport Phenomena* (New York:JohnWiley & Sons, 1960).

[178] C. Ho, I. D. Raistrick, and R. A. Huggins, "Application of A-C Techniques to the Study of Lithium Diffusion in Tungsten Trioxide Thin Films," *Journal of the Electrochemical Society*, 127(1980) 343-350.

[179] C. Gabrielli, O. Haas, and H. Takenouti, "Impedance Analysis of Electrodes Modified with a Reversible Redox Polymer Film," *Journal of Applied Electrochemistry*, 17(1987) 82-90.

[180] T. von Kármán, "Über Laminaire und Turbulente Reibung," *Zeitschrift f ür angewandte Mathematik und Mechanik*, 1 (1921) 233-252.

[181] W. G. Cochran, "The Flow Due to a Rotating Disc," *Proceedings of the Cambridge Philosophical Society*, 30 (1934) 365-375.

[182] E. Levart and D. Schuhmann, "Analyse du Transport Transitoire sur un Disque Tournant en Regime Hydrodynamique Laminaire et Permanent," *International Journal of Heat and Mass Transfer*, 17(1974) 555-566.

[183] J. S. Newman, "Schmidt Number Correction for the Rotating Disk," *Journal of Physical Chemistry*, 70(1966) 1327-1328.

[184] B. Tribollet and J. S. Newman, "The Modulated Flow at a Rotating Disk Electrode," *Journal of the Electrochemical Society*, 130(1983) 2016-2026.

[185] C. Deslouis, C. Gabrielli, and B. Tribollet, "An Analytical Solution of the Nonsteady Convective Diffusion Equation for Rotating Electrodes," *Journal of the Electrochemical Society*, 130(1983) 2044-2046.

[186] B. Tribollet and J. S. Newman, "Analytic Expression for the Warburg Impedance for a Rotating Disk Electrode," *Journal of the Electrochemical Society*, 130(1983) 822-824.

[187] E. Levart and D. Schuhmann, "General Determination of Transition Behavior of a Rotating Disc Electrode Submitted to an Electrical Perturbation of Weak Amplitude," *Journal of Electroanalytical Chemistry*, 28(1970) 45.

[188] D.-T. Chin and C. Tsang, "Mass Transfer to an Impinging Jet Electrode," *Journal of the Electrochemical Society*, 125 (1978) 1461-1470.

[189] J. M. Esteban, G. Hickey, and M. E. Orazem, "The Impinging Jet Electrode: Measurement of the Hydrodynamic Constant and Its Use for Evaluating Film Persistency," *Corrosion*, 46(1990) 896-901.

[190] C. B. Diem and M. E. Orazem, "The Influence of Velocity on the Corrosion of Copper in Alkaline Chloride Solutions," *Corrosion*, 50(1994) 290-300.

[191] M. E. Orazem, J. C. Cardoso, Filho, and B. Tribollet, "Application of a Submerged Impinging Jet for Corrosion Studies: Development of Models for the Impedance Response," *Electrochimica Acta*, 46(2001) 3685-3698.

[192] H. Cachet, O. Devos, G. Folcher, C. Gabrielli, H. Perrot, and B. Tribollet, "In Situ Investigation of Crystallization Processes by Coupling of Electrochemical and Optical Measurements: Application to $CaCO_3$ Deposit," *Electrochemical and Solid-State Letters*, 4(2001) C23-C25.

[193] O. Devos, C. Gabrielli, and B. Tribollet, "Nucleation-Growth Processes of Scale Crystallization under Electrochemical Reaction Investigated by In Situ Microscopy," *Electrochemical and Solid-State Letters*, 4(2001) C73-C76.

[194] M. T. Scholtz and O. Trass, "Mass Transfer in a Nonuniform Impinging Jet: I. Stagnation Flow-Velocity and Pressure Distribution," *AIChE Journal*, 16(1970) 82-90.

[195] M. T. Scholtz and O. Trass, "Mass Transfer in a Nonuniform Impinging Jet: II. Boundary Layer Flow-Mass Transfer," *AIChE Journal*, 16(1970) 90-96.

[196] C. Chia, F. Giralt, and O. Trass, "Mass Transfer in Axisymmetric Turbulent Impinging Jets," *Industrial Engineering and Chemistry*, 16(1977) 28-35.

[197] F. Giralt, C. Chia, and O. Trass, "Characterization of the Impingement Region in an Axisymmetric Turbulent Jet," *Industrial Engineering and Chemistry*, 16(1977) 21-27.

[198] F. Baleras, V. Bouet, C. Deslouis, G. Maurin, V. Sobolik, and B. Tribollet, "Flow Measurement in an Impinging Jet with Three-Segement Microelectrodes," *Experiments in Fluids*, 22(1996) 87-93.

[199] D. R. Gabe, G. D. Wilcox, J. Gonzalez-Garcia, and F. C. Walsh, "The Rotating Cylinder Electrode: Its Continued Development and Application," *Journal of Applied Electrochemistry*, 28(1998) 759-780.

[200] A. C. West, "Comparison of Modeling Approaches for a Porous Salt Film," *Journal of the Electrochemical Society*, 140 (1993) 403-408.

[201] E. L'Hostis, C. Compère, D. Festy, B. Tribollet, and C. Deslouis, "Characterization of Biofilms Formed on Gold in Natural Seawater by Oxygen Diffusion Analysis," *Corrosion*, 53(1997) 4-10.

[202] C. Deslouis, B. Tribollet, M. Duprat, and F. Moran, "Transient Mass Transfer at a Coated Rotating Disk Electrode: Diffusion and Electrohydrodynamical Impedances," *Journal of the Electrochemical Society*, 134(1987) 2496-2501.

[203] E. Remita, B. Tribollet, E. Sutter, V. Vivier, F. Ropital, and J. Kittel, "Hydrogen Evolution in Aqueous Solutions Containing

Dissolved CO_2: Quantitative Contribution of the Buffering Effect," *Corrosion Science*, 50(2008) 1433-1440.

[204] T. Tran, B. Brown, S. Nešic, and B. Tribollet, "Investigation of the Electrochemical Mechanisms for Acetic Acid Corrosion of Mild Steel," *Corrosion*, 70(2014) 223-229.

[205] S. J. Updike and G. P. Hicks, "The Enzyme Electrode," *Nature*, 214(1967) 986-988.

[206] A. Heller and B. Feldman, "Electrochemical Glucose Sensors and Their Applications in Diabetes Management," *Chemical Reviews*, 108(2008) 2482-2505.

[207] M. Harding, *Mathematical Models for Impedance Spectroscopy*, Ph. D. dissertation, University of Florida, Gainesville, FL (2017).

[208] J. S. Newman, "Numerical Solution of Coupled, Ordinary Differential Equations," *Industrial and Engineering Chemistry Fundamentals*, 7(1968) 514-517.

[209] B. A. Boukamp and H. J. M. Bouwmeester, "Interpretation of the Gerischer Impedance in Solid State Ionics," *Solid State Ionics*, 157(2003) 29-33.

[210] H. Gerischer, "Wechselstrompolarisation Von Elektroden Mit Einem Potentialbestimmenden Schritt Beim Gleichgewichtspotential," *Zeitschrift fur Physikalische Chemie*, 198(1951) 286-313.

[211] C. Deslouis, I. Epelboin, M. Keddam, and J. C. Lestrade, "Impédance de Diffusiond' un Disque Tournant en Régime Hydrodynamique Laminaire. Etude Expérimentale et Comparaison avec le Modèle de Nernst," *Journal of Electroanalytical Chemistry*, 28(1970) 57-63.

[212] R. E. White, C. M. Mohr, Jr., and J. S. Newman, "The Fluid Motion Due to a Rotating Disk," *Journal of the Electrochemical Society*, 123(1976) 383-385.

[213] W. M. Haynes, editor, *CRC Handbook of Chemistry and Physics*, 97th edition(CRC Press, 2017).

[214] J. F. Shackelford, *Introduction to Materials Science for Engineers*, 5th edition(Prentice-Hall, 2000).

[215] L. H. Van Vlack, *Elements of Materials Science and Engineering*(Boston: Addison-Wesley, 1975).

[216] U. Kaatze, "Complex Permittivity of Water as a Function of Frequency and Temperature," *Journal of Chemical & Engineering Data*, 34(1989) 371-374.

[217] V. V. Daniel, *Dielectric Relaxation*(London: Academic Press, 1967).

[218] J. Q. Shang and J. A. Umana, "Dielectric Constant and Relaxation Time of Asphalt Pavement Materials," *Journal of Infrastructure Systems*, 5(1999) 135-142.

[219] K. S. Cole and R. H. Cole, "Dispersion and Absorption in Dielectrics 2: Direct Current Characteristics," *Journal of Chemical Physics*, 10(1942) 98-105.

[220] R. D. Armstrong and W. P. Race, "Double Layer Capacitance Dispersion at the Metal-Electrolyte Interphase in the Case of a Dilute Electrolyte," *Electroanalytical Chemistry and Inter:facial Electrochemistry*, 33(1971) 285-290.

[221] S. R. Morrison, *Electrochemistry at Semiconductor and Oxidized Metal Electrodes* (New York: Plenum Press, 1980).

[222] R. Memming, "Processes at Semiconductor Electrodes," in *Comprehensive Treatise of Electrochemistry*, volume 7(New York: Plenum Press, 1983) 529-592.

[223] A. S. Grove, *Physics and Technology of Semiconductor Devices*(New York: JohnWiley & Sons, 1967).

[224] S. M. Sze, *Physics of Semiconductor Devices* (New York: John Wiley & Sons, 1969).

[225] J. S. Blakemore, *Semiconductor Statistics*(New York: Dover Publications, 1987).

[226] M. H. Dean and U. Stimming, "Capacity of Semiconductor Electrodes with Multiple Bulk Electronic States: I. Model and Calculations for Discrete States," *Journal of Electroanalytical Chemistry*, 228(1987) 135-151.

[227] A. J. Bard, R. Memming, and B. Miller, "Terminology in Semiconductor Electrochemistry and Photoelectrochemical Energy Conversion(Recommendations 1991)," *Pure and Applied Chemistry*, 63(1991) 569-596.

[228] A. J. Nozik and R. Memming, "Physical Chemistry of Semiconductor-Liquid Interfaces," *Journal of Physical Chemistry*, 100 (1996) 13061-13078.

[229] P. J. Nahin, *Oliver Heaviside: Sage in Solitude* (New York: IEEE Press, 1988).

[230] W. Thomson, "On the Theory of the Electric Telegraph," *Proceedings of the Royal Society of London*, 7(1855) 382-399.

[231] O. Heaviside, "On the Extra Current," *Philosophical Magazine*, 2(1876) 135-145.

[232] O. Heaviside, "On the Speed of Signalling through Heterogeneous Telegraph Circuits," *Philosophical Magazine*, 3(1877)

211-221.

[233] O. Heaviside, "On the Theory of Faults in Cables," *Philosophical Magazine*, 8(1879)60-177.

[234] E. Weber and F. Nebecker, *The Evolution of Electrical Engineering*(New York: IEEE Press, 1994).

[235] O. Heaviside, "On Resistance and Conductance Operators, and Their Derivatives, Inductance and Permittance, Especially in Connexion with Electric and Magnetic Energy," *Philosophical Magazine*, 24(1887) 479-502.

[236] R. Jurczakowski, C. Hitz, and A. Lasia, "Impedance of Porous Au-Based Electrodes," *Journal of Electroanalytical Chemistry*, 572(2004) 355-366.

[237] M. Keddam, C. Rakotomavo, and H. Takenouti, "Impedance of a Porous Electrode with an Axial Gradient of Concentration," *Journal of Applied Electrochemistry*, 14(1984) 437-448.

[238] A. Lasia, "Porous Eelectrodes in the Presence of a Concentration Gradient," *Journal of Electroanalytical Chemistry*, 428 (1997) 155-164.

[239] C. Hitz and A. Lasia, "Experimental Study and Modeling of Impedance of the HER on Porous Ni Electrodes," *Journal of Electroanalytical Chemistry*, 500(2001)213-222.

[240] Y. Gourbeyre, B. Tribollet, C. Dagbert, and L. Hyspecka, "A Physical Model for Anticorrosion Behavior of Duplex Coatings: Corrosion, Passivation, and Anodic Films," *Journal of the Electrochemical Society*, 153(2006) B162-B168.

[241] M. Itagaki, Y. Hatada, I. Shitanda, and K. Watanabe, "Complex impedance spectra of porous electrode with fractal structure," *Electrochimica Acta*, 55(2010) 6255-6262.

[242] E. Remita, E. Sutter, B. Tribollet, F. Ropital, X. Longaygue, C. Taravel-Condat, and N. Desamais, "A Thin Layer Cell Adapted for Corrosion Studies in Confined Aqueous Environments," *Electrochimica Acta*, 52(2007) 7715-7723.

[243] C. Gabrielli, M. Keddam, N. Portail, P. Rousseau, H. Takenouti, and V. Vivier, "Electrochemical Impedance Spectroscopy Investigations of a Microelectrode Behavior in a Thin-Layer Cell: Experimental and Theoretical Studies," *Journal of Physical Chemistry B*, 110(2006) 20478-20485.

[244] E. Remita, D. Boughrara, B. Tribollet, V. Vivier, E. Sutter, F. Ropital, and J. Kittel, "Diffusion Impedance in a Thin-Layer Cell: Experimental and Theoretical Study on a Large-Disk Electrode," *The Journal of Physical Chemistry C*, 112(2008) 4626-4634.

[245] K. Nisancioglu and J. S. Newman, "The Transient Response of a Disk Electrode," *Journal of the Electrochemical Society*, 120 (1973) 1339-1346.

[246] K. Nisancioglu and J. S. Newman, "The Short-Time Response of a Disk Electrode," *Journal of the Electrochemical Society*, 121(1974) 523-527.

[247] P. Antohi and D. A. Scherson, "Current Distribution at a Disk Electrode during a Current Pulse," *Journal of the Electrochemical Society*, 153(2006) E17-E24.

[248] V. M. -W. Huang, V. Vivier, I. Frateur, M. E. Orazem, and B. Tribollet, "The Global and Local Impedance Response of a Blocking Disk Electrode with Local CPE Behavior," *Journal of the Electrochemical Society*, 154(2007) C89-C98.

[249] S. -L. Wu, M. E. Orazem, B. Tribollet, and V. Vivier, "Impedance of a Disk Electrode with Reactions Involving an Adsorbed Intermediate: Local and Global Analysis," *Journal of the Electrochemical Society*, 156(2009) C28-C38.

[250] S. -L. Wu, M. E. Orazem, B. Tribollet, and V. Vivier, "Impedance of a Disk Electrode with Reactions Involving an Adsorbed Intermediate: Experimental and Simulation Analysis," *Journal of the Electrochemical Society*, 156(2009) C214-C221.

[251] G. Sewell, *The Numerical Solution of Ordinary and Partial Differential Equations*(New York: John Wiley & Sons, 2005).

[252] M. E. Orazem, N. Pébère, and B. Tribollet, "Enhanced Graphical Representation of Electrochemical Impedance Data," *Journal of the Electrochemical Society*, 153(2006)B129-B136.

[253] S. -L. Wu, M. E. Orazem, B. Tribollet, and V. Vivier, "The impedance response of rotating disk electrodes," *Journal of Electroanalytical Chemistry*, 737(2015) 11-22.

[254] T. Borisova and B. V. Ershler, "Determination of the Zero Voltage Points of Solid Metals from Measurements of the Capacity of the Double Layer," *Zhurnal Fizicheskoi Khimii*, 24(1950) 337-344.

[255] B. B. Mandelbrot, *The Fractal Geometry of Nature*(San Franscisco: Freeman, 1982).

[256] A. L. Mehaute and G. Crepy, "Introduction to Transfer and Motion in Fractal Media: The Geometry of Kinetics," *Solid State Ionics*, 9(1983) 17-30.

[257] L. Nyikos and T. Pajkossy, "Fractal Dimension and Fractional Power Frequency-Dependent Impedance of Blocking Electrodes," *Electrochimica Acta*, 30(1985)1533-1540.

[258] T. Pajkossy, "Impedance of Rough Capacitive Electrodes," *Journal of Electroanalytical Chemistry*, 364(1994) 111-125.

[259] Z. Kerner and T. Pajkossy, "On the Origin of Capacitance Dispersion of Rough Electrodes," *Electrochimica Acta*, 46(2000) 207-211.

[260] T. Pajkossy, "Impedance Spectroscopy at Interfaces of Metals and Aqueous Solutions—Surface Roughness, CPE and Related Issues," *Solid State Ionics*, 176(2005)1997-2003.

[261] B. Emmanuel, "Computation of AC Responses of Arbitrary Electrode Geometries from the Corresponding Secondary Current Distributions: A Method Based on Analytic Continuation," *Journal of Electroanalytical Chemistry*, 605(2007) 89-97.

[262] C. L. Alexander, B. Tribollet, and M. E. Orazem, "Contribution of Surface Distributions to Constant-Phase-Element(CPE) Behavior: 1 Influence of Roughness,"*Electrochimica Acta*, 173(2015) 416-424.

[263] S. Trassati and R. Parsons, "Interphases in Systems of Conducting Phases," *Pure and Applied Chemistry*, 58(1986) 437-454.

[264] C. L. Alexander, B. Tribollet, and M. E. Orazem, "Contribution of Surface Distributions to Constant-Phase-Element(CPE) Behavior: 2 Capacitance," *Electrochimica Acta*, 188(2016) 566-573.

[265] C. L. Alexander, B. Tribollet, and M. E. Orazem, "Influence of Micrometric-Scale Electrode Heterogeneity on Electrochemical Impedance Spectroscopy," *Electrochimica Acta*, 201(2016) 374-379.

[266] K. Davis, C. L. Alexander, and M. E. Orazem, "Influence of Geometry-Induced Frequency Dispersion on the Impedance of Rectangular Electrodes,"(2017) in preparation.

[267] Y.-M. Chen, C. L. Alexander, C. Cleveland, and M. E. Orazem, "Influence of Geometry-Induced Frequency Dispersion on the Impedance of Ring Electrodes,"(2017) in preparation.

[268] M. A. Lévêque, "Les Lois de la Transmission de Chaleur par Convection," Annales Des Mines, 13(1928) 201-299.

[269] C. Deslouis, B. Tribollet, and M. A. Vorotyntsev, "Diffusion-Convection Impedance at Small Electrodes," *Journal of the Electrochemical Society*, 138(1991) 2651-2657.

[270] K. Nisancioglu and J. S. Newman, "Separation of Double-Layer Charging and Faradaic Processes at Electrodes," *Journal of the Electrochemical Society*, 159(2012)E59-E61.

[271] J. H. Sluyters, "On the Impedance of Galvanic Cells I. Theory," *Recueil des Travaux Chimiques des Pays-Bas Journal of the Royal Netherlands Chemical Society*, 79(1960)1092-1100.

[272] P. Delahay, "Electrode Processes without a Priori Separation of Double-Layer Charging," *Journal of Physical Chemistry*, 70 (1966) 2373-2379.

[273] P. Delahay and G. G. Susbielle, "Double-Layer Impedance of Electrodes with Charge-Transfer Reaction," *Journal of Physical Chemistry*, 70(1966) 3150-3157.

[274] P. Delahay, K. Holub, G. G. Susbielle, and G. Tessari, "Double-Layer Perturbation without Equilibrium between Concentrations and Potential," *Journal of Physical Chemistry*, 71(1967) 779-780.

[275] S.-L. Wu, M. E. Orazem, B. Tribollet, and V. Vivier, "The Influence of Coupled Faradaic and Charging Currents on Impedance Spectroscopy," *Electrochimica Acta*, 131(2014) 3-12.

[276] J. O. M. Bockris and A. K. N. Reddy, Modern Electrochemistry: *An Introduction to an Interdisciplinary Area*(New York: Plenum Press, 1970).

[277] J.-B. Jorcin, M. E. Orazem, N. Pébère, and B. Tribollet, "CPE Analysis by Local Electrochemical Impedance Spectroscopy," *Electrochimica Acta*, 51(2006) 1473-1479.

[278] L. Young, "Anodic Oxide Films 4: The Interpretation of Impedance Measurements on Oxide Coated Electrodes on Niobium," *Transactions of the Faraday Society*, 51(1955) 1250-1260.

[279] H. Göhr, "Contributions of Single Electrode Processes to the Impedance," *Berichte der Bunsengesellschaft f ür physikalische Chemie*, 85(1981) 274-280.

[280] H. Göhr, J. Schaller, and C. A. Schiller, "Impedance Studies of the Oxide Layer on Zircaloy after Previous Oxidation in Water Vapor At 400C," *Electrochimica Acta*,38(1993) 1961-1964.

[281] Z. Lukacs, "The Numerical Evaluation of the Distortion of EIS Data Due to the Distribution of Parameters," *Journal of*

Electroanalytical Chemistry, 432(1997) 79-83.

[282] Z. Lukacs, "Evaluation of Model and Dispersion Parameters and Their Effects on the Formation of Constant-Phase Elements in Equivalent Circuits," *Journal of Electroanalytical Chemistry*, 464(1999) 68-75.

[283] J. R. Macdonald, "Generalizations of Universal Dielectric Response and a General Distribution-of-Activation-Energies Model for Dielectric and Conducting Systems," *Journal of Applied Physics*, 58(1985) 1971-1978.

[284] J. R. Macdonald, "Frequency Response of Unified Dielectric and Conductive Systems Involving an Exponential Distribution of Activation Energies," *Journal of Applied Physics*, 58(1985) 1955-1970.

[285] R. L. Hurt and J. R. Macdonald, "Distributed Circuit Elements in Impedance Spectroscopy: A Unified Treatment of Conductive and Dielectric Systems," *Solid State Ionics*, 20(1986) 111-124.

[286] J. R. Macdonald, "Linear Relaxation: Distributions, Thermal Activation, Structure, and Ambiguity," *Journal of Applied Physics*, 62(1987) R51-R62.

[287] J. R. Macdonald, "Power-Law Exponents and Hidden Bulk Relaxation in the Impedance Spectroscopy of Solids," *Journal of Electroanalytical Chemistry*, 378(1994)17-29.

[288] I. Frateur, L. Lartundo-Rojas, C. Méthivier, A. Galtayries, and P. Marcus, "Influence of Bovine Serum Albumin in Sulphuric Acid Aqueous Solution on the Corrosion and the Passivation of an Iron-Chromium Alloy," *Electrochimica Acta*, 51(2006) 1550-1557.

[289] S. Cattarin, M. Musiani, and B. Tribollet, "Nb Electrodissolution in Acid Fluoride Medium," *Journal of the Electrochemical Society*, 149(2002) B457-B464.

[290] C. L. Alexander, B. Tribollet, and M. E. Orazem, "Contribution of Surface Distributions to Constant-Phase-Element(CPE) Behavior: 3 Reactions Coupled by an Adsorbed Intermediate," *Electrochimica Acta*,(2016) in preparation.

[291] B. Hirschorn, M. E. Orazem, B. Tribollet, V. Vivier, I. Frateur, and M. Musiani, "Constant-Phase-Element Behavior Caused by Resistivity Distributions in Films: 1 Theory," *Journal of the Electrochemical Society*, 157(2010) C452-C457.

[292] B. Hirschorn, M. E. Orazem, B. Tribollet, V. Vivier, I. Frateur, and M. Musiani, "Constant-Phase-Element Behavior Caused by Resistivity Distributions in Films: 2 Applications," *Journal of the Electrochemical Society*, 157(2010) C458-C463.

[293] S. Amand, M. Musiani, M. E. Orazem, N. Pébère, B. Tribollet, and V. Vivier, "Constant-Phase-Element Behavior Caused by Inhomogeneous Water Uptake in Anti-Corrosion Coatings," *Electrochimica Acta*, 87(2013) 693-700.

[294] M. Musiani, M. E. Orazem, N. Pébère, B. Tribollet, and V. Vivier, "Determination of Resistivity Profiles in Anti-corrosion Coatings from Constant-Phase-Element Parameters," *Progress in Organic Coatings*, 77(2014) 2076-2083.

[295] M. E. Orazem, "The Influence of Coupled Faradaic and Charging Currents on Impedance Spectroscopy," in 24éme Forum sur les Impedances Electrochimiques, *H. Perrot, editor*, *volume* 24 (Paris, France: CNRS, 2013) 5-15.

[296] C. H. Hsu and F. Mansfeld, "Technical Note: Concerning the Conversion of the Constant Phase Element Parameter Y0 into a Capacitance," *Corrosion*, 57(2001)747-748.

[297] S. Y. Oh, L. Lyung, D. Bommannan, R. H. Guy, and R. O. Potts, "Effect of Current, Ionic Strength and Temperature on the Electrical Properties of Skin," *Journal of Controlled Release*, 27(1993) 115-125.

[298] S. Y. Oh and R. H. Guy, "Effect of Enhancers on the Electrical Properties of Skin: The Effect of Azone and Ethanol," *Journal of Korean Pharmaceutical Sciences*, 24(1994) S41-S47.

[299] S. Y. Oh and R. H. Guy, "The Effect of Oleic Acids and Polypropylene Glycol on the Electrical Properties of Skin," *Journal of Korean Pharmaceutical Sciences*, 24(1994)281-287.

[300] E. Chassaing, B. Sapoval, G. Daccord, and R. Lenormand, "Experimental Study of the Impedance of Blocking Quasi-Fractal and Rough Electrodes," *Journal of Electroanalytical Chemistry*, 279(1990) 67-78.

[301] E. D. Bidóia, L. O. S. Bulhões, and R. C. Rocha-Filho, "Pt/HClO4 Interface CPE: Influence of Surface Roughness and Electrolyte Concentration," *Electrochimica Acta*,39(1994) 763-769.

[302] M. Musiani, M. E. Orazem, N. Pébère, B. Tribollet, and V. Vivier, "Constant-Phase-Element Behavior Caused by Coupled Resistivity and Permittivity Distributions in Films," *Journal of the Electrochemical Society*, 158(2011) C424-C428.

[303] M. E. Orazem, B. Tribollet, V. Vivier, D. P. Riemer, E. A. White, and A. L. Bunge, "On the Use of the Power-Law Model for Interpreting Constant-Phase-Element Parameters," *Journal of the Brazilian Chemical Society*, 25(2014) 532-539.

[304] L. Young, *Anodic Oxide Films*(New York: Academic Press, 1961).

[305] C. A. Schiller and W. Strunz, "The Evaluation of Experimental Dielectric Data of Barrier Coatings by Means of Different Models," *Electrochimica Acta*, 46(2001)3619-3625.

[306] C. Cleveland, S. Moghaddam, and M. E. Orazem, "Nanometer-Scale Corrosion of Copper in Deaerated Deionized Water," *Journal of the Electrochemical Society*, 161(2014) C107-C114.

[307] C. Deslouis and B. Tribollet, "Flow Modulation Technique and EHD Impedance: A Tool for Electrode Processes and Hydrodynamic Studies," *Electrochimica Acta*, 35(1990) 1637-1648.

[308] O. Aaboubi, I. Citti, J.-P. Chopart, C. Gabrielli, A. Olivier, and B. Tribollet, "Thermoelectrochemical Transfer Function under Thermal Laminar Free Convection at a Vertical Electrode," *Journal of the Electrochemical Society*, 147(2000) 3808-3815.

[309] W. J. Albery and M. L. Hitchman, *Ring-Disc Electrodes* (Oxford: Clarendon Press, 1971).

[310] N. Benzekri, M. Keddam, and H. Takenouti, "AC Response of a Rotating Ring-Disk Electrode: Application to 2-D and 3-D Film Formation in Anodic Processes," *Electrochimica Acta*, 34(1989) 1159-1166.

[311] I. Epelboin, C. Gabrielli, M. Keddam, and H. Takenouti, "A Model of the Anodic Behavior of Iron in Sulphuric Acid Medium," *Electrochimica Acta*, 20(1975) 913-916.

[312] R. Antanō-L'opez, M. Keddam, and H. Takenouti, "Interface Capacitance at Mercury and Iron Electrodes in the Presence of Organic Compound," *Corrosion Engineering, Science & Technology*, 39(2004) 59-64.

[313] E. Larios-Dur'an, R. Antanō-L'opez, M. Keddam, Y. Meas, H. Takenouti, and V. Vivier, "Dynamics of Double-layer by AC Modulation of the Interfacial Capacitance and Associated Transfer Functions," *Electrochimica Acta*, 55(2010) 6292- 6298.

[314] I. Citti, O. Aaboubi, J. P. Chopart, C. Gabrielli, A. Olivier, and B. Tribollet, "Impedance for Laminar Free Convection and Thermal Convection to a Vertical Electrode," *Journal of the Electrochemical Society*, 144(1997) 2263-2271.

[315] Z. A. Rotenberg, "Thermoelectrochemical Impedance," *Electrochimica Acta*, 42(1997) 793-799.

[316] S. L. Marchiano and A. J. Arvia, "Diffusional Flow under Non-Isothermal Laminar Free Convection at a Thermal Convective Electrode," *Electrochimica Acta*, 13(1968)1657-1669.

[317] L. M. Peter, J. Li, R. Peat, H. J. Lewerenz, and J. Stumper, "Frequency Response Analysis of Intensity Modulated Photocurrents at Semiconductor Electrodes," *Electrochimica Acta*, 35(1990) 1657-1664.

[318] I. E. Vermeir, W. P. Gomes, B. H. Erné, and D. Vanmaekelbergh, "The Anodic Dissolution of InP Studied by the Optoelectrical Impedance Method: 2 Interaction between Anodic and Chemical Etching of InP in Iodic Acid Solutions," *Electrochimica Acta*, 38(1993) 2569-2575.

[319] C. Gabrielli, J. J. Garcia-Jareño, M. Keddam, H. Perrot, and F. Vicente, "ACElectrogravimetry Study of Electroactive Thin Films. I. Application to Prussian Blue," *Journal of Physical Chemistry B*, 106(2002) 3182-3191.

[320] S. Bruckenstein, M. I. Bellavan, and B. Miller, "Electrochemical Response of a Disk Electrode to Angular Velocity Steps," *Journal of the Electrochemical Society*, 120(1973) 1351-1356.

[321] K. Tokuda, S. Bruckenstein, and B. Miller, "The Frequency Response of Limiting Currents to Sinusoidal Speed Modulation at a Rotating Disk Electrode," *Journal of the Electrochemical Society*, 122(1975) 1316-1322.

[322] C. Deslouis, C. Gabrielli, P. S.-R. Fanchine, and B. Tribollet, "Electrohydrodynamical Impedance on a Rotating Disk Electrode," *Journal of the Electrochemical Society*, 129(1982) 107-118.

[323] D. T. Schwartz, "Multilayered Alloys Induced by Fluctuating Flow," *Journal of the Electrochemical Society*, 136(1989) 53C-56C.

[324] D. T. Schwartz, T. J. Rehg, P. Stroeve, and B. G. Higgins, "Fluctuating Flow with Mass-Transfer Induced by a Rotating-Disk Electrode with a Superimposed Time-Periodic Modulation," *Physics of Fluids A-Fluid Dynamics*, 2(1990) 167-177.

[325] C. Deslouis and B. Tribollet, "Flow Modulation Techniques in Electrochemistry," in *Advances in Electrochemical Science and Engineering*, H. Gerischer and C. W. Tobias, editors(New York: VCH Publishers, 1991) 205-264.

[326] E. M. Sparrow and J. L. Gregg, "Flow about an Unsteadily Rotating Disc," *Journal of the Aerospace Sciences*, 27(1960) 252-256.

[327] V. Sharma, "Flow and Heat-Transfer Due to Small Torsional Oscillations of a Disk about a Constant Mean," *Acta Mechanica*, 32(1979) 19-34.

[328] A. Caprani, C. Deslouis, S. Robin, and B. Tribollet, "Transient Mass Transfer at Partially Blocked Electrodes: A Way to

Characterize Topography," *Journal of Electroanalytical Chemistry*, 238(1987) 67-91.

[329] C. Deslouis, O. Gil, and B. Tribollet, "Frequency Response of Electrochemical Sensors to Hydrodynamic Fluctuations," *Journal of Fluid Mechanics*, 215(1990) 85-100.

[330] C. R. S. Silva, O. E. Barcia, O. R. Mattos, and C. Deslouis, "Partially Blocked Surface Studied by the Electrohydrodynamic Impedance," *Journal of Electroanalytical Chemistry*, 365(1994) 133-138.

[331] C. Deslouis and B. Tribollet, "Recent Developments in the Electro-Hydrodynamic(EHD) Impedance Technique," *Journal of Electroanalytical Chemistry*, 572(2004)389-398.

[332] C. Deslouis, N. Tabti, and B. Tribollet, "Characterization of Surface Roughness by EHD Impedance," *Journal of Applied Electrochemistry*, 27(1997) 109-111.

[333] C. Deslouis, D. Festy, O. Gil, G. Rius, S. Touzain, and B. Tribollet, "Characterization of Calcareous Deposits in Artificial Sea Water by Impedance Techniques: I. Deposit of $CaCO_3$ without $Mg(OH)_2$," *Electrochimica Acta*, 43(1998) 1891-1901.

[334] T. Yamamoto and Y. Yamamoto, "Dielectric Constant and Resistivity of Epidermal Stratum Corneum," *Medical and Biological Engineering*, 14(1976) 494-500.

[335] M. Durbha, *Influence of Current Distributions on the Interpretation of the Impedance Spectra Collected for Rotating Disk Electrode*, Ph. D. dissertation, University of Florida, Gainesville, Florida(1998).

[336] G. Baril, C. Blanc, and N. Pébère, "AC Impedance Spectroscopy in Characterizing Time-Dependent Corrosion of AZ91 and AM50 Magnesium Alloys Characterization with Respect to Their Microstructures," *Journal of the Electrochemical Society*, 148(2001) B489-B496.

[337] G. M. Martin and S. Makram-Ebeid, "The Mid-Gap Donor Level EL2 in GaAs," in *Deep Centers in Semiconductors*, S. T. Pantelides, editor(New York: Gordon and Breach Science Publishers, 1986) 455-473.

[338] A. N. Jansen, P. T. Wojcik, P. Agarwal, and M. E. Orazem, "Thermally Stimulated Deep-Level Impedance Spectroscopy: Application to an n-GaAs Schottky Diode,"*Journal of the Electrochemical Society*, 143(1996) 4066-4074.

[339] M. E. Orazem, P. Agarwal, A. N. Jansen, P. T. Wojcik, and L. H. García-Rubio,"Development of Physico-Chemical Models for Electrochemical Impedance Spectroscopy,"*Electrochimica Acta*, 38(1993) 1903-1911.

[340] M. E. Orazem and B. Tribollet, "An Integrated Approach to Electrochemical Impedance Spectroscopy," *Electrochimica Acta*, 53(2008) 73607366.

[341] A. N. Jansen, *Deep-Level Impedance Spectroscopy of Electronic Materials*, Ph. D. dissertation, University of Florida, Gainesville, Florida(1992).

[342] D. B. Bonham and M. E. Orazem, "A Mathematical Model for the Influence of Deep-Level Electronic States on Photoelectrochemical Impedance Spectroscopy: 2. Assessment of Characterization Methods Based on Mott-Schottky Theory," *Journal of the Electrochemical Society*, 139(1992) 126-131.

[343] J. R. Macdonald and L. D. Potter, Jr., "A Flexible Procedure for Analyzing Impedance Spectroscopy Results: Description and Illustrations," *Solid State Ionics*, 23(1987) 61-79.

[344] P. R. Beington, *Data Reduction and Error Analysis for the Physical Sciences* (New York: McGraw-Hill, 1969).

[345] G. A. F. Seber, *Linear Regression Analysis*(New York: John Wiley & Sons, 1977).

[346] H. W. Sorenson, *Parameter Estimation: Principles and Problems*(New York: Marcel Dekker, 1980).

[347] N. R. Draper and H. Smith, *Applied Regression Analysis*, *3rd edition*(New York:Wiley Interscience, 1998).

[348] W. H. Press, S. A. Teukolsky, W. T. Vetterling, and B. P. Flannery, *Numerical Recipes in C: The Art of Scientific Computing*, 2nd edition(New York: Cambridge University Press, 1992).

[349] A. M. Legendre, *Nouvelles Méthodes pour la Détermination des Orbites des Comètes:Appendice sur la Méthode des Moindres Carrés*(Paris: Courcier, 1806).

[350] C. F. Gauss, "Theoria Combinationis Observationum Erroribus Minimis Obnoxiae,"*Werke*, 4(1821) 3-26.

[351] C. F. Gauss, "Supplementum Theoriae Combinationis Observationum Erroribus Minimis Obnoxiae," *Werke*, 4 (1826) 104-108.

[352] R. de L. Kronig, "Dispersionstheorie im Röntgengebeit," *Physikalische Zeitschrift*,30(1929) 521-522.

[353] J. R. Macdonald, "Impedance Spectroscopy: Old Problems and New Developments," *Electrochimica Acta*, 35 (1990) 1483-1492.

[354] S. L. Carson, M. E. Orazem, O. D. Crisalle, and L. H. García-Rubio, "On the Error Structure of Impedance Measurements: Simulation of Phase Sensitive Detection (PSD) Instrumentation," *Journal of the Electrochemical Society*, 150 (2003) E491-E500.

[355] W. H. Press, S. A. Teukolsky, W. T. Vetterling, and B. P. Flannery, *Numerical Recipes in C*, 2nd edition (Cambridge: Cambridge University Press, 1992).

[356] J. R. Macdonald and W. J. Thompson, "Strongly Heteroscedastic Nonlinear Regression," Communications in Statistics: *Simulation and Computation*, 20(1991) 843-885.

[357] A. M. Awad, "Properties of the Akaike Information Criterion," *Microelectronics Reliability*, 36(1996) 457-464.

[358] T.-J. Wu and A. Sepulveda, "The Weighted Average Information Criterion for Order Selection in Time Series and Regression Models," *Statistics & Probability Letters*, 39(1998) 1-10.

[359] Y. Sakamoto, M. Ishiguso, and G. Kitigawa, *Akaike Information Criterion Statistics* (Boston: D. Reidel, 1986).

[360] B. Robertson, B. Tribollet, and C. Deslouis, "Measurement of Diffusion Coefficients by DC and EHD Electrochemical Methods," *Journal of the Electrochemical Society*, 135(1988) 2279-2283.

[361] M. Durbha and M. E. Orazem, "Current Distribution on a Rotating Disk Electrode below the Mass-Transfer Limited Current: Correction for Finite Schmidt Number and Determination of Surface Charge Distribution," *Journal of the Electrochemical Society*, 145(1998) 1940-1949.

[362] P. W. Appel, *Electrochemical Systems: Impedance of a Rotating Disk and Mass Transfer in Packed Beds*, Ph. D. dissertation, University of California, Berkeley, Berkeley, California(1976).

[363] M. Durbha, M. E. Orazem, and B. Tribollet, "A Mathematical Model for the Radially Dependent Impedance of a Rotating Disk Electrode," *Journal of the Electrochemical Society*, 146(1999) 2199-2208.

[364] C. Gabrielli, F. Huet, and M. Keddam, "Investigation of Electrochemical Processes by an Electrochemical Noise-Analysis: Theoretical and Experimental Aspects in Potentiostatic Regime," *Electrochimica Acta*, 31(1986) 1025-1039.

[365] C. Gabrielli, F. Huet, and M. Keddam, "Fluctuations in Electrochemical Systems: 1 General-Theory on Diffusion-Limited Electrochemical Reactions," *Journal of Chemical Physics*, 99(1993) 7232-7239.

[366] C. Gabrielli, F. Huet, and M. Keddam, "Fluctuations in Electrochemical Systems: 2 Application to a Diffusion-Limited Redox Process," *Journal of Chemical Physics*, 99(1993) 7240-7252.

[367] U. Bertocci and F. Huet, "Noise Resistance Applied to Corrosion Measurements: III. Influence of Instrumental Noise on the Measurements," *Journal of the Electrochemical Society*, 144(1997) 2786-2793.

[368] P. Zoltowski, "The Error Function for Fitting of Models to Immitance Data," *Journal of Electroanalytical Chemistry*, 178 (1984) 11-19.

[369] B. A. Boukamp, "A Package for Impedance/Admittance Data Analysis," *Solid State Ionics, Diffusion & Reactions*, 18-19 (1986) 136-140.

[370] J. R. Macdonald, CNLS(*Complex Nonlinear Least Squares*) *Immittance Fitting Program LEVM Manual*: *Version* 7. 11, Houston, Texas(1999).

[371] J. R. Dygas and M. W. Breiter, "Variance of Errors and Elimination of Outliers in the Least Squares Analysis of Impedance Spectra," *Electrochimica Acta*, 44(1999)4163-4174.

[372] E. V. Gheem, R. Pintelon, J. Vereecken, J. Schoukens, A. Hubin, P. Verboven, and O. Blajiev, "Electrochemical Impedance Spectroscopy in the Presence of Non-Linear Distortions and Non-Stationary Behavior: I. Theory and Validation," *Electrochimica Acta*, 49(2006) 4753-4762.

[373] E. V. Gheem, R. Pintelon, A. Hubin, J. Schoukens, P. Verboven, O. Blajiev, and J. Vereecken, "Electrochemical Impedance Spectroscopy in the Presence of Non-Linear Distortions and Non-Stationary Behavior: II. Application to Crystallographic Pitting Corrosion of Aluminum," *Electrochimica Acta*, 51(2006) 1443-1452.

[374] M. E. Orazem, T. E. Moustafid, C. Deslouis, and B. Tribollet, "The Error Structure of Impedance Spectroscopy Measurements for Systems with a Large Ohmic Re688 REFERENCES sistance with Respect to the Polarization Impedance," *Journal of the Electrochemical Society*, 143(1996) 3880-3890.

[375] P. Agarwal, O. C. Moghissi, M. E. Orazem, and L. H. García-Rubio, "Application of Measurement Models for Analysis of Impedance Spectra," *Corrosion*, 49(1993)278-289.

[376] B. A. Boukamp and J. R. Macdonald, "Alternatives to Kronig-Kramers Transformation and Testing, and Estimation of Distributions," *Solid State Ionics*, 74(1994)85-101.

[377] B. A. Boukamp, "A Linear Kronig-Kramers Transform Test for Immittance Data Validation," *Journal of the Electrochemical Society*, 142(1995) 1885-1894.

[378] S. K. Roy and M. E. Orazem, "Error Analysis for the Impedance Response of PEM Fuel Cells," *Journal of the Electrochemical Society*, 154(2007) B883-B891.

[379] H. A. Kramers, "La Diffusion de la Lumière pas les Atomes," in *Atti Congresso Internazionale Fisici*, *Como*, volume 2 (1927) 545-557.

[380] H. M. Nussenzveig, *Causality and Dispersion Relations* (New York: Academic Press, 1972).

[381] W. Ehm, H. Göhr, R. Kaus, B. Roseler, and C. A. Schiller, "The Evaluation of Electrochemical Impedance Spectra Using a Modified Logarithmic Hilbert Transform," *ACH-Models in Chemistry*, 137(2000) 145-157.

[382] Q.-A. Huang, R. Hui, B. Wang, and J. Zhang, "A Review of AC Impedance Modeling and Validation in SOFC Diagnosis," *Electrochimica Acta*, 52(2007) 8144-8164.

[383] M. E. Orazem, P. Agarwal, and L. H. García-Rubio, "Critical Issues Associated with Interpretation of Impedance Spectra," *Journal of Electroanalytical Chemistry*, 378(1994) 51-62.

[384] M. E. Orazem, "A Systematic Approach toward Error Structure Identification for Impedance Spectroscopy," *Journal of Electroanalytical Chemistry*, 572(2004) 317-327.

[385] J. R. Dygas and M. W. Breiter, "Measurements of Large Impedances in a Wide Temperature and Frequency Range," *Electrochimica Acta*, 41(1996) 993-1001.

[386] R. Makharia, M. F. Mathias, and D. R. Baker, "Measurement of Catalyst Layer Electrolyte Resistance in PEFCs Using Electrochemical Impedance Spectroscopy," *Journal of the Electrochemical Society*, 152(2005) A970-A977.

[387] O. Antoine, Y. Bultel, and R. Durand, "Oxygen Reduction Reaction Kinetics and Mechanism on Platinum Nanoparticles inside Nafion," *Journal of Electroanalytical Chemistry*, 499(2001) 85-94.

[388] Y. Bultel, L. Genies, O. Antoine, P. Ozil, and R. Durand, "Modeling Impedance Diagrams of Active Layers in Gas Diffusion Electrodes: Diffusion, Ohmic Drop Effects and Multistep Reactions," *Journal of Electroanalytical Chemistry*, 527(2002) 143-155.

[389] S. K. Roy, M. E. Orazem, and B. Tribollet, "Interpretation of Low-Frequency Inductive Loops in PEM Fuel Cells," *Journal of the Electrochemical Society*, 154(2007)B1378-B1388.

[390] R. M. Darling and J. P. Meyers, "Kinetic Model of Platinum Dissolution in PEMFCs," *Journal of the Electrochemical Society*, 150(2003) A1523-A1527.

[391] C. F. Zinola, J. Rodriguez, and G. Obal, "Kinetic of Molecular Oxygen Electroreduction on Platinum Modified by Tin Underpotential Deposition," *Journal of Applied Electrochemistry*, 31(2001) 1293-1300.

[392] A. Damjanovic and V. Brusic, "Electrode Kinetic of Oxygen Reduction on Oxide Free Pt Electrode," *Electrochimica Acta*, 12 (1967) 615-628.

[393] V. O. Mittal, H. R. Kunz, and J. M. Fenton, "Is H_2O_2 Involved in the Membrane Degradation Mechanism in PEMFC," *Electrochemical and Solid-State Letters*, 9(2006) A229-A302.